高等学校教材

中级有机化学
——反应与机理 第二版

吕 萍　王彦广　编著

高等教育出版社·北京

内容提要

本书以有机反应及其机理为核心，按不同反应机理编排和归纳了有机化学中的重要反应，并以此为知识体系，汲取了大量学科研究领域的新成果，丰富了教学内容。

全书共15章，分四个部分。第1～3章主要讲述基础知识，重点介绍结构理论、有机反应机理类型与描述、有机活性中间体、共轭和超共轭、酸和碱、亲核试剂和亲电试剂等基本概念；第4～9章从加成、取代、消除和重排四大反应类型出发，介绍各类离子型反应的机理；第10～12章涉及自由基及卡宾中间体、还原反应和氧化反应等；第13～15章依次介绍周环反应、过渡金属催化反应和串联反应。每章后附有习题，各节后附有参考文献，可供读者参考。

本书可作为高等学校化学、应用化学、化学工程与工艺、药学等专业的本科生教材和教学参考书，也可供其他相关专业和读者使用。

图书在版编目（CIP）数据

中级有机化学：反应与机理／吕萍，王彦广编著
. --2版. --北京：高等教育出版社，2022.4（2024.8重印）
ISBN 978-7-04-058063-1

Ⅰ. ①中… Ⅱ. ①吕… ②王… Ⅲ. ①有机化学-高等学校-教材 Ⅳ. ①O62

中国版本图书馆CIP数据核字（2022）第019427号

ZHONGJI YOUJI HUAXUE FANYING YU JILI

策划编辑	李 颖	责任编辑	李 颖	封面设计	李卫青	版式设计	张 杰
责任绘图	黄云燕	责任校对	刘丽娴	责任印制	存 怡		

出版发行	高等教育出版社	网　址	http://www.hep.edu.cn
社　址	北京市西城区德外大街4号		http://www.hep.com.cn
邮政编码	100120	网上订购	http://www.hepmall.com.cn
印　刷	北京市密东印刷有限公司		http://www.hepmall.com
开　本	787mm×1092mm 1/16		http://www.hepmall.cn
印　张	38.25	版　次	2015年3月第1版
字　数	920千字		2022年4月第2版
购书热线	010-58581118	印　次	2024年8月第4次印刷
咨询电话	400-810-0598	定　价	78.00元

本书如有缺页、倒页、脱页等质量问题，请到所购图书销售部门联系调换
版权所有　侵权必究
物料号　58063-00

第二版前言

有机化学是研究有机化合物的组成、结构、性质、制备及其应用的科学，是化学学科的重要分支之一，是生命科学和材料科学的基础。与无机化合物不同，有机化合物以碳、氢、氧、氮等元素为基础，以共价键为特征，其种类繁多，结构多样，反应形形色色。

有机反应通常以箭头左边为原料、箭头右边为产物、箭头上方为试剂、箭头下方为条件的方式展现在初学者面前，这种模式往往给初学者带来不少困惑。从形式上看，有机反应太多、变化太复杂，要"记忆"的量太大，自然而然会使学生产生畏难情绪。从本质上讲，这种模式忽略了有机化学学科最为精彩的内容，不能体现反应过程中物种的势能变化和轨道之间的相互作用，也不能体现有机反应的多样性，当然也就不能体现有机化学的内在美。事实上，学习有机化学是一种享受，尤其是在认识和掌握了有机反应的科学性和规律性之后。

有机反应以电子转移为基础，电子在原子核外的运动受轨道形状、方向、能级等的束缚，电子转移必须在轨道重叠的基础上，从能级高的、满的轨道填充到能级低的、空的轨道，这样的电子转移才是有效的，才能形成新的共价键。本书在第一版的基础上进行了修订，强调了电子转移过程中轨道的方向性，反应过程中物种的势能变化等，旨在帮助学生更好地理解有机反应过程，掌握有机反应本质。

在本书的编写过程中，作者结合教学实践中发现的不足和问题，查阅了大量文献，进一步梳理各知识点之间的逻辑关系，更新、完善了内容。本书包括 15 章，第 1～3 章主要介绍基础知识，重点介绍结构理论、有机反应机理类型与描述、有机活性中间体、共轭和超共轭、酸和碱、亲核试剂和亲电试剂等内容；第 4～9 章从加成、取代、消除和重排四大反应类型出发，详细介绍各类离子型反应的机理；第 10 章是由自由基及卡宾中间体的反应内容整合而成的新的一章，其中还涉及有机光化学；第 11 和 12 章分别介绍了还原反应和氧化反应；第 13～15 章保持了第一版原有章节的编排，依次介绍周环反应、过渡金属催化的反应和串联反应。各章节的参考文献和相关拓展学习资源（包含知识讲解视频和课件，以及习题参考答案）以二维码形式提供，读者可自行扫码获取。

作者衷心感谢给本书提出宝贵意见和建议的广大读者，感谢帮我们查阅和校对参考文献的温俏冬、谢健伟、亓明慧等研究生，没有他们的支持和帮助，新版教材不会这么快与读者见面。

由于作者水平有限，书中错误和不妥之处实属难免，敬请广大读者批评指正。

编　者
2021 年 9 月于求是园

第一版前言

有机反应是有机化学教学的核心内容和难点之一。经典的有机反应数量众多，而且随着有机化学学科的迅猛发展，新反应、新试剂、新方法不断产生，于是死记硬背这些反应便成为学生们的"苦差事"，而且教学效果往往不佳。因此，如何提高教学效率，让学生在较短的时间里掌握较多有机反应，并掌握学习有机反应的方法，成为有机化学教学改革的一项重要课题。2008年以来，我们为浙江大学化学、应用化学、化学工程、药学等专业已初步掌握有机化学基本知识的本科生开设了一门旨在提高有机化学基础的课程，即中级有机化学课程。该课程以有机反应及其机理为核心内容，按照不同的反应机理编排知识体系，且许多内容涉及学科发展前沿。多年的教学实践表明，这门课程能够有效地启发学生深入思考，能够帮助学生把大量零散的有机反应通过为数不多的反应机理进行归纳、分类和总结，起到了事半功倍的效果。本书正是在我们原有讲义的基础上，经过精心整理、修改和提高，并汲取了大量国际前沿领域新成果的基础上编写而成。

本书以反应机理的类型为主线，依次讨论了加成反应、取代反应、消除反应、重排反应、氧化还原反应、周环反应六大类经典反应类型。在此基础上，结合当代有机化学发展前沿，介绍了一些已得到广泛应用的过渡金属催化的有机反应。此外，作为应该了解的高效合成策略，本书还介绍了一些典型的有机串联反应。书中许多内容引自国内外新近研究成果，其中包括作者自己的成果，各章节均附有参考文献，以便读者查阅。

本书各章后附有习题，读者可及时自我检查所学知识。所有习题均不附答案，但部分习题附有参考文献。通过查阅相关文献，读者不仅可以获得答案，而且可全面了解这些题目的背景和相关知识。希望教师在教学过程中指导学生掌握这样的学习方式，注意培养学生自我获取知识的能力。

为便于自学和更好地理解与思考，本书各章均配备一定数量的数字课程资源，并不断更新和完善。这些资源包括：电子教案、课程录相、拓展材料等。读者可方便地通过手机、计算机等通信工具获取这些资源。

本书由浙江大学吕萍教授（第1~5章）和王彦广教授（第6~9章）编写。在教材编写过程中，许多同事和学生提出了宝贵的修改意见和建议，在此一并表示感谢。

由于作者水平有限，书中错误之处在所难免，敬请同行及读者批评指正。

编 者
2014 年 8 月

目　　录

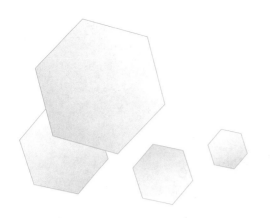

有机化合物以碳骨架为核心，结合氧、氮、氟、氯、硫、磷、硅等杂原子，种类繁多，结构复杂，反应千变万化，这给学生学习有机化学带来不少困惑。然而，我们不难发现几乎所有的有机反应过程都遵循着一定的基本原理和规律。撰写此书的目的就是帮助大家深刻领悟有机反应发生的过程，并用专业的语言来表达这一过程，即有机反应机理。有机反应机理描述的是有机化合物从原料转变到产物的全过程，包括反应过程中电子的合理流动、经过的过渡态和中间体、有机物种的势能变化等。在实际工作中，详尽了解有机反应机理能够帮助人们有效改善反应条件，提高反应的选择性和过程经济性，提高有机合成的效率。

有机反应的本质是电子从富电子中心流向缺电子中心，导致旧共价键断裂和新共价键形成，从而形成新的化合物。电子的流动受原子核的束缚，在一定的轨道中进行，轨道是有形状和方向性的，并占据相应的能级。有机化合物以含碳化合物为基础，碳原子有 sp^3、sp^2 和 sp 三种经典杂化轨道，分别具有四面体形、平面形和直线形几何构型，和碳原子或其他原子形成单键、双键和三键等。在旧键断裂、新键形成的过程中，电子流动受轨道形状和方向的约束，电子从富电子性中心向缺电子中心的流动以轨道有效重叠为基础，并遵循能级匹配原则。

1.1 化学键的断裂方式与有机反应中的活泼中间体

1.1.1 共价键的异裂和均裂

有机反应的本质可归结为电子转移（electron transfer）。加成反应（addition reaction）、取代反应（substitution reaction）、消除反应（elimination reaction）、氧化还原反应（oxidation/reduction reaction）、重排反应（rearrangement reaction）、周环反应（pericyclic reaction）等均涉及合理的电子转移。电子转移有两种方式：一种是电子对转移（electron pair transfer），另一种是单电子转移（single electron transfer，SET）。如下所示，碳原子和 Y 原子共价键的异裂（heterolytic cleavage）发生的是电子对转移，当电子对离开碳原子移向 Y 原子时，碳变成缺电子中心（electron-deficient center），形成碳正离子（carbocation）；当电子对移向碳原子时，碳变成富电子中心（electron-rich center），形成碳负离子（carbanion）。碳原子和 Y 原子共价键的均裂（homolytic cleavage）发生的是单电子转移，碳原子保留一个电子成为碳自由基（carbon radical）。

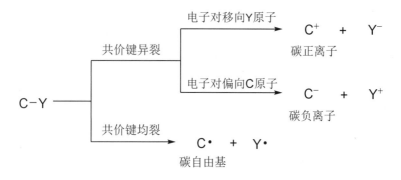

1.1.2 有机反应中的活泼中间体

　　根据共价键的断裂方式，碳的存在形式有碳正离子、碳负离子和碳自由基。这些带电荷或不带电荷的碎片存在于反应过程中，并具有一定的寿命（life time），称为活泼中间体（intermediate）。不带电荷的活泼中间体，除了自由基以外，还有六电子的卡宾（carbene）等。

1.1.2.1 碳正离子

　　带正电荷的碳正离子最外层有 6 个电子，是缺电子体系，属于 Lewis 酸，可与富电子的 Lewis 碱结合，称为亲电试剂（electrophile）。

　　烷基碳正离子的中心碳原子采用 sp^2 杂化，具有平面结构特征，三个取代基处于平面三角形的顶点，剩下一个未参与杂化的空 p 轨道。烯基碳正离子的中心碳原子则采用 sp 或 sp^2 杂化，或介于两者之间。若为 sp 杂化，剩下两个未参与杂化的 p 轨道相互垂直，其中垂直于烯基碳正离子平面的 p 轨道与相邻碳原子的 p 轨道平行，构成 π 键，而另一个 p 轨道则是空的，它正好处于烯基碳正离子的平面上。若为 sp^2 杂化，其中一个 sp^2 轨道为空轨道，π 键和 R^3 基团不再处于一条直线上。

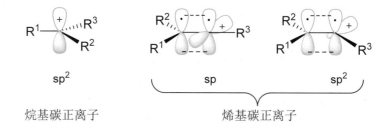

烷基碳正离子　　　　　　烯基碳正离子

　　碳正离子是缺电子体系，随着中心碳原子 s 成分的增加，碳正离子的稳定性急剧下降，烯基碳正离子的稳定性一般不如烷基碳正离子。烷基的超共轭效应和给电子诱导效应（碳原子的杂化不同，电负性不同）能够共同稳定碳正离子。与中心碳原子相连的烷基越多，σ–p 超共轭和给电子诱导效应越强，正离子越稳定。叔丁基碳正离子、异丙基碳正离子、乙基碳正离子和甲基碳正离子的相对稳定性顺序如下：

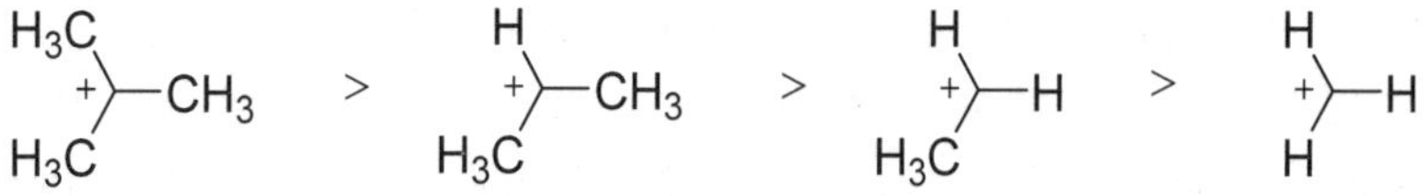

若中心碳原子与芳基、烯基相连，由于 p-π 共轭效应分散了正电荷，从而稳定了碳正离子。当中心碳正离子和烯基相连的时候，从共振式可以看出，烯丙基碳正离子的正电荷可分散到末端两个碳原子上，电荷得到分散，结构得到稳定：

当中心碳正离子和苯基相连的时候，苄基碳正离子的正电荷可分散到 4 个碳原子上。和上述烯丙基碳正离子不同的是，苄基中的苯环具有一定的芳香性，以牺牲芳香性为代价的共振离域对真实分子结构的贡献是很小的，因此，正电荷主要集中在苄位的碳原子上。

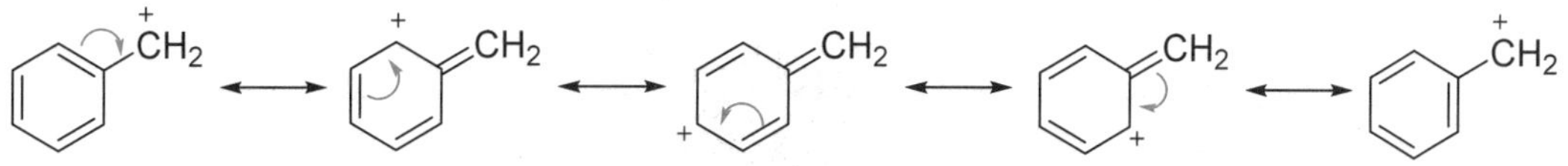

实际上，二苯基甲基碳正离子和三苯基甲基碳正离子相当稳定，它们的六氟锑酸盐或四氟硼酸盐是稳定的固体，可被分离出来进行结构鉴定[1]。由于共轭效应、体阻效应和体积效应，一些双（三芳基甲基）碳正离子也是稳定的[2]，例如[3]：

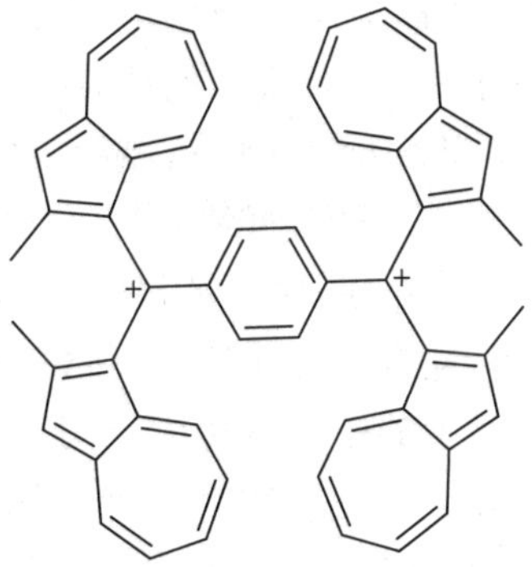

杂原子对碳正离子的稳定性也有很大影响。含有孤对电子的杂原子（如卤素、氧、硫或氮等）直接与碳正离子的中心碳原子相连，由于强的给电子共轭效应，稳定了碳正离子。例如，氧原子对甲氧基甲基碳正离子的稳定作用可从如下共振式得到解释，而它的六氟锑酸盐是一个稳定的固体[4,5]。

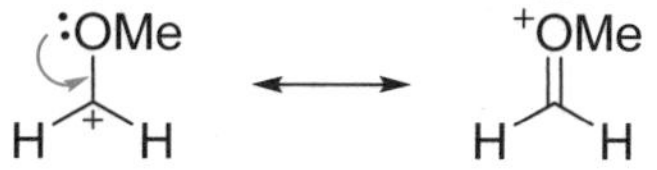

　　杂原子因给电子共轭效应而稳定碳正离子的例子还包括酰基碳正离子[5]。酰基碳正离子与一些烯基碳正离子具有相似的直线形结构（sp 杂化），但它比烯基碳正离子稳定得多，其中 CH_3CO^+ 的稳定性与 $(CH_3)_3C^+$ 的稳定性相当。酰氯和酸酐在 Lewis 酸存在下能形成酰基正离子，使得 Friedel-Crafts 酰基化反应成为可能。酰基碳正离子的稳定性同样应归功于共振：

$$R-\overset{+}{C}=\ddot{O} \quad \longleftrightarrow \quad R-C\equiv \overset{+}{\ddot{O}}$$

一些常见碳正离子相对稳定性的大致顺序如下：

1.1.2.1 参考文献

1.1.2.2　碳负离子

　　带负电荷的碳负离子，其中心碳原子最外层电子数是 8，具有富电子性质，故属于 Lewis 碱和亲核试剂（nucleophile）。碳负离子的稳定性可由其共轭酸的 pK_a 值来描述。碳负离子越稳定，碱性越弱，其共轭酸的 pK_a 值越小，酸性越强。

　　虽然没有直接的实验证据，但一般认为简单的烷基碳负离子的中心碳原子采用 sp^3 杂化，具有三角锥构型，其中一个 sp^3 杂化轨道被一对孤对电子占据。这种三角锥构型在室温下可以翻转，经过一个平面结构的过渡态，此时碳原子为 sp^2 杂化，能量最高，电子对占据 p 轨道。烯基碳负离子的中心碳原子采用 sp^2 杂化，孤对电子占据一个 sp^2 杂化轨道。烯基碳负离子顺反异构体之间的翻转能垒比较高，理论研究表明乙烯基碳负离子的翻转能垒高达 $120.2\ kJ \cdot mol^{-1}$[1,2]。因此，在发生亲核反应时烯基碳负离子的构型可以保持。芳基碳负离子的结构与烯基碳负离子的结构相似。炔基碳负离子的中心碳原子采用 sp 杂化，孤对电子占据一个 sp 杂化轨道。

sp^3	sp^2	sp^3	sp^2	sp
烷基碳负离子			烯基碳负离子	炔基碳负离子

碳负离子属于富电子物种，故杂化轨道的 s 成分越多其越稳定。炔基碳负离子的中心碳原子采用 sp 杂化，s 成分占 50%，一般要比芳基和烯基碳负离子稳定，后两者的中心碳原子采用 sp^2 杂化。因此，乙炔的酸性（$pK_a=25$）要比乙烯（$pK_a=44$）、苯（$pK_a=43$）和乙烷（$pK_a=50$）的酸性大得多，芳基和烯基碳负离子较烷基碳负离子稳定。环丙基碳负离子（共轭酸的 $pK_a=46$）与烯基碳负离子的稳定性相近，且在亲核取代反应中构型可以保持。这些碳负离子的相对稳定性顺序如下：

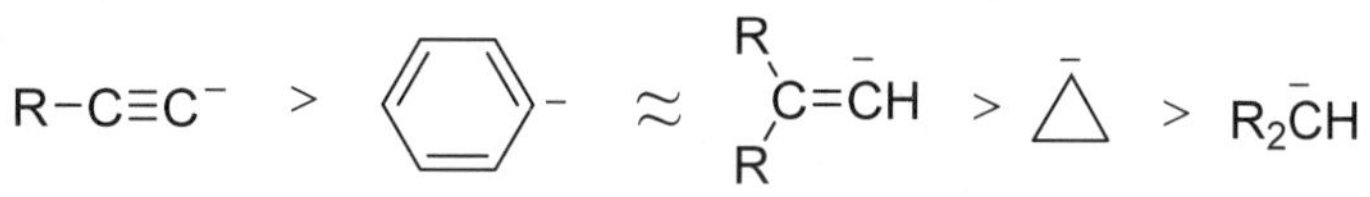

$$R-C\equiv C^- > > ^R_R C=\bar{C}H > \triangle > R_2\bar{C}H$$

简单的烷基碳负离子一般极不稳定，很难制备和研究，共轭效应能够增加碳负离子的稳定性，如烯丙基和苄基碳负离子比简单的烷基碳负离子稳定得多。中心碳原子与苯基或烯基直接相连，则采用 sp^2 杂化，未参与杂化的 p 轨道与芳基或烯基的 π 键共轭，负电荷分散，结构得到稳定。二苯甲基碳负离子和三苯甲基碳负离子甚至可在严格无水的溶液中保存。

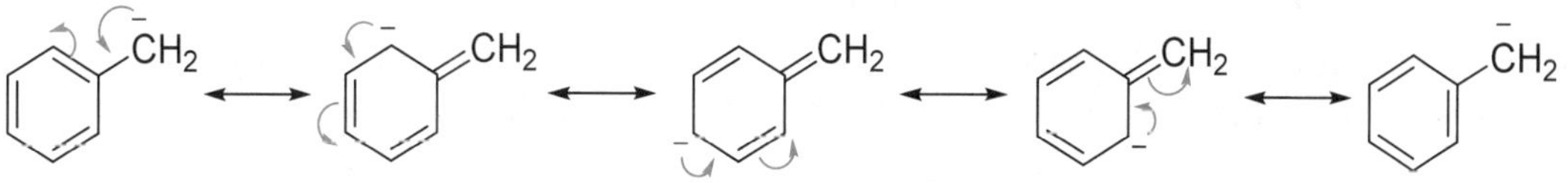

$$R-CH_2=CH-\bar{C}H_2 \longleftrightarrow R-\bar{C}H-CH=CH_2$$

具有吸电子共轭效应的基团如 NO₂、COR、CO₂R、CHO、SO₂R、CN 等能够增加碳负离子的稳定性。通过共振，负电荷可分散到这些吸电子基团上，例如：

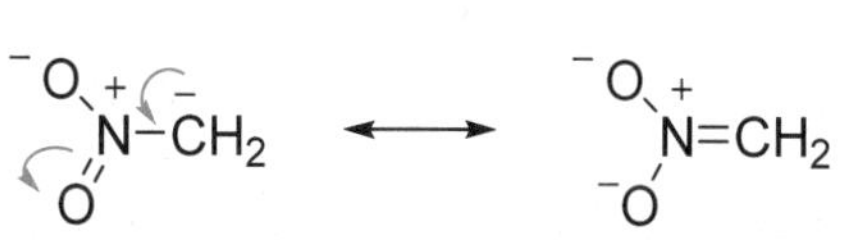

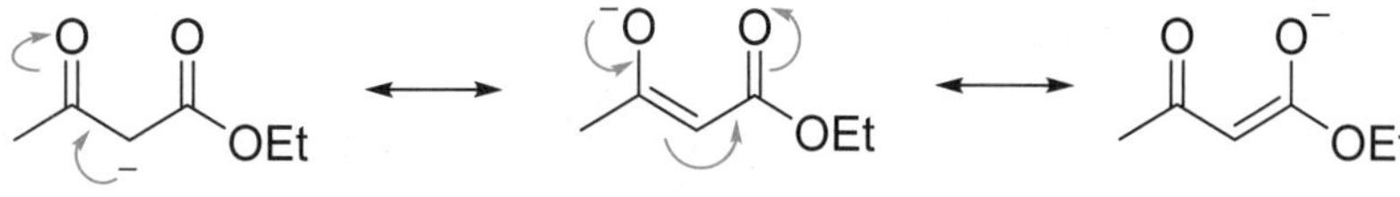

在负电荷中心的 β 位引入吸电子基团（如 CN 和 C=O）时，吸电子的诱导效应和负的超共轭效应（见 2.2 节）也有利于稳定烷基碳负离子。例如，β-氰基乙基碳负离子、cis- 和 trans-β- 甲酰基环丙基负离子和 β- 金刚烷酮负离子相对比较稳定，能够通过 DePuy 反应由相应的三甲基硅基烷烃来产生，后者亦可通过 2- 金刚烷酮的去质子化产生[2]：

$$Me_3SiCH_2CH_2CN \xrightarrow{F^-} \bar{C}H_2CH_2CN + Me_3SiF$$

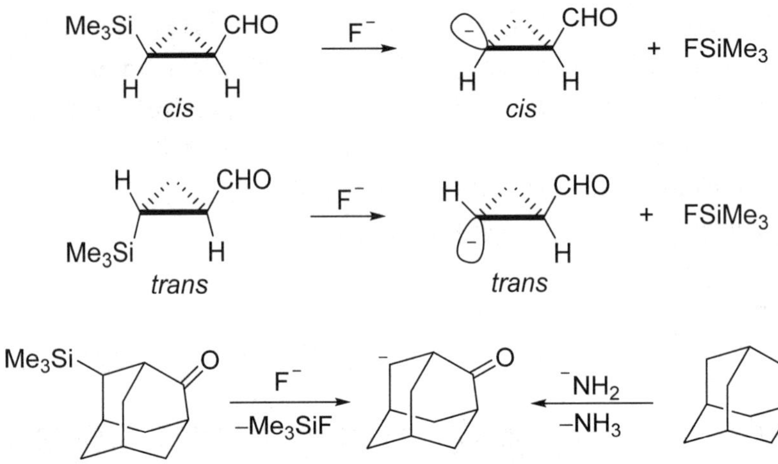

无取代基的1–金刚烷基负离子极不稳定（碱性太强），用DePuy反应难以形成：

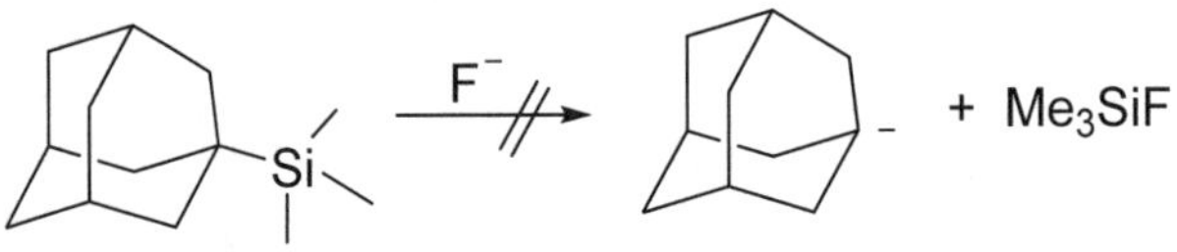

硫和磷对碳负离子有特别的稳定化作用，碳负离子电子对所占据的p轨道与硫或磷的空d轨道重叠，形成pπ–dπ键[3,4]，故磷叶立德和硫叶立德比氮叶立德稳定。氮叶立德中的碳负电荷通过氮正电荷的静电作用而稳定。氮原子属于第二周期元素，没有d轨道，不能形成pπ–dπ键，因此氮叶立德不能形成类似于硫叶立德和磷叶立德的双键。

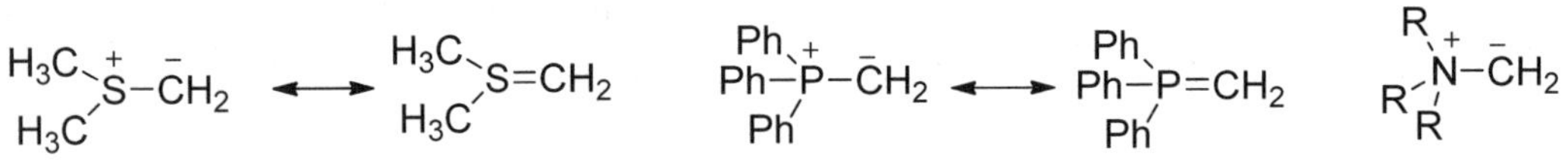

硫叶立德　　　　磷叶立德　　　　氮叶立德

硫代缩醛能使羰基碳原子的极性发生反转，这是因为硫代缩醛可以在强碱存在下形成稳定的碳负离子，后者是重要的 ¹d 合成子。

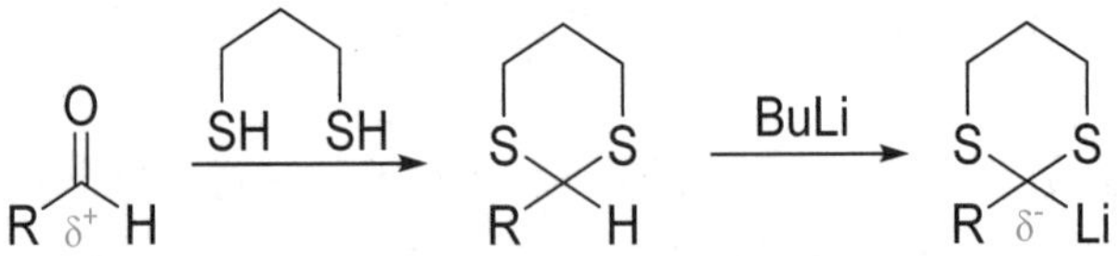

有些碳负离子具有芳香性，故特别稳定，如环戊二烯负离子、茚负离子和芴负离子。因为共振，环戊二烯负离子的负电荷可以分散在五个碳原子上，每一个碳原子容纳五分之一的负电荷；茚负离子的负电荷主要分散在1,3位两个碳原子上，而不破坏苯环的芳香性；芴负离子的负电荷则主要集中在一个碳原子上。因此，环戊二烯具有最大的酸性。

共轭酸的pK_a　　16　　　　20　　　　23

烷基具有给电子诱导效应，因此能够导致碳负离子的稳定性降低。一些常见基团稳定碳负离子能力的大致顺序如下：NO_2＞RCO＞CO_2R＞SO_2＞CN≈$CONH_2$＞X(Cl、Br、I)＞H＞R。

氟具有强吸电子诱导效应，对于碳负离子有稳定作用。因此，理论上含氟甲基负离子的稳定性顺序为：$^-CF_3$＞$^-CHF_2$＞$^-CH_2F$＞$^-CH_3$，但实验观察到的稳定性顺序正好相反，即 $LiCF_3$＜$LiCHF_2$＜$LiCH_2F$≪$LiCH_3$。实际上，氟原子对碳负离子中心的取代数目越多，碳负离子的热稳定性及其亲核反应活性就会越低。这一规律称为负氟效应（negative fluorine effect）[5]。一个可能的原因是，氟取代的碳负离子容易形成卡宾[6]：

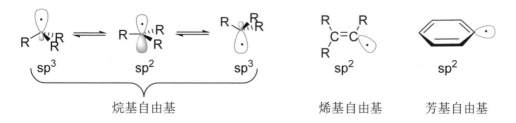

1.1.2.2 参考文献

1.1.2.3 碳自由基

碳自由基的价电子数为 7，虽然是缺电子体系，但它并不倾向于和富电子的亲核试剂反应。简单的烷基自由基中心碳原子的杂化形式介于 sp^2 和 sp^3 之间，其构型在平面形和三角锥形之间迅速变化。变化过程中，单电子时而占据 p 轨道，时而占据一个 sp^3 杂化轨道。烯基和苯基自由基的中心碳原子采用 sp^2 杂化，单电子占据一个 sp^2 杂化轨道。碳自由基的稳定性可以用 C—H 键的解离能（dissociation energy）进行判断，乙烷、乙烯和乙炔中 C—H 键的解离能分别为 423 kJ·mol^{-1}、464 kJ·mol^{-1} 和 556 kJ·mol^{-1}。

与碳正离子相似，烯基和芳基自由基不如烷基自由基稳定。2-甲基丙烷、丙烷、乙烷和甲烷中指定 C—H 键的解离能见表 1.1，其中 2-甲基丙烷拥有最小的值，均裂产生的叔丁基自由基最稳定。

表 1.1　2-甲基丙烷、丙烷、乙烷和甲烷中指定 C—H 键的解离能

化合物	$(CH_3)_3C$—H	$(CH_3)_2CH$—H	CH_3CH_2—H	CH_3—H
解离能/（kJ·mol^{-1}）	389.1	397.5	410.0	439.3

不同种类碳自由基的相对稳定性可以用超共轭效应进行解释，简单烷基自由基的稳定性顺序如下：

共轭效应能明显增加烃基自由基的稳定性。苄基和烯丙基自由基的单电子由于共振而分散在其他原子上，使其比简单的烃基自由基稳定。

位阻对自由基稳定性的贡献很大。例如，三苯甲基自由基的苯溶液在室温下是稳定的，这是共轭效应和位阻效应共同作用的结果[1]。共轭效应可用如下共振结构来表示：

然而，三苯甲基自由基的三个苯环并非共平面，而是每个苯环都与中心碳原子所处平面有一定夹角（如同电风扇的叶片），由此而产生的空间位阻能有效抑制碳中心自由基的二聚。结构类似的三(2,6-二甲氧基苯)甲基自由基的位阻则几乎完全阻止了碳中心自由基的二聚[3]。

尽管自由基是缺电子物种，但一些实验结果表明含有吸电子基团的 $^{\bullet}CHF_2$ 和 $^{\bullet}CH_2F$ 比 $^{\bullet}CH_3$ 稳定，但 $^{\bullet}CF_3$ 不比 $^{\bullet}CH_3$ 稳定[2]。

有一些自由基非常稳定。如下所示，四甲基哌啶氮氧化物（TEMPO）和 2,4,6-三叔丁基苯基氧自由基均是固体，有很好的熔点（mp）。TEMPO 中氧自由基的稳定性来自 N—O 的共轭及四个甲基的位阻；2,4,6-三叔丁基苯氧自由基的稳定性来自苯基和氧原子的共轭及两个叔丁基的位阻。共轭导致单电子离域；位阻能有效抑制自由基的二聚。

TEMPO, mp 36~38 ℃   mp 97 ℃

能产生单电子离域的共轭体系可以是吸电子共轭体系，也可以是给电子共轭体系。如下所示，羰基和氰基具有吸电子共轭效应，而氮原子具有给电子共轭效应。由此可见，影响自由基稳定性的因素有中心原子的电负性、共轭效应、超共轭效应和位阻效应等。

1.1.2.3 参考文献

1.1.2.4　卡宾

卡宾为中性中间体，价电子数为 6，为缺电子体系，但通常表现出亲核的性质。碳原子和两个取代基处于同一平面，两个电子的分布根据碳原子杂化类型的不同而不同。卡宾有两种存在形式，在光谱学上分别称为单线态和三线态。单线态卡宾的中心碳原子采用 sp^2 杂化，两个电子成对占据一个 sp^2 杂化轨道，且自旋方向相反，剩下一个未参与杂化的 p 轨道。$H_2C:$、$Cl_2C:$ 和 $Br_2C:$ 的 α 键夹角分别为约 103°、100° 和 114°。三线态卡宾的中心碳原子可以采用 sp^3、sp^2 杂化或直线形的 sp 杂化，两个电子分别占据两个不同的轨道，且自旋方向相同，具有顺磁性。若为 sp^3 杂化，两个电子以单电子的形式分别占据两个 sp^3 杂化轨道；若为 sp^2 杂化，两个单电子分别占据一个 sp^2 杂化轨道和一个 p 轨道；若为直线形的 sp 杂化，则两个单电子分别占据两个相互垂直的 p 轨道。除了二卤卡宾以及与氮、氧、硫原子相连的卡宾，大多数卡宾都处于非直线形的三线态基态。

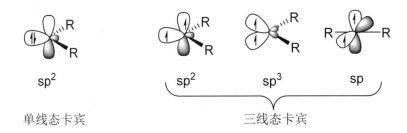

三线态卡宾中电子自旋方向相同，是顺磁性的，相当于一个双自由基，如果有足够的寿命，则能被顺磁共振所检测。三线态卡宾比单线态卡宾具有更低的能量，三线态卡宾在气相中稳定，而单线态卡宾在液相中比较稳定。

卡宾的结构还与它的产生方式有关，如重氮甲烷液态光解得到的是单线态卡宾，在二苯酮存在下光解得到的是三线态卡宾；氯仿在碱性条件下生成的是单线态卡宾。

单线态卡宾可以被一些具有给电子共轭效应的取代基稳定，如二氨基卡宾，两个氮原子上的孤对电子对共振式都有一定程度的贡献：

具有下列骨架的氮杂环卡宾（N–heterocyclic carbene，NHC）相当稳定，甚至可以被分离出来：

它们通常由 1,3–二烃基咪唑盐在碱存在下制备。第一个被分离得到的 NHC 结晶具有如下结构[1]：

96% yield
mp 240 ～ 241 °C

1.1.2.4 参考文献

1.1.2.5　乃春

氮烯（nitrene），又称乃春，与卡宾相类似，也是一类活泼中间体，能参与多种反应。乃春也分为单线态和三线态两种，三线态乃春较单线态乃春具有更低的能量。乃春通常由叠氮化合物的热分解（pyrolysis）得到：

$$R-\ddot{\overset{-}{N}}-\overset{+}{N}\equiv N: \longleftrightarrow R-\ddot{N}=\overset{+}{N}=\overset{-}{\ddot{N}}:$$

$$R-\ddot{\overset{-}{N}}-\overset{+}{\ddot{N}}\equiv N: \longrightarrow R-\ddot{N}:$$

叠氮化合物在加热条件下分解，氮气作为中性分子离去，留下的 N 原子有 6 个价电子，其中 2 个电子为氮和碳之间的共价电子，2 个电子形成孤对电子，剩下的 2 个电子如果自旋相反并填充在一个轨道中则成单线态乃春，如果自旋相同并各占一个轨道则成三线态乃春。

乃春很不稳定，需要原位产生。在有机合成中常用的磺酰基乃春就是由磺酰基叠氮热解或光解产生的[1]，也可在过渡金属催化下温和地产生[2]。若为过渡金属催化，则形成较稳定的金属乃春（M=NR）后参与反应。

$$R-\overset{\displaystyle O}{\underset{\displaystyle O}{\overset{\|}{\underset{\|}{S}}}}-\ddot{\overset{-}{N}}=\overset{+}{N}=\ddot{N}: \longleftrightarrow R-\overset{\displaystyle O}{\underset{\displaystyle O}{\overset{\|}{\underset{\|}{S}}}}-\overset{-}{\ddot{N}}-\overset{+}{\ddot{N}}\equiv N: \xrightarrow[\text{或 [M]}]{\triangle \text{ 或 } h\nu} R-\overset{\displaystyle O}{\underset{\displaystyle O}{\overset{\|}{\underset{\|}{S}}}}-\ddot{N}: \ + \ N_2$$

1.1.2.5 参考文献

1.2　有机反应机理

1.2.1　有机反应机理的描述

　　描述有机反应通常用直线箭头，箭头的方向代表由原料（starting material，SM）到产物（target molecule，TM）的转变，直线箭头的左边代表底物或原料，右边代表目标分子或产物，实现转化所需要的试剂（reagent）写在直线箭头的上方，实现转化所应用的反应条件（reaction conditions）写在直线箭头的下方；若描述的有机反应具有可逆的性质，通常采用平衡箭头，表示箭头左右的两个有机分子或物种在某一条件下能达到平衡（equilibrium），改变平衡的条件可以改变平衡的方向；描述一个有机分子或物种中共轭电子的流动，通常用双向箭头，表示离域电子在共轭体系上进行重新分布，此过程不涉及原子或基团的重新分布，即不涉及骨架的改变。

　　在描述有机反应进行的过程时，常用弯箭头表示电子对的转移，用鱼钩箭头表示单电子的转移。以烯烃的亲电加成反应为例，溴在富电子烯烃的作用下产生诱导偶极，一端具有缺电子性，另一端具有富电子性。烯烃上的一对 π 电子转移到缺电子性一端的溴上形成溴鎓离子，另一个溴带着一对电子离开。溴鎓离子中的 C—Br 键是极化的，溴带有正电荷，C—Br 共价电子对偏向溴，使得碳成缺电子性，易受到溴负离子的进攻。进攻过程中溴负离子贡献一对电子去形成新的 C—Br 键，而溴鎓离子中 C—Br 键上的共价电子转移到溴上，分散溴上的正电荷，最终生成邻二溴化合物。图中的弯箭头代表一对电子对的转移，箭头的方向代表电子对流动的方向，电子从富电子中心流向缺电子中心。

鱼钩箭头代表单电子转移。以羰基在金属钠作用下偶联生成邻二醇为例，羰基中的 π 电子发生均裂，一个电子转移到碳上形成自由基，一个电子转移到氧上，并从金属钠夺取一个电子形成负离子，此时的物种称为负离子自由基（anion radical），也是活泼中间体中的一种。两个负离子自由基各贡献一个电子形成 C—C 共价键，成双负离子（dianion），反应后经酸处理，最后得到邻二醇化合物。

1.2.2　有机反应的基本类型

有机反应可分为加成反应、取代反应、消除反应和重排反应四种基本类型。根据共价键断裂的方式，这些反应类型可进一步分为离子型反应、自由基反应和协同反应。

1. 加成反应

在加成反应中，两个或多个分子相互作用生成一个加成产物，以 σ 键数目增加和 π 键数目减少为特征。

该类反应通常发生在不饱和键上，如碳碳双键、碳碳三键、碳氧双键等。根据先加上去的试剂是亲电试剂、亲核试剂还是自由基，加成反应又可分为亲电加成反应、亲核加成反应和自由基加成反应，如烯烃的亲电加成、羰基化合物的亲核加成、烯烃的自由基加成等。亲电加成反应和亲核加成反应涉及共价键的异裂，为离子型反应；自由基加成反应涉及共价键的均裂，为自由基反应。三种加成反应有一个共同的特点，反应是分步进行的。还有一类加成反应既不涉及碳正离子、碳负离子，也不涉及碳自由基，反应一步完成，称为协同加成反应，如 Diels-Alder 反应。

亲电加成反应：

亲核加成反应：

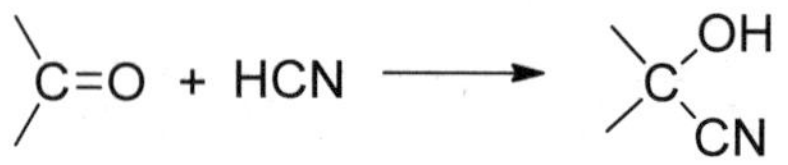

自由基加成反应：

协同加成反应：

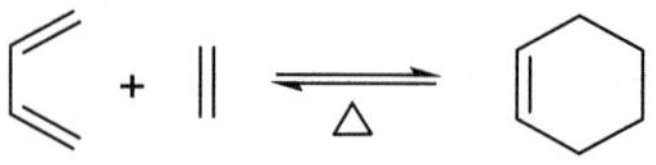

2. 消除反应

与加成反应过程相反，在消除反应中一个分子生成两个分子，其特征为 σ 键数目减少和 π 键数目增加。

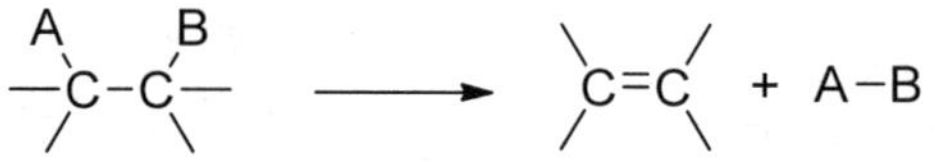

这类反应通常在较高反应温度下发生裂解，生成一个新的不饱和键和一个小分子，如醇的脱水、叔胺 N-氧化物的热消除：

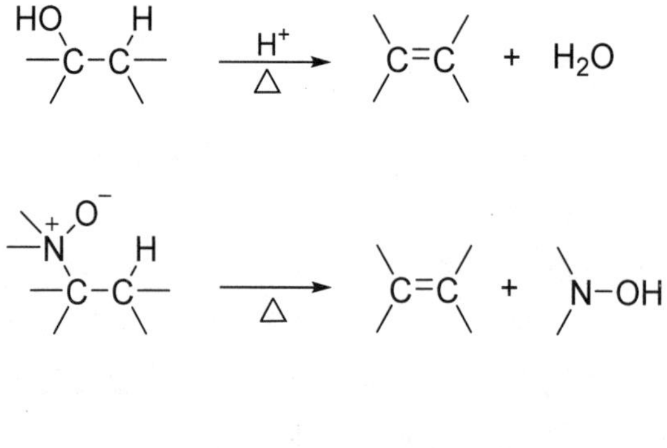

3. 取代反应

一个基团被另一个基团所取代，共价键的数目保持不变。

根据试剂性质的不同，取代反应分为亲核取代反应、亲电取代反应和自由基取代反应，如饱和碳原子上的亲核取代、芳香烃的亲电取代、烯丙基上的自由基取代等。

亲核取代反应：

$$\underset{\substack{H \\ |}}{\overset{\substack{H \\ |}}{H-C-Br}} + OH^- \longrightarrow \underset{\substack{| \\ H}}{\overset{\substack{H \\ |}}{HO-C-H}} + Br^-$$

亲电取代反应：

$$\bigcirc + Br_2 \xrightarrow{FeBr_3} \bigcirc\!-Br$$

自由基取代反应：

$$\underset{\substack{| \\ H}}{\overset{H}{C}}=\underset{\substack{| \\ H}}{\overset{CH_3}{C}} + Br_2 \xrightarrow{ROOR} \underset{\substack{| \\ H}}{\overset{H}{C}}=\underset{\substack{| \\ H}}{\overset{CH_2Br}{C}}$$

4. 重排反应

和以上反应不同，重排反应涉及原子或基团的迁移，转变成异构体，大部分重排反应甚至改变了分子的骨架。

互变异构是一类简单而重要的重排反应。如酮和烯醇之间的互变异构、烯胺和亚胺之间的互变异构等，质子转移的同时发生双键的位移。以烯胺和亚胺的互变异构为例，互变异构可通过共振论来理解，烯胺分子中氮和双键之间存在 p–π 共轭，氮给出孤对电子，并将 C=C 上的 π 电子推向 β– 碳，给出极化了的烯胺的共振式。共振式中碳负离子具有碱性，而亚胺正离子氮上的氢具有一定的酸性，质子交换（proton transfer，PT）得到亚胺。一般情况下，酮和烯醇的互变异构、亚胺和烯胺的互变异构在酸性或碱性条件下发生。

互变异构：

更多的重排反应是迁移基团 X 带着一对共价电子迁移到邻位的缺电子性 Y 原子上。Y 原子可以是缺电子性碳、氧或氮等原子。

$$\underset{\substack{| \\ }}{\overset{X}{C}}-Y^+ \longrightarrow \underset{\substack{| \\ }}{\overset{X}{C}}^+-Y$$

如果 X 是氢，称为 1,2–H 迁移；如果 X 是烷基，则称为 1,2– 烷基迁移。

1,2-H 迁移：

1,2-烷基迁移：

1,2-H 迁移不涉及碳骨架的变化，但氢原子在结构中连接的顺序是不同的，重排的驱动力是生成更稳定的碳正离子，或是被亲核试剂捕获后的产物具有更好的相对稳定性。1,2-烷基迁移是烷基带着一对电子迁移到缺电子性碳原子或杂原子上，发生碳骨架的改变。这一类迁移使得有机化学反应变幻莫测，有机化合物结构变得丰富多彩，在有机化学中占有非常重要的地位。

一些重排反应涉及迁移基团重排到缺电子性的氧和氮原子上，如 Baeyer-Villiger 氧化和 Beckmann 重排等。在 Baeyer-Villiger 氧化中，酮被过氧酸氧化为酯。在此过程中，酮的一个 α-碳原子带着一对电子迁移到缺电子性的氧原子上。可能的反应机理如下所示：

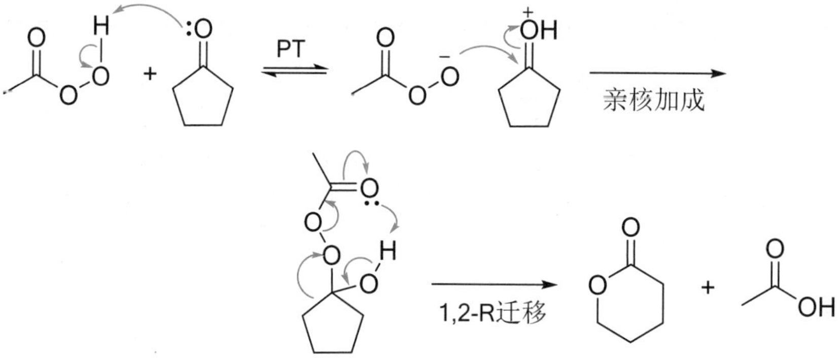

在 Beckmann 重排中，肟在酸催化下重排生成酰胺。在此过程中，烷基（R^2）迁移到缺电子性的氮原子上。

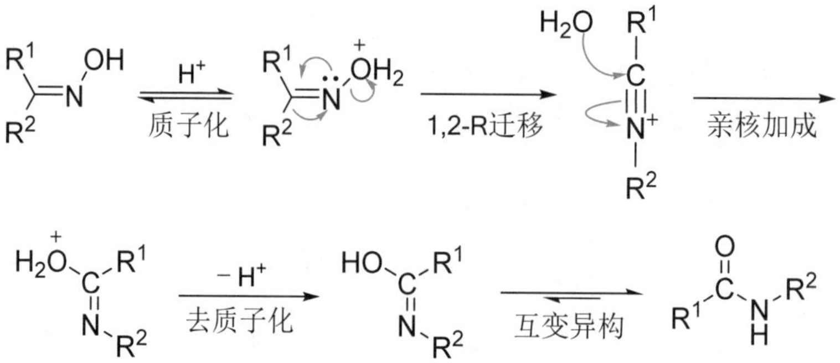

有些重排反应协同进行，一步完成，如 Cope 重排和 Claisen 重排等。该类反应的特点和环加成反应一样，是可逆的，反应的方向取决于底物和产物的相对稳定性，反应具有高度的立体专一性。

Cope 重排：

Claisen 重排：

事实上，很多反应可以看成以上加成反应、消除反应、取代反应和重排反应的组合。如酯的水解、醇解和氨解反应可以看成加成反应和消除反应的组合，称为加成–消除机理。

1.3　有机反应机理的研究方法

1.3.1　反应进程图

有机反应过程中，有机化合物或物种发生势能的变化，通常用反应进程图描述这种势能的变化。以一个一步放能反应为例，横坐标表示反应进程，纵坐标表示势能，由反应物转变成产物需要克服一个能垒，称为活化能（activation energy），用 ΔE^* 表示。处于能量最高点的是反应的过渡态（transition state），反应物和产物的势能差是反应能（reaction energy），如图 1.1 所示，产物的势能低于反应物的势能，反应是放能反应（exergonic reaction），放出的能量为 ΔE。

多步反应涉及反应中间体。中间体具有一定的寿命，较稳定的中间体能被分离，活泼中间体则可以用试剂进行捕获或用仪器检测（如用 ESR 检测自由基）。图 1.2 给出了两步放能反应的反应进程图，所示反应有两个过渡态和一个中间体，反应物到中间体需要克服第一个活化能 $\Delta E_1^{\neq}$，从中间体到产物需要克服第二个活化能 $\Delta E_2^{\neq}$，反应的活化能为反应物能量和最高能量的差值（$\Delta E^{\neq}$），产物比反应物稳定，第一步是吸能反应（endergonic reaction），第二步是放能反应，总的为放能反应，放出的能量为 ΔE。

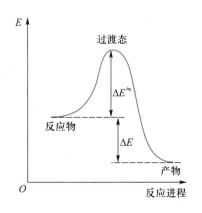

图 1.1　一步放能反应的反应进程图

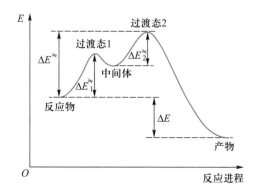

图 1.2　两步放能反应的反应进程图

在图 1.2 中，第一步过程是可逆的，中间体回到反应物需要克服的能垒比中间体转变成产物所需要克服的能垒要小，但产物比反应物稳定。由此，中间体回到反应物是动力学控制的，而转变成产物则是热力学控制的；反应温度低有利于动力学控制过程，即回到反应物；反应温度高则有利于热力学控制过程，即生成产物。

1.3.2　过渡态的结构和位置

有机反应的过程涉及一个或多个过渡态，图 1.1 所代表的一步反应经过一个过渡态，图 1.2 所示的两步反应经过两个过渡态，并有一个中间体。在过渡态的结构中，旧的共价键没有完全断裂，新的共价键没有完全形成。可以简单地认为过渡态的结构是一步反应中原料结构和产物结构平均化的结果，包括键长平均化、电荷平均化和几何结构平均化。以一步反应为例，在 E2 消除反应的过渡态中，C—H 和 C—X 还没有完全解离，用虚线表示；C—C 之间还没有完全形成双键，用虚实线表示；氢将以正离子的形式离去，卤素将以负离子的形式离去；氢和卤素分别带有部分正、负电荷，分别用 δ^+ 和 δ^- 表示；两个碳原子的几何结构将由四面体形转变到平面形，几何结构处于两者之间。区别于有一定寿命的中间体，过渡态不可以被分离或捕获，因此，通常将过渡态的结构书写在方括号中，右上角用 $\neq$ 表示。在 E2 消除反应中，此类过渡态具有部分双键的结构，被视为"类烯烃过渡态"（alkene-like transition state）。

由于原料和产物的势能是不一样的，根据 Hammond 假说，过渡态的结构与势能相近的物种（反应物或产物）相似，即"能量相近，结构相似"。对于一步放能反应，过渡态的结构更趋近于反应物［图 1.3（a）］，称为前过渡态（early transition state），其相对稳定性可以借用反应物的相对稳定性进行判断。一步吸能反应的过渡态结构则更趋近于产物［图 1.3（b）］，称为后过渡态（late transition state），其相对稳定性可以借用产物的相对稳定性进行判断。

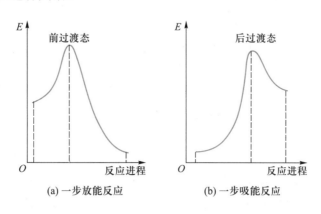

图 1.3　前过渡态和后过渡态的相对位置

1.3.3　有机反应速率和反应动力学

考察反应速率（reaction rate）是研究反应机理的重要手段之一。有些反应非常快，有些反应非常慢，太快和太慢的反应都不适合用于反应速率的研究。改变反应的条件可以使快的反应变慢，慢的反应变快，最终使反应速率落在可控制、可研究的范围内，如调节反应的温度、改变溶剂的极性、改变反应物的浓度等。利用改变反应物浓度来研究反应速率，称为反应动力学（reaction kinetics）研究。

反应速率和单位时间内反应物分子的碰撞次数、能量有效的碰撞概率（有足够能量越过过渡态的能垒，能级匹配）和空间有效的碰撞概率（空间上有利于键的断裂和键的生成，轨道重叠）有关，并成正比。

$$\text{反应速率} = \begin{pmatrix}\text{单位时间内}\\\text{反应物分子的}\\\text{碰撞次数}\end{pmatrix} \times \begin{pmatrix}\text{能量有效的}\\\text{碰撞概率}\end{pmatrix} \times \begin{pmatrix}\text{空间有效的}\\\text{碰撞概率}\end{pmatrix}$$

反应物碰撞次数和反应物的浓度成正比，由此，一个 $n\text{X}+m\text{Y}$ 的反应，其反应速率方程式可以简化为

$$r = k[\text{X}]^n[\text{Y}]^m$$

其中，r 代表反应速率，k 代表反应速率常数，[X]、[Y]分别代表两种反应物的浓度，n、m 分别代表参与反应的 X、Y 的份数，n 和 m 的和代表反应级数。有机反应可以是一步

反应或多步反应，对于一步反应，反应的决速步骤（rate determining step，RDS）就是这一步；对于多步反应，所有步骤中最慢的一步，即活化能最大的那一步是整个过程的瓶颈，因此是决速步骤。

反应级数代表化合物或物种参与决速步骤的份数。以 Diels-Alder 环加成反应为例，反应速率不仅和丁二烯的浓度成正比，而且与乙烯浓度也成正比，丁二烯和乙烯的浓度指数各为 1，该反应为二级反应动力学。

$$r=k\,[丁二烯]\,[乙烯]$$

反应速率常数与分子间的有效碰撞、活化能及温度相关：

$$k = A\mathrm{e}^{-\Delta E^*/RT}$$

A 为概率因子，反应速率常数 k 和活化能 ΔE^* 和温度 T 呈指数关系，所以活化能、温度的微小改变都将对反应速率产生较大的影响。活化能低、温度高，反应速率快。

1.3.4　动力学同位素效应

对于一个多步反应的机理，通常需要确定决速步骤，并了解决速步骤中参与形成过渡态的反应物的数目，以确定反应的反应动力学级别。对此，动力学同位素效应（kinetic isotope effect，KIE）实验是一种有效的研究方法。最常用的同位素是氘（D），将分子中的 C—H 键换成 C—D 键，然后分别测定反应速率，得到 k_{H} 和 k_{D}，二者的比值即为动力学同位素效应（KIE）：

$$KIE = k_{\mathrm{H}}/k_{\mathrm{D}}$$

1. 一级同位素效应

红外光谱分析数据显示，C—H 键的伸缩振动频率在 2900～3100 cm^{-1}，由于 D 比较重，C—D 键的特征伸缩振动频率在 2050～2200 cm^{-1}。根据红外振动频率与原子质量的关系，含较重同位素共价键的折合质量 μ 值越大，共振频率 ν 值就越小。

$$\mu = \frac{m_1 m_2}{m_1 + m_2}$$

可以预计，在发生反应时 C—H 键比 C—D 键活泼，这就意味着 C—H 键比 C—D 键容易断裂。当 KIE 大于 1 时，决速步骤中很可能涉及 C—H（D）键的断裂。通常当 KIE 在 2～7 时，认为该反应涉及 C—H（D）键的断裂，是一级同位素效应控制的反应，即具有一级同位素效应（primary isotope effect）。

以甲苯自由基溴代为例。苄位氘代的甲苯与 N-溴代丁二酰亚胺（NBS）反应得到两种化合物，即由 C—H 键断裂衍生的氘代苄溴和由 C—D 键断裂衍生的苄溴：

$$k_H / k_D \ (77\ ^{\circ}C) = 4.86$$

　　氘代苄溴的生成涉及 C—H 键的断裂，反应速率常数为 k_H；苄溴的生成涉及 C—D 键的断裂，反应速率常数为 k_D，在 77℃下，测得 KIE = 4.86，说明反应的决速步骤中涉及 C—H（D）键断裂。普遍接受的甲苯自由基溴代机理包括链引发（initiation）、链增长（propagation）和链终止（termination）三个阶段，其中链增长阶段第一步反应（溴自由基和甲苯反应生成苄基自由基和溴化氢）是决速步骤。

链引发：

链增长：

链终止：

2. 二级同位素效应

当 KIE 等于或近似等于 1 时，可以认为 C—H（D）键的断裂不包括在反应的决速步骤中。当 KIE 在 0.7～1.5 时，意味着存在弱的同位素效应。在此情况下，C—H（D）键并未发生断裂，但可能减弱或重新杂化，并且发生在决速步骤中。这样的效应称为二级同位素效应（secondary isotope effect）。当 1＜KIE＜1.5 时，称为常规二级同位素效应（normal secondary isotope effect）。当同位素原子所连碳原子由 sp^3 杂化变为 sp^2 杂化时，常出现常规二级同位素效应。当 0.7＜KIE＜1 时，称为反常二级同位素效应（inverse secondary isotope effect），通常当同位素原子所连碳原子由 sp^2 杂化变成 sp^3 杂化时出现反常二级同位素效应。

产生二级同位素效应的主要原因在于 C—H 键较 C—D 键长，前者弯曲状态的自由度比后者的大，二者面外弯曲振动在过渡态和基态所受的影响不同，从而导致反应速率的差异。例如，S_N1 反应的决速步骤为碳正离子的形成，在此过程中，中心碳原子由 sp^3 杂化变为 sp^2 杂化，若中心碳原子上连有氘，其二级同位素效应（KIE＝1.08～1.25）一般比 S_N2 反应的大，据此可以区别 S_N1 反应和 S_N2 反应。当然，KIE 数值的大小还与被取代的基团、溶剂和可能形成的离子对的性质等因素有关。

下面是烯烃环氧化动力学同位素效应实验，结果显示 KIE＝0.81，氘原子所连碳原子由 sp^2 杂化变成 sp^3 杂化，属于反常二级同位素效应[1]。

1.3.4 参考文献

1.3.5　中间体的检测与捕获

很多有机反应通过多步完成，经过多个中间体和过渡态，中间体具有一定的寿命，处于反应进程图中的波谷，而过渡态没有寿命，处于反应进程图中的波峰。活泼中间体除了以上常见的四种，即碳正离子、碳负离子、碳自由基和卡宾，还有乃春、苯炔、类卡宾等。它们的特点是，相对于反应物或原料，它们的浓度比较低，并且它们中大部分不符合八隅体规则，非常活泼，这些特征给中间体结构的确定带来困难。但中间体有一定的寿命，这就给中间体结构的确认带来机会。

　　确认中间体结构通常用两种方法，一种是在线确认，即用波谱的方法进行确认；一种是外加试剂捕获活泼中间体并分离鉴定，或分离鉴定较稳定中间体并使用它完成后续的反应。例如，George A. Olah（1994 年诺贝尔化学奖获得者）曾用超酸获得碳正离子，不仅给碳正离子更长的寿命，而且用核磁共振直接观察到碳正离子的存在，如桥环碳正离子六氟锑酸盐（**A**）可以通过不同方法用超酸捕获[1]：

　　不论从化合物 **1**，还是从化合物 **2**、**3** 或 **4**，加入超酸（如超强 Lewis 酸 SbF_5-SO_2 或超强质子酸 $HSbF_6$），用核磁共振观察，氢谱中原有的峰均消失，产生一个新的峰，化学位移为 3.1，如果将溶液冷却到 $-60\,^{\circ}\mathrm{C}$，氢谱中的峰都变成三个峰，化学位移为 5.35、3.15 和 2.20，其峰面积之比为 4∶1∶6。Olah 对机理的解释是所有反应物经过重排均可以产生一个相同的碳正离子 **A**，**A** 可以发生 Wagner-Meerwein 重排生成 **B**，也可以发生 6,2-氢迁移生成 **C**，这两个过程均为快速过程；3,2-氢迁移生成 **D** 的过程是慢的，由于 **A**、**B** 和 **C** 之间的快速转化导致 1、2、6 位等同，3、5、7 位等同，反映在氢谱上的峰面积之比为 4∶1∶6。当温度升高时，慢过程也能进行，1～7 位全部等同，反映在氢谱上为单峰。

1.3.5 参考文献

1.3.6 反应的选择性

反应选择性有三类：化学选择性（chemoselectivity）、区域选择性（regioselectivity）和立体选择性（stereoselectivity）。

化学选择性指的是试剂对底物中官能团的选择性。如在 $NaBH_4$ 作用下羰基比酯基先还原：

$$MeOOC \diagup\diagdown\diagup\diagdown\diagup C(=O) R \xrightarrow{NaBH_4} MeOOC \diagup\diagdown\diagup\diagdown\diagup CH(OH) R$$

区域选择性指的是反应生成两种或两种以上构造异构体，其中一种产物为主要产物，其他的为次要产物，如不对称烯烃加卤化氢：

$$\diagdown\diagup=\diagdown \xrightarrow{HBr} \text{（主要产物）} + \text{（次要产物）}$$

主要产物　　　　　次要产物

立体选择性指的是反应生成两种或两种以上立体异构体，其中一种立体异构体为主。立体选择性分为非对映选择性（diastereoselectivity）和对映选择性（enantioselectivity）两种。

反丁-2-烯加溴，生成的主要产物为内消旋化合物，与另两种次要产物的关系为非对映异构体，因此该立体选择性为非对映选择性，用非对映体过量值（diastereomeric excess，*de* 或 diasteromeric ratio，*dr*）来表示非对映选择性的高低。

$$\diagdown\diagup=\diagdown \xrightarrow{Br_2} \text{（主要产物）} + \text{（次要产物）} + \text{（次要产物）}$$

主要产物　　　　　　　　次要产物

$$de = \frac{\text{主要非对映体量} - \text{次要非对映体量}}{\text{主要非对映体量} + \text{次要非对映体量}} \times 100\%$$

烯丙醇环氧化可得到两种产物，氧从双键平面的上方和下方进行环氧化，两种产物互为对映异构体。Sharpless 在不对称催化领域的一个重要贡献就是利用配体酒石酸的手性，控制产物的对映选择性，得到一种对映异构体为主的产物，该立体选择性为对映选择性，用对映体过量值（enantiomeric excess，ee）来表示对映选择性的高低。

主要产物　　　　　次要产物

$$ee = \frac{主要对映体量 - 次要对映体量}{主要对映体量 + 次要对映体量} \times 100\%$$

通过测定各种产物的组成和含量，可以推断反应的机理。如上述丁−1−烯加溴化氢得到的 2−溴丁烷为主要产物，1−溴丁烷为次要产物，由此可推断这个反应的机理是经过碳正离子的分步机理。

当丁−1−烯进攻质子时，有两种可能接近的方式，生成碳正离子 **A** 或 **B**，经过了过渡态 Ⅰ 或 Ⅱ。该步骤为吸能步骤，过渡态应为后过渡态。根据 Hammond 假说，后过渡态的结构更趋近于碳正离子的结构，因此，过渡态 Ⅰ 和 Ⅱ 称为类碳正离子过渡态（Ⅰ 和 Ⅱ），可以用判断碳正离子相对稳定性的方法来判断类碳正离子的相对稳定性。由于 **A** 比 **B** 稳定，因此，Ⅰ 比 Ⅱ 稳定，即生成 **A** 所需要克服的活化能 E_a 比较小，经过 **A** 的概率要比经过 **B** 的大得多，最后生成以 2−溴丁烷为主的产物。碳正离子机理与实验结果相吻合。

习 题

1. 有机反应活泼中间体有哪些？它们拥有什么样的结构？影响这些结构的因素有哪些？

2. 下图是一个亲核取代反应的反应进程图，用箭头表示电子对的转移，写出合理的有机反应机理，并画出过渡态的结构。

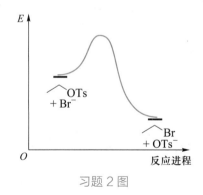

习题 2 图

3. 如下所示的反应机理，哪一个更合理？为什么？

(1)　　$OH^- + HCN \rightleftharpoons CN^- + H_2O$

(2)

4. 如下两个碳正离子，哪一个更稳定？为什么？

5. 下面是一个氘代的动力学同位素效应实验，实验测得 $k_H/k_D = 1.19$。该反应的决速步骤是否涉及 C—H(D)键的断裂？画出决速步骤产物的结构。

（*Org. Lett.* 2011，*13*，2208-2211.）

习题参考答案

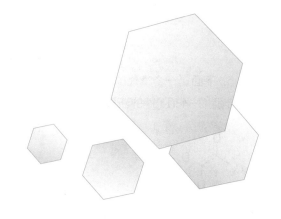

第 2 章
共轭和超共轭效应

电子离域是由轨道相互作用引起的,按照轨道相互作用的方式可将电子离域分为两种,即共轭(conjugation)和超共轭(hyperconjugation)。共轭通常指 π-π、p-p 及 π-p 轨道之间的相互作用,离域电子(delocalized electrons)在共轭体系上进行重新分布使得电荷平均化、键长平均化、结构得到稳定。超共轭通常指 σ-σ、n-σ、σ-π 及 n-π 轨道之间的相互作用,是定域电子(localized electrons,如 σ 电子和孤对电子)对结构稳定性的贡献。σ-σ 轨道之间的作用有时也称为 σ 共轭。

2.1 共振论

虽然分子轨道理论能够充分体现电子的离域和轨道方向性,但图形比较复杂,不易理解和表示。因此,人们在表示共轭体系时常采用共振结构,通过多个极限结构的混合来体现电子离域。目前,这一方法也被用于表示超共轭体系。因此,本章首先介绍共振论(resonance theory)。

2.1.1 共轭和共振

共轭体系中电子的离域运动称为共振(resonance)。共振能够导致键长平均化,电荷平均化,体系能量降低,从而使结构稳定化。按照轨道作用的类型,可将共轭效应分为 p-p 共轭、π-π 共轭、p-π 共轭和 d-p 共轭等,下面分别介绍。

2.1.1.1 p-p 共轭

烯烃分子中双键碳原子采取 sp² 杂化,两个双键碳原子的未参与杂化的 p 轨道平行重叠(即"肩并肩"重叠)组成两个分子轨道:一个是 π 成键轨道,另一个是 π 反键轨道(用 π*表示)。组成成键轨道的两个 p 轨道相位相同,能量降低;反键轨道相位相反,能量升高,升高的能量略大于降低的能量,能量基本上是守恒的。重组前 p 轨道上的两个电子填充到重组后能量低的 π 成键轨道上。与重组前相比,两个电子的能量降低值为 2β,这个能量降低值是烯烃中双键的共轭稳定能(图 2.1)。

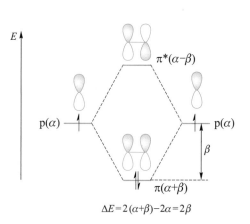

$$\Delta E = 2(\alpha+\beta) - 2\alpha = 2\beta$$

图 2.1　p-π 共轭

2.1.1.2　π–π 共轭

　　当四个 p 轨道平行重叠组成四个分子轨道时，形成两个 π 成键轨道（Φ_1 和 Φ_2）和两个 π 反键轨道（Φ_3 和 Φ_4）。每一个轨道中相位改变的地方称为节点（node），节点越多该轨道的能量越高，Φ_1 能量最低，Φ_4 能量最高。四个电子填充到两个 π 成键轨道（Φ_1 和 Φ_2）中，和两个孤立的双键相比能量降低 0.472β。这个能量变化值就是共轭二烯的共振稳定能（resonance energy），由四个电子在共轭体系上发生离域运动所致（图 2.2）。

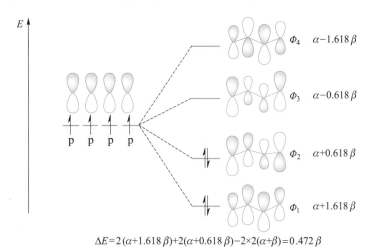

$$\Delta E = 2(\alpha + 1.618\,\beta) + 2(\alpha + 0.618\,\beta) - 2\times 2(\alpha + \beta) = 0.472\,\beta$$

图 2.2　π–π 共轭

　　共轭体系上离域电子的运动不仅使体系能量降低，而且使得共价键的键长平均化。丁–1,3–二烯分子中，C2—C3 键键长为 146 pm，介于双键（133 pm）和单键（154 pm）之间。当丁–1,3–二烯（**A**）上的 π 电子做离域运动时，可以有两个方向，得到 **B**、**C**、**D** 和 **E** 四个共振式。**A**、**B**、**C**、**D** 和 **E** 根据结构的相对稳定性不同对分子的真实结构贡献不同，其中 **A** 最稳定，贡献最大。分子的真实结构用共振杂化体（**F**）表示，是五个共振结构平均化的结果，共振杂化体 **F** 显示 C2 和 C3 之间具有部分双键的性质。

　　当六个 p 轨道平行重叠组成六个分子轨道时，根据三个双键连接的方式不同，存在三种不同的结构：直链型的（*E*）–己–1,3,5–三烯或（*Z*）–己–1,3,5–三烯，交叉型的 3–甲亚基戊–1,4–二烯和环状的苯。如下所示，直链型结构和交叉型结构的共振稳定能差别不大（分别为 0.988β 和 0.9β），约为丁-1,3-二烯共振稳定能的两倍。这一结果表明，直线型和交叉型三烯均比丁-1,3-二烯有更大的共轭体系，离域电子的运动范围更广。共轭体系越大，共振稳定化能越大。然而，苯的共振稳定能为 2β，意味着它特别稳定。这一"额外"的稳定性来自环闭体系，称为芳香性（aromaticity）。

(*E*)-己-1,3,5-三烯

$$2(\alpha+1.802\beta)+2(\alpha+1.247\beta)+2(\alpha+0.445\beta)-3\times2(\alpha+\beta)=0.988\beta$$

3-亚甲基戊-1,4-二烯

$$2(\alpha+1.932\beta)+2(\alpha+\beta)+2(\alpha+0.518\beta)-3\times2(\alpha+\beta)=0.9\beta$$

苯

$$2(\alpha+2\beta)+2\times2(\alpha+\beta)-3\times2(\alpha+\beta)=2\beta$$

2.1.1.3　p–π 共轭

三个 p 轨道平行重叠可以组成三个分子轨道，如图 2.3 所示，根据电子数的不同，有三种情况：烯丙基碳正离子、烯丙基碳自由基和烯丙基碳负离子，它们分别拥有 2、3 和 4 个离域电子，共振稳定能均为 0.828β。此时，双键给正电荷、负电荷、自由基带来的离域稳定性是相同的。

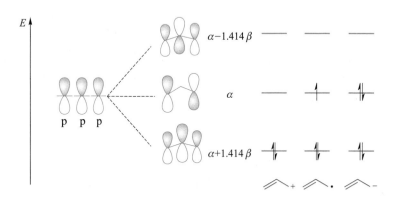

$$\Delta E(烯丙基正离子)=2(\alpha+1.414\beta)-2(\alpha+\beta)=0.828\beta$$
$$\Delta E(烯丙基自由基)=2(\alpha+1.414\beta)+\alpha-2(\alpha+\beta)-\alpha=0.828\beta$$
$$\Delta E(烯丙基负离子)=2(\alpha+1.414\beta)+2\alpha-2(\alpha+\beta)-2\alpha=0.828\beta$$

图 2.3　p–π 共轭

烯丙基碳正离子、烯丙基碳自由基和烯丙基碳负离子上离域电子的运动称为共振，根据离域电子数的不同，具有如下所示的共振结构，共振的结果是键长平均化、电荷得到分散、结构得到稳定。

2.1.1.4 d–p 共轭

如 1.1.2.2 节所述，当第三周期元素 S 或 P 和相邻的 sp² 杂化碳原子形成共价键时，S 或 P 原子的 d 轨道可以和邻位碳原子的 p 轨道平行重叠，碳原子 p 轨道上电子可以填充到 S 或 P 原子空的 d 轨道中，形成 d–p 共轭而稳定，具有这种 d–p 共轭结构的分子称为硫叶立德或磷叶立德。氮叶立德中的碳负电荷可以通过氮正电荷的静电诱导而稳定，但由于氮原子没有 d 轨道，不存在如下所示的 C=N 双键。

硫叶立德   磷叶立德

氮叶立德   不正确

2.1.2 共振式和共振杂化体

共轭体系上离域电子的运动可以用共振式和共振杂化体来描述。如 2.1.1.2 节所述的丁-1,3-二烯具有 A、B、C、D 和 E 五个共振式，共振式之间用双向箭头表示相互之间共振的关系；F 为丁-1,3-二烯的共振杂化体，是五个共振式平均化的结果。书写共振式必须满足如下四个条件：

（1）每一个共振式是正确的 Lewis 结构式；

（2）共轭电子的排布不同，原子核骨架不变；

（3）参与共轭的每一个原子需处于同一平面（见 2.1.3 节）；

（4）未成对电子数保持不变。

碳酸根由四个原子组成，处于同一个平面，四个 p 轨道形成交叉共轭体系，交叉共轭体系上共有六个离域电子，电子在交叉共轭体系上做离域运动，得到三个共振式：

分子的真实结构是电子离域运动的结果，结构中键长平均化、电荷平均化，即三个碳氧键均为部分双键，三个氧原子分别负担三分之二的负电荷。碳酸根真实的分子结构用共振杂化体表示，用虚实线表示部分成键，用 δ 表示部分电荷：

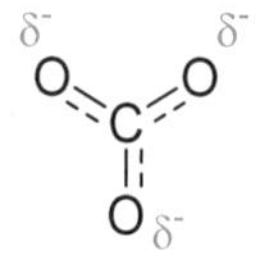

对于碳酸根的三个共振式，它们对分子真实结构的贡献是一样的，但很多情况下，共振式对分子真实结构的贡献是不同的。丁-1,3-二烯分子有五个共振式，共振式 **A** 贡献最大，其次是共振式 **B** 和 **D**，贡献最小的是共振式 **C** 和 **E**。

共振式对共振杂化体贡献的大小取决于它的相对稳定性，共振式越稳定，对共振杂化体贡献越大。判断共振式相对稳定性遵循如下规律：

（1）共价键越多越稳定；
（2）电荷越分散越稳定；
（3）负电荷集中在电负性大的原子上；
（4）正、负电荷越分离，结构越不稳定。

一氧化碳拥有如下两个共振式，**A** 拥有较多成键，故较稳定。

叠氮根负离子拥有如下五个共振式，虽然 **A** 中的共价键数与 **D** 和 **E** 中的共价键数相同，但 **A** 结构中负电荷分散在两个端基氮原子上，故最稳定。

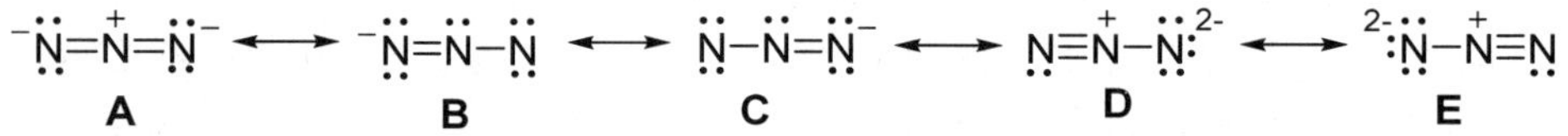

如下所示，羰基化合物 **A** 和烯醇 **B** 之间是一种平衡，称为酮式-烯醇式互变异构。**A** 和 **B** 结构中原子的连接方式发生了改变，即二者的骨架不同，因此它们不是共振关系。与 **A** 和 **B** 相应的碳负离子 **C** 和烯醇负离子 **D** 的结构中原子的连接方式相同，电子在共轭体系中离域导致电子重新分布，故 **C** 和 **D** 互为共振式。由于氧原子（EN=3.5）比碳原子（EN=2.5）具有更大的电负性（electronegativity，EN），更能容纳负电荷，因此，烯醇负离子 **D** 比碳负离子 **C** 稳定。

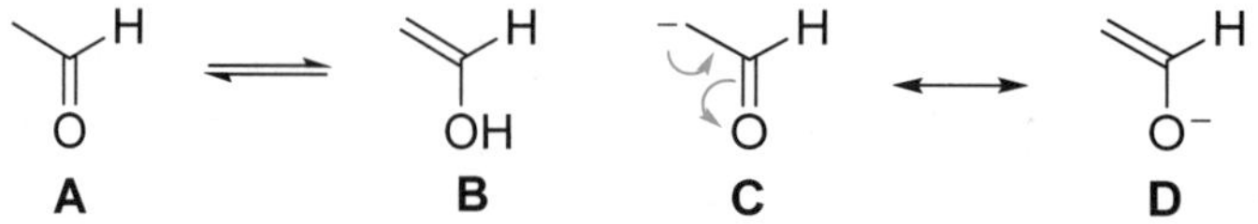

乙酰乙酸乙酯中 C2—H 的 pK_a 为 11，具有较强的酸性，这是因为脱质子后的碳负

离子较稳定，负电荷能够被两个氧原子所容纳，电荷得到分散，结构稳定。如下所示的三个共振式中 **A** 最不稳定，因为碳原子的电负性比氧原子的小。**B** 是通过酯基中的羰基氧来分散电荷的，由于甲氧基的给电子共轭效应，降低了酯羰基中碳的缺电子性，也就降低了酯基分散负电荷的能力，因此 **C** 比 **B** 稳定。换言之，酮羰基碳比酯羰基碳更缺电子，这也就解释了羰基为什么优于酯基先被还原的化学选择性（见 1.3.6 节）。

α, β-不饱和羰基化合物是 Michael 加成反应的受体。α, β-不饱和羰基化合物有三个共振式，其中 **A** 最稳定，**B** 和 **C** 均为正、负电荷分离的状态，均不稳定，对共振杂化体的贡献较小。相比之下 **C** 结构中的正、负电荷分离更远，故 **B** 比 **C** 稳定。共振式 **D** 是不合理的，因为碳的电负性比氧的小。正是由于离域电子的定向运动，共振式 **B** 和 **C** 合理地体现了分子中电子云的相对密度，用共振杂化体 **F** 表示，2 位和 4 位的碳原子均具有缺电子的性质，和亲核试剂作用时，α, β-不饱和羰基化合物既可以发生 1,2-加成，也可以发生 1,4-加成。1,4-加成也称共轭加成，当亲核试剂为碳时，称为 Michael 加成。

2.1.3　共振的轨道方向性

共振的起源是共轭体系上离域电子的运动，形成共轭体系的前提是参与共轭的原子需要在同一个平面上，参与共轭的轨道必须满足平行的条件，换句话说，电子离域是以轨道方向性（orbital orientation）为前提的。

(E)-己-1,4-二烯分子中，3 位碳原子是饱和碳原子，采用 sp³ 杂化。两个双键之间不能通过 p 轨道的平行重叠而形成直线形的共轭体系，故其稳定性不如拥有 $\pi-\pi$ 共轭体系的(E)-己-1,3-二烯。然而，(E)-己-1,4-二烯比己-1,5-二烯稳定，这是因为两个被亚甲基间隔的、共平面的 π 键可以通过三元环形成离域体系。这种通过一个亚甲基间隔的共轭作用称为同共轭（homoconjugation）。

π–π 共轭　　　　　同共轭　　　　　孤立二烯

己–1,2–二烯分子中，2 位碳原子采用 sp 杂化，未参与杂化的两个 p 轨道是垂直的，由此形成的两个双键也是垂直的，两个双键之间不能形成共轭体系。换言之，累积二烯中两个双键上的 π 电子在各自的 π 轨道上运动，不能在三个碳原子上做离域运动。

累积二烯

2,4,6–三硝基碘苯的单晶结构显示，C—N 键的键长是不同的，邻位 C—N 键键长为 145 pm，具有单键的性质；对位 C—N 键键长为 135 pm，具有部分双键的性质[1]。换句话说，邻位的两个硝基和苯环不共平面，而对位的硝基和苯环是共平面的。因为碘原子体积比较大，空间位阻使得邻位硝基和苯环不能处于同一个平面，二面角为 80°，苯环上 p 轨道和硝基 N═O 上 p 轨道不能形成共平面的共轭体系，电子就不能发生离域运动，邻位碳氮键体现单键的键长和性质，邻位硝基中 ONO 的键角为 127°；而对位硝基可以和苯环共平面，此时，碘体现的给电子共轭性质使得对位碳氮键具有双键的性质，对位硝基中 NON 的键角为 120°。

　　邻、间、对硝基苯酚的 pK_a 值如下所示，其中对硝基苯酚的酸性比邻硝基苯酚的酸性强。一方面是因为邻硝基苯酚中存在氢键使得质子不易解离；另一方面是因为对硝基苯酚解离质子后可以发生电子的离域，共轭碱越稳定，酸性越强。

| pK_a | 7.22 | 8.39 | 7.15 | 分子内氢键 | 更好的共轭 |

　　在如下所示碳正离子 **A** 中氮原子非键轨道和邻位碳原子 p 轨道可以平行重叠，非键轨道上的孤对电子可以对空的 p 轨道进行填充，形成共振式 **B**，氮原子杂化类型由 sp^3 变成 sp^2，氮原子结构由锥形变成平面形。共振式 **B** 比 **A** 的成键数目多，前者更稳定；共振杂化体 **C** 中键长平均化，电荷得到分散，结构得到稳定。在碳正离子 **D** 中，从侧面看过去，氮原子非键轨道和邻位碳原子 p 轨道是垂直的，非键轨道上的电子不能填充到空的 p 轨道上去，正电荷还是集中在一个碳原子上。换句话说，小的双环体系桥头原子不能以双键结构存在，这一原则称为 Bredt 规则[2]。

　　如下所示的 β–氨基–α,β–不饱和羰基化合物 **A**，氮原子非键轨道可以和 α,β–不饱和羰基上四个 p 轨道平行重叠，形成 p–π 共轭体系，离域电子在共轭体系上做离域运动，形成共振式 **B**。虽然 3–乙酰基吡啶的骨架和 β–氨基–α,β–不饱和羰基化合物的骨架相类似，但由于氮原子非键轨道和吡啶上的 p 轨道是垂直的，氮原子上的孤对电子不能离域到环上去，不能形成共振式 **D**。

2.1.3 参考文献

2.2　超共轭

2.2.1　超共轭的定义和分类

超共轭效应（hyperconjugative effect）是 σ 成键轨道（bonding orbital）或非键轨道（non-bonding orbital）参与的一种共轭效应。与上述基于 p 轨道平行重叠的共轭体系不同的是：σ 键电子或杂原子上的非键电子是定域电子，超共轭效应利用的是 σ 成键轨道或非键轨道与邻位缺电子的 p 轨道或 σ 反键轨道（anti-bonding orbital）或 π 反键轨道发生部分重叠，成键轨道或非键轨道上的定域电子对缺电子性的轨道进行一定的补充，从而使得电荷得到分散，结构得到稳定[1]。

常见的超共轭体系有 σ–p 超共轭、σ–σ* 超共轭、σ–π* 超共轭、n–p 超共轭、n–σ* 超共轭、n–π* 超共轭等。

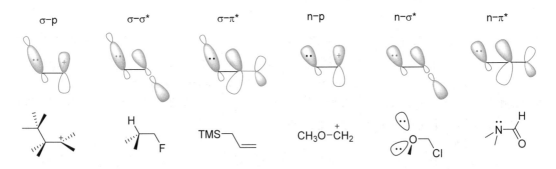

超共轭效应分为三类，即正超共轭效应、负超共轭效应和中性超共轭效应。由相邻的 σ 成键轨道和空的 p 轨道或 π* 反键轨道之间相互作用产生的超共轭效应定义为正超共轭效应（positive hyperconjugation）；反之，由相邻的满的 sp³ 轨道或 π 成键轨道和 σ* 反键轨道之间相互作用引起的超共轭效应定义为负超共轭效应（negative hyperconjugation）。正、负超共轭效应的相同之处在于电子给体（electron donor）和电子受体（electron acceptor）是明确的，即电子流动的方向是明确的，并都将在原来的基础上形成部分双键和部分单键的特征。对于中性超共轭效应（neutral hyperconjugation）来讲，电子给体和电子受体可以是不确定的，体系中存在两个方向的超共轭效应，因此也称为双向超共轭效应（two-way hyperconjugation）。

正超共轭效应

$$\sigma(C-H) \rightarrow p$$

中性超共轭效应

$$\pi \rightarrow \sigma^*$$
$$\sigma \rightarrow \pi^*$$

负超共轭效应

$$sp^3 \rightarrow \sigma^*$$

当 $\sigma(C_{sp^3}\text{—H})$ 成键轨道和邻位空的 p 轨道发生部分重叠产生正超共轭效应的时候，也会形成两个能级，两个电子填充在低能级，产生的超共轭稳定化能和轨道重叠程度的平方成正比，和 σ 键的 HOMO 与 p 轨道的 LUMO 能级差成反比。在这样的正超共轭效应中接受 σ 键电子的 p 轨道是非键轨道。

S=重叠

σ-p超共轭

$$\sigma(C_{sp^3}\text{—H})$$

p

$$\Delta E$$

$$E_{stab}$$

$$E_{stab} \propto \frac{S^2}{\Delta E}$$

当用 π^* 反键轨道或 σ^* 反键轨道接受电子时，重组的分子轨道能级不仅和接受电子的反键轨道能级相关，而且和接受电子的成键轨道能级相关。

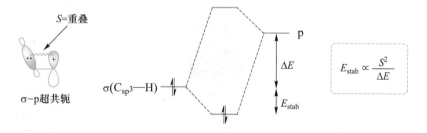

n-π*超共轭

n

$$\pi^*$$

$$\pi$$

n-σ*超共轭

n

$$\sigma^*$$

$$\sigma$$

结合原子的电负性、共价键的键能和键长，超共轭效应中单键、双键、碳负离子、孤对电子给出电子的能力的大致顺序为

$$\sigma(C-Si) > \sigma(C-C) > \sigma(C-H) > \sigma(C-N) > \sigma(C-O) > \sigma(C-F)$$

$$H_3\ddot{P} > H_2\ddot{S} > H_3\ddot{N} > H_2\ddot{O} > H\ddot{Cl}$$

超共轭效应中碳正离子、单键、双键、三键接受电子的能力的大致顺序为

$$\sigma^*(C-F) > \sigma^*(C-O) > \sigma^*(C-N) > \sigma^*(C-C) > \sigma^*(C-H)$$

超共轭效应的强弱除了依赖于轨道给出电子的能力和轨道接受电子的能力等影响因素之外，还极大地依赖于给体轨道和受体轨道的空间取向。当结构中最优电子给体的轨道和最优电子受体的轨道处于反式共平面的构象关系时，即电子给体轨道和电子受体轨道的二面角为180°时，拥有最优的超共轭效应，这一现象称为主要立体电子效应规则（main stereoelectronic rule）。

2.2.1 参考文献

2.2.2　超共轭对结构稳定性的贡献

乙烷、丙烷和 2-甲基丙烷发生 C—H 键异裂，解离成乙基碳正离子、异丙基碳正离子和叔丁基碳正离子的解离能分别为 1158 kJ·mol^{-1}、1043 kJ·mol^{-1} 和 970 kJ·mol^{-1}。逐渐变小的数据表明稳定性顺序为：叔丁基碳正离子＞异丙基碳正离子＞乙基碳正离子。有关它们相对稳定性，一方面可以从甲基的给电子诱导效应（+I），分散碳原子的正电荷得到解释；另一方面可以从甲基的 $\sigma(C_{sp^3}-H)$ 轨道和碳正离子空的 p 轨道的部分重叠，产生超共轭效应得到解释。$\sigma(C_{sp^3}-H)$ 成键轨道和空的 p 轨道部分重叠，使得 σ 键上的电子能补充到空的 p 轨道上，从而正电荷得到分散，结构得到稳定。

如下所示，碳正离子邻位的甲基越多，正电荷越分散，碳正离子越稳定。

σ(C$_{sp^3}$—H)-p 超共轭

邻位 C$_{sp^3}$—H 键可以通过超共轭效应稳定碳正离子，邻位的 C$_{sp^3}$—C$_{sp^3}$ 键也可以。1-氯双环[2.2.1]庚烷不能和亲卤试剂硝酸银作用，而 1-氯双环[2.2.2]辛烷则具有一定的反应性，其反应活性约是前者的一百万倍，1-氯金刚烷反应活性则更强。这是因为，在双环[2.2.1]庚烷正离子的结构中，桥头碳正离子的 p 轨道受几何结构的影响不能和邻位的 C$_{sp^3}$—H 键及 C$_{sp^3}$—C$_{sp^3}$ 键发生有效超共轭，而在双环[2.2.2]辛烷正离子的结构中，虽然桥头碳正离子的 p 轨道不能和邻位 C$_{sp^3}$—H 发生有效重叠，但三个邻位 C$_{sp^3}$—C$_{sp^3}$ 键均可以和空的 p 轨道发生有效重叠，C$_{sp^3}$—C$_{sp^3}$ 成键轨道上的电子能有效补充到空的 p 轨道上去，产生超共轭效应。金刚烷碳正离子则具有更强的超共轭效应，更好的稳定性，其六氟锑酸盐单晶可以分离得到。和金刚烷结构相比，金刚烷碳正离子中 C$_{sp^3}$—C$_{sp^3}$ 成键轨道和 p 轨道之间发生的超共轭效应使得金刚烷结构发生变形，给出电子的 C$_{sp^3}$—C$_{sp^3}$ 单键键长增长至 160.8 pm，得到电子的 C$_{sp^3}$—C$_{sp^3}$ 单键键长缩短至 143.1 pm[1]。

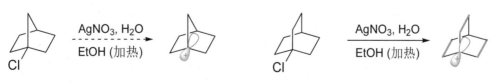

1-氯双环[2.2.1]庚烷   1-氯双环[2.2.2]辛烷

1-氯金刚烷

当碳正离子的 β 位是硅的时候，$\sigma(C_{sp^3}—Si)$ 和 p 轨道之间可以发生轨道的重叠，产生超共轭效应。一方面，由于硅的电负性［EN(Si)=1.9］比氢的电负性［EN(H)=2.1］小，$\sigma(C_{sp^3}—Si)$ 给出电子的能力比 $\sigma(C_{sp^3}—H)$ 强；另一方面，硅基正离子的体积比质子的体积要大得多，给出电子后的正电荷能得到更好的分散（基团的尺寸效应），因此，$\sigma(C_{sp^3}—Si)$ 和 p 轨道之间的超共轭效应要比 $\sigma(C_{sp^3}—H)$ 和 p 轨道之间的超共轭效应强得多，比 $\sigma(C_{sp^3}—C_{sp^3})$ 单键给出电子的能力也要强。这种超共轭效应也称为 β– 硅基效应（β–silicon effect）。

$$\sigma(C_{sp^3}—Si) \longrightarrow p$$

如下所示的平行反应的相对反应速率是 β– 硅基效应存在的直接证据。反应分步进行，生成碳正离子的一步是决速步骤（RDS）。根据 Hammond 假说，由于该步骤为吸能步骤，过渡态为后过渡态，具有类碳正离子的结构特征，相对稳定性和碳正离子的相对稳定性一致。和 $\sigma(C—H)$ 相比，$\sigma(C—Si)$ 是更好的电子给体，硅基取代的碳正离子 **A** 和碳正离子 **B** 相比具有更好的稳定性，相关反应具有更低的反应活化能，反应速率是没有硅基取代的 2.4×10^{12} 倍[2]。

X = Si, H

σ(C$_{sp^3}$—Si)键的给电子能力，不仅可以是 β 位，而且可以是 γ 位、δ 位，这称为远程超共轭效应（through bond hyperconjugation）。

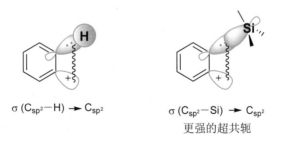

σ-π 超共轭　　　　　　　　　　σ-σ 同超共轭

σ-π/σ-π 双重超共轭

苯和甲烷发生 C—H 键异裂，得到苯基碳正离子和甲基碳正离子，它们的异裂能分别为 1230 kJ·mol^{-1} 和 1316 kJ·mol^{-1}，远大于乙烷、丙烷中 C—H 键的异裂能，说明苯基碳正离子和甲基碳正离子非常不稳定。苯基碳正离子结构如下所示。一方面，受键角的影响，邻位 σ(C$_{sp^2}$—H)键和空的 sp^2 轨道之间重叠程度很小；另一方面，sp^2 杂化碳原子的电负性比 sp^3 杂化碳原子的电负性大，C$_{sp^2}$—H 成键轨道上的电子和 C$_{sp^3}$—H 键相比不容易给出去，从而正电荷得不到有效分散，苯基碳正离子极不稳定。当苯基碳正离子的邻位是硅基时，由于硅的电负性比氢的小，σ(C$_{sp^2}$—Si)键给电子的能力较强，弥补了结构中键角和碳原子杂化类型带来的缺陷，存在一定的超共轭效应，电荷得到分散，结构得到稳定。

σ (C$_{sp^2}$—H) ➝ C$_{sp^2}$　　　　σ (C$_{sp^2}$—Si) ➝ C$_{sp^2}$
更强的超共轭

2017 年，Nelson 报道了 2-三甲基硅基苯基正离子的产生及捕获[3]。如下所示的碳硼烷负离子[HCB$_{11}$Cl$_{11}$]$^-$ 是一个十二面体，十二面体的顶角由一个 CH 和一个硼原子组成，每个硼原子上均连有氯，其共轭酸是能结晶分离的超强质子酸，能质子化苯。在它的三苯基甲基盐和三乙基硅烷共同催化下，2-三甲基硅基氟苯可以和苯反应得到联苯。

联苯生成的可能机理如下所示。三苯基甲基碳正离子夺得三乙基硅烷中的负氢生成三乙基硅基正离子（**A**），继而和 2-三甲基硅基氟苯作用产生 2-三甲基硅苯基正离子（**B**）。两个因素的协同作用稳定了这一碳正离子：一个是邻位 C_{sp^2}—Si 键和空的 C_{sp^2} 轨道间的超共轭作用，另一个是特别稳定的超大负离子没有亲核性，使得碳正离子的形成成为可能。随后，苯基碳正离子被另一个苯环上的 C_{sp^2}—H 键捕获得到苯锑正离子（**C**），生成的碳正离子（**C**）拥有大的离域共轭体系及更好的超共轭效应，比 **B** 更加稳定。最后，**C** 解离成产物联苯和三甲基硅基正离子（**D**），**D** 进入下一个催化循环。

环己烷的椅式构象中有两种 C—H 键，一种是平伏键（equatorial bond），另一种是直立键（axial bond）。由于相邻 C—H 直立键能形成有效的中性超共轭效应，故 C—H 直立键被弱化，具有较长的键长，在 ^{13}C NMR 中则显示有较小的 $^1J_{C-H}$ 的耦合常数值，即 $^1J_{C-H_{ax}} < {}^1J_{C-H_{eq}}$，差值为 3.6 Hz，这一现象称为 Perlin 效应（Perlin effect）[4]。氧杂环己烷中由于处于直立键上的氧孤对电子可以和 $\sigma^*(C-H_{ax})$ 之间产生电子流方向明确的负超共轭效应，使得 Perlin 效应更为明显，耦合常数的差值为 11.2 Hz。

$$n_{ax} \longrightarrow \sigma^*(C-H_{ax})$$

负超共轭

　　孤对电子参与的端基效应在糖类的环状结构中非常普遍，即当糖类成吡喃苷的时候，倾向于将烷氧基放在直立键的位置上。如下所示，一个 D 型己醛糖形成甲苷的时候，α-糖苷键（α-form）比 β-糖苷键（β-form）稳定。当甲氧基在平伏键上时，氧原子上的非键轨道 n 和 $\sigma^*(C-O)$ 轨道之间形成外型端基效应（exo anomeric effect）的超共轭效应；当甲氧基在直立键上时，结构中存在两种超共轭效应，即内型端基效应（endo anomeric effect）和外型端基效应。内型端基效应远比外型端基效应作用强，这是因为前者的环内双键相对稳定，且 $\sigma^*(C-OCH_3)$ 能级较低。所以，当 D 型己醛糖形成甲苷的时候，倾向于将甲氧基放在直立键上，即优先形成 α-糖苷键。

　　由此可见，共轭和超共轭描述的都是电子离域带来的结构稳定性。共轭针对的是共轭体系上离域电子的离域运动产生的结构稳定性，超共轭针对的是定域电子发生部分离域导致的结构稳定性，它们之间没有本质上的区别。

2.2.2 参考文献

2.3 芳香性

2.3.1 芳香性的定义及判断依据

如 2.1.1.2 节所述，苯的共振稳定化能为 2β，和开链的共轭三烯相比，能量差值为 1.1β，这一更加稳定的性质称为化合物的芳香性。Hückel 发现，除了苯环以外，一些环状的、平面的、拥有 $4n+2$（n 是自然数）π 电子数的轮烯均具有芳香性。如下所示，不仅中性的物质可以具有芳香性，离子也可以：

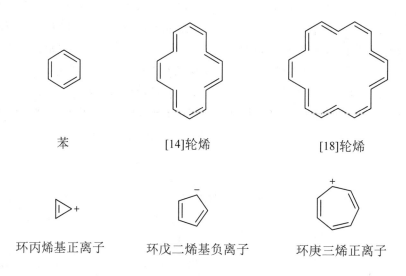

苯　　　　　　　[14]轮烯　　　　　　　[18]轮烯

环丙烯基正离子　　　环戊二烯基负离子　　　环庚三烯正离子

芳香性物质的特征：容易发生环上的亲电取代反应，而不是双键的亲电加成反应；结构上，由于共轭体系上离域电子的运动，单、双键的键长平均化，电荷平均化；^{1}H NMR 中，由于环电流产生磁各向异性，芳香环平面的上下方为屏蔽区，芳香环的周边为去屏蔽区，这种磁各向异性导致处于芳香环上方和下方的氢落在高场，有较大的屏蔽作用和较小的化学位移值；而芳香环周边的氢落在低场，有较大的去屏蔽作用和较大的化学位移值，通常为 6～8。这三种基本特征，直观可获得，可以认为是化合物芳香性的基本判断依据。

[10]轮烯虽然拥有 $4n+2$ 个电子，可以有以下几种构型异构体，第一种结构看似共平面，但由于 H 原子和 H 原子之间的排斥力，整个环是扭曲的；其他三种结构不是共平面的结构，但相对第一种结构而言则比较稳定。

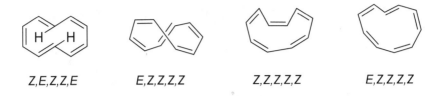

Z,E,Z,Z,E E,Z,Z,Z,Z Z,Z,Z,Z,Z E,Z,Z,Z,Z

在[10]轮烯上搭建一个亚甲基的桥，10 个碳原子不仅可以共平面成共轭体系，而且没有了上面第一种结构中 H 原子和 H 原子之间的排斥力，化合物具有芳香性，这可以从键长平均化和亚甲基的化学位移得到佐证。

δ (ppm): -17.7

142 pm

140 pm   138 pm

2.3.2　反芳香性、非芳香性和同芳香性

环丁－1,3－二烯的 MO 轨道能级如下所示，计算共振稳定化能时发现，它的势能和两个孤立乙烯的势能和没有差别：

$\alpha - 2\beta$

α —— ------ —— α

$\alpha + 2\beta$

与两个孤立的乙烯相比，能量差值为

$$2(\alpha+2\beta)+2\alpha-2\times2(\alpha+\beta)=0$$

与丁－1,3－二烯相比，能量差值为

$$2(\alpha+2\beta)+2\alpha-2(\alpha+1.618\beta)-2(\alpha+0.618\beta)=-0.472\beta$$

也就是说，环丁－1,3－二烯的势能比丁－1,3－二烯的势能高，成环以后失去直线形丁－1,3－二烯中 π－π 共轭带来的稳定性，环丁－1,3－二烯中不存在 π－π 共轭，也不存在两个 π 键上 π 电子的离域。这一类具有 $4n$ 个电子且共平面的轮烯分子是反芳香性

（anti-aromaticity）的。具有反芳香性的还有环丙烯基负离子和环戊二烯基正离子。

环丁-1,3-二烯　　　　环丙烯基负离子　　　　环戊二烯基正离子

环丁－1,3－二烯很不稳定，拥有孤立烯烃的性质，容易发生二聚、Diels-Alder 等环加成反应。

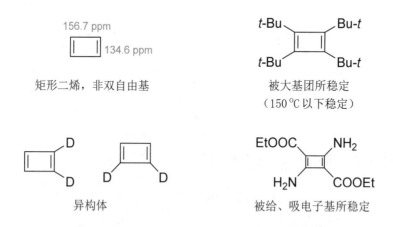

研究表明，环丁－1,3－二烯的结构是长方形的，键长分别为 156.7 pm 和 134.6 pm；1,2－二氘代环丁－1,3－二烯和 1,4－二氘代环丁－1,3－二烯是异构体，在室温下不能转变；环上有大位阻的叔丁基时，能有效抑制环的二聚，使环的结构得到稳定；双键上有给、吸电子基时，可以发生共轭体系上电子的离域运动，使环的结构得到稳定。

156.7 ppm

134.6 ppm

矩形二烯，非双自由基

被大基团所稳定
（150 ℃ 以下稳定）

异构体

被给、吸电子基所稳定

环辛四烯的八个碳原子不是共平面的，含有交替的单、双键，键长分别为 146.2 pm 和 133 pm，构象的翻转能垒为 8.37 kJ·mol^{-1}，这种轮烯不共平面，体现烯烃的性质，属于非芳香性（non-aromaticity）化合物。用硫酸将环辛四烯质子化，得到碳正离子，其结构（如下页所示）中七个碳原子处于同一个平面，一个亚甲基跃出此平面。亚甲基上有两个氢原子，化学位移分别为 −0.3 和 5.1，说明一个在屏蔽区，另一个在去屏蔽区；平面上 7 个氢原子的化学位移在 6.4～8.5。虽然结构中有亚甲基间隔，不能发生 π－π

的直接共轭，但可以通过亚甲基发生同共轭（见 2.1.3 节）。特殊的化学位移值说明七个碳原子拥有的平面具有一定的芳香性，这种通过亚甲基间隔的芳香性称为同芳香性（homo-aromaticity）。

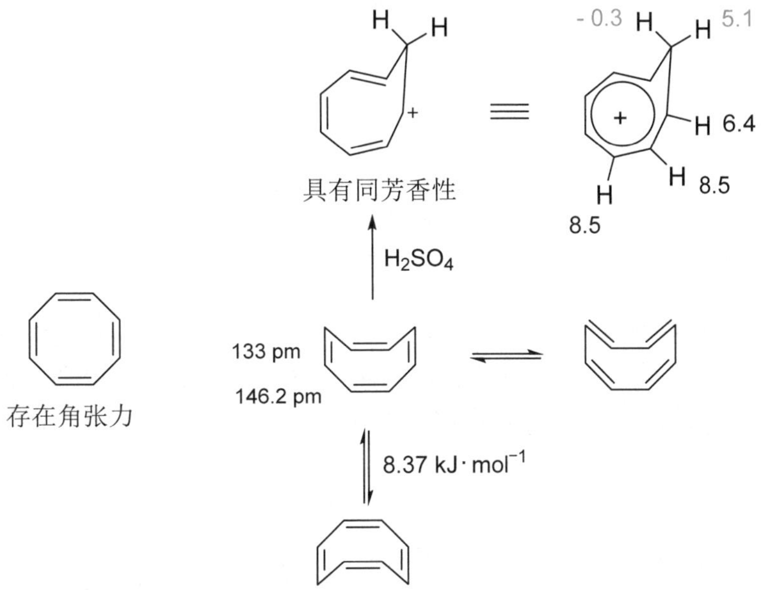

具有同芳香性

存在角张力

2.3.3　有机反应中的芳香性

烯烃可以直接和溴发生反应生成亲电加成产物，苯和溴却要在三溴化铁的作用下才能反应，而且得到的不是加成产物，是溴苯。苯和烯烃的反应性说明了苯和烯烃相比不容易给出电子，苯的亲核性更弱；溴在三溴化铁的作用下亲电性能得到提升；苯和溴的反应以取代为主，苯环得到保留。苯的亲核性更弱及苯环得以保留均是由于苯环的芳香性。

2016 年，胡金波报道了一个 C—O 键活化、脱氧氟代的例子[1]。反应式如下：

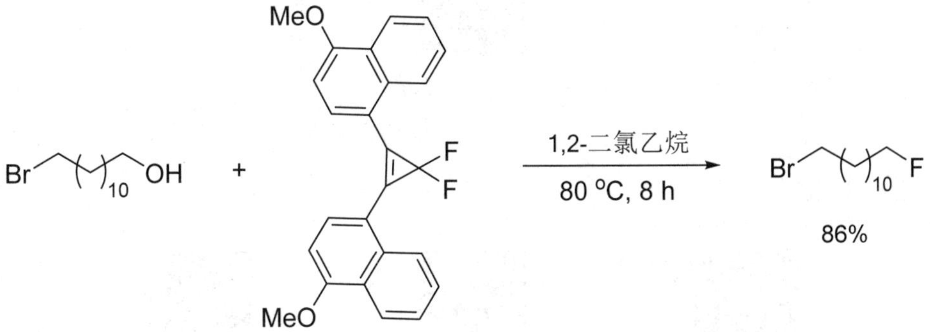

反应过程中，发生 C—F 键的解离，得到稳定碳正离子 **A**，**A** 不仅可以被两个甲氧基萘所共振稳定（**A'** 和 **A"**），更重要的是 **A** 中环丙烯基正离子具有芳香性。

中间体 **A** 被醇捕获得到 **B**，消除氟负离子后得到中间体 **C**。**C** 结构中的 C—O 单键和原料醇中的 C—O 单键相比更加极化，换言之，C—O 单键中的碳原子呈现更缺电子的性质，更易受到氟负离子的亲核进攻而得到氟代烃和环丙烯酮 **D**，最终实现醇的脱氧活化。

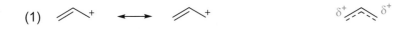 习 题

　　1. 下列碳正离子可以通过电子的离域运动或部分离域，正电荷得到分散而稳定，指出下列碳正离子中存在的共轭体系或超共轭体系的类型。

（1）

（2）

（3）

（4）

（5）

（6）

　　2. 判断如下两个碳正离子的相对稳定性，并解释原因。

（1）

（2）

（3）

（4）

(5)

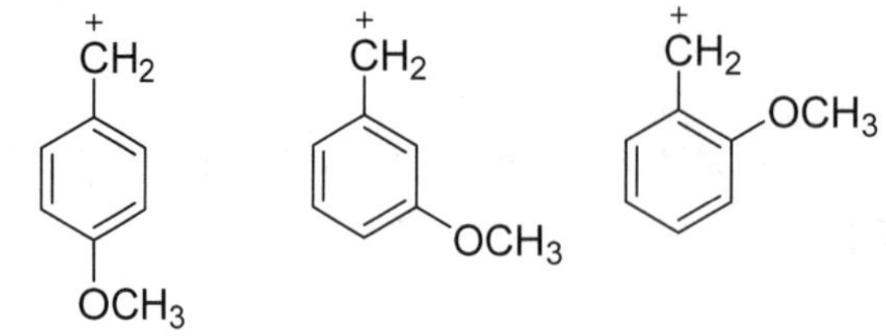

3. 画出下列物种的共振式，并指出其中贡献最大（最稳定）的共振式。

(1)

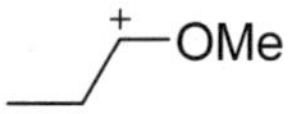

(2)

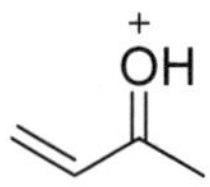

(3)

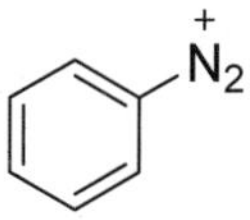

(4)

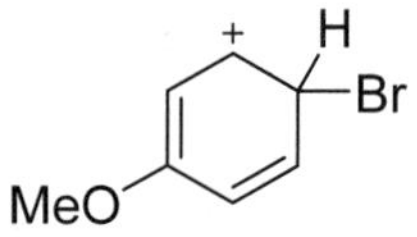

(5)

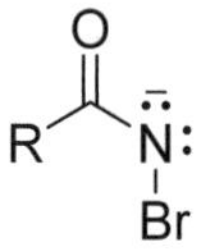

(6)

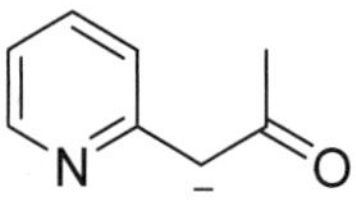

(7)

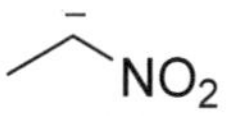

(8)

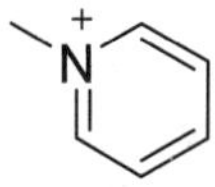

(9)

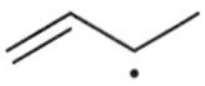

(10)

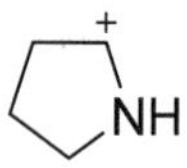

(11)

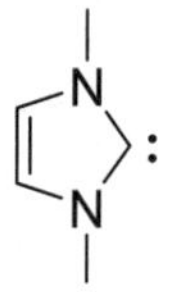

(12)

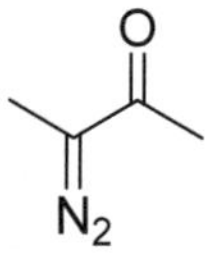

4. 用超共轭效应解释 cis-1,2-二氟偶氮（cis-N_2F_2）比 $trans$-1,2-二氟偶氮（$trans$-N_2F_2）稳定 12.6 kJ·mol^{-1}的原因。

5. 用超共轭效应解释 Z-酯较 E-酯稳定的原因。

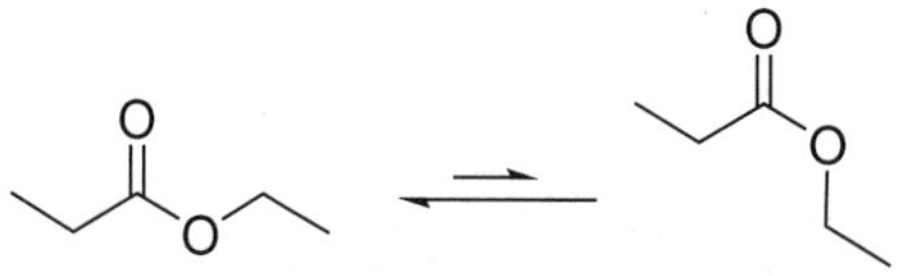

Z 构象 E 构象

6. 指出下列分子中存在的超共轭效应类型，解释两个 C—Cl 键键长不同的原因。

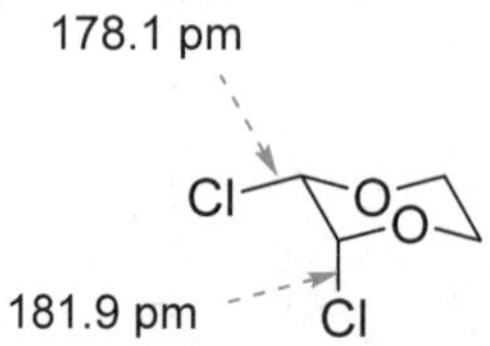

178.1 pm

181.9 pm

7. 如下分子的全顺式构象反而不稳定，为什么？

$$\Delta G = - 1.47 \ kJ \cdot mol^{-1}$$

8. 画出环辛四烯的优势构象，并分析该构象中存在的各种超共轭稳定作用。

习题参考答案

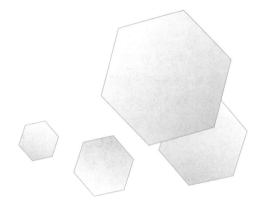

第 3 章
酸和碱

  酸和碱常作为试剂参与有机反应，许多反应只有在酸或碱的催化或促进下才能进行，因此掌握酸碱理论对于深刻理解有机反应机理不可或缺。Brønsted 酸碱理论和 Lewis 酸碱理论是目前普遍接受的酸碱理论。Brønsted 酸碱理论认为，酸是质子的给体，碱是质子的受体。而按照 Lewis 酸碱理论，酸是电子对的受体，碱是电子对的给体。与 Brønsted 酸碱相比，Lewis 酸碱的范围更广，几乎所有离子型的有机反应均可看作 Lewis 酸和 Lewis 碱之间的相互作用。例如，在烯烃的亲电加成反应中，烯烃在成键时给出电子，属于 Lewis 碱，亲电试剂在成键时接受电子，则属于 Lewis 酸；在羰基化合物的亲核加成反应中，亲核试剂在成键时给出电子，属于 Lewis 碱，羰基化合物在成键时接受电子，属于 Lewis 酸。

  酸碱的存在能够改变许多有机反应的历程，从而改变反应的速率、选择性，甚至反应类型。1-氯丁烷和溴化钠可以发生反应，溴负离子进攻缺电子性的碳，经过一个过渡态，过渡态中 C—Br 键逐渐生成，C—Cl 键逐渐解离，最后生成 1-溴丁烷。正丁醇在相同条件则不会发生类似取代反应。虽然氧的电负性（EN = 3.5）比氯的（EN = 2.8）大，C—O 键比 C—Cl 键更具有极性（醇中的 α-碳原子更缺电子），但带负电荷的羟基不是一个好的离去基团；当用 HBr 替代 NaBr 时，取代反应又可以发生了，此时中性的水分子是离去基团。共轭酸的酸性越大，离去能力越强。HCl、H_3O^+ 和 H_2O 的 pK_a 分别为 −7、−1.74 和 15.74，Cl^- 的离去能力比 H_2O 的强，且远强于 ^-OH 的离去能力。由此可见，酸的存在改变了离去基团的性质，从而改变了反应的速率。

  烯烃与溴容易发生亲电加成，而芳香性的苯却很难发生反应。但如果在体系中加入 Lewis 酸，如 $FeBr_3$，Br—Br 键被极化，亲电试剂的亲电性增强，反应即可发生，且由于苯环的芳香性，最终得到亲电取代产物。可见酸的存在改变了亲电试剂的性质，从而改变了反应的速率。

叔丁基溴的 C—Br 键发生异裂生成叔丁基碳正离子和溴负离子，叔丁基碳正离子（Lewis 酸）可以和反应体系中的富电子物种（Lewis 碱）结合生成取代产物，富电子物种作为亲核试剂（路径 a）；叔丁基碳正离子也可脱去 β-质子，生成消除产物，富电子物种作为碱（路径 b）。这两种不同反应路径（即反应选择性）主要取决于富电子物种的性质，正确判断试剂的碱性和亲核试剂是判断反应选择性的关键。

3　参考文献

3.1　Brønsted 酸碱理论

3.1.1　酸的评价和 pK_a值

Brønsted 酸是能给出质子的物种，用 HA 表示，Bronsted 碱是能得到质子的物种，用 B⁻ 表示。失去质子后的酸根 A⁻ 称为 HA 的共轭碱，得到质子后的 HB 称为 B⁻ 的共轭酸。酸性的强弱常用 pK_a 值来定量描述。酸碱之间存在如下平衡，其平衡常数用 K_a 表示，它是正反应速率常数（k_1）和逆反应速率常数（k_{-1}）的比值，其对数的负值即为 pK_a 值。从酸碱平衡来看，HA 越容易解离出质子，k_1 值就越大，相应的 K_a 值就越大，pK_a 值就越小。因此，判断一个质子酸的酸性强弱，可以用 pK_a 值进行判断，pK_a 值越小，酸性越强，其共轭碱的碱性就越弱。

$$A\text{-}H + B^- \rightleftharpoons A^- + B\text{-}H$$

$$K_a = \frac{k_1}{k_{-1}} = \frac{[A^-][HB]}{[HA][B]}$$

$$pK_a = -\lg K_a$$

pK_a 值不仅和 HA 的分子结构有关，也和测定的环境有关。如表 3.1 所示，苯甲酸、乙酸和苯酚在水（相对介电常数 $\varepsilon_r=78$）中的 pK_a 值依次增大，酸性依次减弱。这可从它们的分子结构得到解释。三种酸解离出质子后形成的共轭碱分别为 $C_6H_5COO^-$、CH_3COO^- 和 $C_6H_5O^-$，它们的稳定性依次降低，表明酸解离质子的能力依次减弱。结构决定性质，酸根离子的稳定性是酸性大小的内在因素。当溶剂从水改变成 DMSO（$\varepsilon_r=47$）和乙腈（$\varepsilon_r=37$）时，它们解离质子的能力依次减弱。与水相比，DMSO 具有较小的相对介电常数值，较小极性的溶剂能更好地溶剂化解离平衡中的 HA，而不是解离后 H^+ 和 A^-，故酸在 DMSO 中具有较小的解离常数，较大的 pK_a 值，较弱的酸性。当乙腈作溶剂时，由于乙腈具有更小的相对介电常数，能更好地溶剂化 HA，因而在乙腈中酸的 pK_a 值较大，酸性较弱。

表 3.1　苯甲酸、乙酸和苯酚在不同溶剂中的 pK_a 值

HA	pK_a(CH$_3$CN)	pK_a(DMSO)	pK_a(H$_2$O)
C$_6$H$_5$COOH	21.51	11.1	4.2
CH$_3$COOH	23.51	12.6	4.76
C$_6$H$_5$OH	29.14	18.0	9.99

在气相中，乙醇、异丙醇和叔丁醇解离成 RO$^-$ 和 H$^+$ 的异裂能分别为 257 kJ·mol^{-1}、250 kJ·mol^{-1} 和 247 kJ·mol^{-1}，表明叔丁醇具有最强的异裂能力和最强的酸性，其次是异丙醇，乙醇的异裂能力最弱，酸性也就最弱。在水中，乙醇、异丙醇和叔丁醇的 pK_a 值分别为 16.0、17.1 和 19.2，表明乙醇在水中解离能力最强，酸性最强。与异丙醇和叔丁醇相比，乙醇在水介质中解离成乙氧基负离子（共轭碱）的体积最小，负电荷密度最大，在水中溶剂化作用最强。溶剂化稳定是解离后的 A$^-$，而不是解离前的 HA。在气相中不存在溶剂化作用，叔丁氧基负离子（共轭碱）的体积最大，电荷密度最小，电荷得到分散而稳定。这种由于体积增大、电荷分散而导致的结构稳定化作用称为体积效应（size effect）。外界因素对酸碱性有一定的影响，但最重要的还是结构本身。

3.1.2　结构对酸性的影响

对于一个有机酸而言，酸性通常指的是 C—H 键的异裂，即有机碳酸。判断酸性的强弱，主要是判断生成碳负离子的相对稳定性，判断负电荷分散的程度。电荷越分散，结构越稳定。结构影响因素包括元素周期性、杂化类型、取代基、氢键、构象等。

3.1.2.1　周期性对酸性的影响

元素周期表同一周期中，元素的电负性从左到右依次增大，氢化物的酸性从左到右依次增强。例如：

$$CH_4 < NH_3 < H_2O < HF$$

$$RCOCH_3 < RCONH_2 < RCOOH$$

同一族中，尽管元素的电负性从上到下依次减小，但原子的半径依次增大，H—X 键的强度依次减弱，氢化物的酸性依次增强。例如：

$$HF < HCl < HBr < HI$$

3.1.2.2　杂化类型对酸性的影响

不同杂化类型的碳原子具有不同的电负性，sp 杂化的碳原子所含 s 成分最多，电负性最大。以乙炔、乙烯和乙烷为例，乙炔的酸性最强，因为生成的炔基负离子最稳定。

$$HC \equiv CH > H_2C = CH_2 > H_3C - CH_3$$

$$pK_a \qquad 25 \qquad\quad 44 \qquad\quad 50$$

丙炔酸、丙烯酸的酸性比丙酸的酸性强。这是因为 sp 杂化碳原子具有更大的电负性，sp^2 杂化碳原子其次。吸电子诱导效应使得丙炔酸的酸性最强。

$$pK_a \qquad 1.9 \qquad\qquad 4.26 \qquad\qquad 4.87$$

同理，质子化的酮比质子化的醚具有更强的酸性。

$$pK_a \qquad -3.5 \qquad\qquad -7$$

3.1.2.3　取代基对酸性的影响

取代基对酸性的影响主要由两个方面组成，诱导效应（inductive effect）和共轭效应（conjugative effect）。

乙酸的 α-H 分别被氟、氯、溴和碘取代时，氟代乙酸的酸性最强。这是因为氟的电负性最大，吸电子诱导效应最强，最能分散羧酸根（共轭碱）的负电荷，从而起到稳定羧酸根的作用。

	F—CH₂—COOH	Cl—CH₂—COOH	Br—CH₂—COOH	I—CH₂—COOH	H—CH₂—COOH
$\text{p}K_a$	2.66	2.86	2.86	3.12	4.76

当氯原子在丁酸中的相对位置改变时，氯原子的吸电子诱导效应随着距离增大迅速减弱，所以 2-氯丁酸的酸性最强。

$\text{p}K_a$　2.84	4.06	4.52	4.82

氯原子越多，叠加的吸电子诱导效应使得三氯乙酸的 $\text{p}K_a$ 值为 0.65。

$\text{p}K_a$　2.86	1.29	0.65

羧酸、酚和醇的酸性依次减弱，这是因为羧酸解离质子后得到的羧酸根可以通过共振而稳定，负电荷是分散在两个氧原子上，电荷越分散，结构越稳定。酚负离子中，氧原子和苯环存在 p-π 共轭，电子可以离域，但将破坏苯环的芳香性。也就是说，虽然酚负离子有一定的共振稳定性，但负电荷主要还是集中在氧原子上。然而，醇解离质子后得到烷氧负离子，烷基是给电子基，电荷只能集中在一个氧原子上。

$$pK_a \approx 15$$

甲烷和三氰基甲烷相比，两者的 pK_a 差别非常大。这是因为三氰基甲烷形成的负离子可以通过共振得到稳定，三个氮原子都参与了负电荷的分散。

pK_a	48	-5

苯甲酸的 pK_a 为 4.20，解离质子后的羧酸根负离子通过如下所示的共振而稳定，羧酸根和苯环不完全共平面，羰基的吸电子共轭效应是羧酸呈现酸性的根本原因，它使得解离质子后的共轭碱通过共振而得到稳定。

$$pK_a = 4.20$$　　　　　　　共振式　　　　　共振杂化体

当间位有甲氧基时，一方面，间甲氧基苯甲酸解离质子后的羧酸根可通过共振而稳定；另一方面，甲氧基的吸电子诱导效应可进一步分散羧酸根的负电荷，从而使其酸性略有增强（$pK_a = 4.10$）。

$$pK_a = 4.10$$

当甲氧基处于苯甲酸的对位时，一方面，诱导效应通过链的增长而削弱，甲氧基的吸电子诱导效应减弱，对酸性增强不明显；另一方面，甲氧基的给电子共轭效应使羧酸 **A** 共振成 **B**（路径 a），有效降低了共振式 **C**（路径 b）的份额，导致酸性减弱。因为，酸性是通过 **C** 解离质子得以体现的，而不是通过 **B**。换言之，羧酸中羰基的吸电子共轭效应稳定了解离前的羧酸（以 **B** 的形式），降低了对酸根负离子 **C′** 的稳定程度。因此，对甲氧基苯甲酸（pK_a=4.47）的酸性较苯甲酸（pK_a=4.20）的酸性弱。

$$pK_a = 4.47$$

当邻位有甲氧基时，一方面，甲氧基的吸电子诱导效应增强，酸性增强；另一方面，由于邻位基团的空间位阻，苯环与羰基难以共平面，甲氧基的给电子共轭效应（路径 a）受到有效抑制，共振式 **C** 的份额相对增加（路径 b），导致酸性增强。因此，邻甲氧基苯甲酸（pK_a=4.09）的酸性较苯甲酸（pK_a=4.20）和对甲氧基苯甲酸（pK_a=4.47）的酸性强。大多数情况下，不论取代基是吸电子基还是给电子基，邻位取代苯甲酸的酸性比其对位取代苯甲酸异构体的酸性强。

$$pK_a = 4.09$$

因邻位基团立体位阻
而受到抑制

从上述例子可以看出，分子中只有一个具有吸电子共轭效应的羰基，孤对电子从甲氧基共振过来还是从羟基共振过来是有竞争的。从羟基共振过来将增强质子的酸性（**C** 式），从甲氧基共振过来将减弱质子的酸性（**B** 式）。邻位甲氧基的给电子共轭效应将导致空间位阻，对位则没有这个问题。

3.1.2.4　氢键对酸性的影响

间羟基苯甲酸和间甲氧基苯甲酸的酸性相差不大，羟基和甲氧基的吸电子诱导效应相当。

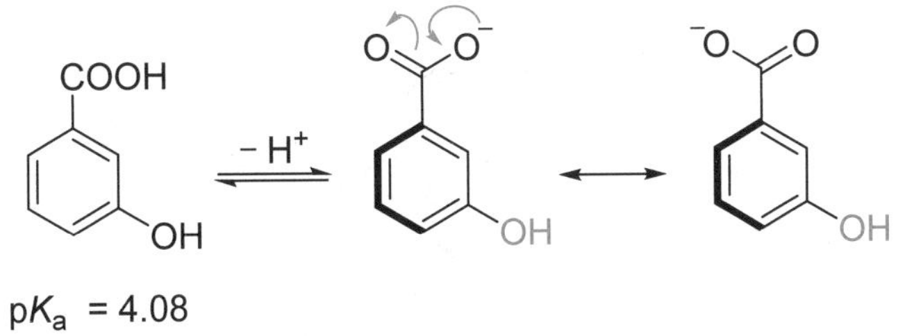

pKₐ = 4.08

　　对羟基苯甲酸的酸性比对甲氧基苯甲酸的酸性弱。这是因为羟基具有更好的给电子共轭效应。氢的电负性（EN＝2.1）比碳的（EN＝2.5）小，羟基共轭给出电子后的氧鎓离子（**B**）更稳定。

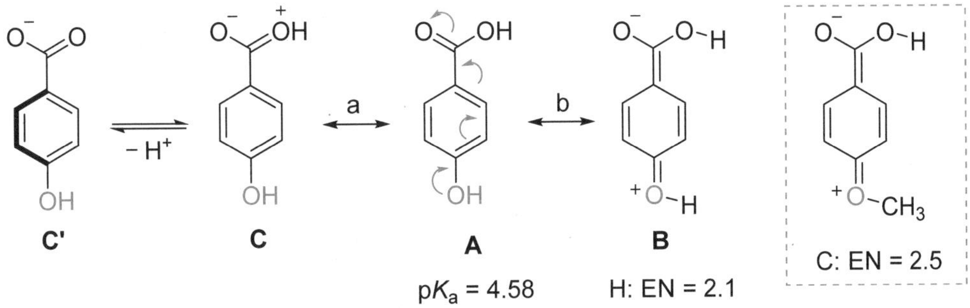

　　邻羟基苯甲酸的酸性和邻甲氧基苯甲酸的酸性相比，差别很大。这是因为解离质子后的酸根存在分子内氢键，结构更稳定。

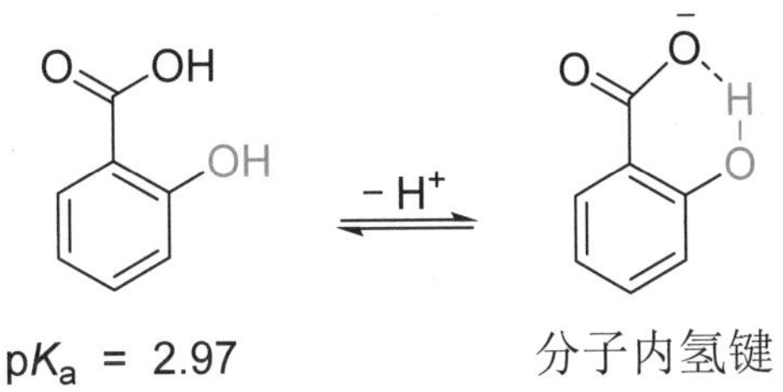

pKₐ ＝ 2.97　　　　　　　　分子内氢键

　　cis-/*trans*-丁烯二酸各具有两级解离平衡常数。*cis*-丁烯二酸一级解离时，由于生成的酸根负离子可以被分子内的氢键（**B**）所稳定，故容易发生质子解离，一级 pKₐ 值较小（pKₐ＝1.5），酸性较 *trans*-丁烯二酸（pKₐ＝3.0）的强。也正是由于结构 **B** 中存在分子内氢键，**B** 较 **A** 更加难以解离出第二个质子，二级解离的平衡常数较小，pKₐ 值较大（pKₐ＝6.5）。

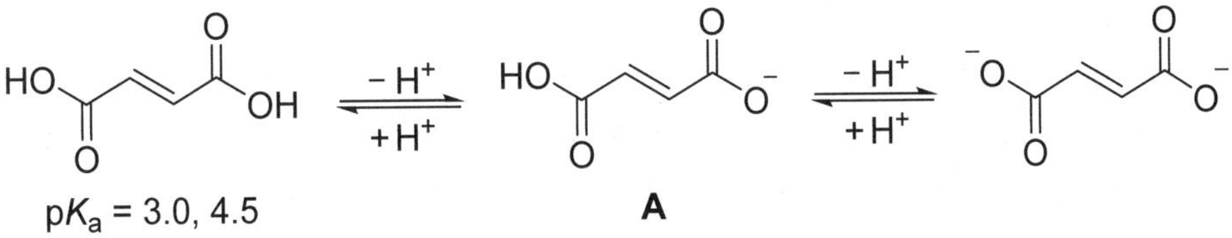

pKₐ ＝ 3.0, 4.5　　　　　　　　　　　**A**

pK_a = 1.5, 6.5

B

如下所示，一般的单羰基化合物和 1,3－二羰基化合物相比，解离平衡常数相差 10^{20} 倍。含 α-H 的羰基化合物存在烯醇互变，由于碳（EN＝2.5）和氧（EN＝3.5）电负性的差异，质子从碳原子上解离和从氧原子上解离的能力是不同的，从氧原子上解离的能力要大得多。因此，羰基化合物 α-H 的酸性和烯醇含量成正比，烯醇含量越高，酸性越强。由于 1,3－二羰基化合物烯醇互变后可以形成分子内的氢键，所以 1,3－二羰基化合物具有更高的烯醇含量，具有更强的酸性。表 3.2 列举了一些羰基化合物的烯醇含量及其 pK_a 值。

A

pK_a ≈ 29

B

pK_a ≈ 9

表3.2　一些羰基化合物的烯醇含量及其 pK_a 值

化合物	烯醇含量/%	pK_a
$CH_3COCH_2COCH_3$	80	9
CH_3COCH_2COOEt	8.4	11
$EtOOCCH_2COOEt$	7.7×10^{-3}	13
$PhCOCH_3$	1.1×10^{-6}	18.3
CH_3COCH_3	6×10^{-7}	19.3
CH_3COOEt	不可测量	24

3.1.2.5　构象对酸性的影响

含有 α-H 的羰基化合物进行烯醇互变，引起结构上的改变比较大，邻位碳原子由 sp^3 杂化变成 sp^2 杂化，只有当由 C_{sp^3}-H 键衍生而来的 p 轨道和羰基碳的 p 轨道平行重叠，才能形成 C＝C 双键，形成烯醇。也就是说，烯醇互变要满足轨道方向性的要求，当 HCCO 的二面角为 90°时，前面 σ(C—H)成键轨道才能和后面羰基 π*(C＝O)反键轨道发生相互作用，电子才能从σ(C—H)填充到π*(C=O)，发生烯醇互变，才能解离出质子而呈现酸性。

对于直线形的羰基化合物，C—C 单键能自由旋转，容易满足上述构象要求，即 HCCO 的二面角为 90°。但对于环状羰基化合物，构象固定，单键的旋转受到抑制，有些时候烯醇互变就不容易发生。例如，丙二酸亚异丙酯的 pK_a 为 7.3，酸性较强，而 2,6-二氧杂双环[2.2.2]辛烷-3,5-二酮的 pK_a 为 48（接近烷烃的 pK_a 值），酸性很弱。这是因为前者 HCCO 的二面角接近垂直，而后者接近 0。

pK_a　　　7.3　　　　　　　　48

3.1.3　超强酸

根据 IUPAC 的定义，超强酸指的是那些酸性超过 100%浓硫酸的酸。五氟化锑是超强的 Lewis 酸，和 HF 作用，得到氟负离子后形成超大且非常稳定的六氟化锑负离子（SbF_6^-）和游离的质子（H^+）。因此，$HSbF_6$ 是超强的质子酸。$HSbF_6$ 的酸性可以质子化 2-甲基丙烷中的 C—H 键，生成氢气和叔丁基碳正离子，也可以质子化 2,2-二甲基丙烷中的 C—CH$_3$ 键，生成甲烷和叔丁基碳正离子。由于六氟化锑负离子大而稳定，没有亲核性，给了碳正离子更长的寿命，使得叔丁基碳正离子能够游离存在，这样人们就有足够的时间窗口去研究碳正离子的性质。

3.2 动力学酸性和热力学酸性

如下所示，硝基甲烷、硝基乙烷和 2-硝基丙烷在水溶液中的 pK_a 值分别为 10.2、8.5 和 7.7，其中，2-硝基丙烷的酸性最强。但当这三种硝基化合物分别在 $NaOD/D_2O$ 条件下发生同位素交换反应，即生成 α-氘代硝基化合物时，如果将 2-硝基丙烷同位素交换反应定义为标准反应，硝基甲烷的同位素交换反应速率是标准反应的 120 倍，硝基乙烷则是标准反应的 20 倍，硝基甲烷最容易发生同位素交换反应。

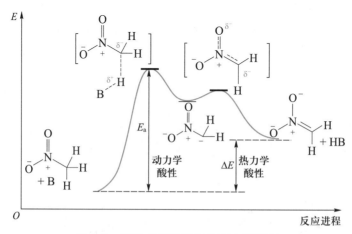

在有机反应中，随着反应时间的变化，物质结构发生变化，势能也会做相应的改变（图 3.1）。酸碱平衡指的是酸和酸根之间的平衡，具有热力学的特征，也就是说 pK_a 值是通过原料和产物的势能差（ΔE）表现出来的，酸性是热力学酸性，产物越稳定，热

图 3.1　硝基甲烷脱质子的反应进程图

力学酸性越强。硝基化合物脱质子后形成碳负离子，继而通过共振、构象改变形成 C=N 双键。由于甲基上 σ(C—H) 和 π^*(C=N) 轨道之间的超共轭效应，双键上甲基越多，结构越稳定。因此，2-硝基丙烷脱质子后形成的 C=N 双键（**B**）最稳定，2-硝基丙烷的热力学酸性最强。

硝基化合物脱质子生成碳负离子的时候，经过一个过渡态，即势能的最大值，它和原料的差值称为反应的活化能 E_a。脱质子的活化能越大，同位素交换反应速率越慢，动力学酸性就越弱。根据 Hammond 假说，对于一个吸能反应，过渡态的结构趋近于产物的结构。硝基化合物脱质子生成碳负离子，过渡态的结构更接近碳负离子的结构，即具有类碳负离子的结构特征。甲基为给电子基，碳负离子上的甲基越多，碳负离子越不稳定。因此，2-硝基丙烷脱质子生成的碳负离子（**A**）最不稳定，E_a 值最大，同位素交换反应的反应速率最慢，动力学酸性最小。

3.3 碱和超强碱

3.3.1 碱和碱性

根据 Brønsted 酸碱理论，能得到质子的物种称为碱。碱的碱性强弱通常用其共轭酸的 pK_a 值来定量描述。共轭酸的 pK_a 值越大，碱性越强。常见碱的共轭酸的 pK_a 值如表 3.3 所示。

表 3.3　常见碱的共轭酸的 pK_a 值

碱	I^-	Cl^-	H_2O	AcO^-	RS^-	CN^-	RO^-	NH_2^-	CH_3^-
共轭酸	HI	HCl	H_3O^+	AcOH	RSH	HCN	ROH	NH_3	CH_4
共轭酸的 pK_a	-9	-7	-1.7	4.8	8	9.1	16	33	48

常用的有机碱是一些含氮的化合物，包括脂肪胺、芳香胺、吡啶等。对于脂肪胺，由于烷基具有给电子诱导效应（$+I$），所以氮上所连的烷基能使氮原子的电子云密度增大，有利于结合质子，也有利于稳定其共轭酸，即铵正离子，故脂肪胺的碱性比氨的碱性强。烷基越多，给电子能力也就越强，胺的碱性就越强。因此，在气相或非质子溶剂（如苯、氯苯等）中，没有溶剂效应等因素存在的情况下，结合烷基给电子能力和尺寸效应，氨、伯胺、仲胺、叔胺的碱性依次增强，三乙胺、二乙胺、乙胺和氨的碱性强弱顺序为

$$Et_3N > Et_2NH > EtNH_2 > NH_3$$

气相质子亲和力/（kJ·mol^{-1}）　952　　　　925　　　　891　　　828

在水溶液中，碱性强弱次序变为

$$Et_2NH \ > \ Et_3N \ > \ EtNH_2 \ > \ NH_3$$
$$pK_a(HB^+) \quad 10.94 \quad 10.75 \quad 10.64 \quad 9.24$$

在水溶液中，水分子能够与胺的共轭酸（即铵正离子）之间形成氢键，氢键的形成加强了共轭酸的溶剂化作用，使其更加稳定，从而碱性增强。乙胺的铵正离子中有 3 个氢原子可参与形成氢键，溶剂化作用较强，导致碱性增强；二乙胺和三乙胺所形成的铵离子中分别有 2 个和 1 个氢原子可与水形成氢键，溶剂化作用较弱，故碱性减弱。

溶剂化作用稳定了胺的共轭酸，从而增强了它的碱性。随着所形成氢键数目的增多，三乙胺、二乙胺、乙胺和氨所形成的铵盐的溶剂化作用依次增强，这与它们在气相中的碱性强弱顺序正好相反。综合考虑烷基给电子能力和溶剂化作用对碱性的影响，水溶液中二乙胺的碱性最强。

与苄胺（共轭酸的 $pK_a=9.34$）相比，苯胺（共轭酸的 $pK_a=4.60$）的碱性要弱得多。这是因为苯胺分子中氮原子和苯环存在 p–π 共轭，氮原子上的孤对电子可以离域到苯环上去，从而降低了氮原子进攻质子、夺得质子的能力。实际上苯胺氮原子介于 sp^2 杂化和 sp^3 杂化之间。间硝基苯胺（共轭酸的 $pK_a=2.47$）的硝基具有强的吸电子诱导效应，可进一步降低氮原子结合质子的能力，故间硝基苯胺的碱性弱于苯胺。

共轭酸的pK_a	4.60	2.47	1.00	−0.26

对硝基苯胺分子是一类给体（donor）–受体（acceptor）分子（简称 D–A 分子），氨基的给电子共轭效应和硝基的吸电子共轭效应的叠加使得分子以共振式 **A** 存在的份额增加，氮原子上孤对电子的密度进一步降低，碱性也随之减弱（共轭酸的 $pK_a=1.00$）。当硝基处于苯胺的邻位时，在硝基吸电子诱导效应（−I）和吸电子共轭效应（−C）协同作用下，邻硝基苯胺主要以共振式 **B** 存在，碱性显著减弱（共轭酸的 $pK_a=-0.26$）。

氮原子的孤对电子若参与形成芳环共轭体系,则这个氮原子接受质子的能力将大大降低。例如,吡咯的碱性极弱(共轭酸的 $pK_a=-4.4$),这是因为吡咯氮上的孤对电子参与了共轭,形成了 6 电子芳环体系。因此,要使吡咯质子化需要很强的酸,并且发生在 2 位碳原子上,而不是氮原子上。吲哚与吡咯相似,碱性也很弱(共轭酸的 $pK_a=-3.63$),质子化发生在吲哚的 3 位碳原子上。

吡啶(共轭酸的 $pK_a=5.32$)和喹啉(共轭酸的 $pK_a=4.94$)分子中,氮原子上的孤对电子未参与共轭,而是完全裸露的,故接受质子的能力较苯胺强,但比一般的脂肪胺弱。

共轭酸的 pK_a　　5.23　　　4.94　　　5.40

碱性受到立体效应的影响。如上述的喹啉和异喹啉,异喹啉的碱性比吡啶的碱性强,喹啉的碱性比吡啶的碱性弱。喹啉接受质子后存在 1,8-σ 键的排斥力(类似于环己烷椅式构象中的 1,3-双直立键排斥力),降低了其共轭酸的稳定性。异喹啉的碱性比吡啶的碱性强,一是因为接受质子后的正离子拥有更大的离域体系,二是因为接受质子后的正离子具有更大的体积,即尺寸效应。

实验室常用的一些有机碱及共轭酸的 pK_a 值如下:

pK_a HB$^+$	5.3	6.79	8.8	10.7	11.4	12

pK_a HB$^+$	12.3	14	19	26	35.7

3.3.2　超强碱

根据 IUPAC 的定义，碱性强于二异丙基氨基锂（LDA）的碱称为超强碱。半经验评价超强碱的方法依据两个理论计算值，一个是绝对质子亲和力（absolute proton affinity，APA），另一个是固有气相碱性（intrinsic gas phase basicity，GB）。当这个值超过 1,8－二氨基萘的碱被认为是超强碱。

1,8－二氨基萘（又称质子海绵，proton sponge），两个氨基之间存在较大排斥作用，但当它夺得质子形成共轭酸之后，这个质子被两个氮原子通过共价键和氢键所稳定，张力得到释放，故碱性增强。这一类碱属于非离子型强碱，没有亲核性。

pK_a (HB$^+$, H$_2$O) = 12.3
pK_a (HB$^+$, DMSO) = 7.5
pK_a (HB$^+$, CH$_3$CN) = 18

pK_a (H$_2$O) = 5.1

3.4　Lewis 酸碱理论

3.4.1　Lewis 酸碱

根据电子对的得失，能得到电子对的物种称为 Lewis 酸（简写为 LA），它有一个能接受电子对的 LUMO 轨道。Lewis 碱（简写为 LB）则是能给出电子对的物种，有一个能给出电子对的 HOMO 轨道。当 Lewis 酸和 Lewis 碱混合时，中心原子间可以通过配位的方式形成配位键，得到 Lewis 酸碱的加合物。在没有空间位阻的情况下，平衡有利于加合物的形成。

　　NH$_3$ 和 BH$_3$ 能通过配位键结合在一起得到 1∶1 的加合物（NH$_3$·BH$_3$）；市售的三氟化硼是三氟化硼–乙醚加合物（BF$_3$·Et$_2$O）的乙醚溶液：

Lewis acid, LA　　　Lewis base, LB　　　LA–LB 加合物
LUMO　　　　　　　HOMO

　　所有的 Lewis 碱都是 Brønsted 碱，但很多 Lewis 酸并非 Brønsted 酸，如 BF$_3$、AlCl$_3$ 和 TiCl$_4$ 等，Lewis 酸碱的范围更广。实验室常用的 Lewis 酸有 BF$_3$·Et$_2$O、AlCl$_3$、TiCl$_4$、SnCl$_4$ 等。接受电子对的 LUMO 能级越低，Lewis 酸的酸性越强；给出电子对的 HOMO 能级越高，Lewis 碱的碱性越强。Lewis 酸的强弱极大地依赖与其配位的 Lewis 碱。一些 Lewis 酸的相对强弱大致顺序如下：

$$BX_3 > AlX_3 > FeX_3 > GaX_3 > SbF_5 > SnX_4 > AsX_5 > ZnX_2 > HgX_2$$

　　丁–2–烯醛（Lewis 碱）和一些 Lewis 酸作用，引起 H–3 的化学位移向低场移动，相应的变化值（Δδ）如表 3.4 所示。可以看出，Lewis 酸的酸性越大，Δδ 值越大。

表 3.4　不同 Lewis 酸对丁–2–烯醛中 H–3 化学位移的影响

Lewis 酸	BCl$_3$	AlCl$_3$	EtAlCl$_2$	BF$_3$	Et$_2$AlCl	Et$_3$Al	SnCl$_4$
Δδ	1.35	1.23	1.15	1.17	0.91	0.63	0.87

　　Lewis 酸碱平衡在有机反应中起着重要作用。例如，叔丁基氯中的 C—Cl 键在三氯化铝的作用下极化，最后异裂成叔丁基碳正离子。当叔丁基碳正离子和羟基结合生成叔丁醇时，叔丁基碳正离子是 Lewis 酸；当它失去 β–H 时，它是 Brønsted 酸（简写为 BA）。

LB　　　　　LA　　　　　　　　　　　　　　　　　LA　　　　　LB

3.4.2 受阻 Lewis 酸碱对

当 B(C$_6$F$_5$)$_3$ 和三烷基膦作用时，由于空间位阻的原因，并没有得到 Lewis 酸碱中心原子直接加合的产物，即没有 P—B 键的生成，而是得到了对空气和水稳定的两性离子，发生了五氟苯环上的亲核取代反应。这些由空间位阻引起的、不能形成经典 Lewis 酸碱加合物且具有一定稳定性的两性离子称为受阻 Lewis 酸碱对（frustrated lewis pair，FLP）。

B(C$_6$F$_5$)$_3$ 和有位阻的仲膦反应时，也能得到对空气和水稳定的两性离子 **A**，H 和 F 并没有离去。用 Me$_2$Si(H)Cl 处理该化合物，得到了同时稳定质子和负氢两性离子 **B**。**B** 在加热至 150 ℃时，释放出 H$_2$，得到中性化合物 **C**，中性化合物 **C** 在室温常压下加氢得到两性离子 **B**。这一可逆的吸氢反应和放氢反应可用于有机化合物的氢解，化合物 **C** 拥有极化氢、活化氢的能力，可以作为无金属催化氢解的催化剂。

A

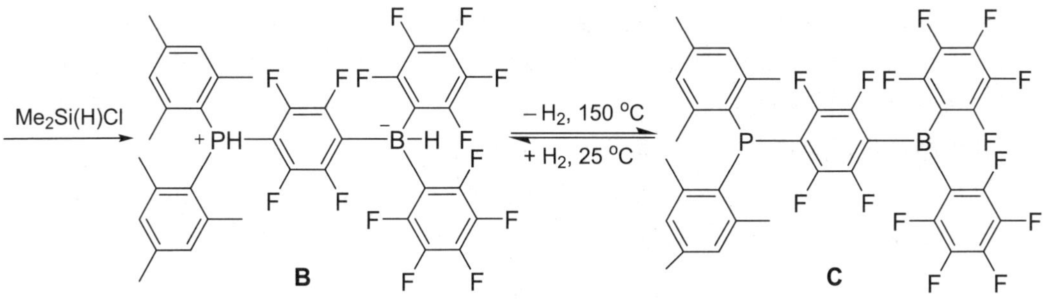

能将小分子 H_2 活化的 FLP 不仅可以是分子内的离子对，也可以是分子间的离子对：

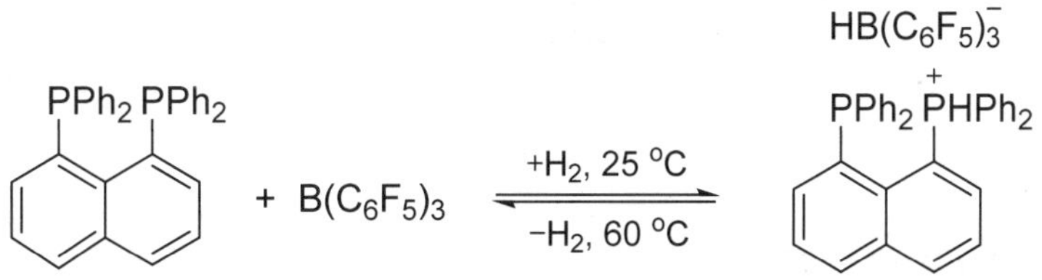

通过 FLP 的结构设计和合成，炔烃可以在 80℃氢解生成顺式烯烃，实现了无金属条件下的氢解[1]：

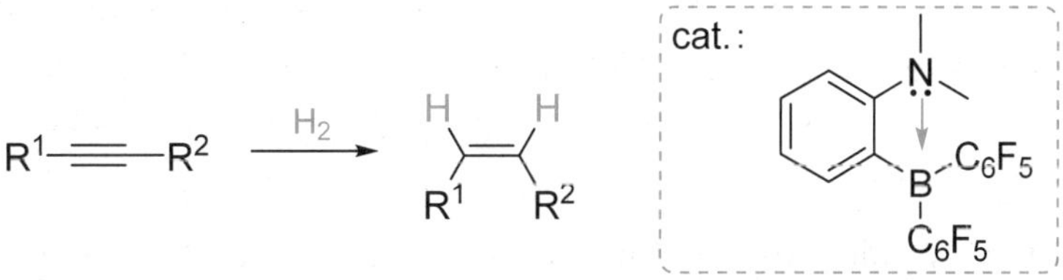

上述反应机理包括两个环节，一是催化剂的形成，二是催化剂的循环再生：

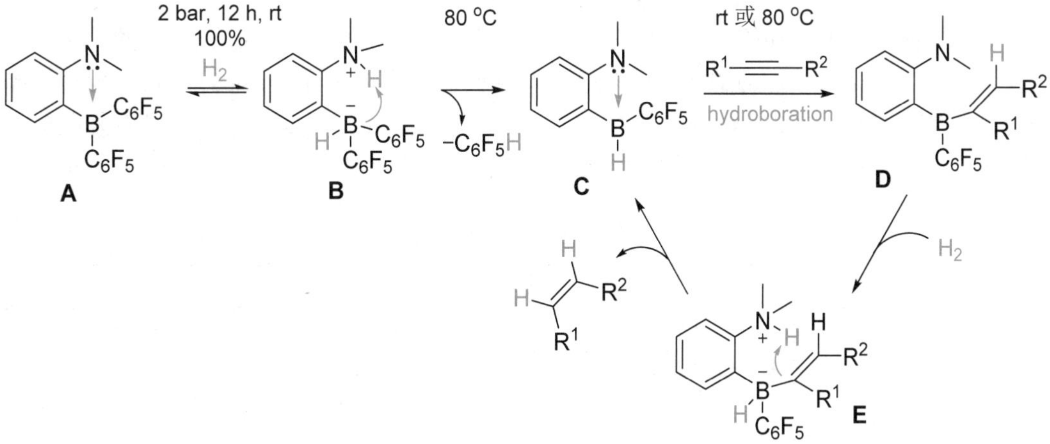

化合物 **A** 中含有 Lewis 酸碱中心，由于空间上的原因，具有弱的配位作用，**A** 能在一定的条件下活化氢，将氢异裂成质子和氢负离子，并与之相结合得到化合物 **B**，脱

去一分子五氟苯形成一个含有 B—H 键的活泼中间体 **C**，中间体 **C** 和炔烃之间通过一个四元环状的过渡态，发生硼氢化反应得到顺式加成物 **D**，**D** 活化氢得到中间体 **E**，随后质子转移生成顺式烯烃，并形成中间体 **C**，进入下一轮催化循环。反应过程的立体专一性由硼氢化反应获得，并在质子转移中得到保留。

　　FLP 不仅能活化氢，还能活化其他小分子如 CO_2、N_2O、SO_2 等，并能和形形色色的不饱和键发生加成，在有机合成领域起着重要的作用[2]。

3.4.2 参考文献

3.5　软硬酸碱理论

　　20 世纪 60 年代，Pearson 提出了软硬酸碱（hard and soft acids and bases，HSAB）理论[1-4]。HSAB 理论将酸和碱分别分为"硬"（hard）和"软"（soft）两类。"硬"是指那些具有较高电荷密度、较小半径的粒子（离子、原子、分子），即电荷密度与粒子半径的比值较大。"软"是指那些具有较低电荷密度和较大半径的粒子。"硬"粒子的极化性较低，但极性较大；"软"粒子的极化性较高，但极性较小。

　　硬酸（hard acids）和硬碱（hard bases）具有小尺寸、高价态、低极化、大的电负性等特性。硬碱比软碱具有较低的 HOMO 能级，硬酸则比软酸具有较高的 LUMO 能级。硬酸一般是对外层电子吸引力强的 Lewis 酸，如 Li^+、Na^+、K^+ 等；硬碱则是对外层电子吸引力强的 Lewis 碱，如 F^-、Cl^-、RO^-、NH_3 等。

　　软酸（soft acids）和软碱（soft bases）具有大尺寸、低价态、高极化、小的电负性等特性。软碱比硬碱有较高的 HOMO 能级，软酸则比硬酸有较低的 LUMO 能级。软酸一般是对外层电子吸引力弱的 Lewis 酸，如 Cu^+、Ag^+、Au^+、Br_2、I_2 等；软碱则是对外层电子吸引力弱的 Lewis 碱，如 I^-、RS^-、烯烃、芳烃等。一些常见的软硬酸碱列于表 3.5 中。

表 3.5　一些常见的软硬酸碱

酸		碱	
硬酸	软酸	硬碱	软碱
H^+	CH_3Hg^+，Hg^{2+}	H_2O，OH^-	H^-
Li^+，Na^+，K^+	Pt^{2+}	RO^-，ROH，R_2O	RS^-，RSH，R_2S
Ti^{4+}	Pd^{2+}	AcO^-	I^-
Cr^{3+}，Cr^{6+}	Cu^+，Ag^+，Au^+	CO_3^{2-}	R_3P
BF_3	Cd^{2+}	F^-，Cl^-	SCN^-
R_3C^+	BH_3	RNH_2，NH_3，N_2H_4	CO
	Br_2，I_2		烯烃，芳烃

对于化学反应的规律，HSAB 理论认为，软酸优先与软碱结合，即"软亲软"，硬酸优先与硬碱结合，即"硬亲硬"。通过"硬亲硬，软亲软"所生成的化合物较稳定。

3.5 参考文献

3.6 酸碱催化的反应

很多有机反应是在酸或碱催化条件下进行的。例如，叔丁基氯和苯不发生反应，但是在 $AlCl_3$ 催化下，C—Cl 键被极化，最后异裂成叔丁基碳正离子，后者是高活性的亲电试剂，因此可以与苯发生芳香烃亲电取代反应（S_EAr）：

乙酸乙酯在中性水中是稳定的，发生水解的速率非常慢。但在酸或碱的作用下容易发生水解。酸或碱催化酯水解反应的机理如下：

可以把酯的水解看成 Lewis 酸碱反应，酯是 Lewis 酸，用的是羰基的反键轨道（LUMO）接受电子对；水是 Lewis 碱，用的是氧孤对电子占据的非键轨道（HOMO）。要使酯的水解反应能顺利进行，要么使羰基更缺电子（降低 LUMO 能级），要么使氧更具亲核性（提高 HOMO 能级）。如上所示，在质子酸的条件下，羰基质子化可以使中心碳原子更缺电子；在碱性条件下，带负电荷的 OH⁻ 具有更强的亲核性，可顺利进攻羰基。

Lewis 酸种类繁多，带来了更多的新反应。一些羰基或亚胺类化合物可以通过 Lewis 酸碱的作用而得到活化。通过和中性 Lewis 酸或金属正离子的配位，碳中心变得更加的缺电子，更容易受到亲核试剂的进攻：

M^{n+} = Li⁺、Na⁺、K⁺、Ca²⁺、Mg²⁺、Zn²⁺ 等

事实上，多数有机反应可看作 Lewis 酸和 Lewis 碱的反应，提高 Lewis 碱的给电子能力（提高 HOMO 能级），或降低 Lewis 酸的接受电子的能力（降低 LUMO 能级），都将降低反应的活化能，提升反应的速率。

3.7 亲核试剂和亲电试剂

3.7.1 亲核试剂和亲电试剂的定义

亲核试剂（nucleophile）是富电子性物种，是电子对供体，故属于 Lewis 碱。它可以是负离子（如 X⁻、OH⁻、RO⁻、H₂N⁻、烯醇负离子、碳负离子等），或富电子性的中性分子（如水、醇、硫醇、胺、烯醇、吡咯、吲哚等）。在反应过程中，亲核试剂倾向

于和缺电子性物种结合，并提供电子对而生成共价键。一个物种所拥有的这种给电子能力的强弱称为亲核性（nucleophilicity）。

亲电试剂（electrophile）则是缺电子性物种，属于 Lewis 酸。常见的亲电试剂有正离子（如 H^+、R^+、$^+NO_2$、ArN_2^+ 等）、具有空 d 轨道的过渡金属离子（如 Hg^{2+}、Ag^+ 等）、极性分子（如 HX、卤代烃、醛、酮、酰卤、亚胺等）、可极化的中性分子（如 X_2、SO_3、有机过氧酸等），以及一些不具备八隅体电子结构的物种（如 BH_3、BF_3 等）。在与富电子性物种反应时，亲电试剂能够接受电子对而成键，其接受电子对能力的强弱称为亲电性（electrophilicity）。

3.7.2 亲核性和碱性的关系

当一个富电子性物种与质子反应时，这一富电子性物种表现出碱性；当这一富电子性物种亲核进攻缺电子性碳原子时，该物种则表现出亲核性。首先，质子和缺电子性的碳在体积上有着很大的差别，质子是一个核，而缺电子性的碳原子连有多个取代基，富电子性物种在进攻缺电子性中心时表现出碱性还是亲核性，空间位阻起着关键作用。其次，碱性是基于酸碱平衡的评价，与平衡常数有关；而亲核性是基于亲核试剂和亲电试剂反应性的评价，与反应速率有关。前者是热力学概念，后者则是动力学概念。从反应进程图（图 3.2）中可以看出这一本质的不同。碱性描述的是碱夺得质子前后的相对稳定性，反应吸收或放出的能；亲核性描述的是亲核试剂和底物的作用能力，反应所需要克服的活化能。因此，亲核性和碱性的相对强弱顺序并不总是一致的。

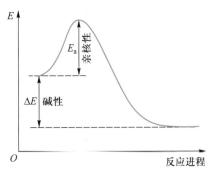

图 3.2　反应势能变化曲线中亲核性与碱性的关系

3.7.3 亲核性的相对强弱

最早提出评价亲核性强弱的是 Swain 和 Scott[1]，他们的理论基于溴甲烷在水中的亲核取代反应：

$$H_3C-Br\ +\ Nu^-\ \xrightarrow[\text{水}]{25\ ^{\circ}\text{C}}\ H_3C-Nu\ +\ Br^-$$

将溴甲烷在 25℃下的水解看成一个标准反应，速率常数为 k_0，用 s 代表亲电物质对亲核试剂的敏感性（标准反应的 $s=1$）。加入一定浓度不同的亲核试剂，卤代烃被亲核取代的速率常数为 k，用 n 代表亲核性的强弱，也称亲核常数（nucleophilic constant）（标准反应的 $n=0$）。由此，卤代烃与不同亲核试剂反应的线性自由能关系可以用 Swain-Scott 方程来表示：

$$\lg(k/k_0) = sn$$

通过动力学跟踪和计算，得出不同亲核试剂的亲核常数 n，数值越大，亲核性越强，亲核取代反应的速率也就越快。固定亲核试剂，则可得出不同的卤代烃对亲核试剂的敏感性 s，数值越大，对亲核试剂越敏感，亲核取代反应的速率也就越快（见表 3.6）。

表 3.6　Swain-Scott 方程中 n 和 s 相对值

亲核试剂	AcO⁻	Cl⁻	N₃⁻	OH⁻	PhNH₂	I⁻	S₂O₃⁻
n	2.7	3.0	4.0	4.2	4.5	5.0	6.4
底物	EtOTs	(β-丙内酯)	(苄基氯 PhCH₂Cl)	CH₃Br	(缩水甘油 epoxide-OH)	(苯甲酰氯 PhCOCl)	
s	0.66	0.77	0.87	1.00	1.00	1.43	

评价亲核性强弱的方法还有很多，如 Ritchie 方程[2,3]、Edwards 方程[4,5]、Mayr 方程等[6-8]。总之，一个富电子性物种的亲核性可以相对量化，选定一个亲核加成或亲核取代的模型，就可以对亲核性的强弱进行评价。

亲核性和碱性的强弱主要有以下规律：

（1）亲核进攻的原子是同一元素时，负电性物种的亲核性大于中性物种的亲核性，且电子云密度越大亲核性越强，这与碱性的强弱顺序一致，如 $OH^- > H_2O$，$NH_2^- > NH_3$；$CH_3O^- > OH^- > PhO^- > CH_3COO^- > TsO^-$。

（2）亲核进攻的原子是同一周期的不同元素的原子时，亲核性和碱性基本一致，如 $CH_3^- > NH_2^- > OH^- > F^-$。

（3）对于亲核进攻的原子是同一族元素的原子来讲，碱性由上到下依次减弱，亲核性由上到下依次增强。例如，下列物种的碱性相对强弱顺序为

$$ROH > RSH；RO^- > RS^-；F^- > Cl^- > Br^- > I^-$$

亲核性相对强弱顺序为

$$ROH < RSH；RO^- < RS^-；F^- < Cl^- < Br^- < I^-$$

（4）α-效应：当亲核原子的邻位有杂原子时，亲核性增强。例如，虽然 OH^-（共轭酸的 $pK_a = 15.7$）的碱性比 OOH^-（共轭酸的 $pK_a = 11.6$）的碱性强，但 OH^- 的溶剂化作用比 OOH^- 的强，降低了其亲核能力，相比之下，OOH^- 的亲核性强。同样，氨（共轭酸的 $pK_a = 9.3$）的碱性比肼（共轭酸的 $pK_a = 8.0$）的碱性强，但肼的亲核性比氨的强。

（5）立体效应：如 EtOH、i-PrOH 和 t-BuOH 的 pK_a 值分别为 16.0、17.1 和 19.2，它们共轭碱的碱性强弱顺序为 t-$BuO^- > i$-$PrO^- > EtO^-$，但它们的亲核性受到空间位阻的影响，亲核性强弱顺序为 $EtO^- > i$-$PrO^- > t$-BuO^-。1,8-双(二甲基氨基)萘是一种很强的碱，但由于高位阻原因，只体现碱性，没有亲核性。

在有机合成中，为了避免亲核取代和亲核加成等副反应发生，常使用一些高位阻的

碱来夺取质子，如 2,6−二甲基吡啶、二异丙基胺基锂（LDA）等。以下是常见的非亲核性的碱：

LDA 2,6-二甲基吡啶 质子海绵

DBN DBU

（6）溶剂效应：当亲核试剂和溶剂间发生作用，质子性溶剂甲醇将负离子包络在中心，稳定负离子，使负离子失去亲核能力；极性非质子性溶剂 DMSO（二甲基亚砜）将正离子包络在中心，稳定了正离子，负离子则成为"裸露"负离子，从而提高了负离子的亲核能力。

质子性溶剂稳定负离子 极性非质子性溶剂稳定正离子

通常情况下，一些常用亲核试剂的亲核性强弱顺序为

$$CH_3CO_2^- < Cl^- < Br^- < N_3^- < CH_3O^- < CN^- < I^- < CH_3S^-$$

在 DMSO 中，这个顺序变为

$$I^- < Br^- < Cl^- \approx N_3^- < CH_3CO_2^- < CN^- \approx CH_3S^- < CH_3O^-$$

溶剂效应还能改变两可亲核试剂（ambident nucleophiles）亲核取代反应的区域选择性。例如，2−萘酚钠盐与苄基溴反应时，在非质子极性溶剂 DMF 和 DMSO 中，钠离子的强溶剂化作用导致氧原子的亲核性增强，从而取代反应主要生成在氧烷基化产物（**A**）。相反，在水或三氟乙醇等极性质子性溶剂中，由于酚氧负离子的溶剂化作用增强，其亲核性减弱，结果邻位碳原子亲核取代的产物（**B**）显著增加[9]。由此可见，

我们可以通过选择合适的反应溶剂来调控两可亲核试剂反应的区域选择性。

溶剂	A/B 比例
DMF	97：1
DMSO	95：1
THF	60：36
MeOH	57：34
H$_2$O	10：84
CF$_3$CH$_2$OH	7：85

必须指出的是，尽管亲核性是一个动力学概念，但一些双亲核试剂反应的最终结果有时取决于产物的热力学稳定性。例如，在 1–巯基–8–辛胺与碘甲烷的反应中，巯基的亲核性比氨基强，易于进攻碘甲烷；但氨基的碱性比巯基强，而且 C—N 键比 C—S 键稳定，从而有利于热力学稳定的铵盐的生成。在这个过程中，氨基最终被甲基化，而巯基相当于一个催化剂。

有些两可亲电试剂（ambident electrophiles）的反应性同样取决于产物的热力学稳定性。α, β–不饱和酮与 CN$^-$ 发生亲核加成时，低温下主要生成动力学控制的 1,2–加成产物，升高温度则有利于生成热力学控制的 1,4–加成产物[10]。

3.7.3 参考文献

3.7.4 软硬亲核试剂

与软硬酸碱相对应,亲核试剂也分为硬亲核试剂和软亲核试剂,处于两者之间的称为"边界"亲核试剂。表 3.7 列举了一些常见的软硬亲核试剂。反应时,硬亲核试剂和硬亲电试剂受静电作用控制而成键,软亲核试剂和软亲电试剂受轨道作用控制而成键。

表 3.7　一些常见的软硬亲核试剂

硬亲核试剂	"边界"亲核试剂	软亲核试剂
F^-, OH^-, RO^-, SO_4^{2-}, Cl^-	N_3^-, CN^-	I^-, RS^-, RSe^-, S^{2-}
H_2O, ROH, ROR′, RCOR′	RNH_2, R_2NH	RSH, RSR′, R_3P
NH_3, RMgX, RLi	Br^-	烯烃,芳烃

很多两可亲核试剂(试剂中含有两个富电子中心,有两个反应位点)进行亲核反应时具有一定的区域选择性,这种选择性可用 HSAB 理论来解释。例如,在 S_N1 反应中,较硬的亲核试剂有利于进攻较硬的亲电试剂,即碳正离子;而在 S_N2 反应中,较软的亲核试剂有利于进攻较软的、带部分正电荷的碳原子。

对于典型的两可离子 CN^- 来说,当 NaCN 与碘代烷反应时,CN^- 的碳原子(软亲核试剂)进攻软的亲电试剂碘代烷,得到腈。然而,当使用 AgCN 时,CN^- 的氮原子

（硬亲核试剂）更倾向于与碘代烷产生的碳正离子发生"硬亲硬"，生成异腈[1]。

$$N{\equiv}C^- \quad \xrightarrow{S_N2} \quad \diagup CN$$

$$^-C{\equiv}N: \quad \xrightarrow{S_N1} \quad \diagup NC + AgI$$

HSAB 理论还可解释一些两可亲电试剂的反应性。α,β-不饱和羰基化合物是典型的两可亲电试剂，其 α-C 和 β-C 相比较，α-C 比较"硬"，是硬亲电试剂，与有机锂、Grignard 试剂等硬亲核试剂作用时，受静电作用的控制，容易发生 1,2-加成；β-C 比较"软"，与软亲核试剂作用时，受轨道的控制，容易发生共轭加成。例如，α,β-不饱和醛与烷基锂试剂反应主要发生 1,2-加成，而与硫醇反应则主要发生 1,4-共轭加成。

$$RS\diagup\diagup\diagdown O \quad \xleftarrow{R-SH} \quad \diagup\diagdown_\beta{}_\alpha O \quad \xrightarrow{R-Li} \quad \diagup\diagdown OLi \atop R$$

最近的一个例子是 α-二卤代砜（$PhSO_2CX_2H$）在强碱 $LiN(SiMe_3)_2$(LHMDS)存在下与 α,β-不饱和酮的亲核加成反应[2]。反应中所形成的碳负离子 $PhSO_2CF_2^-$ 是较"硬"的碱，而 $PhSO_2CCl_2^-$ 是较"软"的碱，因此 $PhSO_2CF_2^-$ 与 α,β-不饱和酮反应生成 1,2-加成产物，$PhSO_2CCl_2^-$ 则生成 1,4-加成产物，休现了"软亲软""硬亲硬"的规律。

3.7.4 参考文献

拓展学习资源

知识讲解 1

知识讲解 2

讲解课件

习 题

1. 下列物种哪些是亲核物种？哪些是亲电物种？

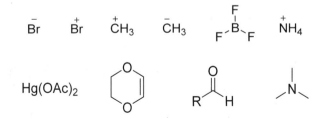

2. 比较下列各组化合物的相对碱性。

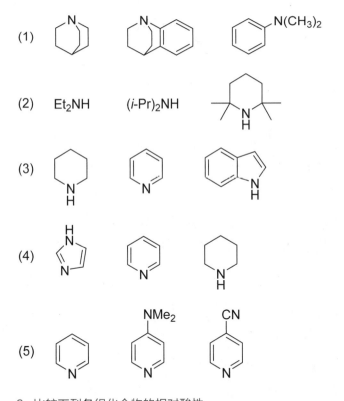

3. 比较下列各组化合物的相对酸性。

(1)

(2)

(3)

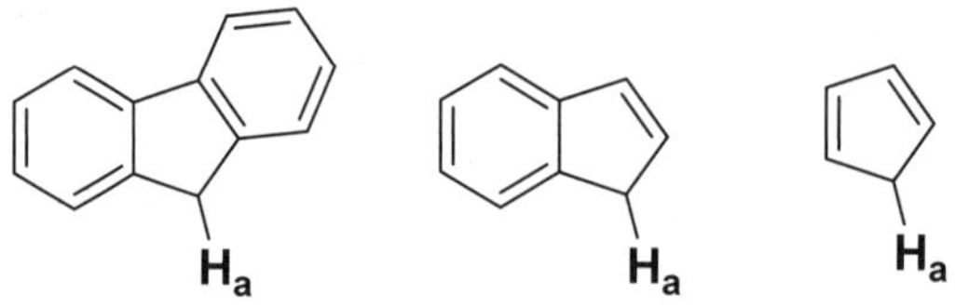

(4)

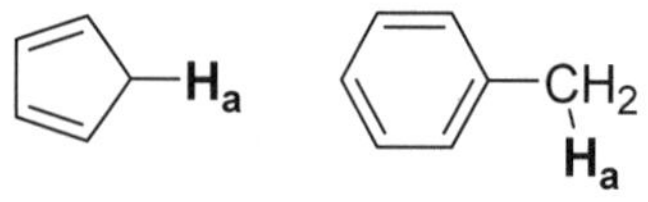

(5)

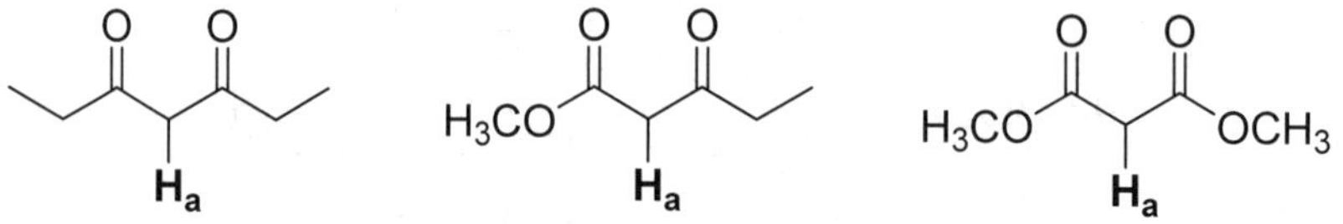

(6)

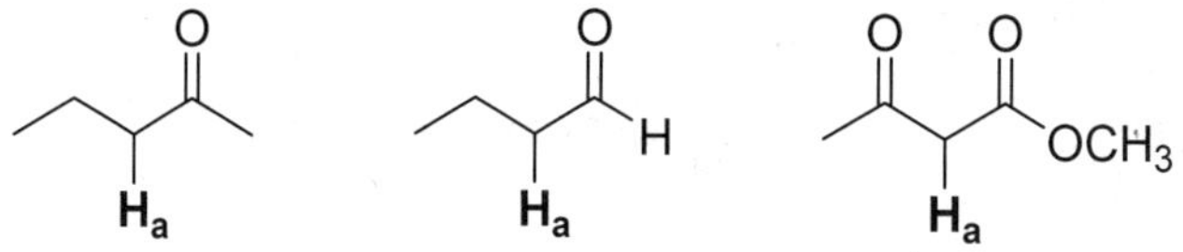

(7)

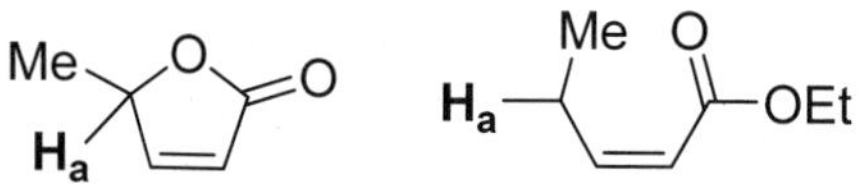

(8)

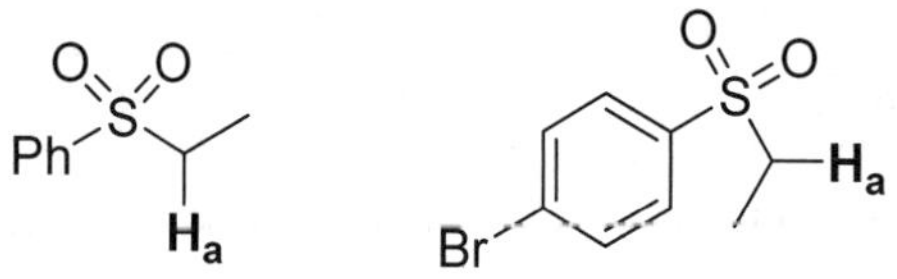

(9)

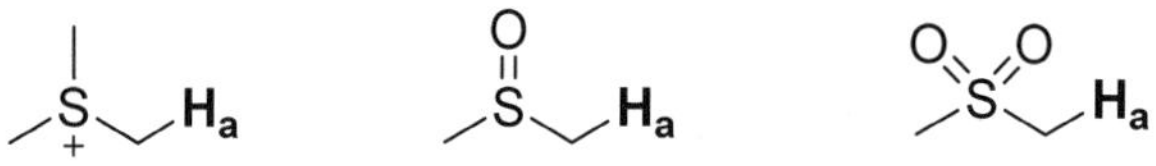

(10)

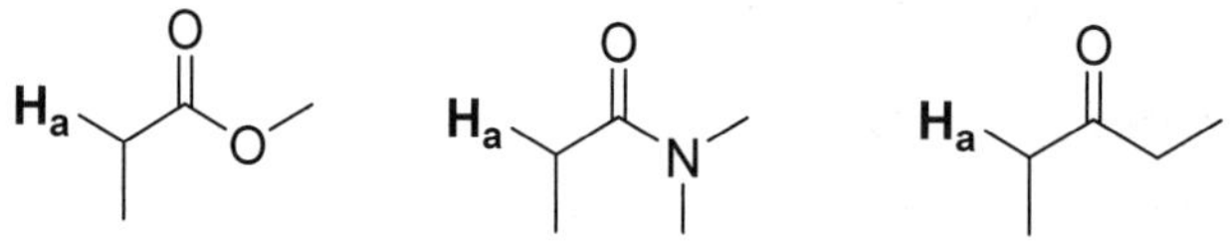

(11)

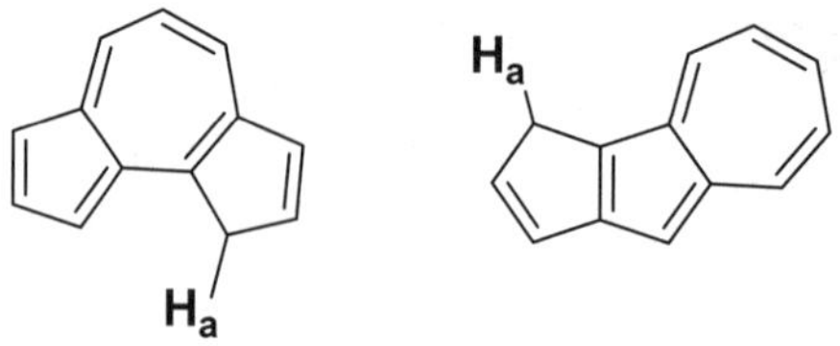

(12)

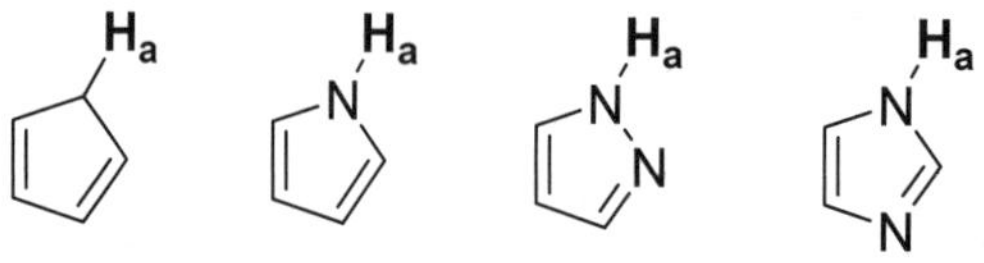

4. 下列 4 种化合物酸性强弱的顺序为（d）>（b）>（a）>（c）(*J. Am. Chem. Soc.* 1987，*109*，809.)，试解释其原因。

	(a)	(b)	(c)	(d)
pK_a	13.3	11.2	15.9	7.3

5. 结合超共轭效应解释下列酯中 α–H 的相对酸性。

pK_a (DMSO)　　≈ 25　　　　≈ 30

6. 回答下列问题：

（1）当富电子性物种进攻质子化的醛时，为什么不是带正电荷的氧原子接受富电子性物种的进攻，而是羰基碳原子被进攻？

（2）酰胺质子化时，羰基氧先质子化，还是氮先质子化？为什么？

（3）在亲电试剂存在下，酯中哪一个氧原子优先结合亲电试剂？为什么？

7. 乙酸盐与不同溴代烃的亲核取代，反应产率与正离子有关，数据见下表。试用软硬酸碱理论解释。

(M$^+$ = Li$^+$, Na$^+$, K$^+$, Cs$^+$；R = *i*-Bu, Ph)

R	产率/%			
	Cs$^+$	K$^+$	Na$^+$	Li$^+$
i–Bu	76	58	21	8
Ph	76	76	84	>95

8. 磷氮烯碱 **P1**、**P2** 和 **P4** 是一类超强有机碱，它们在乙腈溶液中的 pK_a 值如下所示：

	P1	**P2**	**P4**
共轭酸的pK_a	26.9	33.5	42.7

哒嗪和嘧啶在 **P4** 和 ZnI_2 存在下与特戊醛发生亲核加成反应，试预测产物的结构。

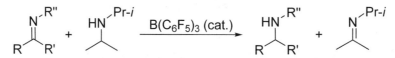

（ *J. Am. Chem. Soc.* 2003，*125*，8082-8083.）

9. 受阻 Lewis 酸碱对（FLP）的形成可以发生在分子内，也可以发生在分子间。如下氢转移是在催化量 $B(C_6F_5)_3$ 存在下进行的，写出此反应的机理。

习题参考答案

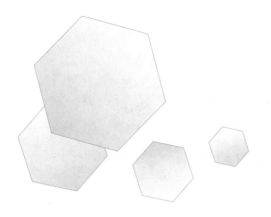

第 4 章
亲电加成反应

加成反应是有机反应中最常见的反应类型之一，参与加成的反应物含有不饱和键，如碳碳双键、碳碳三键、碳氧双键、碳氮双键等，加成过程中不饱和键的数目减少，单键的数目增加。根据试剂性质的不同，加成反应分为亲电加成反应（electrophilic addition reaction）、亲核加成反应（nucleophilic addition reaction）、自由基加成反应（radical addition reaction）和环加成反应（cycloaddition reaction）。本章讨论亲电加成反应。

亲电加成反应：

$$\diagdown C=C\diagup \xrightarrow{E^+} \overset{E}{\underset{|}{C}}-\overset{+}{C} \xrightarrow{Nu^-} \overset{E}{\underset{|}{C}}-\overset{|}{C}-Nu$$

亲核加成反应：

$$\diagdown C=O \xrightarrow{Nu^-} \overset{Nu}{\underset{|}{C}}-O^- \xrightarrow{H^+} \overset{Nu}{\underset{|}{C}}-OH$$

自由基加成反应：

$$\diagdown C=C\diagup \xrightarrow{\cdot X} \overset{X}{\underset{|}{C}}-\overset{\cdot}{C} \xrightarrow{H-X} \overset{X}{\underset{|}{C}}-\overset{|}{C}-H$$

环加成反应：

$$\diagup\!\diagdown\ +\ \|\ \longrightarrow\ \bigcirc$$

4.1　不饱和烃亲电加成反应概述

烯烃或炔烃的亲电加成反应通常分两步进行：在第一步反应中，富电子性烯烃或炔烃（作为 Lewis 碱）的π电子进攻缺电子性亲电试剂 E⁺（作为 Lewis 酸），生成碳正离子中间体；在第二步反应中，碳正离子中间体被富电子性物种 Nu⁻ 捕获，生成加成产物。

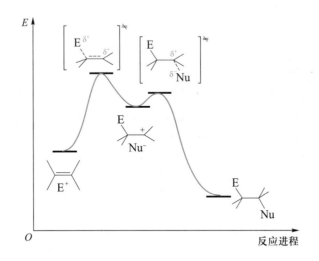

这个反应过程中有机物种的势能变化曲线如图 4.1 所示。

图 4.1　不饱和烃亲电加成反应中有机物种的势能变化曲线

大部分烯烃亲电加成反应的第一步为反应决速步骤，碳碳重键的电子云密度越大，C═C 双键 HOMO 能级越高，越能够给出电子，反应速率越快。

能与烯烃或炔烃发生亲电加成反应的亲电试剂包括 Brønsted 酸（如氢卤酸、硫酸和水等）和 Lewis 酸［如卤素分子、硼烷和 $Hg(OAc)_2$ 等］。

4.2　亲电加成反应案例

4.2.1　烯烃和炔烃与 Brønsted 酸的亲电加成

烯烃和 HCl、HBr、HI 加成得到卤代烃。

反应机理涉及碳正离子中间体。烯烃的 π 电子进攻 HX 的质子，X 带着一对电子离去，π电子进攻质子，一个碳原子形成 C—H 单键，另一个碳原子则成为缺电子性碳正离子，这是反应的决速步骤。碳正离子中间体一旦形成，便立即与体系中的 X⁻ 结合，最终生成加成产物。

加 HX 的反应需在惰性溶剂（如二氯甲烷、正己烷等）中进行，如果在水和醇等具有亲核性的溶剂中反应，具有亲核性的溶剂将和卤离子竞争，进攻碳正离子，生成相应的醇和醚，使产物复杂化。

由于碳正离子的生成为决速步骤，因此，反应速率和反应物中π键的电子云密度有关，如果烯烃上连有给电子基，烯烃的电子云密度增大，则有利于反应的进行；如果烯烃上连有吸电子基，烯烃的电子云密度降低，则不利于反应的进行。富电子性烯烃有多烷基取代的烯烃、烯醚、烯胺等。

不对称烯烃的反应具有区域选择性，如氯化氢和丙烯的加成，产物以 2－氯丙烷为主。V. Markovnikov 最早发现和总结出这一规律，即氢总是加在含氢多的碳原子上，称为马氏规则。

主要产物　　次要产物

对于马氏规则的解释可以有三种，一是底物的结构；二是碳正离子中间体的相对稳定性；三是过渡态的相对势能。从底物的结构来看，甲基的给电子诱导效应（+I）使得不饱和键上的π电子发生偏移，烯烃末端碳原子比中间碳原子拥有更大的电子云密度，受静电作用的影响，末端碳原子先夺质子：

从中间体的相对稳定性来看，质子加到丙烯上去有两种可能：加在末端碳原子上生成异丙基碳正离子，加在中间碳原子上生成正丙基碳正离子。由于异丙基碳正离子比正丙基碳正离子稳定，因此主要产物为 2－氯丙烷。

过渡态的相对势能是反应区域选择性的最根本原因（见 1.3.2 节）。烯烃夺得质子经过后过渡态，过渡态结构和碳正离子的结构更靠近，是类碳正离子过渡态（carbocation-like transition state）。如下所示，形成异丙基碳正离子经过的过渡态 **A** 比形成丙基碳正离子经过的过渡态 **B** 具有更低的势能，2－氯丙烷优于 1－氯丙烷而生成，反应具有区域选择性。

反应过程中一旦生成碳正离子，不可避免地要发生碳正离子的重排，重排的驱动力是生成更稳定的碳正离子，或是减小环张力。重排主要有两种，一种是 1,2－氢迁移（1,2－H shift），另一种是 1,2－烷基迁移（1,2－R shift），称为 Wagner-Meerwein 重排（见 9.1.1 节）。

　　不论是 1,2－氢迁移还是 1,2－烷基迁移，都是邻位的基团（—H，—R）带着一对电子重排到缺电子性的碳原子上。

　　迁移以轨道方向性或轨道重叠（orbital overlap）为基础。碳正离子结构中，碳正离子的邻位 C—H 成键轨道和空的 p 轨道之间能发生有效的重叠，σ(C—H)成键电子的部分离域能有效分散正电荷，使得碳正离子得到相对的稳定，存在σ(C—H)$\rightarrow$p 的超共轭效应。如果电子进一步离域，发生旧 C—H 键断裂，新 C—H 键生成，骨架发生改变，称为 1,2－氢迁移。与之竞争的反应是失去质子，发生β–H 消除得到烯烃。

　　1,2－烷基迁移也是如此，以轨道方向性为基础，只有发生σ(C—C)和 p 轨道之间的部分重叠，才能发生有效的 1,2－烷基迁移。不同的是，迁移的中心碳原子带有三个取代基。当三个取代基不同时，迁移的碳原子是手性碳原子，迁移过程中构型保持（retention of configuration）。与之竞争的反应是迁移的基团直接从底物中离去，得到烯烃和稳定的碳正离子。

　　如下所示，在直线形分子中，由于 C—C 单键能自由旋转，碳正离子的邻位 C—C

键都可以和空的 p 轨道形成部分重叠。换句话说，邻位的三个烷基都可以发生 1,2 - 烷基迁移，但是迁移的能力是不同的。迁移过程中经过如上页所示的带正电荷的三元环状过渡态，迁移基团能更好分散正电荷的就具有更好的迁移能力。因此，叔碳比仲碳容易迁移，仲碳比伯碳容易迁移。但烷基迁移前提是一样的，都是以满轨道和空轨道的有效重叠为基础。

在环状体系，尤其是双环体系中，C—C 键自由旋转受到极大的限制，轨道方向性就变得尤为重要。如下所示的碳正离子，存在 C1—C6 的成键轨道和空的 p 轨道平行重叠，可以经过三元环状非经典碳正离子（non-classic carbocation）发生 1,2 - 烷基迁移，而 C1—C7 和空的 p 轨道几乎是垂直的，不能有效重叠，因而不能发生 1,2 - 烷基迁移。

当烯烃为共轭二烯烃时，亲电加成有两个产物，即 1,2 - 加成产物和 1,4 - 加成产物，后者也称为共轭加成。1,2 - 加成经历的碳正离子 A 较稳定，过渡态能垒低，反应速率快，属于动力学控制的反应；而 1,4 - 加成反应速率慢，但产物（三取代烯烃）较稳定，属于热力学控制的反应。低温有利于 1,2 - 加成，高温则有利于 1,4 - 加成。

碳正离子本身也是亲电试剂，可以和烯烃再次发生亲电加成。一个经典例子是角鲨烯在质子条件下的环合，生成甾族化合物。角鲨烯在酶（提供质子）作用下，发生区域和立体选择性的、多米诺式的亲电环化反应，得到碳正离子中间体，最后经 β– 消除得到双键[1]。

炔烃与 HX 亦可发生类似的加成反应，但与烯烃相比反应较慢，且反应机理略有不同。与烯烃相比，炔烃的炔基碳原子采用 sp 杂化，碳原子的电负性较大，不容易给出 π 电子，故反应较慢。此外，这个反应可能通过烯基碳正离子机理进行，与烯烃反应所形成的烷基碳正离子相比，烯基碳正离子中间体（中心碳原子采用 sp 或 sp² 杂化）很不稳定，势能较高，因而反应活化能增大，反应速率降低。烯基碳正离子中间体存在直线形（**A**）和反式（**A′**）两种异构体，反应经过了较稳定的反式烯基碳正离子中间体 **A′**，因而通常生成反式加成的卤代烯烃。由于卤素的给电子共轭效应，卤代烯烃继续与 HX 加成，经过中间体 **B**，生成偕二卤代烷，反应具有区域选择性。

不对称炔烃与卤化氢的加成也遵从马氏规则。例如：

如上所述，烯基碳正离子很不稳定，不仅因为中心碳原子是 sp^2 或 sp 杂化的（见 1.1.2.1 节），而且空的 p 或 sp^2 轨道与邻位 σ 键的超共轭作用也远弱于烷基碳正离子。鉴于这一原因，炔烃加卤化氢的烯基碳正离子机理受到质疑。于是，有人提出了一种协同的三分子亲电加成机理（Ad_E3）[2]，如下所示：

根据上述过渡态结构，Ad_E3 机理能够合理解释反应的立体化学（即反式加成）和区域选择性（符合马氏规则）。例如，在乙酸中己－3－炔与 HCl 加成，主要得到反式加成产物，乙酸促进的反应机理可表示如下：

Ad_E3 机理也得到了其他一些实验研究的支持。例如，有人获得了由 HCl 与丁－2－炔形成的π－络合物，并成功测定了其晶体结构[3]。需要指出的是，尽管得到了一些实验证据的支持，Ad_E3 机理的合理性也是备受争议的[4]。

4.2.1 参考文献

4.2.2　烯烃和炔烃与卤素的亲电加成

除了 Brønsted 酸之外，一些 Lewis 酸也可作为亲电试剂与烯烃和炔烃发生亲电加成。容易发生此类反应的 Lewis 酸包括卤素、硼烷、一些过渡金属等。烯烃和卤素在无水的惰性溶剂中反应，生成邻二卤代烃，在水存在下反应生成 α- 卤代醇，在醇存在下反应则生成 α- 卤代醚。

卤素作为亲电试剂与不饱和烃发生加成反应时，其相对反应活性顺序为：$F_2 >$ $Cl_2 > Br_2 > I_2$。烯烃与 F_2 的反应过于激烈，很难控制；与 I_2 容易发生可逆反应，生成的二碘代烃容易发生消除得到烯烃，平衡偏向原料烯烃，因此，烯烃加卤素通常是指加 Cl_2 或加 Br_2。由于液溴的使用安全性差，人们发展了许多含溴亲电试剂的代用品，它们通常是稳定的固体，如 NBS、三溴吡啶盐[1]和 N- 甲基吡咯烷酮与三溴化氢的络合物[2]。

　　烯烃和溴的亲电加成具有立体专一性，如二苯乙烯和溴的反应，产物结构取决于二苯乙烯的构型。反 – 1,2 – 二苯基乙烯得到内消旋体，顺 – 1,2 – 二苯基乙烯得到一对外消旋体。

　　反应分步进行，溴在 π 电子的作用下产生诱导偶极，靠近烯烃的溴带部分正电荷，远离烯烃的溴带部分负电荷。双键给出电子进攻带部分正电荷的溴成为溴鎓离子中间体，另一溴以溴负离子的形式离去；应轨道方向性的要求，溴负离子孤对电子分别以路径 a 和路径 b 填充到 $\sigma^*(C—Br)$，从溴鎓离子的背面进攻，使得反应具有非对映选择性。

　　不对称烯烃和溴的亲电加成具有区域选择性。末端烯烃和溴反应的第一步形成溴鎓离子，其中两个 C—Br 键的键长是不等的。有两种可能的溴鎓离子 **A** 和 **B**，其中 **A** 较 **B** 稳定，这与碳正离子的稳定性相似。因此，反应优先经历路径 a 生成亲电加成产物，反应具有区域选择性。

　　加溴反应一般经历溴鎓离子中间体，但也有例外。例如，1,1 – 二苯基乙烯和溴反应，得到 1,1 - 二苯基 - 2 - 溴乙烯。在碳正离子中间体 **A** 中，除了两个苯基和 p 轨道之间的 p–π共轭，还存在两个邻位 C—H 键和 p 轨道之间的超共轭效应，**A** 较溴鎓离子中间体 **B** 更稳定。由于 **A** 中的碳正离子中心比较拥挤，不易被溴负离子所捕获，取而代之发生 β- 氢消除，得到 1,1 - 二苯基 - 2 - 溴乙烯[3]。

底物是环己烯时，溴以反式双直立键加成（anti - diaxial addition）的方式到双键上，当以路径 a 的形式加成到双键上时，需要经过能量较高的扭船式；当以路径 b 的形式加成到双键上时，需要克服双直立键翻转成双平伏键的能垒，才能得到椅式的 trans - 1,2 - 二溴环己烷。

当环己烯上有大的取代基固定构象时，路径 a 或 b 的活化能差别得以体现，反应具有选择性。如下所示，由于叔丁基的体积因素，化合物(R)-**1** 经反式双直立键加溴可以形成 **A** 和 **B**，**A** 迅速变形成(1S,2S,4R)-**2**，**B** 则需要经过能量较高的扭船式 **B'** 才能得到(1R,2R,4R)-**2**。两种产物互为非对映体，(1S,2S,4R)-**2** 优于(1R,2R,4R)-**2** 生成，反应具有非对映选择性。

溴鎓离子（bromonium）可以看成邻位溴对碳正离子快速捕获的结果，也可以看成一种邻基参与（neighboring group participation，NGP）现象（详见 6.1.4 节），鎓离子和碳正离子相比，成键数目增多，结构较稳定。和溴相类似，硫和碘的原子体积大、亲核性强，三元环硫鎓离子（sulfonium）、碘鎓离子（iodonium）都可以形成。氯的电负性（3.16）比溴的（2.96）大，不易给出电子；氯的共价半径（99 pm）比溴的（114 pm）小，不易形成三元环状的氯鎓离子（chloronium）中间体，反应过程中形成的正离子中间体主要以经典碳正离子形式存在[4]。

1–甲基环己烯加次氯酸的反应没有立体选择性，但有区域选择性。

三元环的氯鎓离子不易生成，五元环氯鎓离子是有可能性形成的（见 4.3 节）。如下反应是通过五元环的氯鎓离子中间体进行的：

　　硫原子的电负性（2.58）比溴的小，更易给出电子；共价半径（103 pm）虽比溴的小，但比氯的大，能够形成三元环状的硫鎓离子中间体。因此，烯烃和次磺酰氯（如 PhSCl）发生亲电加成是具有立体选择性的。由于氯有更大的电负性，S—Cl 共价单键的电子偏向于氯，氯带部分负电荷，硫带部分正电荷。次磺酰氯和烯烃反应先形成硫鎓离子，再和氯负离子结合生成亲电加成产物。由于甲基的给电子效应，反应具有区域选择性；由于硫鎓离子的形成，加上去的氯和苯硫基处于反式，反应具有立体选择性，得到一对对映体，具有非对映选择性。

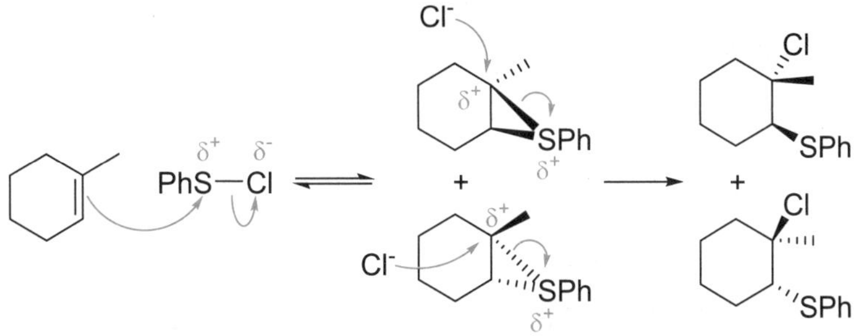

　　除了次磺酰氯外，次磺酸酯（如 PhSOMe）、次磺酰胺（如 *N*−苯硫基邻苯二甲酰亚胺）等亦可作为硫亲电试剂，与烯烃作用形成硫鎓离子，进而发生亲电加成反应，Lewis 碱（如硫醚）可催化这一过程[5]，例如：

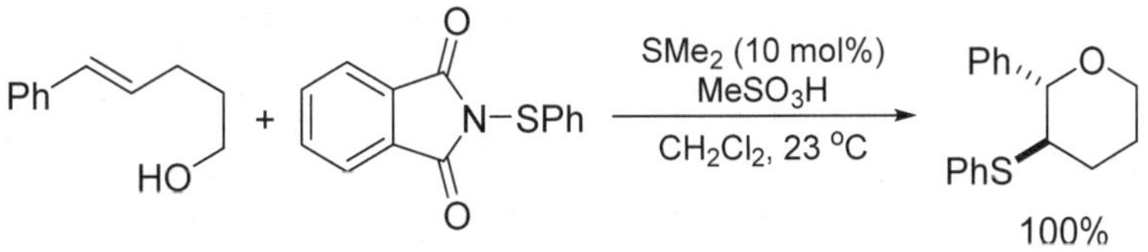

　　在这个过程中，质子酸首先活化亲电试剂，形成亚铵盐 **A**，后者在 Lewis 碱存在下离去邻苯二甲酰亚胺，形成 Lewis 碱稳定的次磺酰正离子的盐 **B**。**B** 是活性亲电物种，它立即与烯烃作用形成硫鎓离子 **C**。最后，亲核试剂进攻硫鎓离子，开环得到反式加成产物。若是分子内的亲核基团进攻了硫鎓离子，则得到如上所示的环化产物。

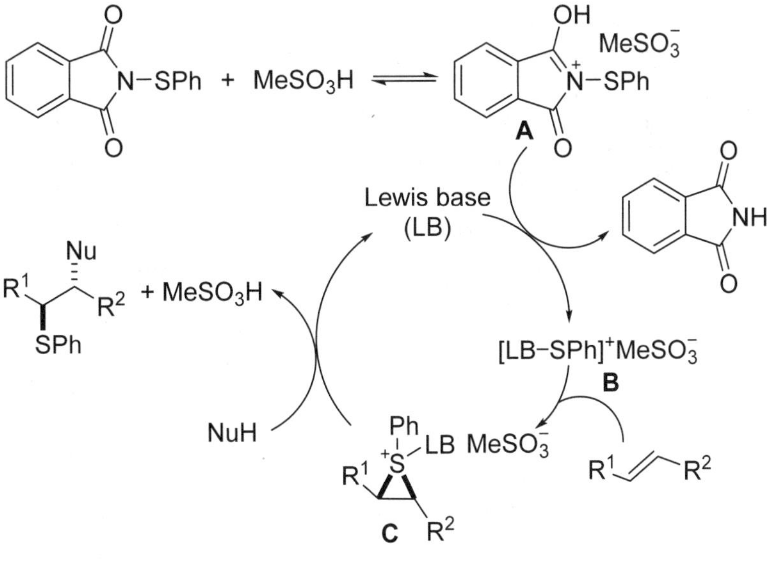

炔烃与卤素的加成反应与烯烃相似。根据反应条件，炔烃加一分子卤素，主要生成反 –1,2 – 二卤代烯烃，再加第二分子卤素，则生成四卤代烃。例如：

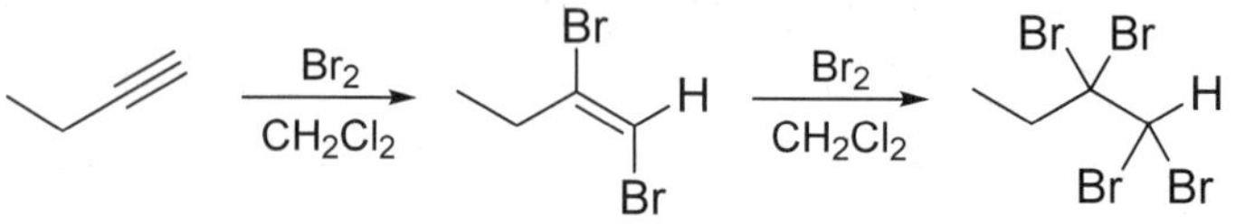

与炔烃加 HX 的反应机理相似，炔烃与卤素的加成反应也有两种可能的机理：一种是分步的正离子机理，另一种是协同的 Ad_E3 机理。若为分步机理，第一步反应所形成的正离子有如下两种可能的存在形式：

溴鎓离子　　　　　　烯基碳正离子

溴鎓离子中间体机理能够合理解释反式加成的立体化学，但溴鎓离子的三元环中存在双键，存在高张力，很不稳定，因此这种机理的合理性受到的质疑较多。对于开环的烯基碳正离子，若中心碳原子上连有芳环或氧、氮等杂原子时，这些基团的给电子共轭效应能够对烯基碳正离子起到稳定化作用，因而反应有可能通过此中间体进行。例如，苯乙炔在乙酸中与 Br_2 反应，除主要生成反式加成产物外，但也得到了顺式加成产物，此结果符合烯基碳正离子机理。如第二步反应过渡态结构所示，由于亲核试剂与端基碳上溴原子之间的立体位阻，顺式加成是动力学不利的，故主要得到反式加成产物。此外，溶剂解离的乙酸根也可作为亲核试剂参与反应，从而生成乙酸酯产物。

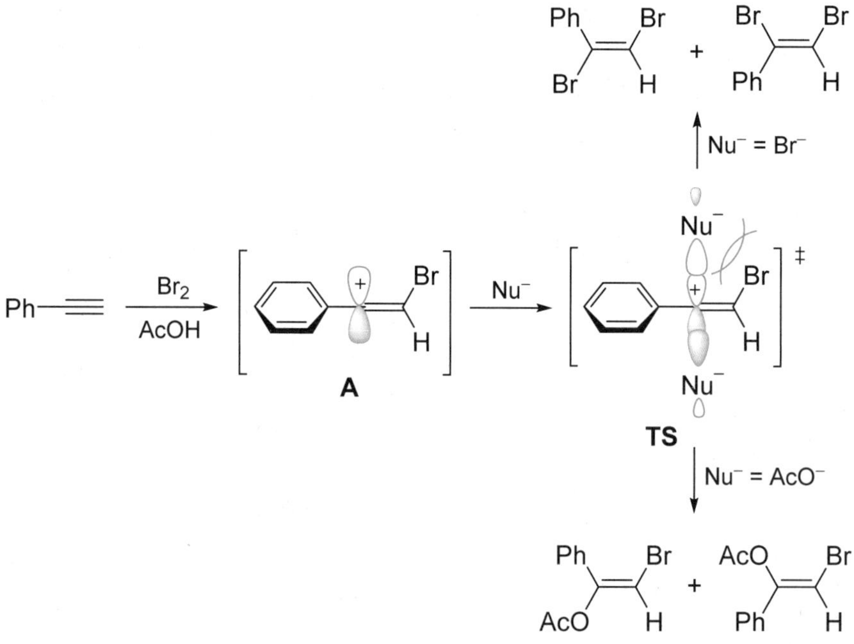

1 – 苯基丙炔与 Br_2 反应的动力学研究发现，反应速率不仅依赖于底物和 Br_2 的浓度，

而且依赖于 Br⁻ 的浓度，且得到的唯一产物为反式加成产物。这一结果相当符合协同的 Ad$_E$3 机理。

4.2.3　烯烃和炔烃与过渡金属的亲电加成

烯烃与乙酸汞在 THF–H$_2$O 溶液中反应得到含有 C—Hg 键和 C—O 键的中间体，该中间体经硼氢化钠还原得到烯烃的水合产物，称为羟汞化–还原反应（oxymercuration-reduction）。羟汞化反应具有区域选择性和立体选择性，反应经历三元环状汞鎓离子中间体，亲核试剂（H$_2$O）从三元环的背面进攻连有较多烷基的 C—Hg 键的碳原子，并环形成羟汞化产物。

生成的羟汞化产物中 C—Hg 键经 NaBH$_4$ 进行还原得到 C—H 键。理论和实验研究表明，这个还原反应按自由基机理进行，发生了 C—Hg 键的均裂，形成烷基自由基中间 **A**[1]。

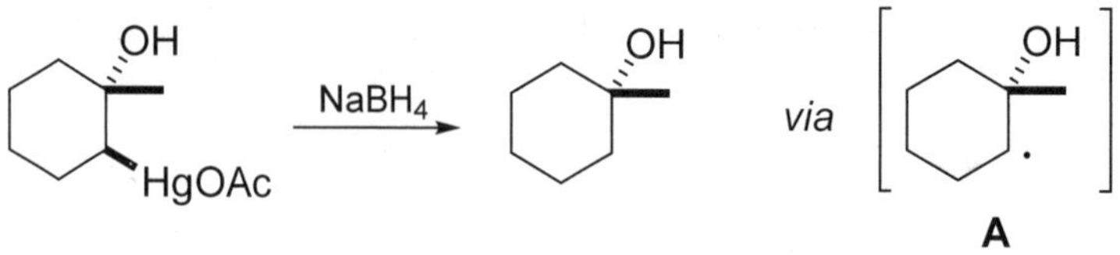

羟汞化与还原反应组合在一起，总的结果是烯烃的水合，且区域选择性符合马氏规则，即氢加在含氢多的碳原子上。虽然第一步羟汞化反应是立体专一性的（反式加成），但第二步还原按自由基机理进行，反应的立体化学主要取决于自由基中间体的结构因素。

与酸催化的烯烃水合相比，羟汞化反应有效地避免了碳正离子中间体的形成，从而避免了骨架的重排，因此，常用于实验室制备醇[2]。

当用 THF – ROH 溶液进行羟汞化时，反应生成醚：

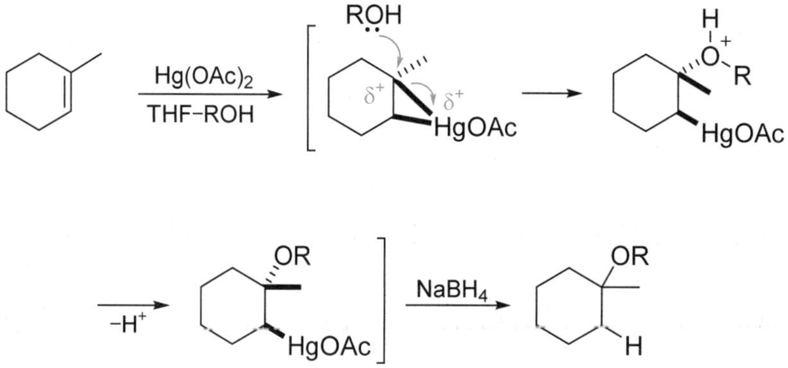

当底物为炔烃时，Hg^{2+} 只需要催化量，而且不需要还原就可以得到烯醇，互变异构最后得到羰基化合物：

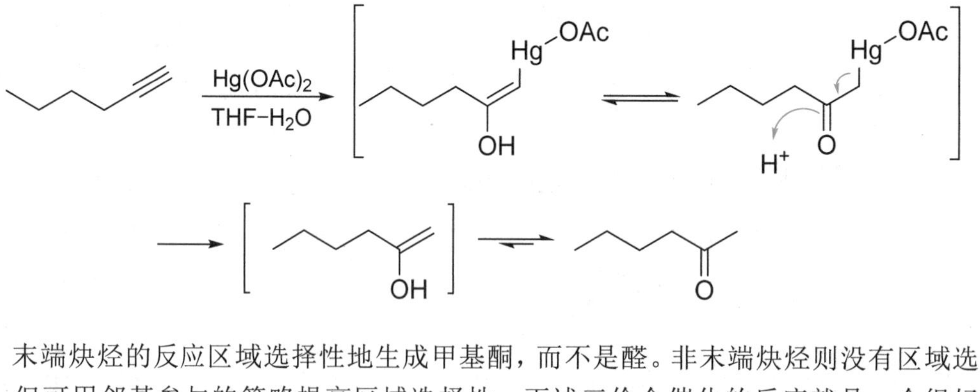

末端炔烃的反应区域选择性地生成甲基酮，而不是醛。非末端炔烃则没有区域选择性，但可用邻基参与的策略提高区域选择性，下述三价金催化的反应就是一个很好的例子[3]：

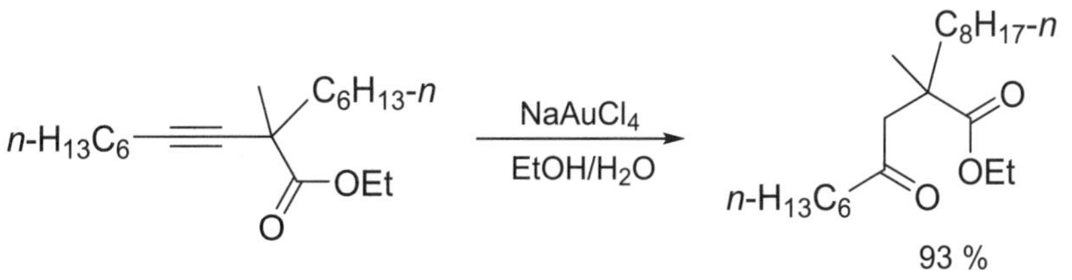

这个反应的可能机理如下：

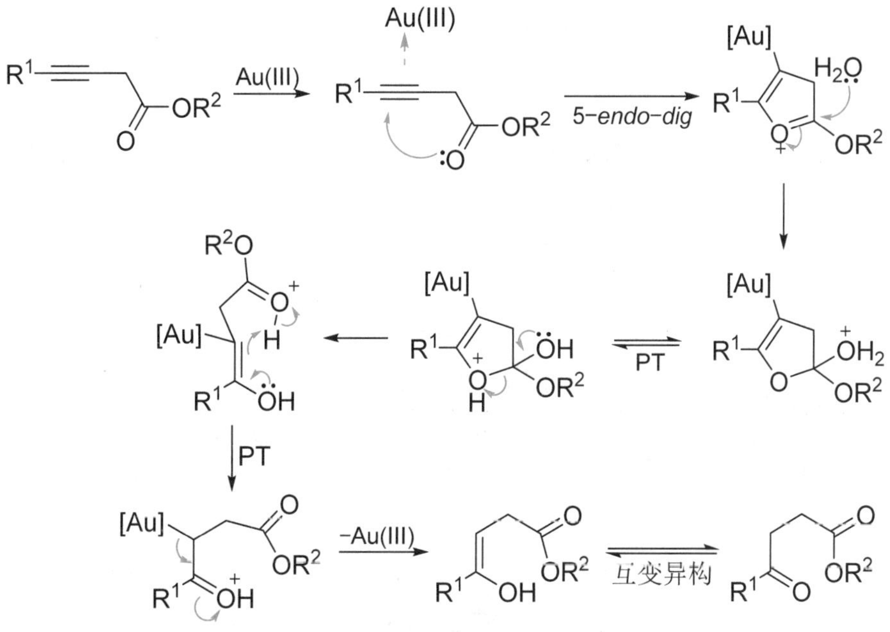

　　反应的净结果是炔烃的水合。从加上去的羟基和氢两个基团来看，羟基优于氢先加到被 Lewis 酸活化了的三键上，因此文献中把这类反应也称为过渡金属催化下炔烃的亲核加成。反应过程中五元环的形成决定了反应的区域选择性。

　　在如下 Lewis 酸催化的 1,5 - 联烯炔亲电环化反应中，炔烃亲电加成的区域选择性也得到了很好的控制[4]：

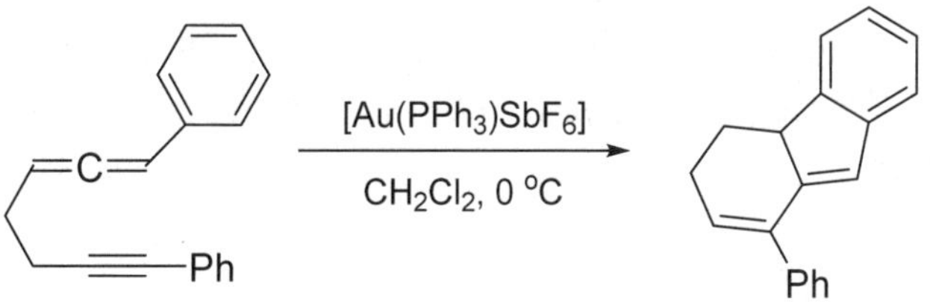

　　在这个反应中，一价金作为 Lewis 酸活化了碳碳三键，富电子性联烯基团对缺电子性碳碳三键发生分子内亲电加成，得到符合 "6 - endo - dig 规则"（见 4.3 节）的关环产物，随后发生分子内 Friedel-Crafts 烷基化和 Au - H 交换反应，得到环化产物。

若底物是 1,6－联烯炔，联烯对炔烃的亲电关环将按照"6－*exo－dig* 规则"（见 4.3 节），生成含有环外双键的环化产物：

若底物是 1,6－联烯炔，联烯对炔烃的亲电关环将按照"6－*exo－dig* 规则"（见 4.3 节），生成含有环外双键的环化产物：

4.2.3 参考文献

4.2.4 烯烃和炔烃与硼烷的亲电加成

硼烷中的硼是六电子体系，为缺电子性 Lewis 酸，通常存在的形式是二聚体。在 THF 等能提供电子的溶剂中，硼烷和溶剂发生配位作用得到 Lewis 酸碱加合物，如硼烷的二甲硫醚配合物：

烯烃和炔烃与硼烷的反应分别生成烷基硼烷和烯基硼烷，后者再经碱性氧化处理得水合产物，称为硼氢化－氧化反应（hydroboration-oxidation）。

　　烯烃和硼烷加成时，两个原因使得硼氢化具有区域选择性，一是底物的结构，甲基的给电子诱导效应使π键发生极化，C2 较 C1 有更大的电子云密度，易进攻缺电子性的硼原子；二是环状过渡态 **A** 的空间位阻较 **B** 的小。此外，硼氢化反应属于协同反应，经过环状过渡态，所以这个环加成为顺式加成。

　　三烷基硼用碱性双氧水氧化形成醇的机理如下所示。双氧水在碱性条件下解离成过氧负离子，和缺电子性的三烷基硼发生电子转移，烷基带着一对电子迁移到邻位缺电子性的氧原子上，羟基带着一对电子离去。重复两次这样的操作，即可得到三烷氧基硼。在碱性条件下三烷氧基硼解离，得到烷氧基负离子，最后质子交换得到中性分子醇和硼酸根负离子。

　　以 1-甲基环己烯的硼氢化/氧化反应为例，最后得到反-2-甲基环己醇，加上去的 H 和 OH 在烯烃的同侧。

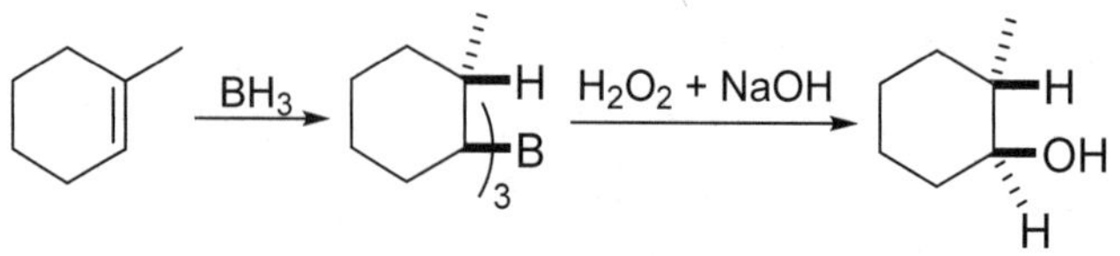

硼氢化/氧化反应的净结果是烯烃的水合，最后得到醇。反应具有区域选择性，得到反马氏加成的产物。同时，硼氢化反应的顺式加成，并且在随后碱性氧化过程中烷基带着一对电子的迁移，使得顺式加成的立体化学得到保留，因此硼氢化/氧化反应具有立体选择性。

硼氢化是可逆的。例如，2-甲基戊-2-烯在 25 ℃下硼氢化，随后氧化得到 2-甲基戊-3-醇；如果提高硼氢化温度到 160 ℃，氧化后则得到 4-甲基戊-1-醇[1]：

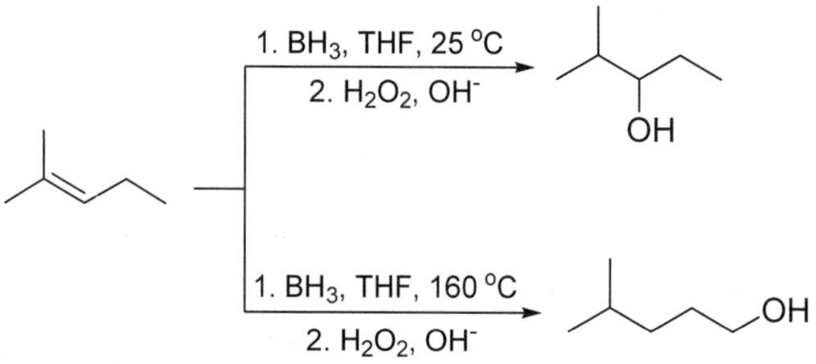

在高温下反应时，经硼氢化及其逆反应，最终得到热力学有利（即位阻较小）的三烷基硼烷。

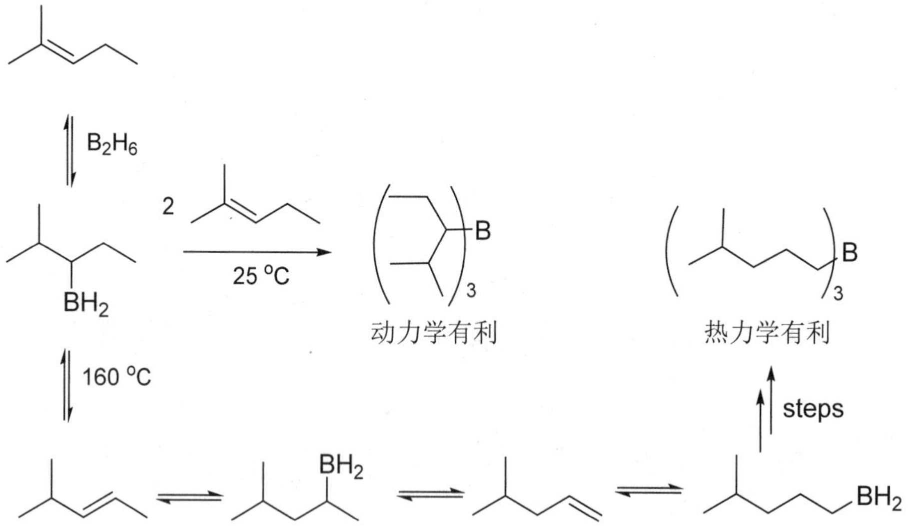

末端炔烃上的硼氢化反应，很难使反应停留在烯基硼烷，使用立体位阻的二戊基硼烷则可以对末端炔烃进行硼氢化生成烯基硼烷，继而氧化水解成醛：

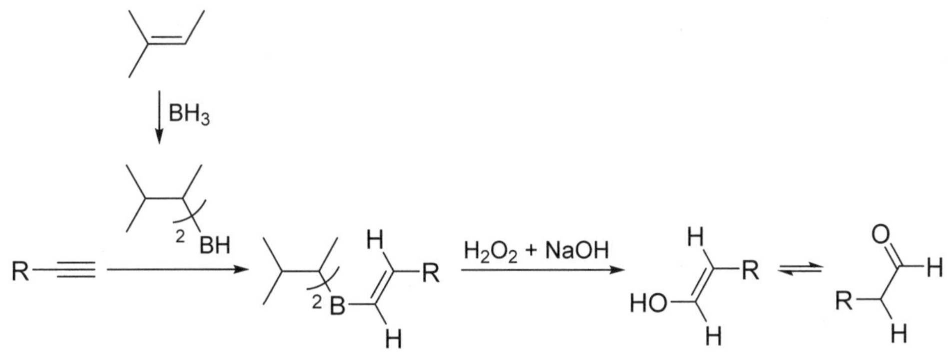

大位阻的硼氢化试剂还有 ThBH$_2$、9－BBN 等：

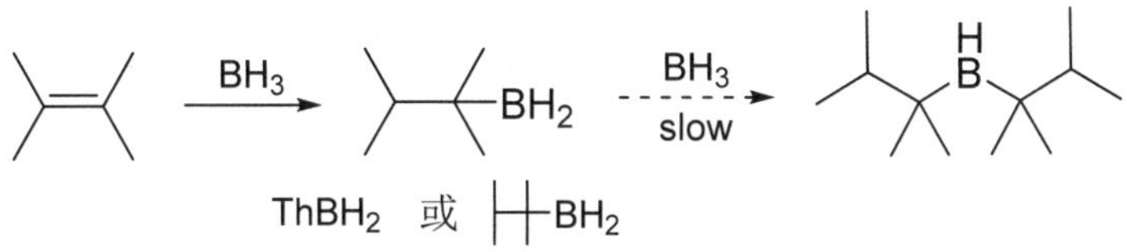

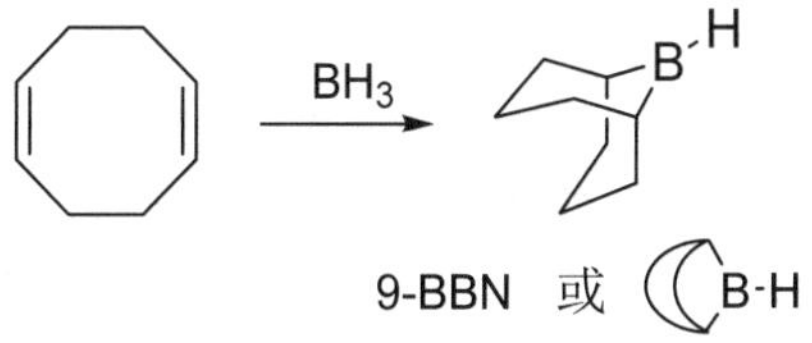

ThBH$_2$　或　├─BH$_2$

9-BBN　或　B-H

大位阻的硼氢化试剂有效地提高了反应的立体选择性：

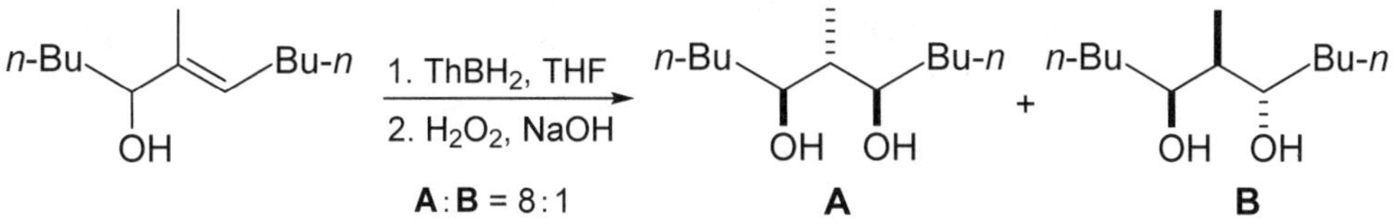

A：B = 8：1

　　上述烯丙醇的稳定构象如下 E 式所示，即 C＝C 双键和 C—H 键处于重叠的构象[2]，受底物中正丁基的影响，硼氢化试剂以空间位阻小的方式靠近底物，通过四元环状过渡态，完成连续三个手性碳原子的构筑，反应具有非对映选择性[3]。

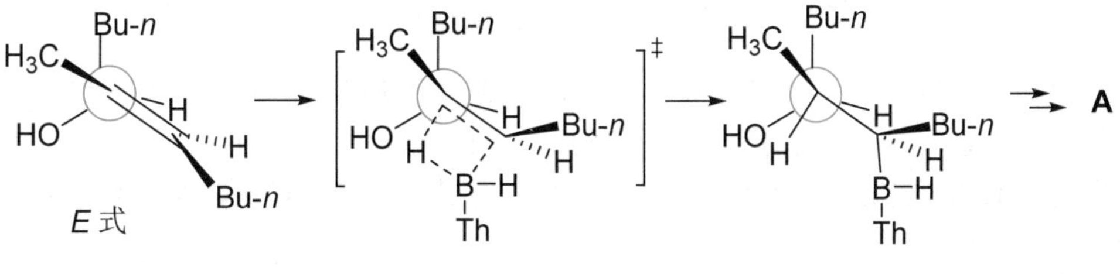

E 式

三烷基硼不仅可以被过氧化氢负离子所捕获，还可以被其他亲核试剂捕获。如用硫酸羟胺酯捕获，最后得到胺：

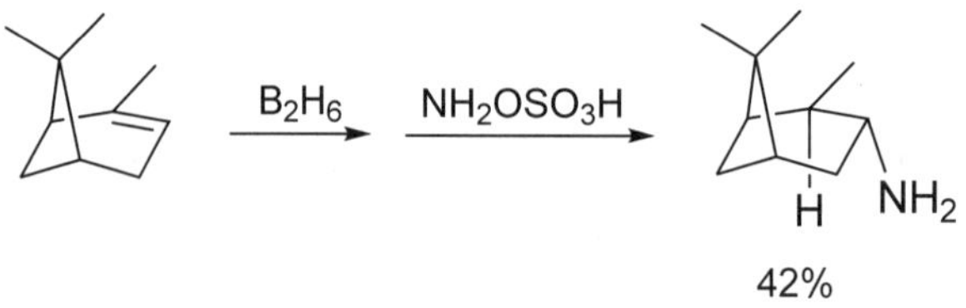

在空间位阻影响下，硼氢化反应具有区域选择性和立体选择性，生成的三烷基硼和硫酸羟胺酯发生 Lewis 酸碱之间的反应形成 N—B 键，由于底物中 N—O 键的极化，氮原子呈现缺电子性，烷基从硼原子迁移到缺电子性的氮原子上形成 C—N 键，硫酸根负离子离去，最后得到胺。

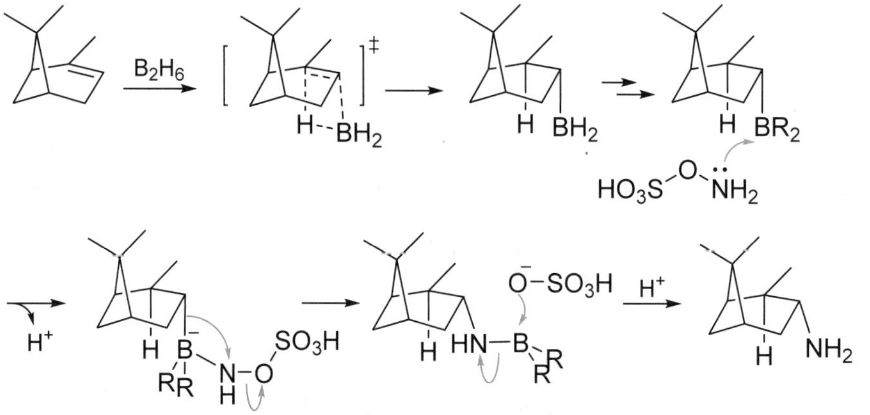

用碳亲核试剂捕获，形成 C—C 键：

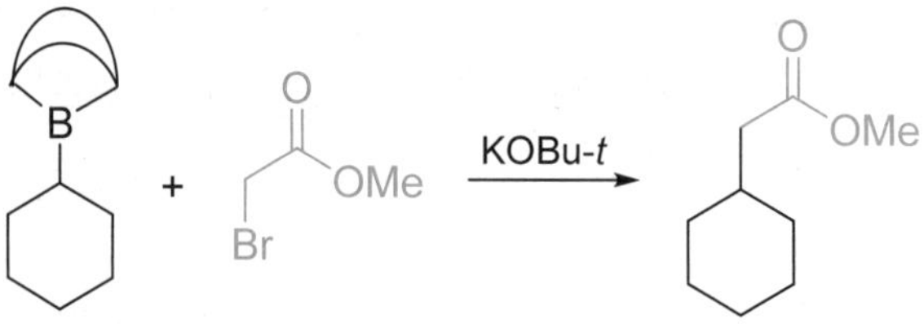

α- 溴酯在碱性条件下形成烯醇负离子，捕获三烷基硼形成 8 电子硼物种，由于邻位碳原子上酯基和溴的吸电子性，邻位碳原子呈现缺电子性；又由于溴的离去能力，使得硼原子上烷基能迁移到邻位缺电子性的碳原子上形成 C—C 键，最后互变异构、水解成产物。

在非环体系情况下，当硼上三个烷基不同时，迁移的能力是不同的。碳正离子重排过程中，经过缺电子性三元环状过渡态，要求迁移基团的给电子能力越强越好，因此，叔碳最优先迁移；三烷基硼重排过程中，经过富电子性三元环状过渡态，要求烷基的给电子能力不要太强，因此，伯碳最优先迁移。

t-alkyl > *s*-alkyl > *n*-alkyl　　　　　　*n*-alkyl > *s*-alkyl > *t*-alkyl

4.2.4 参考文献

4.3　Baldwin 规则

有机反应是以轨道有效重叠——轨道方向性，电子合理转移——能级匹配为前提，以反应前后构象改变最小为原则进行的。碳原子杂化类型的不同，决定了接受亲核试剂的方向是不同的。如下所示，当亲核试剂分别进攻 C—X、C═X、C≡C 键时，受它们反键轨道方向性的约束和反应前后碳原子杂化类型改变的影响，亲核试剂进攻时 Nu—C—X（或 Nu—C—C）的角度分别为 180°、109°、120°，是合理的电子运动键合轨迹（bonding trajectories）。

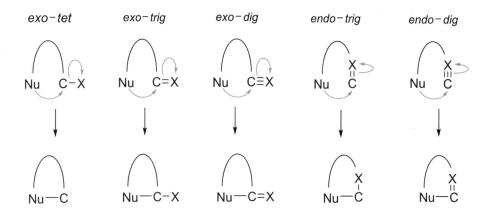

当分子内的富电子性中心进攻缺电子性中心时，发生环化反应（cyclization）。按照缺电子中心碳原子的杂化类型（*tet*，*trig*，*dig*）和成键方式（*endo*，*exo*）分成如下五类：

Baldwin 基于各种关环反应的例子，结合反应过程中电子运动的键合轨迹，总结出了 Baldwin 规则（Baldwin rule），如表 4.1 所示。成环的大小用 3，4，5，6，7 表示，按照上述五种可能的关环方式，用"+"表示过程是有利的，用"−"表示过程是不利的。

表 4.1　Baldwin 规则

	3	4	5	6	7
exo − tet	+	+	+	+	+
exo − trig	+	+	+	+	+
endo − trig	−	−	−	+	+
exo − dig	−	−	+	+	+
endo − dig	+	+	+	+	+

当缺电子性的三元环鎓离子被分子内的亲核基团所捕获时，通常得到环化的产物，亲电试剂诱导在先，该类反应称为亲电环化反应（electrophilic cyclization）。例如，戊−4−烯酸和碘发生亲电加成时，分子内的羧基能亲核进攻碘鎓离子，得到碘代环内酯[1]：

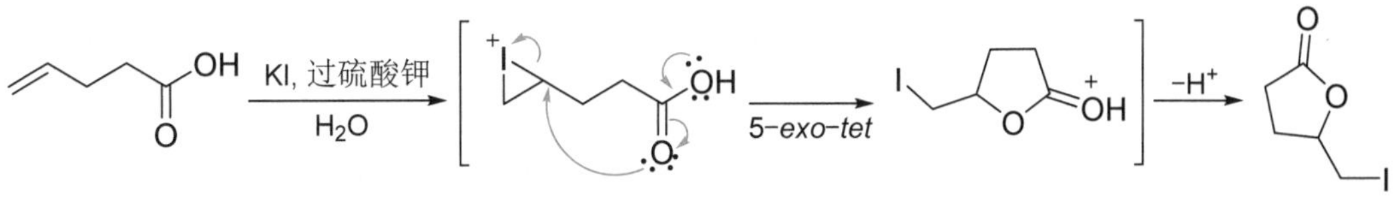

羟基（OH）、烷氧基（OR）、亚砜（S＝O）等基团的氧原子也是邻基参与的常见基团，诱导亲电环化。例如[2]：

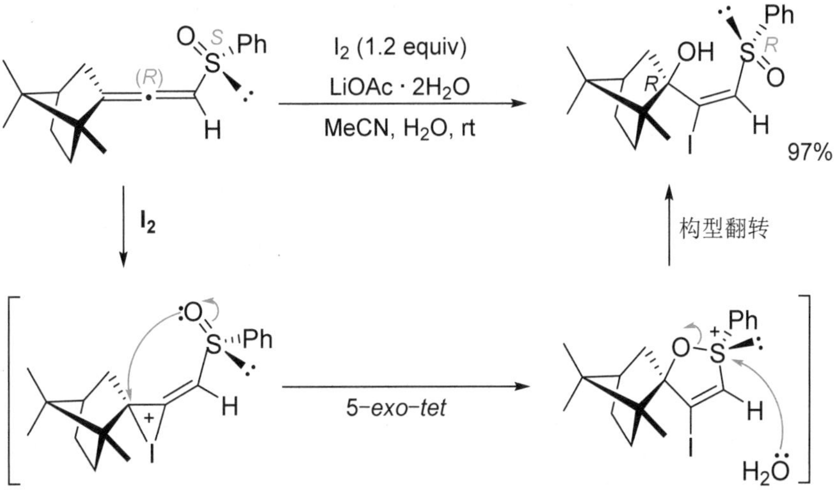

氮的邻基参与能力很强，即使氮原子上连有吸电子基，也可发生邻基参与，诱导亲电环化，发生一系列的反应。如下化合物 **A** 在加溴时，除了得到正常的反式加成产物 **B** 外，还得到一种重排了的二溴化合物 **C**[3]。在此过程中，第一步形成的溴鎓离子中间体 **D** 被 Br⁻ 进攻，得到加成产物 **B**（路径 a）；**D** 中磺酰胺的氮原子通过邻基参与，形成吖丙啶鎓离子 **E**（路径 b），后者经 Br⁻ 进攻开环得到 **C**。

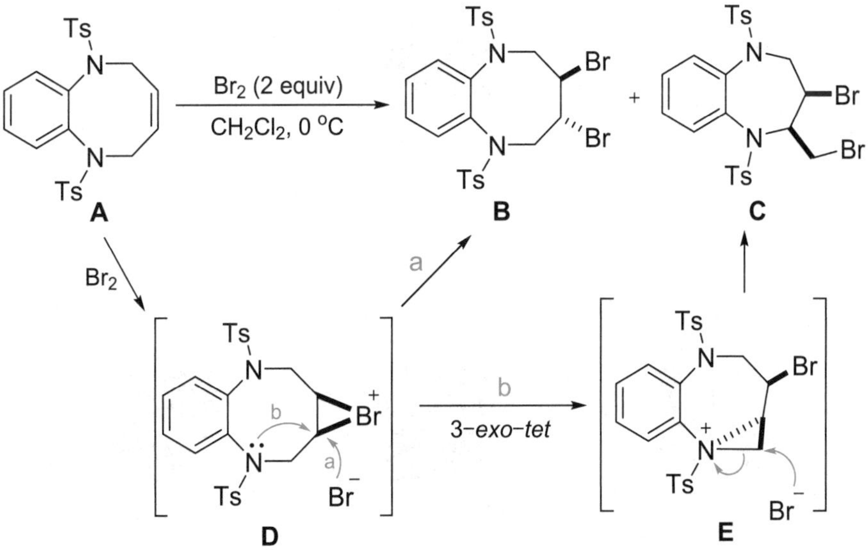

如下所示的环化反应是在缺电子性硫的促进下进行的[4]：

反应包括亲电试剂活化、亲电试剂的捕获、分子内的亲电环化：

4.3 参考文献

拓展学习资源

知识讲解 1

知识讲解 2

讲解课件

习　题

1. 比较下列烯烃与溴亲电加成反应的相对速率。

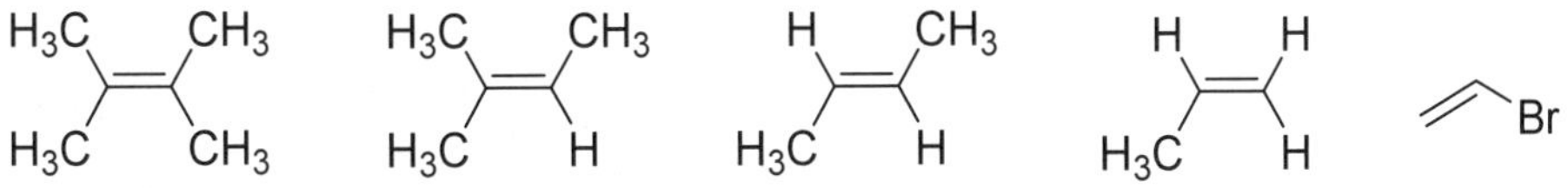

2. 2-环丙基丙-2-醇在超强质子酸中，两个甲基的化学位移是不同的，试给出解释。

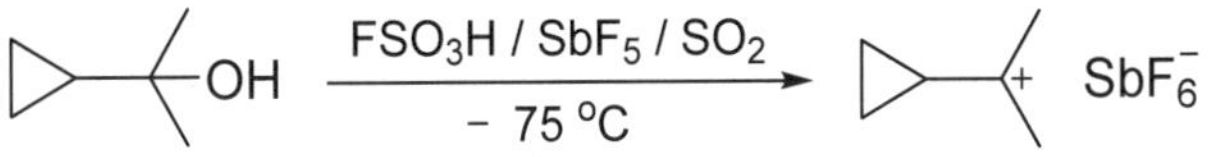

3. 下列反应的立体选择性为 8∶1，推测反应主要产物的结构，试给出解释。

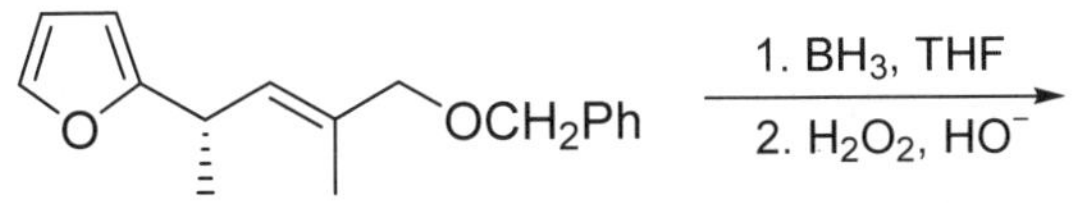

4. 比较下列化合物在 3.5 mol·L⁻¹ HClO₄ 溶液中，25 ℃下水合的相对反应速率。

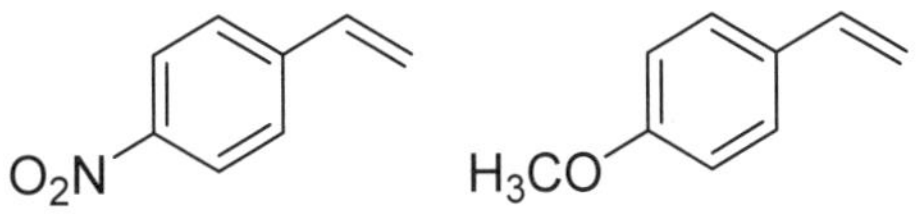

5. 给下列反应提出合理的机理。

(1)

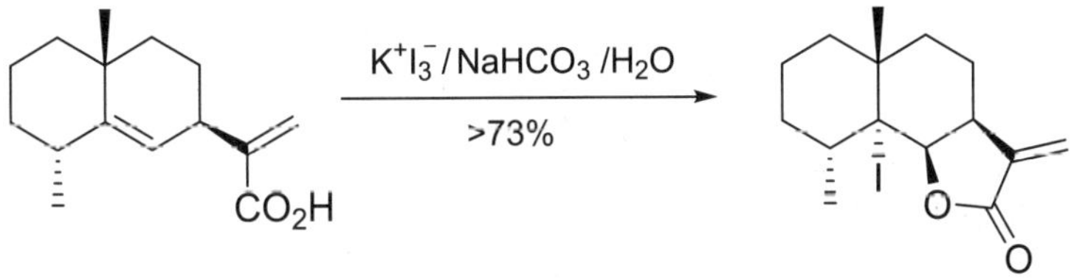

(2)

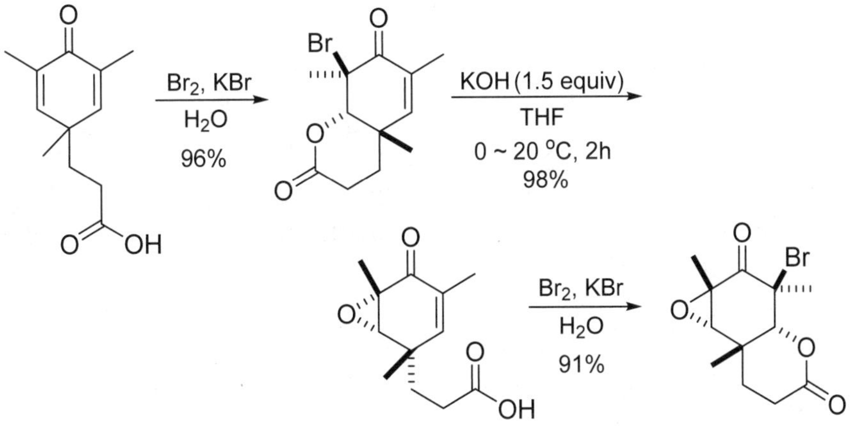

(3)

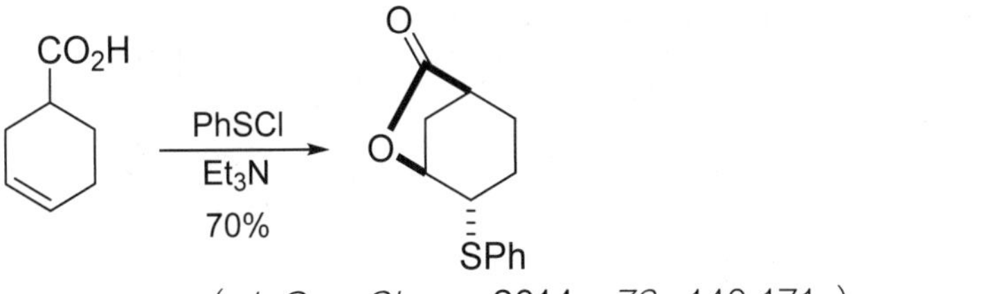

(*J. Org. Chem.* 2014，*79*，140-171.)

(4)

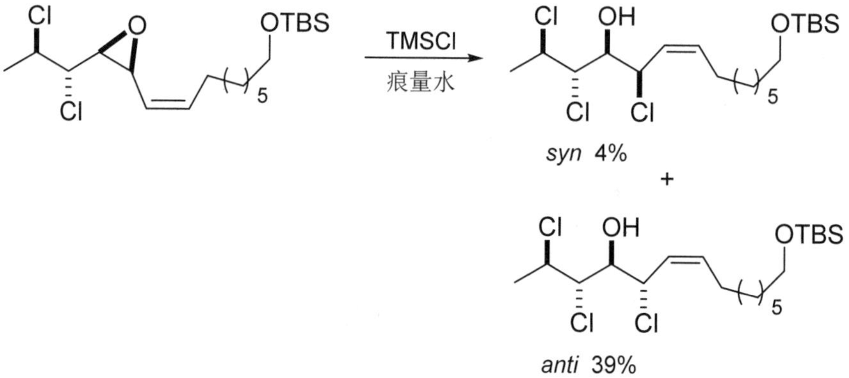

syn 4%

+

anti 39%

(5)

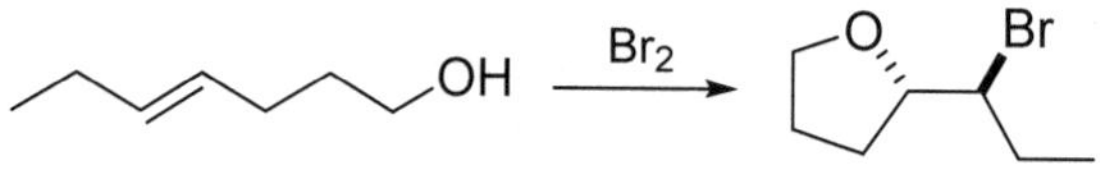

(6)

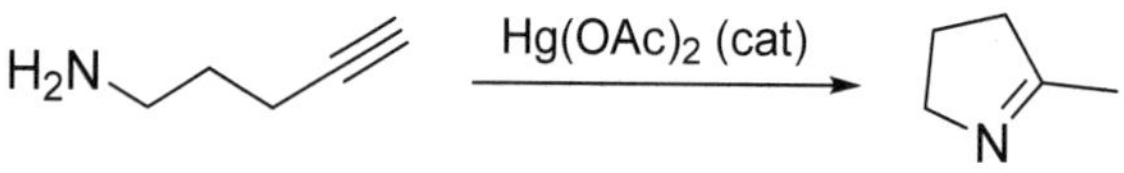

(7)

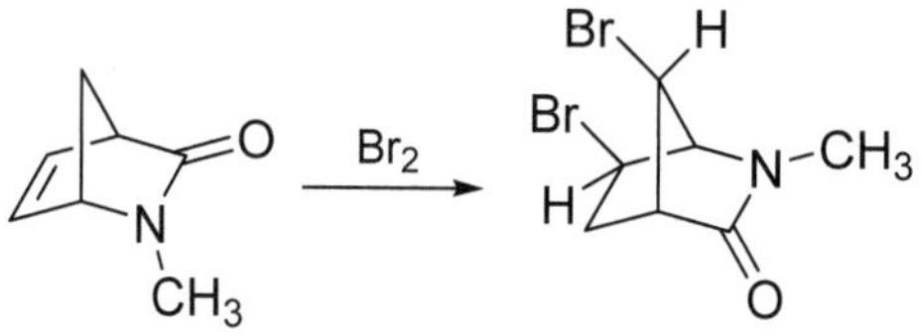

(8)

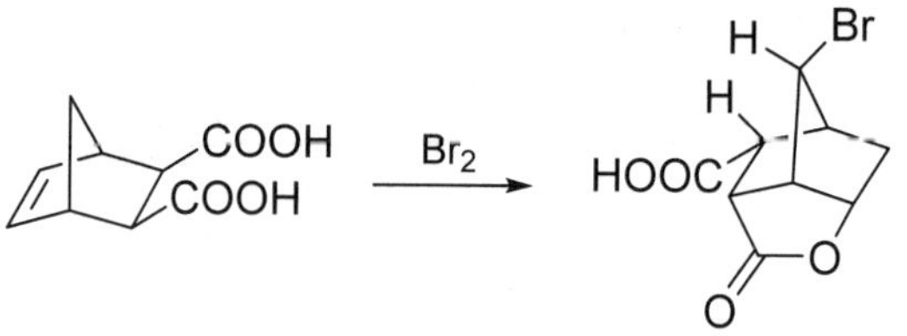

(9)

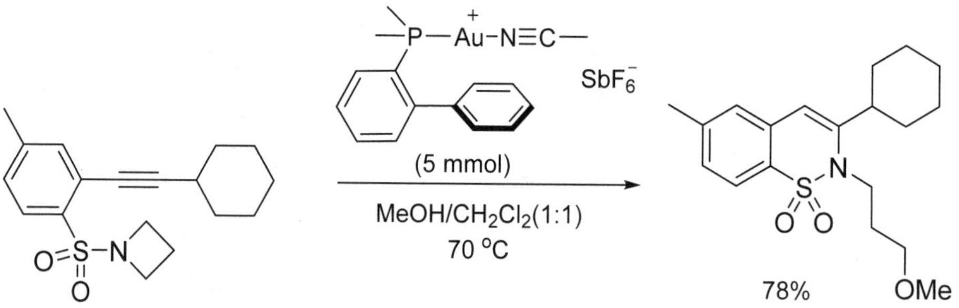

（*Org. Lett*. 2019，*21*，5616-5620.）

(10)

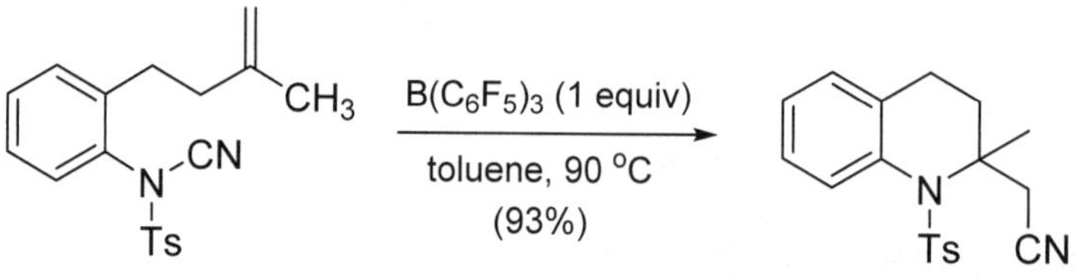

6. 比较下列两个亲电环化反应，提出合理的机理。

（ *J. Org. Chem*. 2013， *78*， 2780-2785. ）

7. 比较下列两个反应，提出合理的机理。

（ *J. Org. Chem*. 2019， *84*， 12617-12625. ）

习题参考答案

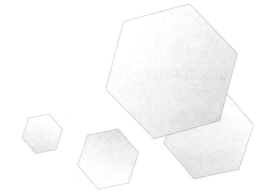

第 5 章
亲核加成反应

碳和杂原子形成的不饱和键（C＝X 或 C≡X）因碳和杂原子电负性不同，π键产生不均等极化，导致碳原子带部分正电荷，杂原子带部分负电荷。因此，碳原子易受到富电子性亲核试剂进攻，发生亲核加成反应，生成σ键增多的产物。例如，羰基的不均等极化使羰基碳原子易受亲核试剂的进攻，形成亲核加成产物。

5.1 羰基亲核加成反应概述

亲核试剂是富电子性物种，可以是含孤对电子的中性分子，如水、醇、硫醇、胺、膦等，也可以是碳负离子及其等价试剂，如¯CN、RMgX、RLi 等。

若底物中 R^1、R^2 是吸电子基，则能增加羰基碳原子的缺电子性，更易接受亲核试剂的进攻；若底物中 R^1、R^2 是给电子基，则能中和羰基碳原子的缺电子性，降低羰基的活性；反应过程中碳原子的杂化类型由平面形 sp^2 向四面体形 sp^3 转变，空间位阻增大，R^1、R^2 基团越小对反应越有利；因此，反应速率受底物控制有两方面的因素：电子效应和空间效应。一般而言，醛、甲基酮、酮的相对反应活性大小顺序如下所示：

反应可以在碱性或中性条件下进行，也可以在酸催化下进行。碱性或中性条件下的

反应通过加成 – 质子化机理进行，反应速率主要取决于亲核试剂的强弱。酸催化的反应则按照质子化 – 加成机理进行，反应的速率更多地取决于底物的亲电性。质子酸或 Lewis 酸均能有效增大碳氧双键的极化，增加羰基的缺电子性。不论是碱性条件还是酸性条件，加成步骤是反应的决速步骤。通常碱性条件的反应不可逆，酸性条件下的反应可逆。

碱性条件下加成 – 质子化机理：

$$Nu^- = {}^-CN, RMgX, RLi$$

酸性条件下质子化 – 加成机理：

$$NuH = H_2O, ROH, RNH_2, R_2NH, RSH$$

5.2 羰基亲核加成反应案例

5.2.1 羰基和含氧亲核试剂的反应

醛、酮在水溶液中与其水合物之间存在如下平衡，但一般情况下平衡偏向醛、酮一边。

气态的甲醛以单体形式存在，市售的甲醛通常是甲醛水溶液（福尔马林）或多聚甲醛固体。甲醛水溶液中甲醛以较稳定的偕二醇形式存在。其他较稳定的偕二醇有三氯乙醛水合物、水合茚三酮等。

用醇代替水作为亲核试剂，可以得到半缩醛（酮）。半缩醛（酮）不稳定，失去醇变回原来的羰基化合物。反应通常用酸催化，按照质子化－加成机理进行。

环丙酮和甲醇之间以稳定的半缩酮存在，这是因为原料的环张力可以得到有效释放：

4－羟基丁醛以半缩醛的形式存在，这是因为产物中存在端基效应（见 2.2.2 节）：

$n \longrightarrow \sigma^*(C\text{-}O)$
超共轭

$n \longrightarrow \sigma^*(C\text{-}O)$
超共轭

葡萄糖分子在水溶液中也是以半缩醛的形式存在的：

半缩醛（酮）可以继续和醇反应得到缩醛（酮）：

缩醛(酮)

例如：

HO—＼＿＼＿C(=O)CH₃ →[TsOH] （四氢吡喃环 2-甲基-2-OH） →[CH₃OH][TsOH] （四氢吡喃环 2-甲基-2-OCH₃）

形成缩醛（酮）的反应是可逆的，除去反应生成的水可以提高缩醛（酮）的产率。在酸催化下，缩醛（酮）水解则游离出原来的羰基，例如[1]：

（双环结构带1,3-二氧戊环缩酮） →[TsOH (cat.)][丙酮-H₂O] （双环结构带酮羰基）
90%

利用这一可逆性质，缩醛（酮）通常被用作羰基的保护基团，例如[2]：

（环己烯酮带 CO₂Me 侧链） →[HO—＼＿OH][TsOH, C₆H₆　54%] （缩酮带 CO₂Me 侧链） →[LiAlH₄][Et₂O　89%] （缩酮带 OH 侧链）

→[HCl, H₂O][MeOH　98%] （环己烯酮带 OH 侧链）

利用缩醛（酮）形成反应的可逆性，可由简单易得的缩酮通过交换反应来制备复杂的缩酮。例如，由丙酮衍生的 2,2-二甲氧基丙烷与邻二醇发生交换反应，生成新的缩酮，这个转化常用于保护邻二醇[3]：

（糖环带多个 OH 和 STol） →[1. MeO—C(CH₃)₂—OMe, TsOH][2. Ac₂O, Py] （糖环带缩酮保护和 OAc、STol）
84%

5.2.1 参考文献

5.2.2 羰基和含硫亲核试剂的反应

当亲核试剂是硫醇时，醛、酮与其反应生成硫缩醛（酮）：

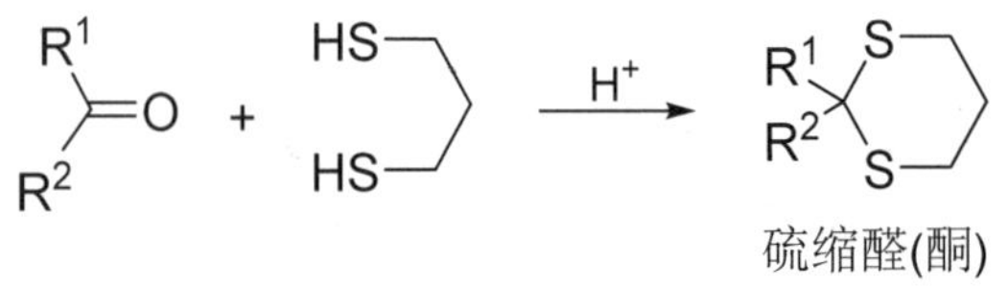

硫缩醛(酮)

反应机理和缩醛酮的形成相似：

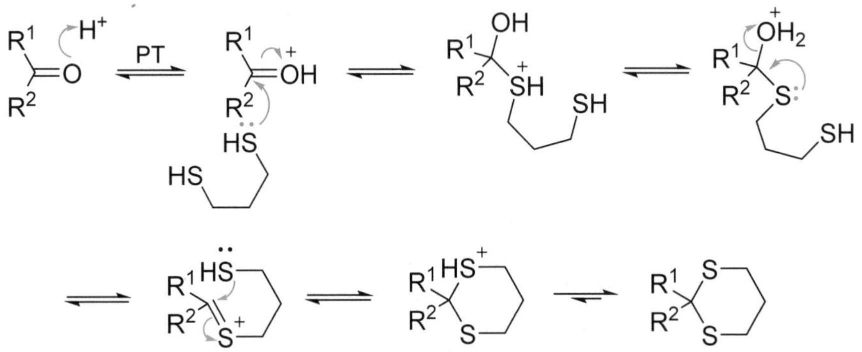

硫缩醛（酮）的水解比缩醛（酮）难得多，要在汞盐催化下进行：

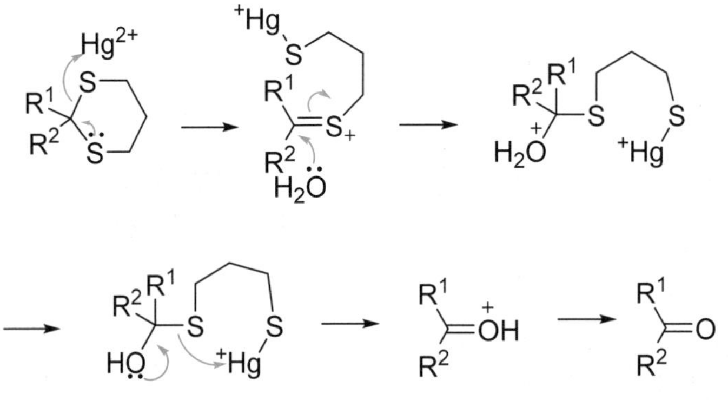

硫缩醛在还原剂存在下，发生 C—S 键的断裂，净结果是羰基变成亚甲基：

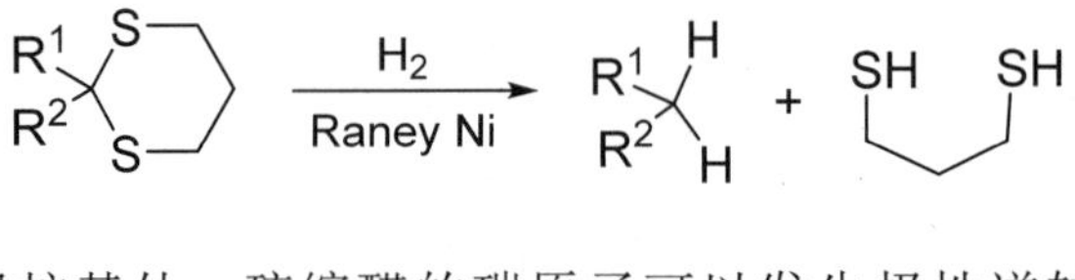

除了作羰基的保护基外，硫缩醛的碳原子可以发生极性逆转（polar inversion，umpolung）。硫缩醛上的氢有一定的酸性。1,3－二硫代环己烷的 pK_a 为 36.5（Cs^+，THF），2－苯基－1,3－二硫代环己烷的 pK_a 为 30.5（Cs^+，THF）。

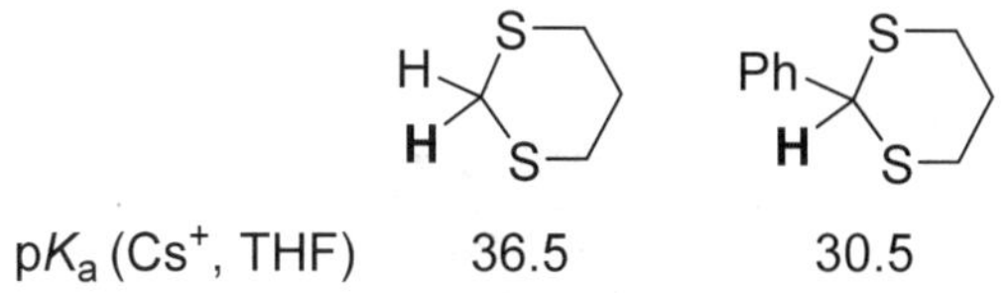
pKa (Cs+, THF)
36.5
30.5

在强碱作用下，1,3－二硫代环己烷可形成碳负离子。原料中的醛基碳原子带有部分正电荷，发生极性逆转成了碳负离子，由亲电试剂变成亲核试剂，可以进攻羰基等缺电子性物种：

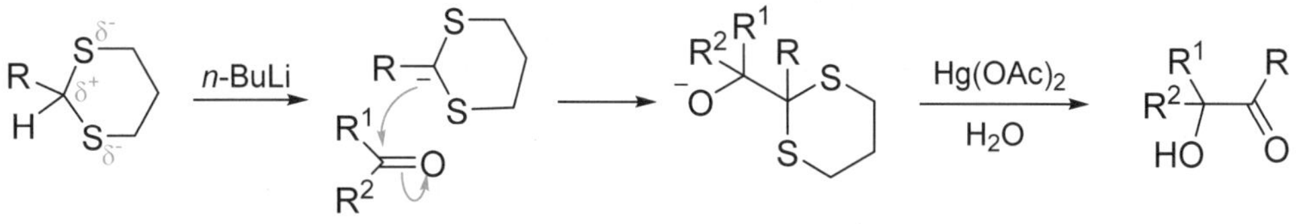
n-BuLi
Hg(OAc)2
H2O

如下目标化合物的合成经过了 **A**、**B**、**C**、和 **D** 四次极性逆转，反应过程中，还利用六甲基磷酰三胺（HMPA）微弱的碱性夺得羟基上的质子，从而发生分子内三甲基硅基的迁移，产生新的硫缩醛，以发生进一步的极性逆转[1]。

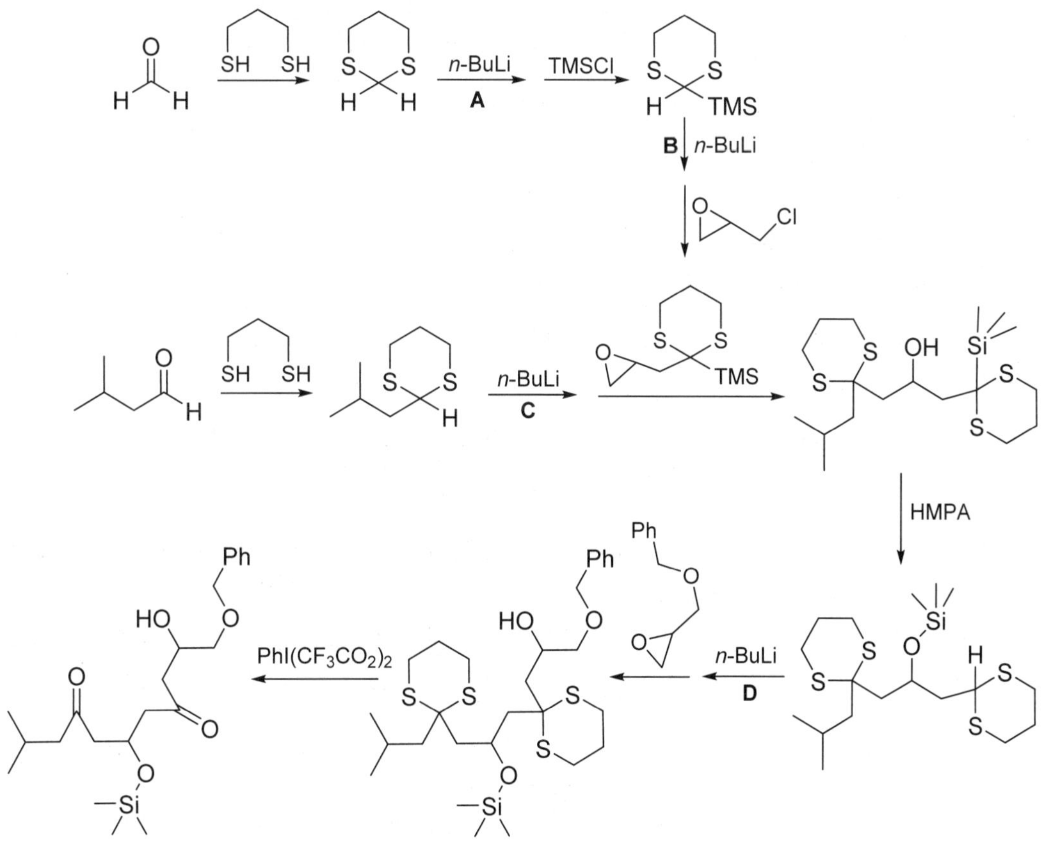
n-BuLi
A
TMSCl
B
n-BuLi
C
HMPA
n-BuLi
D
PhI(CF3CO2)2

5.2.2 参考文献

5.2.3　羰基和含氮亲核试剂的反应

羰基化合物和伯胺（RNH$_2$）或氨（NH$_3$）反应，生成亚胺，又称为 Schiff 碱。

$$\underset{R^2}{\overset{R^1}{C}}=O \xrightarrow{RNH_2} \underset{R^2}{\overset{R^1}{C}}=NR$$

亚胺

在酸催化下，反应经历加成–消除机理，并且是可逆的：

$$RNH_2 + \underset{R^2}{\overset{R^1}{C}}=O \xrightarrow{H^+} \left[\underset{R^2\ NH_2R}{\overset{R^1\ OH}{C}} \rightleftharpoons \underset{R^2\ NHR}{\overset{R^1\ \overset{+}{O}H_2}{C}} \rightleftharpoons \underset{R^2}{\overset{R^1}{C}}=\overset{+}{N}HR \right] \rightleftharpoons \underset{R^2}{\overset{R^1}{C}}=NR$$

当亲核试剂为羟胺时，产物为肟；当亲核试剂为肼时，产物为腙。肟和腙的形成机理和 Schiff 碱的形成机理相类似：

$$\underset{R^2}{\overset{R^1}{C}}=O \xrightarrow{NH_2OH} \underset{R^2}{\overset{R^1}{C}}=N{-}OH \qquad \underset{R^2}{\overset{R^1}{C}}=O \xrightarrow{NH_2NH_2} \underset{R^2}{\overset{R^1}{C}}=N{-}NH_2$$

每一个反应都有其独特的用途。亚胺可以作配体，还可以被还原生成胺，是工业上制备伯胺的一种方法：

$$\text{（环己酮）} \underset{HOAc\ (cat.)}{\overset{NH_3}{\rightleftharpoons}} \text{（环己亚胺 =NH）} \xrightarrow[Raney\ Ni]{H_2} \text{（环己胺 —NH}_2\text{）}$$

甲酸铵既是氨的给体，又是负氢的给体，亚胺化和还原串联生成胺，称为还原胺化反应（reductive amination）（见 11.2.1 节）。

肟在酸性条件下可发生 Beckmann 重排生成酰胺（见 9.2.2 节）。腙能在强碱作用下发生还原反应，将羰基转变成亚甲基，称为 Wolff-Kishner–黄鸣龙还原（见 11.5.1 节）。

$$\text{（环己酮 =O）} \xrightarrow{NH_2OH} \text{（环己酮肟 =N—OH）} \xrightarrow{H_2SO_4} \text{（己内酰胺）}$$

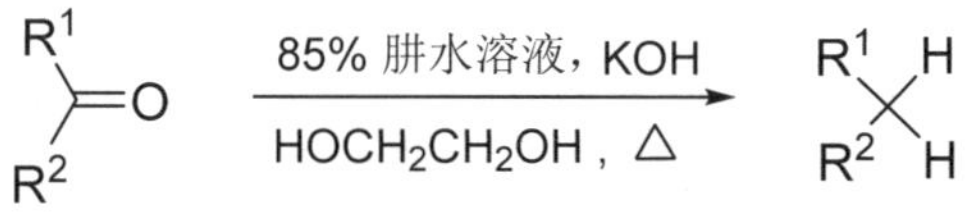

磺酰腙在强碱条件下发生反应生成重氮化合物,是实验室制备重氮化合物的常用方法之一[1]。

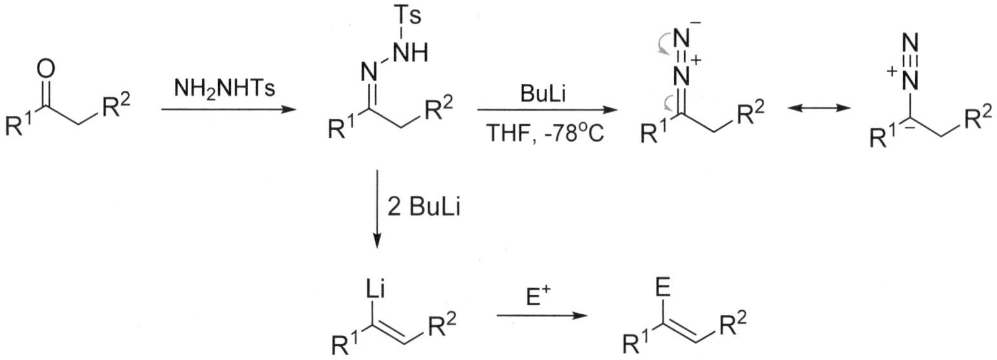

如下所示,由于磺酰肼中 N—H 的相对酸性和对甲苯亚磺酸根的离去能力,在等物质的量的丁基锂的作用下,反应按照路径 a 进行,磺酰肼生成重氮化合物。重氮化合物是不稳定的,在非质子性溶剂中,分解失去氮气生成活泼中间体卡宾,经过 1,2 – H 迁移得到烯烃;在质子性溶剂中,质子化结合 β – H 消除也能得到烯烃。如果丁基锂的用量是过量的,反应按照图中所示的路径 b 进行,丁基锂将进一步夺得质子,并使对甲苯亚磺酸根离去,随后脱除氮气生成烯基锂盐。烯醇锂盐可进一步与亲电试剂作用得到烯烃构型保持的多取代烯烃,这种方法称为 Shapiro 反应。

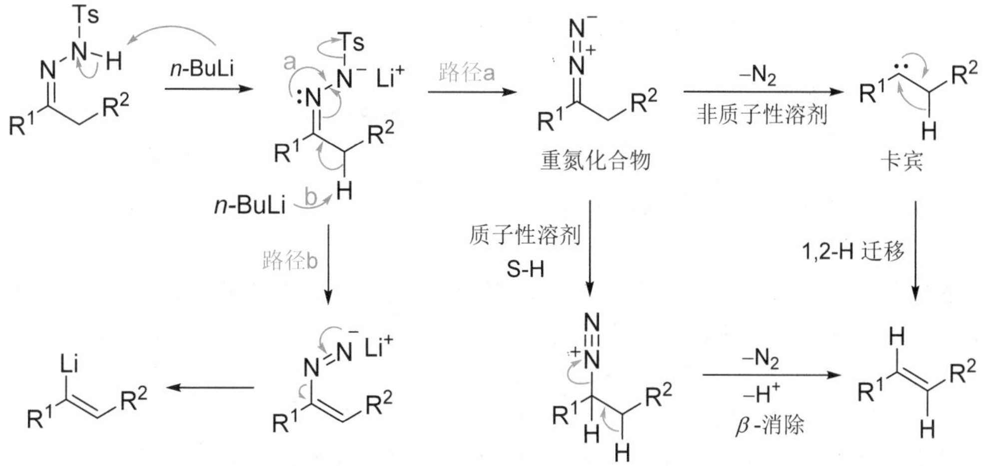

利用 Shapiro 反应,Altman 等人成功制备了氟代烯烃[2]:

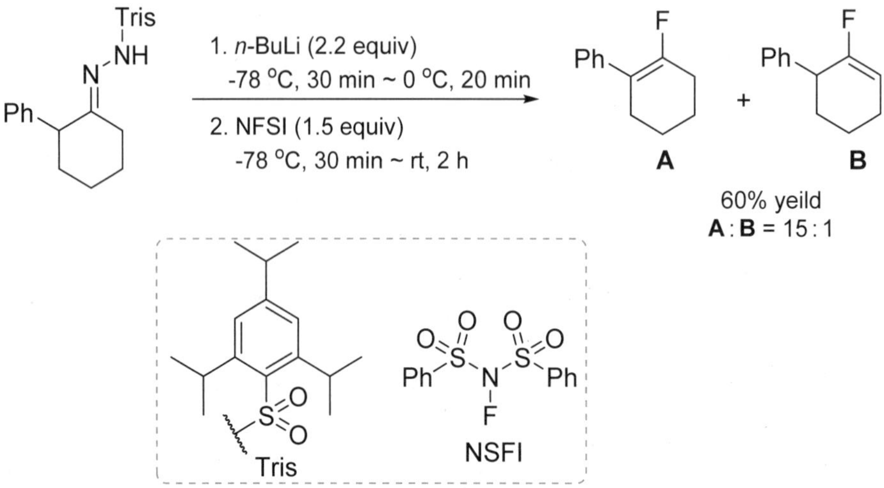

60% yeild
A : **B** = 15 : 1

5.2.3 参考文献

5.2.4 羰基与碳亲核试剂的加成

5.2.4.1 羰基与金属有机试剂的加成

有机镁试剂（又称格氏试剂）和羰基化合物的亲核加成反应生成醇，称为 Grignard 反应。这是形成 C—C 键的重要方法之一。

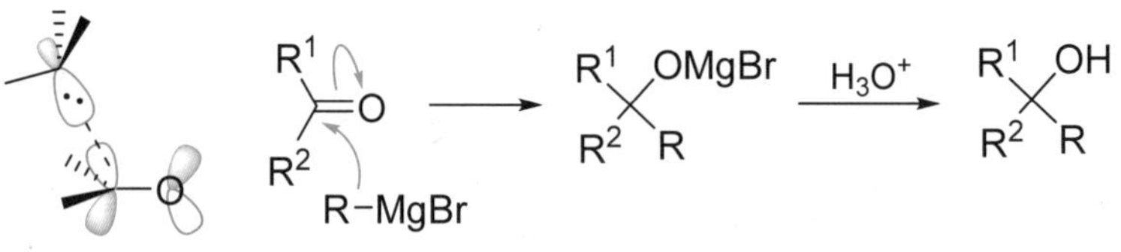

格氏试剂提供碳负离子，亲核进攻碳氧键的反键轨道，形成 C—C 键，由于碳负离子不是一个好的离去基团，反应不可逆。格氏试剂含有 C—M 键，称为金属有机化合物。V. Grignard 发明了格氏试剂和 Grignard 反应，并将其广泛应用于有机合成中，从而开创了金属有机化学新领域，他为此获得了 1912 年诺贝尔化学奖。

格氏试剂由卤代烷与金属镁在无水的醚类溶剂（如无水乙醚和四氢呋喃）中反应生成。例如：

卤代烷与金属镁的反应通过单电子转移（single electron transfer，简称 SET）过程进行，最后形成 C—Mg 键。碳原子从原来的带部分正电荷转化成为碳负离子，碳原子被还原，发生极性反转，金属镁插入 C—X 键中被氧化，这种转化因此称为金属对 C—X 键的氧化加成。产生的有机镁化合物通常与醚类溶剂形成配合物得到稳定。

格氏试剂既能进攻带部分正电荷的碳原子表现为亲核性，又能夺得质子表现为碱性。亲核性和碱性并存，将产生竞争反应；带有 $\beta-H$ 的格式试剂不仅是碳负离子的给体，也是氢负离子的给体，故也可发生竞争反应。如下所示，异丁基氯化镁通过六元环过渡态发生负氢转移；而叔丁基氯化镁则发生直接的加成。这是因为两种格式试剂中 C—Mg 键的性质是不同的，叔丁基氯化镁具有更强的碱性和亲核性，C—Mg 键具有更多的离子键的特征，更加活泼。换句话说，实现负氢转移所需要经过的六元环状过渡态的形成是不利的。

C—M 键的性质根据金属的不同有很大的区别。例如，二乙基锌可以在二氧化碳的气氛中蒸馏得到（bp 117 ℃），C—Zn 键对二氧化碳是稳定的；而 C—Mg 键则会和二氧化碳发生亲核加成反应，是合成多一个碳原子羧酸的方法。这是因为金属电负性不同会引起 C—M 键的性质不同，和 C—Zn 键相比较，C—Mg 键具有更多的离子性，更容易和亲电试剂反应。C—M 键的性质随着金属的电负性不同而变化。如下所示，碳的电负性（2.55）与金属的电负性相差越大，C—M 键的离子性越强：

H_3C—M的离子性：　$(CH_3)_2Hg < (CH_3)_2Cd < (CH_3)_2Zn < (CH_3)_2Mg < CH_3Li$

M的电负性：　2.00　　　1.69　　　1.65　　　1.31　　　0.98

　　Grignard 反应通常分步进行，先制备好格氏试剂，然后加入亲电底物。如果将卤代烃、羰基化合物和金属锌一起加入，用"一锅法"完成反应，称为 Barbier 反应。除金属锌以外，能发生该类反应的金属和金属盐有铝、铟、锡、二碘化钐等。例如，下列反应物和试剂在室温下反应 4.5 h，得到庚−1−炔−4−醇：

　　1887 年，Reformatsky 报道了在锌粉作用下，碘乙酸乙酯和丙酮的反应，生成 3−羟基−3−甲基丁酸乙酯，称为 Reformatsky 反应。在这个反应中，锌首先与碘乙酸乙酯作用生成有机锌化合物，后者主要以二聚体 **A** 的形成存在；然后，有机锌化合物与酮羰基配位，形成配合物 **B**，后者立即发生亲核加成，生成醇盐 **C**；反应结束后，用酸中和得到醇。Reformatsky 反应常用溶剂为 THF、Et_2O、DME 或 MeCN。

　　除了醛或酮外，亲电试剂还可以是酯、酰氯、环氧、乃春、吖丙啶、亚胺。当亲电试剂为腈时，反应形成的烯胺中间体水解后最终生成 $\beta-$酮酸酯，该反应称为 Blaise 反应。

　　在铬盐催化下，卤代烃和醛反应得到亲核加成产物，这个反应称为 Nozaki-Hiyama-Kishi 反应。

X = 卤素, OTf 等

  催化过程的第一步是 Ni(Ⅱ)被 Cr(Ⅱ)还原为 Ni(0)；然后，Ni(0)对卤代烃进行氧化加成，形成 Ni(Ⅱ)配合物 **A**；接着 **A** 与 Cr(Ⅲ)进行金属交换形成 Cr(Ⅲ)配合物 **B**；最后，**B** 对羰基发生亲核加成。所以，这个反应只需要催化量的镍，而铬盐为化学计量的两倍量。

5.2.4.2 羰基与叶立德的反应

  碳负离子和杂原子（如磷、硫、氮、氧等）相连的正、负离子物种（即内盐）称为叶立德（ylide），常见的磷叶立德、硫叶立德、氧叶立德、羰基叶立德和氮叶立德（包括铵叶立德、吡啶叶立德和亚甲胺叶立德）的结构如下：

铵叶立德 Nsp^3

吡啶叶立德 Nsp^2

亚甲胺叶立德 Nsp^2

在磷叶立德、硫叶立德中，碳负离子被磷、硫的 3d 轨道所稳定，氧叶立德、氮叶立德中，碳负离子被带正电荷的杂原子吸电子诱导效应所稳定。

三芳基膦对伯、仲卤代烃发生亲核取代，得到的镤盐（phosphonium）在碱性条件下失去 α–H，生成磷叶立德，又称 Wittig 试剂。这是制备磷叶立德的常用方法。当三烷氧基膦和伯、仲卤代烃发生反应时，发生 Arbuzov 反应，得到膦酸酯（详见 6.1.2 节）。

镤盐和锍盐 α–H 的酸性如下所示，极弱酸性的化合物更适合用 DMSO 介质中的 pK_a 值来评价。

pK_a (H$_2$O)	17	20	15	30	26	25
pK_a (DMSO)	22	25	18	35	31	31

根据负电荷的分散情况，无取代或烷基取代的磷叶立德一般不稳定，称为不稳定叶立德试剂；烯烃或苯基取代的磷叶立德称为半稳定磷叶立德试剂；吸电子基（如—COOR、—COR、—SOR 等）取代的磷叶立德则相对稳定，称为稳定叶立德试剂。例如，由 α–氯乙酸乙酯与三苯基膦制备的磷叶立德是一种可在常温下保存的化学试剂。

　　磷叶立德的主要反应是对羰基的亲核加成生成烯烃，该反应称为 Wittig 反应。产物烯烃的构型取决于磷叶立德试剂的稳定性。不稳定磷叶立德由于高的反应活性能和醛或酮反应；稳定磷叶立德只能和醛反应。稳定磷叶立德在无盐条件下，极性非质子性溶剂中和醛反应主要生成热力学控制的 *E* 构型烯烃，不稳定磷叶立德在同样条件下主要生成动力学控制的 *Z* 构型烯烃。

　　当不稳定磷叶立德和羰基化合物反应时，由于不稳定磷叶立德的高反应活性，第一步的加成反应可以看成是不可逆协同进行的，反应的立体选择性由磷叶立德的 HOMO 轨道和羰基的 LUMO 轨道通过同面/异面的加成方式决定（详见 13.2.1 节）。如下所示，当苯甲醛靠近磷叶立德的时候，苯基选择远离 R 基团的方式靠近形成四元环，最后脱除三苯基氧膦得到顺式的烯烃。

　　当稳定磷叶立德和羰基反应时，磷叶立德对羰基的加成是可逆的，形成四元环步骤成为反应的决速步骤（RDS），因此，产物烯烃的构型取决于形成四元环时的空间位阻，*trans*－**B** 四元环更容易形成，最后脱除三苯基氧膦形成反式烯烃。

由二芳基烃基膦氧化物形成的磷叶立德和醛、酮之间反应称为 Hornor-Wittig 反应；由烃基磷酸酯形成的磷叶立德和醛、酮之间的反应称为 Horner-Wadsworth-Emmons 反应（HWE 反应）。HWE 反应的特点是原料易得（烃基磷酸酯可通过 Arbuzov 反应获得）、形成的磷叶立德试剂具有强的亲核性、宽广的羰基适应范围。该反应常用碱金属盐作为碱，反应过程中碱金属和氧原子的配位及四元环的形成对产物烯烃的构型起到了决定性的作用。

锍盐或亚砜盐在碱性条件下生成硫叶立德，结构不同，反应性也不同。硫叶立德有较强的亲核性，与醛、酮反应时先发生亲核加成，然后经分子内亲核取代，生成环氧化合物，例如：

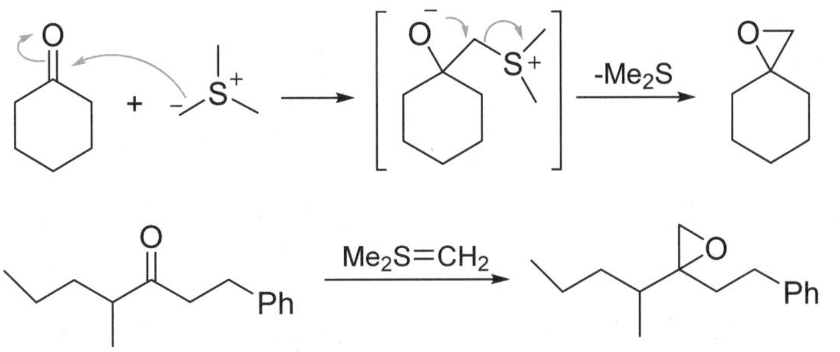

亲核进攻羰基化合物时受到空间位阻的影响，反应具有立体选择性。如下所示的 4－叔丁基环己酮和硫叶立德进行反应，体积越大的亲核试剂越有利于从位阻小的一面进攻：

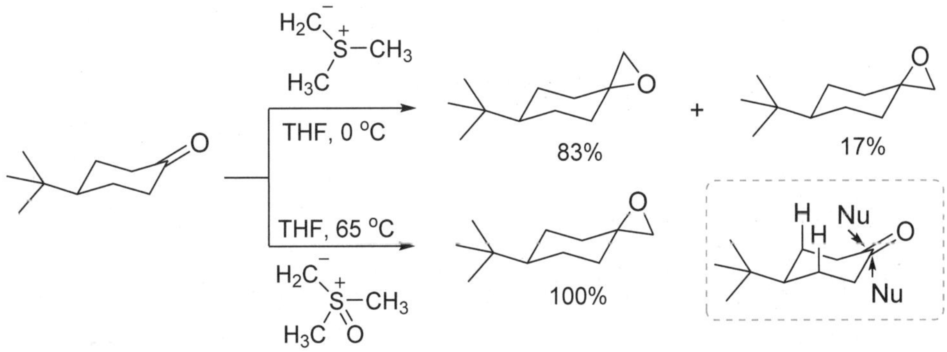

对于 α,β－不饱和羰基化合物，较强碱性（硬亲核试剂）的硫叶立德得到环氧产物；较弱碱性（软亲核试剂）的硫叶立德则得到环丙烷产物，例如：

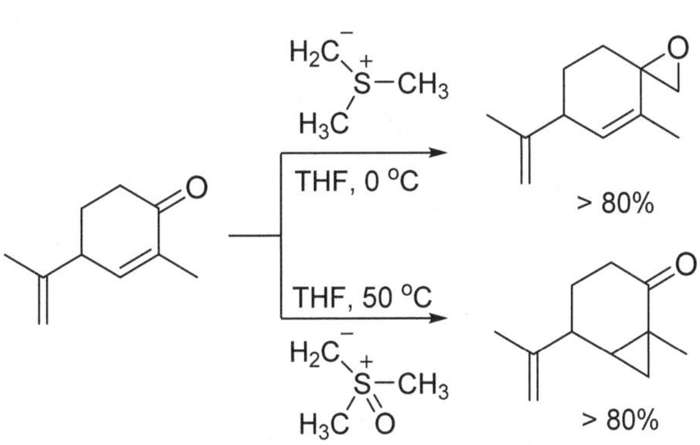

对于 α,β－不饱和酯，由 DMSO 衍生的硫叶立德优先发生 1,4－加成，并生成环丙烷化产物，例如：

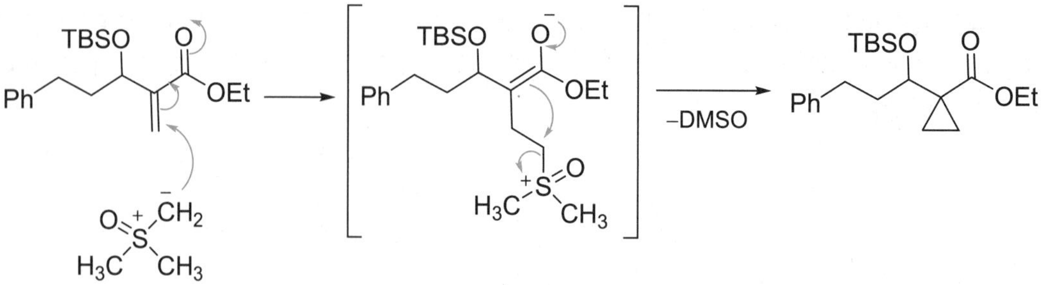

硫叶立德与 N-对甲苯磺酰-2-氯甲基苯胺的反应可用于吲哚骨架的合成[1]：

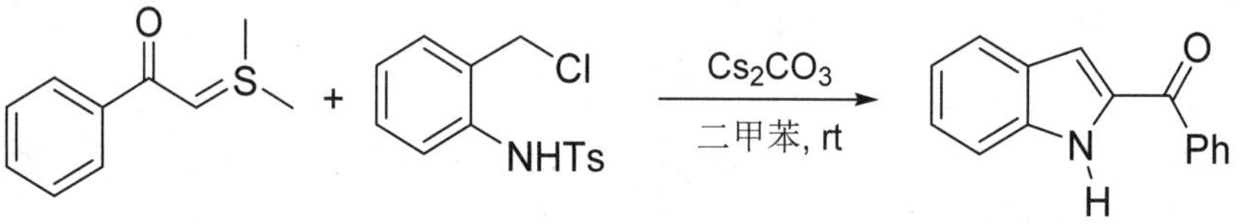

这个串联反应涉及 1,4-共轭加成，其机理如下：

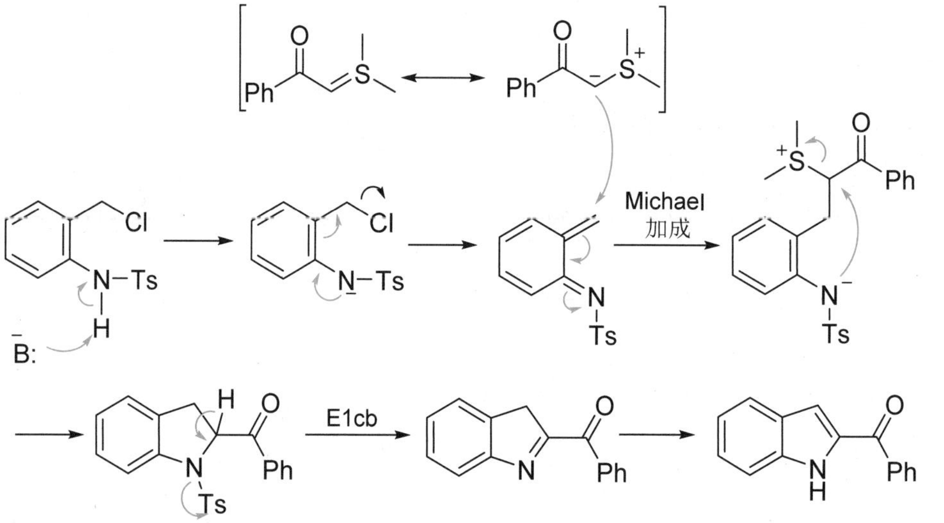

铵叶立德作为碳负离子亲核试剂亦可发生亲核加成反应。与硫叶立德试剂类似，铵叶立德与醛反应生成环氧化合物，与 α,β-不饱和羰基化合物反应生成环丙烷化产物，例如[2]：

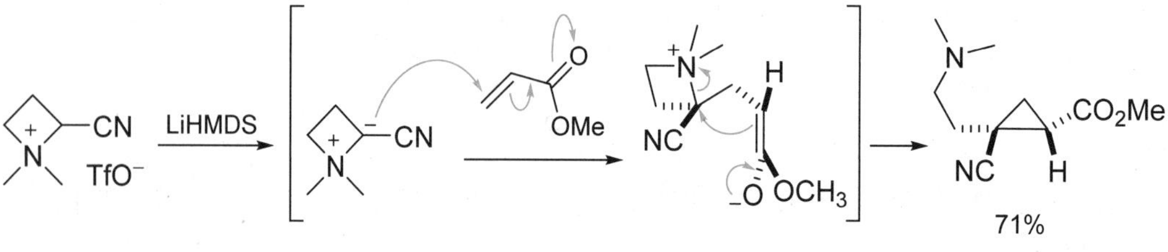

如下所示，由辛可宁生物碱衍生的手性铵叶立德与共轭二烯酮反应，对映选择性地生成螺环环丙烷化产物[3]。

5.2.4.2 参考文献

5.2.4.3 羰基与烯醇负离子、烯醇和烯胺的加成

1. 羟醛缩合

含 $\alpha-H$ 的羰基化合物缩合成 $\beta-$ 羟基羰基化合物，称为羟醛缩合（aldol condensation）。该反应为原子经济性反应，即原料中所有原子均在产物中出现。反应可以用碱催化，也可以用酸催化，反应可逆。碱催化条件下，亲核试剂为烯醇负离子，酸催化条件下，亲核试剂为烯醇。

碱催化的羟醛缩合机理：

酸催化的羟醛缩合机理：

在碱性或酸性条件下脱水可以得到 $\alpha,\beta-$ 不饱和羰基化合物。碱催化脱水通常经 E1cb 机理进行，酸催化脱水一般按照 E1 或 E2 机理进行：

碱催化脱水：

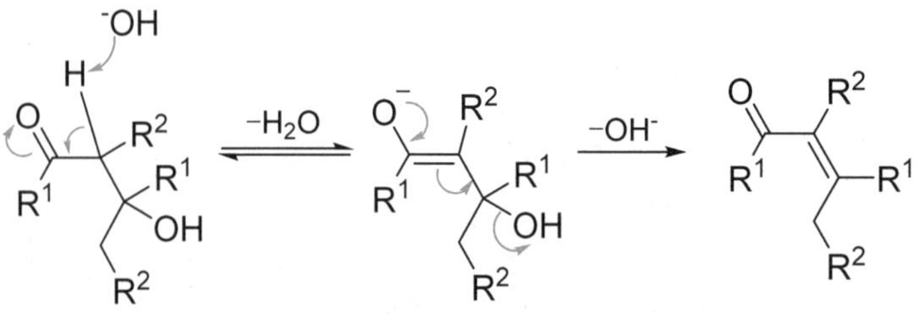

酸催化脱水：

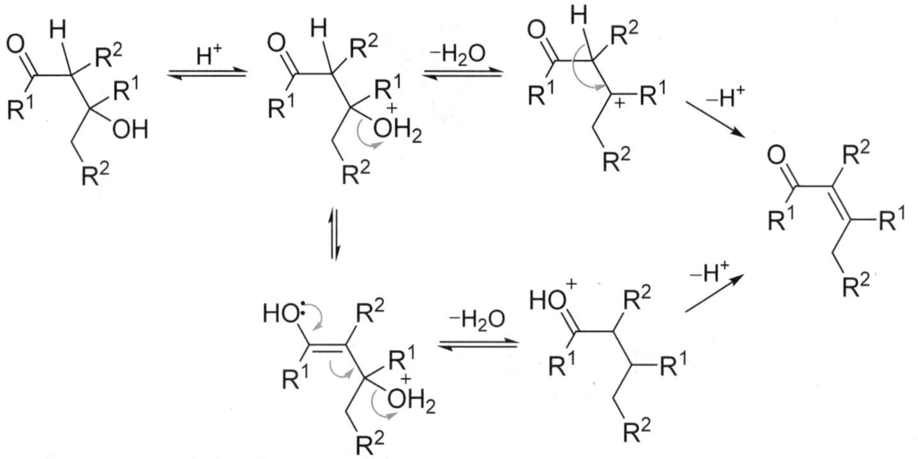

羟醛缩合可发生在醛与醛之间、酮与酮之间，也可发生酮与醛之间，即交叉的羟醛缩合。羟醛缩合既可发生在分子间，也可发生在分子内。例如：

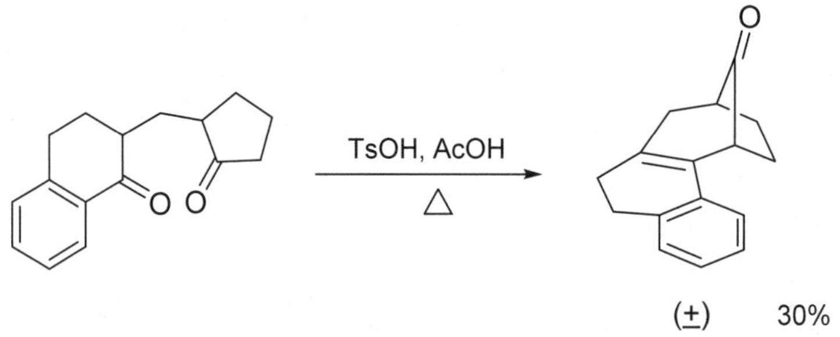

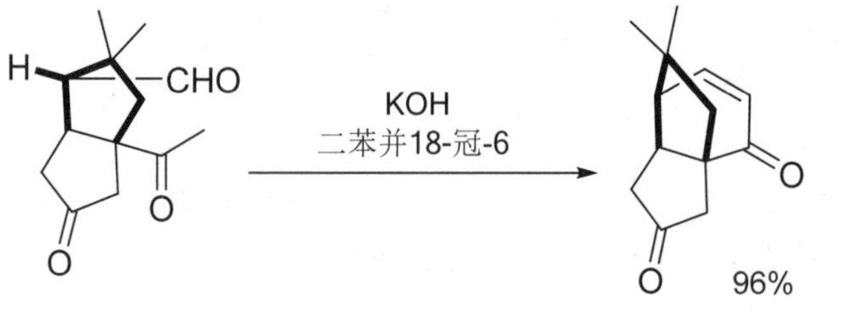

（±）　　30%

96%

对于能够形成共轭结构的烯醇或烯醇负离子，羟醛缩合反应可发生在羰基的 γ 位，如下所示，β,γ- 不饱和烯酮在甲醇钠存在下反应，生成分子内羟醛缩合产物[1]：

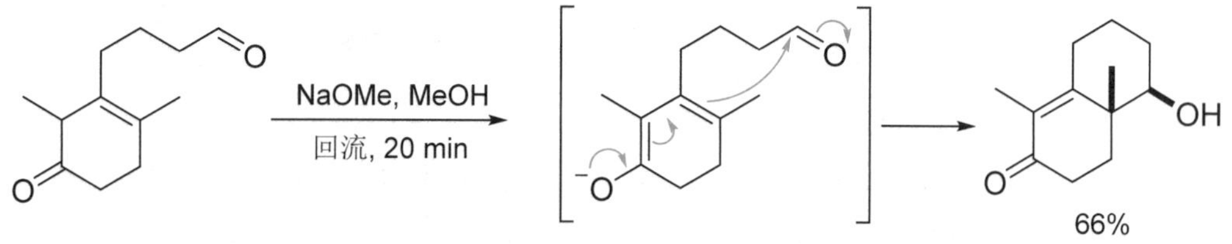

2. Baylis–Hillman 反应

在叔胺或三烃基膦催化下，醛或酮与 α,β- 不饱和羰基化合物发生反应，生成 α- 羰基丙烯醇的反应称为 Baylis-Hillman 反应（简称 BH 反应），又称 Morita-Baylis-Hillman 反应（简称 MBH 反应）[2]。BH 反应常用的催化剂为 DABCO（1,4-二氮双环 [2.2.2] 辛烷的缩写）。

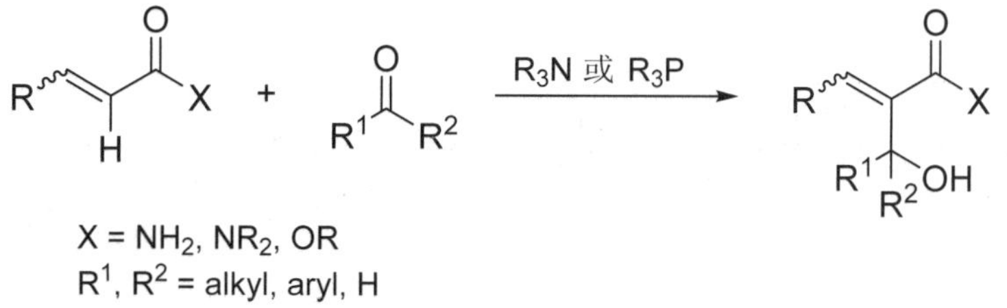

X = NH₂, NR₂, OR
R¹, R² = alkyl, aryl, H

在 BH 反应中，DABCO 首先与 α,β- 不饱和羰基化合物发生氮杂-Michael 加成，得到烯醇负离子中间体 **A**；然后，烯醇负离子亲核进攻醛羰基，形成中间体 **B**；接着，**B** 的氧负离子分子内夺羰基的 α-H，产生新的烯醇负离子 **C**；最后，DABCO 离去，生成 α- 甲亚基 -β- 羟基羰基化合物[3]。

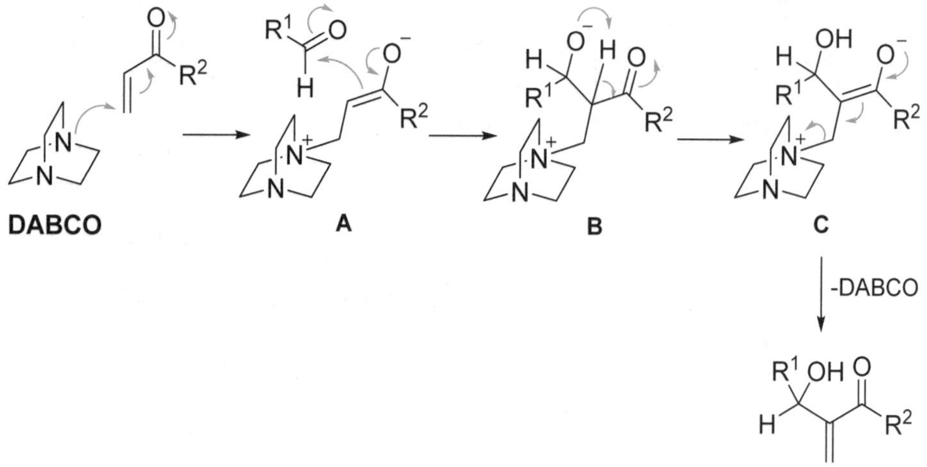

3. Perkin 反应

1868 年，W. H. Perkin 发现水杨醛的钠盐和乙酸酐加热能得到香豆素：

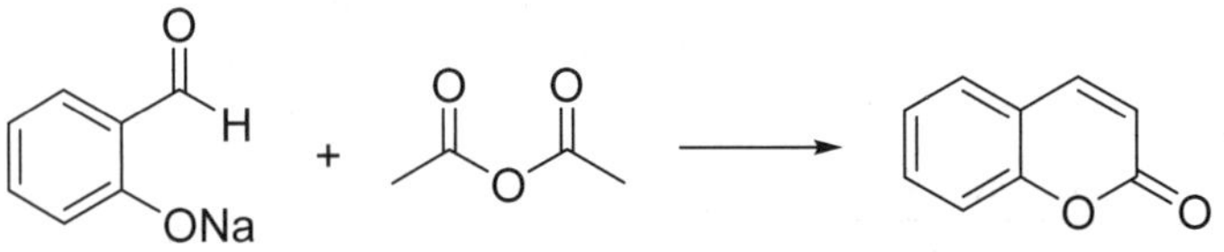

当底物为苯甲醛时，苯甲醛和乙酸酐在碱金属盐的作用下也能缩合，得到产物为肉桂酸，该反应称为 Perkin 缩合反应：

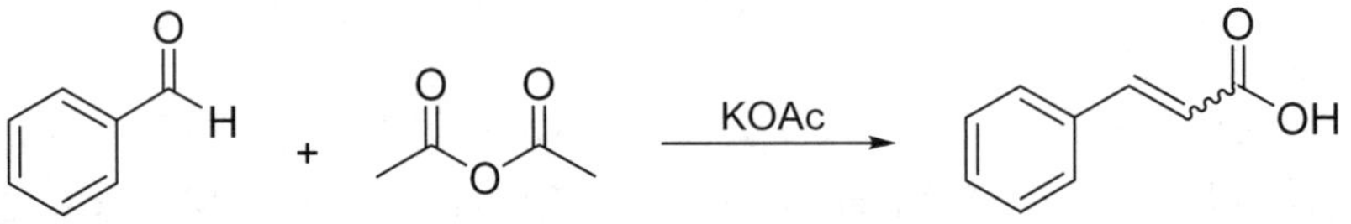

乙酸酐的 $\alpha-H$ 具有一定的酸性（pK_a 约为 25），在碱性环境中生成烯醇负离子，进攻醛基，随后的氧负离子经过六元环状过渡态进攻乙酰基，经历分子内的乙酸酐醇解反应和乙酸的消除，得到肉桂醛。生成的烯烃以热力学稳定的反式烯烃为主。

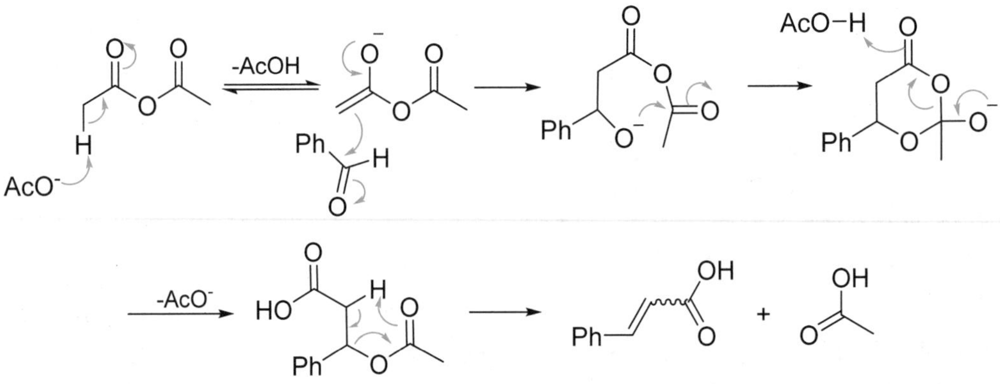

若芳基的邻位有 OH 或 O⁻，继 Perkin 缩合，发生分子内酯化，生成香豆素：

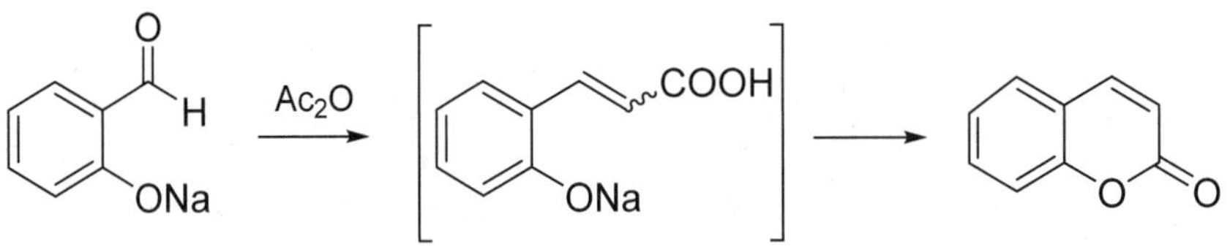

4. Knoevenagel 缩合反应

1894 年，Knoevenagel 报道了在二乙胺催化下丙二酸二乙酯和甲醛的缩合：

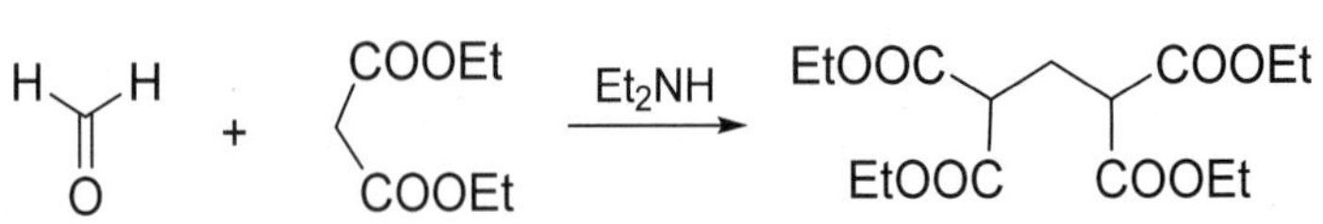

随后，他发现乙酰乙酸乙酯和醛在碱催化下也能顺利得到缩合产物：

实际上，能够在碱性条件下生成烯醇负离子的羰基化合物都可与醛或酮发生缩合，生成 $\alpha,\beta-$ 不饱和羰基化合物。催化剂可以是伯胺、仲胺、叔胺或季铵盐，也可以是烷氧基盐或无机碱等。这类反应统称 Knoevenagel 缩合反应。

Knoevenagel 缩合反应能和多种反应串联有效构筑碳骨架。如 Knoevenagel 缩合反应和 $6\pi-$ 电环化组合（$6\pi-$ERC）能构筑多官能化的 $2H-$ 吡喃环[4]：

5. Darzens 反应

醛或酮和α-卤代酯在碱性条件下生成α,β-环氧酯的反应称为 Darzens 缩合反应。

α-卤代酯中α-H 受到酯基和卤原子吸电子性的影响,具有一定的酸性(pK_a≈20),在碱作用下，生成碳负离子并共振成更稳定的烯醇负离子，亲核进攻羰基化合物，发生类 Aldol 缩合，生成新的 C—C 键。生成的烷氧负离子作为亲核试剂发生分子内 S_N2 反应，最后得到α,β-环氧酯。虽然α,β-环氧酯可以通过α,β-不饱和酯的环氧化得到，但 Darzens 反应在生成环氧的同时，生成新的 C—C 键。不仅α-卤代酯能发生反应，α-卤代酰胺（或α-卤代酮）都能作为底物，在碱性条件下，它们能和醛或酮缩合得到α,β-环氧酰胺（或α,β-环氧酮）。

Darzens 反应机理由分离得到的中间体β-氯代醇得到证明[5]。当间硝基苯甲醛和α-卤代酮在碱性条件下反应时，可以以 98.8%的产率得到α,β-环氧酮，将反应停留在初始阶段，可以分离得到两种（mp: 163～164.5 ℃和 111～112 ℃）中间体（*syn* 和 *anti*），分别将两种中间体继续在碱性条件下反应，得到单一的α,β-环氧酮，反应过程中，*syn*-氯代醇在碱性条件下发生异构化成为 *anti*-氯代醇。

事实上，Darzens 反应不仅能构筑三元环，还能构筑四元环和五元环。如下所示，亚砜基的邻位氢受到亚砜吸电子性的影响，具有一定的酸性，在碱性条件下形成的碳负离子亲核进攻反应体系中的醛，再发生分子内亲核取代，即可生成四氢呋喃环。受亚砜基团空间位阻的影响，反应具有立体选择性[6]。

作为 Darzens 反应的拓展，α,β-环氧酯可水解脱羧生成酮：

5.2.4.3 参考文献

5.2.4.4 羰基与极性反转试剂的反应

两分子醛在氰根负离子催化下生成α-羟基羰基化合物（安息香）的反应称为安息香缩合（benzoin condensation）：

氰根负离子亲核进攻羰基得到氧负离子 **A**，受到氰基吸电子性的影响，**A** 中的氢有一定的酸性，分子内质子转移得到碳负离子 **B**，负电荷被氰基吸电子性所分散而稳定，原料羰基碳原子的极性发生反转，碳负离子 **B** 对另一醛分子的亲核进攻形成 C—C 键得到 **D**，受氰基的影响，**D** 中α-羟基上的氢具有更强的酸性，分子内质子转移得到 **E**，氰基负离子离去，最终得到α-羟基羰基化合物，即安息香。

为了避免使用剧毒的氰根负离子，氮杂环卡宾（NHC）被用于安息香缩合的催化剂，催化原理如下：

氮杂环卡宾作为富电子性亲核试剂亲核进攻羰基成内盐 **A**，质子转移得到富电子性烯醇 **B**，称为 Breslow 中间体，氮的给电子共轭效应使得 **B** 共轭体系上的电子发生离域，得到共振式 **B′**，和羟基相连的碳原子具有富电子性，原料羰基碳原子的极性发生反转，可以亲核进攻另一个醛构筑 C—C 键生成 **C**，随后经质子转移，氮杂环卡宾离去，得到安息香。

NHC 能使羰基的极性发生反转，如果反应体系中有氧化剂，Breslow 中间体被氧化，中心碳原子的极性能再反转回来[1]。如下反应实现了 C—N 的脱氢偶联：

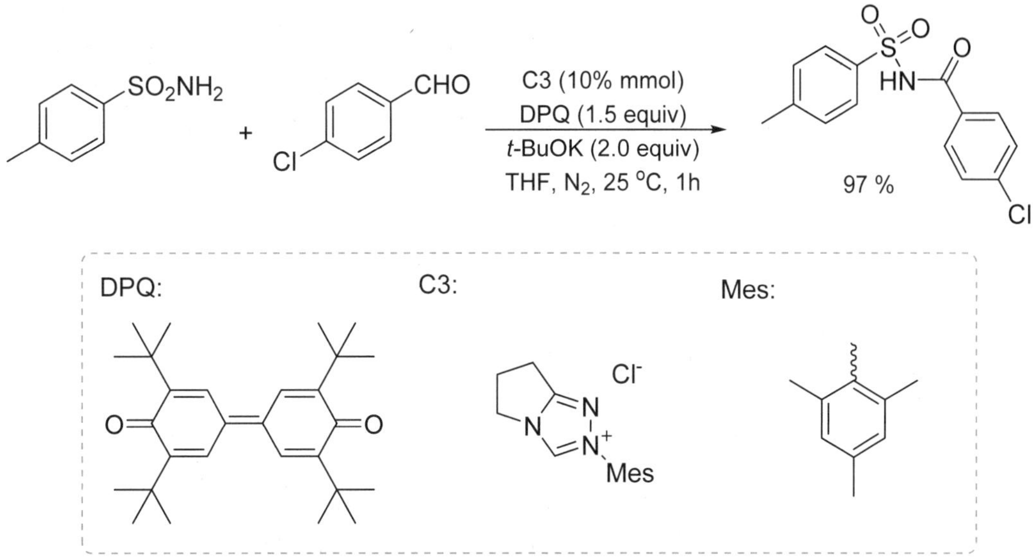

三氮唑盐在碱的存在下失去质子形成氮杂卡宾中间体（**A**），亲核进攻对氯苯甲醛中的羰基，得到中间体 **B**，经质子转移形成 Breslow 烯醇 **C**，被氧化剂氧化得到酰基-NHC（**D**），该串联过程发生了两次的极性反转。和原料羰基碳原子相比，羰基碳原子在中间体 **D** 中表现出比对氯苯甲醛更强的缺电子性，可以受到弱亲核试剂（对甲苯磺酰胺）的进攻。

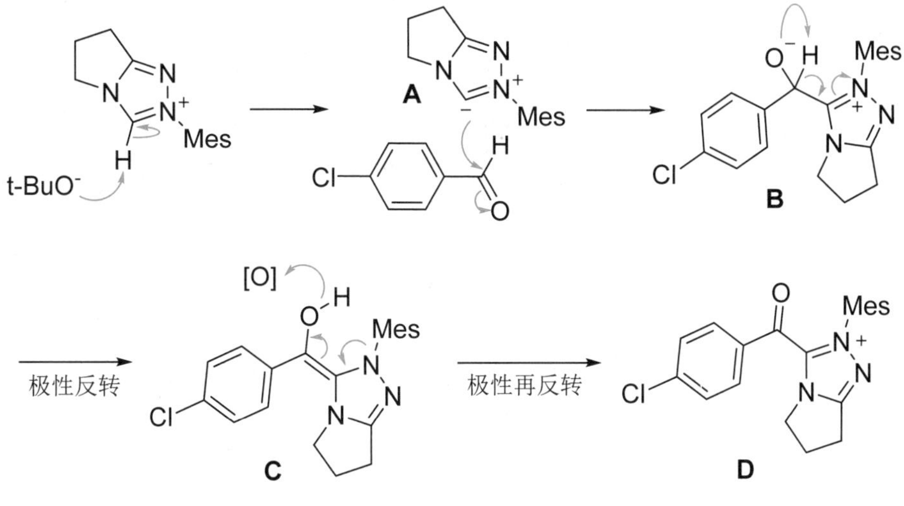

如果底物是 α, β – 不饱和醛，体系中有质子存在时，也可以发生极性反转再反转，如在氮杂卡宾催化下 3 – 苯基丙烯醛与乙醇反应生成 3 – 苯基丙酸乙酯，反应具有原子经济性[2]。

可能的机理如下所示，当体系中有质子时，富电子性的 Breslow 烯醇夺得质子形成中间体 **C**，经互变异构得到酰基 – NHC（**D**），发生两次极性反转。

当 α, β – 不饱和醛含有溴时，溴可以带着一对电子离去，从而发生极性反转再反转[3]。

　　如下所示，NHC 亲核进攻醛羰基后，经过质子转移得到 Breslow 烯醇 **B**，溴带着一对电子离去生成联烯醇 **C**，经互变异构得到酰基–NHC（**D**），发生两次极性反转。

5.2.4.4 参考文献

5.2.4.5　Michael 加成

　　亲核试剂对 α,β– 不饱和羰基化合物发生 1,4– 加成的反应，称为 Michael 加成，其中亲核试剂称为 Michael 给体，α,β– 不饱和羰基化合物称为 Michael 受体。常用的 Michael 给体为能够形成烯醇或烯醇负离子的活泼亚甲基化合物，如酮、1,3– 二酮、乙酰乙酸乙酯、丙二酸二乙酯等；常用的 Michael 受体包括 α,β– 不饱和醛、α,β– 不饱和酮、α,β– 不饱和酯、丙烯腈、丙炔酮、丙炔酸酯、硝基烯烃等。

Y = COR, CHO, CO₂R, CN, NO₂ 等

Michael 加成被广泛用于合成 1,5 - 二羰基化合物，例如：

64%

在碱存在下，活泼亚甲基化合物被碱夺取一个质子，形成烯醇负离子，后者继而与 α, β- 不饱和羰基化合物发生 1,4 - 加成。

烯醇、烯醚、烯醇硅醚[1]、烯胺等富电子性试剂也是理想的 Michael 给体，例如：

Michael 给体还可以是杂原子，如氧、硫、氮、磷等。当氮原子作为亲核试剂原时，反应称为 N – Michael 加成。例如：

75%

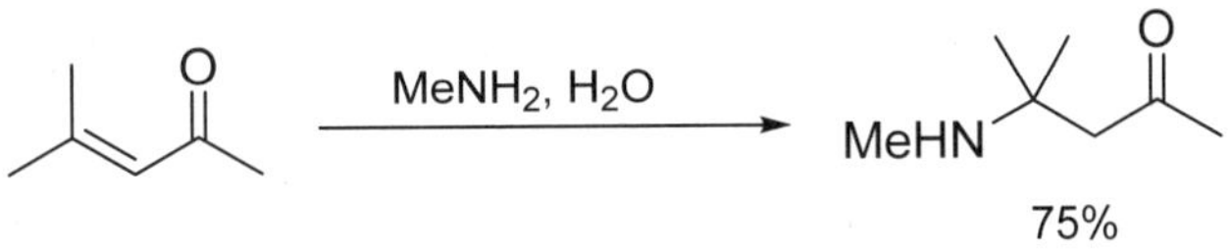

Lewis 酸和质子酸均可催化杂原子的 Michael 加成，例如，在催化量的质子酸 $(CF_3SO_2)_2NH$（用 Tf_2NH 表示）存在下，α, β– 不饱和羰基化合物可分别与酰胺、硫醇和醇发生 N–、S– 和 O– Michael 加成[2]：

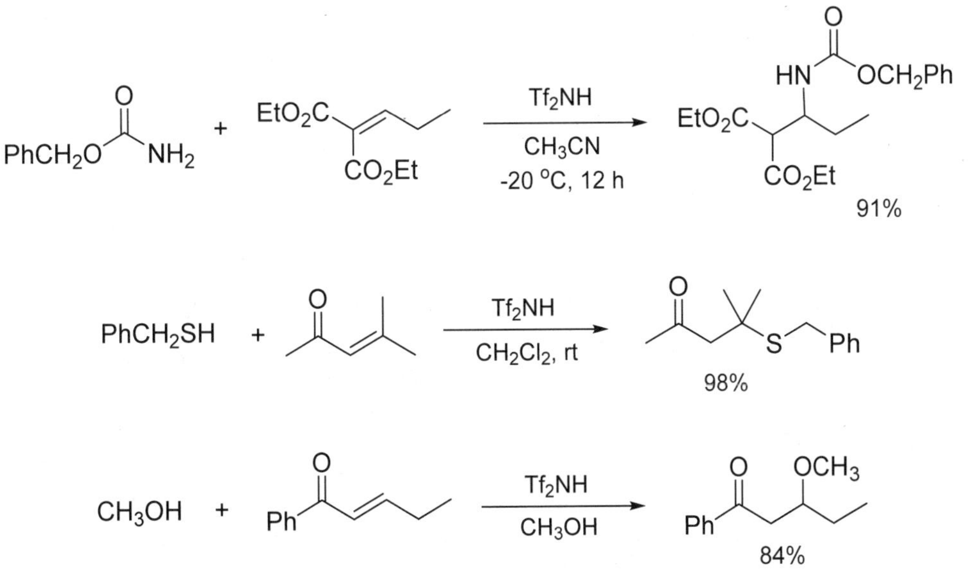

91%

98%

84%

当杂原子 N 上连有离去基团时，反应可得到吖丙啶类化合物，例如[3]：

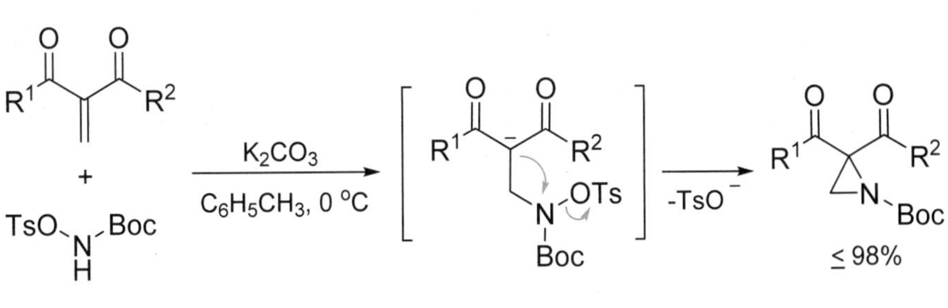

≤ 98%

当底物分子中有多个 Michael 供体和 Michael 受体时，可发生连续多次 Michael 加成的串联反应，例如[4]：

使用手性二级胺催化剂，可实现对映选择性的 Michael 加成。例如[5,6]：

R = 芳基、烷基

5.2.4.5 参考文献

5.3 其他不饱和键的亲核加成

5.3.1 亚胺的亲核加成

亚胺与羰基类似，易受亲核试剂进攻，得到亲核加成产物胺。反应可在碱性条件下进行，亦可在酸催化下进行。

碱催化的反应：

酸催化的反应：

亚胺可由醛（或酮）与胺（或氨）原位反应形成。醛（或酮）、氨（或伯胺）、和氢氰酸的多组分反应得到 α-氨基腈的反应称为 Strecker 反应。 α-氨基腈水解能够得到 α-氨基酸。

在这个反应中，醛酮与氨或伯胺首先作用得到亚胺，后者被氰根负离子进攻，发生亲核加成（加成-质子化机理），得到 α-氨基腈。

如果是仲胺参与反应，反应的中间体是亚胺盐，结果也得到α-氨基腈：

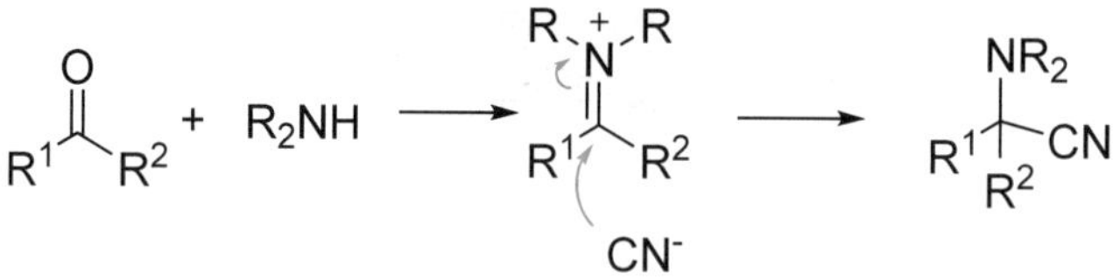

Strecker 反应中所用的氰基化试剂可以是各种能够原位释放出 CN$^-$ 的试剂，如 TMSCN 等。手性的底物对新生成的手性中心有不对称诱导，反应具有非对映选择性，生成含季碳的α-氨基腈，后者经进一步转化得到氨基酸、氨基醇、二胺等官能化的产物[1]：

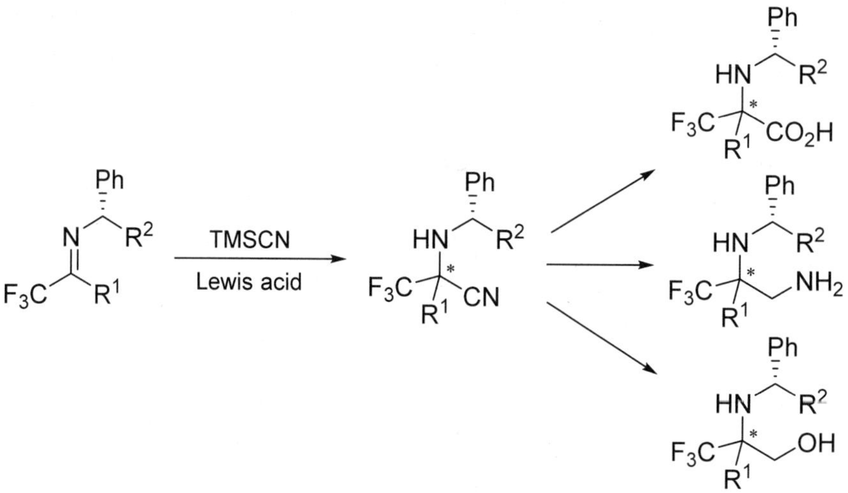

如果使用手性催化剂，也可以实现对映选择性的 Strecker 反应，例如[2]：

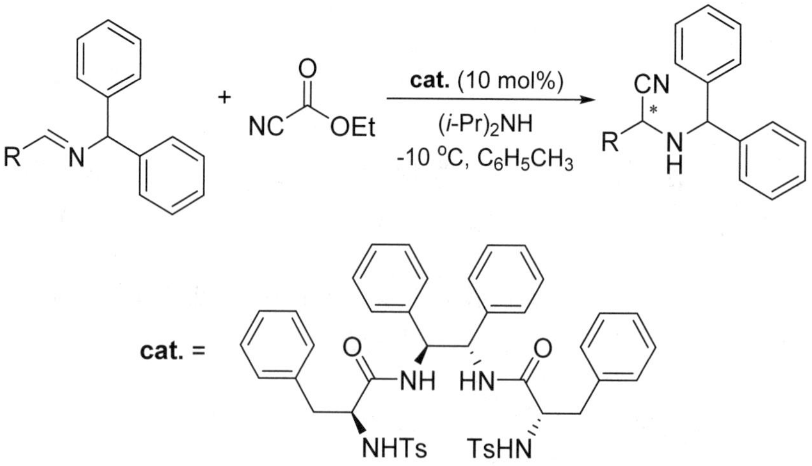

对于较活泼的亚胺，α-重氮乙酸乙酯（较弱的亲核试剂）可在质子酸催化下与其发生亲核加成反应，生成吖丙啶，例如[3]：

$$\text{t-BuO} \overset{O}{\underset{}{\text{C}}}\!-\!\overset{N\!-\!Bn}{\underset{H}{\text{CH}}} + \overset{N_2}{\underset{COOEt}{\text{CH}}} \xrightarrow[\substack{CH_3CH_2CN \\ -78\ ^{o}C}]{TfOH\ (7\ mol\%)} \text{aziridine}$$

75%

cis : trans > 95 : 5

两个底物靠近的时候受到静电作用的影响, 反应的构象得到固定, 产生反应的非对映选择性:

能量有利　　　　　能量不利

主要产物

炔基锌等较强的亲核试剂对亚胺发生亲核加成, 得到炔丙胺类化合物。在下述反应中, 采用手性催化剂可实现对映选择性的亲核加成[4]:

$$\underset{F_3C}{\overset{Ar\,-\,N}{\underset{COOR'}{\text{C}}}} + \underset{R}{||} \xrightarrow[\substack{cat.\ (10\ mol\%) \\ C_6H_5CH_3,\ 0\ ^{o}C}]{ZnMe_2\ (2\ equiv\,)} \underset{F_3C}{\overset{Ar\,-\,NH}{\underset{COOR'}{\text{C}^*}}}\!-\!C\!\equiv\!C\!-\!C\!\equiv\!C\!-\!R$$

up to 97% yield
up to 97% ee

cat. =

除了上述碳负离子等价试剂外，亲核试剂也可以是烯丙基硅试剂，例如[5]：

91%, *dr* >20:1
97% *ee*

5.3.1 参考文献

5.3.2 腈的亲核加成

腈的 C≡N 键受碳和氮的电负性差异影响，π 键极化，碳原子为缺电子性，易受亲核试剂的进攻，生成碳氮双键。腈的亲核加成可在酸性条件下进行，也可在碱性条件下进行。在 Lewis 酸或质子酸性催化下，氰基被活化，氰基碳原子缺电子性更强；在碱性条件下，亲核试剂直接进攻氰基碳原子，发生亲核加成。

当亲核试剂是 H_2O 或 OH⁻ 时，腈发生水解，成酰胺或羧酸。在酸性条件下，腈首先被质子化；然后，水亲核进攻氰基碳，再质子转移（PT）和互变异构，生成酰胺。酰胺在该反应条件下还可以继续发生羰基的亲核取代，最后生成羧酸。

在碱性条件下，OH⁻ 首先进攻氰基碳，形成的负离子从水分子中夺得质子，接着互变异构成酰胺。酰胺继续受到 OH⁻ 进攻，发生亲核取代，生成羧酸盐，用酸中和得到羧酸。

当亲核试剂为氨或胺时，腈与胺发生亲核加成生成脒类化合物。

腈还可与烯胺发生亲核加成反应。例如，邻氨基苯甲腈与酮原位形成的烯胺中间体能够在 Lewis 酸的作用下发生分子内的亲核加成，生成 4-氨基喹啉[1]。

5.3.2 参考文献

5.3.3 烯酮的亲核加成

烯酮（ketene）中间碳原子为 sp 杂化，组成烯酮的三个原子构成直线形结构：

$$\text{C=C=O}$$

酰氯在碱性条件下脱 HX 可以得到烯酮，常用的碱为三乙胺：

α-重氮酮在光照或加热条件下，经过 Wolff 重排也可以得到烯酮：

苯乙酸由于 α-氢的酸性，在碱性条件下脱水也可以得到烯酮：

$$\text{Ph} \underset{\text{OH}}{\overset{\text{O}}{\diagup}} \xrightarrow{\text{base}} \text{Ph} \diagup \text{C=O}$$

丙酮热解也可以得到烯酮：

$$\xrightarrow{\text{热解}} H_2C\text{=}C\text{=}O \ + \ CH_4$$

烯酮分子中的中心碳原子显缺电子性，易受水、醇、胺等亲核试剂的进攻，发生亲核加成反应，分别生羧酸、酯、烯胺、胺等，例如：

烯酮与磷叶立德的反应是制备联烯类化合物的一种常用方法，例如[1]：

5.3.3 参考文献

5.3.4　烯酮亚胺的亲核加成

烯酮亚胺（ketenimine）与烯酮相似，其氮原子上的取代基可有如下三种取向，即（a）、（a'）和（b），其中（a）和（a'）是常见的结构，二者之间很容易翻转，翻转能在 $30\sim80\ kJ\cdot mol^{-1}$[1]。

(a)

(a')

(b)

烯酮亚胺可以发生环加成和亲核加成。其共振式 **A** 表示 C=C 双键或 C=N 双键可参与环加成（c）；共振式 **C** 表示烯酮亚胺的中心碳原子是缺电子性碳原子，可作为亲电试剂接受亲核试剂的进攻（a）；共振式 **B** 表示烯酮亚胺的端基碳原子为富电子性碳原子，可以作为亲核试剂进攻亲电试剂（b）：

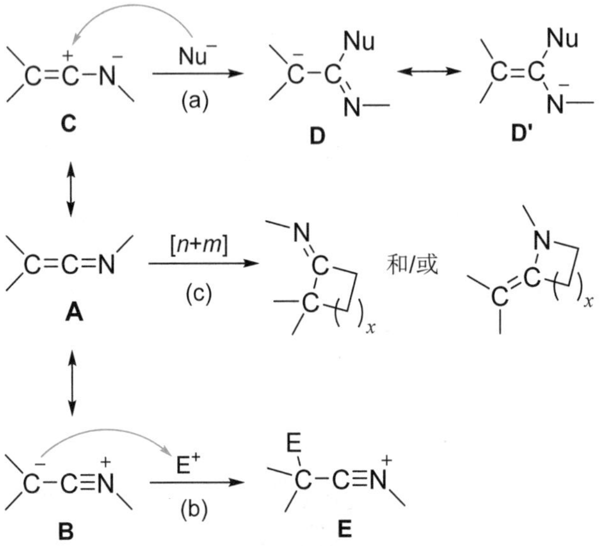

在铜催化下，磺酰基叠氮与末端炔烃发生环加成反应，形成 1,2,3 – 三氮唑 **A**。由于磺酰基的强吸电子作用，**A** 很不稳定，立即开环成重氮中间体 **B**；后者进一步发生重排和金属 – 质子交换，形成烯酮亚胺活泼中间体 **C**。通过这种方法产生的烯酮亚胺可与胺、醇和水等亲核试剂发生亲核加成，分别得到相应的脒、亚胺酯和酰胺[1,2]。

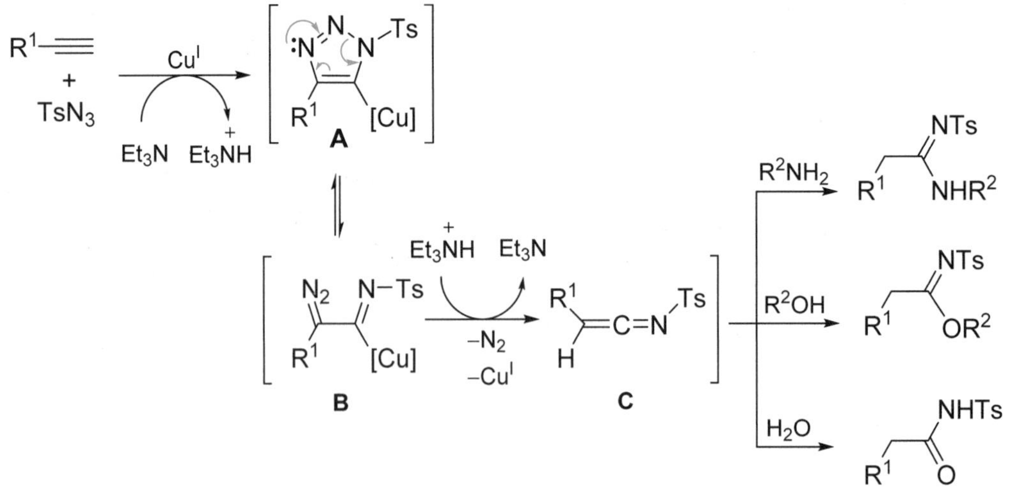

5.3.4 参考文献

5.4　亲核加成反应中的非对映选择性

由于取代基不同，羰基化合物有 *Re* 面和 *Si* 面之分，如果底物和试剂都没有手性，产物是一对对映体：

当底物中有一个手性碳原子时，将得到一对非对映体，受底物中手性碳原子结构的影响，反应将具有非对映选择性。

5.4.1　1,2-非对映选择性

如下所示，当羰基的邻位是手性碳原子时，反应具有非对映选择性。

将邻位碳原子上的三个取代基团按照体积大小（L、M、S）进行标记，定义最大的基团（L）和羰基处于反式共平面为优势构象，亲核试剂选择从空间位阻小的一面进攻羰基得到产物。这是最简单的空间控制的 1,2-非对映选择性模型，称为 Cram 法则。其缺陷是结构中存在 C—Ph 和 C—H 的重叠式构象。

Cram 模型

Felkin-Ahn 从两方面给对非对映选择性作出了更合理的解答。一是羰基的优势构象，二是反应的键合轨迹。如下图 Felkin-Ahn 模型所示，Ph—C—C—O 的二面角为 90°，σ(C—C)和π*(C=O)的轨道重叠产生超共轭效应，电子的部分离域使构象得到稳定。从亲核试剂进攻羰基的电子运动轨迹（见 4.3 节）来看，羰基的反键要接受亲核试剂的进攻，亲核试剂进攻的角度应为 109°，最后通过交叉式的过渡态，以构象改变为最小的原则得到产物。

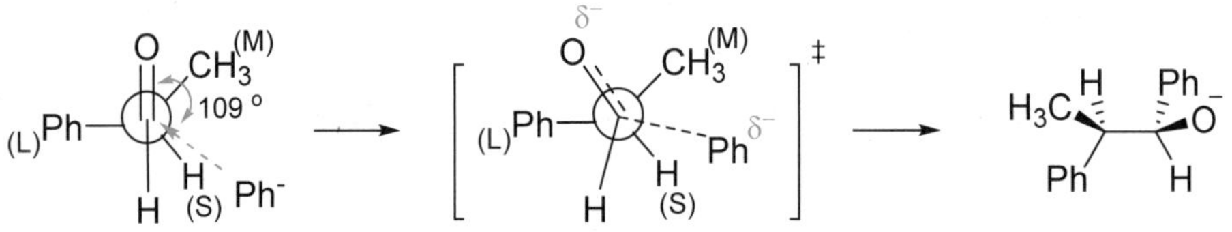

Felkin-Ahn 模型

2-甲基环戊酮被还原时，受空间位阻的影响，*trans* 和 *cis* 产物之比为 75∶25。亲核试剂进攻的时，合理的电子运动键合轨迹有 a 和 b 两种，受空间位阻的影响，a 进攻更为有利，故得到羟基和甲基处于反式的产物。

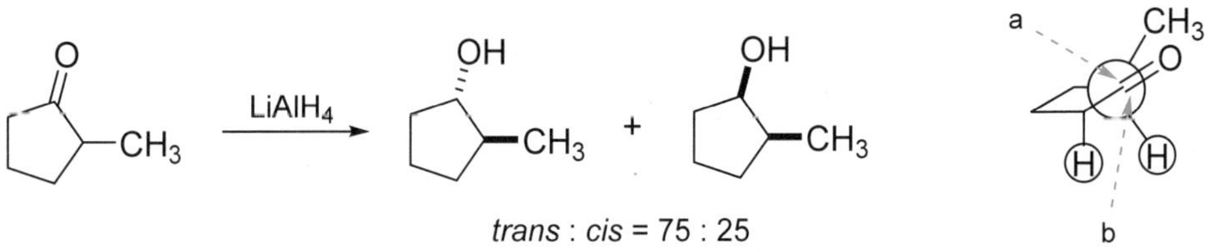

trans : *cis* = 75 : 25

当羰基的邻位有杂原子（X=O，S，N）时，优先考虑金属离子的配位，通过配位固定构象，亲核试剂从体阻小的一面进攻羰基。

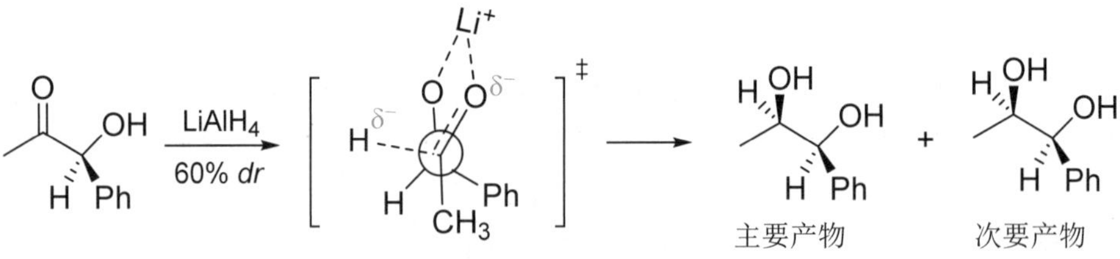

主要产物　　次要产物

当羰基化合物和烯丙基或丁-2-烯基格氏试剂反应式，反应的非对映选择性取决于金属的配位和双键的构型：

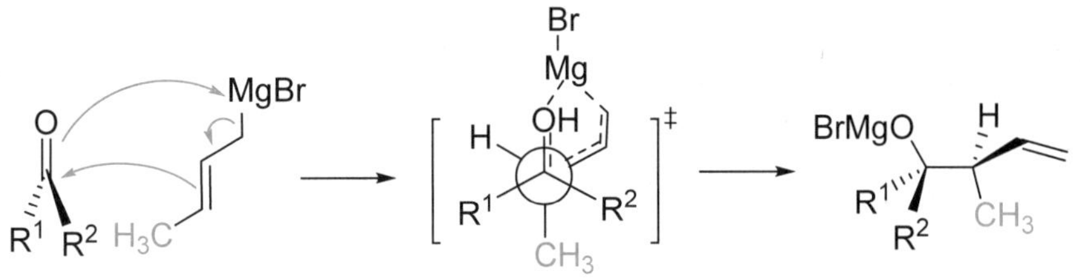

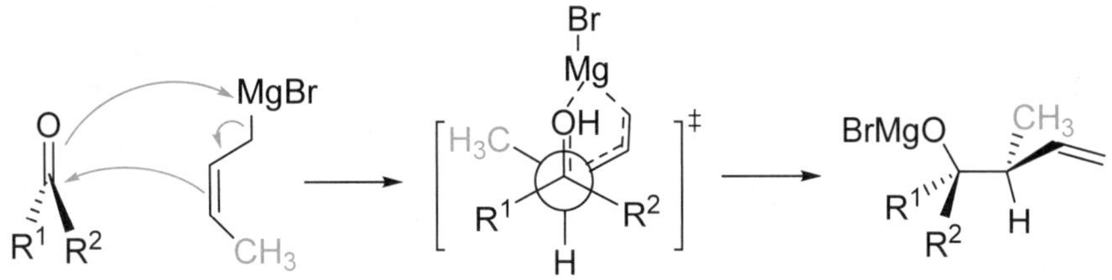

用硼试剂作丁-2-烯基转移试剂时，反应的非对映选择性也是通过配位和空间位阻来控制的：

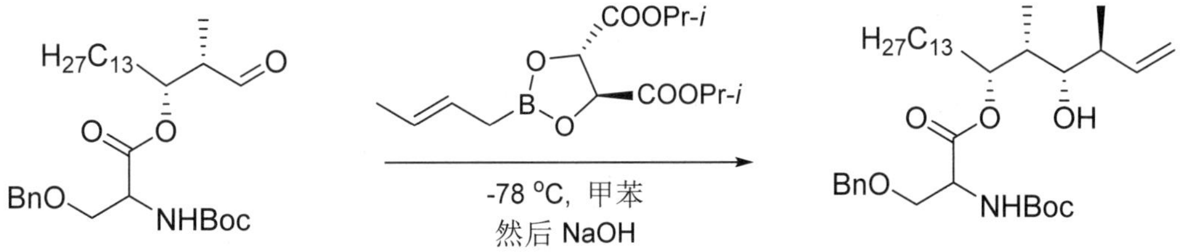

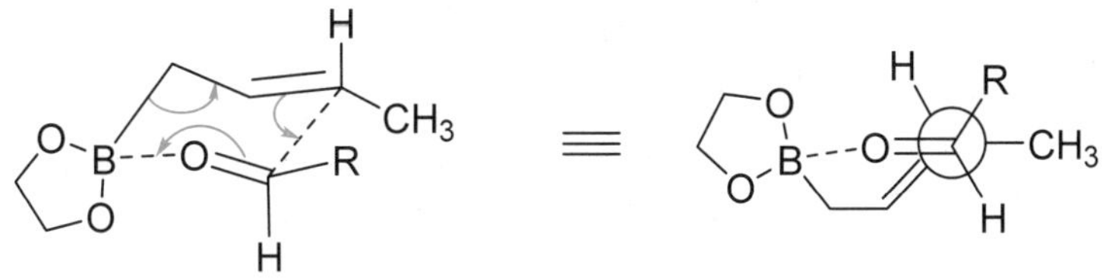

当羰基邻位含有电负性比较大的原子，如氯原子时，偶极矩对羰基化合物的起始构象起到关键的作用。如下所示，产物 **A** 和 **B** 的比例为 1:3。

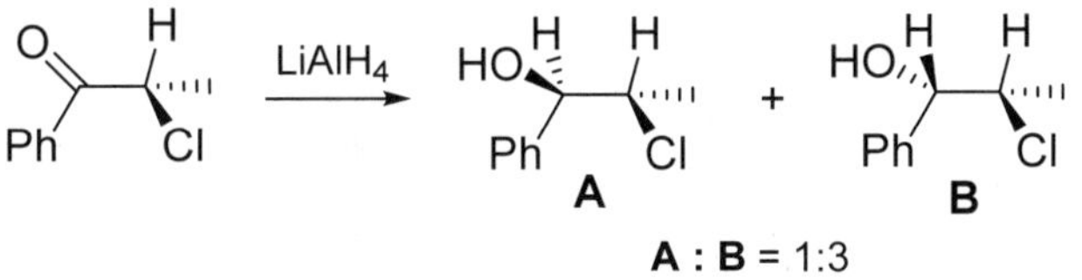

A : B = 1:3

不论用 Cram 模型或是金属配位模型，都应该得到 **A** 为主的产物。事实上，氯的电负性较大，C═O 键和 C─Cl 键的键偶极矩应采用极性相反的方向，使得分子偶极矩小、电荷分散，即采用 Cornforth 模型，反应得到 **B** 为主的产物。

烯醇负离子和羰基化合物的亲核加成形成 C—C 键，生成羟醛缩合产物（见 5.2.4.3 节），反应的非对映选择性取决于反应条件、烯醇负离子的构型等因素。烯醇构型取决于羰基化合物的结构和碱的性质，如下所示，随着基团的增大，Z-烯醇盐的比例逐渐增多：

	Z-烯醇盐	E-烯醇盐
R = C₂H₅	23%	77%
R = (CH₃)₂CH	60%	40%
R = (CH₃)₃C	99%	1%
R = Ph	98%	2%
R = CH₃O	5%	95%
R = (CH₃)₂N	97%	3%

碱的强弱对烯醇负离子的构型产生直接的影响：

	Z-烯醇盐	E-烯醇盐
LDA	23%	77%
LTMP	15%	85%
LTMP+LiBr	1%	99%
LHMDS	66%	34%
(Et₃Si)₂NLi	99%	1%
[Ph(CH₃)₂Si]₂NLi	100%	0%

LDA（二异丙基氨基锂）、LTMP（2,2,6,6-四甲基哌啶锂）和 LHMDS（六甲基二硅基氨基锂）的共轭酸的 pK_a 值分别为 36、37 和 26。碱性较强如 LDA，形成烯醇负

离子所经过的过渡态为前过渡态，其结构特征接近原料羰基化合物；弱一些的碱性试剂如 LHMDS，形成烯醇负离子经过的过渡态为后过渡态，其结构特征接近烯醇负离子。在 LDA 作用下，经前过渡态的反应进程中，存在 R/R^1 之间和 R^2/L 之间的两种空间位阻。当 R 基团为叔丁基时，要求 R^1 基团小一些，如此将得到 Z–烯醇盐；当 R 基团为甲基或乙基时，R^1 基团可以大一些，以避免 R^2 和 L 之间的空间位阻，如此将得到 E–烯醇盐。在 LHMDS 作用下，经后过渡态的反应进程中，仅存在 R/R^1 之间的空间位阻，要求 R^1 尽可能小，如此将得到 Z–烯醇盐。

LDA:　　　　　　　LHMDS:

前过渡态　　　　　后过渡态

R = t-butyl; Z-enolate
R = Me, Et; E-enolate

Z-enolate

当 Z–烯醇盐靠近羰基化合物时，由于锂离子的作用将两个底物拉近，经过六元环状过渡态得到 syn–加成产物，反应具有 1,2–非对映选择性。

Z-烯醇盐　　PhCHO　　syn-加成产物

同理，当 E–烯醇盐作亲核试剂的时候，和苯甲醛的反应将得到 anti–加成产物：

E-烯醇盐　　PhCHO　　anti-加成产物

5.4.2　1,3–非对映选择性

利用 1,3–二氧化合物容易和过渡金属形成六元环状配位化合物，可以极大提高反应的 1,3–非对映选择性。如下所示，3–苄氧基羰基化合物在四氯化钛的配位作用下，空间位阻和电子运动轨迹相结合，得到非对映选择性的 3–苄氧基醇。

在四氯化碳作用下，1,3 − 二羰基化合物被硼氢化试剂还原，得到 *syn* − 产物和 *anti* − 产物之比为 97∶3[1]。

87% yield
syn ∶ *anti* = 97 ∶ 3

5.4.2 参考文献

拓展学习资源

知识讲解 1

知识讲解 2

知识讲解 3

知识讲解 4

讲解课件 1

讲解课件 2

习 题

1. 缩醛（酮）一般都是在酸性条件下形成的，为什么不可以在碱性条件下形成？

2. 分析下列反应中格氏试剂的作用。

3. 画出以下两种还原反应的过渡态，分析它们的非对映选择性。

4. 解释环己酮和下列碳亲核试剂反应的选择性。

5. 预测下列反应主要产物的结构。

(1)

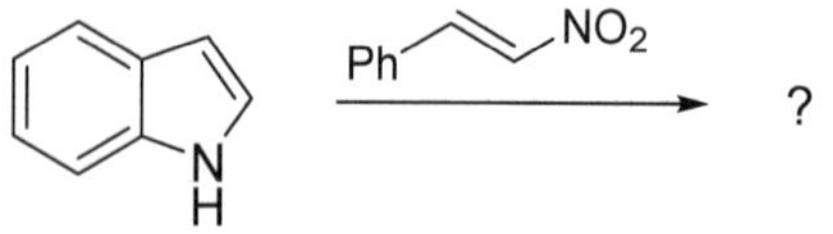

(2)

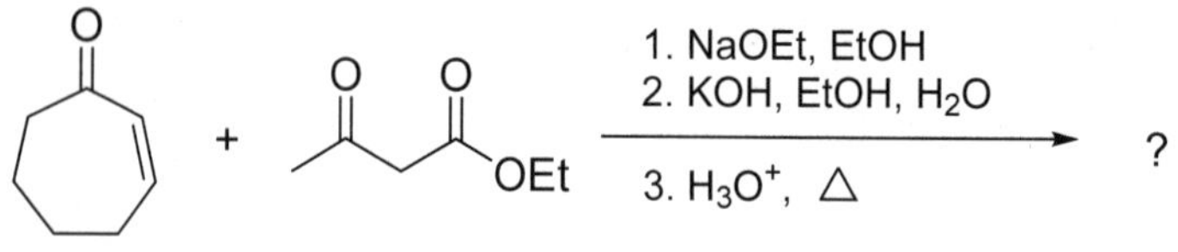

(3)

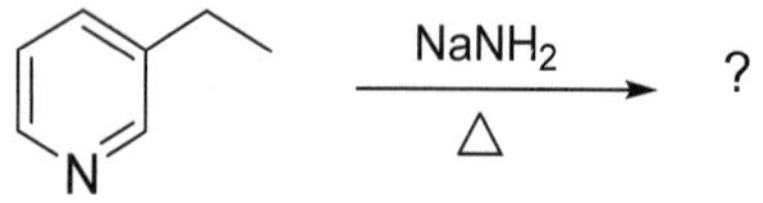

(4)

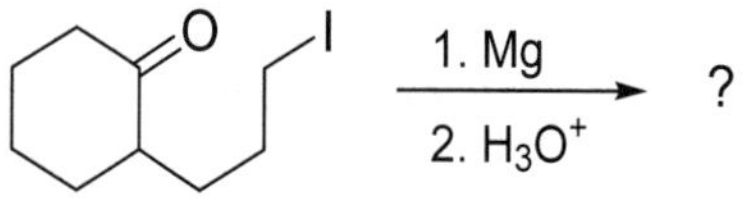

(5)

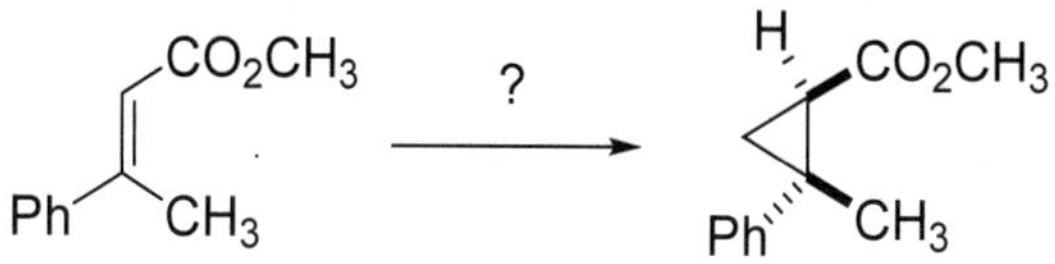

(6)

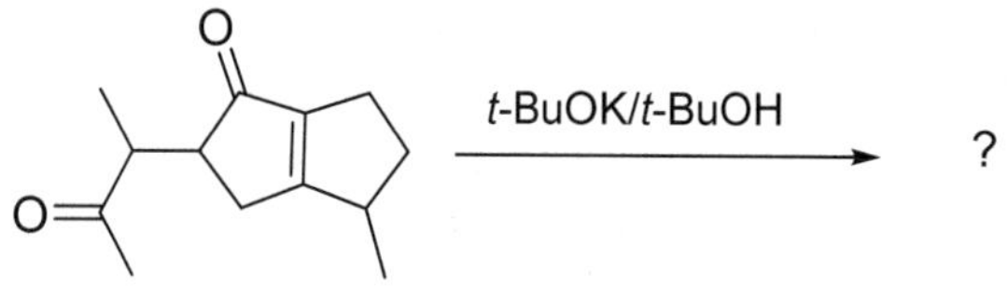

(*Tetrahedron Lett.* 1983，*24*，2125-2128.)

(7)

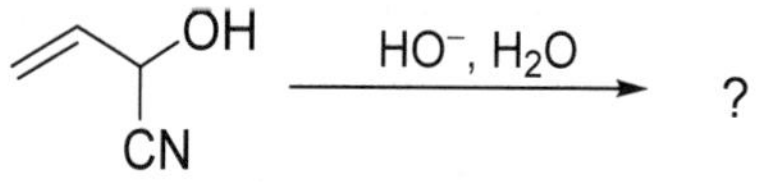

(8)

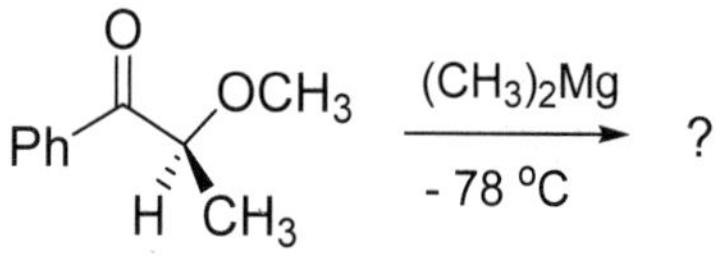

(9)

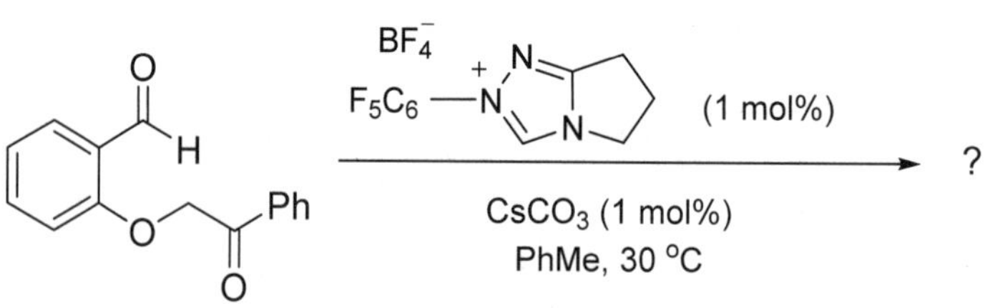

(*ACS Omega.* 2020，*5*，10207-10216.)

(10)

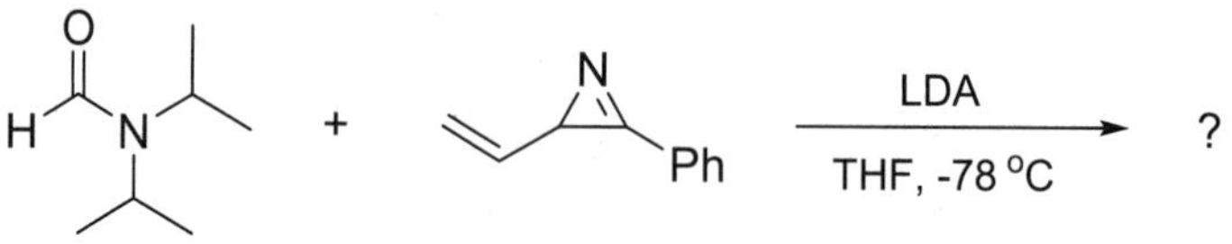

(*Org. Lett.* 2021，*23*，4396-4399.)

6. 解释下列反应的非对映选择性。

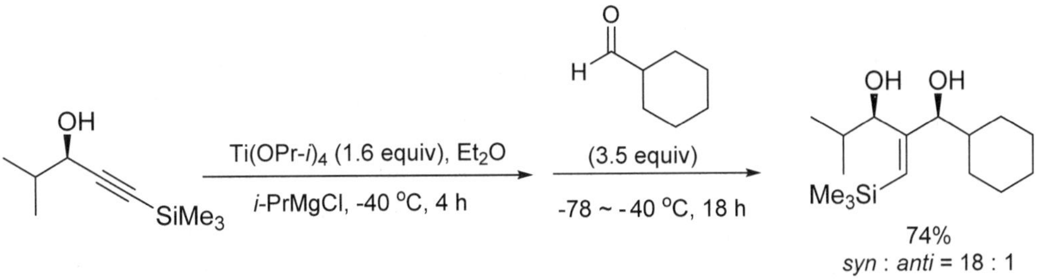

（ *Org. Lett.* 2010，*12*，288-290. ）

7. 试推测下列反应的可能机理。

(1)

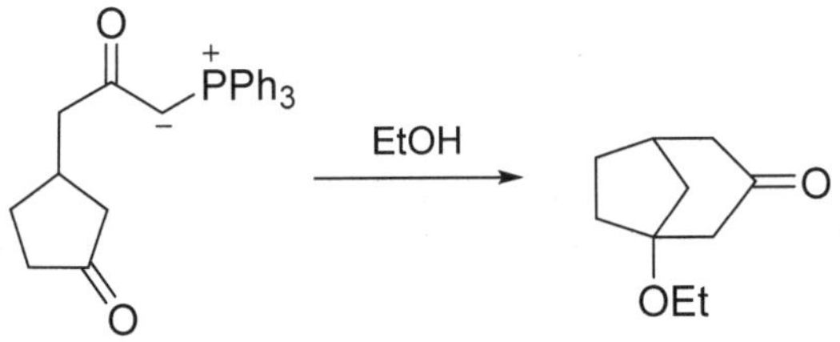

（ *Tetrahedron Lett.* 1982，*23*，3543-3546. ）

(2)

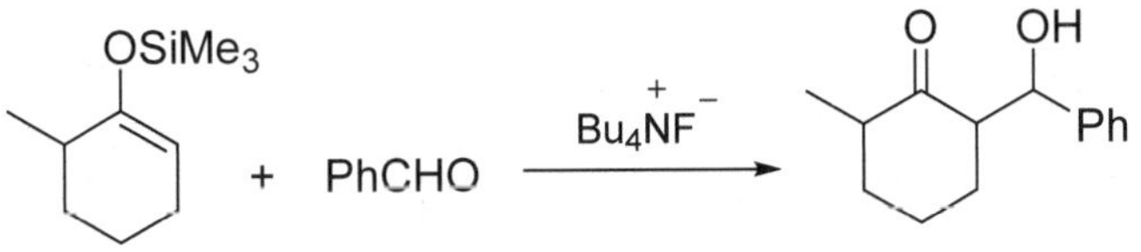

(3)

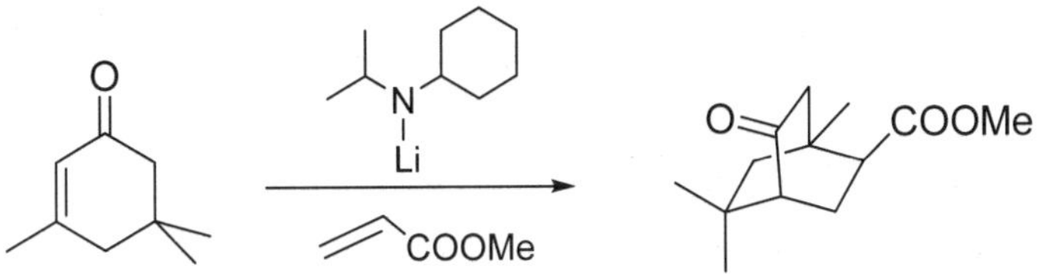

(4)

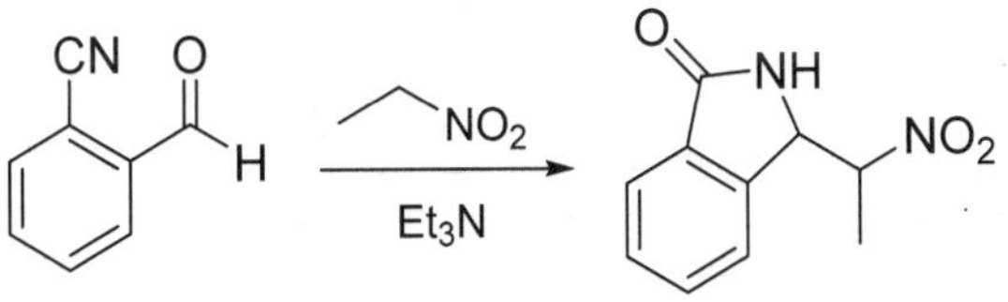

(5)

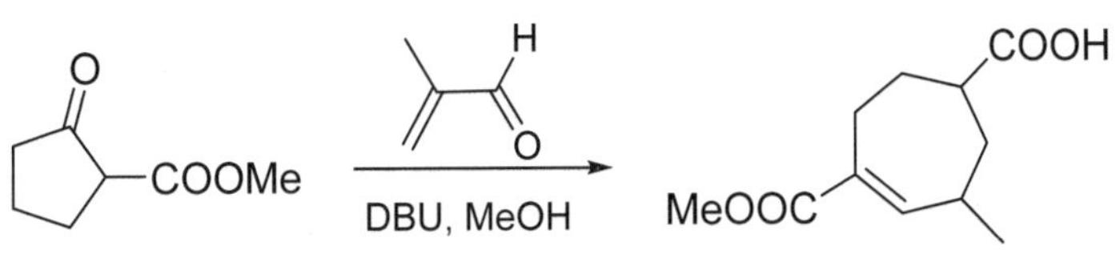

(6)

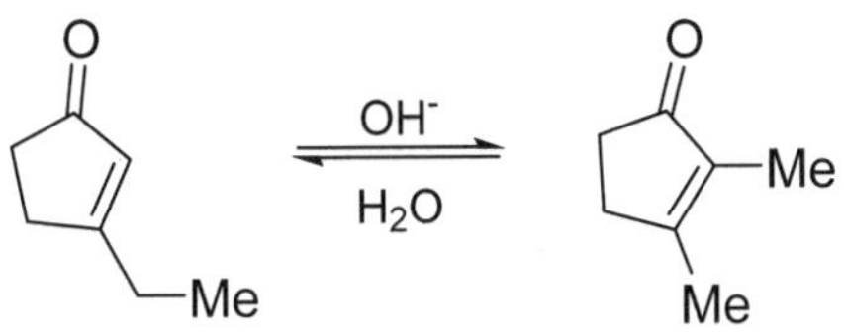

(7)

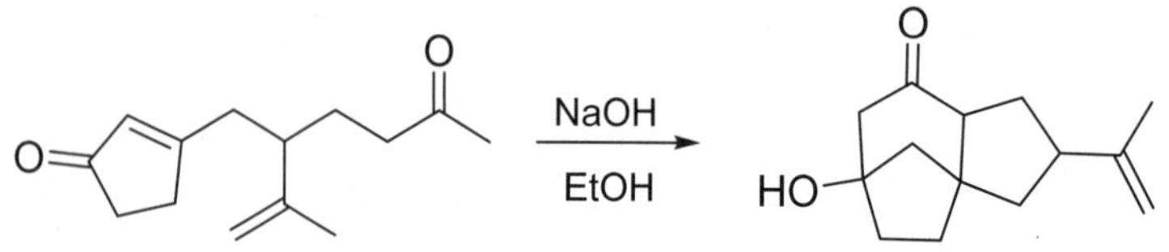

(8)

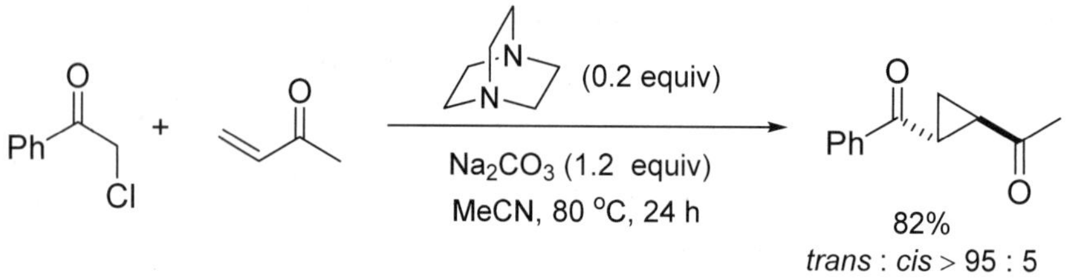

82%

trans : *cis* > 95 : 5

（*Angew. Chem. Int. Ed.* 2003，*42*，828-831.）

(9)

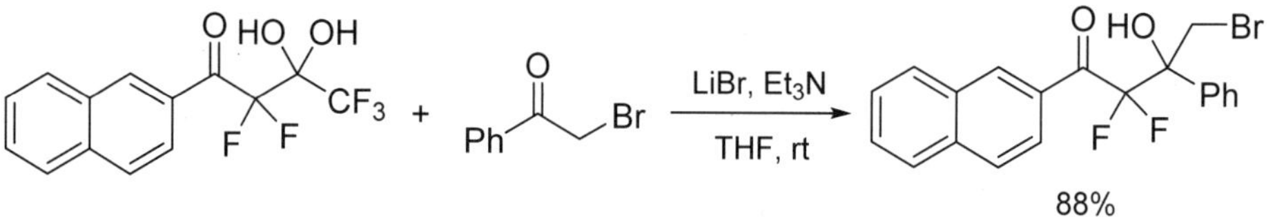

88%

（*Org. Lett.* 2021,*23*，5098-5101.）

(10)

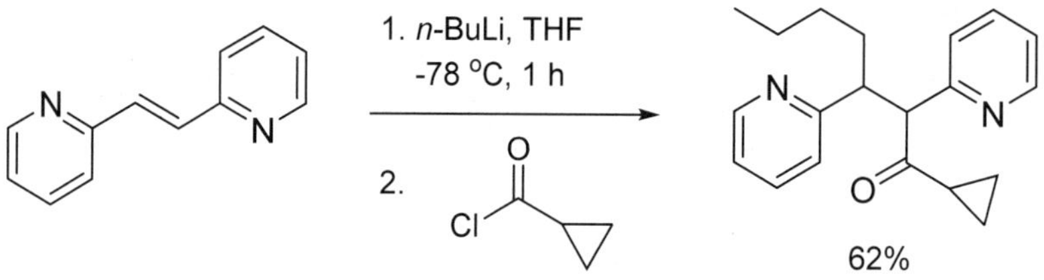

1. *n*-BuLi, THF
-78 °C, 1 h

2.

62%

（*J. Org. Chem.* 2020，*85*，12740-12746.）

8. 下列两种底物的差别不大，但只有含三键的底物发生反应，为什么？

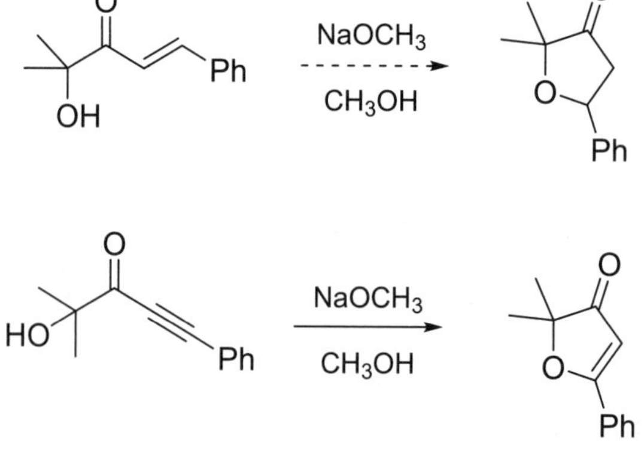

9. 20 世纪 70 年代,我国科学家从民间治疗疟疾草药黄花蒿中分离出一种含有过氧桥结构的倍半萜内酯化合物,称为青蒿素。青蒿素是我国自主研发并在国际上注册的药物之一,也是目前世界上最有效的抗疟疾药物之一。我国著名有机合成化学家、中国科学院院士周维善教授在青蒿素的全合成方面做出了开创性的工作,他领导的研究小组于 1983 年完成了青蒿素的首次全合成。他所采用的合成路线如下:

{Bn=苄基;LDA= [(CH₃)₂CH]₂NLi（二异丙基氨基锂）; *p*-TsOH=对甲苯磺酸}

（1）写出中间体 B、F 和 G 的结构式。

（2）中间体 C 在 LDA 存在下与 3–三甲基硅基丁–3–烯–2–酮反应时,除了得到中间体 D 之外,还可能产生一种副产物,它是 D 的立体异构体。试写出这种可能副产物的结构式。

（3）写出由中间体 D 到中间体 E 转化的机理。

习题参考答案

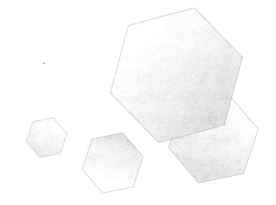

第6章
亲核取代反应

有机化合物分子中任何一个原子或基团被试剂中同类型的其他原子或基团所取代的反应称为取代反应（substitution reaction），可用如下通式表示：

$$R-L \ + \ :Y \ \longrightarrow \ R-Y \ + \ :L$$

按照反应机理的不同，有机化学中的取代反应可分为亲核取代（nucleophilic substitution）、亲电取代（electrophilic substitution）和自由基取代（free radical substitution）三大类型。

6.1 饱和碳原子上的亲核取代反应

发生在卤代烷、醇、磺酸酯等有机化合物的饱和碳原子上亲核取代主要有两种机理，即单分子亲核取代反应（用 S_N1 表示）和双分子亲核取代反应（用 S_N2 表示），其中 S 代表取代（substitution），N 代表亲核（nuclcophilic），1 代表单分子反应动力学，2 代表双分子反应动力学。除此之外，尚有分子内亲核取代反应。

6.1.1 S_N1 机理

饱和碳原子上单分子亲核取代反应用 S_N1 表示，以叔丁基氯的水解为例，反应速率（rate）和卤代烃的浓度有关：

$$\diagup\!\!\!\diagdown\!\!-Cl \ + \ 2\,H_2O \ \longrightarrow \ \diagup\!\!\!\diagdown\!\!-OH \ + \ Cl^- \ + \ H_3O^+$$

$$rate = k[RX]$$

反应机理如下：

反应分步进行。首先 C—Cl 键发生异裂生成碳正离子和氯负离子，碳正离子接受溶剂的亲核进攻，生成质子化的醇，和水发生质子交换最后得到醇。反应发生在 sp^3 杂化碳原子上，净结果是氯被羟基所取代，属于饱和碳原子上的亲核取代。反应的决速步骤是 C—Cl 键的异裂，反应速率只和叔丁基氯的浓度有关，和亲核试剂的浓度无关，体现单分子反应动力学的特征。总体上讲，该反应称为饱和碳原子上单分子亲核取代反应，即 S_N1 反应。

由于 C 和 F 处于同一周期，共价键的键能顺序为 C—F＞C—C＞C—Cl＞C—Br＞C—I，C—F 键有最大的化学和热力学稳定性，因此，氟代烃不发生 S_N1 反应。对氯、溴、碘代烃而言，影响 C—X 异裂的因素有 C—X 键的极性和异裂后正、负离子的稳定性。C—X 键的偶极矩和负离子的相对稳定性如下所示，C—Cl 键的极性最大，碘负离子最稳定。

	H_3C-F	H_3C-Cl	H_3C-Br	H_3C-I
μ/D	1.82	1.94	1.79	1.64

负离子的相对稳定性：

$$I^- > Br^- > Cl^-$$

发生 S_N1 反应的关键是烷基的种类和性质，生成的碳正离子越稳定，越容易发生 S_N1 反应。S_N1 反应的相对反应速率大致顺序如下：

碳正离子一旦形成就会涉及碳正离子的重排，生成更稳定的碳正离子；加上碳正离子的多命运，如 β–H 消除等，使产物复杂化。其次，碳正离子具有平面结构，亲核试剂可以从平面的两侧进攻碳正离子，理论上产物是一对对映体，没有立体选择性，例如：

一对对映体

多数情况下，S_N1 反应产物以构型翻转产物为主。这可从离子对理论进行解释。离子对理论认为，C—X 键的异裂经过紧密离子对、溶剂间隔离子对，最后才能成为自由的碳正离子。只有自由的碳正离子才是以均等的概率接受亲核试剂的两面进攻。亲核

试剂进攻底物、紧密离子对、溶剂间隔离子对时，基本上都是从离去基团的反面进行
进攻。因此，主要产物为构型翻转的产物。

$$R-X \longrightarrow \overset{+}{R}\overset{-}{X} \longrightarrow \overset{+}{R}\|\overset{-}{X} \longrightarrow \overset{+}{R} + \overset{-}{X}$$

底物　　　　　　紧密离子对　　　溶剂间隔离子对　　碳正离子

　　根据底物和试剂所带电荷的不同，亲核取代反应通常可以分为以下四类，无论反应
是一步的还是分步的，每一类型反应都有反应的决速步骤。溶剂对反应速率的影响取
决于决速步骤是电荷集中的、还是电荷分散的过程。如 a 类型的反应是一个电荷集中的
过程，质子性极性溶剂（如丙酮）能更好地溶剂化稳定电荷集中的状态，有利于反应
的进行。

a. 中性底物+中性亲核试剂

$$CH_3I \quad + \quad PPh_3 \longrightarrow Ph_3P^+CH_3 \quad I^-$$

b. 中性底物+负离子型亲核试剂

$$PhCH_2Br \quad + \quad NaI \longrightarrow PhCH_2I \quad + \quad NaBr$$

c. 正离子型底物+中性亲核试剂

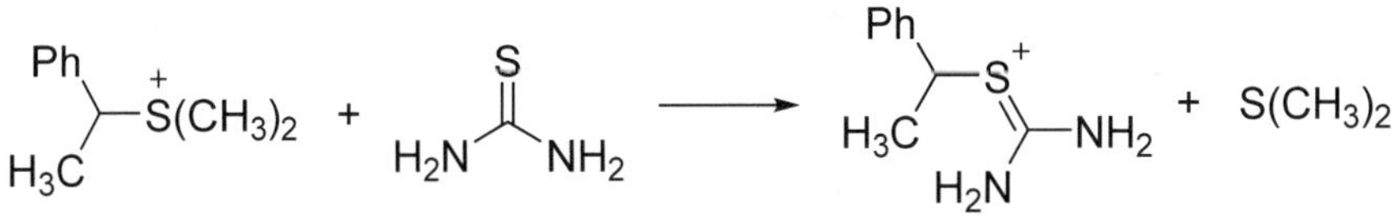

d. 正离子型底物+负离子型亲核试剂

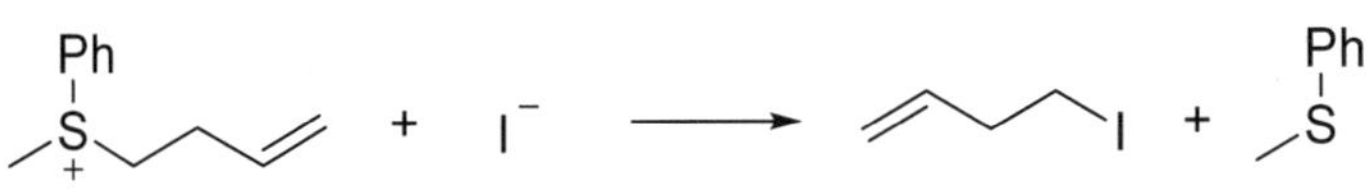

　　如图 6.1（a）所示，对 S_N1 反应而言，如果底物是中性的，R—X 异裂成 R^+ 和 X^-
的过程则是一个电荷集中的过程，极性溶剂将更好地通过溶剂化作用而稳定碳正离子
中间体，相应地稳定类碳正离子过渡态，降低反应的活化能，从而提高反应速率；如
果底物是正离子型的，R—X^+ 异裂成 R^+ 和 X 的过程则是一个电荷先分散后集中的过
程，极性溶剂将更好地溶剂化稳定底物，增加反应的活化能，从而降低反应速率，见
图 6.1（b）。

6.1.2　S_N2 机理

　　S_N2 反应是协同反应，一步完成。以溴甲烷与 NaOH 的反应为例，在底物分子中，
由于溴的电负性比碳的大，C—Br 键的共价电子偏向溴原子，使得碳原子带有部分正电

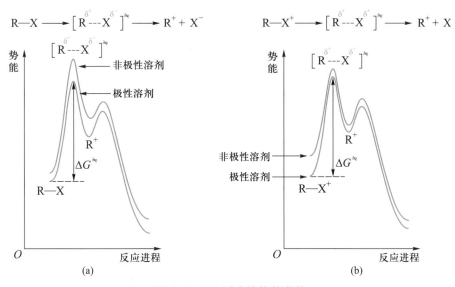

图 6.1　S_N1 反应的势能曲线

荷，能接受亲核试剂 OH⁻ 的进攻，生成 C—O 键的同时溴带着一对电子离去。反应速率既和溴甲烷的浓度有关，又和氢氧根的浓度有关，属于双分子反应动力学，故称为 S_N2 反应。S_N2 反应经过一个"假想五价碳"的过渡态（TS），其中 HO—C 键和 C—Br 键有部分成键的性质，用虚线表示；离去基团和亲核试剂带有部分负电荷，用 δ⁻ 表示。

在 S_N2 反应中，亲核试剂提供电子，填充到 C—L 键的反键轨道，经过 Nu—C—L 处于直线形的过渡态，得到中心碳原子构型翻转的产物。这种构型翻转称为 Walden 翻转，它是 S_N2 反应的立体化学特征。

S_N2 反应中的轨道方向性

当被进攻的碳原子为手性碳时，Walden 翻转得以体现，反应具有立体专一性，得到构型翻转的产物。例如，光学活性的 (S)-2-溴辛烷在碱性条件下水解得到构型翻转的产物 (R)-辛-2-醇。

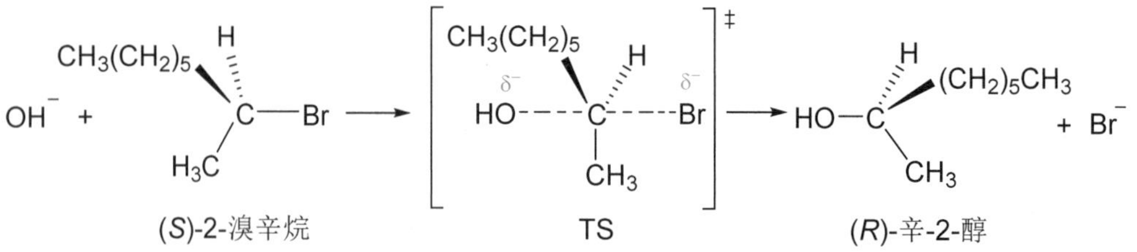

(S)-2-溴辛烷   TS   (R)-辛-2-醇

    影响 S_N2 反应速率的因素包括离去基团的离去能力、底物中烷基的结构、亲核试剂的亲核性、溶剂效应等。底物中离去基团的离去能力越强，S_N2 反应速率越快。因此，卤代烷的相对反应速率顺序为

$$R-I > R-Br > R-Cl$$

    底物中的烷基对亲核试剂的进攻有较大的影响，受进攻的碳原子空间位阻越小，越有利于形成"假想五价碳"的过渡态，S_N2 反应越有利。对于卤代烷，$\alpha-$碳的烷基越多，位阻越大，反应速率越小。因此卤代甲烷、伯卤代烷和仲卤代烷发生 S_N2 反应的相对速率依次降低，叔卤代烃不发生 S_N2 反应：

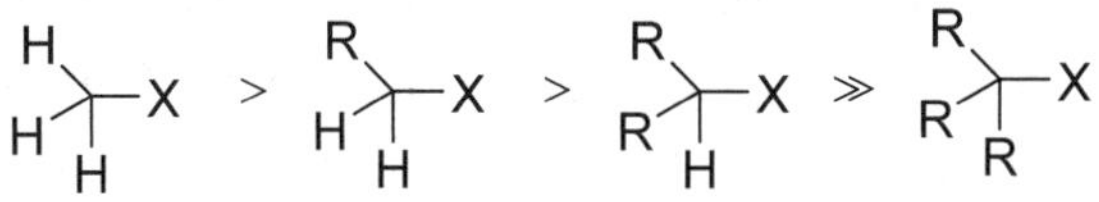

    不是所有季碳都不能发生 S_N2 反应。如下所示的第一步反应是 S_N2 反应，氯代烃的对映体过量值为 92%，叠氮产物的产率 90%，其对映体过量值是 92%，发生了完全的 Walden 翻转[1]。一是因为底物中受两个羰基的影响，C—Cl 键极化，中心碳原子非常缺电子；二是因为叠氮根负离子的空间位阻很小，比较容易进入 C—Cl 键的反键轨道。

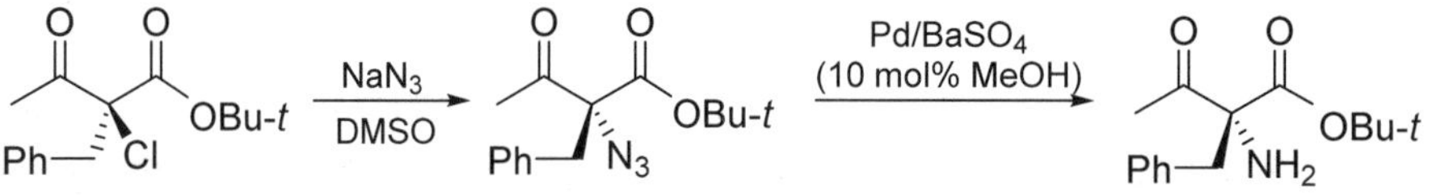

    当底物是烯丙基卤代烃、炔丙基卤代烃、苄基卤代烃时，发生双分子亲核取代反应的速率显著加快。在丙酮溶液中，1-氯丁-2-烯和 KI 的反应速率是 1-氯丁烷的 630 倍。当负离子亲核试剂和中性底物反应时，过渡态的结构如下左图所示，亲核试剂和离去基团带有部分负电荷，可以通过σ(C—L)/σ(C—Nu)和π^*(C═C)的相互作用而得到分散。因此，不饱和键的存在有效地降低了过渡态的势能，使反应容易发生。

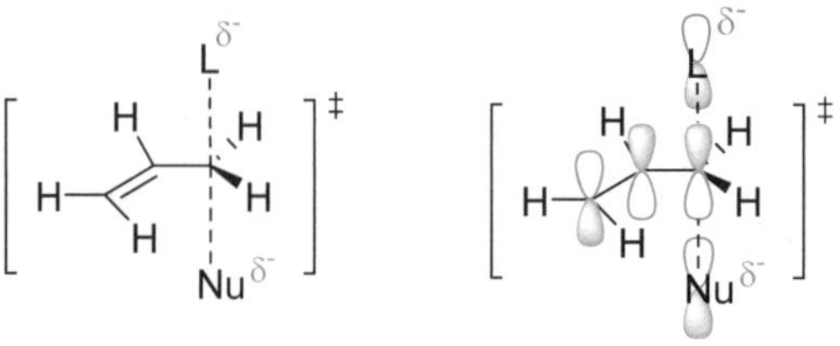

烯丙基卤代烃发生 S_N2 的同时，可以发生 S_N2'反应，发生烯丙基重排（allylic rearrangement）。如下所示，由于烯丙基卤代烃结构中存在π(C═C)成键轨道和σ*(C—L)反键轨道之间的超共轭效应，C1 和 C3 都具有部分正电荷的性质，都可以受到亲核试剂的进攻，从而发生 S_N2 和 S_N2'竞争反应。亲核试剂是从离去基团的同侧进攻还是异侧进攻，取决于底物中烯丙基的结构、离去基团的性质和轨道方向性。一般情况下，亲核试剂从离去基团的同侧进攻。这是因为烯丙基正离子的π$_2$轨道的两端是相位相反的（见2.1.1.3 节），进攻 C1 的时候，亲核试剂从离去基团的异侧进攻；进攻 C3 的时候，亲核试剂从离去基团的同侧进攻，才能满足轨道方向性的原则。

S_N2 和 S_N2'的竞争反应可以通过亲核试剂的结构进行控制。如下所示，当亲核试剂中 R 基团的空间位阻增大时，更易发生 S_N2'反应[2]。发生 S_N2'反应时，得到 E-构型的双键。

R = H, Ph

R = Et, i-Pr

亲核试剂的亲核性越强，S_N2 反应越快。亲核性强弱的一般规律见 3.7.3 节[3]。例如，亲核性较强的甲硫基负离子与$(R)-2-$溴丁烷的 S_N2 反应很快，而亲核性较弱的甲硫醇的反应则相对很慢。

溶剂能影响亲核试剂的亲核性。根据极性，溶剂分为非极性溶剂（nonpolar solvents）和极性溶剂（polar solvents）；根据解离质子的能力，极性溶剂又可分为质子性极性溶剂（polar protic solvents）和非质子性极性溶剂（polar aprotic solvents）。通常质子性极性溶剂能使亲核试剂溶剂化，如甲醇能以形成氢键的方式溶剂化 CH_3S^-，从而降低其亲核能力；而非质子性极性溶剂（如 DMF、DMSO、丙酮、乙腈等）通过"络合正离子、裸露负离子"提高负离子的亲核能力，如 DMSO 能以静电作用的方式溶剂化 Na^+，减少 Na^+ 对 CH_3S^- 静电作用，裸露负离子，从而提高 CH_3S^- 的亲核能力，对 S_N2 反应有利。

极性质子性溶剂和负离子之间的氢键作用   极性非质子性溶剂和正离子之间的静电作用

醇与二氯亚砜的反应是将醇转化为氯代物的常用方法。在二氧六环中，仲醇与二氯亚砜反应，经历两次 S_N2 反应，发生两次构型翻转，故最终得到构型保持产物；若在吡啶中进行反应，则只发生一次 S_N2 反应，故得到构型翻转产物。

经典的 Arbuzov 反应和 Gabriel 反应是 S_N2 机理的两个重要应用实例。亚磷酸酯和卤代烃在加热条件下生成膦酸酯的反应称为 Arbuzov 反应。

亚磷酸酯首先亲核进攻卤代烃，发生一次卤代烷的 S_N2 反应得到鏻盐；然后，卤离子亲核进攻鏻盐发生第二次 S_N2 反应得到膦酸酯和卤代烃。

当卤代烃为 α-卤代酮时，和 Arbuzov 反应相竞争，得到磷酸烯烃酯的产物，该反应称为 Perkow 反应。

Gabriel 反应用于由伯卤代烷制备伯胺和 α-氨基酸。邻苯二甲酰亚胺的钾盐在非质子性极性溶剂中和空间位阻小的伯卤代烃或仲卤代烃发生亲核取代反应得到 N-烷基化的邻苯二甲酰亚胺，通过酸（或碱，或肼）处理得到伯胺。

肼解机理如下所示。连续两次酰胺的胺解，反应得到伯胺和邻苯二甲酰肼：

反应首先形成氯亚磺酸酯，氯亚磺酰酯在加热分解时通过一个协同的四元环过渡态，一步生成构型保持的氯代烷（路径 a）；也可能先生成离子对，然后接受亲核试剂的同面进攻，生成构型保持的产物（路径 b）[1]。这两种机理目前尚存争论。

$$R^{\overset{*}{}}-OH + SOCl_2 \xrightarrow{\triangle} R^{\overset{*}{}}-Cl + SO_2 + HCl$$

6.1.3 S_Ni 机理

分子内亲核取代反应（internal nucleophilic substitution）用 S_Ni 表示，其中 S 代表取代，N 代表亲核，i 代表分子内。在上述醇与二氯亚砜作用生成氯代烷的反应中，若在无溶剂条件下进行，或在非亲核性溶剂（如二氯甲烷）中进行，反应也得到构型保持的氯代产物。在此情况下，反应按照 S_Ni 机理进行，而不是两次 S_N2 过程。

四氯化钛也可以催化醇与二氯亚砜的反应。在二氯甲烷溶剂中，醇和二氯亚砜先生成氯亚磺酸酯，后者在催化量的四氯化钛存在下转化为构型保持的氯化物[2]，例如：

（反应式图）

6.1.3 参考文献

6.1.4　邻基参与

邻近基团参与（neighboring group participation，NGP，简称邻基参与）是分子内富电子性中心对缺电子性中心进行捕获的一种现象，它和分子间的反应相竞争，能改变反应速率、发生骨架重构、控制反应的立体化学，因而在有机合成中得到广泛应用。

和发生分子间反应的前提一样,发生邻基参与的前提也是富电子性中心和缺电子性中心的轨道能级要匹配、轨道之间有足够的重叠。富电子性中心通常是含有孤对电子的原子（如氧、硫、氮和卤原子等），或是含有π电子的基团（如苯环、碳碳双键等），甚至可以是碳碳单键等。当发生亲核取代反应的底物中存在富电子性中心时，这些含有孤对电子或π电子的基团在反应的过程中能够作为亲核试剂优先发生分子内的亲核取代，形成的环状中间体，再接受亲核试剂的进攻，从而加快亲核取代反应的速率。

6.1.4.1　氧原子的邻基参与

羧基的氧原子容易发生邻基参与。例如，(S)-2-溴代丙酸在氢氧化钠水溶液中水解生成构型保持的(S)-2-羟基丙酸，反应具有立体专一性：

（反应式图）

在这个过程中，羧基与碱作用首先形成羧酸根负离子；然后，羧酸根负离子亲核进攻α-碳，发生分子内的 S_N2 反应，形成不稳定的α-内酯中间体；后者继而与 OH⁻ 发生分子间的 S_N2 反应，生成最终的亲核取代产物 2-羟基丙酸。由于经历了两次 S_N2 反应，即两次构型翻转，中心碳原子的构型得到保持。

（反应机理图）

酯基的氧原子亦容易发生邻基参与效应。例如，*trans* -1-乙酰氧基-2-对甲苯磺酸酯基环己烷在乙酸中与乙酸钠的亲核取代反应速率比其顺式异构体的快 670 倍，而且得到构型保持的取代产物，而顺式异构体反应生成构型翻转的产物。

首先，乙酸/乙酸钠体系是质子性的极性介质，有利于 C—OTs 键的解离；其次，乙酸根负离子的亲核性很弱，不容易直接亲核进攻 C—OTs 键发生分子间的亲核取代。换言之，乙酸根负离子参与反应的能力不强，碳正离子中间体的性质能够充分展示出来。

在 *trans* -1-乙酰氧基-2-对甲苯磺酸酯基环己烷的反应中，底物中离去基团（⁻OTs）邻近的酯羰基参与了反应。酯羰基从离去基团的背面亲核进攻α-碳，经分子内 S_N2 机理形成五元环状氧鎓离子中间体，后者继而与乙酸根负离子发生 S_N2 反应，生成构型保持的取代产物。

若为顺-1-乙酰氧基-2-对甲苯磺酸酯基环己烷，因立体构型不允许，不发生直接邻基参与，但可通过 S_N1 机理，先生成碳正离子，再发生邻基参与，最后得到构型翻转的产物。

由于反式底物中第一步是分子内的 S_N2 反应，酯基的邻基参与有效促进了 C—OTs 键的解离，导致反应速率加快，反应在动力学上非常有利；又由于两个过程中都经过了五元环状氧鎓离子中间体，结构中存在一个对称面，故两个反应均得到反式的产物。

ω–甲氧基对甲苯磺酸酯进行溶剂解时，和标准反应（对甲苯磺酸正丁酯的溶剂解）相比，相对反应速率常数（k）和链的长短有关：

$$H_3CO\text{–}(CH_2)_n\text{–}OTs \xrightarrow[NaAc]{HOAc} H_3CO\text{–}(CH_2)_n\text{–}OAc$$

$n = 2, \ k = 0.3$
$n = 3, \ k = 0.6$
$n = 4, \ k = 657$
$n = 5, \ k = 123$
$n = 6, \ k = 1.2$

当 $n=4$ 时，甲氧基的邻基参与最为有利，形成五元环氧𬭩离子，最后得到 TsO$^-$ 被 AcO$^-$ 取代的产物，反应速率是对甲苯磺酸正丁酯的 657 倍。当 $n=5$ 时，通过邻基参与形成六元环𬭩离子，反应速率也得到一定程度的提升；当 $n=6$ 时，邻基参与不明显。

当 $n=2$ 时，甲氧基的邻基参与并没有发生，即没有经过三元环氧𬭩离子中间体。在 S_N1 反应条件（乙酸/乙酸钠体系）下，氧原子的吸电子诱导效应不利于碳正离子中间体的稳定，反应速率比对甲苯磺酸正丁酯的慢。

6.1.4.2 硫原子的邻基参与

与氧相比，硫的电负性小、体积大，更易极化给出电子，即具有更强的亲核性，易发生邻基参与的反应。1–氯–2–苯硫基环己烷在 THF 中水解时，反式异构体因有邻基参与，要比顺式异构体的反应快 10^5 倍，且立体选择性地生成构型保持产物。

6.1.4.3 氮原子的邻基参与

与氧和硫相似，含有孤对电子的氮原子也能发生邻基参与，例如，2-氯甲基-N-乙基吡咯烷能够通过氮的邻基参与发生扩环，生成 3-氯-N-乙基六氢吡啶：

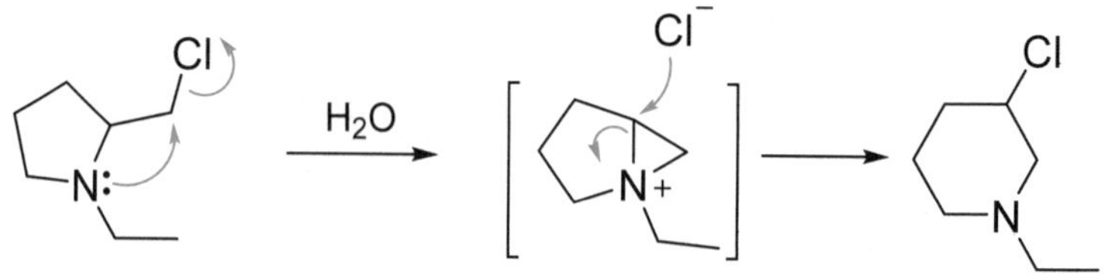

在如下所示氨基醇的反应中，光学活性的醇在酸性条件下和乙酸酐反应得到外消旋的乙酰化产物。

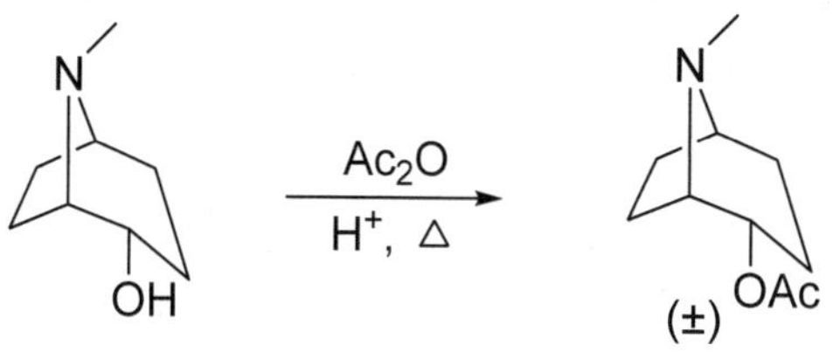

首先，底物与亲电试剂（质子或乙酸酐）作用，C—O 键活化，在分子内氮原子的亲核进攻下形成中间体 **A**，中间体 **A** 具有面对称性，因而失去手性，它和乙酸根作用得到外消旋产物。

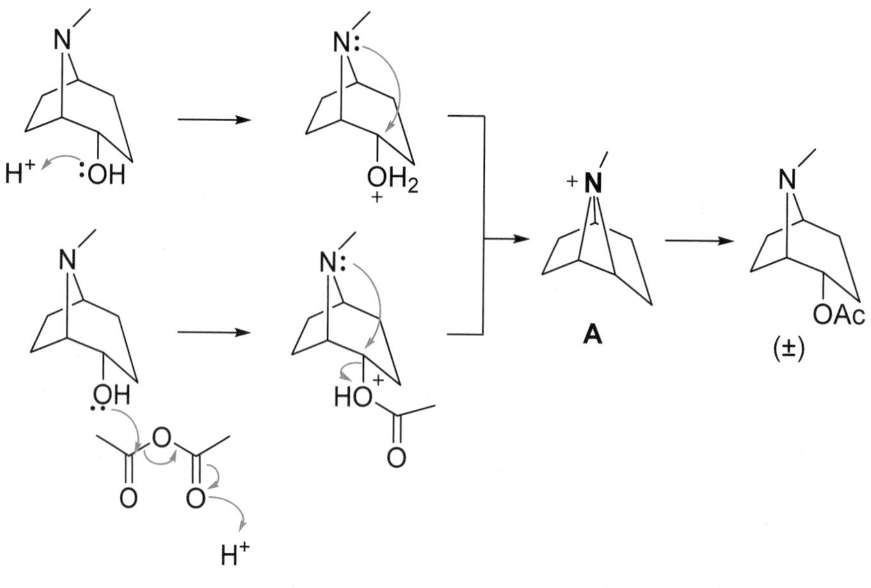

6.1.4.4 芳环的邻基参与

具有 6π 电子体系的苯环是常见的邻基参与基团。苯环的邻基参与经历了一个具有螺环结构的苯鎓离子（phenonium ion）中间体，共振导致了这种苯鎓离子中间体比较稳定。实际上，苯镓离子在超酸中相当稳定，有足够的寿命可以用核磁共振测定其结构。

苯镓离子

苯环的这种邻基参与效应得到了立体化学研究结果的支持。例如，在如下对甲苯磺酸酯的溶剂解反应中，赤式底物生成了一种赤式的取代产物和少量消除产物，而苏式底物则得到外消旋的苏式产物和少量消除产物。

这组反应的立体化学可通过如下邻基参与机理来解释：

既然邻基参与的基团是电子给体，那么基团的富电子性越强，其邻基参与效应越显著。在下述苯磺酸酯的溶剂解反应中，苯环上连有吸电子基（硝基、三氟甲基或氯）时，反应不发生。当苯环上无取代基或连有给电子基（甲基、甲氧基）时，反应容易进行，给电子作用越强，反应速率越快。显然，给电子基稳定了苯镓离子中间体，从而降低了过渡态的势能，使反应容易进行。相反，吸电子基的去稳定化作用导致邻基参与不能发生。

R	yield / %
NO$_2$	0
CF$_3$	0
Cl	0
H	38
CH$_3$	71
OCH$_3$	94

6.1.4.5 碳碳双键的邻基参与

烯烃能提供π电子而产生邻基参与效应。例如，在下述两种桥环化合物的溶剂解反应中，具有双键的磺酸酯（Ⅰ）反应比无双键的磺酸酯（Ⅱ）反应快 10^{11} 倍。

6.1.4.6　碳碳单键的邻基参与

单键也能提供电子促进亲核取代反应的发生。如下所示的反应中，—OBs 是比 —OTs 更好的离去基团，共轭酸的酸性越大，越有利于 C—O 键的断裂。三种化合物的相对反应速率为 *exo*-**A**：*endo*-**A**：**B**=350：1：1，表明 *exo*-**A** 最容易发生亲核取代，*endo*-**A** 和 **B** 的反应速率不受骨架的影响；*exo*-**A** 生成 100%的外消旋产物，*endo*-**A** 则生成 93%外消旋产物。

对 *exo*-**A** 底物而言，分子内存在σ(C1—C6)和σ*(C2—O)之间的超共轭作用，能促进 C—O 键解离形成具有对称面的非经典碳正离子中间体，因此反应速率最快，得到外消旋产物；对 *endo*-**A** 底物而言，需要解离成碳正离子后，被σ(C1—C6)捕获，因此得到部分外消旋产物；而 *endo*-**A** 和 **B** 中 C—O 键的解离速率一致，所以它们具有相同的反应速率。

非经典碳正离子

$\sigma(C\text{-}C)\text{-}\sigma^*(C\text{-}O)$

6.2 芳环上的亲核取代反应

6.2.1 加成－消除机理（S_NAr）

当卤素和芳烃直接相连时，由于芳环和卤素之间存在的共轭效应，使得 C—X 键具有部分双键的性质，C—X 键具有一定的稳定性；其次 C—X 键的反键轨道和芳环存在于同一平面，不能直接接受亲核试剂的直接进攻，不能发生 C—X 键亲核取代。

当芳香烃上有吸电子取代基（EWG）时，亲核试剂对 C—X 键发生亲核取代经过加成－消除机理。反应分两步进行：第一步反应是亲核试剂对 C=C 键加成，亲核试剂 HOMO 轨道上电子填充到双键的反键轨道（位于芳环平面的上下方），生成负离子 **A**，并可共振为 **B** 和 **C**，这是反应的决速步骤。当离去基团的邻对位有吸电子基时，吸电子基能稳定负离子中间体（**A**、**B** 或 **C**），对反应有利。第二步反应是离去基团的离去反应，净结果得到亲核取代产物。

该机理的直接证据是分离得到中间体 Meisenheimer 盐[1]：

Meisenheimer 盐

不同卤代芳烃的相对反应速率也是加成–消除机理的重要证据。尽管 C—F 键的键能（460.4 kJ·mol^{-1}）大约是 C—I 键的（238.6 kJ·mol^{-1}）2 倍，但 2,4–二硝基氟苯与哌啶的亲核取代反应速率是 2,4–二硝基碘苯的 3300 倍[2]。由此可见，离去基团的离去是非决速步骤。

X = F, Cl, Br, I, SOPh, SO$_2$Ph

由末端炔烃和二(三甲基硅基)氨基钠（NaHMDS）产生的炔负离子亲核进攻邻硝基氟苯，通过加成–消除机理生成邻硝基苯炔类化合物[3]。

有趣的是，全氟哒嗪的四个氟能够被不同活性的亲核试剂逐个取代[4]：

　　吡啶 2 位的氢亦可作为离去基团。例如，吡啶与氨基钠反应，通过加成–消除机理生成 2–氨基吡啶，该反应称为 Chichibabin 反应[5]。

　　这个过程也属于加成–消除机理过程。首先，氨基负离子作为亲核试剂对杂环的 C＝N 键进行亲核加成，形成负离子中间体 **A**；然后消除负氢离子形成 2–氨基吡啶，后者在反应体系中立即与负氢离子反应，生成 **B** 和氢气。最后，**B** 经水中和生成 2–氨基吡啶：

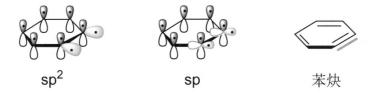

6.2.1 参考文献

6.2.2　苯炔中间体结构及性质

　　当苯环上邻位两个碳原子之间以如下两种方式形成第三个键时，形成的轨道和苯环处于同一平面，这种结构称为苯炔（benzyne）。苯炔是一类活泼中间体，一般在反应过程中原位产生。

sp²　　　　　sp　　　　　苯炔

　　三氟甲磺酸（2–三甲硅基苯基）酯是常用的苯炔前体，它可在氟负离子的促进下生成苯炔：

$$+ \text{TMSF} + \text{TfO}^-$$

邻氨基苯甲酸衍生的重氮盐的热消除、邻氟苯基格氏试剂的消除等也是产生苯炔的重要方法。

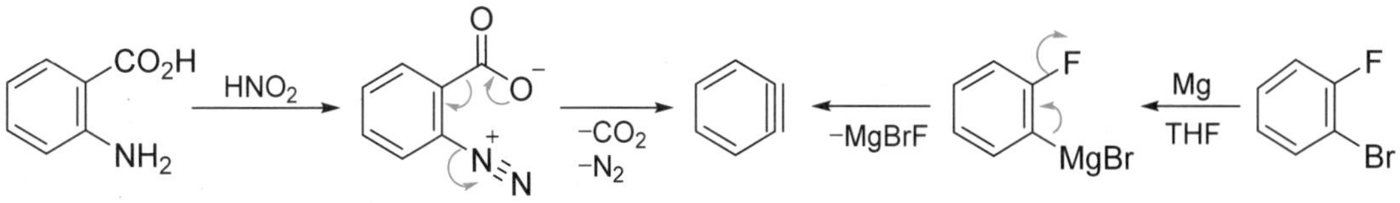

芳炔非常活泼，许多亲核试剂（如烯醇、烯胺、烯醚、酰胺、酰卤等）能够与它发生亲核加成反应，并通过串联过程生成苯炔插入产物：

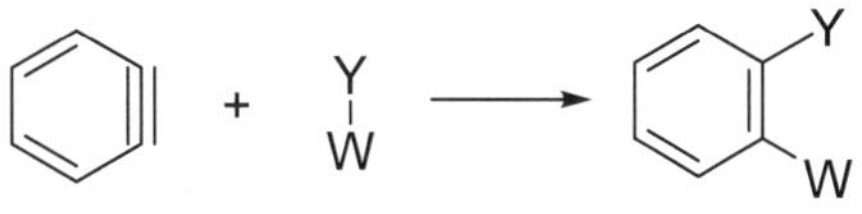

例如，苯炔与由丙二酸二乙酯形成的烯醇负离子 **B** 反应，得到的苯基负离子 **C** 继而发生分子内的亲核加成形成四元环加成产物 **D**，经开环和质子化生成（2–乙氧羰基甲基）苯甲酸乙酯[1]。

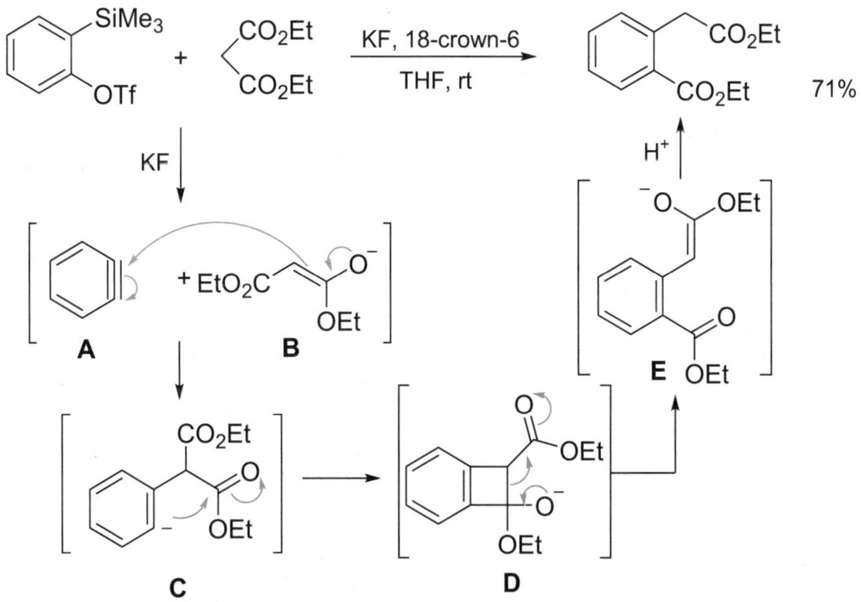

上述反应的净结果相当于苯炔对 C—C 键的插入。与丙二酸二乙酯类似的 1,3–二羰基化合物及其他具有较强酸性的活泼亚甲基化合物也能与苯炔发生 C—C 键插入反应，例如[2]：

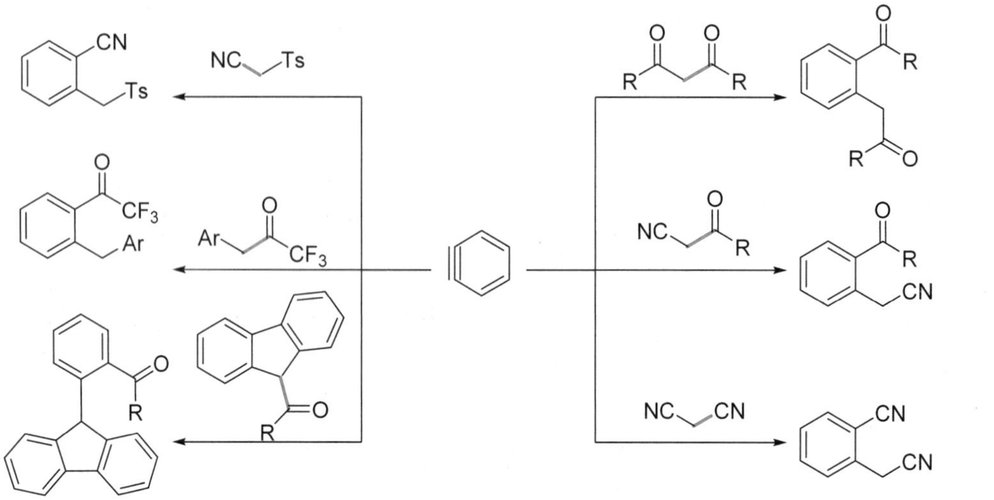

芳炔与 1,3-二羰基化合物的 C—C 键插入反应的一个应用实例是生物碱(−)-amurensinine 的全合成，其中四环骨架的构筑就采用了这种方法[3]。

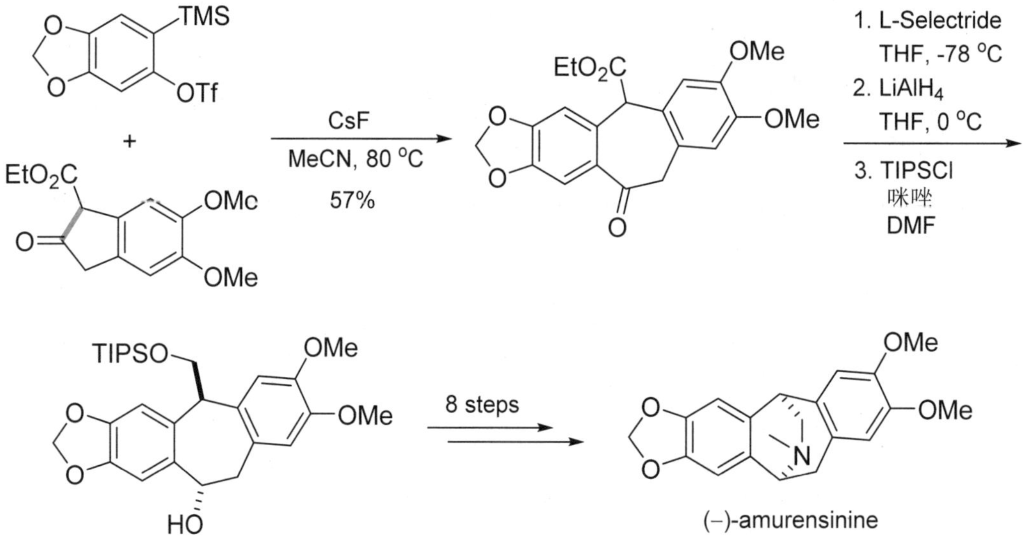

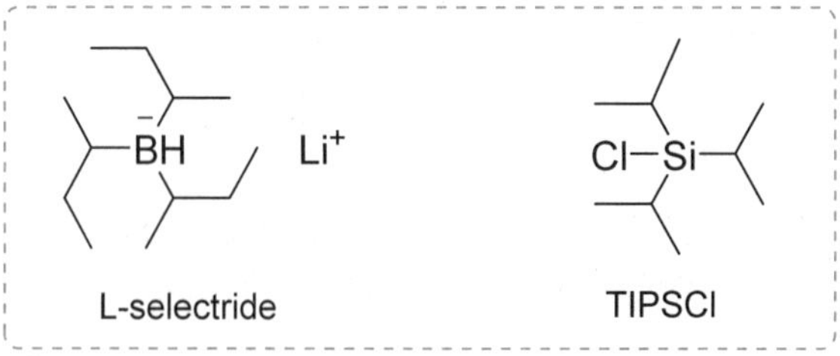

(−)-amurensinine

L-selectride   TIPSCl

在上述黑龙辛甲醚（amurensinine）的合成中，五元环的 1,3-二羰基化合物经苯炔C—C 键插入，扩大为七元环。这一扩环策略还被用于天然产物(−)-弯孢霉素（curvularin）

的全合成[4]。

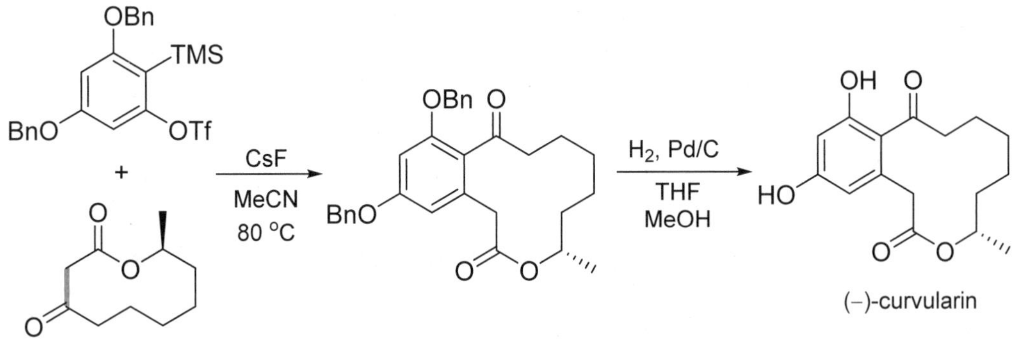

除 C—C 键插入之外，苯炔还可与酰卤发生 C—X 键插入，与酰胺发生 C—N 键插入[5]：

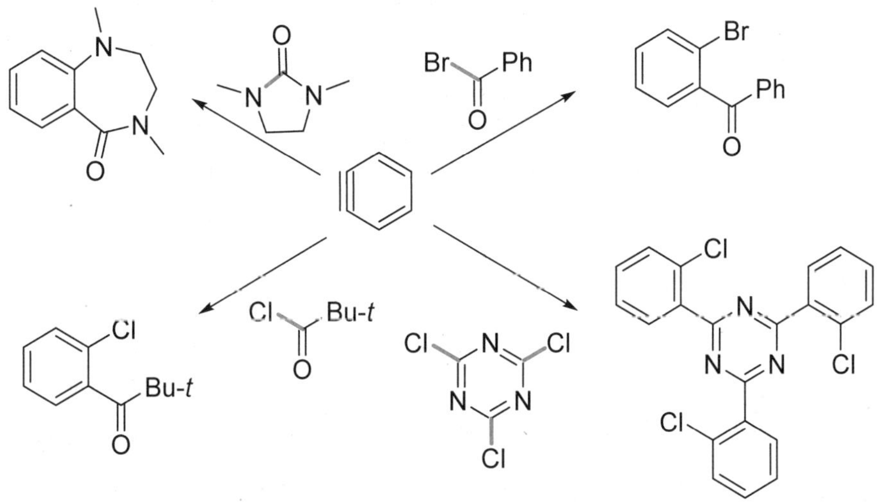

羰基的氧原子可亲核进攻苯炔，并发生 C＝O 的双键插入。例如，苯炔对 DMF 的 C＝O 双键插入，经水解处理后生成邻羟基苯甲醛[6]：

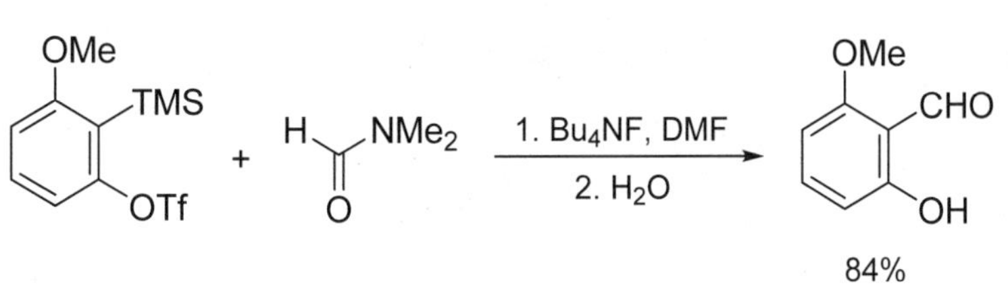

84%

在这个反应中，DMF 中羰基氧亲核进攻原位产生的苯炔 **A** 形成芳基负离子 **B**；接着，碳负离子对分子内的酰亚胺正离子进行亲核加成，得到形式[2+2]环加成产物 **C**。**C** 开环成为亚胺盐中间体 **D**（可共振为 **E**）；**D/E** 经水解得到最终产物。

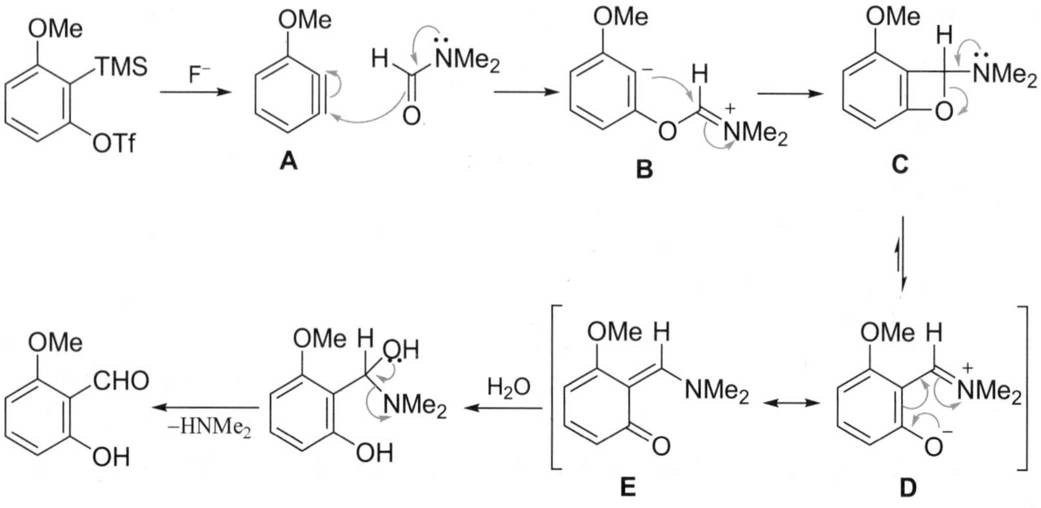

若用二乙基锌捕获上述反应生成的中间体 **D/E**，可得到如下胺类化合物：

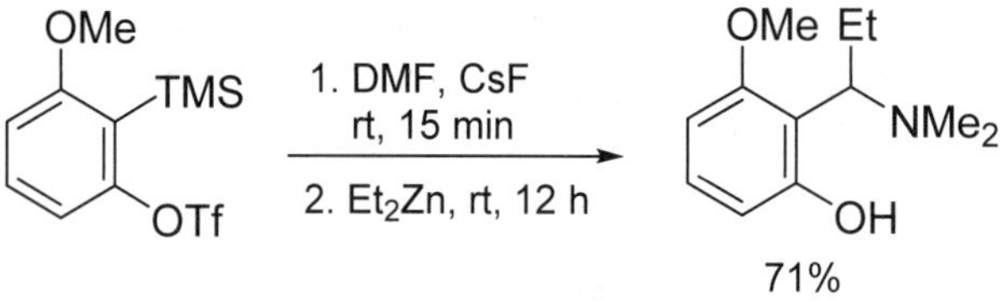

用苯甲酰腈作捕获剂，酰基作亲电基团，CN⁻ 作亲核基团，得到如下 α−氨基腈类化合物[7]：

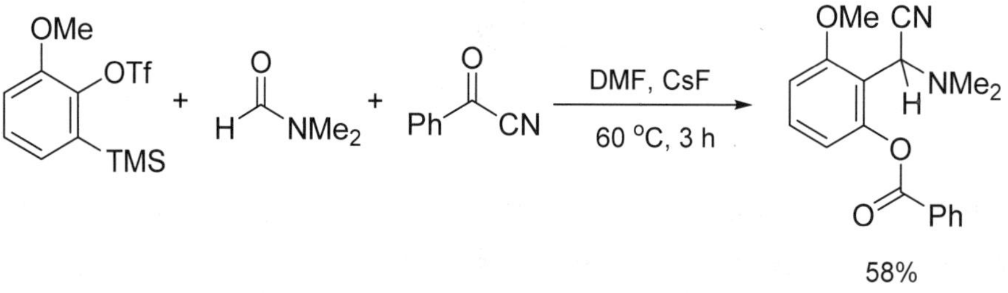

用硫醚作亲核试剂也可以捕获苯炔[8]，如下所示：

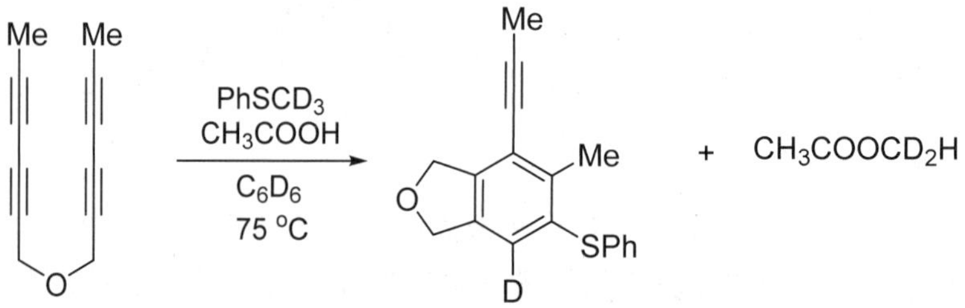

平行二炔烃经分子内热 Diels−Alder 反应得到苯炔中间体 **A**，被亲核性硫醚捕获得

到中间体 **B**，发生分子内质子转移得到更稳定的硫叶立德中间体 **C**，和体系中的乙酸发生质子交换得到锍盐，最后经 S_N2 反应得到产物和氘代的乙酸。

6.2.2 参考文献

6.2.3 消除–加成机理

卤代苯的卤原子在液氨/氨基钠作用下被氨基取代，形成苯胺，苯炔是反应的关键中间体。

同位素标记实验证明这个反应经历了消除–加成机理。氨基钠/液氨是一个强碱体系，首先夺取卤代苯邻位氢，发生消除，生成苯炔中间体 **A**；苯炔中间体中 C≡C 的两端以均等的概率接受氨基负离子的亲核进攻，生成芳基负离子 **B** 和 **C**，与氨发生质子交换后分别生成苯胺 **D** 和 **E**。

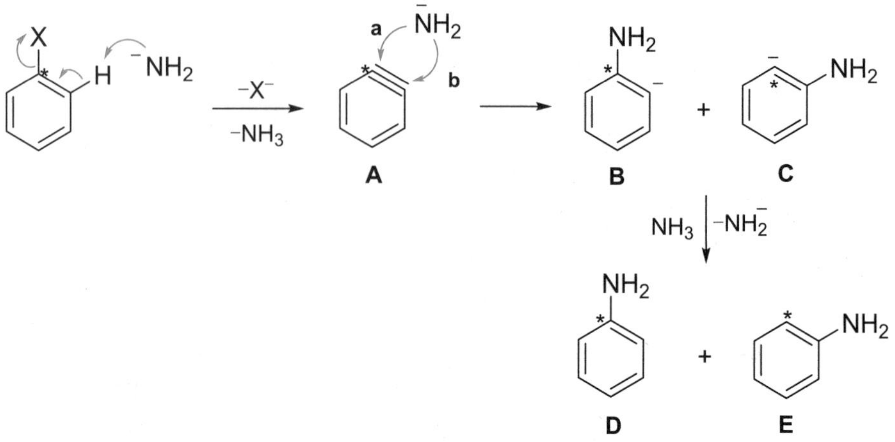

卤代苯在氨基钠/液氨作用下被氨基取代的相对反应速率如下：

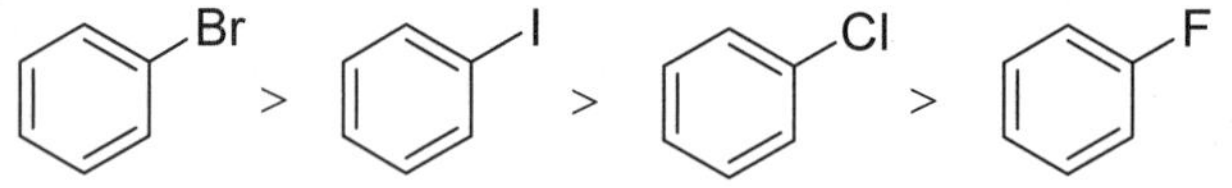

取代基的位置对苯炔和产物的形成均有一定的作用。以邻、间、对甲氧基氯苯为例，当底物是邻甲氧基氯苯时，只有一个邻位氢可被消除，生成苯炔中间体 **A**。**A** 接受氨基进攻形成两种可能的芳基负离子中间体 **B** 和 **C**，由于甲氧基的吸电子诱导效应使得 **B** 较 **C** 稳定，因此，这个反应经苯炔 **A** 和芳基负离子 **B** 生成间甲氧基苯胺。

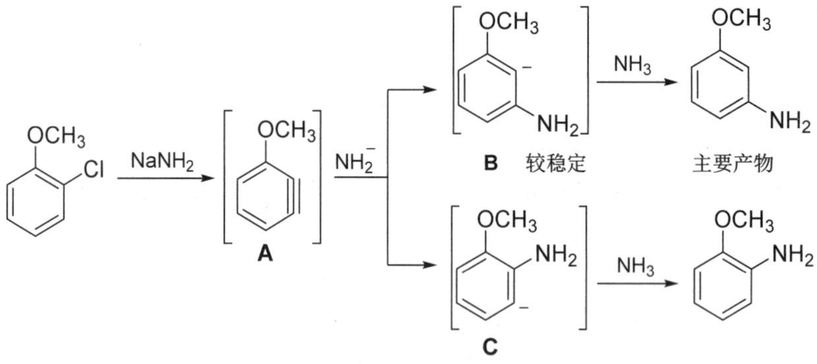

当底物是间甲氧基氯苯时，有两个邻位氢可被消除，分别生成苯炔中间体 **A** 和 **B**。受甲氧基吸电子诱导效应的影响，H_a 的酸性比 H_b 大，因此 **A** 较 **B** 更易生成。苯炔 **A** 受氨基的进攻生成 **C** 或 **D**，由于 **C** 比 **D** 稳定，因而最终取代产物间甲氧基苯胺。

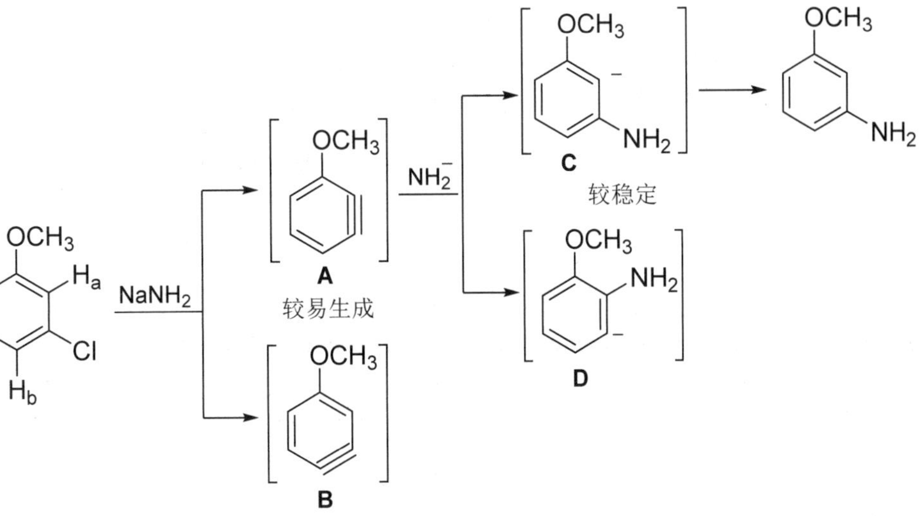

当底物是对甲氧基氯苯时，由于分子的对称性，只有一个邻位氢可被消除，得到苯炔中间体 **A**。第二步反应形成两种可能的芳基负离子 **B** 和 **C**。受甲氧基吸电子诱导效应的影响，**B** 比 **C** 稳定，从而得到对甲氧基苯胺：

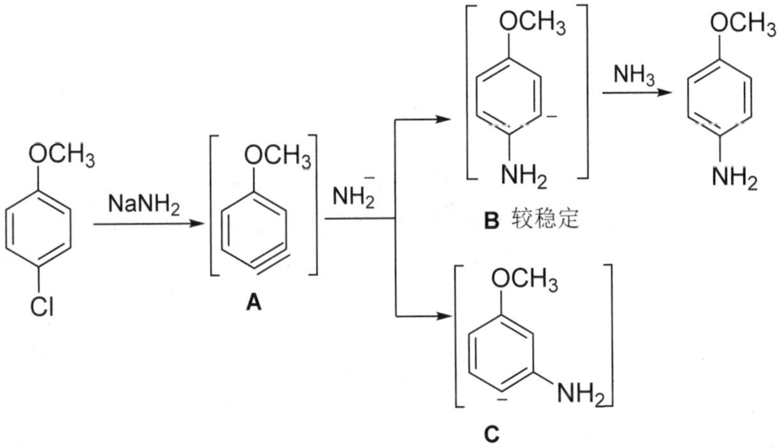

分子内的氨基可对苯炔进行亲核加成，这个方法已被用于合成一些生物碱，如 cryptowoline[1]。

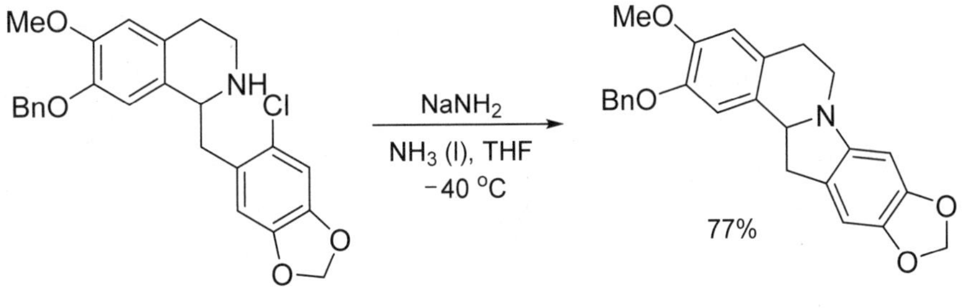

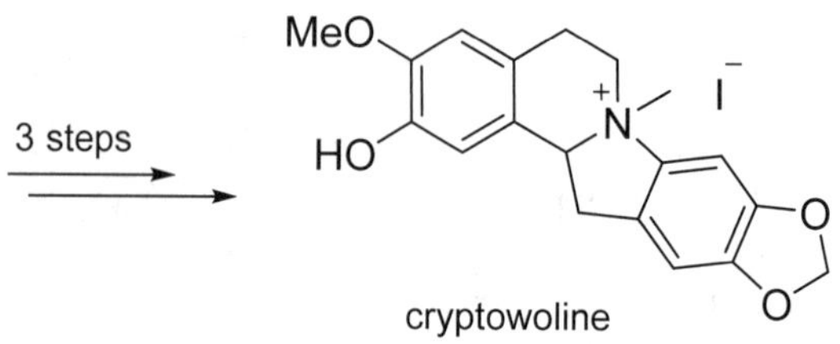

cryptowoline

在消除−加成机理中，加成所产生的芳基负离子可进一步被亲电试剂捕获。代表性的例子包括天然产物 dehydroaltenuene B[2]和 dictyodendrin A[3]的全合成。在丁基锂存在下，氟代芳烃经消除−加成机理生成芳炔，被格氏试剂捕获得到芳基镁中间体，这个中间体进一步与 CO_2 发生亲核加成，接着与 I_2 发生亲电环化。通过如此组合而成的串联反应得到了 dehydroaltenuene B 关键中间体[2]。

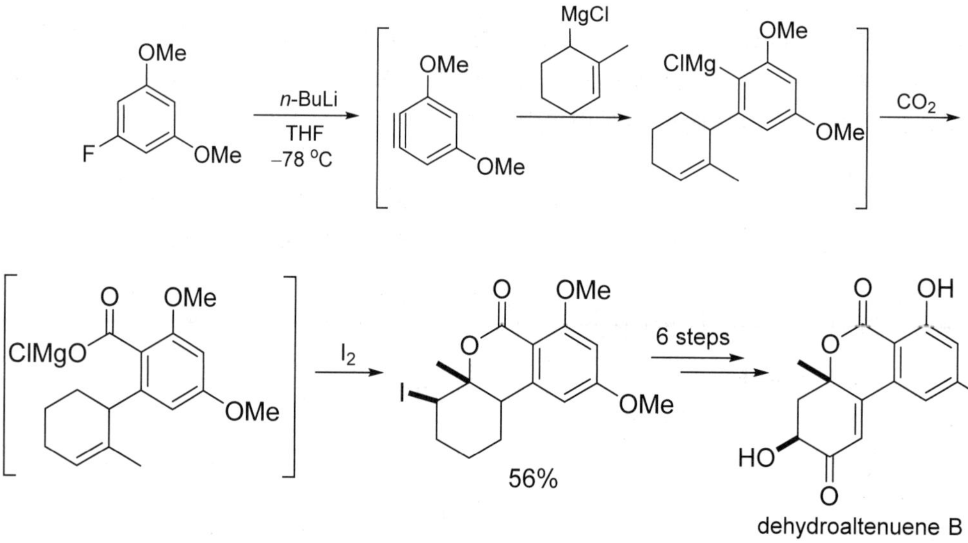

dehydroaltenuene B

在 dictyodendrin A 的合成中，原位产生的芳基镁中间体与芳基碘发生钯催化的偶联反应，形成 C—C 偶联产物[3]。

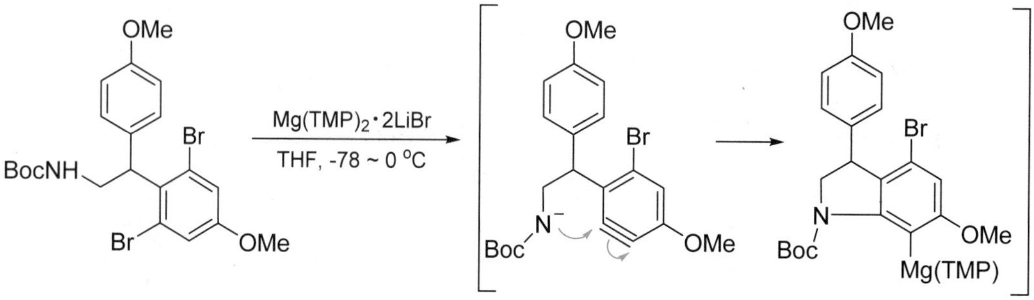

在碱性条件下，和上述加成－消除机理类似（见 6.2.1 节），溴乙酸乙酯形成的碳负离子（或烯醇负离子）亲核进攻缺电子性硝基苯得到σ－络合物 **A**，可以通过两种途径得到芳香烃上氢被亲核取代的产物。一种是在碱性条件下发生消除得到 **B**，最后通过质子化重构芳香性；另一种是通过 1,2－H 迁移重构芳香性。两种途径中，溴都是带着一对电子离去的。

6.2.4　芳香烃间接亲核取代反应

当缺电子性芳香烃和带有离去基团的亲核试剂反应时，生成芳香烃上氢被亲核取代的产物，该反应称为芳香烃间接亲核取代（vicarious nucleophilic substitution，VNS）[1]。如下所示：

碱性增强有利于通过消除的途径得到 H−取代产物。如下所示，通过加成消除机理（S$_N$Ar）和间接亲核取代机理（VNS）可以分别得到 F−取代产物和 H−取代产物，随着碱（叔丁醇钾）的浓度增大，S$_N$Ar 机理得到抑制，F−取代产物和 H−取代产物的比值从 66 : 8 变为痕量 : 58。

当吡啶、喹啉等缺电子性杂环和碳负离子反应时，反应得到的负离子中间体将进行分子内的亲核取代得到稠环产物，而不是发生消除得到取代的产物。这是因为得到的负离子中间体电荷集中，亲核性更强。

间接芳香烃亲核取代（VNS）反应也能在酸性条件下发生。如下所示：

反应过程中，亚砜被三氟乙酸酐（TFAA）活化，使得底物更加缺电子，更容易受到亲核试剂（烯醇）的进攻形成 **B**，通过消除脱去三氟乙酸，净结果得到芳香烃上氢（质子）被亲核试剂所取代的产物。反应过程中，硫被还原。

6.2.4 参考文献

6.2.5 芳基碳正离子机理

芳香伯胺和亚硝酸作用生成芳基重氮盐。芳基重氮盐不稳定，但可以在低温条件下保存。保存过程中会缓慢与水反应生成酚类化合物，加热可促进这一转化。例如：

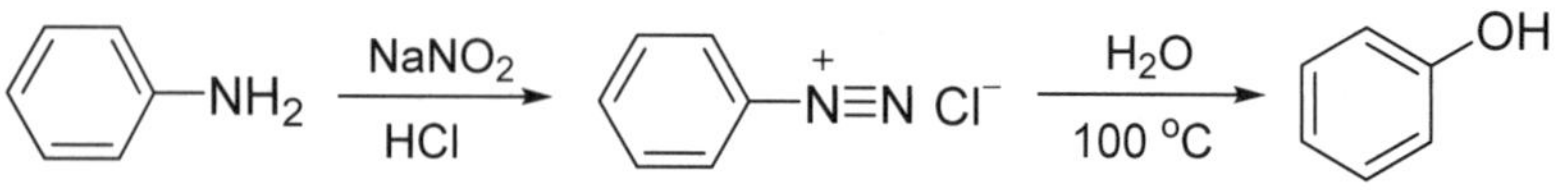

芳基重氮分解形成芳基正离子，芳基正离子和介质中的亲核试剂结合得到取代产物。反应属于单分子亲核取代反应（S_N1），反应速率只和芳基重氮的浓度有关。当亲核试剂是水时，产物为酚。

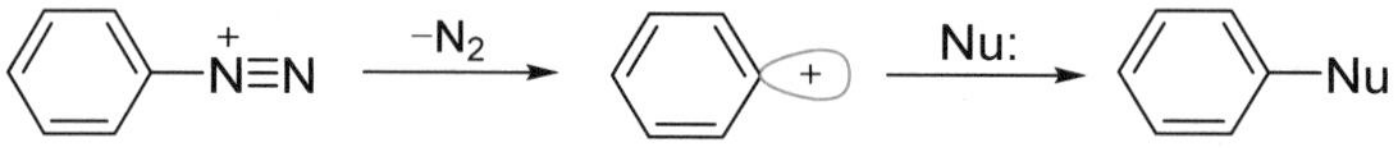

加热芳基重氮氟硼酸盐，得到亲核取代产物氟代芳烃，这个反应称为 Balz-Schiemann 反应[1]。

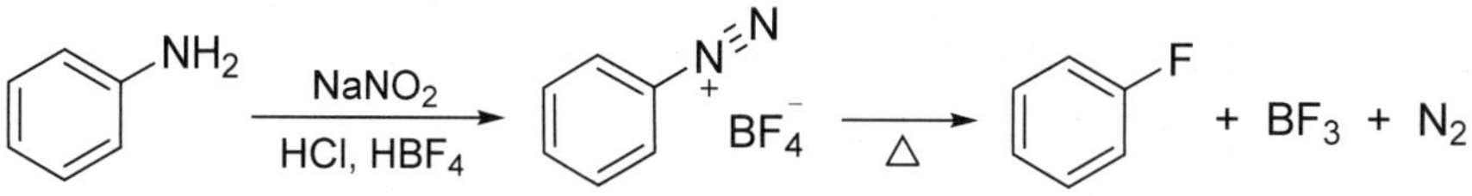

Balz-Schiemann 反应经历了芳基碳正离子中间体[2]。由重氮盐分解产生的芳基碳正离子被 BF_4^- 捕获，得到氟代芳烃和 BF_3。这个过程类似于 S_N1 反应。

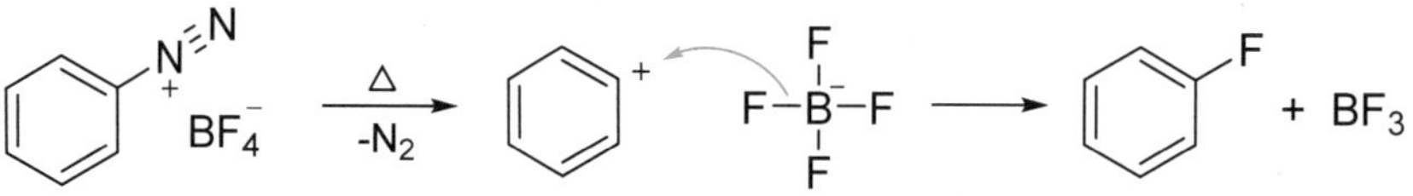

Balz-Schiemann 反应是实验室和工业上在芳环上引入氟原子的有效方法，但反应过程放出大量气体，带来一定的危险性。例如[3]：

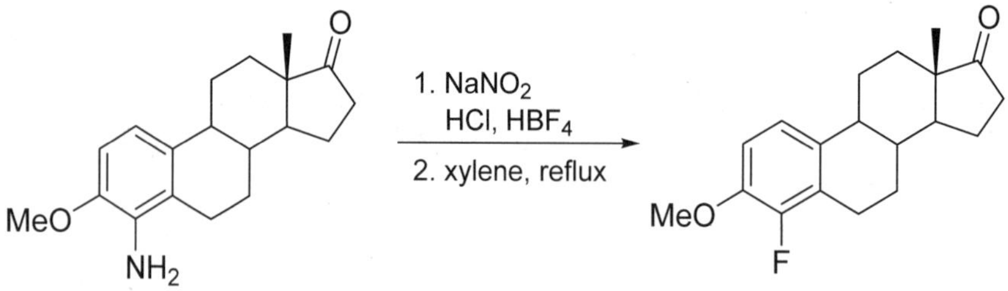

除上述芳基重氮盐外，芳基磺酸酯[4]、芳基高价碘[5]等都可作为芳基正离子的前体。

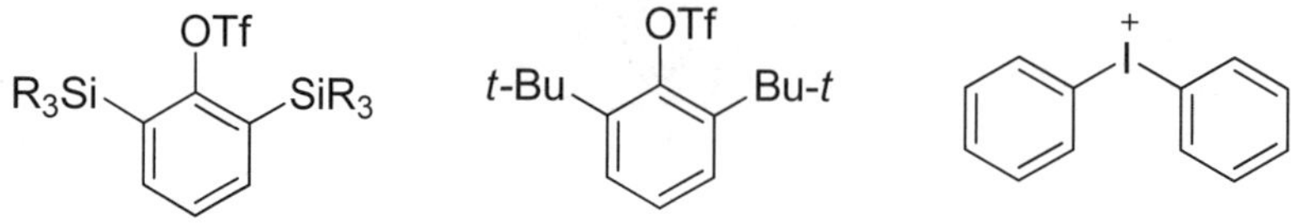

例如，烯醇硅醚和与苯基高价碘在四氢呋喃溶剂中发生反应，生成 α-苯基化的酮[5]。

(2 equiv)

88%

6.2.5 参考文献

6.3 羧酸及其衍生物的亲核取代反应

亲核试剂进攻羧酸、酰氯、酸酐、酯或酰胺的羰基碳，发生亲核加成，生成四面体中间体，继而氧孤对电子反共轭，离去基团离去，生成亲核取代产物。这个加成－消除过程是可逆的。在此过程中，碳由 sp^2 杂化转换成 sp^3 杂化，再转换成 sp^2 杂化，故称为四面体机理。

L= OH, X, OCOR, OR, NH₂, NHR, NR₂

酰氯、酸酐、酯和酰胺相对反应速率如下：

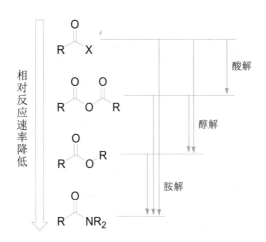

相对反应速率可从以下两方面进行解析：（1）从底物的结构来看，酰卤的羰基碳受到卤素吸电子诱导效应的影响最为缺电子；酸酐和酯相比，多了个羰基吸电子，比酯基的羰基更缺电子；而酰胺中，氮原子孤对电子的给电子共轭效应远大于其吸电子诱导效应，使得酰胺的存在形式以电荷集中的共振式为主。以 CDCl$_3$ 为溶剂，DMF 的氢谱中出现两个可以区分的甲基，是电荷集中共振式存在的例证。（2）离去基团共轭酸的相对酸性越强，越容易离去。羧酸衍生物中离去基团共轭酸的相对酸性顺序为 HCl＞RCOOH＞ROH＞NH$_3$（或 RNH$_2$，R$_2$NH），故离去能力的顺序为 Cl$^-$＞RCOO$^-$＞RO$^-$＞NH$_2^-$（或 RNH$^-$，R$_2$N$^-$）。通常情况下，较活泼的羧酸衍生物可以转换成较不活泼的羧酸衍生物，因此酰氯容易发生酸解、醇解、和胺解成相应的酸酐、酯和酰胺。

6.3.1 羧酸衍生物的水解

酰卤遇到水容易发生水解，生成羧酸和卤化氢，所以，一般的酰卤都要干燥保存。就卤素而言，相对反应速率顺序为 F＜Cl＜Br＜I。

酸酐水解速率要比酰卤的水解速率慢，水解反应可以被碱催化。如乙酸酐的水解，催化量的吡啶使得反应速率大大加快。这是因为，酰基吡啶的活性远远大于酸酐的活性。

而很多酰胺都可以用水作重结晶溶剂，因此，酰胺的水解应有一定的反应条件，如酸或碱作催化剂。

由于 OR$^-$ 比 X$^-$ 和 RCOO$^-$ 都难离去，所以一般的酯在水中比较稳定，它的水解需要用酸或碱催化。酯水解涉及的键断裂形式有两种，一种为酰氧断裂（Ac），另一种为烷氧断裂（Al）：

如果再考虑酸（A）或碱（B）催化，单分子（1）或双分子（2）反应动力学，理论上酯水解机理有以下八种：A$_{Ac}$1（酸催化酰氧断裂，单分子）、A$_{Ac}$2（酸催化酰氧断裂，双分子）、$A_{Al}1$（酸催化烷氧断裂，单分子）、$A_{Al}2$（酸催化烷氧断裂，双分子）、$B_{Ac}1$（碱催化酰氧断裂，单分子）、$B_{Ac}2$（碱催化酰氧断裂，双分子）、$B_{Al}1$（碱催化烷氧断裂，单分子）和 $B_{Al}2$（碱催化烷氧断裂，双分子）。

$A_{Ac}1$:

$A_{Ac}2$:

$A_{Al}1$:

$A_{Al}2$:

$B_{Ac}1$:

$B_{Ac}2$:

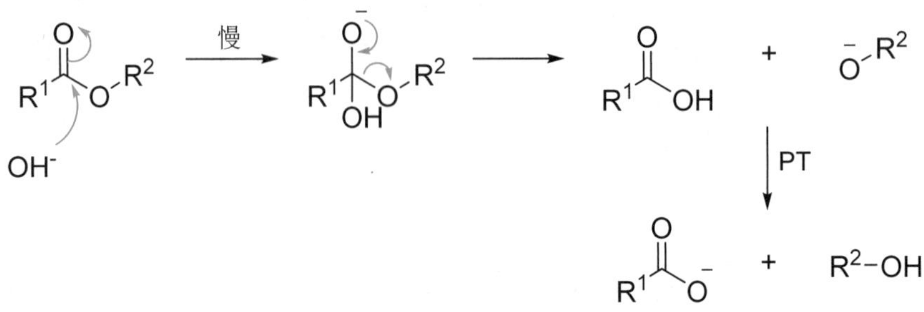

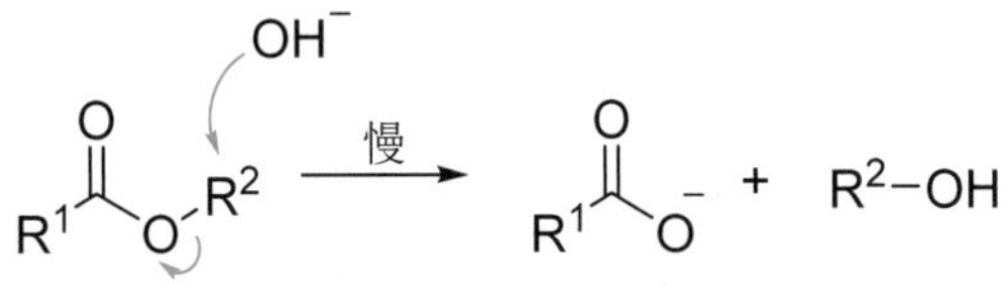

在上述八种酯水解机理中，最常见的为两种四面体机理，即 $A_{Ac}2$ 和 $B_{Ac}2$，而 $B_{Al}1$ 机理尚未得到实验证实。四面体机理已获得同位素标记实验的支持。例如，羰基氧被 ^{18}O 标记的酯在碱性条件下水解，生成的羧酸根负离子中一部分含有 ^{18}O，另一部分不含有 ^{18}O。$B_{Ac}2$ 机理可以合理地解释同位素标记部分丢失的原因。

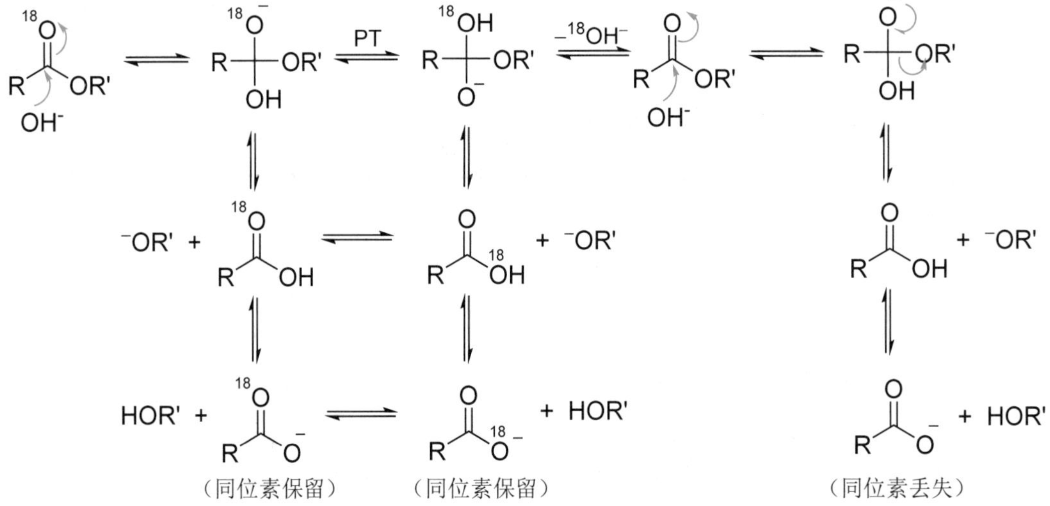

（同位素保留）　　　（同位素保留）　　　（同位素丢失）

6.3.2　羧酸及其衍生物的醇解

6.3.2.1　羧酸的酯化反应

1. 酸催化的酯化反应

羧酸与醇在酸催化下反应生成酯，称为酯化反应。

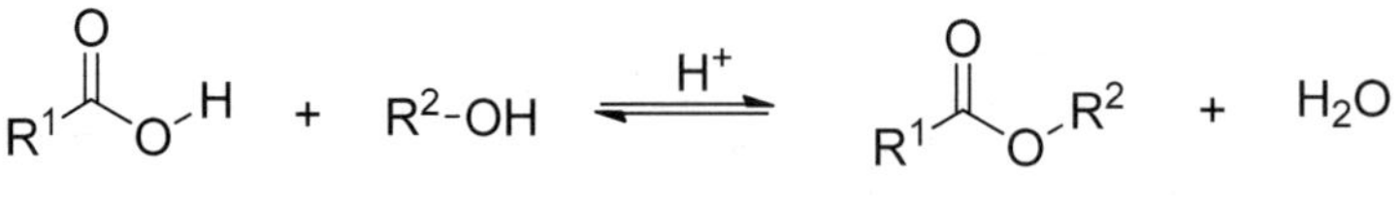

在质子酸的存在下，羧酸的羰基被质子化成为 **A**，随后醇亲核进攻羰基碳，生成具有四面体结构的 **B**，这一步是酯化反应决速步骤。**B** 经质子转移成为 **C**，然后水作为中性分子离去，形成 **D**。最后，**D** 去质子化生成酯。酯化反应是可逆的，净结果是羧酸的羟基被烷氧基亲核取代，生成的水通过和溶剂共沸除去，这样能够使反应平衡向生成酯的方向移动。

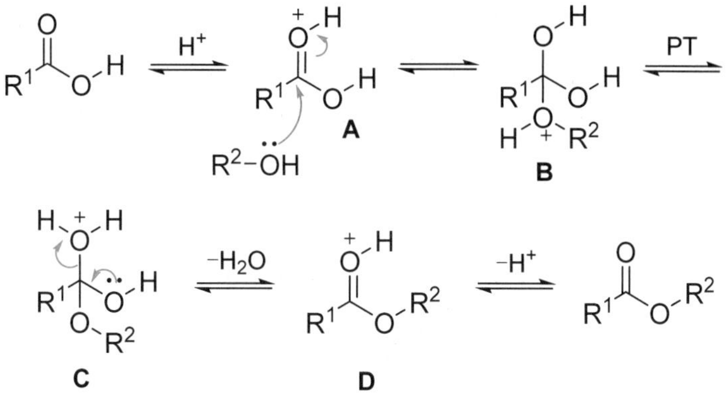

酯化反应发生在分子内，形成内酯，一般五元环和六元环内酯比较稳定：

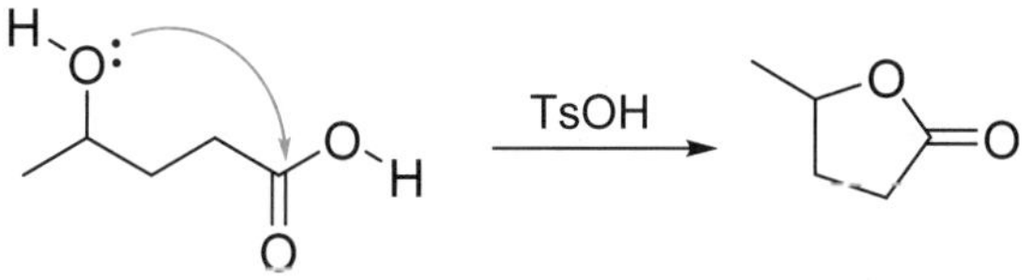

2. 活化羧基的酯化反应

在二环己基碳化二亚胺（DCC）存在下，羧酸能够与醇反应，生成酯和二环己基脲（DCU）。由于 DCU 不溶于常用的有机溶剂（如二氯甲烷），反应结束后可通过过滤除去 DCU。该酯化反应在中性条件下进行，故也适合于对酸敏感的底物。

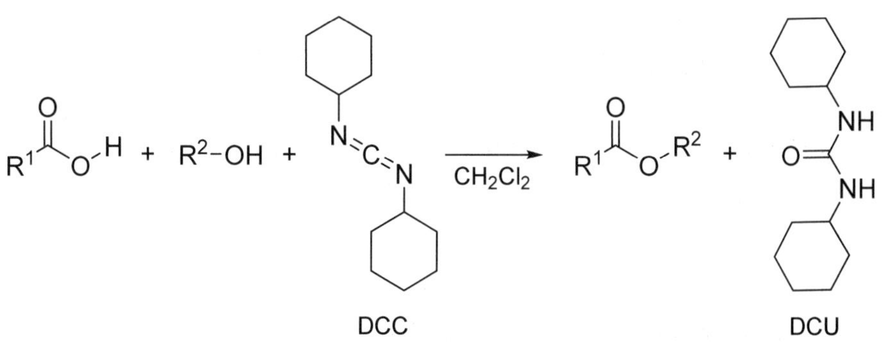

例如：

首先，羧酸与 DCC 进行质子交换（这使得羧酸根负离子具有更好的亲核性，而 DCC 则具有更好的亲电性）。然后，羧酸根负离子对质子化的 DCC 进行亲核加成得到活化酯中间体 **A**。**A** 的结构类似于酸酐，它受到醇的亲核进攻，发生类似于酸酐的醇解反应，得到二环己基脲（DCU）和酯。

6.3.2.2　酰氯、酸酐和酯的醇解

酰氯与醇作用得到酯。首先，醇亲核进攻羰基碳，形成具有四面体结构的中间体 **A**，然后 **A** 消除一分子 HCl，得到酯。加碱中和所产生的 HCl，可促使反应完全。常用的有机碱为吡啶和三乙胺等。

四面体机理的一个直接的证据是如下二醇底物中位阻较小的羟基被酰基化。

例如，用光气制备碳酸二烷基酯，反应可能经过酰基正离子中间体，也可能经过四面体中间体：

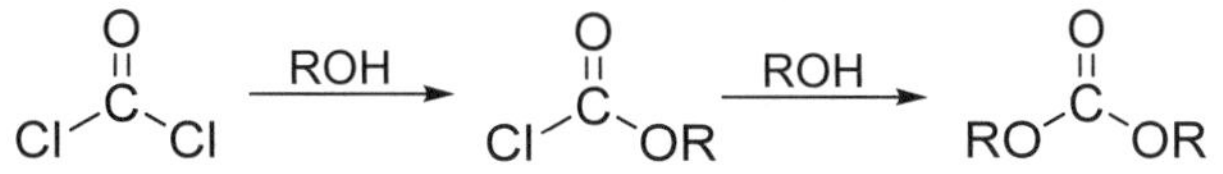

酸酐醇解生成酯和羧酸。酸酐的反应比酰氯的反应温和，反应通常用酸或碱作催化剂，如吡啶。酸酐的醇解是制备酯的一种方法，如苄醇和乙酸酐制备乙酰苄酯，因此，乙酸酐通常称为乙酰化试剂。甲酸酐不稳定，要使得醇发生甲酰化，常用的试剂为混酸酐，如甲酸乙酸酐。

酯的醇解，即发生酯的交换。如苯甲酸甲酯与环戊醇反应，生成苯甲酸环戊酯和甲醇，低沸点的甲醇容易蒸馏除去，从而有利于酯交换反应的进行。

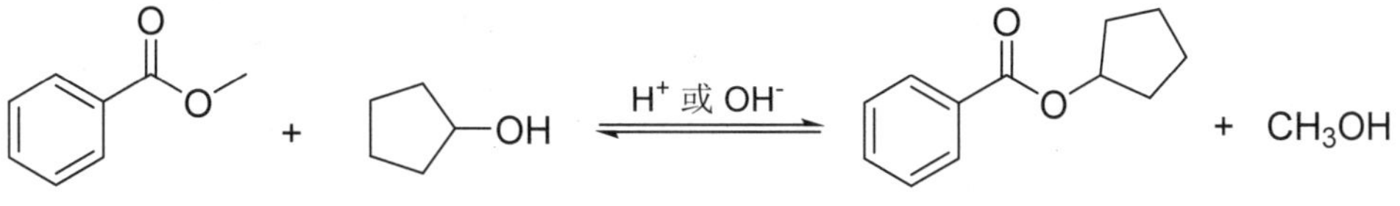

6.3.3 羧酸衍生物的胺解

酰氯、酸酐和酯的氨解均生成酰胺。氨、伯胺和仲胺均可反应。氨解过程按四面体机理进行。酰氯和酸酐的氨解反应一般在碱存在下进行，碱的作用是中和所产生的酸。

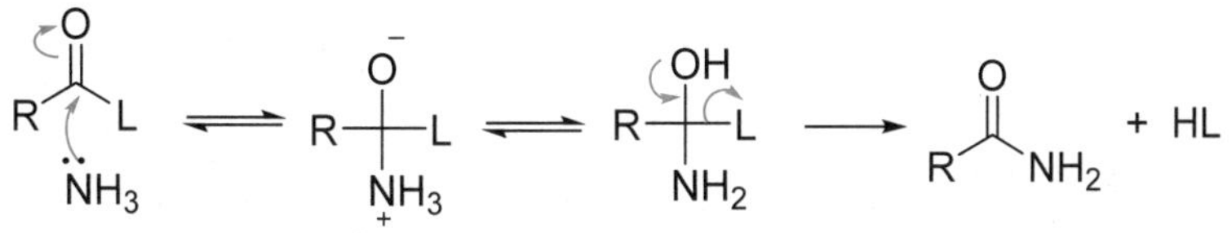

羧酸直接氨解比较困难，但在用 DCC 活化后能够顺利发生氨解，生成酰胺和 DCU，反应在中性条件下进行，故也适合于对酸敏感的底物，在多肽合成中被广泛使用。

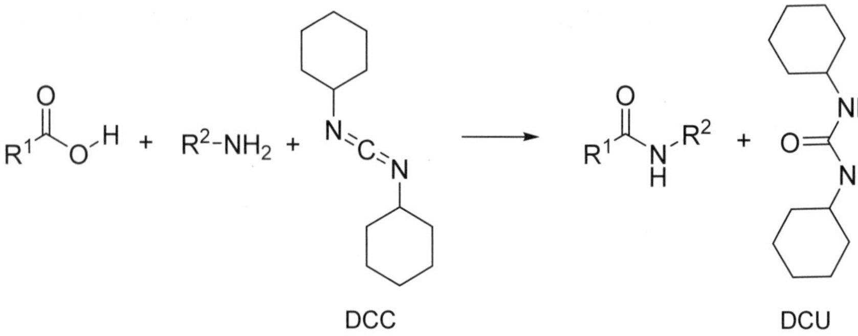

DCC   DCU

在这个过程中，羧酸首先与 DCC 进行质子交换。然后，羧酸根负离子对质子化的 DCC 进行亲核加成得到活化酯中间体 **A**，后者继而发生氨解反应，得到 DCU 和酰胺。

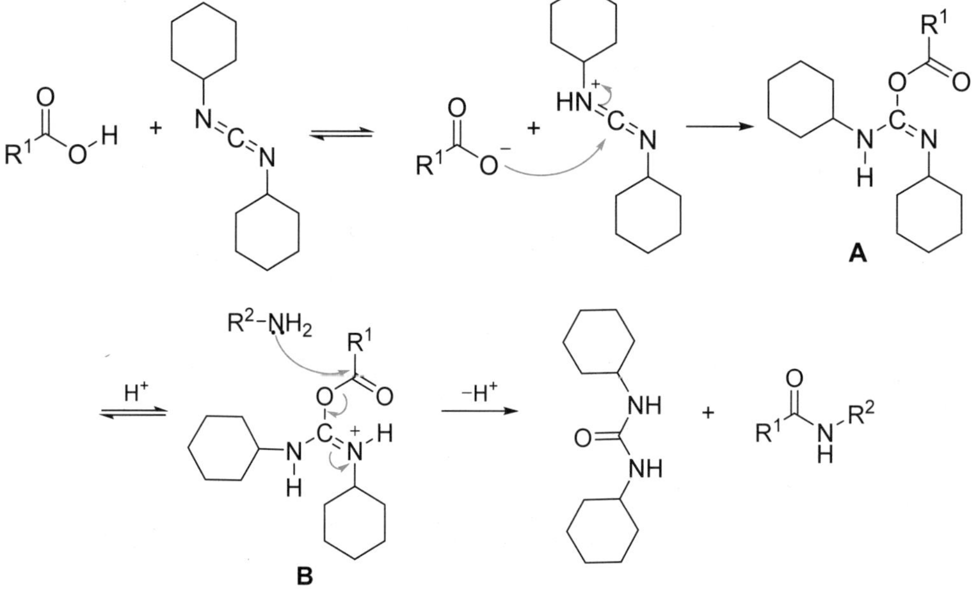

A

B

6.3.4 酰胺活化

酰胺结构中，由于氮原子的给电子共轭效应（+C）比氮原子的吸电子诱导效应（−I）强，其共振杂化体（**C**）中碳氮键具有部分双键的性质，O、C、N 三个原子处于同一个平面，比其他羧酸衍生物酰卤、酸酐、酯稳定，不容易发生亲核取代反应。

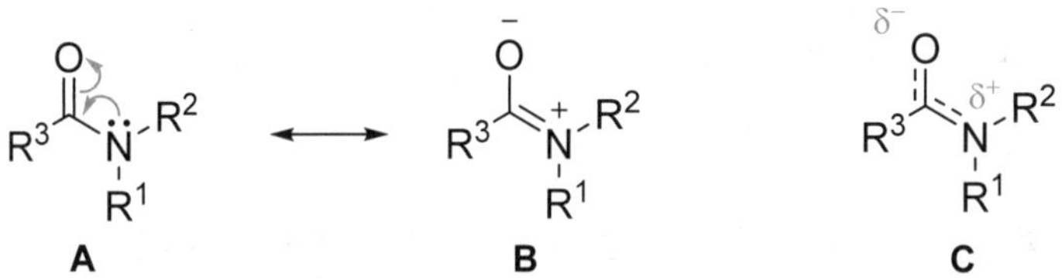

A   **B**   **C**

调整胺的结构可以有效抑制酰胺的共振，将 C—N 单键的性质体现出来，从而发生反应。如下所示，由于底物中四个甲基的位阻，酰胺共振为 **A** 受到有效的抑制，但可以和质子性溶剂甲醇通过氢键相结合形成 **B**。**B** 结构中，氮的质子化活化了 C—N 键，酰胺的 α–H 又具有一定的酸性。在两者的协同作用下，**B** 进一步发生反应得到烯酮 **C**，被溶剂甲醇所捕获得到酯，由此实现酰胺到酯的转变。

　　酰胺是一类重要的导向基，在过渡金属催化的 C—H 键活化官能化反应中起着非常重要的作用，但由于酰胺的相对稳定性，使得酰胺作为导向基的应用受到了限制。如下所示的仲酰胺可以和甲氧基环氧乙烷在弱碱性条件下反应得到解离，这是因为此类仲酰胺是由缺电子性胺构筑的，氮原子共轭给电子到羰基的能力受到有效的抑制，N—H 的酸性得到增强。在碱的作用下，酰胺发生质子的解离形成中间体 **A**，和高活性的甲氧基环氧发生亲核取代形成中间体 **B**，分子内酰胺的亲核取代得到中间体 **C**，最后和溶剂乙醇发生酯交换反应得到产物。

Anelli 等人利用伯酰胺和 DMF–DMA 反应得到 *N*–酰基甲酰脒中间体 **A**，脒通过 **A** 和 **B** 之间的共振形成两个相对稳定的结构，使得酰胺中的 C—N 键得到活化，在甲醇溶剂中发生溶剂解而生成酯。

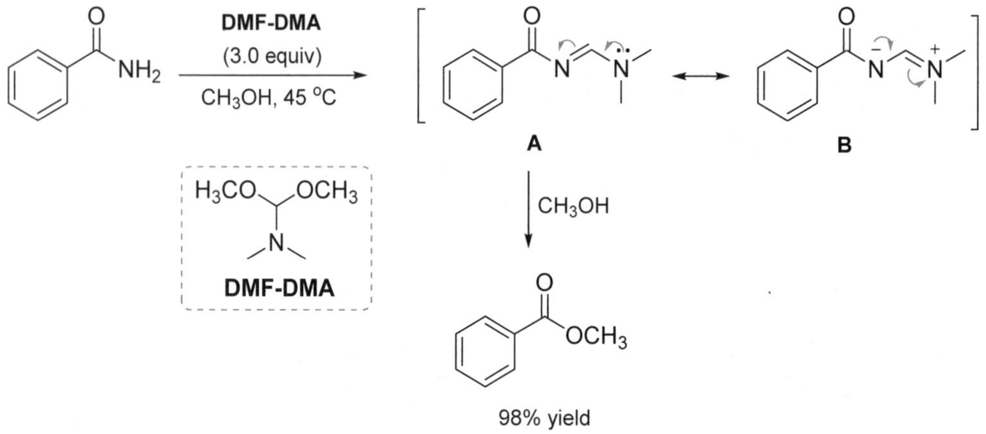

98% yield

为了避免 *N*–酰基甲酰脒中间体 **A** 中两个缺电子性反应中心的竞争，可以使用位阻较大的异丙基代替甲基形成中间体 **C**，以提高亲核取代反应的区域选择性：

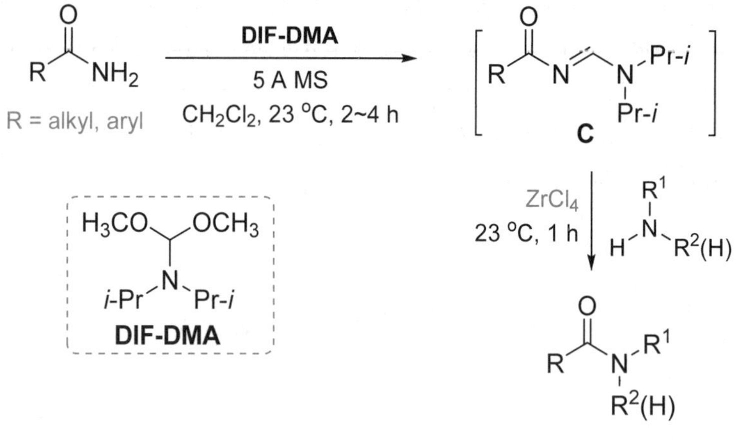

以上都是通过抑制氮原子和羰基共振的方法达到活化酰胺目的的，发生酰胺 C—N 键的解离。除此之外可以通过加强氮原子和羰基共振的方法来活化酰胺，发生酰胺 C—O 键的解离。

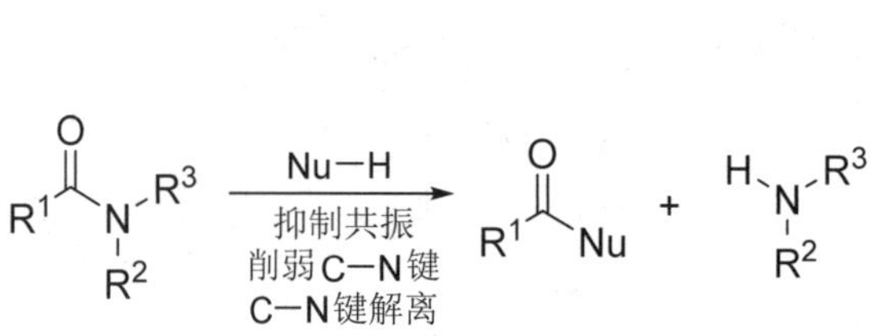

如下所示，在三氟甲磺酸酐作用下，酰胺的氧原子发生三氟甲磺酰化，形成缺电子性的中间体 **A**，HOTf 是强酸，⁻OTf 是很好的离去基团，在吡啶的作用下形成更缺电子性的中间体 **B**，被碳亲核试剂、氢负亲核试剂捕获得到还原烷基化产物[1]。

活化酰胺最直接的方法是利用过渡金属直接活化并切断酰胺 C—N 键[2]。如下所示，通过金属对 C—N 键的插入而实现酰胺的活化。

6.3.4 参考文献

拓展学习资源

 知识讲解 1　　　　 知识讲解 2　　　　 知识讲解 3　　　　 知识讲解 4

 讲解课件 1　　　　 讲解课件 2

习　题

1. 下列反应能否发生？若能发生，试预测其产物结构，并指出其机理（S_N1 或 S_N2）以及产物的 R/S 构型。

(1)　　　　　Et　　+ NaSMe　$\xrightarrow{\text{丙酮}}$　?

(2)　　　　　Cl　　+ NaI　$\xrightarrow{\text{丙酮}}$　?

(3)　　　　　+ NaCN　$\xrightarrow{\text{EtOH}}$　?

(4)　　　　　+ NaN$_3$　$\xrightarrow{\text{EtOH}}$　?

(5)　MeO—(苯并噻唑)—SH　$\xrightarrow[\text{2.}]{\text{1. NaH}}$　?

2. 比较下列各组反应进行 S_N2 反应时的相对反应速率的大小。

(1)　　　　Br　$\xrightarrow{\text{OH}^-}$

　　　　　Cl　$\xrightarrow{\text{OH}^-}$

(2)

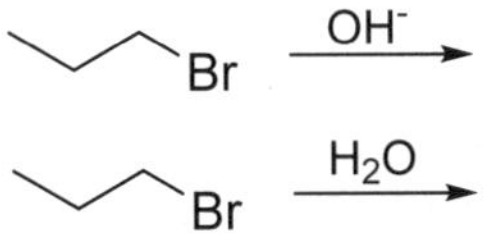

$$\text{（丙基）}Br \xrightarrow{OH^-}$$

$$\text{（丙基）}Br \xrightarrow{H_2O}$$

(3)

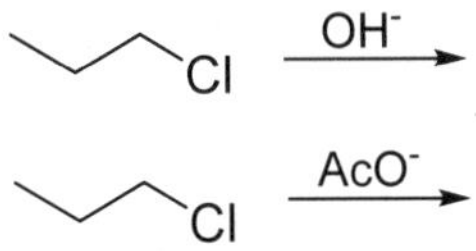

$$\text{（丙基）}Cl \xrightarrow{OH^-}$$

$$\text{（丙基）}Cl \xrightarrow{AcO^-}$$

(4)

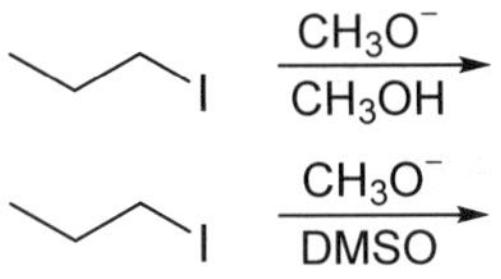

$$\text{（丙基）}I \xrightarrow[CH_3OH]{CH_3O^-}$$

$$\text{（丙基）}I \xrightarrow[DMSO]{CH_3O^-}$$

(5)

$$\text{（丙基）}Br \xrightarrow{EtO^-}$$

$$\text{（异丁基）}Br \xrightarrow{EtO^-}$$

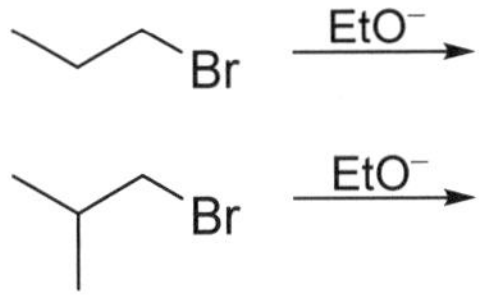

3. 预测下列对甲苯磺酸酯在乙酸钠/乙酸体系中进行溶剂解的相对反应速率。

4. 回答下列问题：

（1）下面两个双分子亲核取代反应的相对反应速率分别为 $4.0×10^{-2}\ mol^{-1}·L·s^{-1}$ 和 $1.5×10^{-3}\ mol^{-1}·L·s^{-1}$，试解释二者差异的原因。

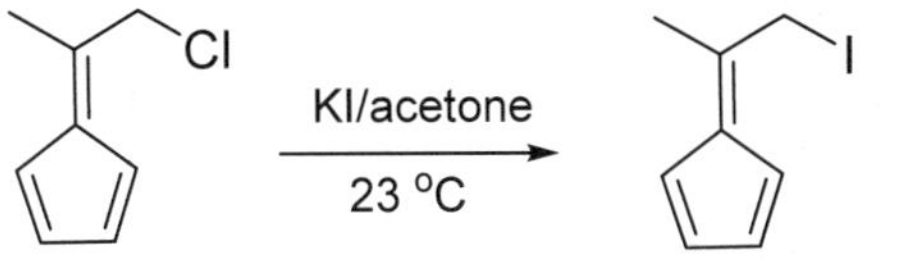

$$k = 4.0×10^{-2}\ mol^{-1}·L·s^{-1}$$

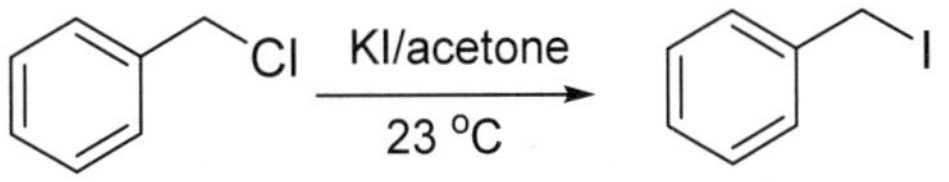

$$k = 1.5×10^{-3}\ mol^{-1}·L·s^{-1}$$

（2）如下所示的分子内亲核取代反应具有非对映选择性（$dr > 40:1$），推测反应主要产物的结构，并解释非对映选择性。

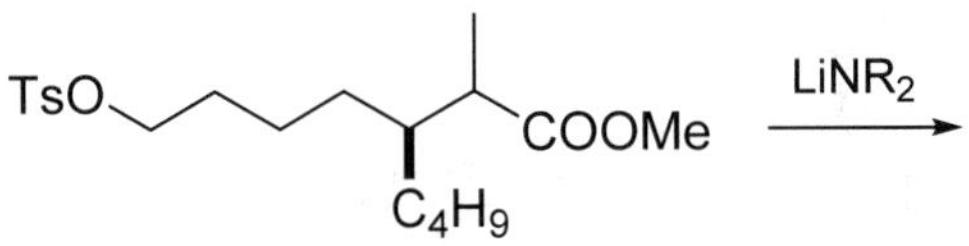

$$\xrightarrow{LiNR_2}$$

（3）比较下面两个内酰胺 A 和 B 在碱性条件下水解的相对反应速率。

A   **B**

（4）下面亲核取代反应的立体化学与底物分子中取代基 R 有关，当 R 为 Me 或 CH₂Bn 时，主要取代产物为 1,4-*cis* 异构体；但当 R 为 OBn 时，主要取代产物为 1,4-*trans* 异构体（*J. Am. Chem. Soc.* 2003, *125*, 15521-15528.）。试揭示其原因。

1,4-*cis*   1,4-*trans*

R	*cis* : *trans*	产率/%
Me	94：6	74
CH₂Bn	93：7	77
OBn	1：99	75

（5）一些对甲苯磺酸酯类化合物在氘代乙酸（CD₃COOD）中溶剂解反应的相对反应速率如下，试解释其原因。

相对反应速率：   1 10^3 10^6 10^9

（*J. Org. Chem.* 2009, *74*, 2134-2144.）

（6）下列 α-卤代醇脱 HBr 生成环氧化合物，哪种底物的反应速率最快？

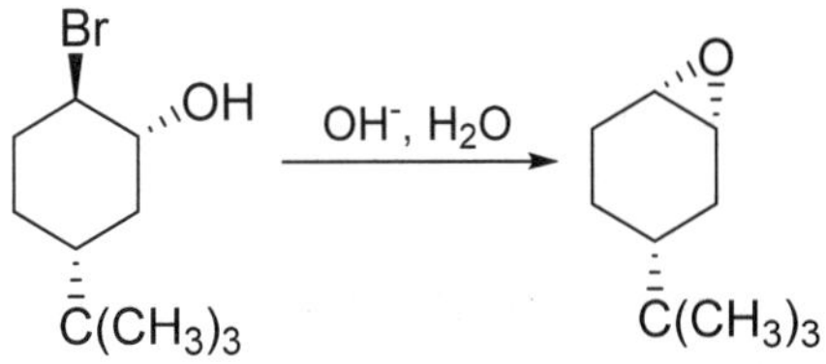

（7）顺－2－氯环己醇和反－2－氯环己醇在氢氧化钠作用下分别得到酮和环氧化合物，试给出解释。

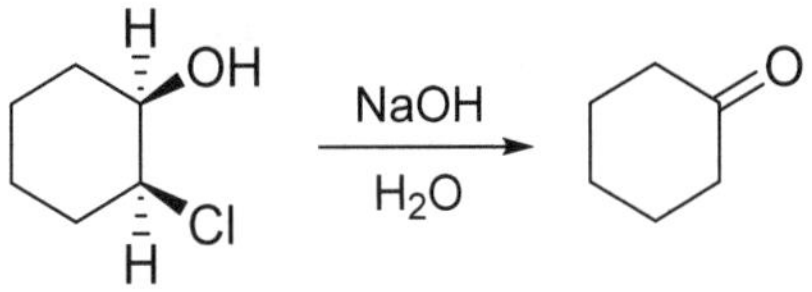

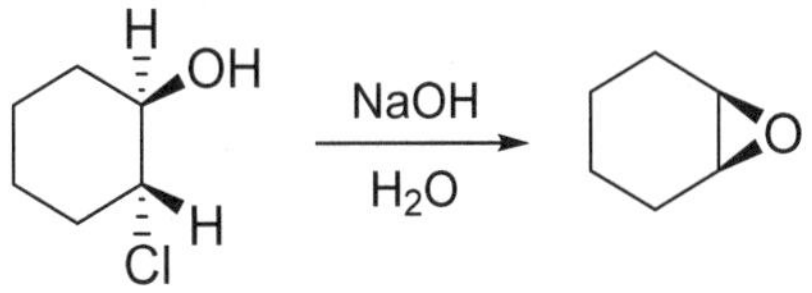

5. 完成下列反应。

(1)

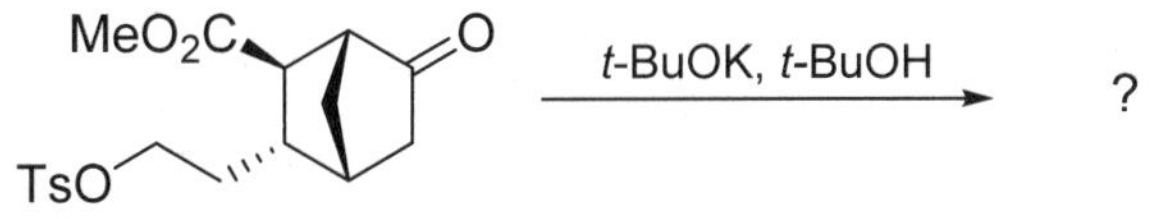

（*Tetrahedron Lett.* 1974，*15*，3689-3692.）

(2)

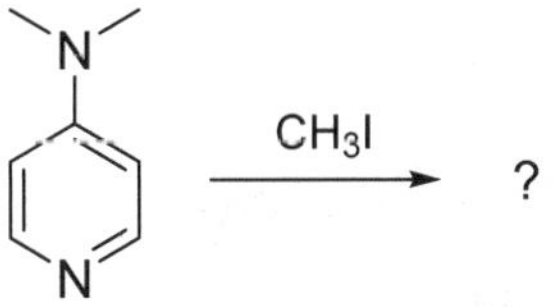

(3)

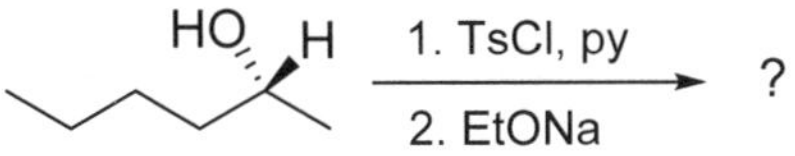

(4)

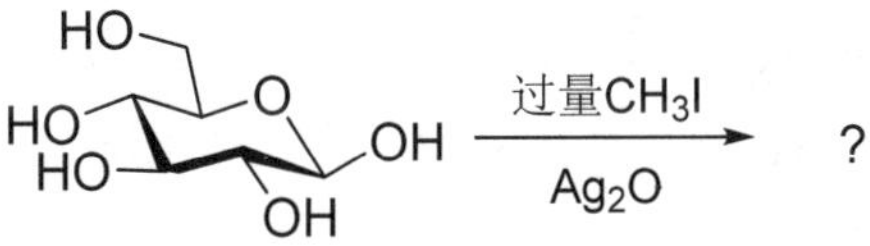

(5)

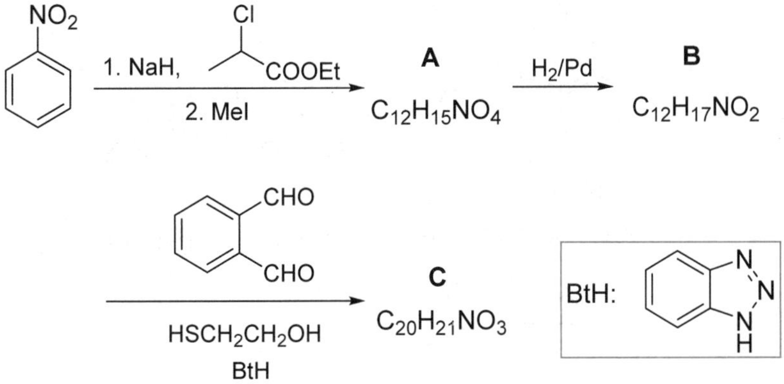

（*J. Org. Chem.* 2002，*67*，457-464；*Synlett.* 1996，353.）

(6)

$$\xrightarrow[\text{CH}_2\text{Cl}_2, 20\ ^\circ\text{C}]{\text{AgCN}}$$

?

（ *ACS Omega.* 2020，*5*，4719-4724.）

6. 试推测下列反应的可能机理。

(1)

$$\xrightarrow[47\%]{\substack{n\text{-BuSO}_2\text{CF}_3 \\ \text{NaH, DMF, rt}}}$$

(2)

$$\xrightarrow[\text{acetone, 25 }^\circ\text{C}]{\text{KSCN}}$$

(3)

$$\xrightarrow{\text{reflux, 2 h}}$$

60%

(4)

$$\xrightarrow[\text{MeOH}]{\text{KOH}}$$

64%

(5)

$$\xrightarrow{\triangle}$$

(6)

$$\xrightarrow{\triangle}$$

(7) $\text{Cl}\diagup\diagdown\text{OCH}_3$ + H_2O $\longrightarrow$ $\diagup\diagdown\!\!=\!\!\text{O}$ + CH_3OH + HCl

(8)

$$\xrightarrow{\text{HCl}}$$

(9)

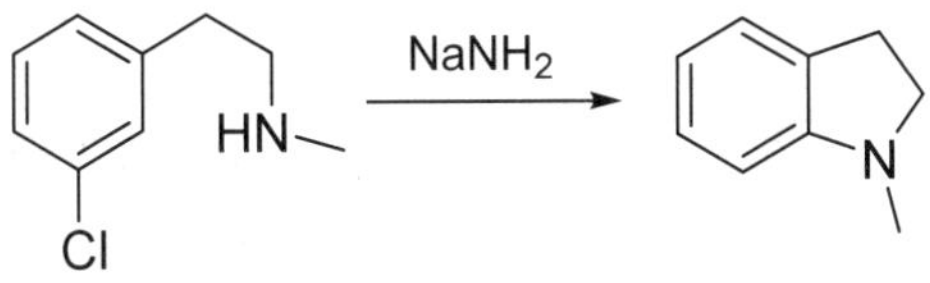

(10)

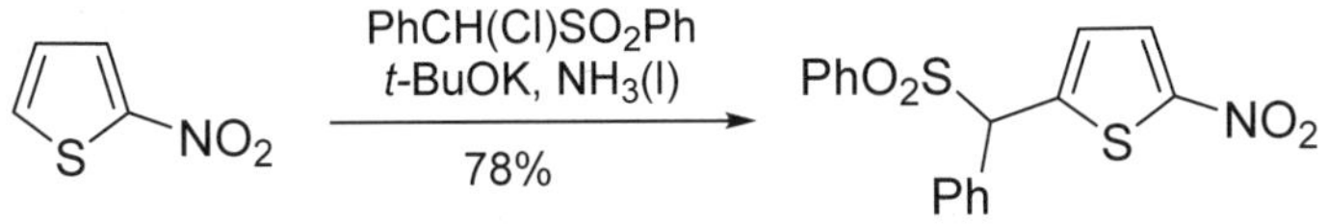

(11)

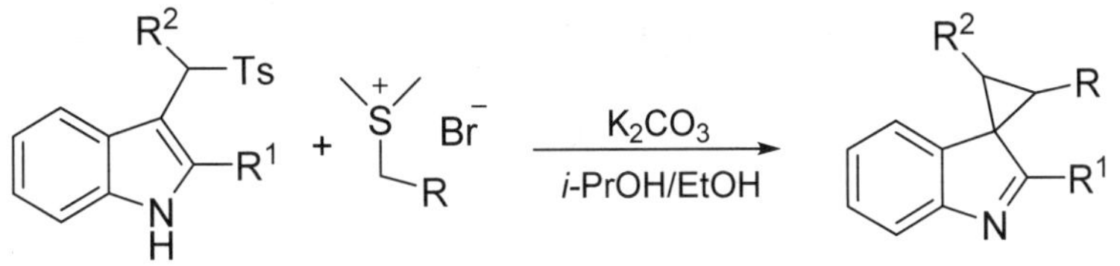

（ *Org. Lett.* 2014，*16*，2578-2581.）

(12)

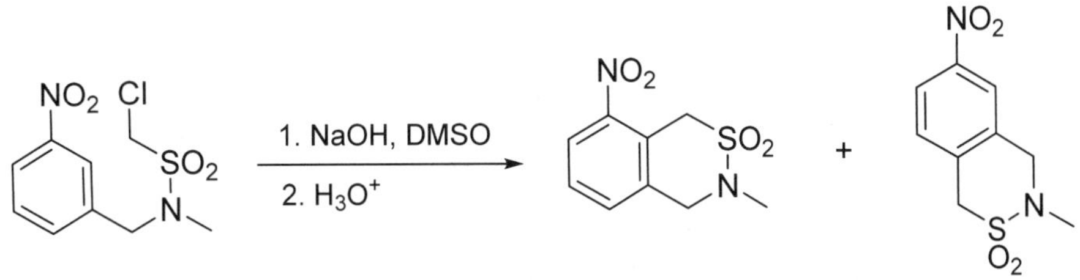

7. 二芳基三氟甲基膦能实现吡啶对位的三氟甲基化。当 Ar 是苯基时，反应不发生；苯基对位有给电子基团时，反应可以顺利进行；三氟甲基化发生在吡啶的对位。画出中间体 **A** 的结构，提出反应的机理（ *Nature.* 2021，*594*，217-222.）。

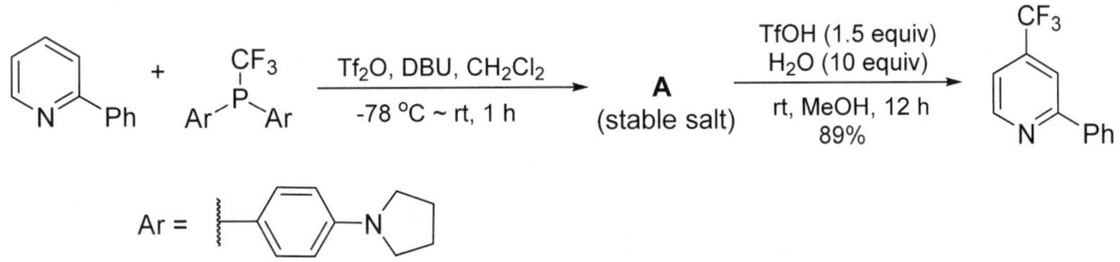

8. 解释下列反应的立体化学。

(1)

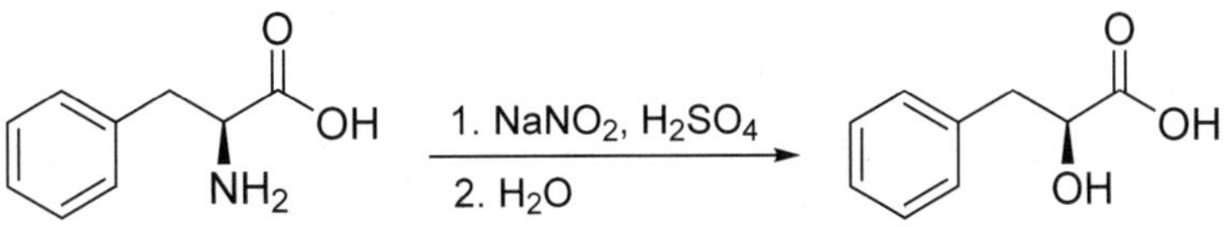

（ *J. Chem. Edu.* 2010，*87*，623-624.）

(2)

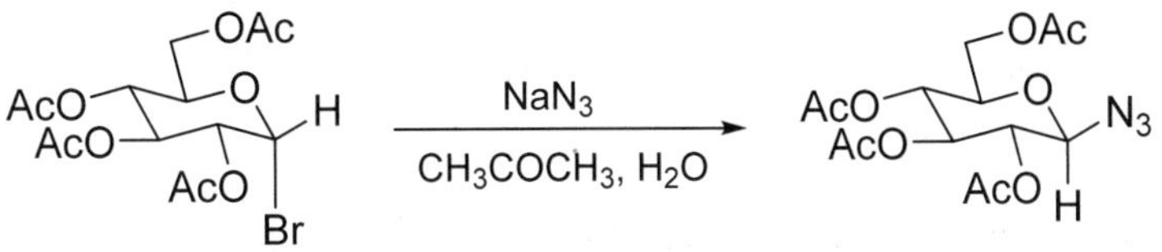

（ *J. Chem. Educ.* 2012，*89*，943-945.）

(3)

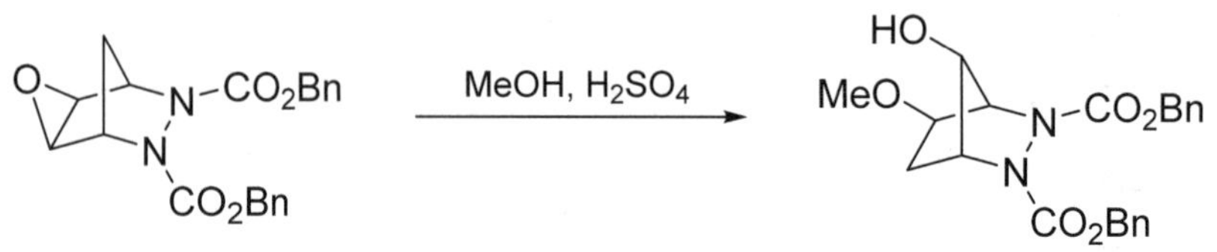

（ *Org. Lett.* 2006，*8*，3041-3043.）

(4)

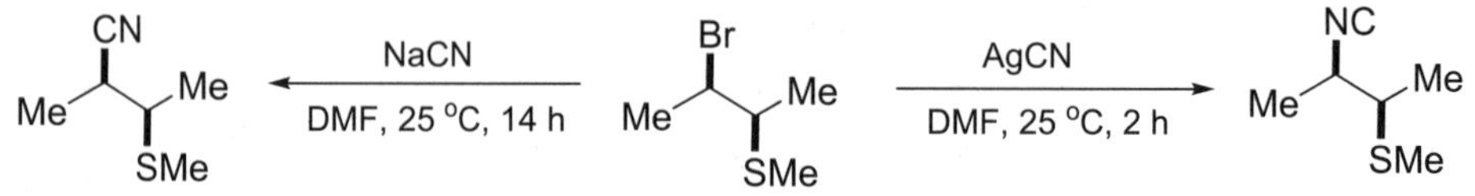

（ *ACS Omega* 2020，*5*，4719-4724.）

9. 下列对硝基苯甲酸酯在高温下水解时，产物的结构受取代基（X）影响，当 X 是 H 或 CF₃ 时，则得到构型保持的产物，若 X 是 CH₃O 或（CH₃）₂N 时，则得一混合物。试给出解释。

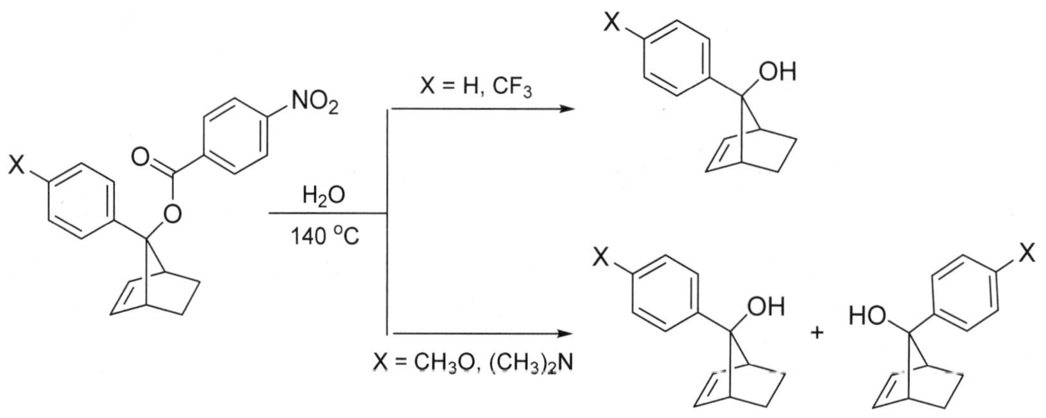

10. 提出下列各步转化的合适试剂（ *J. Org. Chem.* 1986，*51*, 2676-2686.）。

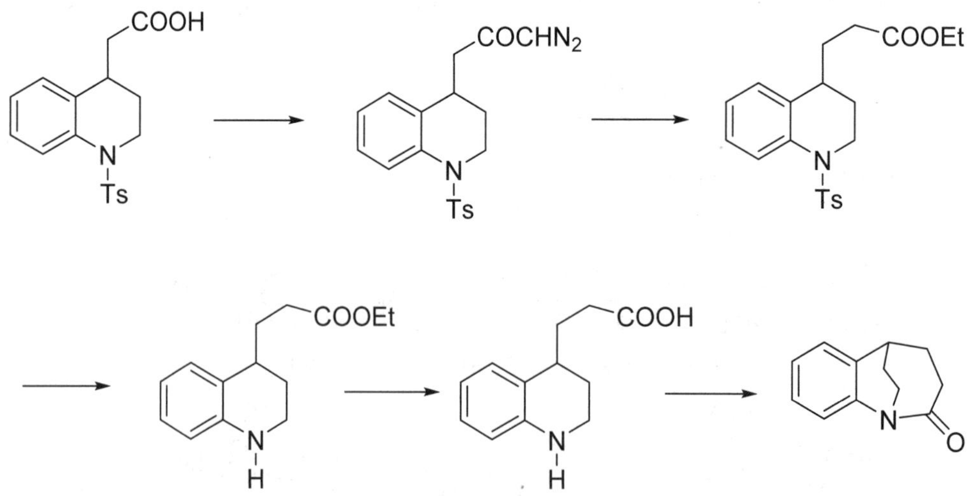

11. 已知 2－氟吡啶和三氟甲磺酸酐是活化酰胺的有效试剂，比较下列两个反应，提出可能的机理（ *J. Am. Chem. Soc.* 2016，*138*，8348-8351.）。

58 %

86 %

12. α–重氮羰基化合物是有机合成的重要前体，可以通过酰氯和重氮甲烷制备。当使用易得的羧酸作原料时，就必须对羧酸先进行活化，以下是常用的三种方法（*Chem. Rev.* 2015，*115*，9981-10080.），写出中间体的结构。

13. 如下所示，光学纯的对溴苯磺酸酯（—OBs）在 75% 的 1,4-二氧六环水溶液中加热水解，得到以构型翻转为主的产物 A；若在反应体系中加入 NaN_3，随着 NaN_3 的浓度增大，虽然产物 A 在产物中的含量有所下降，但 A 的光学纯度增加，B 的光学纯度也同时增加。解释反应的立体化学。

$[NaN_3]/(10^{-2}mol \cdot L^{-1})$	A 在产物中的含量/%	产物A 的光学纯度/%	产物B 的光学纯度/%
	100	76.8	
0.633	91.2	65.9	41.6
1.26	73.0	76.3	71.8
3.07	35.1	107	105
6.02	22.4	100	100

14. [1.1.1]螺桨烷（[1.1.1]propellane，**2**）是一种"张力释放"型试剂，它可由环丙烷衍生物 **1** 与有机锂试剂作用来制备。**2** 与 I_2 反应生成化合物 **3**，与 Bn_2NMgCl 反应则得到 **4**。**3** 的 ${}^1H$ NMR 谱中只有一个单峰（δ 2.67），**3** 在甲醇钠存在下与 NaN_3 反应生成 **5**，**5** 在含 HCl 的甲醇溶液中催化氢化得到 **6**。**4** 经类似反应亦可转化成 **6**。**6** 是一种盐酸盐，其 ${}^1H$ NMR 中仅有三个单峰：δ 8.94（s，3H），2.58（s，1H），1.98（s，6H）（*J. Am. Chem. Soc.* 2017, *139*, 3209-3226; *Org. Lett.* 2014, *16*, 1884-1887.）。推测化合物 **3**、**4**、**5** 和 **6** 的结构。

15. 三氟甲次磺酸金刚烷酯（**A**）和 *N*－三氟甲硫基邻苯二甲酰亚胺（**B**）是两种三氟甲硫基化试剂，属于亲电试剂。例如，**B** 与烯胺 **1** 反应生成 2－三氟甲硫基环己酮 **2**。

下面反应使用 **A** 为三氟甲硫基化试剂，推测中间体 **4** 和 **5** 以及主要产物 **6a** 和次要产物 **6b** 的结构。

16. 化合物 **1** 和 **2** 在低温下加入四甲基哌啶锂（LiTMP），反应 20 min 生成中间产物 **3**，然后向反应液中加入 46% 的 HF 水溶液，室温下继续反应 1.5 h，再用饱和碳酸氢钠水溶液淬灭反应，得到化合物 **4**（*Org. Lett.* 2020，*22*，6239-6243.）。推测该反应关键中间体 **3** 和产物 **4** 的结构。

习题参考答案

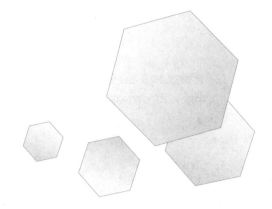

第 7 章
亲电取代反应

芳香烃和芳杂环化合物与亲电试剂反应,生成芳环上氢原子被取代的产物,称为芳香烃亲电取代反应(aromatic electrophilic substitution),常用的芳香烃亲电取代反应包括烷基化(alkylation)、酰基化(acylation)、卤化(halogenation)、硝化(nitration)、磺化(sulfonation)等。发生亲电取代反应是有机化合物具有芳香性的化学标志,也是在芳环上引入官能团的经典方法。此外,羰基化合物的 α 位亦可发生亲电取代反应,生成 α-H 被取代的产物,如羰基化合物的 α-卤代、烷基化、酰基化等均为重要有机合成反应。

7.1 芳环上的亲电取代反应

芳环上的氢被亲电试剂所取代,称为芳香烃亲电取代反应(S_EAr)。根据亲电试剂的不同,芳香烃亲电取代反应分为卤化、硝化、磺化、烷基化、酰基化等。

7.1.1 芳环上亲电取代反应的机理

芳香烃亲电取代反应至少包括以下两步:第一步为芳环对亲电试剂的加成,形成 σ-络合物;第二步为 β-H 消除。其中第一步为决速步骤。

σ-络合物的形成已有不少实验证据。例如,当富电子性的 1,3,5-三(二烷基氨基)苯与超强亲电试剂如 4,6-二硝基苯并呋喃呋咱氮氧化物(DNBF)反应时,所形成的 σ-络合物中间体 WM 在低温下稳定,可被检测和表征[1]。

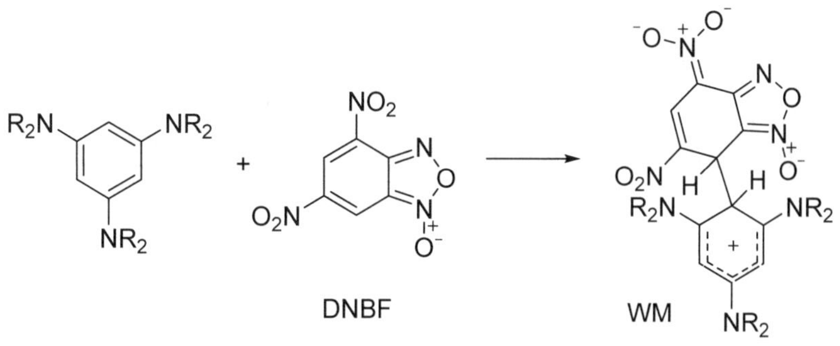

DNBF

WM

在 1,3,5-三哌啶基苯和对甲氧基苯基重氮盐的反应中也分离得到了σ-络合物 **W**。如下所示，反应生成的碳正离子四氟硼酸盐 **W** 在低温下能形成稳定的单晶，其结构用 X 射线衍射技术得到确认[2]，该碳正离子在碱性溶液中则缓慢形成亲电取代产物。

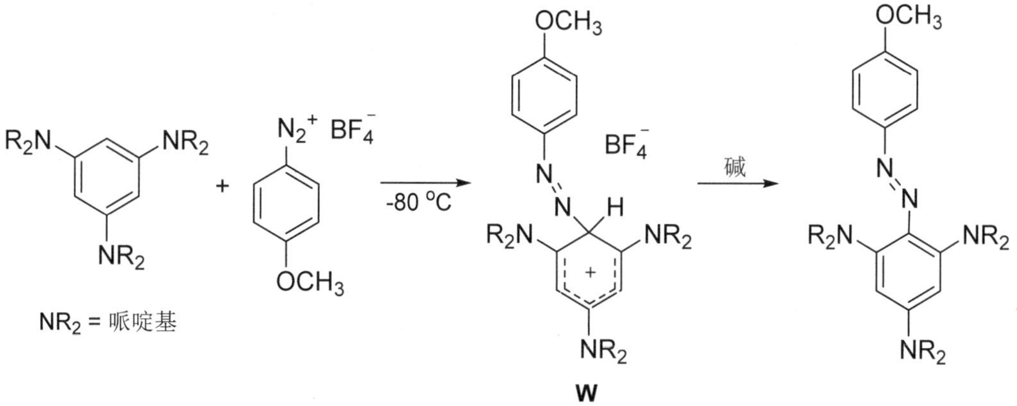

NR₂ = 哌啶基

W

1. 芳环上卤化反应

和烯烃与亲电试剂反应相比，芳香烃的卤化反应速率比较慢，需要在 Lewis 酸的催化下才能进行，如苯的溴化需要 Lewis 酸的催化：

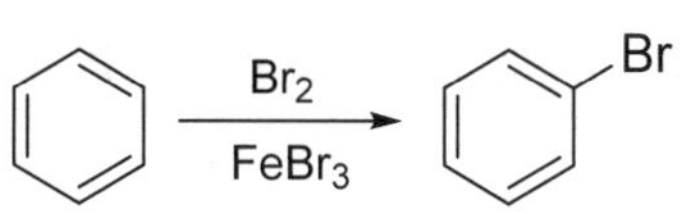

溴在 Lewis 酸的作用下极化，产生溴正离子，芳香烃作为富电子性体系进攻溴正离子得到σ-络合物中间体，后者经 β-H 消除得到溴苯。

$$Br-Br + FeBr_3 \rightleftharpoons Br^+ + \bar{F}eBr_4$$

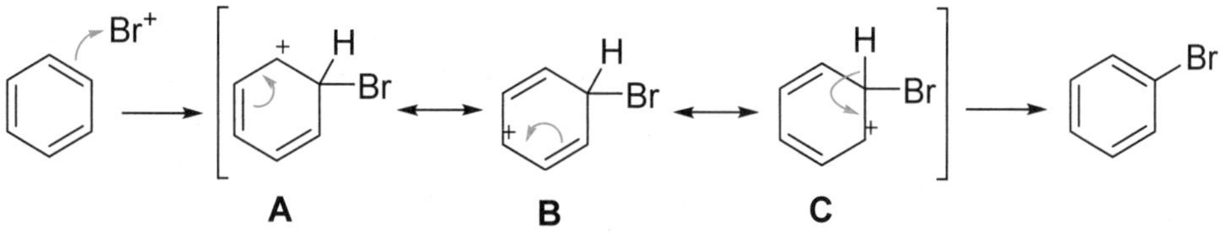

芳香烃亲电取代反应可以直接导入氯、溴、碘，但不能导入氟，导入氟原子可以用 Schiemann 反应（见 6.2.5 节）。

2. 芳环上硝化反应

浓硝酸在浓硫酸作用下质子化脱水，产生硝鎓离子（又称硝酰正离子），后者作为亲电试剂，接受芳香烃的进攻，从而发生芳环上的亲电取代反应。

3. 芳环上磺化反应

磺化反应常用发烟硫酸作亲电试剂，其中三氧化硫作为实际的亲电试剂，它被硫酸活化后与苯环发生反应。

与其他芳香烃亲电取代反应不同的是，磺化反应是可逆的。利用可逆的性质磺酸基可以作为 Ar—H 的保护基。

4. 芳环上 Friedel-Crafts 烷基化反应

卤代烃在 Lewis 酸作用下，C—X 键发生极化得到碳正离子，碳正离子作为亲电试剂，可接受芳香烃的进攻：

$$R\text{-}Cl + FeCl_3 \longrightarrow R^+ + FeCl_4^-$$

Friedel-Crafts 烷基化反应有两个缺点：（1）由于烷基的给电子性，得到的烷基苯比原来的苯环具有更大的电子云密度，更高的 HOMO 能级，会继续和亲电试剂（碳正离子）作用得到多取代苯；（2）碳正离子一旦生成，不可避免要发生重排，使产物变得复杂。

Friedel-Crafts 烷基化反应可逆，在质子酸的存在下，发生去烷基化。一个经典的例子就是 1,3,5-三乙基苯的形成。乙基是邻对位定位基，但反应得到的是热力学稳定的均三乙苯。这是因为反应生成的邻对位烷基化产物位阻较大，不稳定，故经逆反应和再次烷基化反应，生成较稳定的均三乙苯。

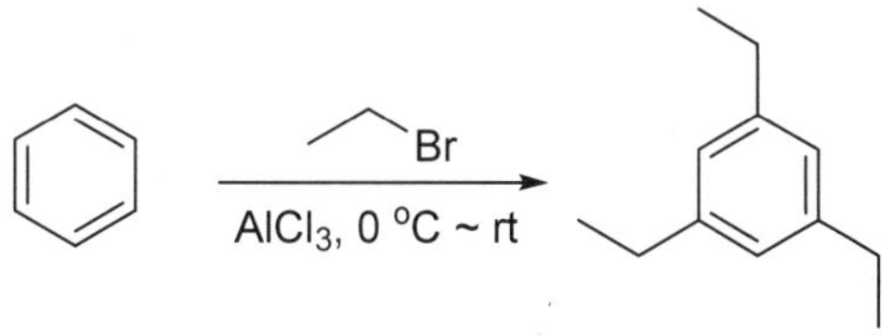

能产生碳正离子的烯烃、醛、酮、环氧、醇等都可以作为 Friedel-Crafts 反应的烷基化试剂：

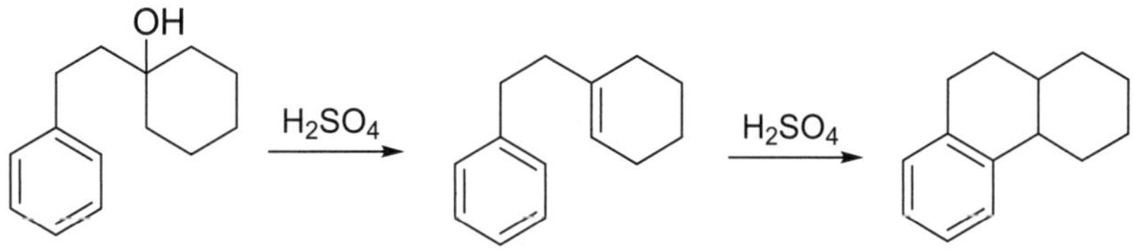

甲醛和盐酸在氯化锌催化下与芳香烃发生亲电取代反应，生成氯甲基化的芳香烃产物，称为氯甲基化反应。

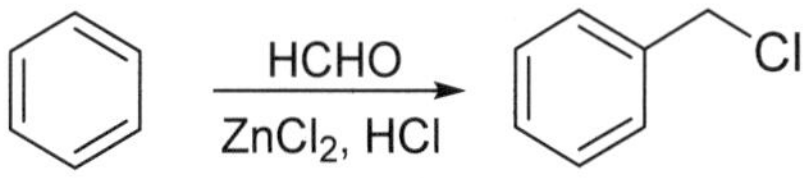

这个反应的机理如下：

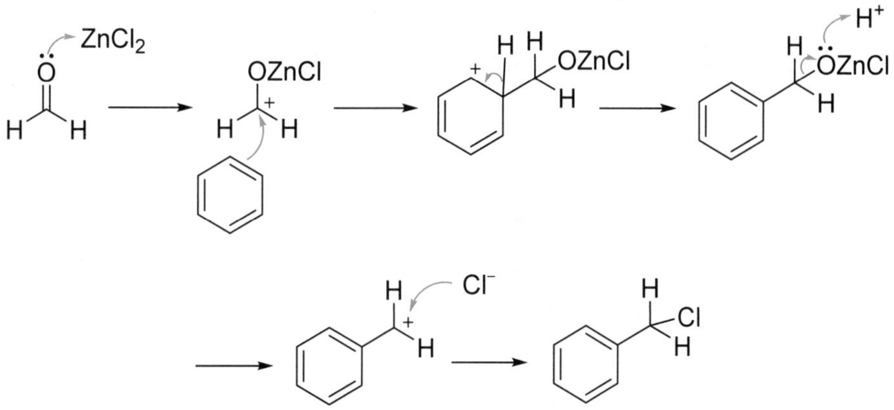

5. 芳环上 Friedel-Crafts 酰基化反应

芳香烃在 Lewis 酸促进下与酰氯或酸酐反应，生成酰基化产物，成为 Friedel-Crafts 酰基化反应。

(L = X 或 OCOR)

酰氯或酸酐在 Lewis 酸作用下，先生成 Lewis 酸碱络合物，再成酰基正离子，作为亲电试剂受到芳香烃的进攻：

与烷基化反应相比，酰基化反应生成的酰基苯活性较低，一般不发生多酰基化；此外，酰基化过程不涉及烷基碳正离子，从而避免了重排产物的生成。

7.1.1 参考文献

7.1.2 芳环上亲电取代的反应活性

如果芳香烃上连有给电子基，使苯环的电子云密度增加，有利于亲电加成，反应速率比苯的快；如果取代基为吸电子基，降低苯环的电子云密度，反应速率比苯的慢。由此，苯环上的取代基可分为活化基团（又称致活基团）和钝化基团（又称致钝基团）两大类。

常见的活化基团：—O⁻、—OH、—OR、—OC₆H₅、—OCOCH₃、—NH₂、—NHR、

—NR$_2$、—NHCOCH$_3$、—R、—Ph 等；

常见的钝化基团：—N$^+$R$_3$、—NO$_2$、—SO$_3$H、—SO$_2$R、—COOH、—COOR、—CONH$_2$、—CHO、—COR、—CN、—F、—Cl、—Br、—I 等。

芳杂环也大致可分为两类，一类的电子云密度大于苯环的电子云密度，另一类的电子云密度小于苯环的电子云密度，这取决于环中杂原子孤对电子的取向。如下所示，如果孤对电子参与环的共轭，吡咯环的电子云密度大于苯环的电子云密度；如果孤对电子不参与共轭，由于杂原子电负性产生吸电子诱导效应，吡啶环的电子云密度小于苯环的电子云密度。因此，亲电取代反应的相对速率顺序：吡咯＞苯＞吡啶。

呋喃、噻吩和吡咯都容易发生亲电取代反应，如硝化、卤化、磺化和 Friedel-Crafts 反应。由于杂原子上的孤对电子使环上的电子云密度升高，所以在发生亲电取代反应时，它们都比苯活泼，反应活性与苯酚、苯胺相似。例如，噻吩在室温下用 95% 的浓硫酸即可磺化，吡咯、呋喃、噻吩的氯化和溴化以及吡咯的酰基化可不用催化剂。

7.1.3 芳环上亲电取代的区域选择性

对于苯系芳香烃，苯环上取代基的存在对于亲电试剂的导入有定位作用。根据反应的区域选择性，取代基一般被分为邻对位定位基和间位定位基两大类。

常见的邻对位定位基：—O$^-$、—OH、—OR、—OC$_6$H$_5$、—OCOCH$_3$、—NH$_2$、—NHR、—NR$_2$、—NHCOCH$_3$、—R、—Ph、—F、—Cl、—Br、—I 等；

常见的间位定位基：—N+R$_3$、—NO$_2$、—SO$_3$H、—SO$_2$R、—COOH、—COOR、—CONH$_2$、—CHO、—COR、—CN、—CF$_3$ 等。

卤素是致钝基，但是邻对位定位基。卤素的致钝来自卤素的电负性，即卤素的吸电子诱导效应（−I）；卤素的邻对位定位效应来自卤素的共轭给电子效应（+C）。

取代基的定位效应取决于底物分子的电荷分布和σ−络合物的稳定性，其中后者通常为主要因素。羟基具有给电子共轭效应，从苯酚的共振结构可以看出，羟基氧上的孤对电子通过共振流向苯环的邻位和对位，在共振杂化体中邻位和对位碳原子电子云密度较大，带部分负电荷。因此，苯酚发生亲电取代反应时，邻位和对位较间位容易与亲电试剂结合。由此可见，羟基是邻对位定位基。

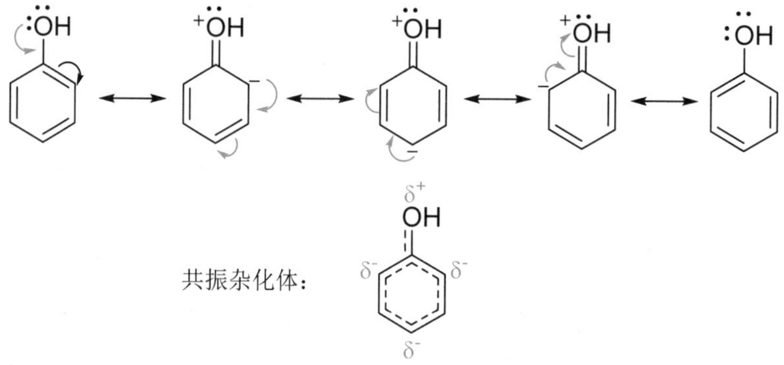

共振杂化体：

苯酚邻对位取代反应的中间体（即σ−络合物）要比间位取代的中间体稳定。在邻位和对位取代的σ−络合物的共振结构中，均有一个共振式所有原子满足八隅体规则，贡献最大，最稳定。而在间位取代的σ−络合物中没有这样的共振结构。

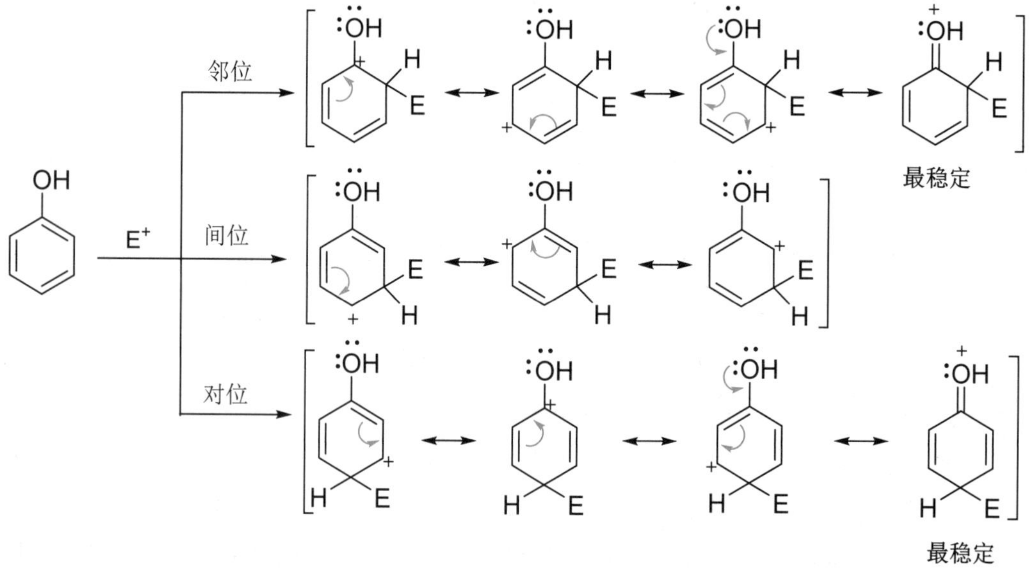

三甲氟基具有强的吸电子诱导效应，属于致钝基团，所以三氟甲苯的亲电取代反

应活性比苯的弱，且主要发生在间位。例如，三氟甲苯的硝化主要产物为间硝基三氟甲苯。

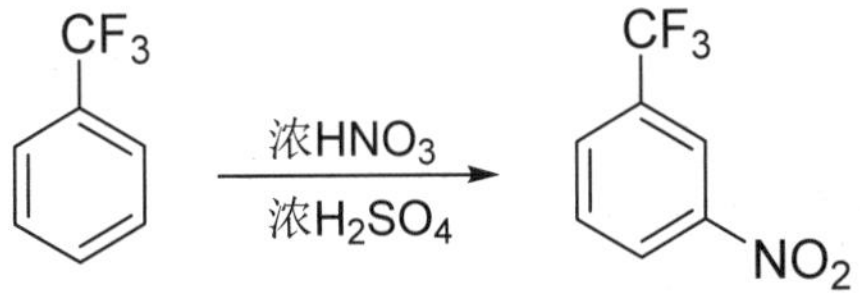

当三氟甲苯的亲电取代发生在邻位和对位时，σ–络合物中均有一种共振结构，其碳正离子与吸电子基——三氟甲基直接相连，最不稳定，而在间位取代的情况中无此共振结构。相比之下间位取代的σ–络合物较邻对位取代的稳定。所以，三氟甲基属于间位定位基。

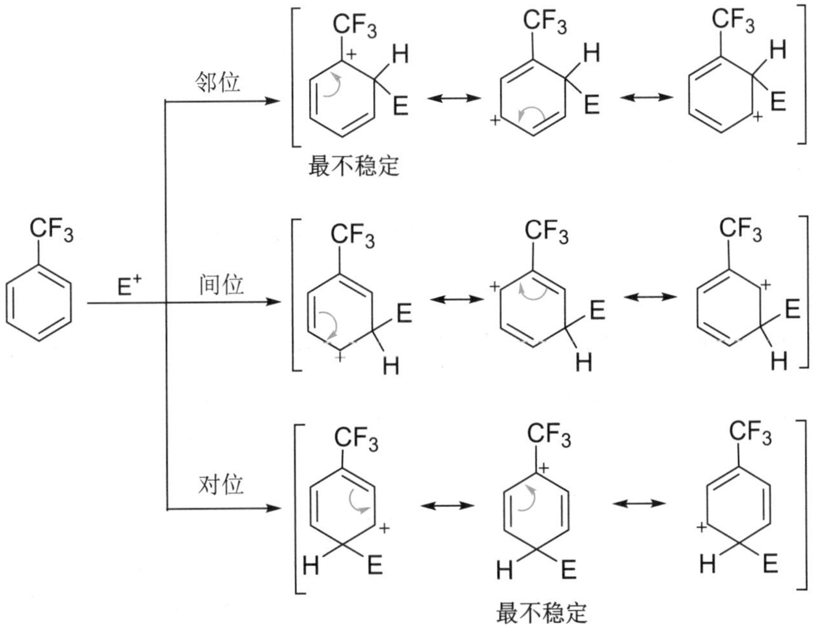

当苯环上有两个或两个以上基团时，致活能力强的基团定位能力也强。例如，在 N,N–二甲基–4–甲基苯胺的硝化反应中，氨基的定位能力较甲基的强，故硝基取代在氨基的邻位：

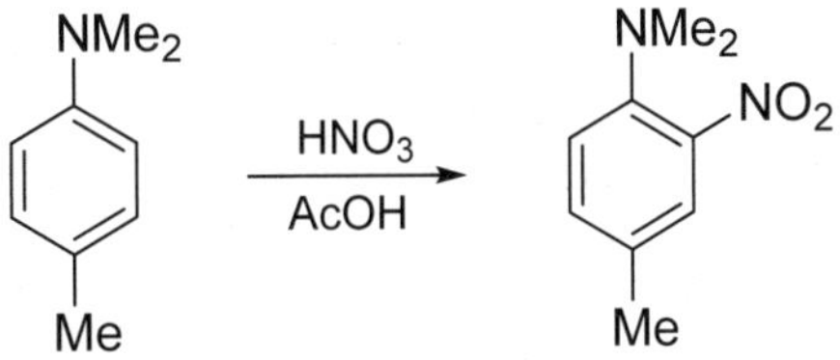

对于稠环化合物萘的亲电取代，α 位的反应活性较 β 位的高，如萘的硝化主要得到 α–硝基萘：

α 位选择性可通过分析反应中间体的相对稳定性来解释。当反应发生在 α 位时，其 σ-络合物中有两个共振式保留了芳环，最稳定；但若取代发生在 β 位，则 σ-络合物中保留芳环的共振结构只有一个，故稳定性较低。

当萘的 1 位有给电子基时，亲电取代优先发生在 4 位，如萘-1-酚的磺化主要生成 4-取代产物：

当萘的 2 位有给电子基时，亲电取代优先发生在 1 位，其次是 6 位，例如[1]：

当 1 位有吸电子基时，则反应主要发生在 5 位或 8 位，例如，1-硝基萘的硝化生成 1,5-二硝基萘和 1,8-二硝基萘。

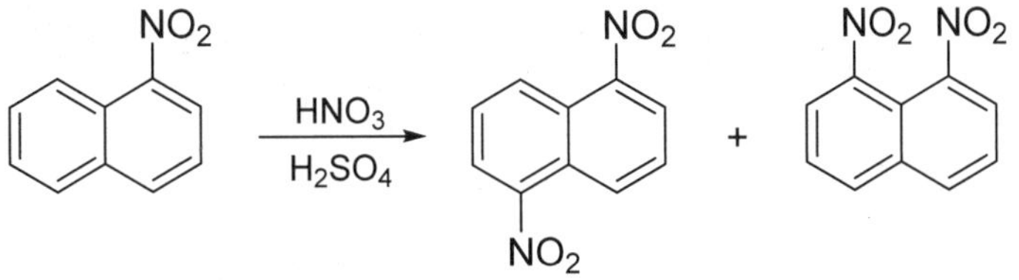

与萘结构类似的 4a, 8a-氮杂硼杂萘在与卤素发生亲电取代反应时得到 1-取代和 1,8-二取代的产物，而没有得到其他位置取代的产物，例如[2]：

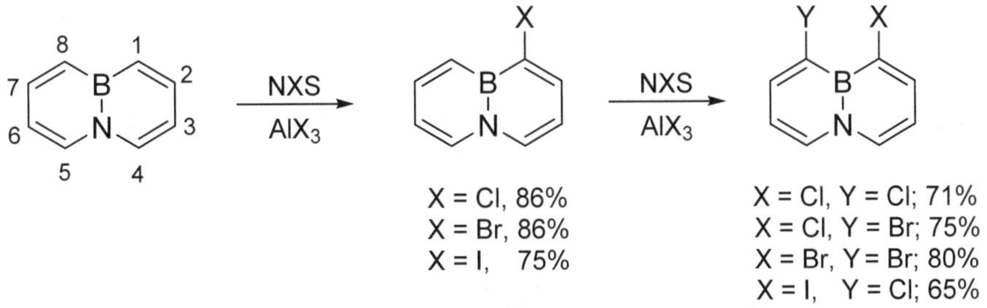

从共振结构式可以看出，4a, 8a-氮杂硼杂萘的 1 位和 3 位带部分负电荷，电子云密度较大，反应活性较高。

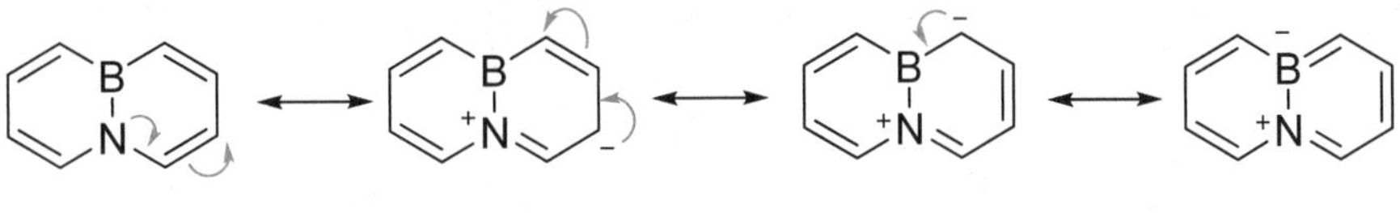

进一步分析中间体σ-络合物的稳定性，即可发现 1-取代反应的σ-络合物较稳定，它有两个最稳定的共振结构（保留了芳环），而 3-取代反应的σ-络合物只有一个较稳定的共振结构：

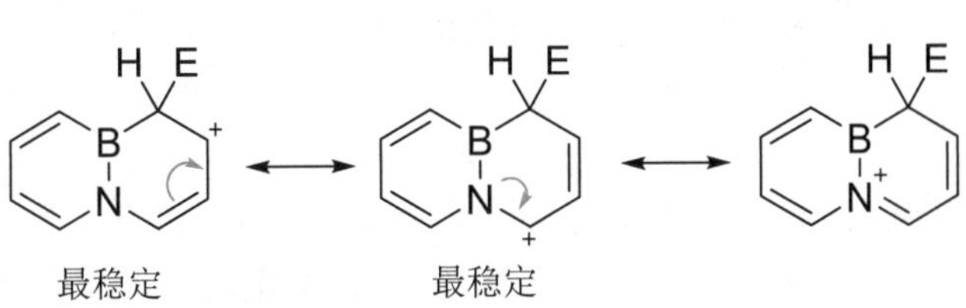

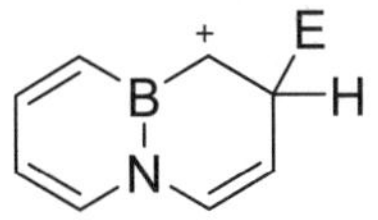

呋喃、噻吩和吡咯的亲电取代反应主要得到 2-取代产物。可通过比较中间体的稳定性来理解反应的选择性。以吡咯的亲电取代反应为例，2 位取代时形成的 σ-络合物有三种共振式，正电荷分散在三个原子上；3 位取代时只有两种共振式，正电荷分散在两个原子上。可见，2 位取代形成的过渡态能量要比 3 位的低，故反应的选择性以 2-取代为主。

对于结构和反应活性与吡咯类似的吲哚，亲电取代反应则主要发生在 3 位上，例如：

这是因为 3-取代吲哚的中间体在不破坏苯环芳香性的情况下可发生共振，因此较稳定，而 2-取代吲哚的中间体必须破坏苯环的芳香性才能发生共振，故较不稳定：

如果吲哚的 3 位已有取代基，亲电取代反应先发生在 3 位上，然后重排至 2 位。例如，从如下手性吲哚衍生物 A 出发，经甲磺酰化、亲电取代和扩环重排，最后得到外消旋的吲哚衍生物 D[3]。由于螺环中间体 C 在扩环重排时，其 a 和 b 两个碳原子均可进行重排，故最后得到消旋化的产物。

7.1.4　芳环上亲电取代相关反应

7.1.4.1　Gattermann-Koch 甲酰化反应

一氧化碳和 HCl 原位产生的酰化试剂可与芳香烃发生酰基化反应，生成芳甲醛，这个反应是 L. Gattermann 和 J. A. Koch 在 1897 年首次报道的，称为 Gattermann-Koch 甲酰化反应。这个反应一般只适合于苯和烷基苯。

在 Lewis 酸促进下，CO 首先与 HCl 反应形成甲酰基正离子，然后与苯环发生亲电取代反应，得到甲酰化产物。

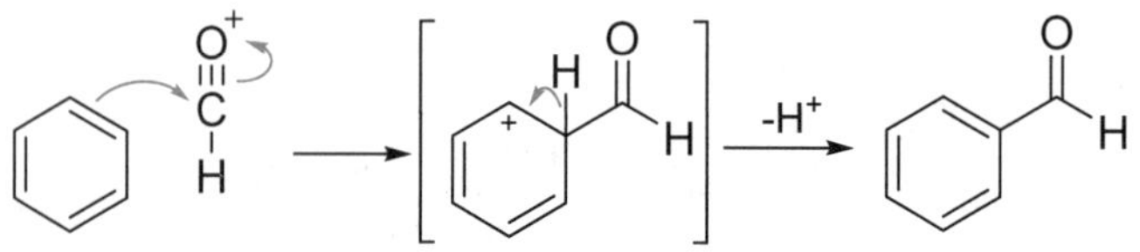

7.1.4.2　Gattermann 甲酰化反应

　　与 Gattermann-Koch 甲酰化反应相似，当酰化试剂为 HCN/HCl 时，反应也能得到甲酰化产物，称为 Gattermann 甲酰化反应。这个反应适合于烷基苯、苯酚和烷氧基苯。

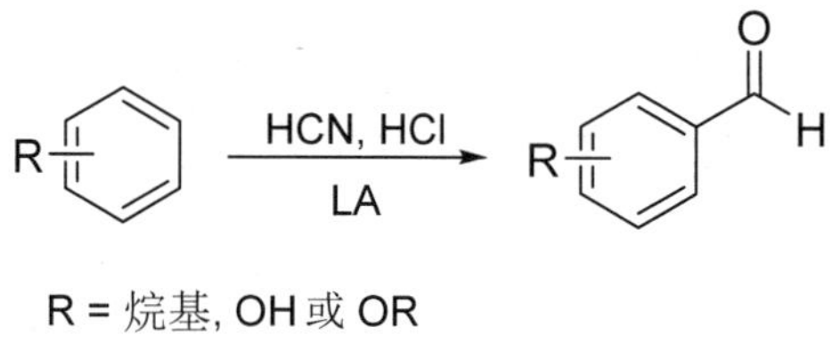

R = 烷基, OH 或 OR

　　AlCl$_3$ 和 ZnCl$_2$ 是常用的 Lewis 酸催化剂，也可以用 Zn(CN)$_2$/HCl 作为甲酰化试剂和催化剂。例如：

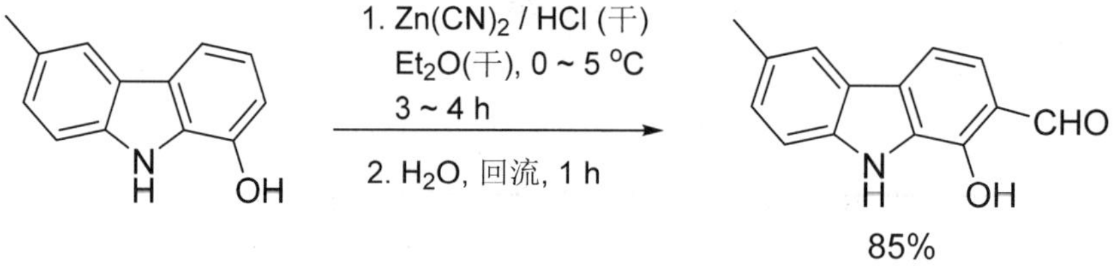

　　ZnCl$_2$ 与 HCN 和 HCl 首先反应形成正离子 **A**，后者被芳环捕获，生成亚胺盐 **B**，**B** 经水解生成醛。

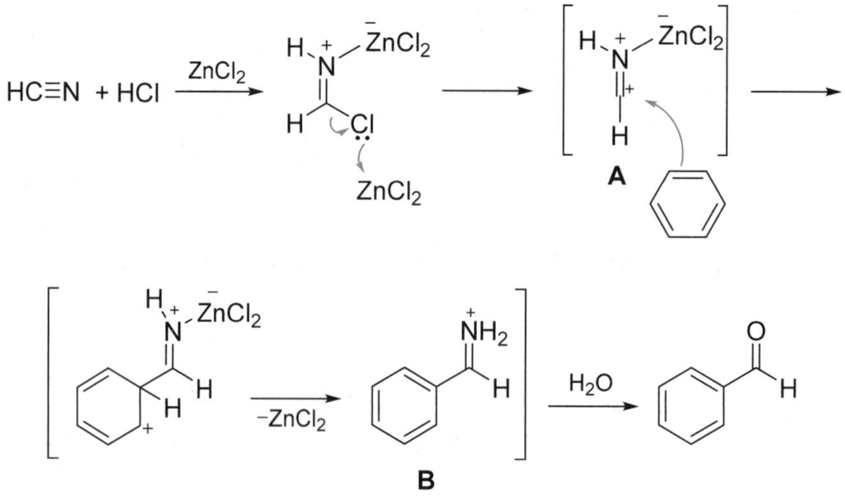

作为 Gattermann 甲酰化反应的一个扩展，用腈代替 HCN 作为酰基化试剂，可在质子酸（如 HCl）和 Lewis 酸（如 ZnCl₂）存在下由芳香烃制备芳酮。这个反应也适合于富电子性多酚和多酚醚类底物，而且高选择性地生成单酰基化产物，例如：

这个反应的机理与 Gattermann 甲酰化反应的机理很相似，但细节尚不能确定。反应的第一步可能是腈与 HCl 作用形成氯化亚胺 **A**。然后，**A** 在 Lewis 酸作用下形成亚胺正离子的 Lewis 酸络合物 **B**。**B** 作为亲电试剂进而与芳环发生亲电取代生成亚胺盐 **D**。最后，亚胺盐 **D** 水解得到酮[1-3]。

7.1.4.2 参考文献

7.1.4.3 Vilsmeier-Haack 甲酰化反应

在 POCl₃ 存在下，DMF 作为酰基化试剂与富电子性芳香烃发生甲酰化反应，称为 Vilsmeier-Haack 甲酰化反应[1]。

首先，DMF 和 POCl₃ 作用生成亚胺盐 **A**，继而形成 **A**、**B** 和 **C** 的平衡混合物，其中的亚胺盐 **A** 和 **C** 的双键碳原子均比 DMF 中的羰基碳原子更缺电子，是一类活泼的亲电试剂，当体系中存在富电子性芳香烃时，芳环亲核进攻 **A** 或 **C**，发生 S$_E$Ar 反应，生成 **D**。接着，氮原子上的孤对电子反共轭，Cl⁻ 离去，得到亚胺盐 **E**。最后，**E** 经水解得到甲酰化产物[2]。

Vilsmeier 最初发现这一反应时，用的底物是 *N*–甲基乙酰苯胺。乙酰苯胺经 POCl₃ 处理得到 4–氯–1,2–二甲基喹啉盐。

这一转化的机理如下：首先，*N*–甲基乙酰苯胺在 POCl₃ 作用下产生亲电试剂 **F** 或

H。然后，另一分子 N-甲基乙酰苯胺受到氮原子给电子共轭效应的影响，亲核进攻亲电试剂 **F** 或 **H**，经 S$_E$Ar 反应，形成中间体 **I**。**I** 经历 E2 消除和酰胺的活化，得到亚胺正离子 **J**，**J** 经历分子内的亲核加成，得到环合中间体 **K**，分子内 E2 消除得 **L**，其更稳定的共振式为 1,2-二甲基-4-氯喹啉盐。

具有烯醇、烯胺结构的化合物以及吡咯和吲哚等富电子性芳杂环亦容易发生 Vilsmeier-Haack 甲酰化反应，例如[3]：

7.1.4.3 参考文献

7.1.4.4 Reimer-Tiemann 反应

当富电子性芳香烃用氯仿和氢氧化钠处理时，得到芳香烃甲酰化产物，该反应称为 Reimer-Tiemann 反应[1]。和前面所述的在酸性条件下芳环上亲电取代反应不同的是，该反应在强碱条件下进行。

$$\text{（反应式：苯酚} \xrightarrow[\text{60 °C, 3 h}]{\substack{\text{CHCl}_3\\\text{10\% NaOH溶液}}} \text{水杨醛 35\%）}$$

这个反应过程涉及二氯卡宾中间体[2]。首先，在强碱作用下，氯仿产生二氯卡宾。苯酚在碱性条件下以酚氧负离子的形式存在，亲核进攻二氯卡宾得到中间体 A。A 经分子内质子转移形成中间体 B。在氧原子的"推拉效应"作用下，B 通过消除和共轭亲核加成形成 D，后者进而发生消除得到 E，互变异构成为甲酰化产物。

（机理图：CHCl₃ + OH⁻ → :CCl₂ 与酚氧负离子 → A → B → C → D → E → 水杨醛）

7.1.4.4 参考文献

7.1.4.5　Fries 重排

苯酚的羧酸酯在 Lewis 酸或质子酸[如 $HClO_4$ 或多聚磷酸（PPA）]催化下重排成邻位或对位酰基酚，称为 Fries 重排。这个反应提供了由酚出发，经酯化和重排两步来制备邻位或对位酰基酚的一种实用方法。

这个重排反应实际上是通过亲电取代机理进行的[1]。在 Lewis 酸作用下，酯的 C—O 键断裂，形成酰基正离子和酚氧基 Lewis 酸络合物。然后，酰基正离子与酚发生 S_EAr 反应，生成邻位或对位酰基酚。

7.1.4.5 参考文献

7.1.4.6　Scholl 反应

两个芳基在 Lewis 酸和质子酸存在下，先生成偶联中间体，继而脱氢芳构化，这个反应称为 Scholl 反应。Scholl 反应容易在分子内发生，例如[1]：

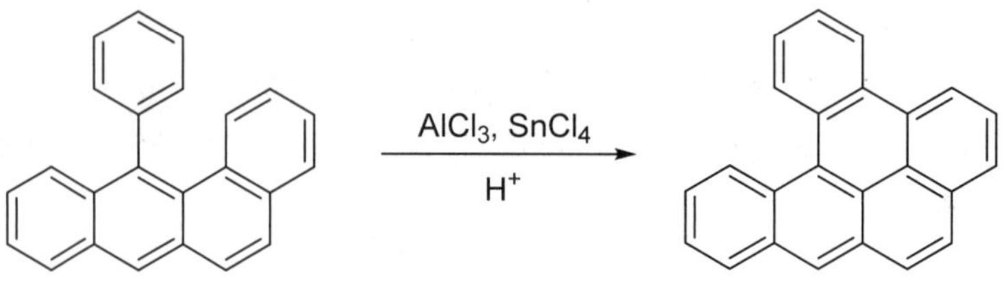

反应可能经过正离子中间体和芳香烃亲电取代反应，甲氧基等活化基有利于此反应的进行，可使产率和选择性提高，例如[2]：

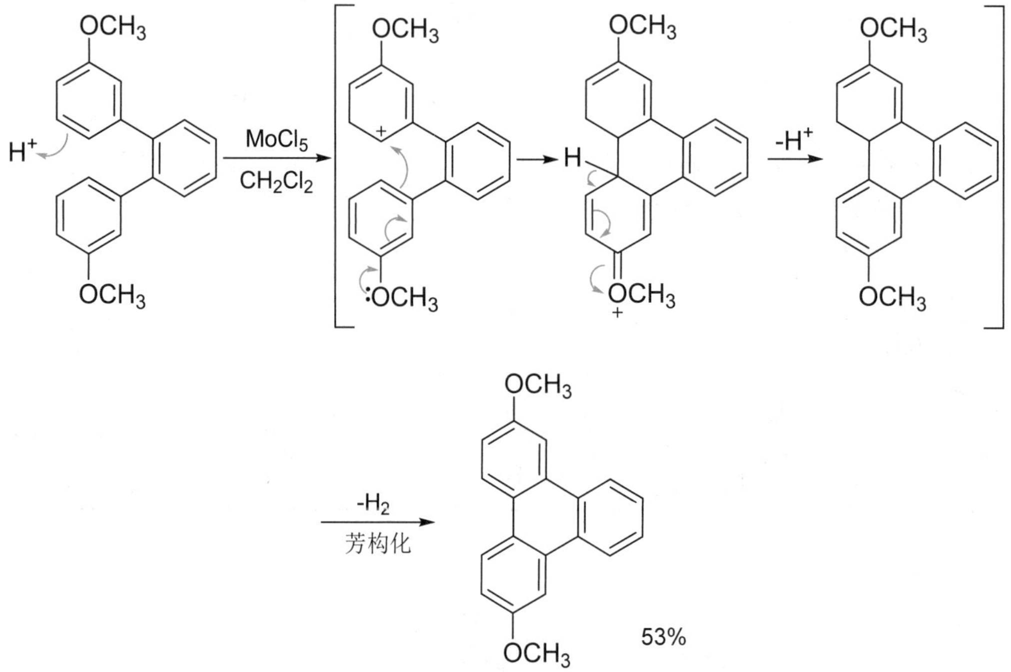

分子间的 Scholl 反应也能够发生，但需要脱氢试剂，如二氰基二氯苯醌（DDQ）帮助芳构化，例如[3]：

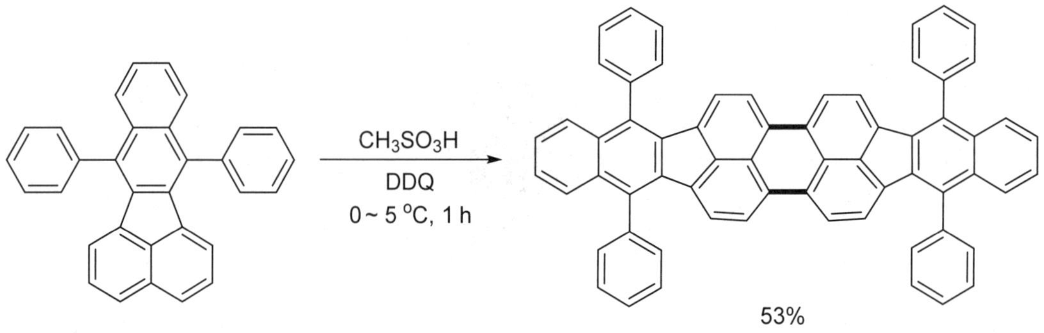

7.1.4.6 参考文献

7.1.4.7 芳香烃同位亲电取代反应

一些芳香烃亲电取代反应是可逆的，这些逆的亲电取代反应称为同位（ipso）亲电取代反应。例如，磺化反应的逆反应——苯磺酸在热水环境中脱去磺酸基，就是芳香烃同位亲电取代反应，被取代的基团是 SO_3。

水杨酸在硝化条件下生成苦味酸，羧基被硝基同位亲电取代：

2-苯甲酰基-3-甲基苯甲酸在硫酸条件下的重排也属于同位亲电取代反应。反应经过酰基正离子的形成，以及同位 Friedel-Crafts 亲电取代反应：

此外，2-吲哚磺酸和芳基重氮盐的偶氮化反应也是一个芳香烃同位亲电取代反应的例子[1]：

7.1.4.7 参考文献

7.2　羰基化合物 α-碳上的亲电取代反应

含有 α-H 的羰基化合物可以在碱性或酸性条件下发生酮式-烯醇互变异构（tautomerism）。在碱性条件下，碱夺得羰基化合物的 α-H 形成碳负离子 **A**，继而共振为更稳定的烯醇负离子 **B**，获得质子后成烯醇式；在酸性条件下，质子化的羰基化合物 **C** 共振为碳正离子 **D**，β-H 消除形成烯醇式。

影响酮式和烯醇式比例的主要因素有三个，一是 α-H 的酸性，酸性越强，烯醇式含量越大；二是体系的酸碱性，环境的碱性越强，越能提高烯醇尤其是烯醇负离子的含量；三是溶剂。戊-2,4-二酮在水中烯醇式含量为20%，在环己烷中烯醇式含量达到92%。这是因为二酮结构中氧原子上有 4 对孤对电子，烯酮结构中由于分子内氢键的存在消耗了氧原子上 1 对孤对电子，和水的氢键作用相应减弱。二酮结构中强的氢键作用稳定了酮式结构，戊-2,4-二酮在水中以酮式为主。另一方面，单从结构相对稳定性看，烯醇式由于分子内氢键的存在而比酮式稳定，戊-2,4-二酮在环己烷中以烯醇式为主。

从上述羰基化合物在酸性、碱性条件下的烯醇互变可知，在碱性条件下，分子以酮式、碳负离子、烯醇负离子、烯醇式存在，其中后三种形式具有亲核性，是亲核试剂；在酸性条件下，分子以酮式、质子化羰基化合物、碳正离子、烯醇式存在，只有烯醇式具有亲核性，可以作为亲核试剂。

7.2.1 羰基化合物的 α- 卤化反应

羰基化合物能够与卤素发生 α- 碳上的卤化反应，卤化反应可在酸性条件下和碱性条件下进行，但结果不同。

7.2.1.1 碱性条件下的 α- 卤化反应

在碱性条件下，甲基酮与卤素反应生成羧酸和卤仿，称为卤仿反应（haloform reaction）。

在 NaOH 或 KOH 的水溶液中，甲基酮和碘反应生成碘仿，称为碘仿反应。

首先，碱夺取甲基酮的 α-H，形成烯醇负离子 A，后者发生碘代生成 α- 碘代酮 B。受碘吸电子性的影响，B 中 α-H 的酸性比原来甲基酮中 α-H 的酸性强，故进一步生成烯醇负离子，发生第二次和第三次碘代，生成三碘代羰基化合物 F。由于三个碘的吸电子性，羰基易受到羟基的亲核加成生成 G。最后，三碘甲基负离子 H 离去，并经质子交换生成碘仿和羧酸根负离子。

不对称羰基化合物在碱性条件下发生卤化反应，反应具有很好的区域选择性。碱性条件下的反应经过烯醇负离子中间体，"类碳负离子过渡态"的相对势能决定了 1-卤代丁-2-酮为反应的主要产物，如下所示：

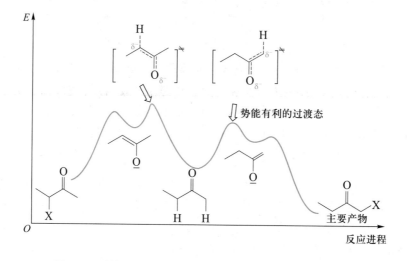

反应进程图很好地体现了不对称酮发生卤化反应的区域选择性，见图 7.1。

图 7.1　碱性条件下不对成酮发生卤化反应的区域选择性

碱性条件下的卤代反应很难停留在单卤代，即 1-卤代丁-2-酮会发生继续卤化反应得到二卤代或三卤代产物，反应更快且具有区域选择性。这是因为底物中和卤素直接相连的 C—H 键更容易异裂，反应速率增大；再者，第二个卤素上去的时候还是经过烯醇负离子中间体，"类碳负离子过渡态"的相对势能决定了卤代发生在同一个碳原子上，反应得到 1,1-二卤代丁-2-酮为反应的主要产物。

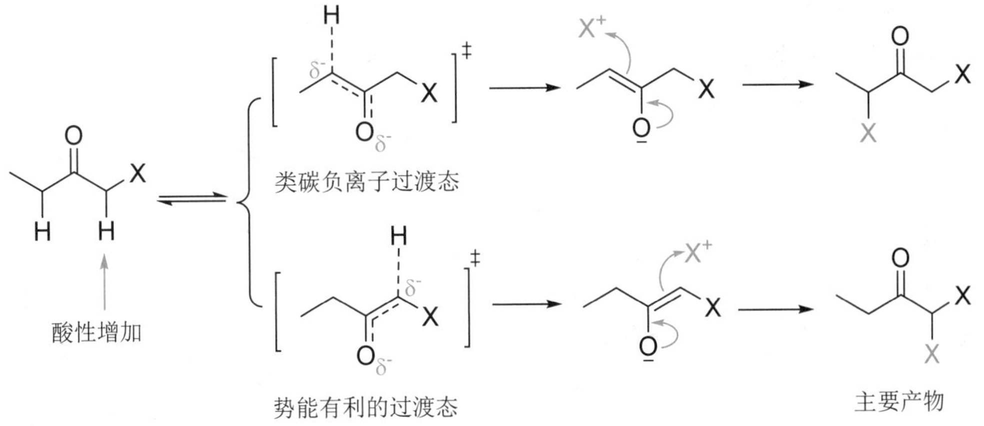

类碳负离子过渡态

势能有利的过渡态　　　　　　　　　　　　主要产物

含有 1–羟乙基的物种也能发生碘仿反应。由于碘的氧化性，1–羟乙基先被氧化成甲基酮，进而发生碘仿反应：

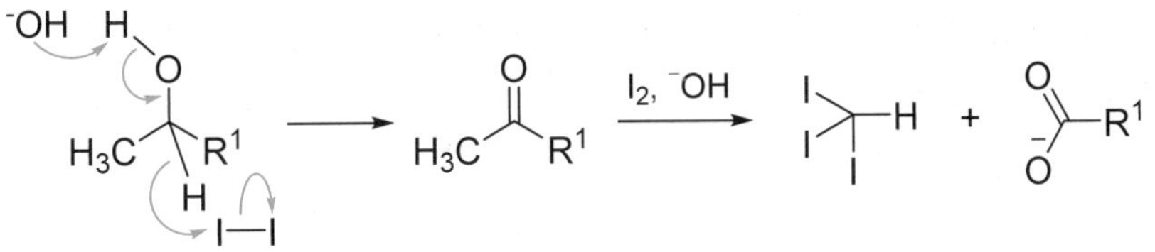

7.2.1.2　酸性条件下的α–卤化反应

1. 酮的α–卤化反应

含有 α–H 的酮在酸催化下可与卤素作用，发生α–卤化反应。

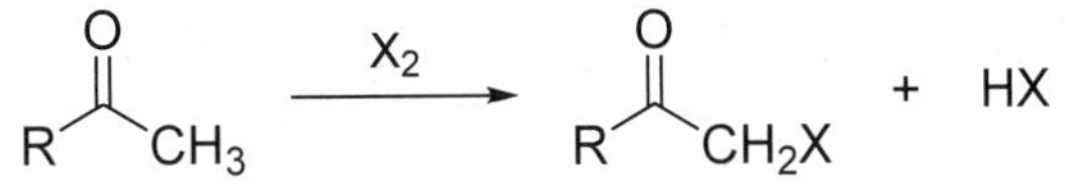

首先，在酸催化下酮互变异构化为烯醇，"类碳正离子过渡态"的相对势能决定了反应的区域选择性，反应的主要产物为 3–卤代丁–2–酮。由于反应过程中产生卤化氢，故该反应也可不加酸催化，一旦反应发生，产生的微量卤化氢即可自动催化反应。

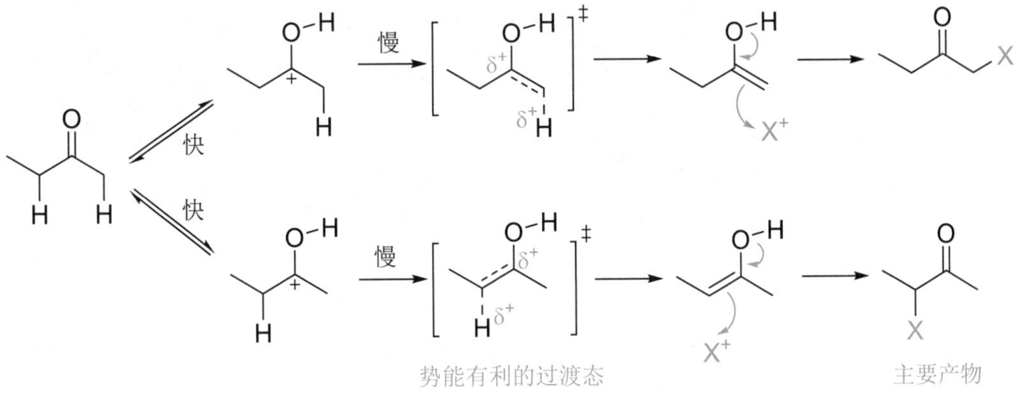

势能有利的过渡态　　　　　　　　　　　主要产物

酸性条件下的 α-卤化反应具有更好的可控性，反应停留在单卤代产物。当亲电试剂加入两倍量时，得到 1,3-二卤代丁-2-酮，反应具有区域选择性。

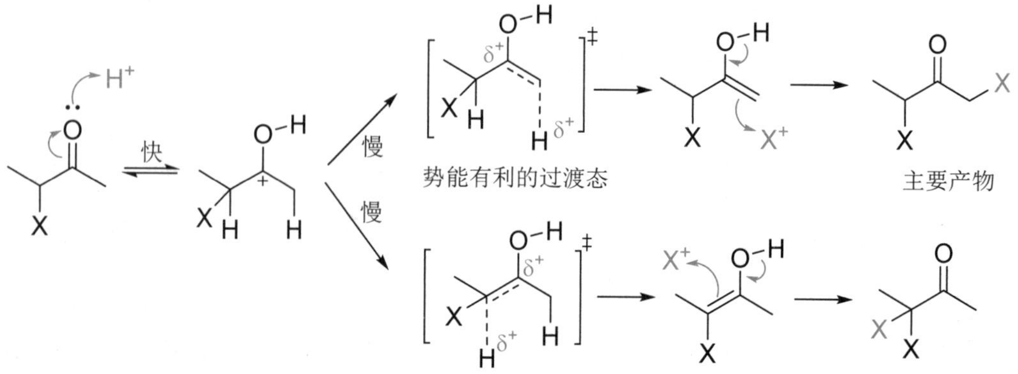

由于卤素的吸电子诱导效应，3-卤代丁-2-酮和丁-2-酮相比，发生烯醇互变经过的"类碳正离子过渡态"具有更高的势能，所以 3-卤代丁-2-酮发生第二次卤化反应的反应速率降低；进行 β-H 消除得到烯醇有两种选择，还是由于卤素的吸电子诱导效应，"类碳正离子过渡态"形成时，部分双键选择远离卤素的方式形成，反应具有区域选择性。

2. 醛的 α-卤化反应

醛不能直接卤化，因为醛容易被氧化成酸。如将醛转化成缩醛后再卤化，然后将缩醛水解，即可间接得到 α-卤代醛：

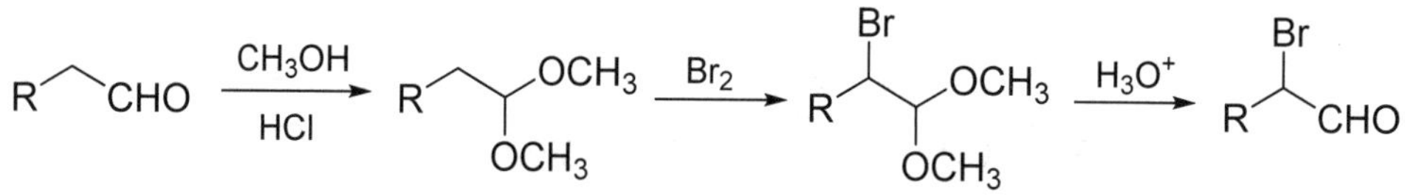

用催化量的二级胺将醛转变为烯胺，然后可进行卤化。当使用的二级胺有手性时，能实现醛的不对称 α-氟化反应[1,2]，例如[1]：

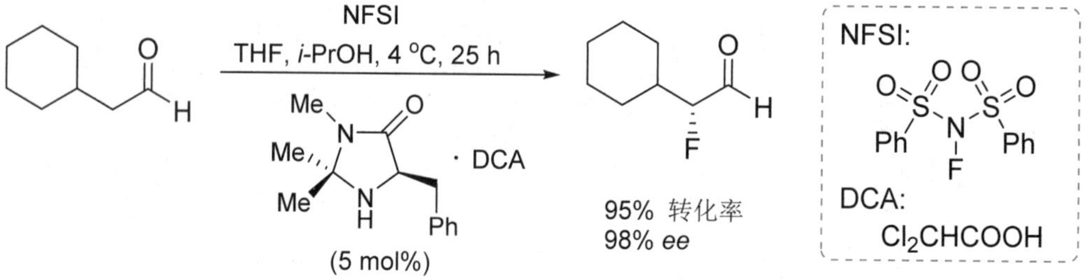

3. 羧酸及其衍生物的 α-卤化反应

羧基 α-H 的酸性比醛和酮羰基 α-H 的酸性弱，因此，羧酸 α-卤化反应比醛和酮的难得多。通常可将羧酸先转变为酰氯或酰溴，因为酰氯或酰溴具有更强的 α-H 的酸性，然后进行 α-卤化反应，反应结束后将酰氯或酰溴水解，即可得到 α-卤代羧酸。一种传统的方法是，在脂肪酸中加入少量红磷并通入氯气或加入溴，卤素能够很顺利地取代羧酸的 α-H，例如：

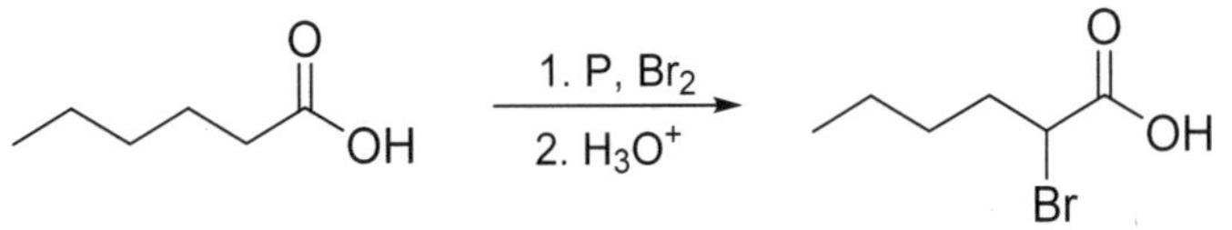

在高温下，羧酸和卤素（Cl_2 或 Br_2）在催化量的磷或三卤化磷存在下产生 α-卤代羧酸的反应称为 Hell-Volhard-Zelinsky（HVZ）反应。反应经过 α-卤代酰卤，如果后处理在具有亲核性溶剂（如醇、硫醇或胺）中进行，反应得到 α-卤代羧酸衍生物。

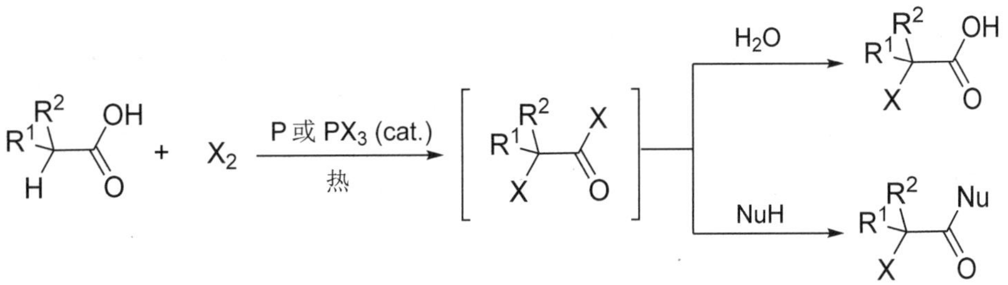

羧酸卤化的实际对象是酰卤。首先，红磷与卤素（Br_2 或 Cl_2）反应原位产生 PX_3，亦可直接使用 PX_3。然后，PX_3 将羧酸转化为可以烯醇化的酰卤，酰卤发生卤化反应生成 α-卤代酰卤。α-卤代酰卤经水解或醇解分别得到 α-卤代羧酸或 α-卤代羧酸酯。

$$2\,P\ +\ 3\,X_2\ \longrightarrow\ 2\,PX_3$$

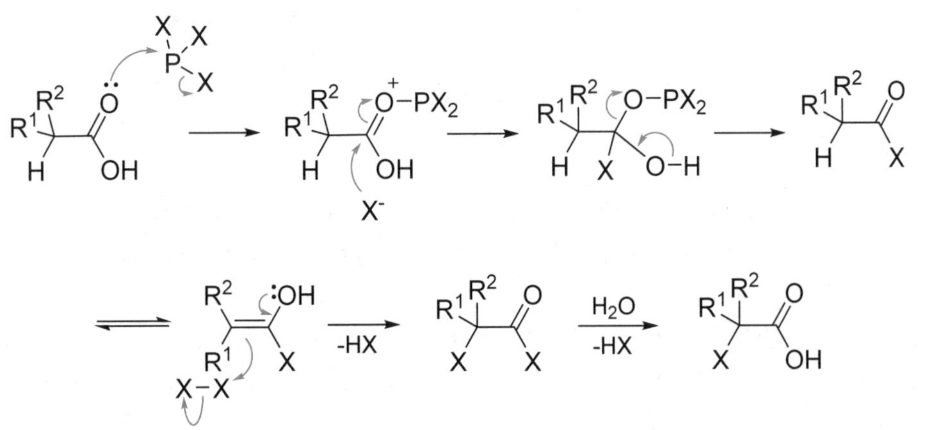

7.2.1.2 参考文献

7.2.2 羰基化合物的 α-烷基化反应

7.2.2.1 经由烯醇负离子的 α-烷基化反应

羰基 α-H 被碱夺取，形成的烯醇负离子能够作为亲核试剂与卤代烷或磺酸酯等亲电试剂发生亲核取代，生成 α-烷基化产物，或称 C-烷基化产物。羰基化合物的 C-烷基化是形成 C—C 键的一类重要反应，与之相竞争的反应是得到 O-烷基化产物，生成烯醚。这种拥有两个亲核位点的亲核试剂称为两可亲核试剂（ambident nucleophile）。不论发生 C-烷基化还是 O-烷基化，烯醇负离子和卤代烷的反应在碱性条件下进行，反应基于 S$_N$2 机理，而适应于 S$_N$2 的卤代烃仅限于甲基、烯丙基、苄基等伯卤代烃，或一些仲卤代烃，并和 E2 消除反应相竞争。

从以上的反应过程可以看出，实现一个高效的合成需要考虑如下三个因素：一是如何提高烯醇负离子的浓度，即亲核性；二是如何提高 C-烷基化和 O-烷基化的选择性；三是如何提高不对称羰基化合物的 C-烷基化区域选择性。

不可逆地得到烯醇负离子，实现羰基到烯醇负离子的彻底转变能有效提高烯醇负离子的亲核性，并避免后续 RX 的 E2 消除等副反应的发生，例如使用 NaH、NaNH$_2$、Ph$_3$CNa 等强碱可以不可逆地形成烯醇负离子。如下所示的反应，使用 NaH 得到烯醇负离子，后续的烷基化选择性可以应用软硬酸碱原理进行解释。

在水或醇介质中反应时，普通羰基化合物的 α-H 酸性比水或醇的弱，不可能形成高浓度的烯醇负离子。只有当底物是活泼亚甲基时，如戊二酮（$pK_a=9$）在乙醇钠/乙醇体系中可以形成高浓度的烯醇负离子，才可发生后续的亲核取代反应。又由于烯醇负离子主要存在形式是金属配位的形式，O-烷基化得到有效抑制，反应能选择性地生成 C-烷基化产物。

在极性非质子性介质中，用 DMSO 结合正离子，能有效提高烯醇负离子的亲核性，冠醚的作用和 DMSO 类似。后续反应中，O—Li 键具有更多的共价键特征，抑制了 O-烷基化产物的生成；O—K 键具有更多的离子键特征，钾易被 DMSO 络合稳定，使得 O-烷基化成为可能。

| M = Li | 54% | 46% |
| M = K | 23% | 75% |

改变正离子特性，也能提高烯醇负离子的亲核性和反应的选择性。例如，烯醇负离子的三(二乙基氨基)锍盐[tris(diethylamino)sulfonium，TAS]具有很好的亲核性，这是由于烯醇负离子和大位阻正离子之间的静电作用减弱了，故容易与卤代烷发生 C-烷基化反应，与酸酐则发生 O-酰基化反应[1]：

烯醇负离子的三(二乙胺基)锍盐可由烯醇硅醚与二氟三甲基硅负离子的三(二乙胺基)锍盐原位产生。这个负离子交换过程的驱动力是产物 Me_3SiF 中 Si—F 键的亲和力很强（键能 $581.8\ kJ\cdot mol^{-1}$）。

下列分子中有两种 α-H，在低温、LDA 作用下，动力学脱氢得到烯醇负离子 **A**，随着反应温度上升，形成五元并七元产物。在叔丁醇钾/叔丁醇体系中，酸碱平衡获得热力学稳定烯醇负离子，发生分子内亲核取代得到五元并五元的产物。

通过乙酰乙酸乙酯（$pK_a = 11$）的烷基化、水解、脱羧反应，生成 α-烷基化的丙酮，称为乙酰乙酸乙酯合成法。

上述 α-烷基化产物中还有一个 α-H，可再次进行烷基化，然后进行酯水解和脱羧，可制备 α-双烷基化的丙酮。

与乙酰乙酸乙酯酸性相近的丙二酸二乙酯（$pK_a = 13$）可通过烷基化、水解和脱羧反应组合，合成 α-烷基化的乙酸，称为丙二酸二乙酯合成法。

丙二酸二乙酯合成法亦可合成 α-双烷基化的乙酸：

7.2.2.1 参考文献

7.2.2.2 经由烯醇硅醚的 α- 烷基化反应

在 Lewis 酸催化下，烯醇硅醚和仲卤代烃或叔卤代烃的反应，可生成 α- 烷基化产物。烯醇硅醚通常由醛或酮在碱存在下与三烷基氯硅烷来制备。

在 Lewis 酸作用下，适应于 S_N1 反应的仲卤代烃或叔卤代烃发生 C—X 键的异裂，所形成的碳正离子中间体被烯醇硅醚捕获，然后脱硅基生成 α- 碳烷基化的产物[1]。

2- 甲基环己酮和三甲基氯硅烷在三乙胺条件下生成可分离的热力学烯基硅醚 **A** 和动力学烯基硅醚 **B**，分别在甲基锂的作用下得到单一的烯醇负离子 **C** 和 **D**，继而分别得到单一的 **C**- 烷基化产物。选择性通过分离提纯而获得。

烯醇硅醚还可通过 α, β- 不饱和酮、三烷基氯硅烷和二烷基铜锂的反应制备，得到的烯醇负离子结构固定，不存在 C–烷基化的选择性问题。例如：

78%

7.2.2.3　经由烯胺的 α–烷基化反应

　　醛或酮在质子酸催化下与二级胺缩合，形成烯胺 **A**，后者与卤代烷发生亲核取代，生成烷基化的亚胺盐正离子中间体 **B**，后者水解即得到 α–烷基化的醛或酮，并回收二级胺原料。通过机理可以看出，反应不会发生 O–烷基化反应，也不会发生多烷基化反应。

　　烯胺的烷基化反应因条件温和，副反应少，对醛也是适用的，例如：

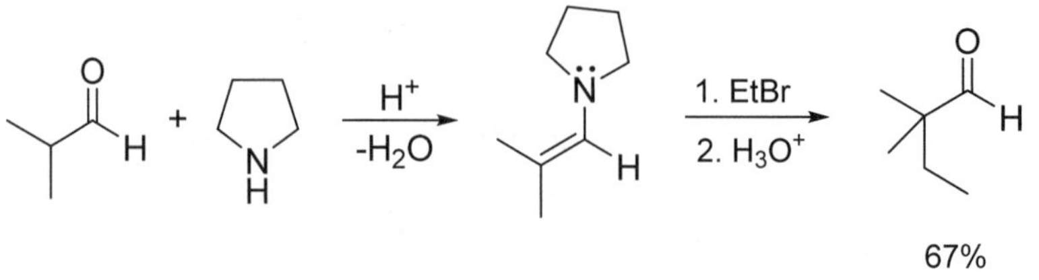

67%

烯胺的形成和反应具有高的区域选择性。不对称的酮与二级胺缩合，生成较稳定的烯胺，然后亲核进攻卤代烷，例如：

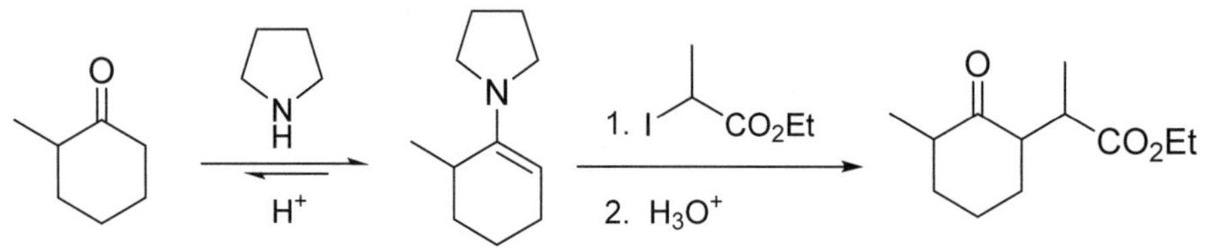

烯胺的形成是可逆的，烯胺 **A** 优先于烯胺 **B** 而生成，是因为烯胺是通过共振而稳定的，发生共振的前提是 N—C—C 在同一个平面上，N—C 键具有部分双键的性质。在烯胺 **B** 的结构中，由于甲基和亚甲基之间的空间位阻有效抑制了 **B** 的共振，因此，烯胺 **A** 比烯胺 **B** 稳定，烯胺 **A** 优先于烯胺 **B** 而生成。

A   **B**

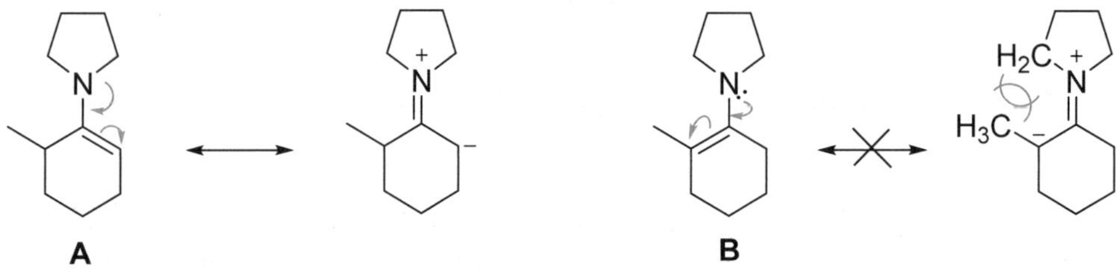

使用烯胺的镁盐（类似于烯醇盐），可以增加其亲核性，例如：

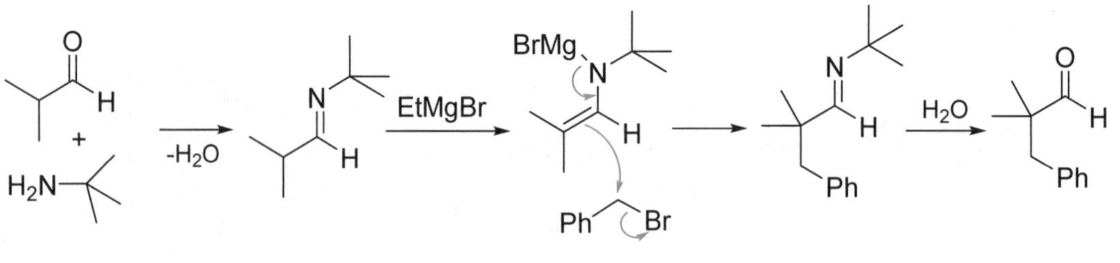

既然二级胺在上述二步反应中被完全回收，那么就应该可以使用催化量的二级胺来完成这一转化。近年来的研究证实了这一可能性。例如，在低温下，用 10 mol% 的手性脯氨酸衍生物可以高效率地催化醛分子内的烷基化反应[1]：

这个催化循环过程可表示如下[1,2]：

7.2.2.3 参考文献

7.2.3　羰基化合物的 α-酰基化反应

7.2.3.1　Claisen 缩合反应

在碱性条件下，含有 α-H 的羧酸酯缩合，生成 β-酮酸酯，这个反应称为酯缩合反应，又称为 Claisen 缩合反应。

这个反应的机理如下：首先，乙醇钠夺取酯的 α-H，形成烯醇负离子；后者亲核进攻另一分子酯的羰基碳，形成中间体 **A**；**A** 消除乙氧基负离子后生成产物。这三步反应都是可逆的，而且平衡倾向于原料。因此，必须使用化学计量的乙醇钠，以使生成的β-酮酸酯转变为相应的烯醇盐 **B** 沉淀，从而使平衡完全偏向产物方向。最后，用酸处理得到最终产物。

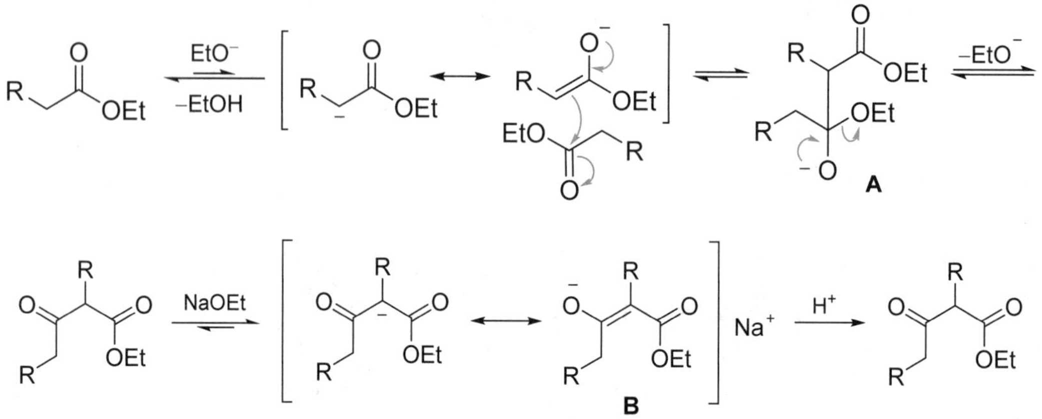

Claisen 缩合反应不仅可以在分子间进行，也可以在分子内进行，分子内的酯缩合反应也称为 Dieckmann 缩合反应。例如[1]：

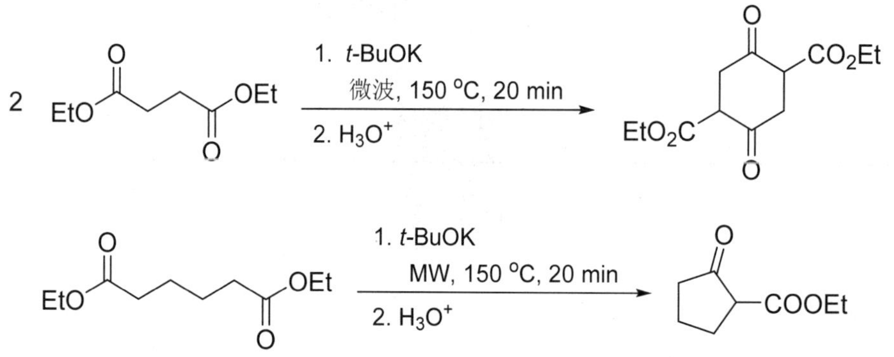

不同的酯之间可发生交叉的酯缩合反应，如甲酸乙酯与乙酸乙酯缩合生成β-氧代丙酸乙酯：

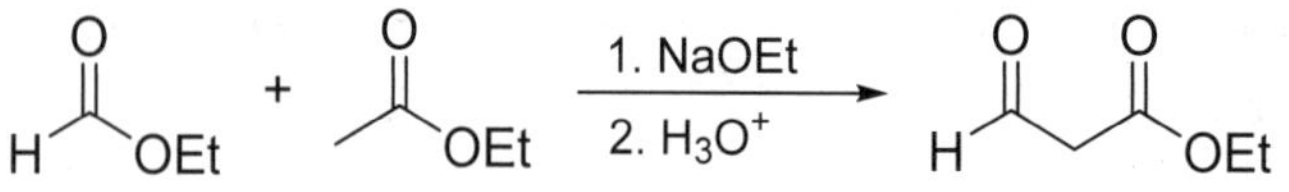

酮与酯之间亦可发生交叉的酯缩合反应。为避免自身缩合，通常使用无α-H 的酯与酮进行反应，例如草酸二乙酯与 2-乙酰基呋喃的缩合[2]：

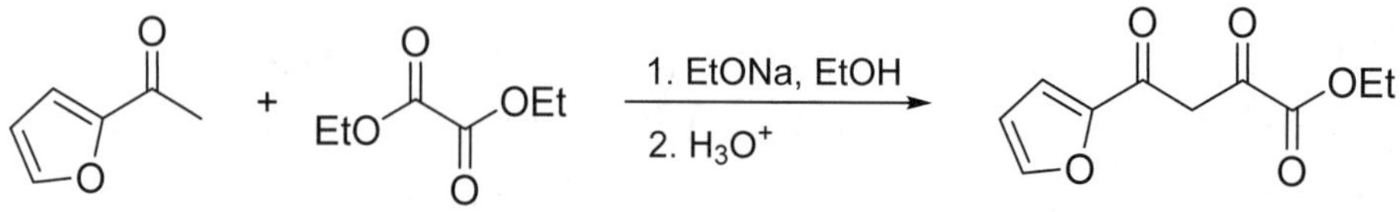

7.2.3.1 参考文献

7.2.3.2　经由烯胺的 α-酰基化反应

醛或酮与二级胺缩合形成的烯胺可作为亲核试剂与酰卤发生亲核取代反应，生成 α-酰基化产物，称为 Stock 烯胺酰基化反应。烯胺的烯基碳亲核进攻酰卤羰基碳，形成中间体 **A**；然后，**A** 经历消除，离去基团 X 离去，形成亚胺盐中间体 **B**。最后，亚胺盐水解，生成 α-酰基化产物，并回收二级胺。

7.3　羰基化合物的 α-重氮化反应

在碱性条件下，含 2 个 α-H 的羰基化合物和 TsN_3 反应是目前制备 α-重氮羰基化合物的重要途径之一，尤其适合环状的 α-重氮羰基化合物的合成，该反应也称为重氮转移反应（diazo transfer）[1]。

R, R' = alkoxy, alkyl

活泼亚甲基（pK_a 为 9~13）在三乙胺的作用下失去质子成烯醇负离子 **A**，亲核进攻对甲苯磺酰胺叠氮形成 **B**，继而发生分子内质子转移和对甲苯磺酰胺负离子离去，最

后生成 α-重氮羰基化合物。

由于一般羰基化合物 α-H 的酸性不够强（pK_a 为 19～20），进行重氮转移反应之前，需要对底物进行活化。利用 Claisen 缩合反应在羰基的 α 位导入一个甲酰基能将 α-H 的酸性提高十个数量级，该反应称为脱甲酰重氮转移反应（deformylating diazo transfer）。

如下所示，脱甲酰重氮转移反应适用于环状 α-重氮羰基化合物的合成：

7.3 参考文献

拓展学习资源 ··

知识讲解 1

知识讲解 2

讲解课件

习 题

1. 解释下列反应的区域选择性。

solvent	A	B
PhNO$_2$	(27.6%)	(72.4%)
CCl$_2$CCl$_2$	sole product	
CS$_2$	major	trace

(*J. Org. Chem.* 1960, *25*, 1856-1859.)

2. 预测下列反应的主要产物。

(1) indole $\xrightarrow[0\ ^{\circ}C]{Br_2}$?

(2) pyrrole $\xrightarrow[0\ ^{\circ}C]{Br_2}$?

(3) isoquinoline $\xrightarrow[0\ ^{\circ}C]{HNO_3,\ H_2SO_4}$?

(4) cyclohexane COOH $\xrightarrow[100\sim120\ ^{\circ}C,2\sim6\ h]{PBr_3\ (0.2\sim0.4\ equiv)\ \text{然后}\ Br_2\ (1.2\ equiv)}$? $\xrightarrow[DCM,\ rt,\ 16h]{\text{-SH}}$?

(5) $\xrightarrow[THF]{LDA}$? $\xrightarrow{\text{Cl}\ /\ \text{Cl}}$?

(6)

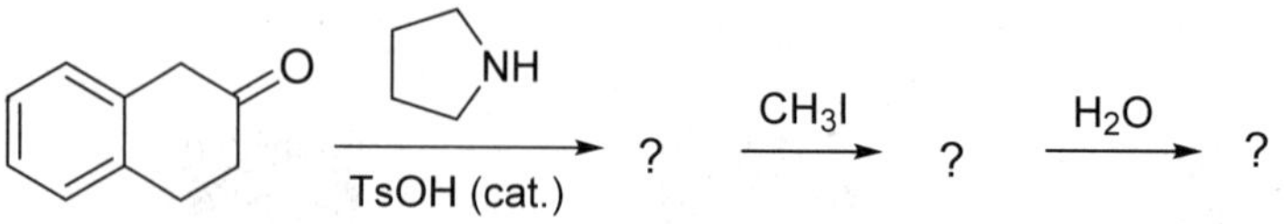

CH₃I → ? H₂O → ?

(7)

$$\xrightarrow[\text{5~10 °C, 45 min}]{\text{HNO}_3,\ \text{AcOH}}$$?

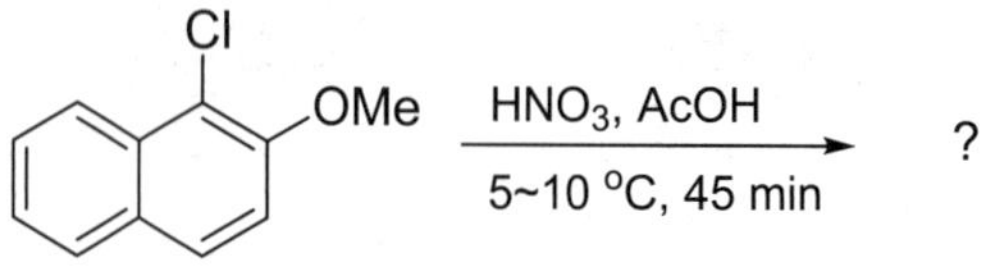

(*J. Chem. Soc.* 1953，2089-2093.）

(8)

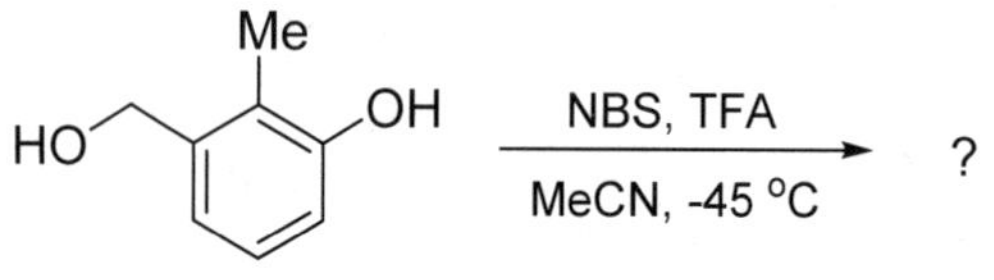

$$\xrightarrow[\text{MeCN, -45 °C}]{\text{NBS, TFA}}$$?

(*Org. Process Res. Dev.* 2021，*25*，405-410.）

(9)

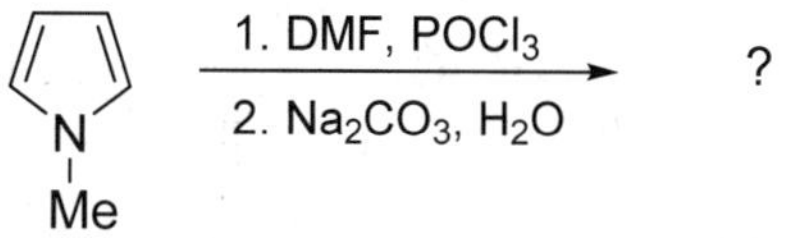

$$\xrightarrow[\text{2. Na}_2\text{CO}_3,\ \text{H}_2\text{O}]{\text{1. DMF, POCl}_3}$$?

3. 由指定的原料和必要的有机、无机试剂合成下列化合物。

(1)

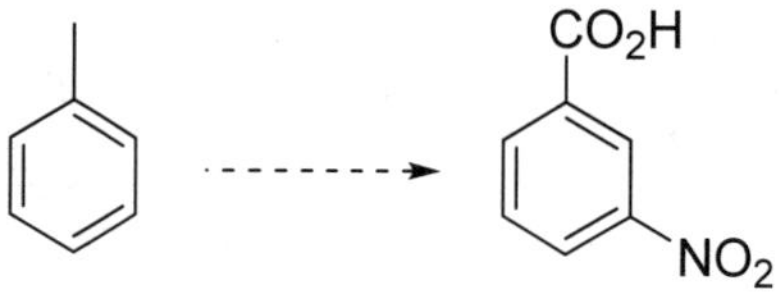

(2)

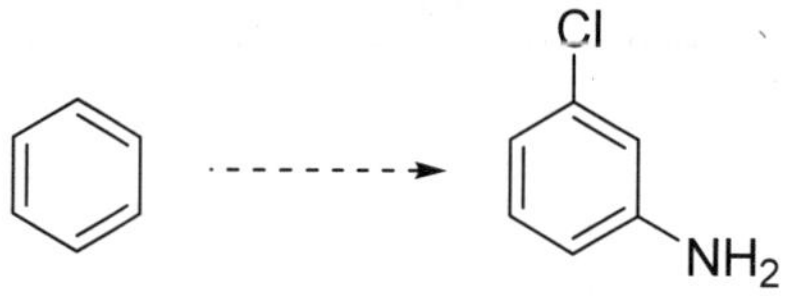

(3)

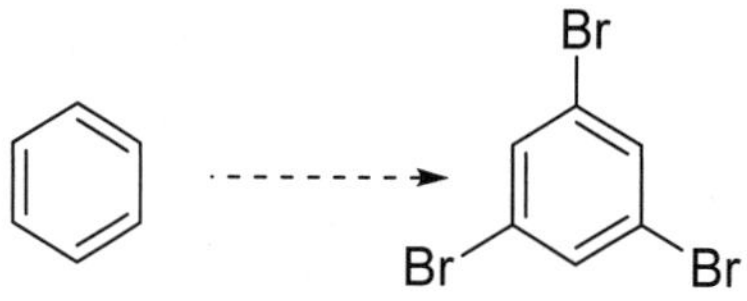

(4)

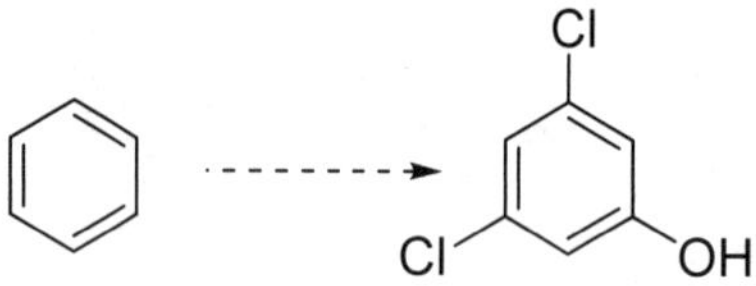

(5)

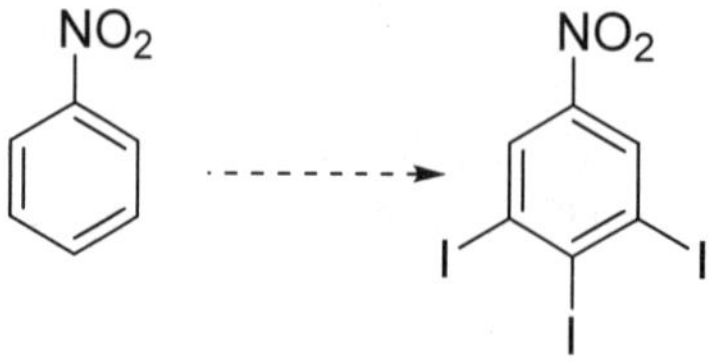

4. 试推测下列反应的可能机理:

(1)

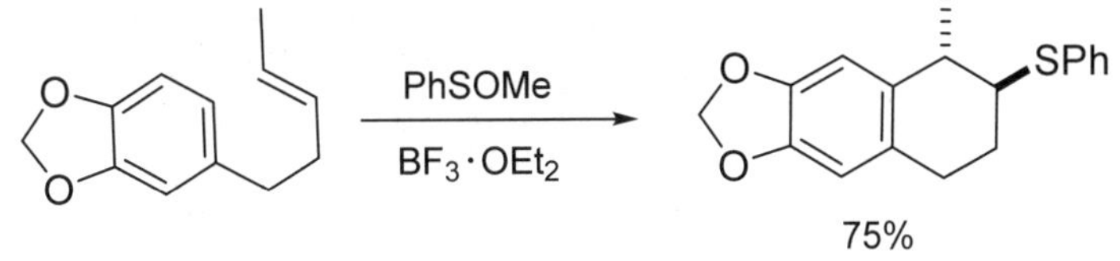

(*J. Org. Chem.* 2014, *79*, 140-171.)

(2)

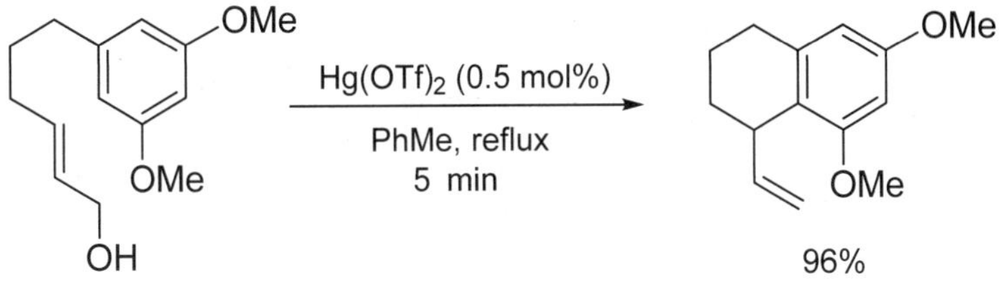

(*Org. Lett.* 2008, *10*, 1767-1770.)

(3)

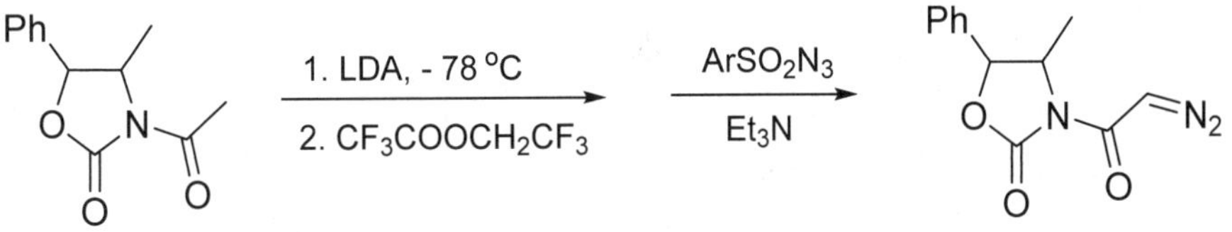

(4)

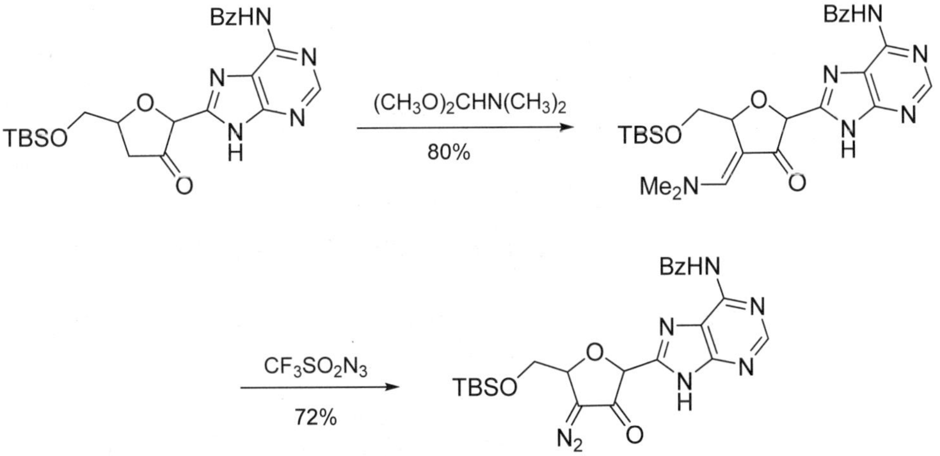

5. 分子碘既是一种亲电试剂,又是一种温和的 Lewis 酸。ICl 比分子碘具有更强的亲电活性。芳基炔和芳基炔丙醇在分子碘或 ICl 存在下能够发生一系列亲电的串联反应,生成环化产物。试提出以下反应的可能机理。

(1)

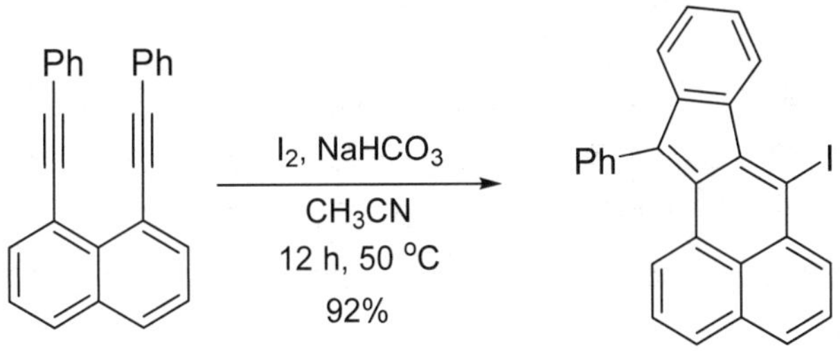

(*Chem. Eur. J.* 2011, *17*, 8105-8114.)

(2)

95%

（*Tetrahedron* 2012，*68*，2844-2850.）

(3)

76%

（*J. Org. Chem.* 2013，*78*，11382-11388.）

6. Selectfluor 是一种高效亲电氟代试剂，其结构如下所示。给出实现 A 转化为 B 的试剂 C；写出中间产物 D 和 E 及产物 F 的结构。

（*Acc. Chem. Res.* 2004，*37*，31-44.）

7. 三氟甲磺酸酐能有效活化酰胺，形成的缺电子性中心可以被分子内富电子性芳香烃所捕获。试提出如下反应的机理（*Org. Lett.* 2011，*13*，4268-4271.）。

8. 如下所示，[2.2]对环蕃（[2.2]paracyclophane，**pCp**）的两个苯环间距很小（约 309 pm），因此它们的自由旋转是受限制的。当一个苯环上有给电子基时，亲电取代主要发生在同一苯环的对位（*para*）和邻位（*ortho*）；当取代基为吸电子基时，亲电取代反应将有 4 种可能的取代位置，即假邻位（*pseudo-ortho*）、假间位（*pseudo-meta*）、假对位（*pseudo-para*）和假同位（*pseudo-gem*），但通常反应具有区域选择性。

pCp

4-甲基[2.2]对环蕃（**1**）的溴化反应发生在邻位和对位，生成 **2**（57.8%）和 **3**（42.2%）；氘代化合物 **D-1** 在相同条件下反应时，转化率明显下降，且对位产物 **3** 的比例增至 69.8%，而且有少量假对位氢氘交换产物 **D-3** 生成。动力学同位素效应实验显示 $k_H/k_D \geqslant 3.67$（ *J. Am. Chem. Soc.* 1969，*91*，3505-3516.）。

（1）推测氘转移产物 **D-3** 形成的机理，并指出决速步骤。

（2）pCp 在 $FeBr_3$ 催化下与 Br_2 反应，生成外消旋的 4-溴[2.2]对环蕃，与过量的 Br_2 进一步反应则主要得到 3 种四溴代产物，画出这 3 种产物的结构。

（3）pCp－4－甲酸甲酯（**4**）的溴化反应主要生成假同位取代产物 **5**（*J. Org. Chem.* 2019，*84*，5369-5382.）。试解释这个反应的区域选择性。

习题参考答案

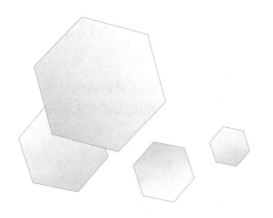

分子内失去两个基团或原子而形成新结构的反应称为消除反应。消除反应按照消除两个基团的相对位置可分为α-消除、β-消除和γ-消除等，其中常见的为α-消除和β-消除。α-消除是同一个原子上消除两个基团（或原子），形成不稳定的卡宾或乃春等活性中间体。β-消除的经典反应有三种机理，分别为 E1、E2 和 E1cB。与加成反应相反，β-消除是单键减少而不饱和键增多的反应。γ-消除指分子内两个不相邻的原子上各失去一个基团，最终形成环状化合物的反应。本章将着重讨论α-消除和β-消除。

α-消除:

β-消除:

γ-消除:

8.1 α-消除

8.1.1 卤代烷的α-消除

卤代烃在碱性条件下失去同碳上的卤化氢得到卡宾。经典的例子是氯仿在氢氧化钠作用下生成二氯卡宾，后者被烯烃所捕获，生成环丙烷衍生物。

这个环丙烷化反应分两个阶段进行，第一阶段为 α- 消除：在氢氧化钠作用下，氯仿失去一个质子，产生三氯甲基负离子，然后氯负离子离去，形成二氯卡宾中间体。第二阶段为二氯卡宾对富电子性烯烃的加成，即环丙烷化反应。

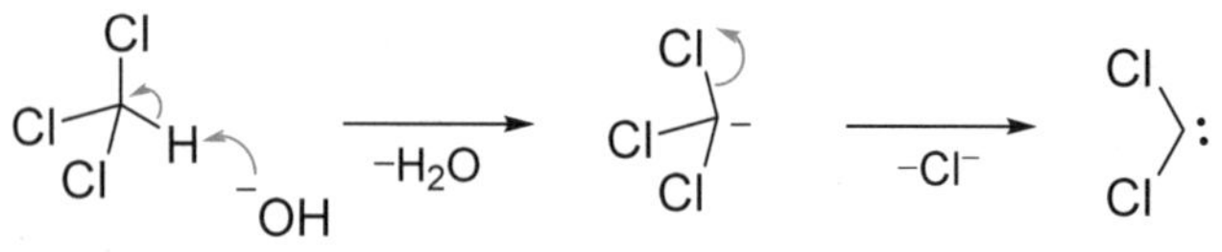

三氯乙酸钠盐在加热条件下发生热解，也能发生 α- 消除，产生出二氯卡宾。

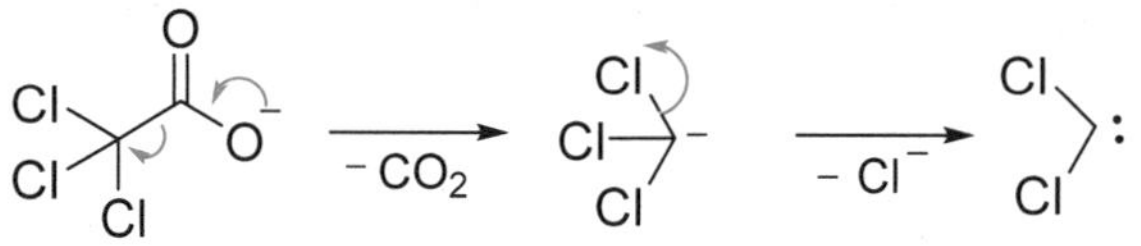

二氯甲烷在强碱（如烷基锂试剂）作用下发生 α- 消除，生成一氯卡宾。

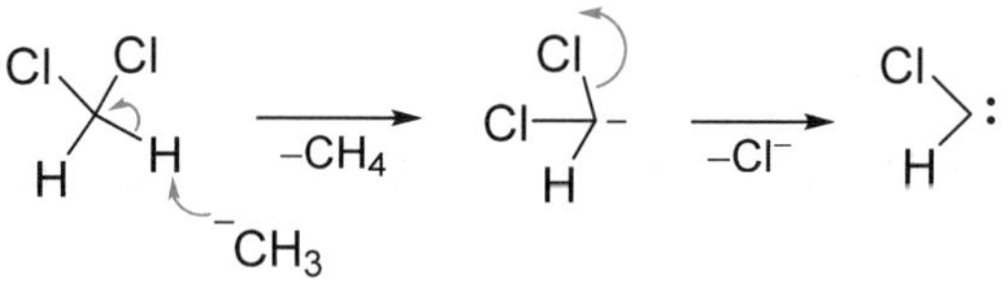

通过这种方法产生的一氯卡宾比二氯卡宾活泼，甚至能和苯、吲哚或吡咯的双键发生环丙烷化反应，并得到扩环产物，例如：

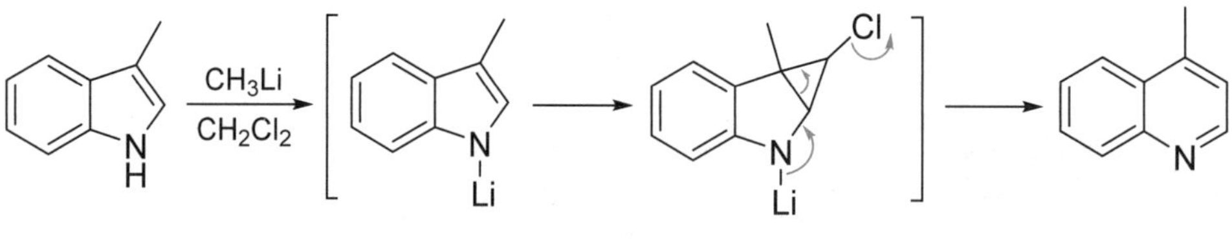

8.1.2 烯酮、重氮化合物、叠氮化合物的光解或热解

烯酮、重氮化合物、叠氮化合物的光解或热解，能产生卡宾或乃春。

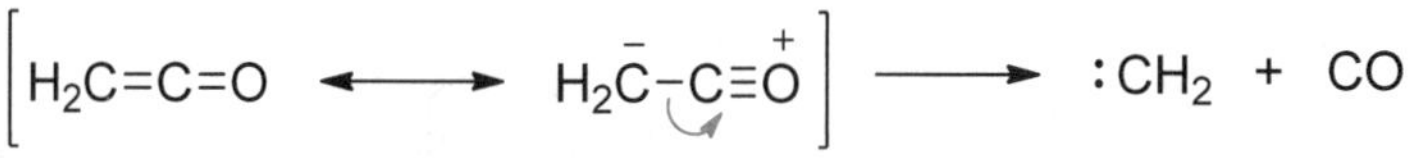

$$\left[H_2C=C=O \longleftrightarrow H_2\overset{-}{C}-C\equiv\overset{+}{O} \right] \longrightarrow :CH_2 + CO$$

$$[H_2C=\overset{+}{N}=\overset{-}{N} \longleftrightarrow H_2\overset{-}{C}-\overset{+}{N}\equiv N] \longrightarrow :CH_2 + N_2$$

$$[R-\overset{+}{N}=\overset{-}{N} \longleftrightarrow R-\overset{-}{N}-\overset{+}{N}\equiv N] \longrightarrow R-\overset{..}{\overset{..}{N}} + N_2$$

$\alpha-$重氮酮的$\alpha-$消除已被广泛用于有机合成中。例如，$\alpha-$重氮吲哚酮在光照条件下失去氮气，形成卡宾，后者被烯烃捕获，可得到 3,3-螺环丙烷基吲哚酮。

与卡宾相似，乃春很不稳定，一旦形成便立即发生重排、环加成、C—H 插入等反应。例如，酰基叠氮化合物在光解或热解时，产生酰基乃春，后者则立即发生 1,2-重排，转化为异腈酸酯。

磺酰基叠氮光解生成的磺酰基乃春常用于制备吖丙啶类杂环化合物。

8.1.3 $\alpha-$卤代金属化合物的$\alpha-$消除

卡宾非常活泼，能对碳碳重键或碳杂原子重键发生加成，还可以对 C—H 键发生插入，因此产物比较复杂。环丙烷化的一种改进方法是 Simmons-Smith 反应[1]。该反应用锌铜合金（Zn–Cu）和二碘甲烷（CH_2I_2）在醚溶液中原位形成的有机锌试剂（$IZnCH_2I$）将烯烃立体专一性地转化成环丙烷衍生物，这是合成环丙烷衍生物的重要方法之一。

由 Et₂Zn 和 CH₂I₂ 的卤原子–金属交换制备的有机锌试剂 EtZnCH₂I(称为 Furukawa 试剂)[2]常用于 Simmons-Smith 反应，其优点是反应活性较高，且操作简便。例如[3]：

8.1.4 N–烃基羟胺衍生物的 α– 消除

N–烃基羟胺的磺酸酯在碱作用下可发生 α– 消除，形成乃春：

N–烃基羟胺的羧酸酯亦可发生 α– 消除。例如，N–芳基–O–酰基羟胺在二乙胺的甲醇溶液中分解，得到芳胺[1]，反应经历了乃春中间体。

过渡金属能够与乃春形成较稳定的金属乃春（N＝M），金属乃春的应用极大地扩展了乃春在有机合成中的应用，例如，在催化量的铑配合物存在下，下面的酰基羟胺磺酸酯可经铑乃春中间体的分子内 C—H 插入生成环化产物[2]：

8.1.4 参考文献

8.2　β-消除

常见的β-消除包括单分子消除反应（E1）、双分子消除反应（E2）、单分子共轭碱消除反应（E1cB）和分子内消除（Ei）四种类型，其中"E"代表消除（elimination），"1"和"2"分别代表单分子反应和双分子反应动力学特征，"cB"代表反应物分子的共轭碱（conjugated base），"i"代表分子内（internal）。

8.2.1　E1 机理

E1 反应分两步进行：第一步是离去基团离去，经过"类碳正离子过渡态"生成碳正离子；第二步为碱夺质子，经过"类烯烃过渡态"得到β-氢消除产物。与 S_N1 反应相似，E1 反应的第一步为反应的决速步骤（RDS）。

单分子消除反应的特征：反应分步进行，C—X 键的异裂是反应的决速步骤，反应速率只和卤代烃的浓度有关，和碱的浓度无关，是一级反应动力学，因此称为单分子反应。

离去基团的离去能力越强，反应越容易进行。因此，卤代烷发生 E1 反应的相对速率为

$$R-I > R-Br > R-Cl$$

形成碳正离子中间体经过类碳正离子过渡态，反应速率取决于类碳正离子过渡态的能垒。因此，卤代烷进行 E1 反应的相对速率为

$$R_3CX > R_2CHX \gg RCH_2X$$

通常只有叔卤代烷和仲卤代烷进行 E1 反应，而且经常伴随着碳正离子的重排。

E1 反应具有良好的区域选择性，一般生成含取代基较多的烯烃，即 Zaitsev 烯烃，这一规律称为 Zaitsev 规则。如下所示的反应，有两种β–H 可以发生消除反应生成烯烃，碳正离子演变成烯烃需要经过“类烯烃过渡态”，受超共轭作用的影响，取代基越多烯烃越稳定，由此可以得出通过路径 a 的类烯烃过渡态具有较低的能垒，反应得到取代基多的烯烃：

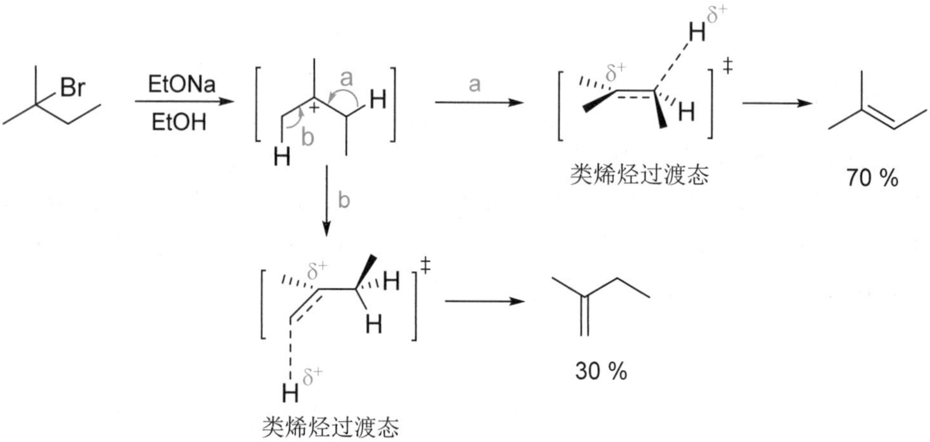

由于第一步反应和 S_N1 第一步反应机理相同，因此，E1 和 S_N1 是竞争反应，提高碱的浓度或提高反应温度均有利于消除反应的发生：

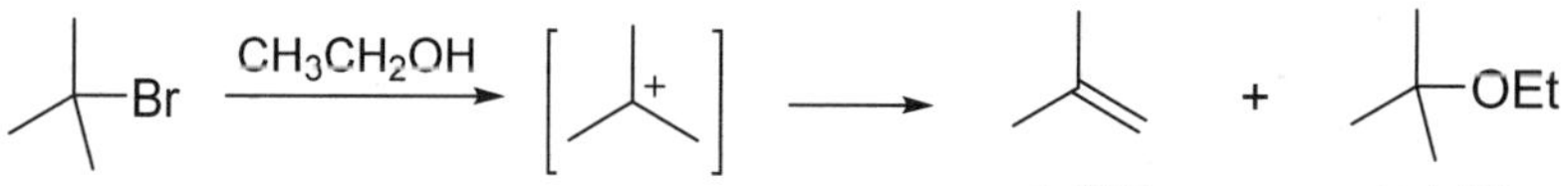

	β-消除	溶剂解
EtOH	20%	80%
EtONa / EtOH	93%	7%

醇在质子酸或 Lewis 酸作用下脱水成烯烃多数按 E1 机理进行，即经由碳正离子中间体。

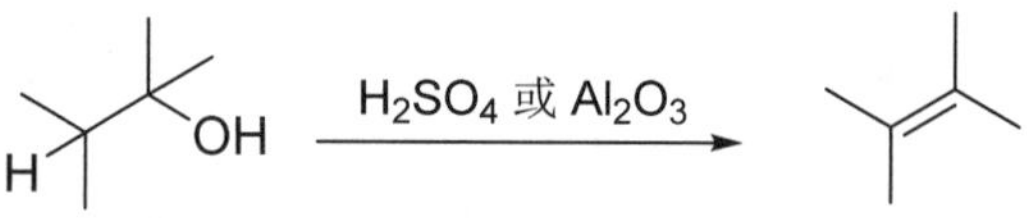

有些热消除反应也是按照 E1 机理进行的，如下所示的反应是在苯基邻基参与的情况下发生的。换句话说，没有苯基的存在，酯是稳定的。

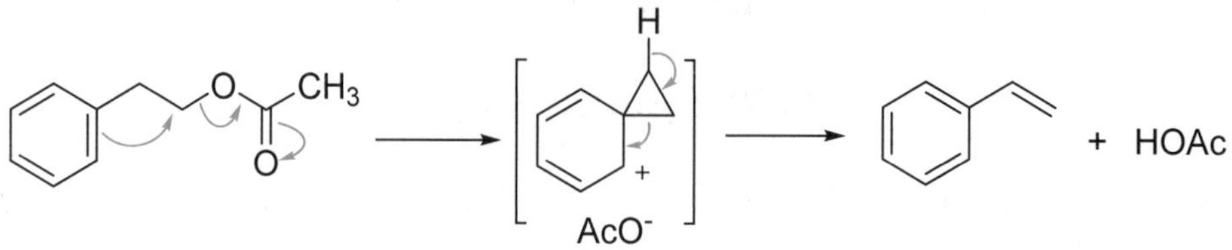

E1 消除也能发生在生命体系中。例如，KikGRX 是一种绿色荧光蛋白，在光诱发下发生 E1 消除，生成具有更大共轭体系的新结构。这一结构的微小改变导致了 KikGRX 蛋白的发光颜色由绿色转变为红色[1]。

红色荧光
(λ_{em} = 512 nm)

KikGRX蛋白的发光团结构
绿色荧光 (λ_{em} = 441 nm)

8.2.1 参考文献

8.2.2　E2 机理

E2 反应的反应动力学特征是双分子消除，反应速率与底物浓度和碱的浓度同时相关，离去基团(L⁻)和质子同时离去，反应一步进行。如下所示的底物结构中，和 C—L 键相邻的 C—H 键有两个，两个 C—H 键均可以和 C—L 键以反式共平面的形式存在，σ(C—H)上的电子可以填充到σ*(C—L)轨道中，存在σ(C—H)和σ*(C—L)的超共轭效应。

当碱夺取取代基较多的 β–碳原子上 H 的时候，经过"类烯烃过渡态"**A** 生成 Zaitsev 烯烃（路径 a）；当碱夺取取代较少的 β–碳原子上 H 的时候，经过"类烯烃过渡态"**B** 生成 Hofmann 烯烃（路径 b）。

8.2.2.1 Zaitsev 消除

在卤代烷的 E2 反应中，离去基团和质子同时离去，反应一步进行，反应速率不仅和卤代烃的浓度有关，而且和碱的浓度有关，为二级反应动力学，因此属于双分子反应。

E2 和 S_N2 是竞争反应，提高反应温度有利于消除反应；离去基团的离去能力越强，反应越容易进行：

$$R-I > R-Br > R-Cl$$

由于反应经过"类烯烃过渡态"，取代基越多越有利于过渡态的稳定，例如：

较稳定　　　　　　较不稳定

因此，具有相同离去基团的不同类型卤代烷底物发生 E2 反应的相对速率如下：

$$R_3CX > R_2CHX > RCH_2X$$

在 E2 反应中，底物中的离去基团和消除的质子处于反式共平面的构象，存在 $\sigma(C—H)$ 和 $\sigma^*(C—L)$ 的超共轭作用，净结果使得 C—H 键和 C—L 键变长，C—C 键变短，β-H 具有一定的酸性。在碱作用下，发生电子转移，经过类烯烃过渡态最后得到烯烃。

由于需要满足反式共平面的立体化学要求，E2 反应具有立体专一性。例如，在碘负离子作用下，内消旋的 2,3-二溴丁烷发生 E2 反应，生成反-丁-2-烯，而 $(2R,3R)$-2,3-二溴丁烷和 $(2S,3S)$-2,3-二溴丁烷均反应得到顺-丁-2-烯。

对于卤代环己烷，反式共平面的构象要求意味着离去基团和消除的质子应处于椅式构象的两个直立键上。例如，$(1R,2R)$-1-氯-2-甲基环己烷的 E2 反应生成 (R)-3-甲基环己烯，而 $(1S,2R)$-1-氯-2-甲基环己烷的 E2 反应主要生成 1-甲基环己烯。这是因为在 $(1R,2R)$-1-氯-2-甲基环己烷中只有 H_a 与氯处于反式共平面，故得到 (R)-3-甲基环己烯；而在 $(1S,2R)$-1-氯-2-甲基环己烷中，H_a 和 H_b 均能满足反式共平面消除的要求，在此情况下，应考虑生成取代基多的 Zaitsev 烯烃，故 H_b 优先于 H_a 发生消除。

(1R,2R)-1-氯-2-甲基环己烷

(1S,2R)-1-氯-2-甲基环己烷　　　　　　　　　　　主要产物　　　　次要产物

  类似的例子还有顺式和反式 2－甲基环己醇的对甲苯磺酸酯在叔丁醇钾作用下的消除反应[1]。反式的底物得到 3－甲基环己烯，而顺式的底物得到 70% 的 1－甲基环己烯和 30% 的 3－甲基环己烯。可以看出，碱的位阻大小并不是决定产物结构的关键因素，起关键作用的还是原料中的两个离去基团（OTs 和 H）能否拥有反式共平面的过渡态结构，以及消除过程中经过的类烯烃的过渡态的能垒。

70%　　　　30%

  消除的区域选择性还与 β－H 的酸性有关，烯丙基型质子、苄基型质子比一般质子具有更强的酸性，消除得到与烯基或芳基共轭的双键，例如[2]：

R = Me, Et, i-Pr, t-Bu

  E1 机理和 E2 机理是有竞争的，多数反应中 E1 机理和 E2 机理共存。磺酸薄荷酯的热解（pyrolysis）得到如下混合物产物[3]。如果反应按照 E2 机理进行，因只有一个反式共平面的氢，应该只得到一种 E2 消除产物；如果是 E1 消除，生成碳正离子后发生 β－H 消除，则可以有两种产物。

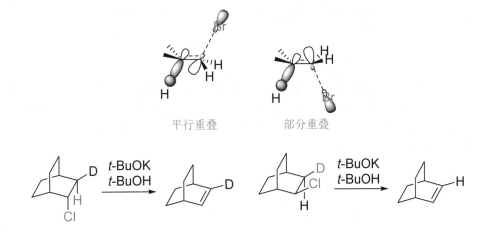

对于桥环化合物，消除所产生的双键一般不在桥头碳上，这一规律称为 Bredt 规则（Bredt rule）。但当环足够大时（如八元环），则这一规则不再适合。

这是因为σ(C—H)和σ*(C—Cl)不可能存在共平面的几何结构，不能发生轨道的重叠：

σ*(C-Cl)   σ(C-H)

和反式共平面消除相比，顺式共平面有轨道部分重叠的可能，因此在不能满足反式共平面要求的情况下，顺式共平面的消除也可能发生的：

平行重叠   部分重叠

8.2.2.1 参考文献

8.2.2.2 Hofmann 消除

胺与过量的碘甲烷反应生成季铵盐，后者与 AgOH 作用，发生负离子交换，转化为季铵碱，常用潮湿的 Ag₂O 来实现这一转化。季铵碱热解时发生 E2 消除，生成烯烃、叔胺和水，这个反应称为 Hofmann 消除。Hofmann 消除中的离去基团为叔胺。

在高温下，季铵碱中的 OH⁻ 夺 β–H 发生消除成烯烃。当底物中没有 β–H 时，发生简单的取代；当底物中只有一种 β–H 时，产物为单一的烯烃；当底物中有两种不同的 β–H 共存时，OH⁻ 优先夺取烷基较少的 β–C 上的质子，生成含取代基少的烯烃，此规律称为 Hofmann 规则。这是 Hofmann 消除的区域选择性，与前述卤代烷的 Zaitsev 消除的区域选择性相反，例如：

通过对上述反应的构象分析可以看出，当 OH⁻ 进攻 β–H 时，反应得到 Hofmann 烯烃，反应的反式共平面过渡态的位阻较小，动力学上是有利的；但当 OH⁻ 分别进攻两个不同的 β'–H 时，反式共平面过渡态的位阻较大，动力学上是不利的。

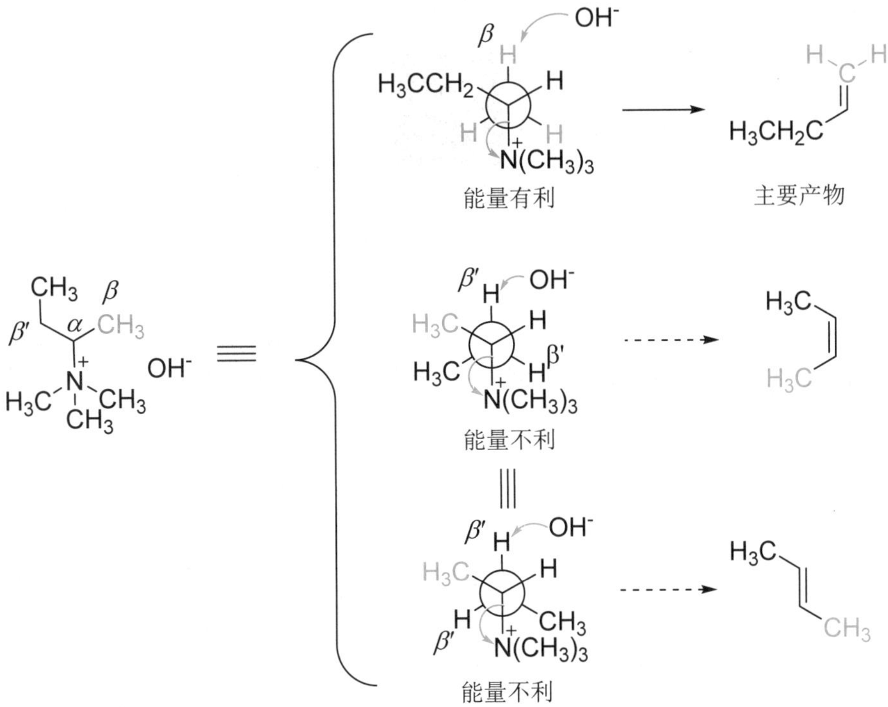

Hofmann 规则也有例外。当生成的双键能被其他基团所稳定时，消除的方向不再符合 Hofmann 规则，例如：

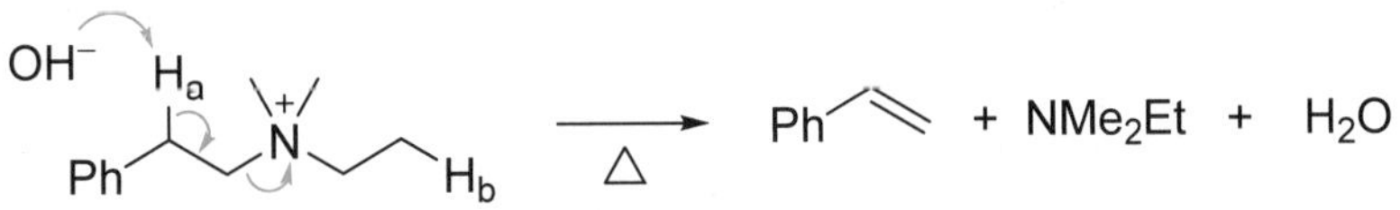

这一反应还能用来制备炔烃：

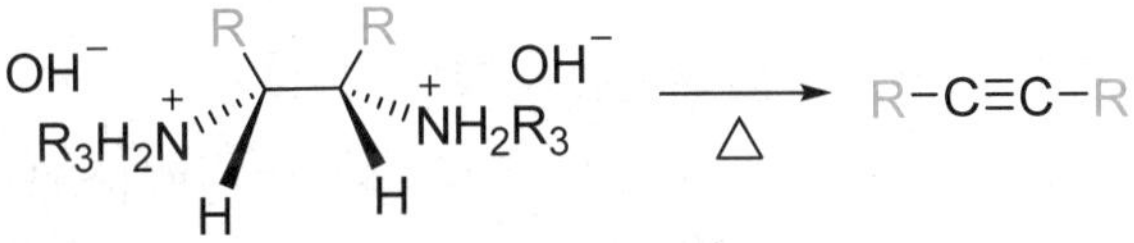

广义的 Hofmann 消除指的是季铵盐在碱性条件下的 E2 消除。在一些无痕固相合成中，季铵盐在碱性条件下的 Hofmann 消除被用于将产物从树脂上解离出来。例如，含有溴甲基的树脂经过多步反应后，形成连有含苯并咪唑结构的树脂，它在三乙胺作用下经 Hofmann 消除解离，生成苯并咪唑类化合物[1]。

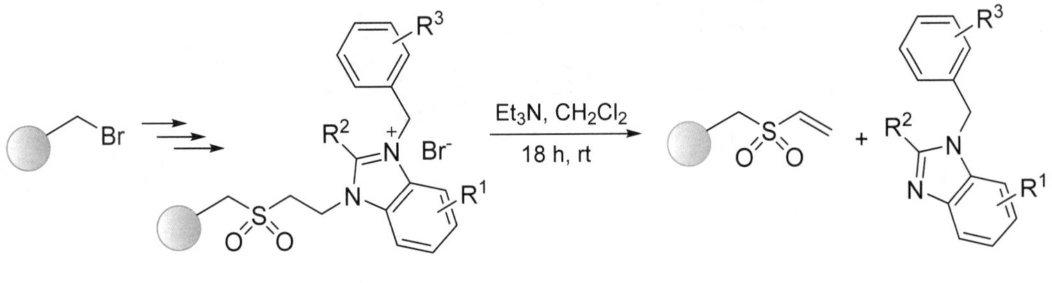

8.2.2.2 参考文献

8.2.3 E1cB 机理

在碱作用下，β-H 先离去，生成碳负离子中间体（即底物的共轭碱），然后离去基团离去，这种消除称为 E1cB 反应。

类碳负离子过渡态 　　　　　　碳负离子

类烯烃过渡态

通过 E1cB 机理进行的反应一般需要β-H 具有足够强的酸性，以形成较稳定的共轭碱，即碳负离子中间体。例如，1-氯-2-苯基丙烷在乙醇溶液中用乙醇钠处理时发生 E2 消除，生成 2-苯丙烯，而结构相似的 1,1-二(4-硝基苯基)-2,2-二氯乙烷在同样条件下则发生 E1cB 消除[1]。这是因为后者的β-H 酸性较强，硝基的强吸电子共轭效应稳定了碳负离子中间体。

E1cB 反应的离去基团一般为相对较难离去基团。例如，2-(2-氟乙基)吡啶在碱作用下发生 E2 消除。当把底物中的吡啶基转化为吡啶盐之后，β-H 的酸性大大增强，从而发生 E1cB 消除；然而，进一步把吡啶盐底物中 F 换成 Cl 或 Br 时，反应则按 E2 机理进行[2]。

由此可见，一个消除反应经历 E1cB 机理还是 E2 机理，不仅取决于 β-H 的酸性，还取决于离去基团的离去能力。在下面的 E1cB 反应中，甲氧基甚至也可作为离去基团。

消除产生的烯烃由于空间位阻的存在，具有较高的势能，通过两步的质子转移，最后生成热力学稳定的烯烃。

  E1cB 消除常见于 β-羟基羰基化合物脱水生成 α, β-不饱和羰基化合物的反应中。例如，在碱催化的羟醛缩合反应中，第一步反应所生成的 β-羟基羰基化合物经 E1cB 机理消除一分子水，生成 α, β-不饱和羰基化合物。在这个过程中，碳负离子中间体因羰基的吸电子共轭效应而稳定。

  E1cB 消除的另一个重要实例见于 Boord 烯烃合成法。醛和醇在 HCl 气体作用下得到的 α-卤代醚经溴处理生成 α, β-二溴代醚，后者用格氏试剂处理得到 β-溴代醚，进一步用锌粉还原得到烯烃，这个方法称为 Boord 烯烃合成法。

  该反应的最后一步（即锌粉还原）实际上是 E1cB 消除。β-卤代醚在金属锌（或镁）作用下，金属插入 C—X 键，生成有机锌（或镁）化合物——碳负离子的等价试剂，然后烷氧基离去成为烯烃。

这个反应没有很好的立体选择性，得到 Z 构型和 E 构型共存的烯烃混合物。此外，当离去基团（即烷氧基负离子）的相对分子质量增大时，消除反应速率降低。一些烷氧基取代底物的相对反应速率如下：

$$CH_3O > C_2H_5O > n\text{-}C_4H_9O > i\text{-}C_4H_9O$$

如果是简单的醚，用很强的碱（如烷基钠、烷基锂、LDA 等）夺取 β–H 也可以得到烯烃。

苄基乙基醚作为底物时，由于氢的相对酸性不同，强碱优先夺取苄位的氢，发生如下反应：

8.2.4　Ei 机理

分子内消除（internal elimination）用 Ei 表示。Ei 消除常见于一些热解反应中，反应经过五、六元环状过渡态，立体化学特征为顺式消除。氮氧化物、亚砜和硒氧化物的热消除，以及酯的裂解等都属于 Ei 消除。

1. 氮、硫和硒的氧化物的消除

三级胺的氮氧化物发生分子内顺式消除，生成烯烃和羟胺，这个反应称为 Cope 消除。

Cope 消除经过五元环状过渡态，过渡态中离去基团处于顺式共平面位置，故发生顺式消除，反应具有立体专一性。如下赤式构型的三级胺氮氧化物热解，主要生成 Z 构型的 Zaitsev 烯烃和少量 Hofmann 烯烃：

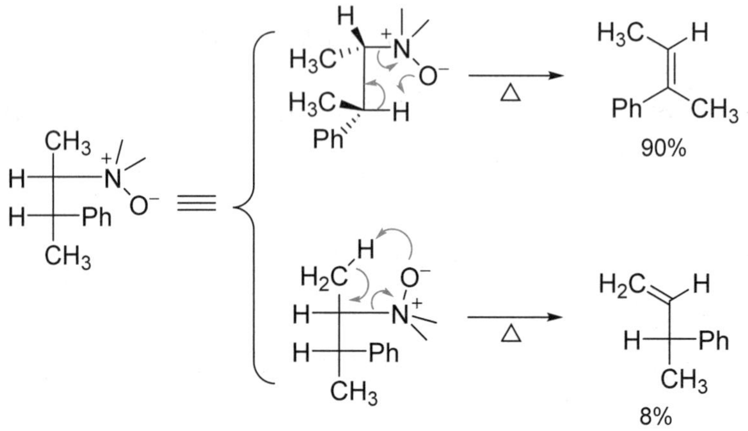

用间氯过氧苯甲酸（m–CPBA）氧化三级胺，可得到氮氧化物，后者作为底物进行 Cope 消除，这种方法已被用于有机合成。下面的例子是一类具有周期蛋白依赖激酶（CDK2）抑制活性化合物的合成，从 β– 哌啶乙基硫醚出发，经 m–CPBA 氧化、Cope 消除和氮杂 Micheal 加成，即得到含 β– 氨基乙基砜结构的目标产物[1]。

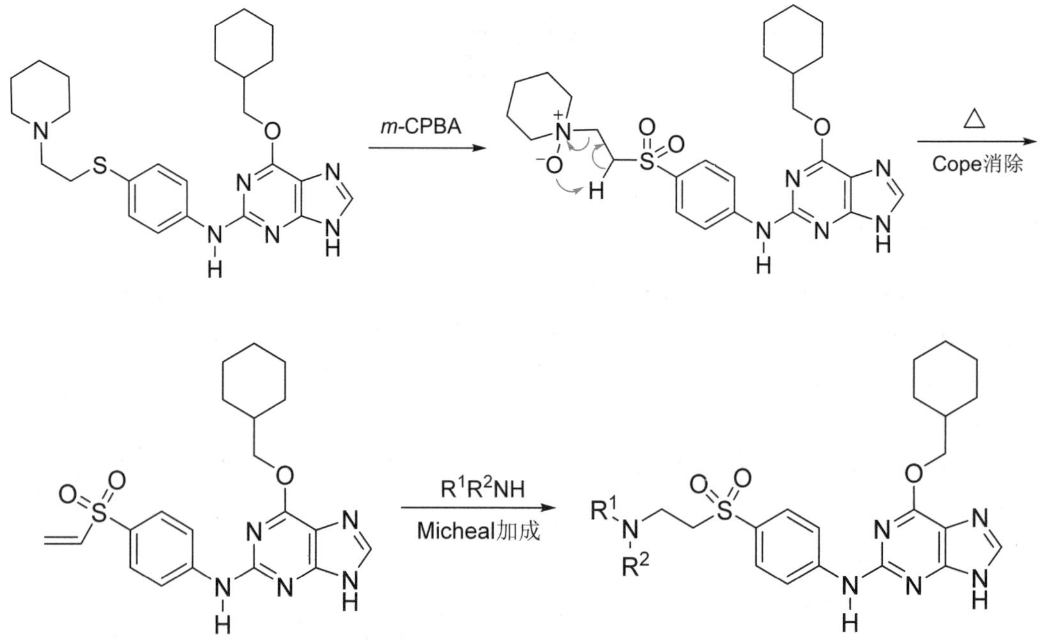

需要指出的是，Cope 消除是可逆反应，逆 Cope 消除是由烯烃和 N, N′– 二取代羟胺合成三级胺氮氧化物的一种方法，又称烯烃的羟胺化，例如[2]：

$$51\% \qquad\qquad 45\%$$

氮氧化物一般不稳定。上述例子中产生的氮氧化物被分子内氢键所稳定，如果逆 Cope 消除所产生的氮氧化物被进一步转化，则逆反应能够顺利进行，例如[3]：

亚砜和硒氧化物受热时亦可发生类似的顺式消除：

$$(Y = S \text{ 或 } Se)$$

例如，通过羰基化合物的 α–亲电取代得到的 α–硒基化酮在氧化剂（如双氧水和 m–CPBA）作用下，氧化生成硒氧化物，后者不稳定，很容易发生 Ei 消除，生成 α,β–不饱和羰基化合物。

这一反应常用于从羰基化合物出发制备 α,β–不饱和羰基化合物，例如[4]：

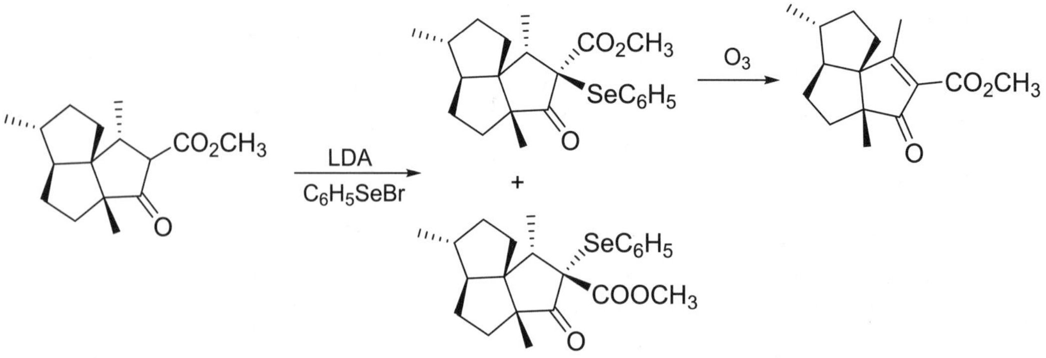

2. 酯和黄原酸酯的消除

酯和黄原酸酯的热消除经历了一个六元环状过渡态，属于协同反应。

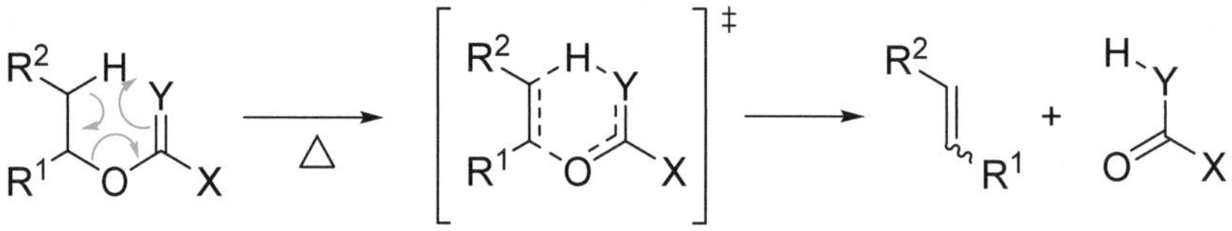

如丙烯酸乙酯在高温下裂解，生成丙烯酸和乙烯：

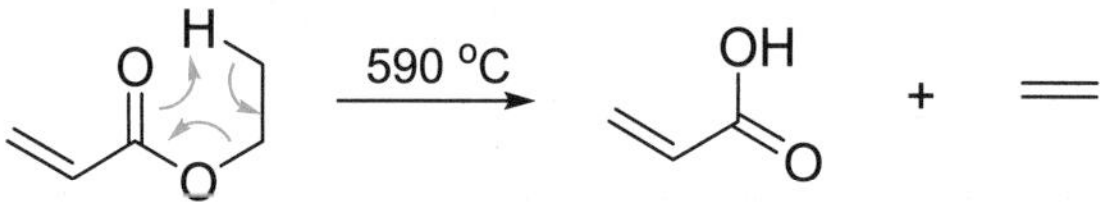

碱性条件下 CS_2 和醇反应生成 ROCSSNa，继而用碘甲烷处理，得到黄原酸酯（ROCSSMe）。黄原酸酯的热解得到烯烃，该反应称为 Chugaev 反应。

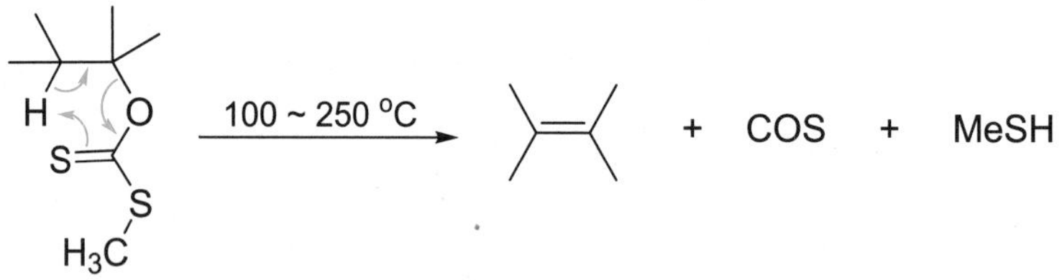

Chugaev 消除已被用于吲哚生物碱 mersicarpine 的全合成[5]。

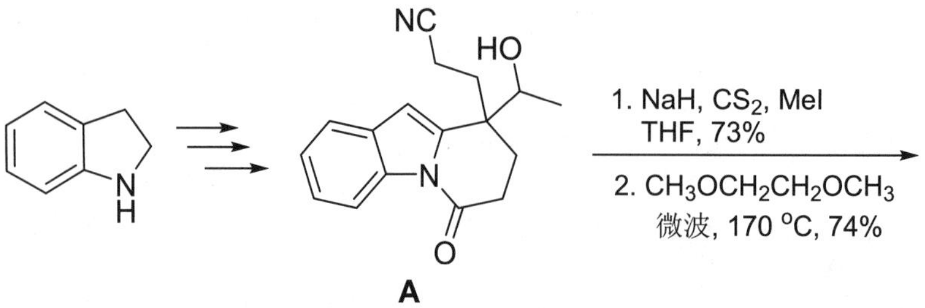

mersicarpine

3. 其他 Ei 消除

一些 Ei 消除是在碱促进下进行的。例如，β-乙酰氧基酯在碱性条件下 Ei 消除，生成 α,β-不饱和酯和乙酸[6]：

Burgess 试剂是含有碳酰胺的内盐，其结构如下：

当 Burgess 试剂和醇发生亲核取代，三乙胺作为离去基团离去，形成的内盐中间体中氮负离子夺取 β-H，发生 Ei 消除得到烯烃。

8.2.4 参考文献

8.3　其他消除反应

8.3.1　羧酸及其衍生物的消除反应

羧酸和酰胺热解，分别生成烯酮和烯酮亚胺。也可以用 TsCl、DCC 等脱水剂对羧酸进行脱水，用 P_2O_5、吡啶、Al_2O_3 等对酰胺进行脱水。

酰氯在碱（如三乙胺）作用下脱去 HCl，生成烯酮。这是有机合成中制备烯酮的常用方法之一。

氯代亚胺（可看作酰氯的类似物）在碱性条件下亦可发生类似的消除反应，生成烯酮亚胺，例如[1]：

91%

PMP: 对甲氧基苯基

8.3.1 参考文献

8.3.2 环氧化合物的脱氧

环氧化合物在三苯基膦作用下脱氧生成烯烃，反应具有立体专一性：

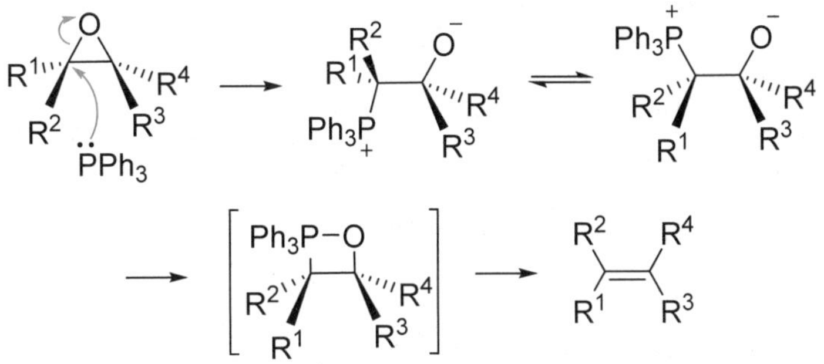

经过四元环状过渡态顺式消除膦氧化合物的例子还有很多，如 α-羰基磷叶立德的热解：

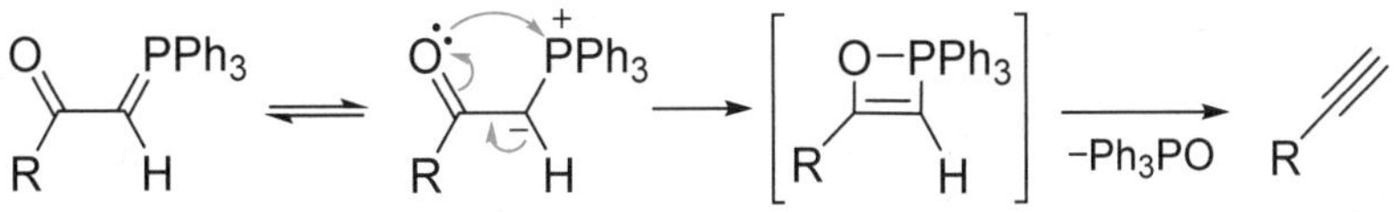

8.3.3 Shapiro 反应

酮和对甲苯磺酰肼缩合得到的对甲苯磺酰腙在当量强碱（烷基锂）作用下，酸性较强的氢离去成氮负离子中间体 **A**，**A** 能够分解形成卡宾。如果用 2 当量的锂试剂，**A** 将失去 α-H，形成双负离子 **B**；然后，**B** 在脱去 Ts$^-$ 和 N$_2$ 之后，产生烯基负离子中间体 **D**，后者获得质子后生成烯烃，这个反应称为 Shapiro 反应（见 5.2.3 节）。**D** 可以被多种亲电试剂捕获，生成多取代烯烃。

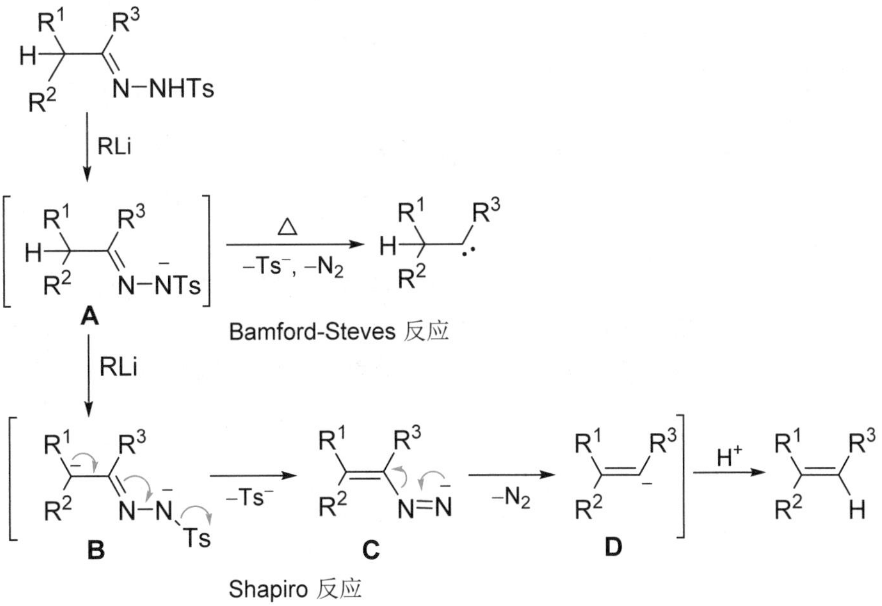

当腙的两个不同 α–碳原子上都有氢原子时，消除反应的区域选择性取决于腙的构型和溶剂的极性。在非极性溶剂（如烃类和醚类溶剂）中，上述双负离子 **B** 以五元环结构存在，因此与对甲苯磺酰胺基（NHTs）处于顺式的氢发生消除。

在能够与正离子（Li⁺）强配位的极性溶剂（如四甲基乙二胺 TMEDA）中反应，则得到取代基少的烯烃，即得到动力学控制产物。

在 Shapiro 反应中，可用其他亲电试剂来捕获烯基负离子中间体 **D**，但需要严格无水条件（溶剂中的微量水可使烯基负离子优先质子化）。反应过程中，对甲苯磺酰基的邻位可被金属化，从而多消耗了一部分锂试剂，因此，使用过量的 *n*–BuLi 和三甲苯磺酰腙作原料，可以极大提高反应产率。

Shapiro 反应的一个有趣应用是转移下面的螺环酮化合物中羰基的位置。腙在 TMEDA 溶剂中，用过量锂试剂处理得到烯基负离子，被亲电试剂（三甲基硅基）所捕获，得到烯基硅醚，后者经环氧化、开环、重铬酸钠氧化，最后得到 1,2–羰基移位的产物[1]。

8.3.3 参考文献

8.3.4　α-氯代-β-羟基酰胺（酯）的消除

α-氯代-β-羟基酰胺和α-氯代-β-羟基酯在二碘化钐作用下发生β-消除，分别得到反式构型的α,β-不饱和酰胺和α,β-不饱和酯[1]。

二碘化钐单电子转移生成 Sm(Ⅲ)，氯负离子离去，三价钐以更稳定的烯醇钐盐形式存在，消除得到α,β-不饱和酰胺。

烯烃的构型来自六元环的椅式构象，R^1 基团处于平伏键为有利构象，由此得到反式烯烃：

能量有利　　　　　能量不利

当用金属钐和二氯甲烷代替二碘化钐时，生成的双键将继续与由二氯甲烷和钐作用形成的类卡宾反应得到环丙烷基酰胺[2]：

8.3.4 参考文献

8.3.5 醛和酮的光解

醛或酮分子内有 γ–H 时，光照条件下能脱除烯烃。如下所示的醛或酮，在光照下生成了少两个碳原子的醛或酮[1]。

光照条件下，羰基的 π 电子发生均裂，形成双自由基 **A**；然后，氧自由基夺取分子内的 γ–H，形成成双碳自由基 **B**；接着，**B** 经分子内偶联成为四元环 **C**；**C** 经历逆的[2+2]环加成反应，消除一分子烯烃，得到烯醇 **D**，后者互变异构为酮[1]。

8.3.5 参考文献

习 题

1. 完成下列反应，指出反应的类型（可以是多种机理的组合）。

(1) [结构式] $\xrightarrow{\text{KOBu-}t}$?

(2) [结构式] $\xrightarrow{\text{KOBu-}t}$?

(3) [结构式] $\xrightarrow{\text{MeO}^-, \text{MeOH}}$?

(4) [结构式] $\xrightarrow{\text{MeO}^-, \text{MeOH}}$?

(5) [结构式] $\xrightarrow{\triangle}$?

(6) [结构式] $\xrightarrow{\text{KOBu-}t}$?

(7) [结构式] $\xrightarrow{\text{KOBu-}t}$?

(8) [结构式] $\xrightarrow{\text{KOH, EtOH}}$?

(9) [结构式] $\xrightarrow{\text{KOH, EtOH}}$?

(10)

$$\text{（十氢喹啉）} \quad \xrightarrow[\text{2. Ag}_2\text{O, H}_2\text{O, } \triangle]{\text{1. CH}_3\text{I（过量）}} \quad ?$$

(11)

$$\xrightarrow[\text{CH}_2\text{Cl}_2, -15\ ^\circ\text{C} \sim \text{rt}]{\text{Et}_2\text{Zn, CH}_2\text{I}_2} \quad ?$$

（*Org. Lett.* 2006，*8*, 3315-3318.）

(12)

$$\xrightarrow{\text{OH}^-} \quad ?$$

（*J. Org. Chem.* 2007，*72*, 793-798.）

(13)

$$\text{H}_3\text{C}-\overset{\text{O}}{\underset{\text{O}}{\text{S}}}\diagdown\diagup\text{Ph} \quad \xrightarrow{\triangle} \quad ?$$

（*J. Am. Chem. Soc.* 2000，*122*, 4968-4971.）

2. 已知在催化量吡啶存在下醛与三光气反应能够形成α–氯代氯甲酸酯（*Tetrahedron Lett.* 1989，*30*, 2033.），加热回流酮与三光气和过量吡啶的二氯甲烷溶液，则得到氯代烯烃（*J. Org. Chem.* 2015，*80*, 8815-8820.）。提出这两个反应的可能机理。

$$\text{R}-\overset{\text{O}}{\text{C}}\text{H} \ + \ \text{Cl}_3\text{CO}-\overset{\text{O}}{\text{C}}-\text{OCCl}_3 \xrightarrow[\text{CCl}_4, -10 \sim 40\ ^\circ\text{C}]{\text{吡啶 (0.1 equiv)}} \text{R}-\overset{\text{Cl}}{\text{CH}}-\text{O}-\overset{\text{O}}{\text{C}}-\text{Cl}$$

$$\overset{\text{R}^1}{\underset{\text{R}^2}{}}\overset{\text{O}}{\text{C}}\text{R}^3 \ + \ \text{Cl}_3\text{CO}-\overset{\text{O}}{\text{C}}-\text{OCCl}_3 \xrightarrow[\text{CH}_2\text{Cl}_2, 回流]{\text{吡啶 (4 equiv)}} \overset{\text{R}^1}{\underset{\text{R}^2}{}}\text{C}=\overset{\text{Cl}}{\underset{\text{R}^3}{}}\text{C}$$

3. 写出下列两种卤代烃进行 E2 消除反应时的产物，比较相对反应速率。

4. 4–甲氧基肉桂酸在二氯甲烷溶液中与 NBS 和催化量三乙胺作用，生成(*E*)–1–(2–溴乙烯基)–4–甲氧基苯。肉桂酸在丙酮溶液中与 Br$_2$ 和碳酸钾反应，得到唯一产物为(*Z*)–(2–溴乙烯基)苯，若用水作溶剂，则反应得到(*Z*)–和(*E*)–(2–溴乙烯基)苯的混合物（*J. Chem. Educ.* 2006，

83, 1062.）。解释这些反应的立体化学。

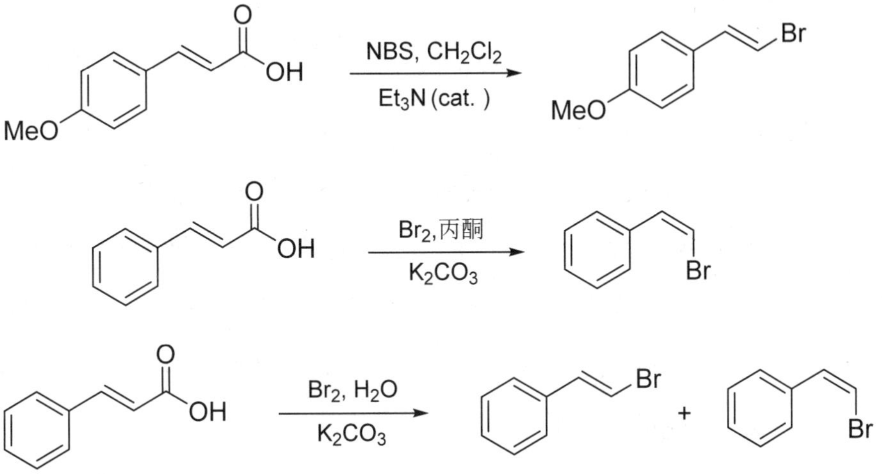

5. 丁炔二酸可以由下列反应制得,已知 *Z* 构型原料反应速率是 *E* 构型原料反应速率的 50 倍,试给出解释。

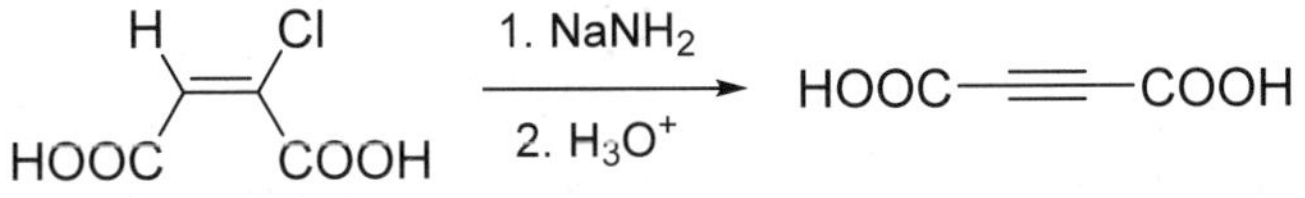

6. 1-氯-1,1-二氘丁烷用不同的碱处理得到不同的产物，试提出相应的反应机理。

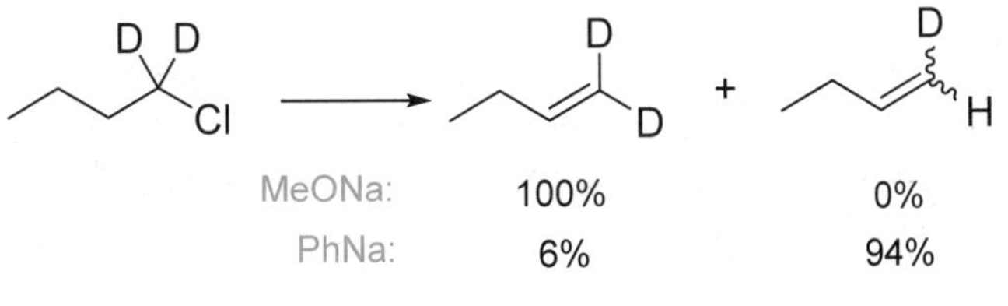

MeONa:	100%	0%
PhNa:	6%	94%

7. 写出下列反应的机理。

(1)

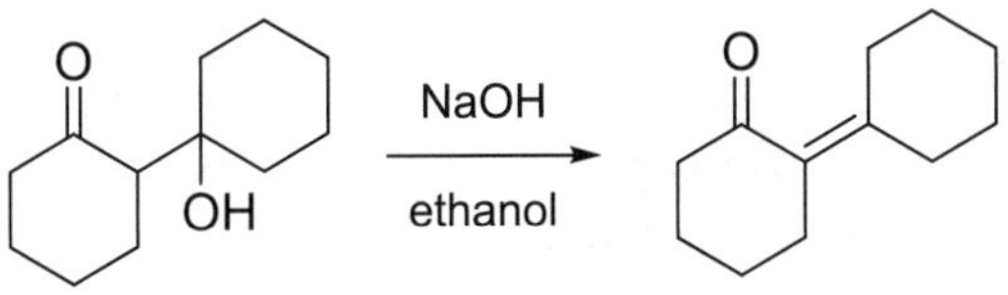

(2)

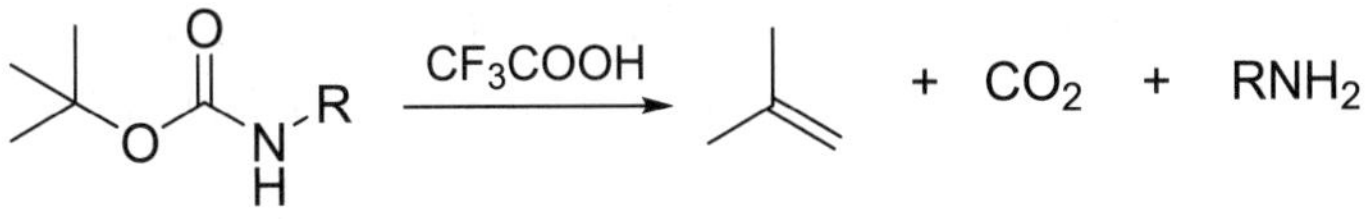

(3)

(4)

8. 化合物 DDT 在 EtONa/EtOH 中发生消除反应，失去 HCl。当 DDT 中 H 被 D 取代，反应速率下降为原来的 $\frac{1}{3.8}$；用 EtOT 代替 EtOH，没有 T 代的 DDT 生成。三种消除机理（E1、E2 和 E1cB）中，哪一种最有可能？

DDT

9. 在催化量的对甲苯磺酸存在下，在水中加热化合物 A，得到化合物 B（*Tetrahedron Lett.* 2002, *43*, 8715-8719.）。

（1）分步写出这个转化反应的机理；

（2）在没有酸存在时，这个反应不能发生。试解释其原因。

10. 化合物 3 可由吡咯烷衍生物 1 出发，经中间体 2 来制备。在这个过程中，隔绝空气是必须的。如果反应体系中有空气，则形成化合物 3 和 4 的混合物。通过仔细筛选反应条件，发现化合物 2 在催化量的 TPAP（一种氧化催化剂）和 1.5 当量的 NMNO 作用下，在乙腈溶剂中室温反应 1 h 就能定量地得到化合物 4（*Tetrahedron Lett.* 2004, *45*, 3659-3661.）。试写出形成化合物 2、3 和 4 的可能机理。

TPAP: $n\text{-Bu}_4\overset{+}{\text{N}}\ \text{RuO}_4^{-}$

NMNO:

1

2

3

4

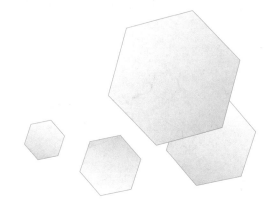

第 9 章
重排反应

有机化合物分子的骨架发生变化，转变成异构体的反应称为重排反应。重排反应中取代基由一个原子转移到同一分子中另一个原子上，这个过程也称为迁移，迁移基团可以是烷基、芳基、烯基、炔基或氢原子等。常见的迁移方式为迁移基团带着一对电子从一个原子迁移到相邻的缺电子性原子（如碳正离子的中心碳原子）上，称为1,2-迁移。

$$\underset{A-B}{\overset{W}{|}} \quad \xrightarrow{\text{1,2-迁移}} \quad \underset{A-B}{\overset{W}{|}}$$

一些重排反应经历了一个协同的环状过渡态，如 Claisen 重排、Cope 重排、C[1,5]迁移、H[1,5]迁移等，它们属于周环反应，将在第 13 章中讨论。

9.1 重排到缺电子性碳原子上

氢原子或 R 基团带着一对电子迁移到邻位碳正离子或带部分正电荷的碳原子上的反应是有机化学中最常见的一种重排反应，迁移基团包括氢、烷基、烯基和芳基等。若迁移基团含有手性碳，通常在迁移后迁移基团的构型保持不变。

根据反应条件和接受电子的轨道不同，1,2-重排反应可分为如下三种类型，第一种是在酸性条件下发生的反应，接受电子的轨道是空的 p 轨道，具有较强的接受电子的能力；第二种和第三种都是在碱性条件下进行的反应，迁移基团具有较强的给电子能力。不论哪一种类型，基团的迁移都以轨道重叠为基础。

（1）酸性条件下重排到空的 p 轨道上

σ(C-C) $\longrightarrow$ p 超共轭

（2）碱性条件下重排到 σ*(C—L)轨道上

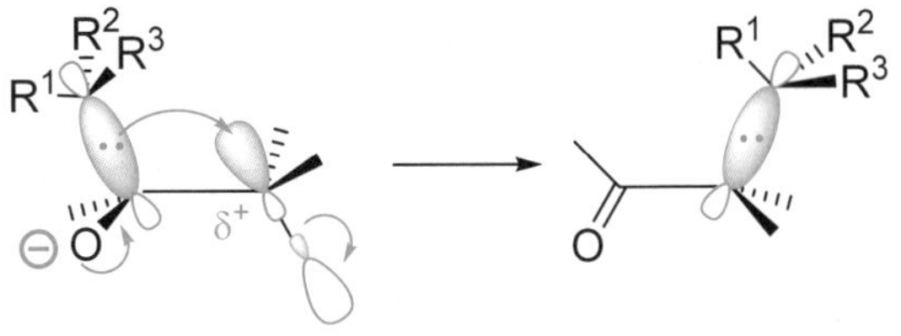

σ(C-C) ⟶ σ*(C-L) 超共轭

（3）碱性条件下重排到 π*(C=O)轨道上

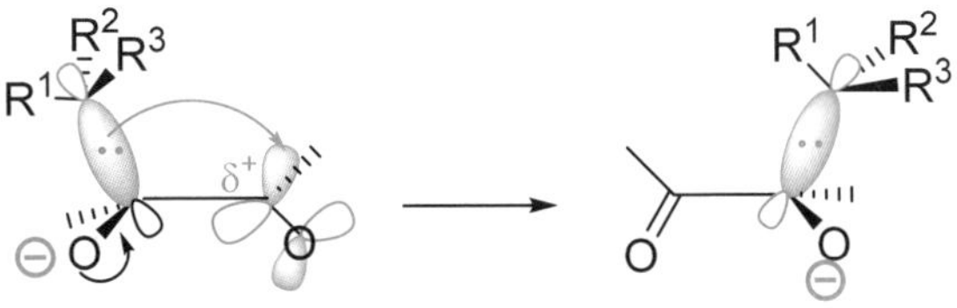

σ(C-C) ⟶ π*(C-O) 超共轭

9.1.1　Wagner-Meerwein 重排

在质子酸或 Lewis 酸存在下，由醇、卤代烷或烯烃等形成的碳正离子发生氢或烃基的 1,2–迁移，生成另一种碳正离子，这类重排反应称为 Wagner-Meerwein 重排[1]。迁移后生成的碳正离子可接受亲核试剂的进攻，亦可发生 β–消除。

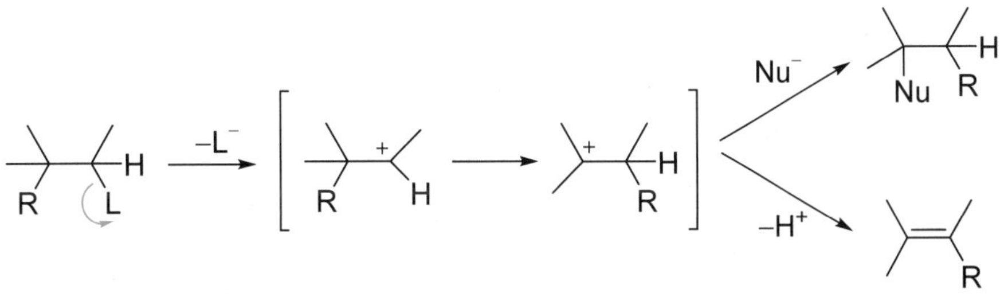

如 4.2.1 节所述，Wagner-Meerwein 重排经历一个二电子三元环状过渡态，因此迁移的立体化学是同面迁移，迁移基团的构型保持。根据 Woodward-Hoffmann 规则，这样的过渡态是轨道对称性允许的。

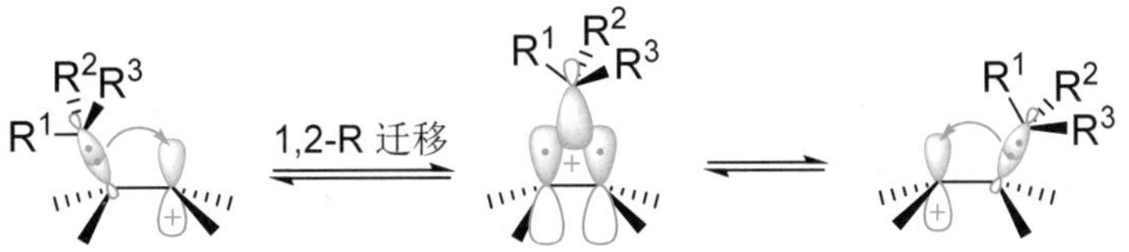

σ(C-C) ⟶ p　　　　构型保留　　　　σ(C-C) ⟶ p　　　1,2-R 迁移

下面的多环化合物在酸性条件下两个甲基依次发生同面的 1,2-迁移：

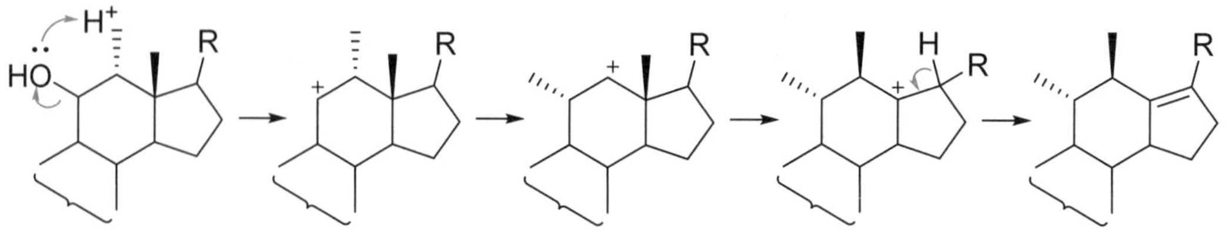

实际上，只要轨道方向性允许，能量上有一定的优势，Wagner-Meerwein 重排就有可能发生。例如，烷基重氮盐的重排：

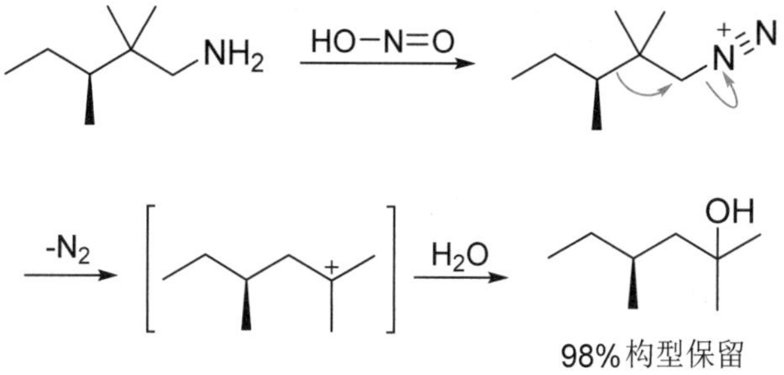

98% 构型保留

Wagner-Meerwein 重排的驱动力是得到更稳定的碳正离子，或降低环张力，有时重排反应可以经过更不稳定的碳正离子中间体。如下所示的反应中，环己醇在酸性条件下重排生成甲基环戊烷正离子 **A**。首先，环己醇质子化使得 C—O 键得以活化，脱水成仲碳正离子 **C**，继而经 1,2-R 迁移得到 **D**，再经 1,2-H 迁移得到 **A**。其中从 **C** 到 **D** 的过程在能量上是不利的，但生成的叔碳正离子 **A** 比较稳定，因此，总的反应能量上是有利的。

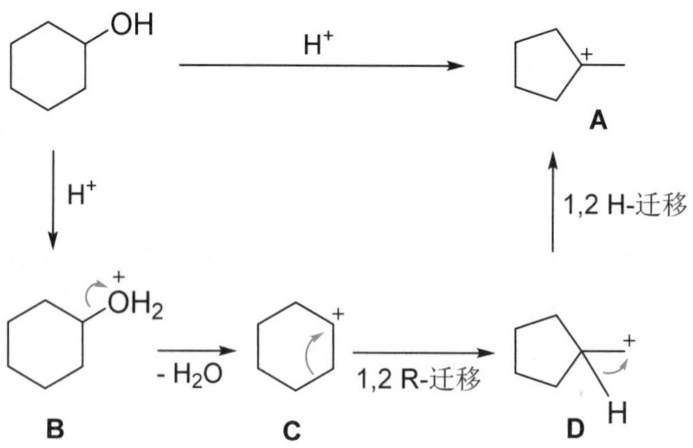

Wagner-Meerwein 重排通常非常快。例如，在 −100 ℃，三氘代异丙基碳正离子中的氘发生重排，并很快达到平衡，得到仲碳正离子 **A**、**B** 和 **C**，重排经过不稳定伯碳正离子 **D**、**E** 和 **F**：

当两个基团都可以发生邻位迁移时，Wagner-Meerwein 重排就遇到区域选择性的问题，即哪个基团优先迁移。首先考虑的是立体化学要求。在如下的桥环碳正离子中，只有甲基迁移才能满足三元环状过渡态的要求，是轨道对称性允许的：

其次考虑基团的迁移能力。H 和各类烷基迁移的能力大致顺序为

$$H > -C(CH_3)_3 > -CH(CH_3)_2 > -CH_2CH_3 > -CH_3$$

例如，在如下碳正离子中，叔丁基优于甲基发生迁移：

9.1.2 频哪醇重排

邻二醇在酸性条件下重排生成酮的反应称为频哪醇重排：

首先，邻二醇的一个羟基被质子化形成 **A**，C—O 键被活化，水可以作为中性分子离去。如果水直接离去将生成碳正离子 **B**，**B** 经过 1,2–R 迁移得到碳正离子中间体 **C**（路径 a），后经共振得到更稳定的中间体 **D**［**D** 也可以通过氧原子孤对电子推动下发生 1,2–R 迁移得到（路径 b）］，最后脱质子生成产物——酮。如果水不是直接从底物中离去，则可以利用氧原子的孤对电子，在孤对电子的推动下发生协同的 1,2–R 迁移，同时发生邻位碳原子上的亲核取代得到 **D**（路径 c），最后脱质子生成产物——酮。不论是哪种解释，重排的驱动力是形成更稳定的 C≕O 双键。

基团发生迁移的前提是满轨道和空轨道的重叠，如上所述 **A** 直接转为 **D** 的轨道方向性要求是σ(C—C)和σ*(C—O)轨道能够有效重叠，在此基础上，成键轨道上两个电子可以完全转移到反键轨道上去，从而发生基团的迁移。**B** 结构中，σ(C—C)和 p 轨道发生部分重叠，成键轨道上两个电子就可以填充到邻位的 p 轨道，实现基团的迁移。

邻二醇中哪个羟基先被质子化取决于生成的碳正离子的稳定性。例如，1,1–二苯基–1,2–乙二醇在质子酸催化下重排，由于所形成的碳正离子 **A** 较 **B** 稳定，故重排产物为 2,2–二苯基乙醛：

反应条件的改变也能改变重排的区域选择性。如下所示的反应，在硫酸介质中，反应通过质子化脱水生成稳定碳正离子 **A** 进行；在乙酸酐条件下，亲核性强、空间位阻小的羟基优先乙酰化生成 **B**，C—O 键以不同的选择性被活化，导致重排反应生成不同的产物。

因为 σ 键的自由旋转，链状分子的轨道方向性容易得到满足，在环状分子中，共价键不能自由旋转，需要考虑分子构象因素带来的轨道方向性。如下所示的反应：*cis*- 和 *trans*-1,2-二甲基环己-1,2-二醇在高氯酸存在下通过脱水-水合达到平衡，并通过碳正离子的重排得到缩环产物为主要产物。

在酸性体系中，二醇分子中的一个羟基质子化脱水可以得到两种碳正离子 **A** 和 **B**，其中一个羟基处于 a 键的中间体 **A** 具有较低的能垒，CH$_2$ 基团和空的 p 轨道有较大的重叠，随之发生 CH$_2$ 迁移生成缩环产物。

如下所示的取代环丁二醇在酸性条件下迅速达到顺、反平衡，并可以在酸性条件下质子化脱水形成碳正离子，虽然苯基比亚甲基优先迁移，但在此例中没有观察到苯基的迁移，这是由于具有环外双键的环丁酮较不稳定，而开链的环丙基苯基酮较稳定。

如下所示的反应中，位阻较小的羟基优先和对甲苯磺酰氯反应形成对甲苯磺酸酯，C—O 键被选择性活化。由于构象的因素，C_1—C—C—OTs 的二面角接近 90°，换句话说，C_1—C 成键轨道和 C—OTs 反键轨道相垂直，不存在轨道的重叠，不能发生 C_1 的迁移。而 C_2—C—C—OTs 接近 150°，C_2—C 成键轨道和 C—OTs 反键轨道的部分重叠使得 C_2 的迁移成为可能。

其他经过 β-羟基碳正离子中间体的重排反应称为半频哪醇重排。环氧化合物和邻卤代醇在质子酸或 Lewis 酸催化下的重排就属于半频哪醇重排，例如：

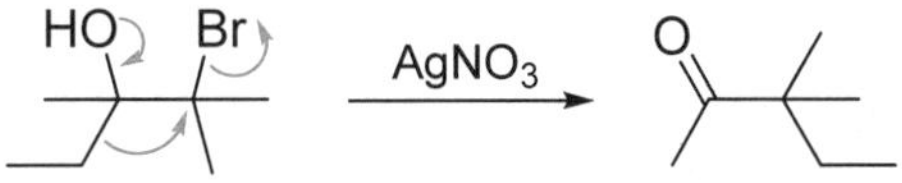

由 β–醇胺重氮化得到 β–羟基重氮盐的半频哪醇重排反应称为 Tiffeneau-Demjanov 重排。例如：

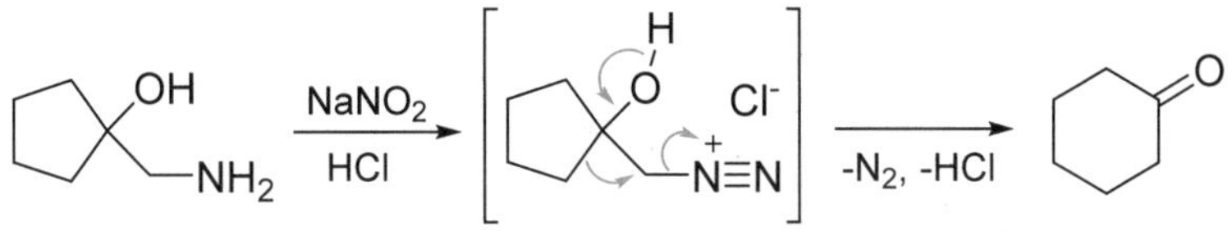

由烯丙醇所形成的环氧、吖丙啶、溴鎓离子等在 Lewis 酸存在下可发生半频哪醇重排，生成含有 α–季碳的羰基化合物[1]。

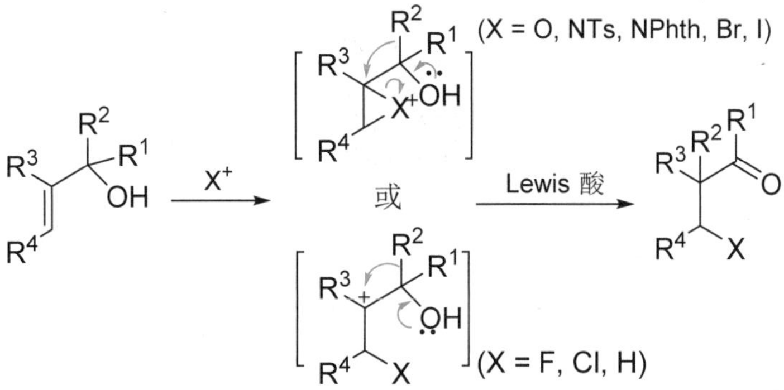

例如[2]：

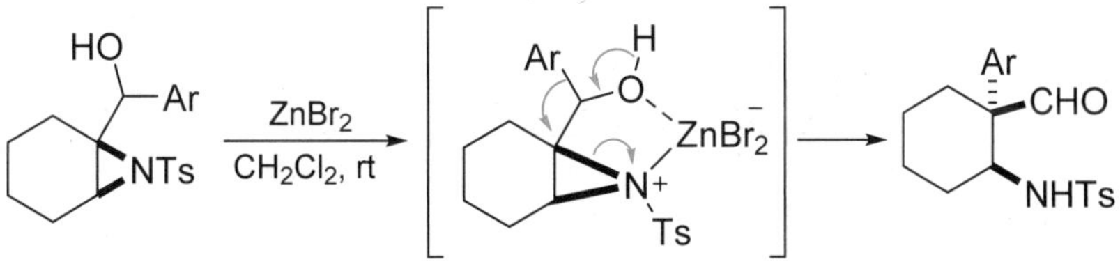

这种半频哪醇重排策略已被用于一些含有季碳手性中心的天然产物的全合成中，如生物碱力可拉敏（lycoramine）的合成[3]：

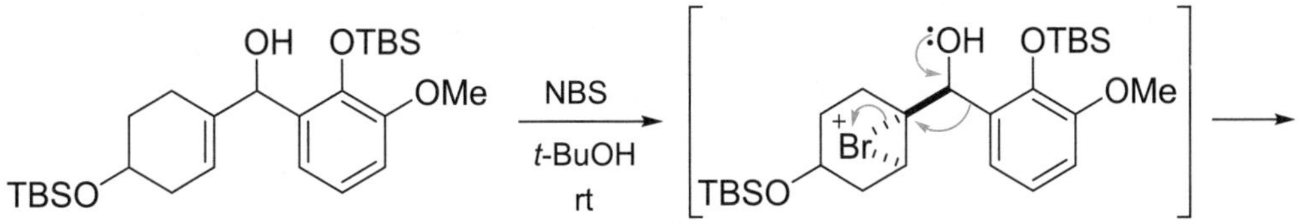

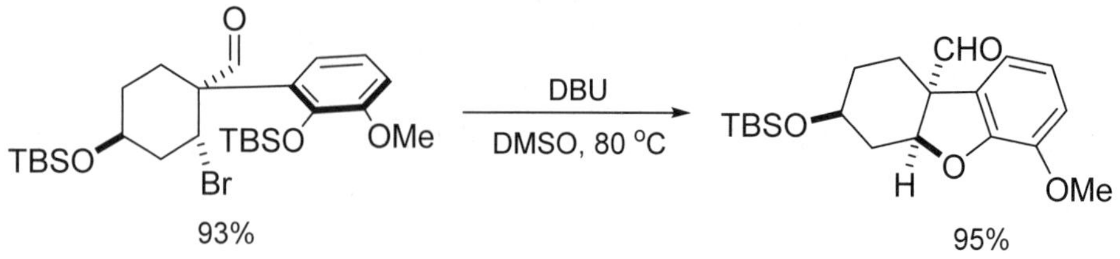

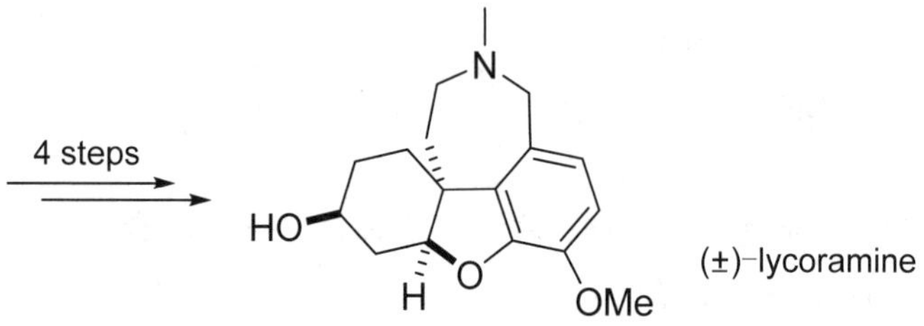

93%   95%

(±)-lycoramine

9.1.2 参考文献

9.1.3　安息香重排

α-羟基羰基化合物在酸或碱的作用下发生重排，生成另一种 α-羟基羰基化合物，称为安息香重排。这个反应的特点是烷基迁移到缺电子性羰基碳上，而且是可逆的。例如：

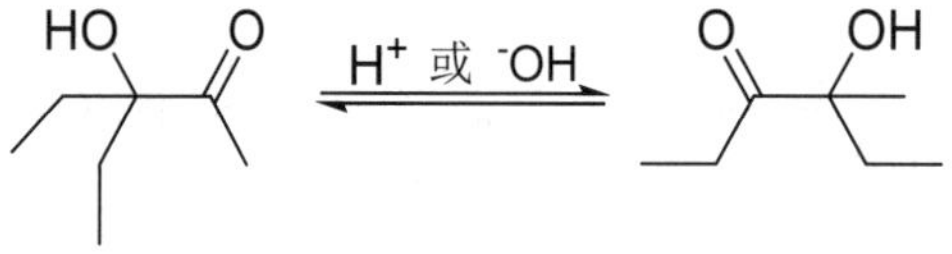

酸催化的机理如下：

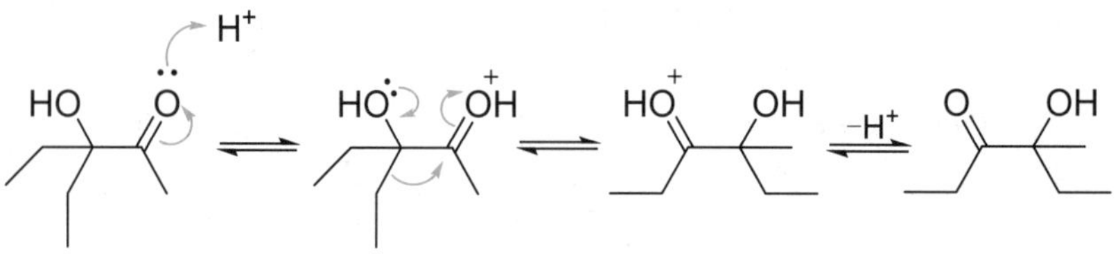

碱催化的机理如下：

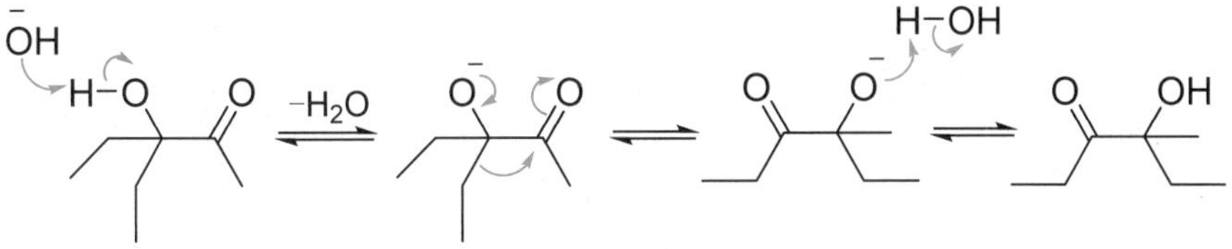

9.1.4 二苯乙醇酸重排

邻二羰基化合物在碱性条件下重排成 α-羟基酸，这个反应称为二苯乙醇酸重排。

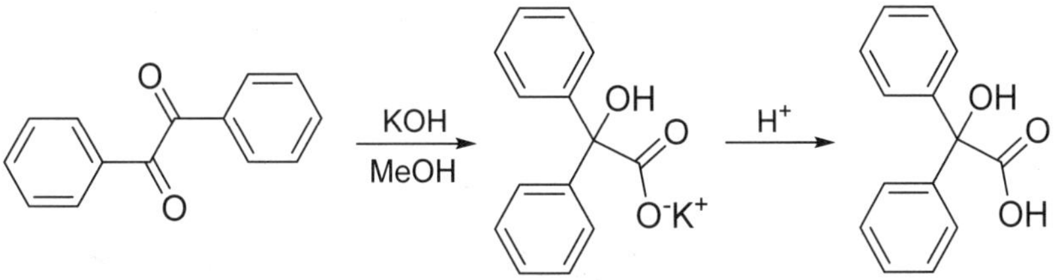

首先，碱亲核进攻一个羰基碳形成中间体 **A**；然后，C(sp^3)上的苯基迁移至另一个羰基碳上，形成中间体 **B**；后者经质子交换成为 α-羟基酸盐。迁移的动力是生成的羧酸在碱性条件下以稳定的羧酸盐形式存在。

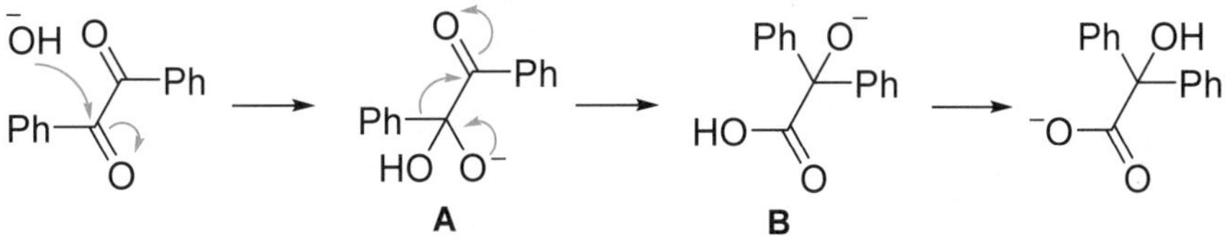

不对称的邻二羰基化合物反应时,哪个羰基优先发生亲核加成取决于羰基碳的电子云密度，连有吸电子基的羰基优先发生亲核加成。

9.1.5 环己二烯酮-酚重排

6,6-二烷基取代的环己-2,4-二烯酮和 4,4-二烷基取代的环己-2,5-二烯酮在强酸介质中发生 1,2-烷基重排，生成酚类化合物，产物具有芳香性，为放热反应。

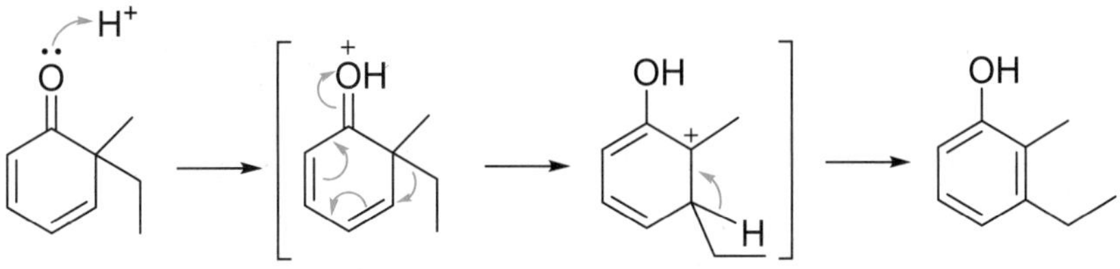

当环己二烯酮为三取代时，发生两次 1,2-烷基迁移，生成酚衍生物。下面例子中，第一次烷基迁移时伯烷基优先于甲基发生迁移，第二次烷基迁移时，仲烷基优先于伯烷基发生迁移。

环己-2,4-二烯醇和环己-2,5-二烯醇也能在强酸性介质中发生类似的 1,2-烷基迁移，但醇在接受质子后脱去一分子水，生成芳香烃。

9.1.6　Wolff 重排

α-重氮羰基化合物在光照或加热条件下，或在氧化银（或银盐）存在下，能够脱去一分子氮气，生成烯酮。烯酮非常活泼，遇到亲核试剂（如水、醇和胺）很快反应生成相应的酸、酯、酰胺。这个反应称为 Wolff 重排[1]。

α–重氮羰基化合物首先脱去氮气形成 α–羰基卡宾 **A**，后者经由氧杂环丙烯 **B** 重排成 α–羰基卡宾 **C**。**A** 和 **C** 之间达到一定平衡，并均可经历 1,2–迁移，生成烯酮[2]。

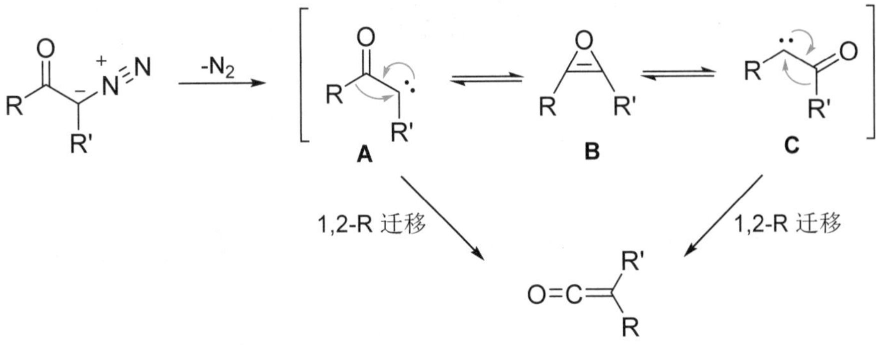

在 Wolff 重排中，如果迁移基团具有手性，迁移后其构型保持，例如：

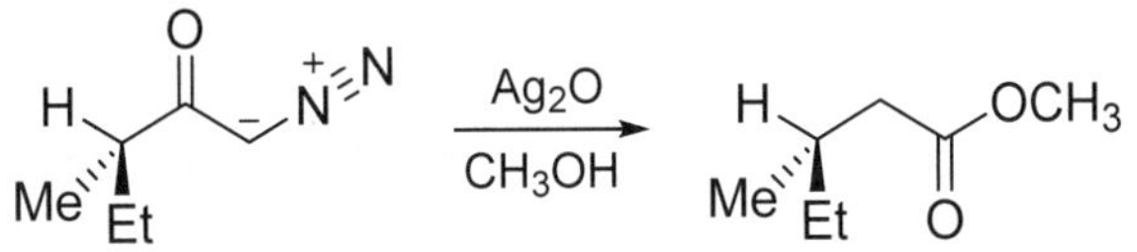

光催化的 Wolff 重排反应已成功地应用于天然产物 campherenone 的立体选择性全合成[3]：

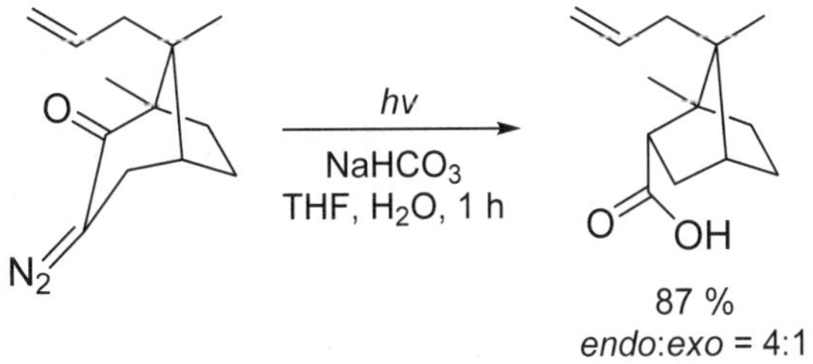

87 %
endo:*exo* = 4:1

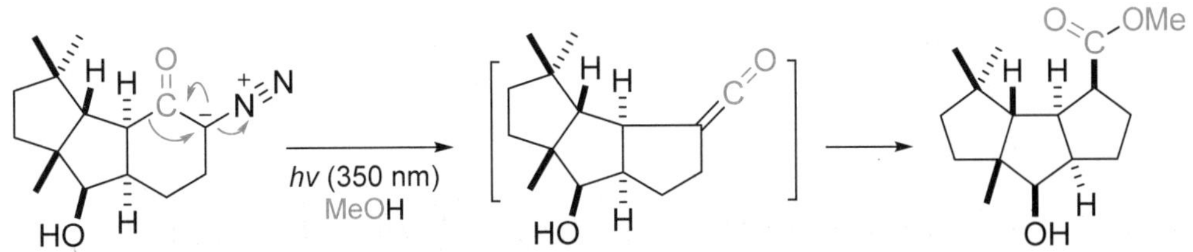

由 Wolff 重排与[2+2]环加成组合的串联反应可构筑环丁酮类化合物[4]：

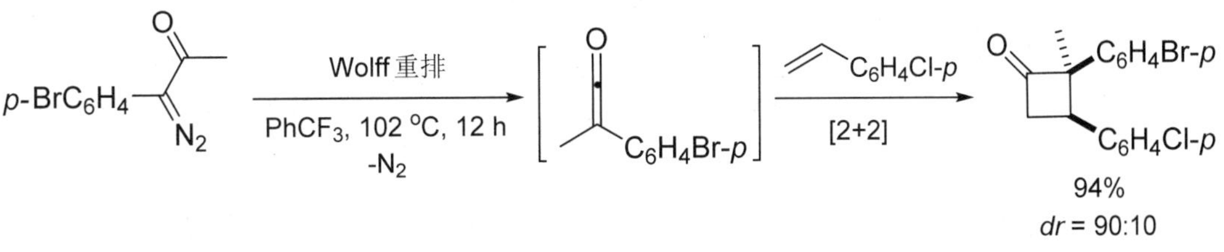

94%
dr = 90:10

9.1.6 参考文献

9.1.7 Favorskii 重排

$\alpha-$卤代羰基化合物在碱性条件下重排生成羧酸，这个反应称为 Favorskii 重排。

$\alpha-$卤代羰基化合物在碱存在下首先形成烯醇负离子 **A**；接着发生分子内亲核取代生成环丙酮 **B**；后者继而发生碱性开环，生成羧酸盐。其中分子内的亲核取代可以看成烷基迁移到邻位缺电子性碳原子上。发生该类反应的前提是底物能发生烯醇互变异构，羰基的 $\alpha-$H 具有一定的酸性；底物中有离去基团。

$\alpha-$H 的酸性是 Favorskii 重排的驱动力。砜基等一些吸电子基也可发生类似的反应，所不同的是重排生成的三元环砜不稳定，受热分解成烯烃。

当烯醇负离子的形成受到抑制时，烷氧基负离子直接亲核进攻羰基，发生类

Favorskii 重排：

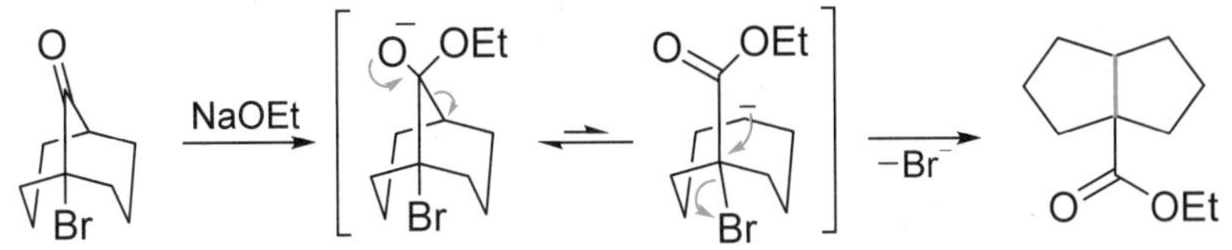

当无 α–H 时，乙氧基负离子只能进攻羰基，发生亲核加成，促使苯基迁移到邻位的缺电子性碳原子上，溴带着一对电子离去，发生类 Favorskii 重排。

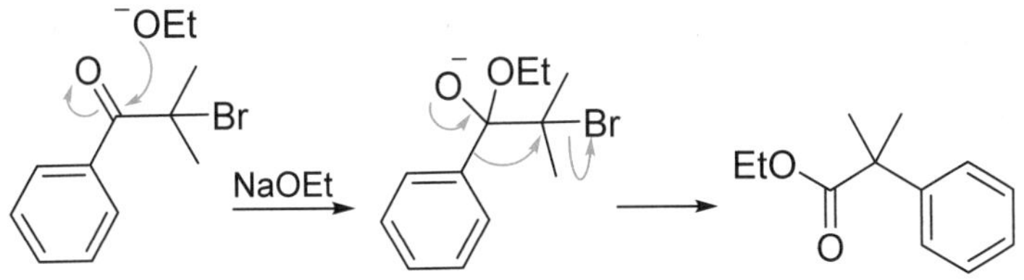

当生成的环丙酮中间体具有不对称的结构时，根据碳负离子的相对稳定性，环丙酮在碱性条件下的开环具有区域选择性：

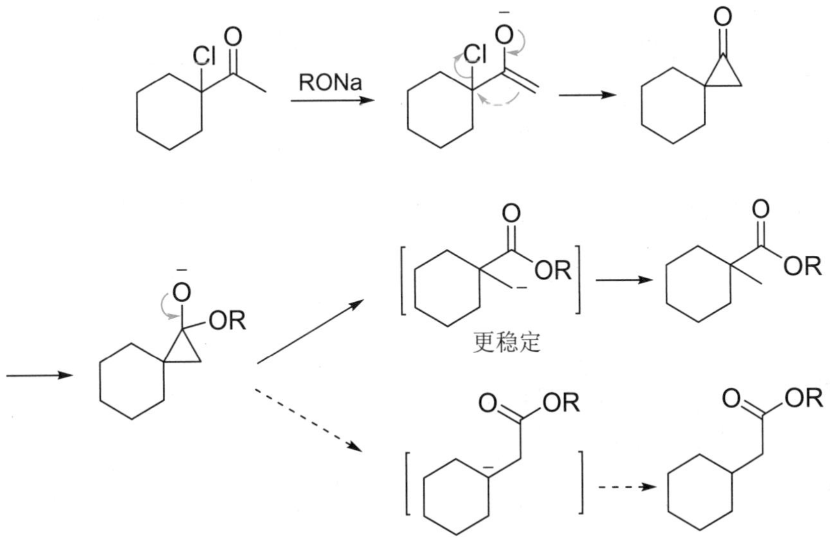

更稳定

当底物环氧中的 σ*(C—O) 接受电子，2,3–环氧羰基化合物在碱性条件下也能发生类 Favorskii 重排。开环时，受羟基吸电子诱导效应的影响，环丙酮开环具有区域选择性：

9.1.8 [2,3]-Wittig 重排

在强碱条件下，烯丙基醚重排形成醇的反应称为[2,3]-Wittig 重排。反应的驱动力是负离子 **B** 比 **A** 更稳定。

当丁-2-烯基醚作为底物时，反应构筑两个连续手性碳原子，反应具有非对映选择性。反应经过五元环状过渡态：

用手性的生物碱作催化剂，反应具有对映选择性[1]：

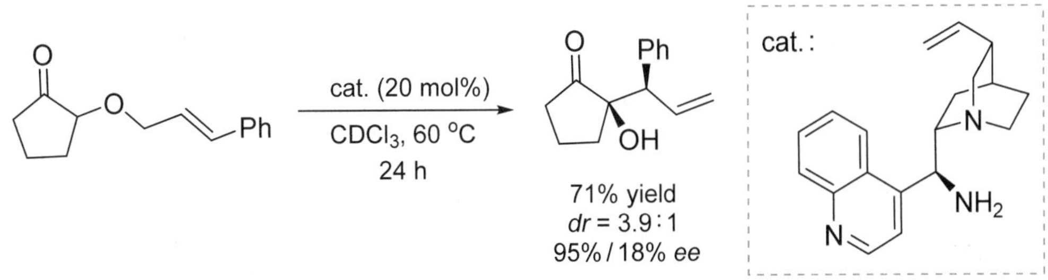

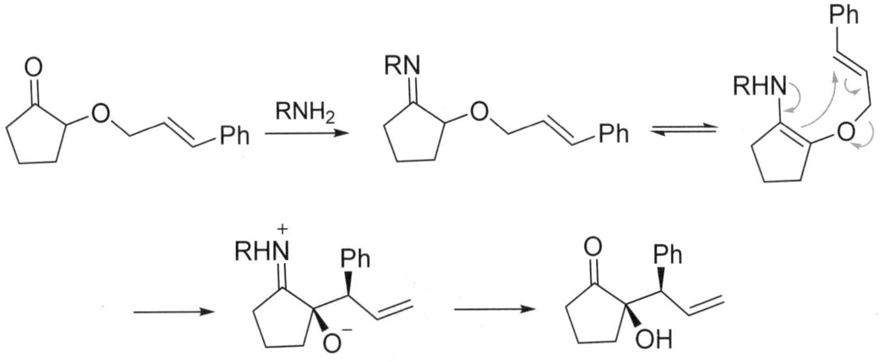

71% yield
dr = 3.9 : 1
95% / 18% ee

[1,2]–Wittig 重排经过自由基机理。如下所示的苄醚在碱性条件下发生[1,2]–Wittig 重排，继而被丙烯醛所捕获，反应具有非对映选择性。

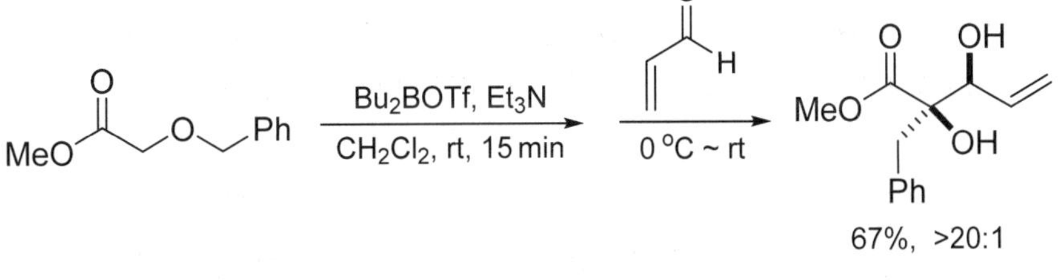

67%, >20:1

在碱性条件下，苄醚和三氟甲磺酸硼酸酯（Bu₂BOTf）反应得到烯基硼醚，经[1,2]–Wittig 重排得到中间体 **A**，若不加丙烯醛，后处理得到产物 α–羟基酯。若后续加入丙烯醛，将得到羟醛缩合的产物。反应由硼的配位控制，具有 1,2–非对映选择性（见 5.4.1 节）[2]。

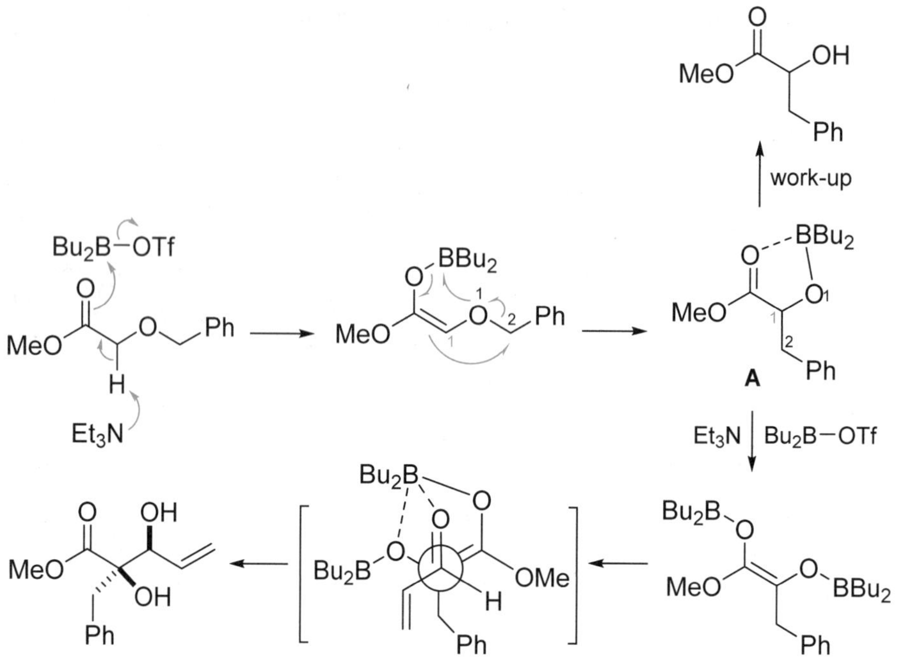

9.1.8 参考文献

9.1.9 Stevens 重排

季铵盐和锍盐在碱性条件下脱去α-H，生成的氮叶立德和硫叶立德可分别发生分子内重排，生成相应的叔胺和硫醚，这个反应称为 Stevens 重排。

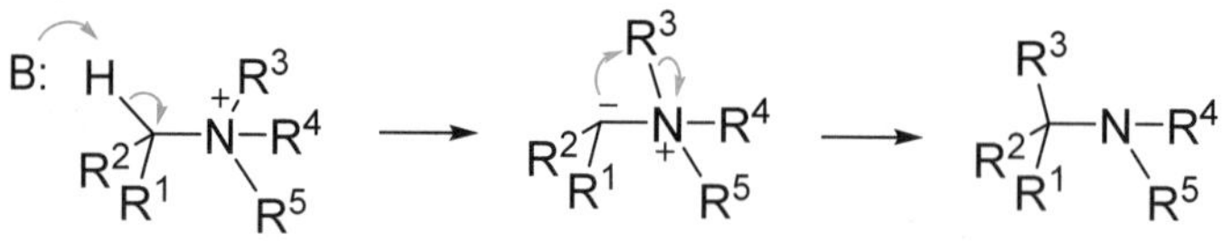

氮叶立德中间体

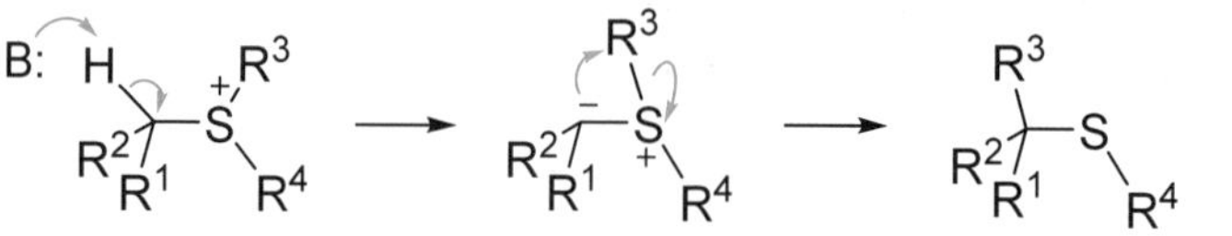

硫叶立德中间体

在 Stevens 重排的叶立德中间体中，C(R^3)—N 键受到氮的吸电子性影响变成缺电子性，易受到分子内碳负离子的亲核进攻，发生分子内的亲核取代。当氮原子上连有不同的基团时，甲基和苄基相比较，苄基碳原子更缺电子，苄基比甲基容易迁移：

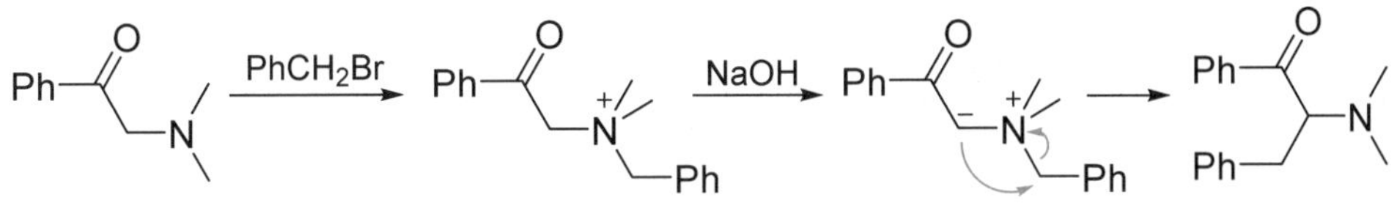

烯丙基胺季铵盐不仅能发生 1,2-Stevens 重排生成烯丙基胺，还能发生 1,4-Stevens 重排生成烯胺；此外，若氮原子上连有苄基，还可发生 Sommelet-Hauser 重排，例如：

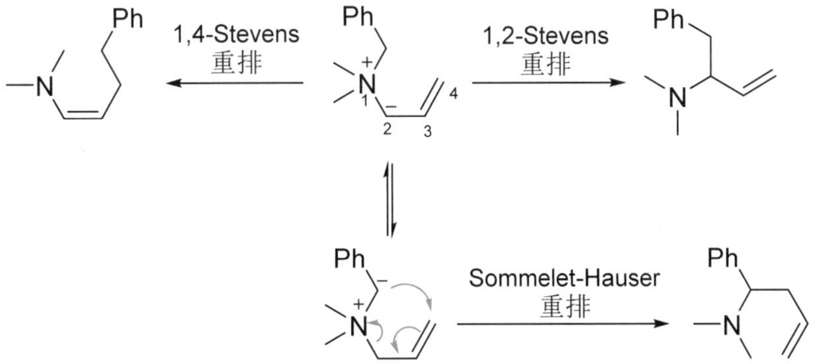

当烯丙基换为苄基时，Sommelet-Hauser 重排优先于 Stevens 重排，可以用同位素标记得到证实：

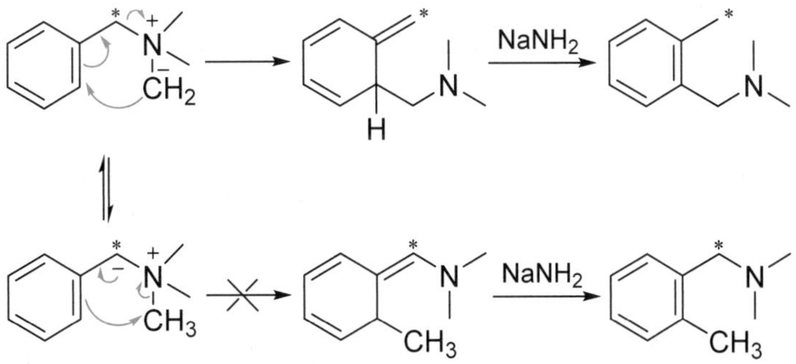

没有生成

9.1.10　双向性重排反应

双向性重排反应（dyotropic rearrangement）指的是两个邻位的 σ 键同时迁移，最基本的反应类型如下所示，A 和 B 的相对位置发生了交换[1]。

如下光学活性的三溴代环己酮在加热条件下会发生变旋作用（mutarotation），从原来的半椅式构象变成椅式构象，反应经过了同步对称性允许机理（synchronous symmetry-allowed mechanisms）。

在溴化镁的作用下，环丁内酯可以发生立体专一性的双向重排得到环戊内酯：

过渡金属也可以涉及其中。如下所示的例子是 C—Cu 键上发生双向性重排反应：

迁移基团还可以是过渡金属，如 Pd[2]：

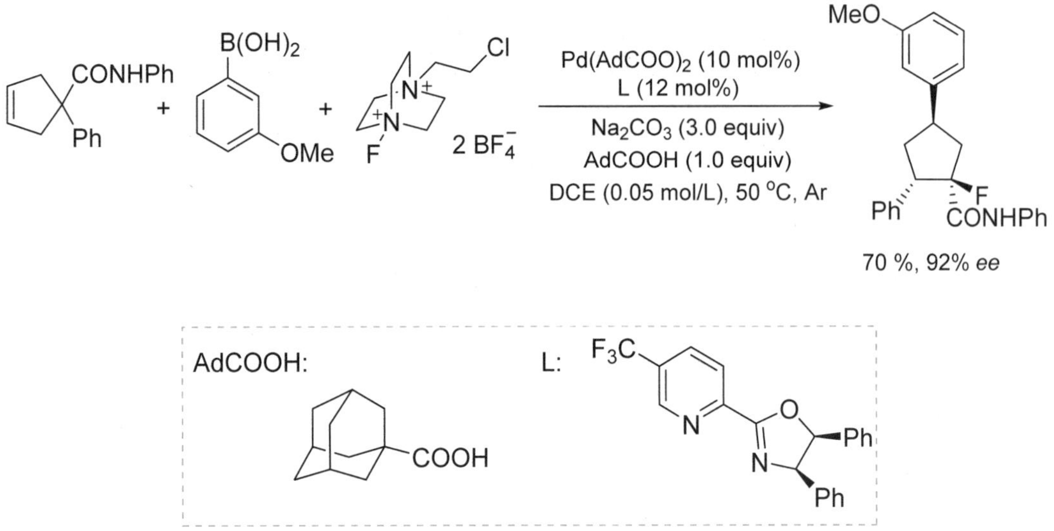

70 %, 92% *ee*

9.2 重排到缺电子性氮原子上

当氮原子上连有电负性大的原子(X)时，N—X 的共享电子对偏向 X，氮原子呈缺电子性，σ*(N—X)反键轨道和邻位σ (C—C)成键轨道重叠，R 基团可以迁移到邻位缺电子性的氮原子上，最终得到重排产物。如下所示：

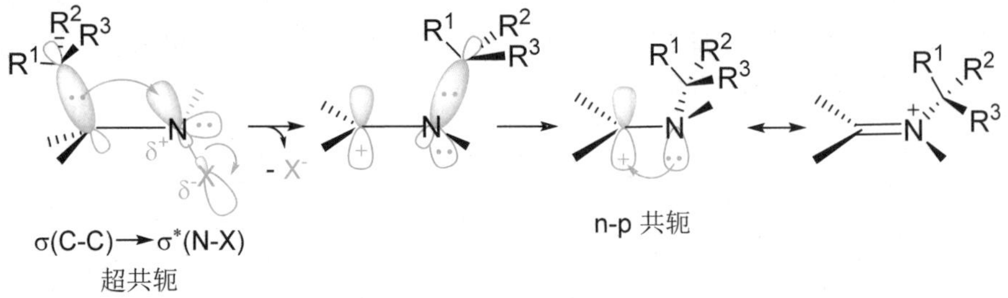

σ(C-C)→σ*(N-X)
超共轭

n-p 共轭

这种烃基重排到邻位缺电子性氮原子上的反应可以分为两类，一类是底物中不含羰基，多数在酸性条件下进行；另一类是底物中含有羰基，多数在碱性条件下发生。如下所示：

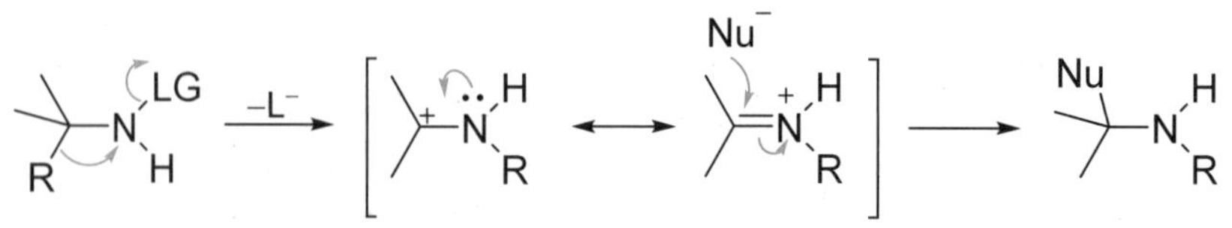

LG=Cl⁻, POCl₃, H₂O, OTs⁻, N₂

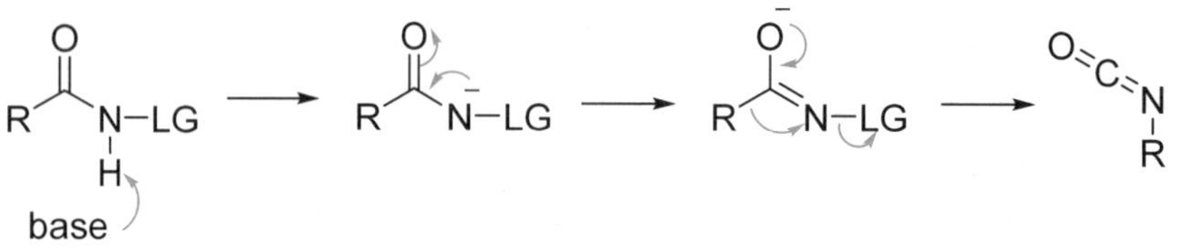

LG= OH⁻, Br⁻, OTs⁻, RCOO⁻, N₂

9.2.1 Stieglitz 重排

N-卤代胺或羟胺在 Lewis 酸（常用五氯化磷）催化下发生重排，生成亚胺盐或亚胺，亚胺盐可被进一步水解或醇解，该反应称为 Stieglitz 重排。在反应过程中，离去基团（Cl⁻或⁻OPCl₄）离去的同时苯基带着一对电子迁移到缺电子性氮原子上。

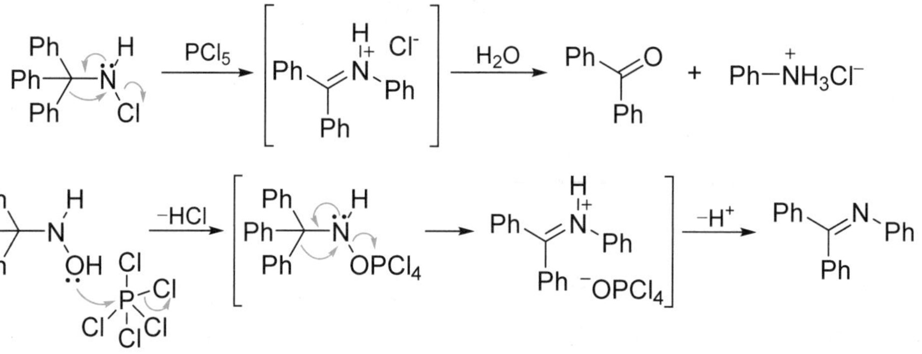

尽管早期报道的 Stieglitz 重排都是在五氯化磷催化下发生的，但下面的桥环氯胺化合物在乙醇中的溶剂解则无须五氯化磷催化[1]。如下所示，N—Cl 键异裂得到的氮正离子中间体 **A**，被分子内邻位的σ(C—C)成键轨道通过超共轭效应而稳定，形成非经典正离子 **B**，最后被甲醇捕获、脱质子生成产物。

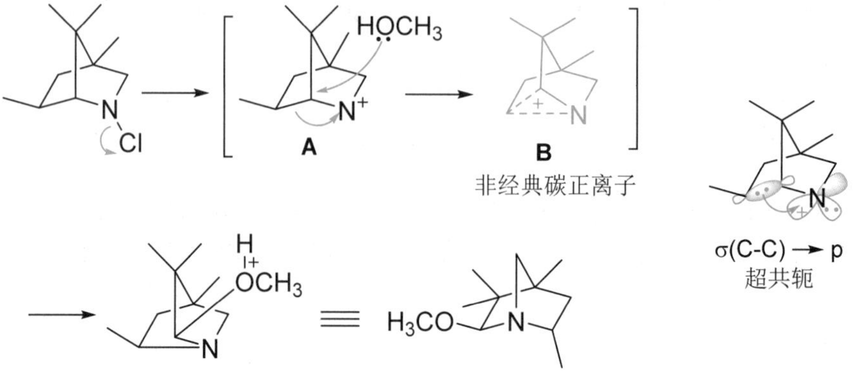

非经典碳正离子

σ(C-C) → p
超共轭

9.2.1 参考文献

9.2.2　Beckmann 重排

肟在质子酸（如 H_2SO_4，$HCl/Ac_2O/AcOH$ 等）或 Lewis 酸存在下重排生成酰胺，称为 Beckmann 重排。

首先，羟基接受质子，形成质子化的肟 **A**。然后，氮原子提供孤对电子促使处于羟基反位的 R^2 基团带着一对电子迁移到氮原子上，同时水作为中性分子离去，形成正离子中间体 **B**。**B** 水解生成最终产物酰胺。

在上述机理中，离去基团的离去与迁移基团的迁移是通过三元环过渡态协同进行的，因此 Beckmann 重排具有区域选择性，处于羟基反位的基团发生迁移，例如：

此外，在 Beckmann 重排中，手性迁移基团在反应过程中构型保持，例如：

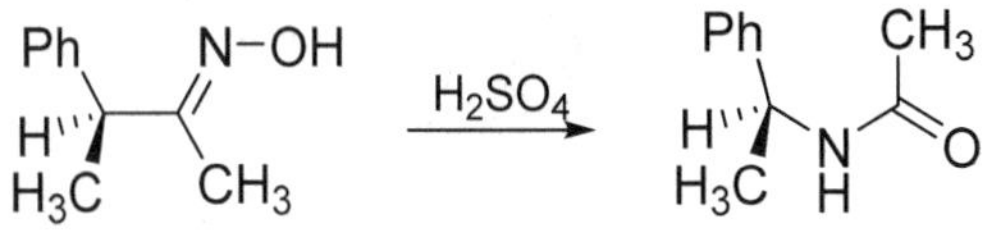

对于含有对质子酸敏感的基团的底物，将肟转化为它的磺酸酯，后者可在较温和的条件下发生 Beckmann 重排。由于磺酸酯是好的离去基团，故反应不需要酸催化，例如[1]：

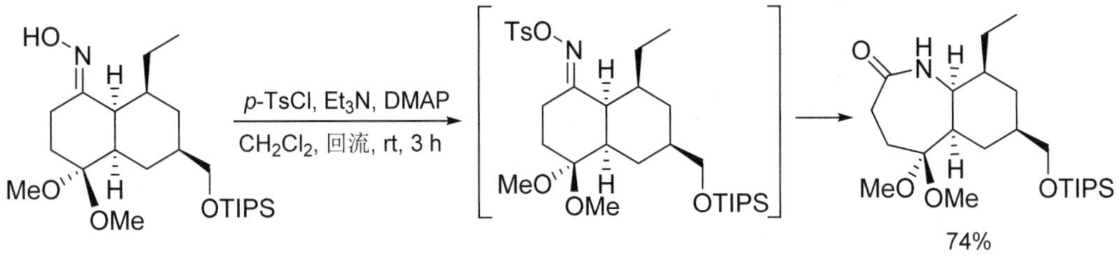

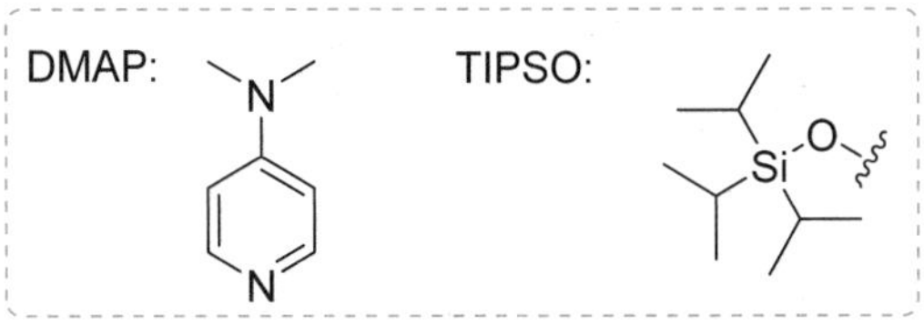

74%

DMAP:　　　TIPSO:

9.2.2 参考文献

9.2.3　Neber 重排

1926 年，P. W. Neber 等发现先用乙醇钾处理肟的对甲苯磺酸酯，再经乙酸和盐酸处理，得到 α-氨基酮。这类反应称为 Neber 重排。

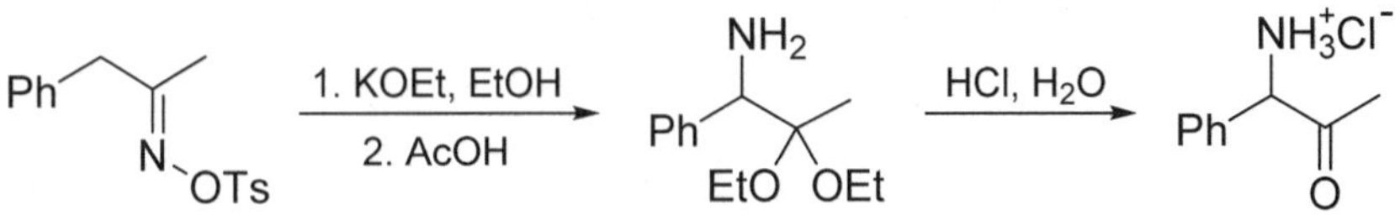

与 Beckmann 重排不同，Neber 重排是在强碱性条件下进行的，常用的碱为 NaOEt、KOEt 等。

$$R^1CH_2-C(=N-OTs)R^2 \xrightarrow[\text{2. HCl, H}_2\text{O}]{\text{1. EtO}^-} R^1CH(NH_2)-C(=O)R^2$$

　　Neber 重排的第一步是肟磺酸酯的 α-H 被碱夺取，形成碳负离子 **A**。然后，**A** 通过两种可能的途径生成可分离的氮杂环丙烯中间体 **D**：一是通过协同的分子内亲核取代直接形成 **D**；二是通过烯醇式 **B** 消除形成乃春 **C**，后者进而转变为 **D**。氮杂环丙烯 **D** 属于亚胺类化合物，在质子酸存在下能够水解生成 α-氨基酮。

（反应机理图：A、B、C、D 中间体转化过程）

　　氮杂环丙烯中间体比较稳定，在有些情况下甚至可以分离得到[1]。若水解一步改为醇解，则得到 α-氨基缩酮，例如[2]：

（3-乙酰基吡啶经肟化、甲苯磺酰化及 EtOK/EtOH、HCl 气体处理生成产物的反应式）

9.2.3 参考文献

9.2.4 Hofmann 重排

酰胺在溴的氢氧化钠水溶液中降解生成胺的反应称为 Hofmann 重排，又称 Hofmann 降解。反应净结果是溴作为亲电试剂被还原，酰胺碳原子被氧化成二氧化碳。

Hofmann 重排经历了异氰酸酯中间体。首先，酰胺被碱夺取一个质子生成负离子 **A**。**A** 进攻亲电试剂溴，生成 N-溴代酰胺 **B**。N-溴代酰胺 **B** 中的 N—H 具有更强的酸性，在碱性条件下再脱一个质子形成负离子 **C**。然后，**C** 发生 1,2-重排得到异氰酸酯 **D**。最后，异氰酸酯水合脱羧，生成少一个碳原子的伯胺。

Hofmann 重排可在有机溶剂中进行，亦可用 $Pb(OAc)_4$ 或有机高价碘试剂［如 $PhI(OAc)_2$、$PhI(OCOCF_3)_2$、$PhI(OH)OTs$ 等］作为亲电试剂进行反应[1]。以醇作溶剂，得到的产物为氨基甲酸酯；以胺为溶剂，则得到脲。

Hofmann 重排是立体专一性的反应。若迁移的烷基含手性碳原子，当它带着一对电子迁移到缺电子性氮原子上后，其构型将保持，例如[2]：

70%

9.2.4 参考文献

9.2.5　Lossen 重排

当伯酰胺的氮原子上连有酰氧基（—OCOR）或磺酰氧基（—OTs）等吸电子基时，这些基团可作为离去基团，在加热或碱性条件下发生类似于 Hofmann 重排的反应，生成异氰酸酯。该反应称为 Lossen 重排。若反应体系中有亲核试剂（如 H_2O、ROH 或 RNH_2）存在，则生成的异氰酸酯将进一步与亲核试剂作用。

$$R-\overset{O}{\overset{\|}{C}}-\overset{H}{\underset{}{N}}-OR' \xrightarrow[\triangle \text{ 或 base}]{} O=C=N-R \xrightarrow[-CO_2]{H_2O} R-NH_2$$

R' = SO_2Ar 或 COAr

其机理与 Hofmann 重排和 Curtius 重排的机理相似，即先形成负离子 **A**，然后经历 1,2-迁移，离去基团同时离去，生成异氰酸酯。动力学研究表明，迁移基团 R 越富电子，反应速率越快。

$$R-\overset{O}{\overset{\|}{C}}-\overset{H}{\underset{}{N}}-OH \xrightarrow{TsCl} R-\overset{O}{\overset{\|}{C}}-\overset{}{\underset{\underset{OH^-}{H}}{N}}-OTs \longrightarrow \left[R-\overset{O}{\overset{\|}{C}}-\overset{}{\underset{}{N}}-OTs \longleftrightarrow R-\overset{O^-}{\overset{}{C}}=\overset{}{\underset{}{N}}-OTs \right] \xrightarrow{-TsO^-} O=C=N-R$$

A

Lossen 重排中常用的碱是 KOH 和 NaOH，此外，DBU 和二异丙基乙胺（DIPEA）等有机碱通常也是有效的，例如[1]：

$$\text{AcO}-\overset{H}{\underset{}{N}}-\overset{O}{\overset{\|}{C}} \text{（嘧啶环）} \xrightarrow[\text{回流, 1 h}]{DBU, THF, H_2O} \text{H}_2\text{N} \text{（嘧啶环）}$$

9.2.5 参考文献

9.2.6 Curtius 重排

酰基叠氮热解或光解生成异氰酸酯，同时放出氮气的反应称为 Curtius 重排。反应通常在惰性有机溶剂（如苯、甲苯、环己烷等）中进行，生成的异氰酸酯可分离得到。

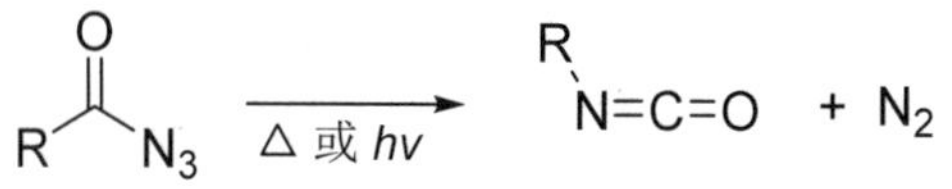

Curtius 重排的热反应机理与 Hofmann 重排机理类似，离去基团（N_2）的离去与 1,2–迁移同时发生。在光解条件下，酰基叠氮则先脱去氮气，形成乃春中间体 **D**，后者经历 1,2–迁移，形成异氰酸酯。由于迄今没有任何证据表明乃春中间体的形成，因此乃春机理仍是一个假设。

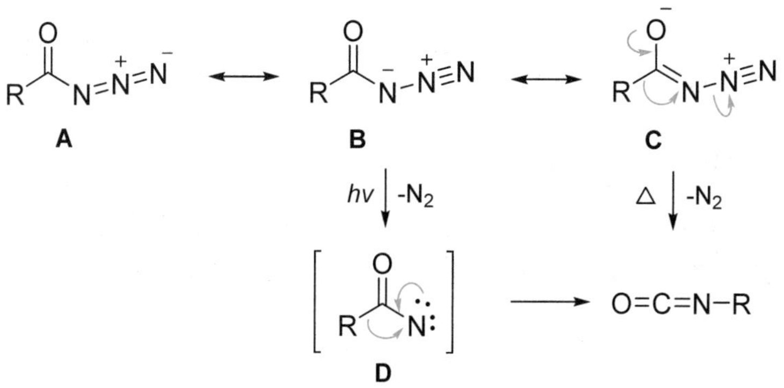

与 Curtius 重排类似，烷基叠氮也可以热解生成亚胺，例如：

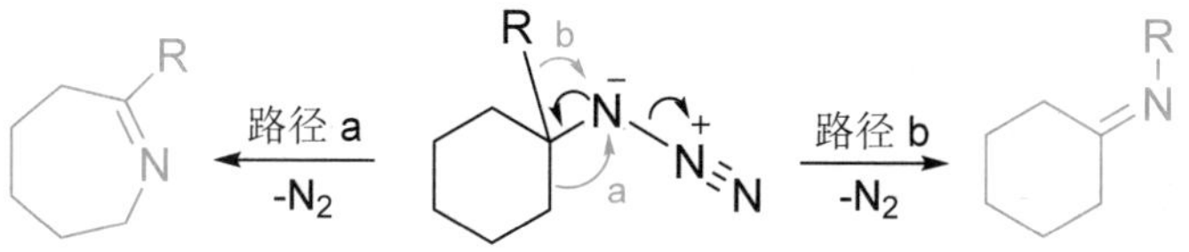

当底物是烯基叠氮时，反应得到氮杂环丙烯：

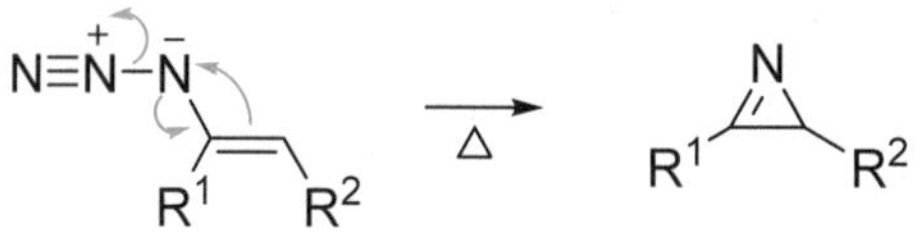

其他有机叠氮化合物亦可发生类似的 1,2–迁移，如下反应经历了两次 1,2–迁移：第一次迁移基团迁移到缺电子性碳原子上，第二次迁移基团迁移到缺电子性氮原子上[1]。

9.2.6 参考文献

9.2.7　Schmidt 重排

在质子酸或 Lewis 酸存在下，羧酸与叠氮酸作用，放出氮气，发生烷基迁移，生成少一个碳的伯胺。这个反应是 K. F. Schmidt 在 1923 年首次报道的，故称为 Schmidt 重排。

此外，Schmidt 重排还包括叠氮酸与醛或酮的反应。与醛的反应产物为腈，与酮的反应产物则为酰胺。

羧酸的 Schmidt 重排与 Curtius 重排非常类似。首先，羟基经质子化、脱水形成酰

基正离子中间体 **A**。接着，叠氮酸亲核进攻酰基正离子形成质子化的酰基叠氮 **B**，后者脱去质子后生成酰基叠氮中间体 **C**。最后，酰基叠氮 **C** 发生 Curtius 重排得到异氰酸酯 **D**，并进一步水解为胺。

酮的 Schmidt 重排从羰基的质子化开始。叠氮酸亲核加成质子化的酮羰基，生成叠氮化物中间体 **A**。接着，**A** 消除一分子水生成亚胺 **B**，后者发生 1,2-烷基迁移，同时氮气离去，形成正离子 **C**。**C** 经水的亲核加成、脱质子及互变异构过程，最终生成酰胺。

醛的 Schmidt 重排前几步与酮的相似，在酸催化下形成亚胺中间体 **B**。然后，**B** 消除氮气和质子后得到腈。

9.3　重排到缺电子性氧原子上

当氧原子和电负性大的原子(X)相连时，O—X 的极化使得氧原子带有部分正电荷，σ^*(O—X)反键轨道和邻位 σ (C—C)成键轨道重叠，R 基团就可以迁移到邻位缺电子性氧原子上，得到重排产物。

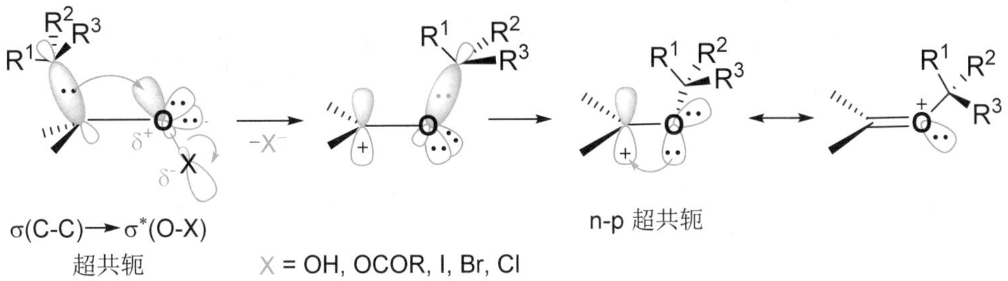

σ(C-C)$\longrightarrow \sigma^*$(O-X)
超共轭

X = OH, OCOR, I, Br, Cl

n-p 超共轭

重排到缺电子性氧原子上的反应也分成两类。如下所示，当底物上有好的离去基团时，该类重排通常在酸性条件下发生；当底物上有不好的离去基团时，可以通过提高迁移基团的迁移能力，即迁移基团的给电子能力实现重排。

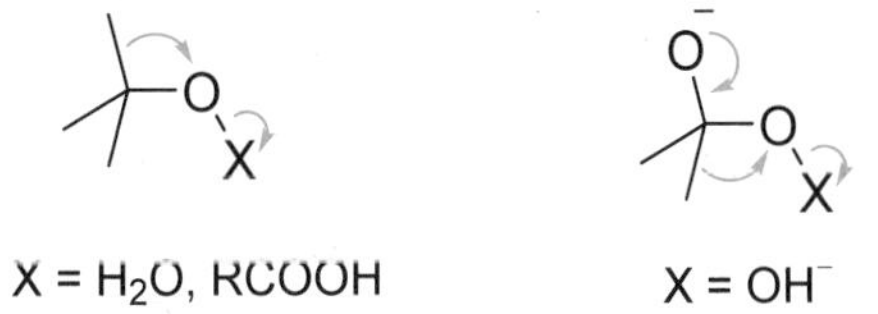

X = H$_2$O, RCOOH

X = OH$^-$

9.3.1　Hock 重排

当碳氢化合物上有过氧或过氧氢基团时，在酸性条件下烷基或芳基能迁移到缺电子性氧原子上，称为 Hock 重排。经典的例子是过氧化氢异丙苯重排生成苯酚和丙酮，这是工业上制备苯酚和丙酮的方法之一。异丙苯经空气氧化（自由基过程）生成过氧化氢异丙苯：

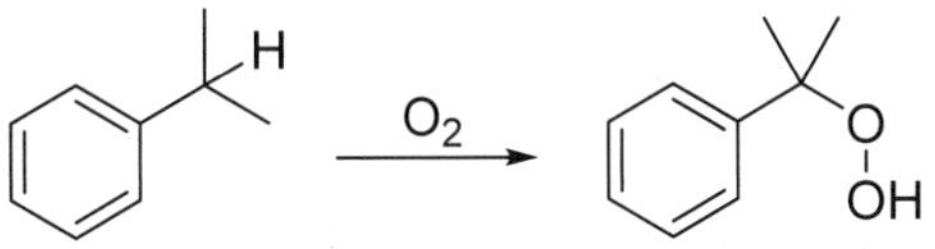

过氧化氢异丙苯，在酸性条件下羟基上的氧先质子化，促使 O—O 键极化；然后，苯基优先于烷基带着一对电子迁移到邻位缺电子性氧原子上，同时水作为中性分子离去，得正离子 **A**，**A** 共振为 **B**；接着，**B** 受水的亲核进攻形成质子化的半缩酮 **C**，后者经质子转移、消除生成苯酚和丙酮。

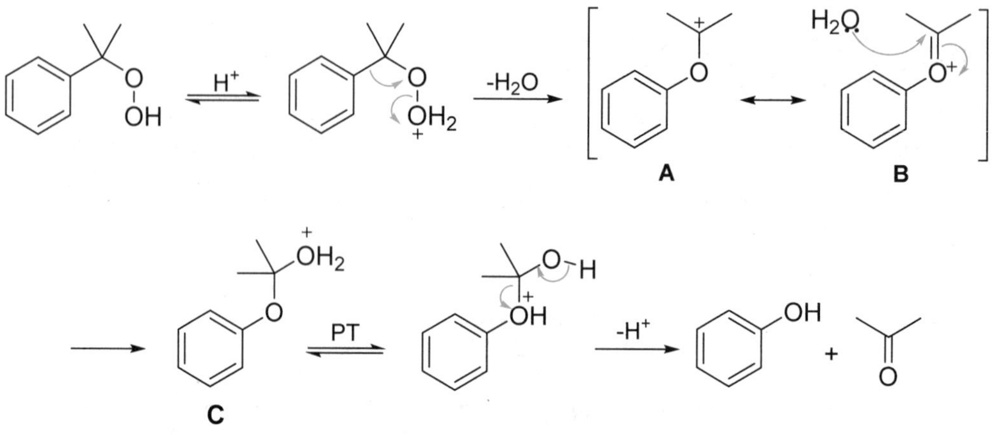

如果是环己基过氧化氢，氢优先于烷基先迁移，最后生成环己酮：

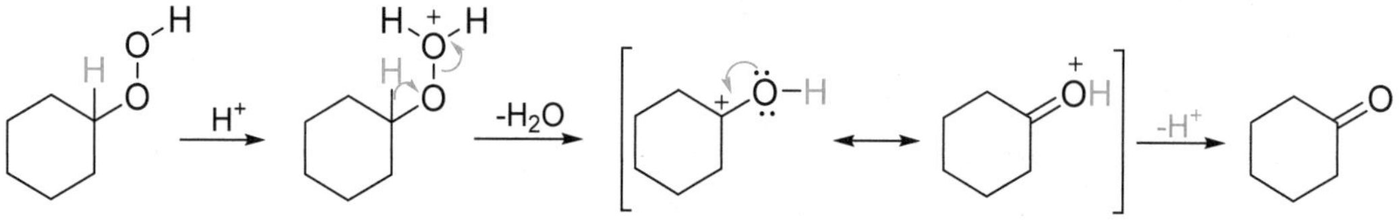

9.3.2　Baeyer-Villiger 氧化

酮被过氧酸氧化生成酯的反应称为 Baeyer-Villiger 氧化。

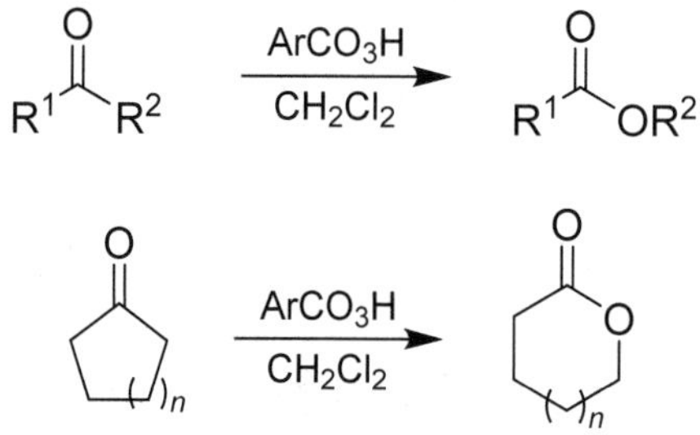

过氧酸根亲核进攻质子化的羰基，形成的过氧化物中间体发生 1,2-迁移，生成酯，酸作为中性分子离去。

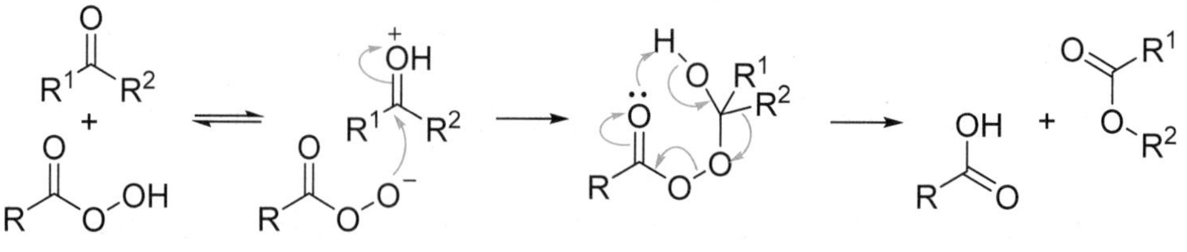

Baeyer-Villiger 氧化具有区域选择性。对于不对称的酮，基团迁移的能力和

Wagner-Meerwein 重排中描述的迁移能力相一致，即芳基优先于烷基，叔碳优先于仲碳，仲碳优先于伯碳。例如：

如果迁移的碳原子为手性碳，在反应中其构型保持。例如[1,2]：

9.3.2 参考文献

9.3.3　Dakin 氧化

对羟基苯甲醛在碱和过氧化氢作用下生成对苯二酚和甲酸钠的反应称为 Dakin 氧化。

在这个反应中，羰基受到过氧化氢负离子的亲核进攻成四面体碳，氧负离子反共轭促使芳基迁移到邻位缺电子性氧原子上，羟基带着一对电子离去。随后，甲酸苯酚酯发生酯的水解得到对苯二酚和甲酸钠。

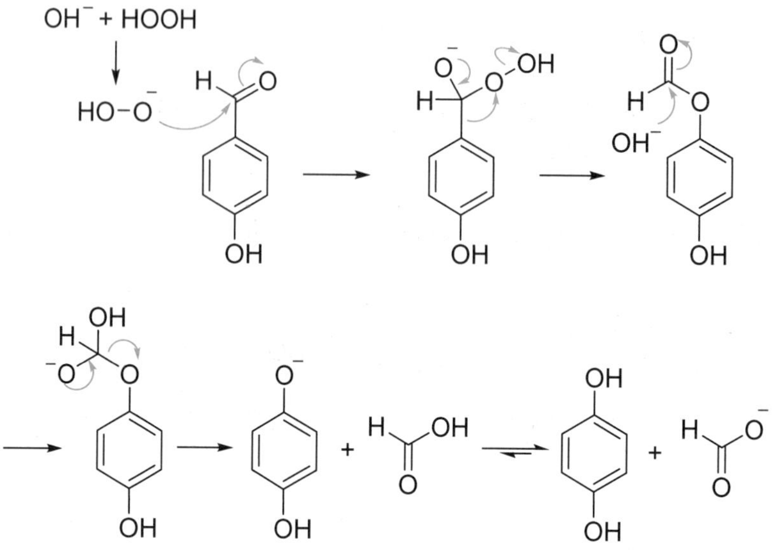

上述过程中，亲核加成和芳基迁移均为反应的决速步骤。如提高羰基的亲电能力，就能加快反应速率。邻羟基苯甲醛的羰基受到分子内氢键的影响电子云密度降低，反应速率快；苯乙酮中的羰基受到甲基给电子效应的影响电子云密度增大，反应速率较慢。同时，芳基上的取代基对反应速率也有很大的影响。当底物为间羟基苯甲醛时，氢优先于芳基迁移：

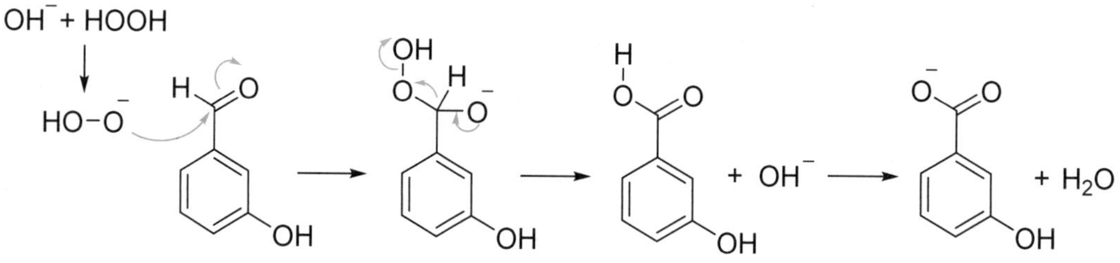

迁移基因的迁移能力取决于和羰基相连碳原子的电子云密度。如果芳环的邻、对位有给电子基，增大其电子云密度，则对反应有利；如果芳环上存在吸电子基，降低其电子云密度，则对反应不利，甚至比氢的迁移能力弱。

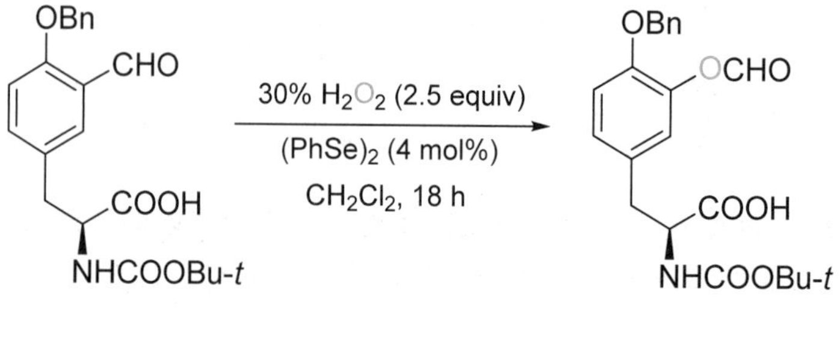

拓展学习资源

知识讲解 1

知识讲解 2

知识讲解 3

知识讲解 4

知识讲解 5

知识讲解 6

讲解课件 1

讲解课件 2

习　题

1. 推测下列反应的可能机理。

(1)

$\underset{\text{OH}}{\overset{\text{Br}}{\bigg}}$ $\xrightarrow{\text{AgNO}_3}$

(2) $\xrightarrow{\text{H}^+}$

(3) $\xrightarrow{\text{OH}^-}$ + SO_2

(4) $\xrightarrow[\text{CH}_2\text{Cl}_2,\ \text{rt, 24 h}]{m\text{-CPBA}}$

(5)

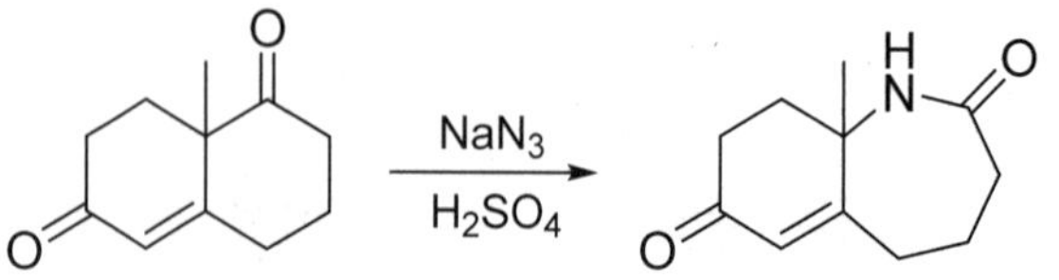

(6)

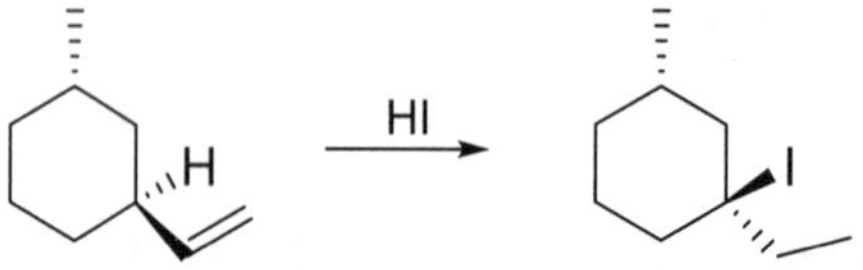

(7)

(8)

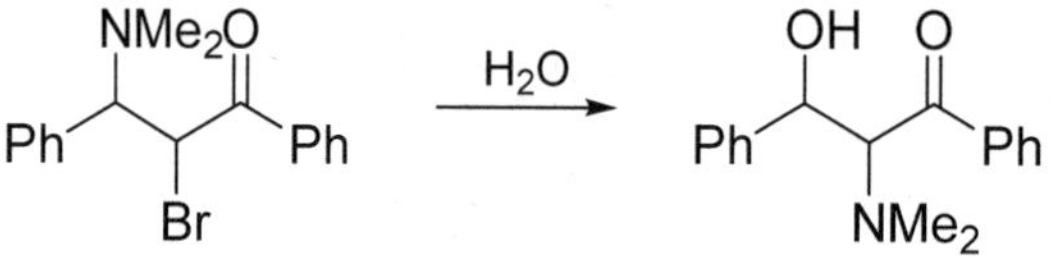

(9)

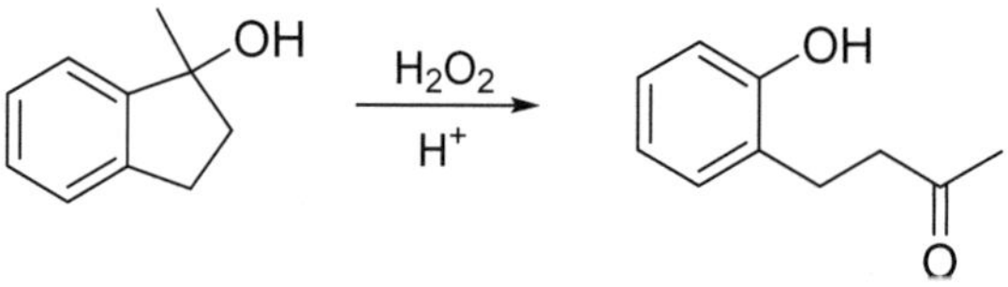

(10)

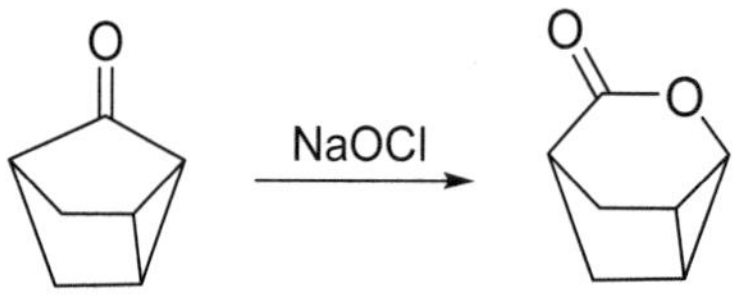

(11)

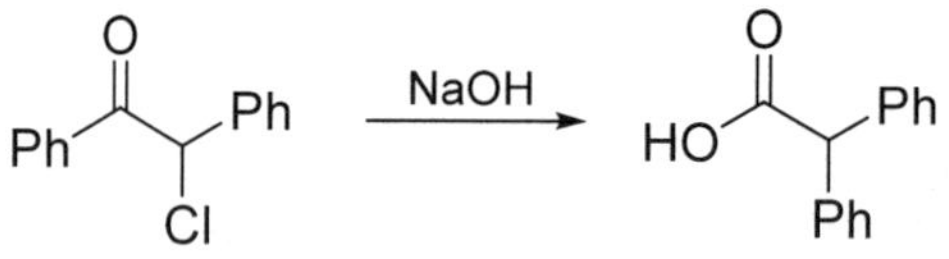

(12)

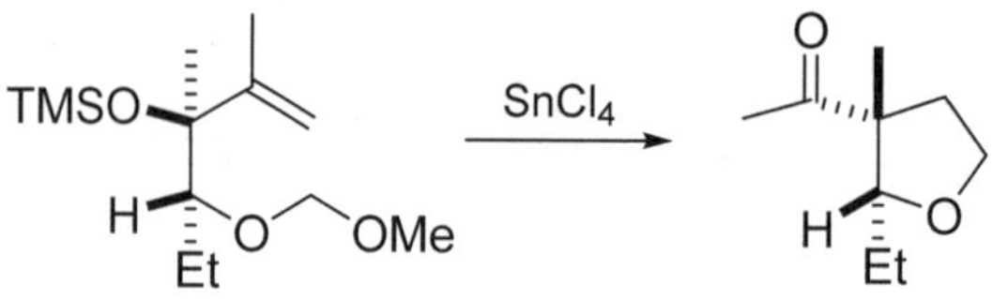

(13)

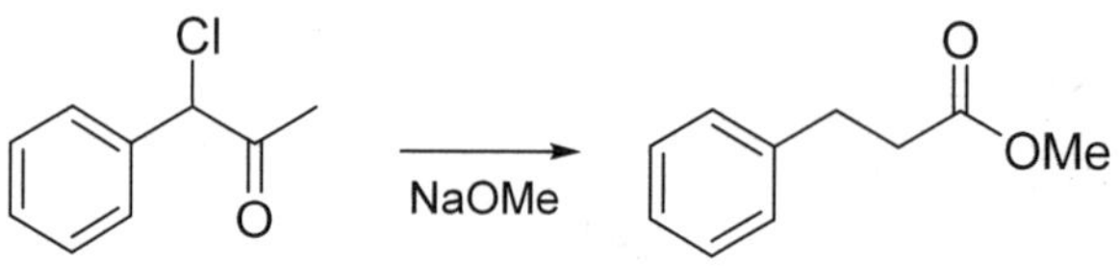

(14)

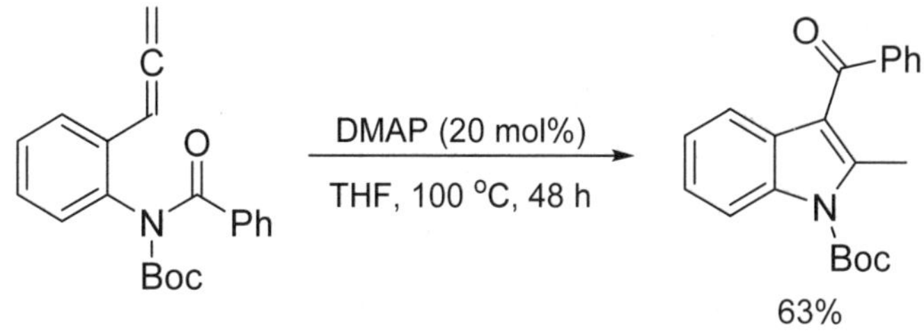

（*ACS Catal.* 2020，*10*，5419-5429.）

(15)

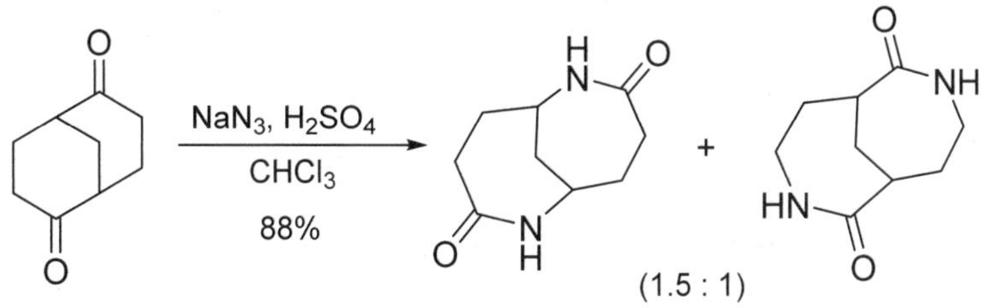

（*J. Org. Chem.* 2020，*85*，7424-7432.）

(16)

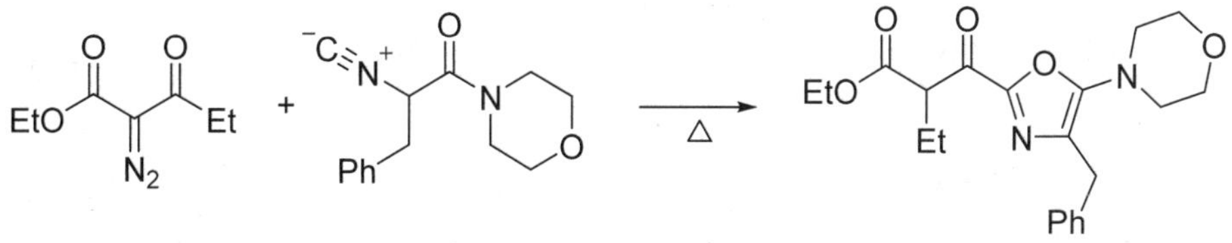

(17)

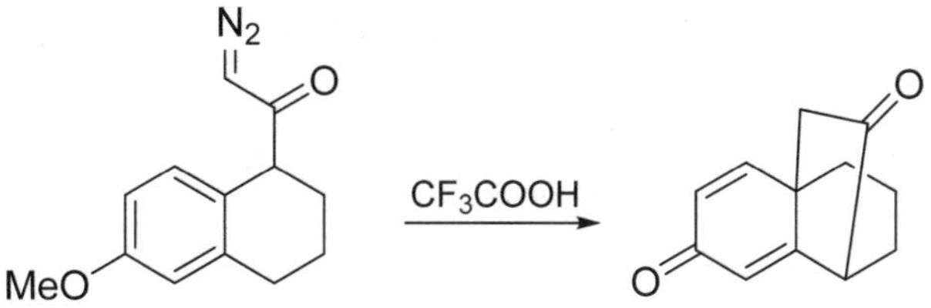

2. 解释下列反应的选择性。

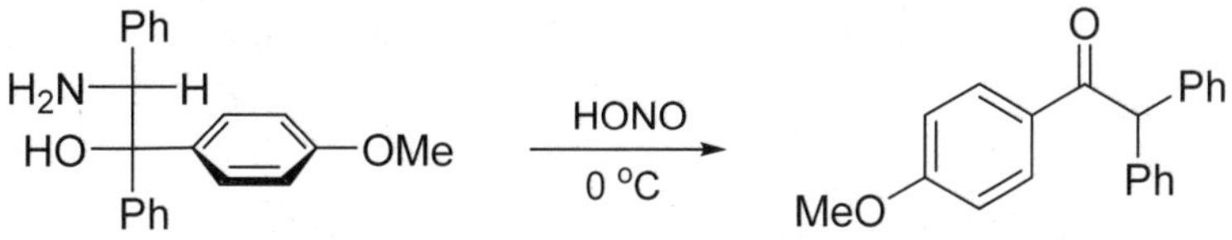

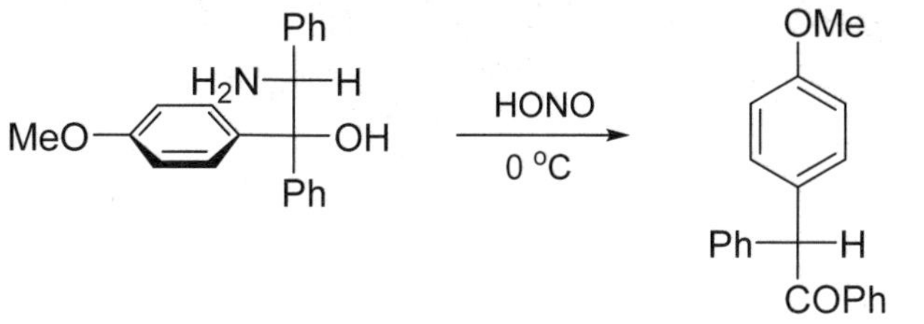

3. 解释下列反应的选择性。

4. 下列一组 Beckmann 重排反应中，*E* 构型底物的反应速度是 *Z* 构型底物的 1850 倍，试给出解释。

5. 下列反应具有很好的区域选择性，试画出反应的机理。

6. 预测下列反应产物的结构。

(1)

$$\underset{\text{MeCN}}{\overset{hv}{\longrightarrow}}$$?

(2)

$$\underset{\text{NaOH, H}_2\text{O}}{\overset{\text{Br}_2}{\longrightarrow}}$$?

(3)

$$\overset{\triangle}{\longrightarrow}$$?

(4)

$$\underset{\text{H}_2\text{O}}{\overset{\text{AgNO}_3}{\longrightarrow}}$$?

(5)

$$\underset{\text{2. KOH}}{\overset{\text{1. PhCOCl}}{\longrightarrow}}$$?
$$\overset{n\text{-C}_4\text{H}_9\text{NH}_2}{\longrightarrow}$$?

(6)

$$\underset{\substack{\text{CH}_3\text{SO}_3\text{H} \\ \text{CH}_2\text{Cl}_2}}{\overset{\text{NaN}_3}{\longrightarrow}}$$?
$$\underset{\substack{\text{EtOH} \\ 150\,^\circ\text{C, 7 h}}}{\overset{\text{Me}_2\text{NH}}{\longrightarrow}}$$?

(7)

$$\underset{\substack{\text{THF, rt} \\ 20 \text{ min}}}{\overset{\text{Ac}_2\text{O, Py}}{\longrightarrow}}$$?
$$\underset{\text{THF/ H}_2\text{O}}{\overset{\text{DBU}}{\longrightarrow}}$$?

(8)

$$\underset{\substack{\text{CH}_2\text{Cl}_2, \text{ rt, 2 h} \\ 80\%}}{\overset{\text{PhI(OAc)}_2}{\longrightarrow}}$$?

(9)

$$\underset{\substack{\text{CH}_2\text{Cl}_2, \text{ rt, 2 h} \\ 91\%}}{\overset{\text{PhI(OAc)}_2}{\longrightarrow}}$$?

(*Org. Lett.* 2006，*8*, 5877-5879.)

(10)

$$\xrightarrow{\text{EtAlCl}_2,\ \text{Et}_2\text{O}} \quad ?$$

（ *Tetrahedron Lett.* 1987，*41*，4787-4788.）

7. 分子中含有 3 个手性碳原子时，最多可以有 8 种立体异构体。下面的反应路线能构筑连续 3 个手性碳原子，反应具有非对映选择性，只得到一对对映体，非对映体过量值＞98∶1。完成反应式，写出最后一步反应的机理，解释非对映选择性。

8. 提出如下反应的可能机理，并解释反应的取代基效应（ *Org. Lett.* 2021，*23*，2094-2098.）。

$R^1 = p\text{-CF}_3$, $R^2 = H$, 87%
$R^2 = p\text{-CF}_3$, $R^1 = H$, 0%

9. 比较如下两个反应，当用苄硫醇代替苯硫酚时，除了得到扩环的喹啉衍生物外，还得到了螺环副产物。提出反应的可能机理，并解释副产物产生的原因（ *Org. Lett.* 2021，*23*，2063-2068.）。

93%

53%　　27%

10. 下列反应在不同酸催化下得到了完全不同的产物，请提出可能的机理（ *J. Am. Chem. Soc.* 2011，*133*，7696-7699.）。

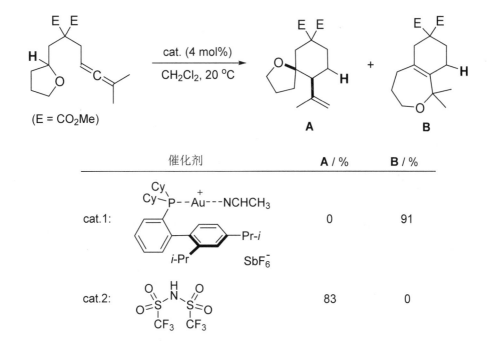

(E = CO₂Me)

催化剂	A / %	B / %
cat.1:	0	91
cat.2:	83	0

习题参考答案

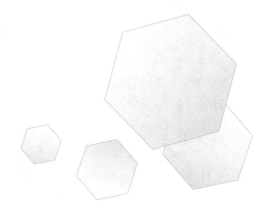

第 10 章
自由基及卡宾的反应

一些取代、加成、重排等有机反应经历了共价键的均裂或单个电子转移过程，形成了自由基中间体，此类反应称为自由基反应。相对于离子型反应，自由基反应由于选择性（特别是立体选择性）较难控制，其合成应用受到一定限制。近年来，随着过渡金属催化、光催化等合成方法的发展，传统自由基反应存在的选择性控制问题逐渐得到克服，新的自由基反应不断被开发和应用。卡宾则属于另一类活性物种，可发生环丙烷化、X—H 插入（X＝C、N、O、S 等）、1,2－迁移等重要有机反应。虽然缺电子，但卡宾亦可用作亲核试剂或亲核性催化剂。碳自由基和卡宾的结构及相对稳定性已在第 1 章作了详细介绍，本章主要介绍碳自由基和卡宾中间体的形成及其反应。

10.1　自由基引发方法

自由基反应为链式反应，过程包含三个阶段：链引发（chain initiation）、链增长（chain propagation）和链终止（chain termination）。自由基引发和反应试剂、反应条件有关。常用的引发方法有四种：即高温裂解、自由基引发剂引发（常用过氧化物或偶氮化合物裂解引发）、光解均裂和单电子转移（single electron transfer，SET）。此外，近年来发展的光催化反应还可以通过第一激发态三线态光催化剂分子的能量转移（energy transfer，ET）将底物分子转变为双自由基[1]。以下着重介绍常用的四种方法。

10.1.1　高温裂解

高温裂解也称热解，常见于石油重整，在高温下发生 C—C 键的均裂，使重油变成轻油。C—C 键键能在 $347\sim356\ \text{kJ}\cdot\text{mol}^{-1}$，键能大小和取代基密切有关，如 1,2－二苯基环丙烷的均裂开环比环丙烷均裂开环要容易得多，均裂具有区域选择性：

$$\text{Ph}\overset{\triangle}{\longrightarrow}\text{Ph}\cdot\wedge\cdot\text{Ph}$$

均裂的容易程度取决于共价键的解离能（bond dissociation energy，BDE），即绝对零度下键均裂所需的能量。常见共价键的键能如表 10.1 所示。

表 10.1　常见共价键的键能

共价键	键能/（kJ·mol^{-1}）	共价键	键能/（kJ·mol^{-1}）
C—H	410	C—C	347~356
C—F	490	C—Cl	331
C—Br	285	C—I	211
F—F	159	Cl—Cl	243
Br—Br	192	I—I	151
H—H	436	O—H	460

键能不同于键解离能，键能指的是分子中同一共价键解离能的平均值。如下所示，甲烷中 4 个 C—H 键的解离能分别为 435 kJ·mol^{-1}、444 kJ·mol^{-1}、444 kJ·mol^{-1} 和 339 kJ·mol^{-1}，C—H 键的键能则是它们的平均值，即 416 kJ·mol^{-1}。

$$H{-}CH_3 \xrightarrow[\;-H\cdot\;]{435\,kJ\cdot mol^{-1}} \cdot CH_3 \xrightarrow[\;-H\cdot\;]{444\,kJ\cdot mol^{-1}} :CH_2 \xrightarrow[\;-H\cdot\;]{444\,kJ\cdot mol^{-1}} :\overset{\cdot}{C}H \xrightarrow[\;-H\cdot\;]{339\,kJ\cdot mol^{-1}} \cdot\overset{\cdot}{\underset{\cdot}{C}}\cdot$$

键断裂所需的裂解温度和键能有关，键能越大，裂解温度越高，见表 10.2。

表 10.2　键的均裂和对应的裂解温度

共价键	键能/（kJ·mol^{-1}）	裂解温度/℃	共价键	键能/（kJ·mol^{-1}）	裂解温度/℃
C—C	355	670	C—H	414	850
C—O	351	670	O—O	142	160
N—N	163	230	S—S	230	440
O—Cl	205	280	C—I	213	350
C—Br	280	480			

10.1.2　自由基引发剂引发

过氧化物中 O—O 单键在较低的温度下可以发生均裂，产生氧自由基。二叔丁基过氧化物、双氧水、过氧苯甲酰为常用的自由基引发剂，这些分子中 O—O 键的键能分别为 157 kJ·mol^{-1}、213 kJ·mol^{-1} 和 139 kJ·mol^{-1}。

偶氮化合物对热敏感，加热条件下可以产生烷基自由基，如常用自由基引发剂偶氮异丁腈（AIBN）在 70～80 ℃下即可热解：

$$NC-\underset{}{\overset{}{C}}-N=N-\underset{}{\overset{}{C}}-CN \xrightarrow{\triangle} 2\ NC-\underset{}{\overset{}{C}}\cdot\ +\ N_2$$

10.1.3　光解均裂

光照条件下 σ 键的均裂是产生自由基的常用方法之一。例如，卤素（Cl_2、Br_2、I_2）分子能吸收紫外光，发生从基态到激发态的跃迁，从而产生光致共价键的均裂，形成卤原子。次氯酸酯分子中 O—Cl 键的均裂也是如此。

$$Cl-Cl \xrightarrow{h\nu} 2\ Cl\cdot$$

$$RO-Cl \xrightarrow{h\nu} RO\cdot\ +\ Cl\cdot$$

一些共轭烯烃能够吸收紫外光或可见光，分子被激发并形成第一激发态三线态，即双自由基，继而发生自由基反应[1]。三线态分子中两个自由基中心之间没有 π 键，所以 C—C 键可以自由旋转，顺式烯烃可借此机理异构化为反式异构体，例如：

cis-1,2-二苯乙烯　　　　　　　　　　　　　　　tran-1,2-二苯乙烯

10.1.4　单电子转移

一些无机金属离子具有氧化还原的性质，在氧化还原过程中势必涉及电子转移，如 Fenton 试剂（过氧化氢与催化剂 Fe^{2+} 构成的氧化体系）可作为自由基引发剂，其产生自由基的机理如下：

$$RO-OH + Fe^{2+} \longrightarrow RO\cdot\ +\ OH^-\ +\ Fe^{3+}$$

通过单电子转移（SET），羰基从金属钠中获得一个电子，形成负离子自由基，从而引发自由基链反应过程。

三烷基硼是高活性物种，容易发生双分子均裂取代（bimolecular homolytic substitution，S_H2），这是产生自由基的常用方法之一[2,3]。

$$R_3B + O_2 \xrightarrow{S_H2} R\cdot + R_2BOO\cdot$$

$$R\cdot + O_2 \longrightarrow ROO\cdot$$

$$ROO\cdot + R_3B \xrightarrow{S_H2} R\cdot + R_2BOOR$$

在硼中心发生的 S_H2 过程是热力学有利的，因为 B—X 键的解离能远大于 B—C 键的解离能，三乙基硼中 B—C 键的解离能为 $344\ kJ\cdot mol^{-1}$，三乙氧基硼中 B—O 键的解离能为 $519\ kJ\cdot mol^{-1}$，三(二甲氨基)硼中 B—N 键的解离能为 $422\ kJ\cdot mol^{-1[2]}$。二乙基锌也是一类良好的自由基引发剂和链转移试剂，可以作为三乙基硼的替代试剂使用，存在的缺陷是二乙基锌具有更强的 Lewis 酸性和更强的亲电性，反应的条件受到一定的限制。

10.1.4 参考文献

10.2 自由基取代反应

10.2.1 烷烃的自由基卤化反应

烷烃的自由基取代反应至少包括三步：链引发、链增长和链终止。如乙烷氯化生成氯乙烷，简单地从原料和产物的键能变化看出，乙烷自由基氯化反应是能量有利的。

$$Cl\text{—}Cl + \overset{H}{\underset{|}{CH_3CH_2}} \xrightarrow{h\nu} \overset{Cl}{\underset{|}{CH_3CH_2}} + Cl\text{—}H$$

键能 $/(kJ\cdot mol^{-1})$ 243   410   341   431

链引发：

$$Cl\text{—}Cl \xrightarrow{h\nu} \dot{C}l + \dot{C}l$$

链增长：

$$H_3C\text{-}CH_3 + \dot{C}l \longrightarrow H_3C\text{-}\dot{C}H_2 + HCl$$

$$H_3C\text{-}\dot{C}H_2 + Cl\text{—}Cl \longrightarrow \underset{\underset{Cl}{|}}{H_3C\text{-}CH_2} + \dot{C}l$$

链终止：

$$H_3C-\dot{C}H_2 + \dot{C}l \longrightarrow \begin{array}{c} H_3C-CH_2 \\ | \\ Cl \end{array}$$

$$H_3C-\dot{C}H_2 + H_3C-\dot{C}H_2 \longrightarrow H_3C-CH_2-CH_2-CH_3$$

$$\dot{C}l + \dot{C}l \longrightarrow Cl_2$$

烷烃中伯氢、仲氢和叔氢的反应性是不同的，伯氢最慢，叔氢最快，而且温度越高，选择性越低。这和中间体自由基的相对稳定性有关（见 1.1.2.3 节）：

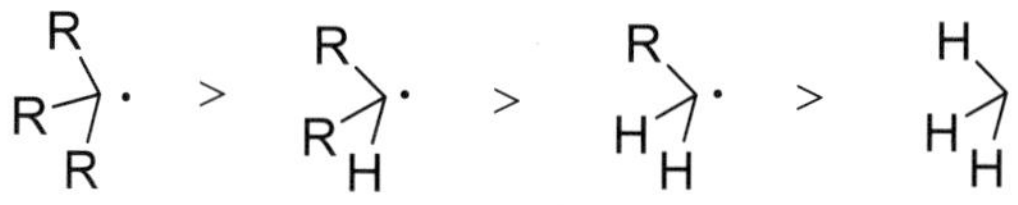

但这一相对反应速率并不是绝对的，如 2,2-二甲基己烷中有三个亚甲基，氯化反应的产物以 2,2-二甲基-5-氯己烷为主。9 个伯氢的统计贡献使得生成中间体 **A** 的比例增多，通过六元环状过渡态，分子内夺氢，形成中间体 **B** 的概率也随之增加，最后得到以 5-氯-2,2-二甲基己烷为主的单氯代产物。

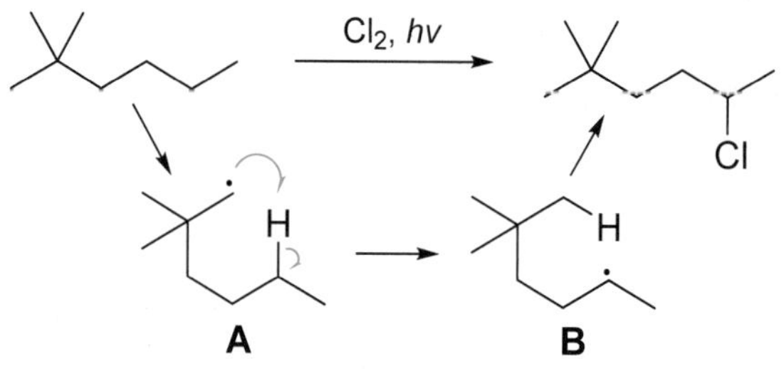

如果底物含有双键或苯环，碳自由基能被双键和苯环稳定。如下所示的反应是通过烯丙基型自由基进行的：

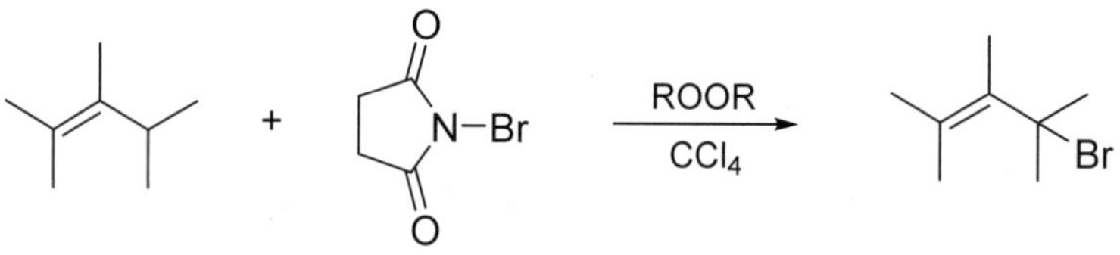

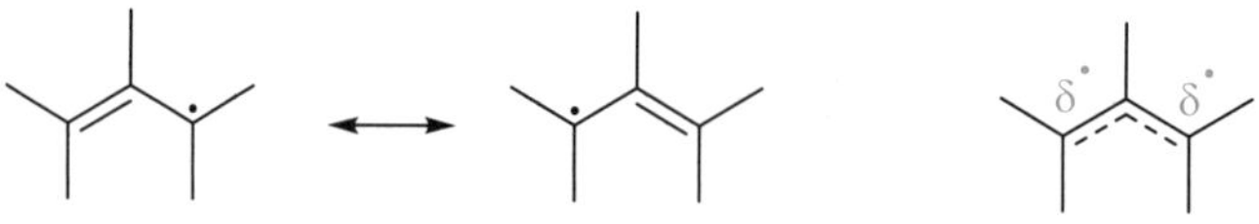

烷烃和卤素的相对反应速率大小顺序是，氟＞氯＞溴＞碘。烷烃和单质氟的反应速

率太快而不易控制，和单质碘反应在能量上是不利的。氯和烷烃的反应速率大于溴和烷烃的反应速率，反应速率越快，选择性越低。2-甲基丙烷分别和氯和溴发生自由基取代反应的选择性如下：

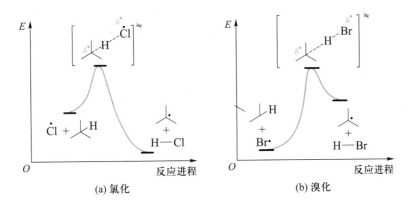

氯化反应中叔氢和伯氢的反应性之比约为 5∶1，而 2-甲基丙烷溴化几乎定量得到 2-溴-2-甲基丙烷。这是因为氯化反应中形成叔丁基自由基的反应是放能的，而相应的溴化反应一步是吸能的，见图 10.1。

根据 Hommond 假说（见 1.3.2 节），对于一个放能步骤，过渡态的结构更接近原料；对于一个吸能步骤，过渡态的结构则更接近产物，由此可认为溴化反应经过的"类自由基过渡态"更接近自由基，更具有自由基的性质。换句话说，自由基的相对稳定性在溴化反应中更为重要，叔碳自由基要远比伯碳自由基稳定。因此，2-甲基丙烷的自由基溴化反应具有极好的区域选择性，几乎定量得到 2-溴-2-甲基丙烷。

图 10.1　2-甲基丙烷的氯化和溴化

10.2.2　卤代烃的自由基还原

三丁基氢化锡和卤代烃反应，发生 C—X 键和 Sn—H 键的交换反应，生成 C—X 键还原产物。从下面的键能数据可以看出，这个反应在能量上是有利的。

$$R\text{-}Br + Bu_3Sn\text{-}H \xrightarrow{h\nu} R\text{-}H + Bu_3Sn\text{-}Br$$

键能/(kJ·mol⁻¹)　　280　　　　308　　　　　　418　　　　552

可能的机理如下：

$$Bu_3Sn\text{-}H \xrightarrow{h\nu} Bu_3\dot{S}n + \dot{H}$$

$$R\text{-}Br + Bu_3\dot{S}n \longrightarrow Bu_3Sn\text{-}Br + \dot{R}$$

$$\dot{R} + Bu_3Sn\text{-}H \longrightarrow R\text{-}H + Bu_3\dot{S}n$$

用催化量的三乙基硼和氧气作引发剂使得反应的条件更加缓和,极大地拓宽了底物的适应范围：

10.2.3　芳基重氮盐的自由基取代反应

芳基重氮盐的 C—N 键均裂是产生芳基自由基的重要途径之一。Sandmeyer 反应、Gomberg-Bachmann 反应等就是基于芳基自由基的经典有机反应。

10.2.3.1　Sandmeyer 反应

铜(Ⅰ)盐催化下芳基重氮被负离子取代的反应称为 Sandmeyer 反应[1]。负离子可以是 Cl⁻、Br⁻、CN⁻、NO₂⁻ 等。

此反应是通过芳基自由基机理进行的[2]。首先，一价铜和芳基重氮盐发生单电子转移，生成二价铜和芳基重氮自由基 **A**，进而失去氮气，成为芳基自由基 **B**。然后，芳基自由基继续通过单电子转移，形成芳基铜配合物 **C**，后者经还原消除得到芳基卤，并再生出一价铜。不过，这个过程是否经过三价铜中间体还有待证实。

利用 Sandmeyer 反应亦可实现芳基重氮盐的三氟甲基化等有机合成中非常有用的转化，例如[3]：

10.2.3.2 Gomberg-Bachmann 反应

芳基重氮盐在碱性条件下能和芳烃偶联，生成联芳烃，此反应可在分子间和分子内发生。这类反应称为 Gomberg 反应或 Gomberg-Bachmann 反应[1]。

Z = CH₂, O, NH, CO, CH=CH, CH₂CH₂

这类反应经历了芳基自由基中间体。首先，芳基重氮正离子在碱性条件下形成类似

于酸酐的中间体 **A**，**A** 进一步分解为芳基自由基、氧自由基 **B** 和氮气[2]。然后，芳基自由基与底物芳烃发生自由基取代，生成联芳烃。在此过程中，氧自由基 **B** 夺取了中间体 **C** 的氢原子。

$$2 \ Ar-\overset{+}{N}\!\!\equiv\!\!N \xrightarrow{\ OH^-\ } Ar-N=N-O-N=N-Ar \longrightarrow Ar\cdot + N_2 + \cdot O-N=N-Ar$$

A   **B**

C

10.2.3.2 参考文献

10.3 自由基加成反应

10.3.1 烯烃的自由基加成反应

10.3.1.1 烯烃与溴化氢的自由基加成

通常烯烃和 HBr 反应生成马氏加成产物，但当混合物中有过氧化物存在时，反应主要生成反马氏加成产物，如异丁烯加 HBr 生成 1-溴-2-甲基丙烷：

$$\text{异丁烯} + HBr \xrightarrow{\ ROOR\ } \text{1-溴-2-甲基丙烷}$$

在过氧化物存在下，烯烃加 HBr 的反应通过自由基机理进行。自由基链的增长主要取决于新自由基的相对稳定性，也决定了反应的区域选择性。在上述异丁烯和 HBr 的反应过程中，异丁烯和溴自由基的反应能生成两种自由基中间体 **A** 和 **B**，**A** 为叔碳自由基，较伯碳自由基 **B** 稳定，**A** 优先于 **B** 生成，夺 HBr 中氢，最后生成的主要产物为 1-溴-2-甲基丙烷。

链引发：

$$RO\!-\!OR \xrightarrow{\ \triangle\ } 2\,R\dot{O}$$

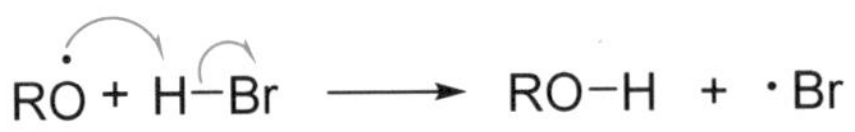

链增长：

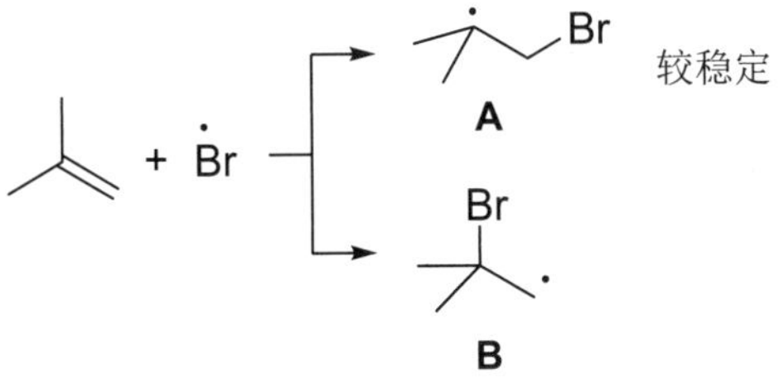

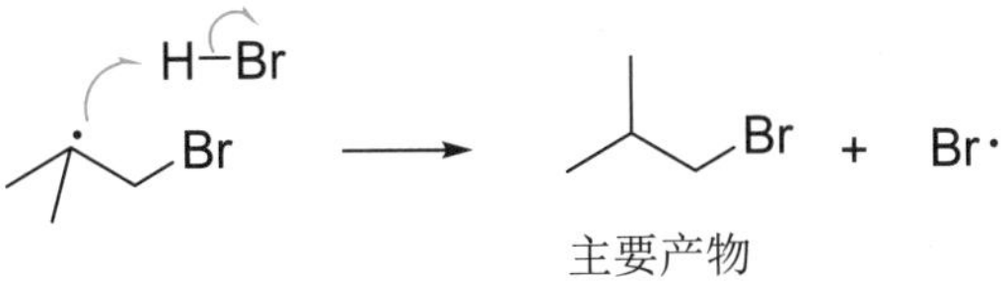

A　较稳定

B

主要产物

链终止：

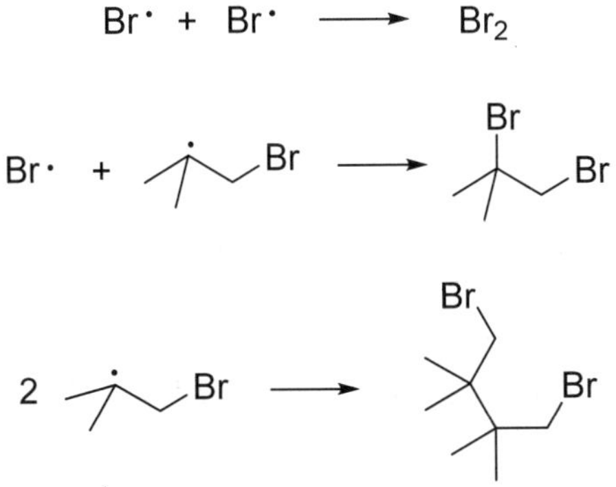

10.3.1.2　烯烃与卤代烷的自由基加成

在光照、加热或自由基引发剂存在下，卤甲烷与烯烃发生自由基加成，末端烯烃的加成具有区域选择性，例如：

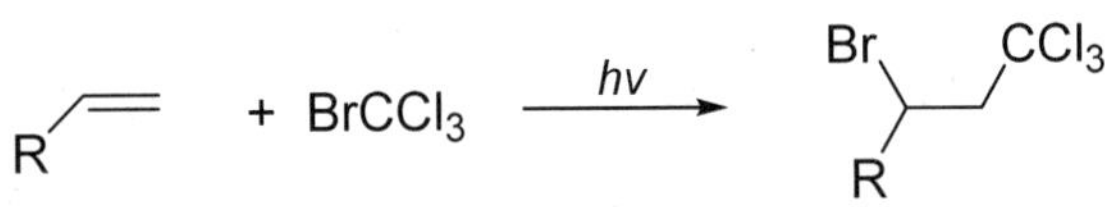

反应机理与加 HBr 相似。首先，在光照下 $BrCCl_3$ 中易断裂的 C—Br 键发生均裂，形成两个自由基，即 Br· 和 Cl_3C·。然后，Cl_3C· 不可逆地加成到烯烃末端碳原子上形成 C—C 键（Br· 与烯烃的加成是可逆的），得到较稳定的仲碳自由基，后者夺取 $BrCCl_3$ 中的溴，继而形成新的 Cl_3C·，从而实现链增长。

链引发：

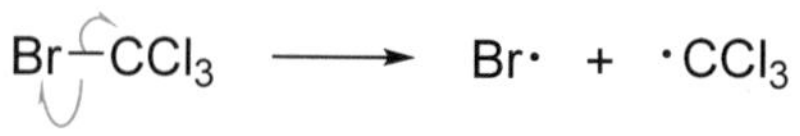

$$Br\text{—}CCl_3 \longrightarrow Br\cdot + \cdot CCl_3$$

链增长：

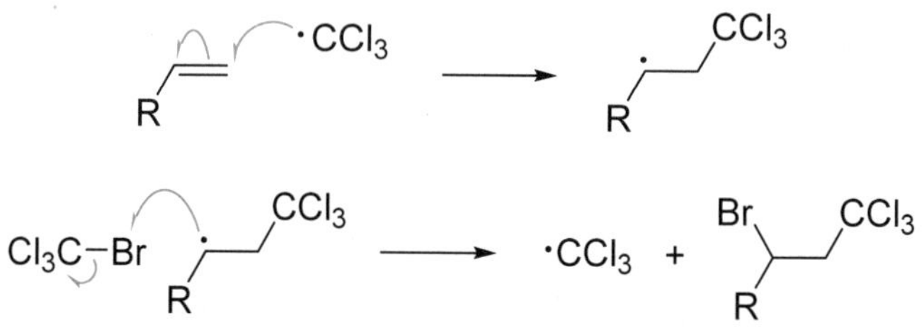

链终止：

$$2\ \cdot CCl_3 \longrightarrow Cl_3CCCl_3$$

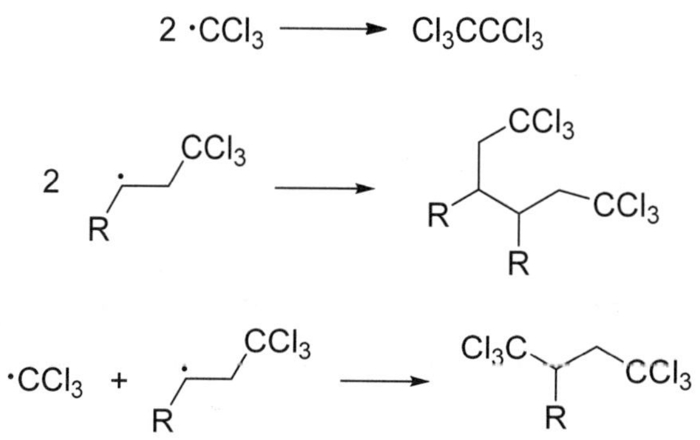

三乙基硼烷/空气体系也能够诱导这一自由基加成反应：

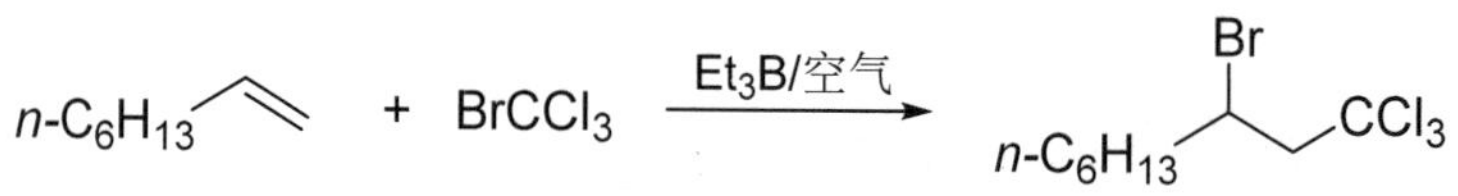

烯丙基溴化物的 C—Br 键容易均裂，在自由基引发剂 AIBN 作用下形成溴自由基继而对双键发生自由基加成。例如，在偶氮二异丁腈引发下，烯丙基溴化物可与联烯发生区域选择性加成[2]。

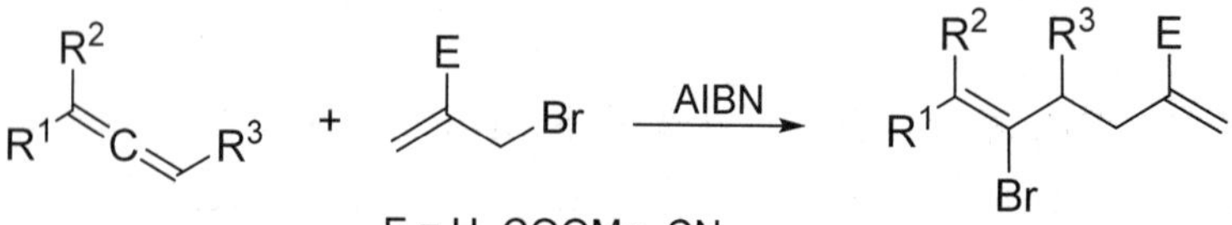

E = H, COOMe, CN

首先，由偶氮二异丁腈分解成的异丁腈自由基，加到烯丙基溴化物的末端碳原子上，同时产生溴自由基。然后，溴自由基区域选择性地加到联烯中间碳原子上，产生较稳

定的烯丙基型自由基，后者进一步与烯丙基溴继续作用，产生新的溴自由基，由此进
行链式反应。

在自由基引发剂存在下，三丁基氢化锡和卤代烃生成的烷基自由基也能对双键发生
自由基加成反应。

反应的机理如下所示，AIBN 在热的作用下形成异丁腈自由基，继而和三丁基氢化
锡发生反应产生三丁基锡自由基，随后夺取卤代烃中的卤素产生高活性的烃基自由基。
烃基自由基可以和三丁基氢化锡反应生成还原产物——烷烃，也可以和丙烯腈反应得到
氰基稳定的自由基加成产物——烃基自由基，还原或加成取决于丙烯腈的含量，若丙烯
腈过量则有利于加成的发生。

　　使用催化量的三丁基氢化锡可以有效抑制还原副反应的发生，从而避免使用大量的丙烯腈或丙烯酸酯，得到自由基加成的产物。下列反应中过量的硼氢化钠用于即时还原三丁基碘化锡成三丁基氢化锡。

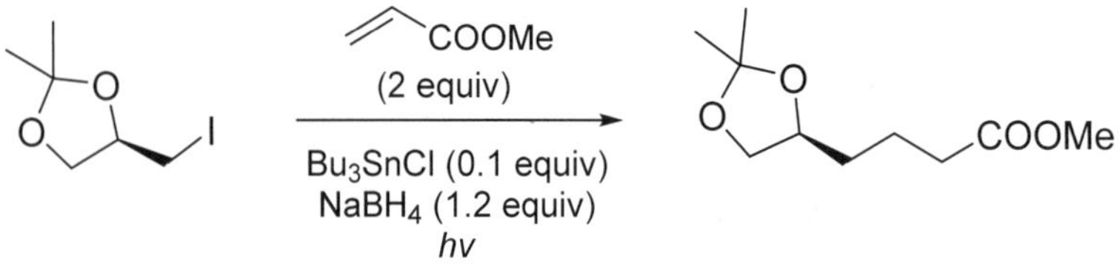

　　分子间的自由基加成反应容易满足轨道方向性的要求，这是因为自由基所占的 sp^3 轨道和 π 反键轨道的两端都可以发生有效的重叠，如下所示：

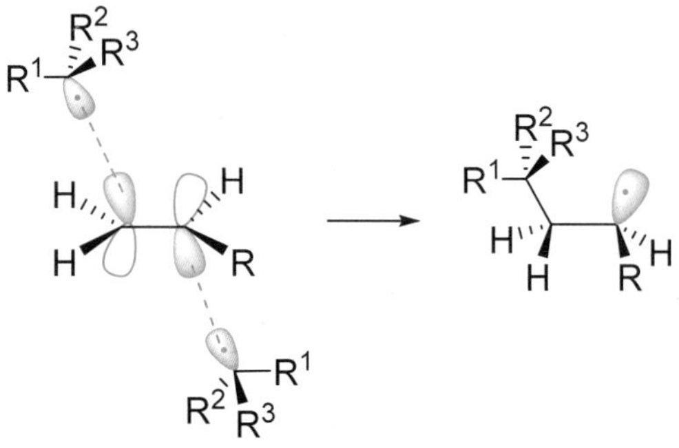

　　自由基加成的区域选择性取决于双键上取代基的种类和位置。如下所示，通过自由基加成的链增长区域选择性取决于生成碳自由基的相对稳定性，因此反应具有区域选择性。

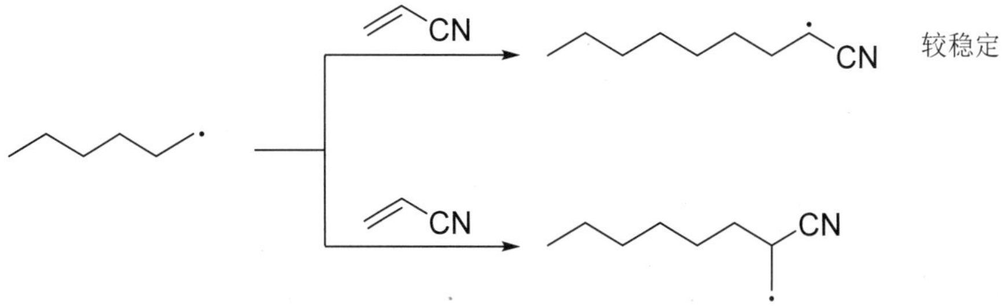

　　自由基加成的立体化学可以通过空间效应得到有效控制，使反应具有非对映选择性。在如下三乙基硼/氧气引发的自由基加成串联反应中，乙基自由基优先加到双键上，烯丙基和新生成的自由基结合受到 Lewis 酸空间效应的约束，从远离苯基的一面加成[3]。

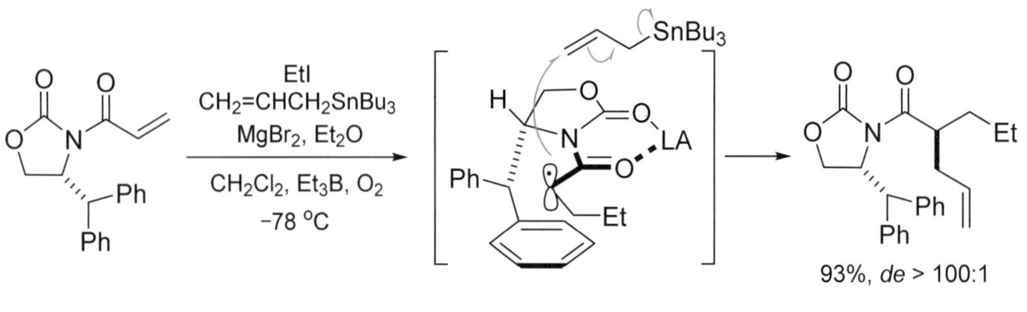

93%, *de* > 100:1

分子内的自由基加成要比分子间的自由基加成容易得多,如果形成的自由基中间体中含有 C=C 键,发生分子内自由基加成环化就非常可能。在此情况下,自由基所占 sp³ 轨道和π反键轨道之间的有效重叠取决于链的长短。对于较短的链,自由基所占的 sp³ 轨道更容易和与链相连的双键碳作用,从而优先得到环较小的环化产物。这种区域选择性是由轨道方向性所决定的,而与双键上取代基的种类和位置关系不大。

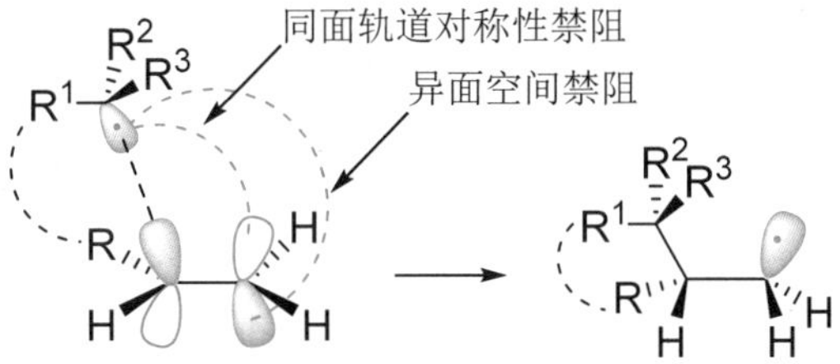

如下反应得到的产物中五元环产物(即甲基环戊烷)为主要产物(占 85%),而六元环产物仅占 5%。

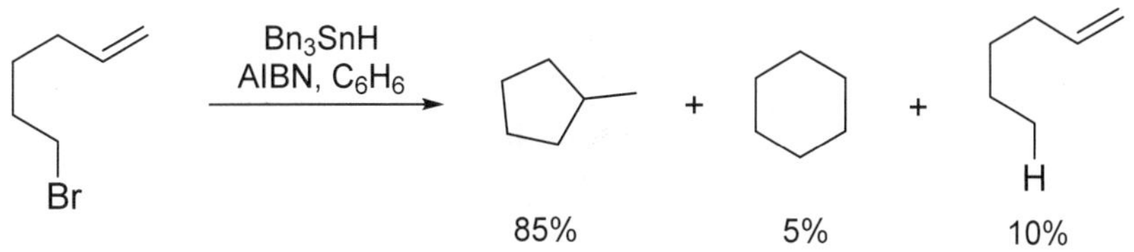

如果链足够长,反应的区域选择性还是取决于自由基中间体的性质,这意味着与双键上取代基的性质和位置有关,例如:

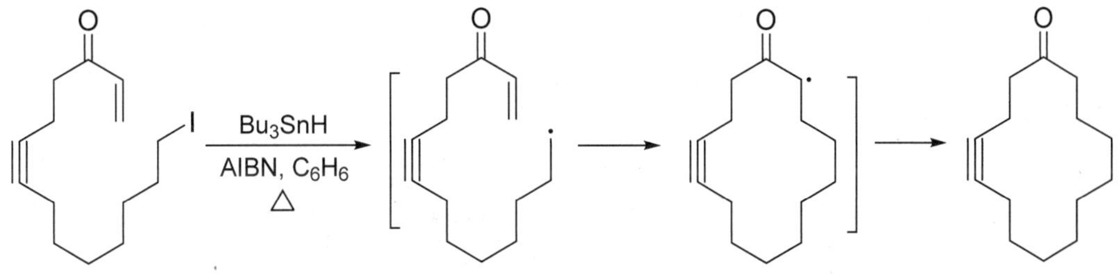

自由基加成串联反应在构筑五元杂环中起着重要的作用。例如,在三乙基硼作用下, N-烯丙基-N-氯代磺酰胺和烯烃发生反应得到四氢吡咯衍生物[4]。

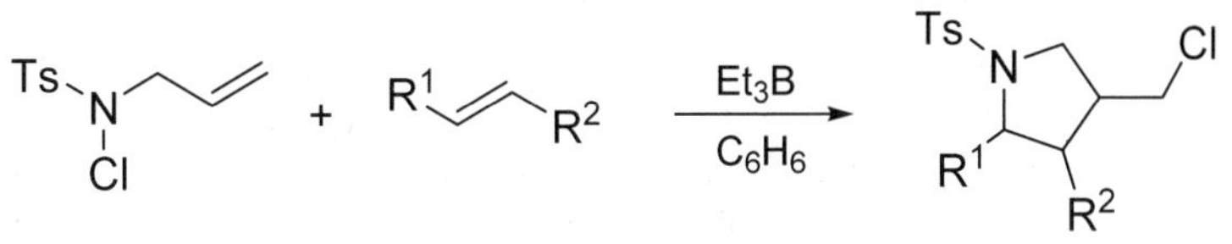

这个反应的可能机理如下:

10.3.1.2 参考文献

10.3.1.3　烯烃与含硫化合物的自由基加成

含硫化合物中的 C—S、S—S、S—H 键容易发生均裂，从而导致自由基反应。如下 S–烷基二硫代碳酸酯在过氧化物引发下，发生 C—S 键的均裂生成 α–氟代乙酸乙酯自由基，后者区域选择性地对二氢呋喃中的双键发生自由基加成，立体专一性地得到反式加成产物[1]。

这个反应的可能机理如下：

S–烷基二硫代碳酸酯的断裂方式取决于底物的结构。如下所示的反应中，三丁基锡自由基夺得甲硫基，继而得到小环化产物。

10.3.2　炔烃的自由基加成

自由基也可对炔烃的碳碳三键发生加成，例如[1]：

在这个反应中，叔胺和二苯基二硫醚作用，通过单电子转移产生出苯硫自由基，继而发生自由加成。

$$PhSSPh + Pr_3N \xrightarrow{SET} PhS\cdot + PhSH + Et\overset{\cdot}{C}HNPr_2$$

$$R^2\!\!\equiv\!\!R^1 + PhS\cdot \longrightarrow \underset{R^2}{\overset{PhS}{\diagdown}}C\!\!=\!\!C\underset{\cdot}{\overset{R^1}{}}$$

$$\underset{R^2}{\overset{PhS}{\diagdown}}C\!\!=\!\!C\overset{R^1}{\underset{\cdot}{}} + PhSH \longrightarrow \underset{H}{\overset{R^1}{\diagdown}}C\!\!=\!\!C\underset{SPh}{\overset{R^2}{}} + PhS\cdot$$

如果底物中含有多个不饱和键,生成的烯基自由基将分子内进攻空间上有利的不饱和键得到环合产物,例如:

如下所示的两个反应,断裂时均选择断裂 C(S)—S 键,最后得到五元环产物。用 AIBN 作引发剂的反应在苯溶剂中回流进行,所得的五元硫代内酯产物继续被三丁基锡氢还原;用三乙基硼/氧气作引发剂的反应在低温下进行,环合以后的双键得到保留,并具有得到的立体选择性,生成的双键以反式双键为主,最后,五元硫代内酯经酸性条件下的水解得到双键取代的五元内酯产物[2,3]。

10.3.2 参考文献

10.3.3　亚胺的自由基加成

烃基自由基对 C═N 双键的加成有两种区域选择性：一种是烃基加在碳原子上（路径 a），即形成 C—C 键；另一种是烃基加在氮原子上（路径 b），形成 C—N 键。通常情况下，C═N 双键的自由基加成反应主要形成 C—C 键。

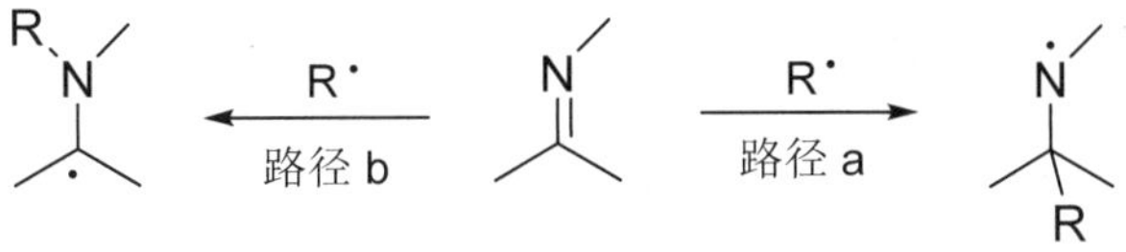

由邻羟基苯胺与苯甲醛缩合产生的醛亚胺与烷基自由基反应时，烷基加在了碳原子上[1]：

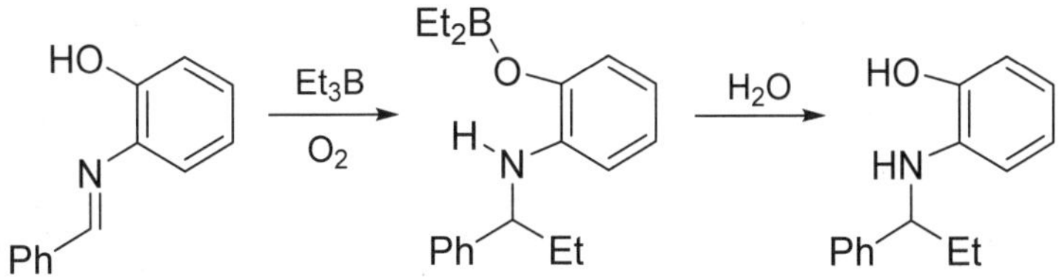

在这个反应中，三乙基硼烷在氧存在下所产生的乙基自由基首先与亚胺的三乙基硼烷络合物 **A** 发生加成，乙基加在碳原子上形成新的自由基中间体 **B**，其羟基上的 H 在氮原子和氧原子之间转移形成 **C**，从而稳定了自由基中间体，得到区域选择性加成产物：

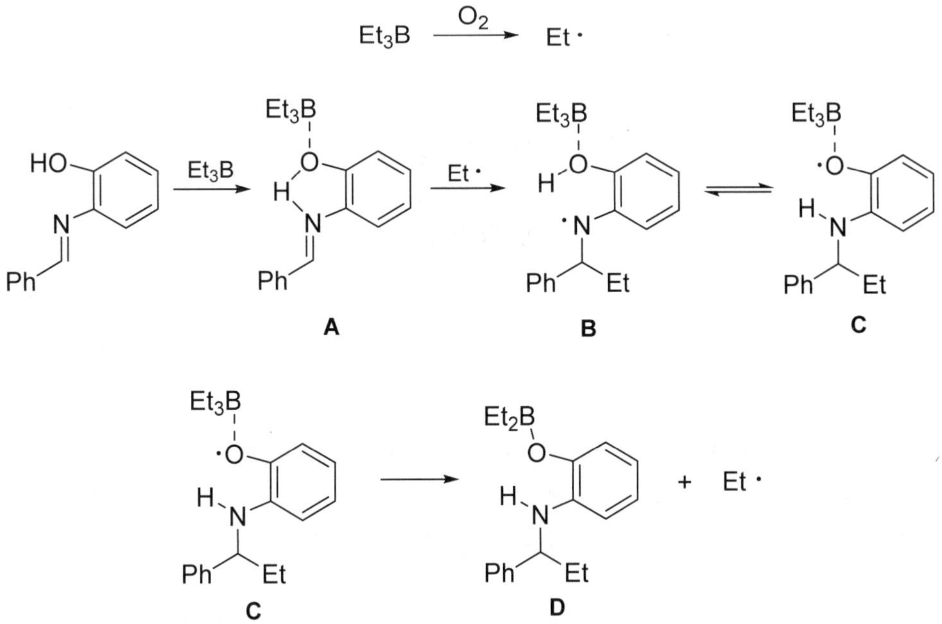

当环状的酮亚胺和烷基自由基反应时，需要 Lewis 酸（三氟化硼）的参与，反应得到加成产物 **A** 和加成/氧化产物 **B**，并具有非对映选择性[2]：

尽管亚胺的自由基加成通常主要形成 C—C 键，但非常规的 C—N 键形成也会发生。下述例子中芳基自由基对分子内亚胺的加成发生在氮原子上，反应具有良好的区域选择性[3]：

10.3.3 参考文献

10.3.4　自由基加成聚合

自由基加成聚合在高分子化学中占有极其重要的地位，60%以上的高分子材料是通过自由基加成聚合得到的，如低密度聚乙烯、聚苯乙烯、聚氯乙烯、聚四氟乙烯、聚乙酸乙烯酯、聚丙烯酸酯、聚丙烯腈、丁苯橡胶、丁腈橡胶、氯丁橡胶、ABS 树脂等。

和自由基加成反应机理类似，自由基加成聚合包括链引发、链增长、链终止和链转移四个基元反应。链引发指的是形成单体自由基活性物种的反应，包括引发剂的分解、单体自由基的形成。链增长有三个特征，一是放热，烯烃类单体聚合热为 $55 \sim 95 \text{ kJ} \cdot \text{mol}^{-1}$，二是增长活化能低（为 $20 \sim 34 \text{ kJ} \cdot \text{mol}^{-1}$），因此增长过程的速率极快，聚合体系内通常只含有单体和聚合物，没有聚合物递增的一系列中间体，三是聚合过程通常具有选择性，多数以"头–尾"相连接，很少以"头–头"或"尾–尾"相连接。在聚合过程中先形成自由基活性中心，活性中心不断和单体加成使得高分子链得以增长，单体和单体之间并不直接发生反应，因此，自由基加成聚合又称链式聚合反应。链终止有两种机理，一种是耦合终止，另一种是歧化终止。耦合终止指的是两条带有引发剂的高分子链自由基相互结合形成共价键而终止反应，聚合度是单链的两倍；歧化终止指的是一条带有引发剂的高分子链自由基攫取另一自由基中的氢或其他基团而终止反应，聚合度不变。链转移指的是自由基聚合过程中，高分子链自由基可以攫取体系中其他物种中的原子，其他物种包括单体、溶剂、低分子量物种等，获得新自由基，由此展开的新的链增长，新的聚合反应。

10.4　卡宾的形成及其反应

重氮化合物在光照或加热条件下可产生卡宾，这是卡宾中间体形成的主要方法：

如 5.2.3 节所述，重氮化合物可以通过磺酰腙在碱性条件下反应得到，得到的重氮化合物可以在质子性溶剂中质子化、β–消除生成烯烃；也可以在非质子性溶剂中脱除氮气、[1,2]–H 迁移得到烯烃：

如下由糖基氰化物衍生的磺酰腙在 1,4–二氧六环溶液中与 NaH 反应，形成重氮化合物 **A**。这个重氮化合物不稳定，会在加热条件下分解产生卡宾中间体 **B**，后者进一步发生 1,2–H 迁移，最终生成具有环外 C=C 双键的烯糖衍生物[1]。

邻位羰基通过吸电子共轭作用对重氮化合物结构起到稳定的作用，α-重氮羰基化合物可以通过酰氯和重氮甲烷的亲核取代反应来制备。

α-重氮羰基化合物还可以由羰基化合物与磺酰基叠氮的重氮转移反应来制备，这个方法称为 Regitz 重氮转移（Regitz diazo transfer）。

这个反应的机理如下所示，首先，碱夺取羰基化合物的 α-活泼氢，形成亲核的烯醇负离子中间体，后者与亲电的叠氮化合物反应，经质子转移和脱去磺酰胺之后形成 α-重氮羰基化合物。净结果是叠氮上的两个氮原子转移到活泼亚甲基碳原子上，活泼亚甲基上的两个氢原子转移到叠氮的氮原子上，故称为重氮转移反应。

10.4 参考文献

10.4.1　卡宾对单键的插入

由重氮化合物光解形成的卡宾可发生 O—H、S—H、N—H 和 C—H 键等的插入反应。在光照或加热条件下，重氮甲烷可以分解产生氮气和六电子卡宾，卡宾可以对醇的 O—H 键进行插入，形成甲醚。

用重氮甲烷对羧酸进行 O—H 插入时，受羧酸酸性和重氮甲烷中碳亲核性的影响，反应也可以通过离子型机理进行。

下面是近期报道的可见光促进下重氮化合物的 O—H 插入生成醚[1]和 S—H 插入生

成硫醚[2]的例子：

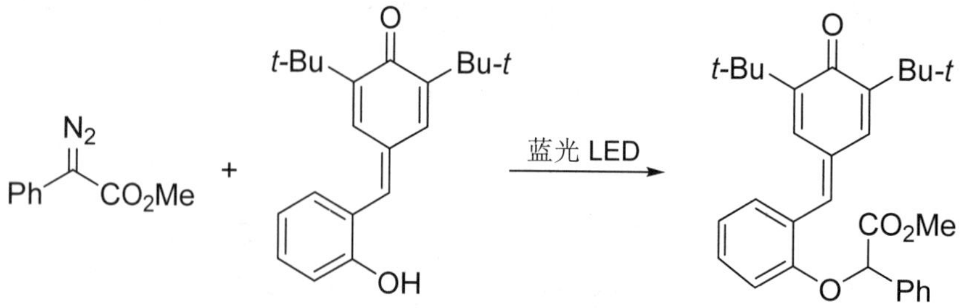

在蓝光 LED 照射下，2－重氮基－2－苯基乙酸甲酯与苯并三氮唑反应，能够高选择性地生成 N1－烷基化产物[3]，与咔唑的反应也生成高产率的 N—H 插入产物[4]。

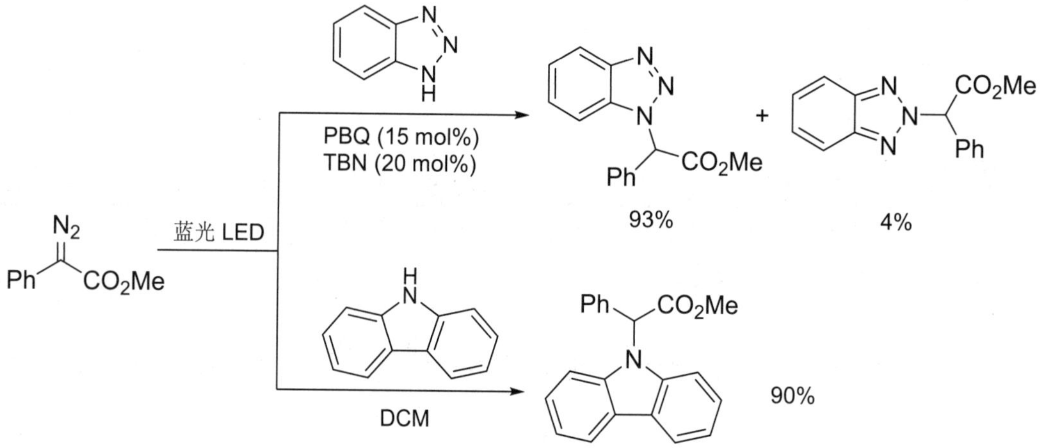

苯基重氮乙酸酯在蓝光照射下与烷烃和芳香烃发生 C—H 插入反应[5]：

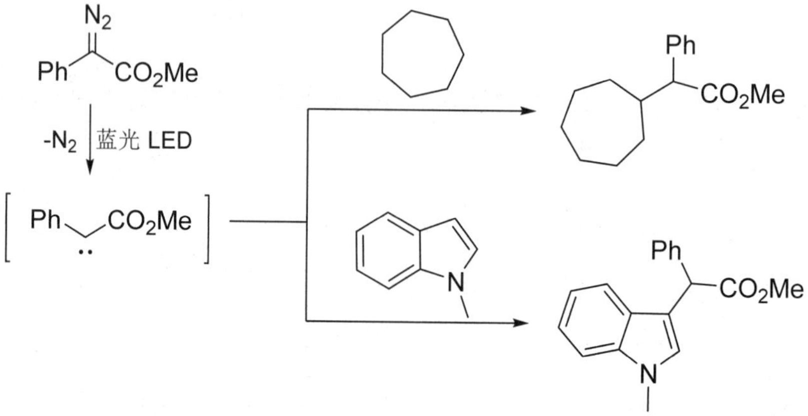

10.4.1 参考文献

10.4.2　卡宾参与的 σ – 迁移反应

卡宾的空 p 轨道可以接受硫醚中硫原子的孤对电子，形成锍盐中间体，继而发生 [1,2]– σ 迁移得到 Stevens 重排产物，例如[1]：

若反应原料是烯丙基硫醚，则发生 [2,3]– σ 迁移，得到 Doyle-Kirmse 重排产物[2]：

10.4.2 参考文献

10.4.3　卡宾对双键的加成

卡宾与烯烃发生环丙烷化反应（cyclopropanation）。例如，由 α – 重氮酯热分解所形成的卡宾被苯乙烯捕获，生成环丙烷化产物[1]：

90%
trans:cis = 79:21

卡宾甚至可以对苯环的双键发生环丙烷化。例如，在蓝光照射下，将 2-重氮基-2-苯基乙酸甲酯在 3 h 中缓慢加入苯中，室温反应 4 h，能够以 56% 的产率得到环丙烷化产物[2]。

单线态卡宾中空的 p 轨道作为缺电子性亲电中心接受烯烃中 π 成键轨道上的电子，卡宾中满的 sp^2 轨道则作为富电子性亲核中心进攻烯烃中 π 反键轨道，经过一个协同的过程，立体专一性地生成多取代的环丙烷衍生物，烯烃的构型在环丙烷衍生物中得以保留，卡宾上两个取代基的位置取决于基团体积的大小。若 R^2 大于 R^1，则环丙烷化产物的相对构型如下：

三线态卡宾可看作双自由基，经历分步的自由基加成机理，故立体选择性较差。

1958 年，H. E. Simmons 和 R. D. Smith 报道了二碘甲烷和 Zn(Cu) 所生成的试剂 ICH_2ZnI（称为 Simmons-Smith 试剂[3]）也能和烯烃发生反应，立体专一性地生成环丙烷，称为 Simmons-Smith 环丙烷化。Simmons-Smith 试剂的化学性质与卡宾相似，属于类卡宾。

通过 Et$_2$Zn 和 CH$_2$I$_2$ 之间的卤素–金属交换形成的类似试剂(称为 Furukawa 试剂[4])也被广泛用于 Simmons-Smith 环丙烷化。

一般认为,这个反应为协同过程,生成三中心蝴蝶型过渡态,故立体专一性地生成构型保持的环丙烷衍生物[5]。

Simmons-Smith 环丙烷化反应由于没有自由卡宾生成,反应得到比较单一的环丙烷化产物。该反应的特点是反应具有良好的立体选择性,底物烯烃上的取代基有很好的普适性,因为由此生成的金属卡宾是缺电子性的,因此它和富电子性烯烃的反应性优于和缺电子性烯烃的反应性。

值得一提的是,该反应的立体化学受到邻位羟基的控制,得到非对映选择性的产物,不仅光学活性的环状烯丙醇,光学活性的开链烯丙醇、开链烯丙醚都能得到非对映选择性的产物[6]。

顺式异构体

10.4.3 参考文献

10.4.4　氮杂环卡宾与碳氧重键的加成

卡宾虽然是缺电子性物种，但也被用作亲核试剂或亲核性的催化剂。例如，氮杂环卡宾（NHC）可替代 CN⁻ 使醛发生安息香缩合（见 5.2.4.4 节），也可以使醛和酮发生交叉的安息香缩合。如下反应发生在分子内[1]：

首先，碱（如 1,8-二氮杂二环十一碳-7-烯，简称 DBU）夺取噻唑盐 2 位上的氢，生成氮杂卡宾（NHC）。然后，氮杂卡宾对醛发生亲核加成，生成中间体 **A**，分子内质子转移得到中间体 **B**。此时醛基碳已从缺电子性变成了富电子性，发生了极性逆转。分子内亲核进攻酮羰基，受到邻位酯基空间位阻的影响，碳负离子从酯基的异侧进攻，得到具有非对映选择性的中间体 **C**，质子交换后得到 **D**。最后，氧负离子反共轭，氮杂卡宾离去，进入下一轮催化循环。

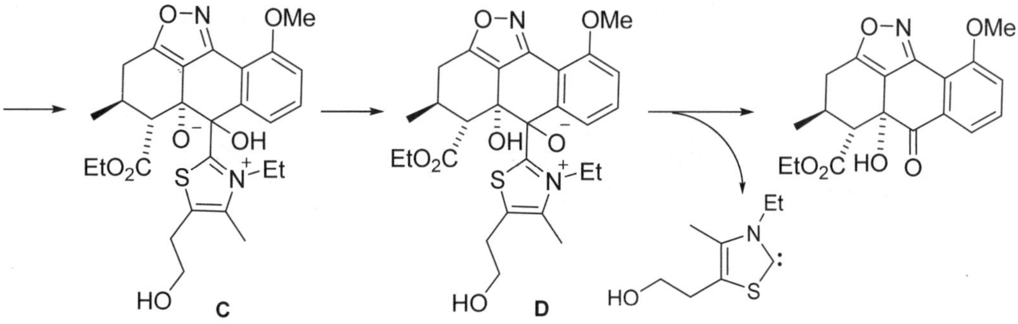

10.4.4 参考文献

10.5 亚基卡宾的形成及其反应

如果六电子的卡宾连有双键，则称为亚基卡宾（alkenylidene）[1]。亚基卡宾和三键之间可以通过 1,2-迁移进行互变。乙炔和单线态乙烯基卡宾的能量差为 184.2 kJ·mol^{-1}，互变的能垒是 12.6 kJ·mol^{-1}，乙炔较稳定。

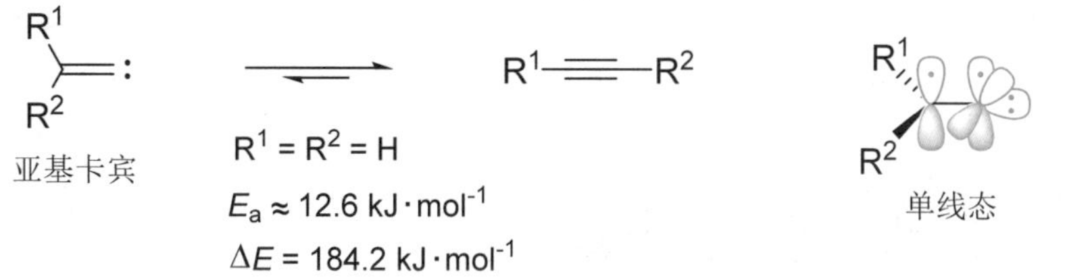

亚基卡宾
$R^1 = R^2 = H$
$E_a \approx 12.6$ kJ·mol^{-1}
$\Delta E = 184.2$ kJ·mol^{-1}
单线态

炔烃在快速真空热解（flash vacuum pyrolysis，FVP）的条件下，经过 1,2-迁移得到亚基卡宾中间体，继而发生 C—H 插入得到双环 [3.3.0] 骨架，关环反应以顺式为主。

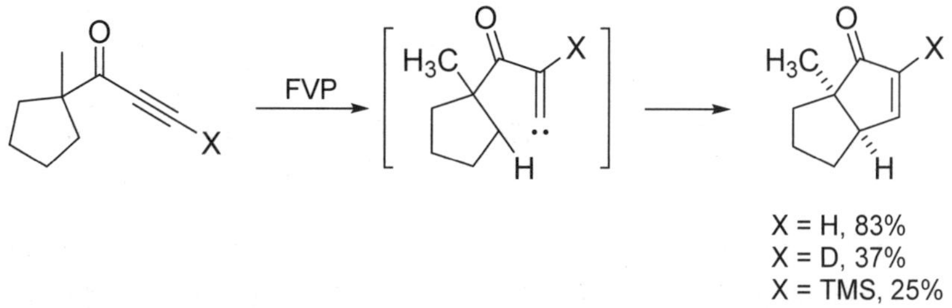

X = H, 83%
X = D, 37%
X = TMS, 25%

碱性条件下，α-重氮膦酸酯和羰基化合物反应可以形成亚基卡宾中间体。如下所示，原位产生的亚基卡宾中间体发生分子内 C—H 插入得到构型保持的环戊烯衍生物。

亚基卡宾中间体也可以通过 1,1-消除反应产生。如下所示，在碱性条件下，溴代烯烃发生 1,1-消除得到亚基卡宾，继而被分子内 C—H 捕获得到稠环产物。

10.5 参考文献

10.6 乃春的形成及其反应

与卡宾相似，乃春能对碳碳重键发生加成，生成氮杂环丙烷，又称为吖丙啶。反应机理与卡宾的类似，单线态乃春的反应具有立体专一性，三线态乃春的反应则没有立体专一性。

乃春可由叠氮化合物的热解或光解产生。例如，磺酰基叠氮在加热或光照条件下产生的磺酰基乃春可与烯烃加成，生成 N-磺酰基吖丙啶。这个方法常用来制备 N-取代的吖丙啶。

氮原子上连有其他离去基团的胺或酰胺亦可经 $\alpha-$ 消除形成乃春，例如[1]：

在下述例子中，邻苯二甲酰肼被乙酸碘苯氧化，氧化产物消除一分子乙酸后，原位生成邻苯二甲酰亚胺基乃春 **A**。**A** 对烯烃 **B** 加成，形成吖丙啶 **C**。后者不稳定，进一步扩环成为较稳定的五元环产物[2]。

10.6 参考文献

习 题

1. (S)−1−氯−2−甲基丁烷在光照条件下和氯气反应生成二氯代混合物，其中含有 1,2−二氯−2−甲基丁烷和1,4−二氯−2−甲基丁烷。写出反应方程式，指出这两个产物的立体化学。

2. 当2−甲基丙烷发生自由基卤化反应时,溴化反应的选择性比氯化反应的选择性高,为什么?

3. 在加热条件（70 ℃）下，三正丁基硼和苯磺酰溴反应得到溴代正丁烷。研究表明这个反应经历了双分子均裂取代（S_H2）过程。试提出这个反应的机理。

4. 下面反应得到三种产物 **A**、**B**和 **C**，其产率分别为 28%、11%和 6%。试画出这些产物形成的机理，并解释其选择性。

（ *J. Org. Chem.* 1997，*62*，5600-5607.）

5. 下面反应具有很好的非对映选择性，加入 $Zn(OTf)_2$能有效改善产物 **A**的选择性。提出反应的可能机理，并解释反应的非对映选择性和$Zn(OTf)_2$的作用。

| 无添加剂: | **A** (18%), **B** (58%) |
| 加入$Zn(OTf)_2$: | **A** (50%), **B** (0%) |

（ *J. Org. Chem.* 2003，*68*，5618-5626.）

6. 比较下列两个反应，提出可能的反应机理，指出肟的结构对羟基化的贡献。

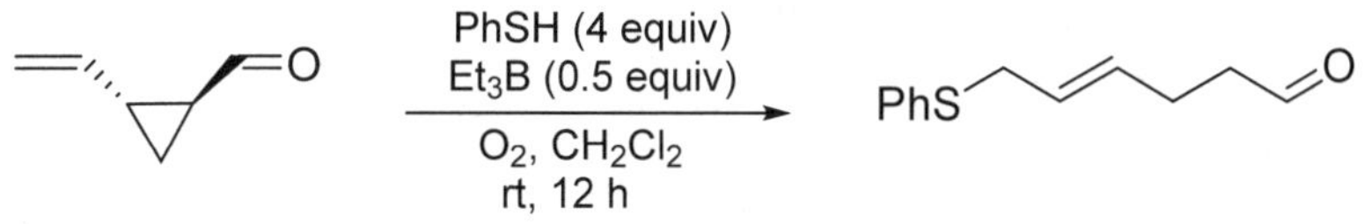

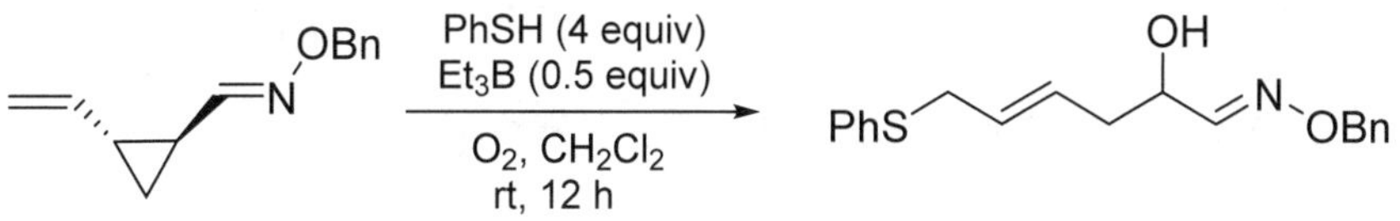

（ *Org. Lett.* 2009，*11*，2651-2654. ）

7. 推测下列反应的可能机理。

(1)

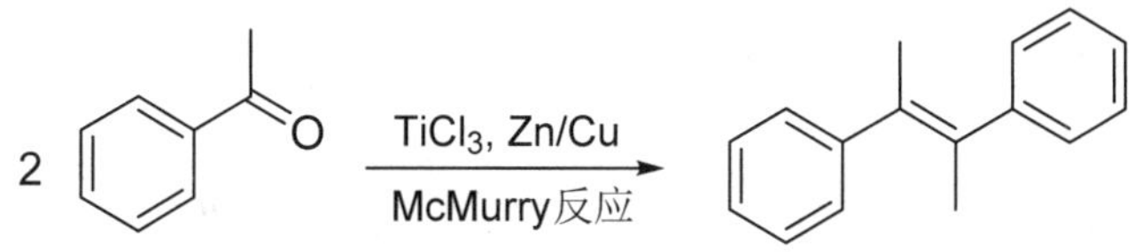

(2)

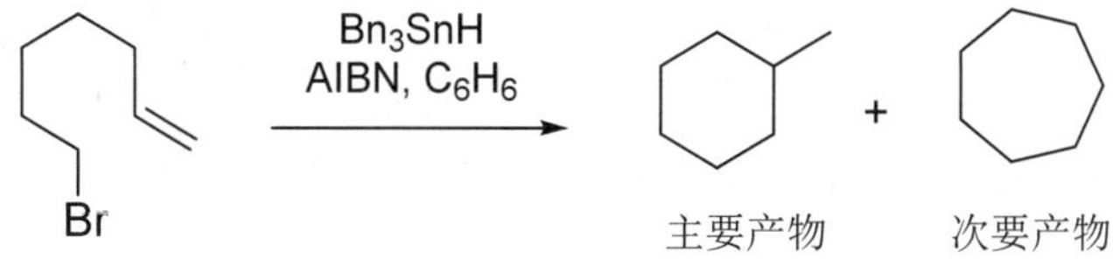

(3)

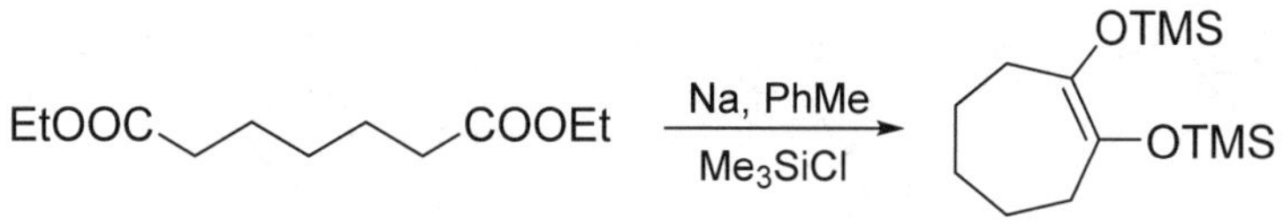

(4)

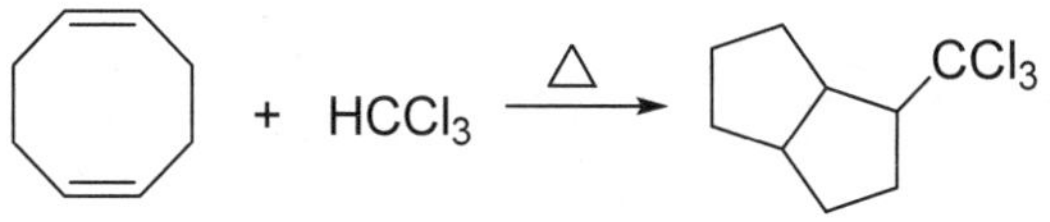

(5)

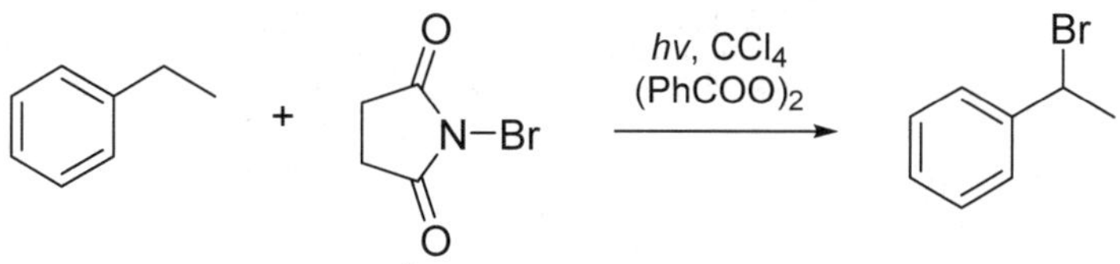

(6)

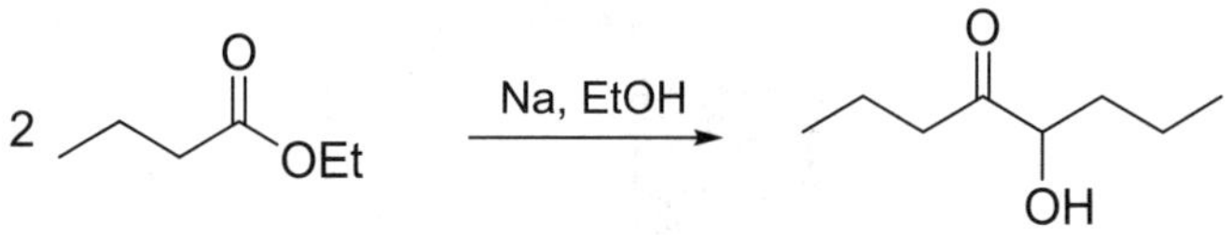

(7)

$$\text{环己烷} \xrightarrow[h\nu]{\text{NOCl}} \xrightarrow{\text{H}^+} \text{己内酰胺}$$

(8)

$$\text{EtO}_2\text{C-CH}_2\text{Br} + \text{CH}_2\text{=CH-C}_6\text{H}_{13}\text{-}n \xrightarrow[\text{H}_2\text{O}]{\text{Et}_3\text{B}, \ \text{空气}} \text{产物} \quad 80\%$$

(*J. Org. Chem.* 2001，*66*，7776-7785.)

(9)

$$\text{(4-ClC}_6\text{H}_4\text{CO)}_2\text{O}_2 + t\text{-Bu-NC} \xrightarrow[\substack{\text{H}_2\text{O, DCE} \\ 120\ ^{\circ}\text{C, 12h}}]{\text{TBAI (10 mol\%)}} \text{4-ClC}_6\text{H}_4\text{CONH-}t\text{-Bu} \quad 93\%$$

(*Org. Lett.* 2017，*19*，3147-3150.)

(10)

$$\text{EtO}_2\text{C-C(CH}_3)_2\text{Br} + \text{PhN=O} \xrightarrow[\substack{\text{THF, N}_2, \text{rt} \\ \text{then SmI}_2}]{\substack{\text{Cu(0) (1 equiv)} \\ \text{PMDTA (0.5 equiv)}}} \text{产物} \quad 87\%$$

PMDTA:

(*J. Am. Chem. Soc.* 2015，*137*，11614-11617.)

(11)

$$\text{底物} \xrightarrow[110\ ^{\circ}\text{C}]{\text{甲苯}} \text{产物} + \text{PhCH=CH}_2 \quad 54\%$$

(*J. Am. Chem. Soc.* 2003，*125*，10156-10157.)

(12)

$$\text{底物} \xrightarrow[\text{THF, 回流}]{\text{TolSO}_2\text{Na}} \text{产物} \quad 65\%$$

(*Org. Lett.* 2000，*2*，2603-2605.)

习题参考答案

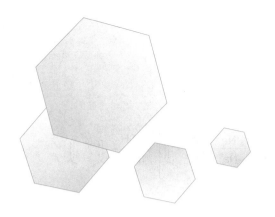

　　氧化还原反应是用途最为广泛、机理最为复杂的一大类有机反应。根据机理不同，也可将它们并入其他基本有机反应类型，如加成反应、取代反应、自由基反应等。从本质上讲，只要有机化合物分中元素的氧化数（又称氧化态）在反应前后有变化的反应都可称为氧化还原反应。在有机化学中，通常将反应物氧化数升高的反应称为氧化反应，如甲醇（碳的氧化数为 -2）转化为甲酸（羧基碳的氧化数为 $+2$）属于氧化反应；相反，反应物的氧化数降低的反应称为还原反应，如乙烯（双键碳的氧化数为 -2）加氢生成乙烷（碳的氧化数为 -3）属于还原反应。本章先讨论还原反应，第 12 章将讨论氧化反应。有些反应的反应物既作氧化剂又作还原剂，称为歧化反应，这类反应也将在本章中一并讨论。

11.1　常见有机还原反应的机理类型

　　与前文所述离子型反应和自由基型反应相比，氧化还原反应的机理一般要复杂得多，迄今为止人们对大多数有机氧化还原反应的机理了解甚少。常见有机述原反应的机埋主要包括以下几种类型：

　　1. 单电子转移机理

　　单电子转移（SET）过程常见于碱金属（如 Li、Na、K）及其他一些单电子还原剂（如 Fe、Zn、Mg、SmI_2）等的还原反应中。经历单电子转移的还原反应分为以下两种类型：一种涉及垮 π 键加 H_2，如 Birch 还原；另一种则涉及 σ 键的形成或断裂，如 C—X 键的还原和频哪醇偶联。垮 π 键加 H_2 反应可通过下述一种或两种途径进行：

　　途径一：① 一个电子从金属转移到底物分子，形成负离子自由基；② 负离子自由基质子化，形成中性自由基；③ 第二次电子转移产生负离子；④ 负离子被质子化，最终生成加氢产物。

　　途径二：① 一个电子从金属转移到底物分子，形成负离子自由基；② 第二次电子转移发生，形成双负离子；③ 双负离子质子化，生成加氢产物。

　　碱金属还原反应通常在液氨中进行，在此条件下由金属释放出的电子可以被溶剂化，形成深蓝色溶液，故称为溶解金属（dissolving metal）。质子化试剂通常为醇或者液氨溶剂本身。

　　溶解金属还原反应多用于炔烃、芳环等 C≡C 键的还原，以及肟、亚胺等 C≡N 键的还原。例如，在 Birch 还原反应中，金属钠经单电子转移过程将苯先后还原为负离子自由基和碳负离子中间体，后者质子化得到还原产物。

2. 亲核加成和亲核取代机理

NaBH₄、NaB(CN)H₃、LiAlH₄ 等金属氢化物（metal hydrides）作为负氢离子源，通过亲核加成机理将醛、酮、酯还原为醇，将亚胺等还原为胺。

金属氢化物对卤代烷或磺酸酯的还原则属于亲核取代机理：

3. 催化氢化和氢解机理

烯烃、炔烃、芳烃、醛、酮、亚胺、腈等有机化合物的不饱和键在催化剂促进下加氢转化为饱和键的反应称为催化氢化（catalytic hydrogenation），属于加成反应类型。催化氢化常在 Pd、Pt、Ni 等过渡金属催化下进行（非均相催化，heterogenous catalysis），也可在 Pd、Pt、Rh 等过渡金属配合物催化下进行（均相催化，homogenous catalysis）。

一些简单易得的有机化合物可作为氢的给体，将氢转移到底物分子中，从而生成加氢产物，此类反应称为催化转移氢化（catalytic transfer hydrogenation，CTH）。常用的氢给体有异丙醇、环己二烯、四氢化萘、甲酸等。

氢解（hydrogenolysis）属于取代反应类型，常用于将苄基醚转化为醇和甲苯，将缩硫酮脱硫，反应在 Pd/C、Raney Ni 等催化下进行，例如：

其催化循环过程一般经历氧化加成和还原消除等基元反应,如苄基醚的氢解过程涉及两步氧化加成反应和两步还原消除反应:

4. 其他机理

一些不饱和化合物可先转化为碳负离子或其前体,后者经质子化或质子解得到还原产物。例如,Wolff-Kishner-黄鸣龙还原反应是先将醛或酮转化为腙中间体,后者在碱促进下脱氮气,形成的碳负离子中间体经质子化最终生成还原产物。

在硼氢化–质子解反应中,烯烃先经硼氢化生成三烷基硼烷,后者再用乙酸质子解,得到还原产物烷烃。

11.2 催化氢化

11.2.1 非均相催化氢化

烯烃在钯、镍或铂等金属催化剂的存在下,与氢加成生成烷烃,称为催化氢化。所用催化剂的表面积越大，反应效率越高。常用的 Raney 镍催化剂是由铝镍合金经碱处理后所形成的骨架镍，表面积增大，催化活性较高。常用的钯碳（Pd/C）催化剂则是将钯吸附在活性炭上（钯含量在 0.5%～30%），常用 5%或 10%Pd/C。

$$RCH{=}CHR \xrightarrow[\text{cat.}]{H_2} R{\diagdown}{\diagup}R$$

一般认为，烯烃和 H_2 首先分别吸附在催化剂的表面上，烯烃与金属催化剂配位；然后，氢分子在催化剂作用下分解成氢原子，氢原子从烯烃的同面加成到双键上，顺式加成生成烷烃；最后，生成的烷烃脱离催化剂表面，如下所示：

| H₂吸附在金属催化剂表面 | 烯烃在催化剂表面与金属配位 | 两个H同面加到C=C键两端 | 顺式加氢产物脱离催化剂表面 |

炔烃在铂、钯、镍等催化剂作用下，可加氢最终生成烷烃。

$$R{-}{\equiv}{-}R \xrightarrow[\text{cat.}]{H_2} \underset{R}{\overset{H}{\diagup}}{=}\underset{R}{\overset{H}{\diagdown}} \xrightarrow[\text{cat.}]{H_2} R{\diagdown}{\diagup}R$$

一般情况下，氢气过量，催化剂活性高时，炔烃加氢可直接生成烷烃。如果降低催化剂的活性，如用 Lindlar 催化剂，可将炔烃转化为顺式烯烃[1]。Lindlar 催化剂是由附着在 $CaCO_3$ 载体上的钯粉并加入少量抑制剂［如 $Pb(OAc)_2$］制成的部分"中毒"催化剂，即 $Pd/CaCO_3/PbO/Pb(OAc)_2$。

$$R{-}{\equiv}{-}R \xrightarrow[\text{Lindlar Pd}]{H_2} \underset{R}{\overset{H}{\diagup}}{=}\underset{R}{\overset{H}{\diagdown}}$$

Rosenmund 催化剂与 Lindlar 催化剂类似，它是由附着在 $BaSO_4$ 上的钯粉并加入少量喹啉等抑制剂制成的催化剂，即 Pd/$BaSO_4$/喹啉。使用 Rosenmund 催化剂，酰氯可被选择性催化氢化生成醛，该反应称为 Rosenmund 还原反应[2]。

$$\underset{R}{\overset{\displaystyle O}{\parallel}}{C}{-}Cl \xrightarrow[\text{Pd/BaSO}_3\text{/喹啉}]{H_2} \underset{R}{\overset{\displaystyle O}{\parallel}}{C}{-}H$$

一些研究表明，抑制剂使催化剂"中毒"的作用是促进钯表面形态的重排，并伴随比表面积的下降，这种作用亦可通过在氢气气氛下在二甲苯中加热回流 Pd/C 催化剂来实现[3]。如此处理过的催化剂具有与 Rosenmund 催化剂相似的反应活性。如下例子中实用的 Pd/C*催化剂就是在 140 ℃氢气气氛下去活 1 h 制备的[4]：

催化氢化常用于将含氮化合物还原为胺，是制备胺的经典方法。在 Ni、Pd、Pt 等催化剂促进下，腈、肟、亚胺、叠氮化物、硝基化合物等能够被还原为伯胺。还原胺化（reductive amination）过程就包含了亚胺的形成与还原[5],例如[6,7]：

催化氢化亦可导致一些特定结构的 C—C、C—N 和 C—O 键等发生氢解，常用于环丙烷的加氢开环[8]、苄基保护基团脱保护[9]等转化，例如：

11.2.1 参考文献

11.2.2 均相催化氢

均相催化氢化反应常用的催化剂为铑、钌、铱等贵金属与适当的有机配体（如 PPh$_3$ 等）形成的配合物，它们能溶于常用的有机溶剂中，反应在均相体系中进行，故反应的选择性较非均相反应的高，不发生氢解反应，而且可通过加入手性配体形成手性催化剂，从而实现不对称氢化反应。

Wilkinson 催化剂，即氯化三(三苯基膦)合铑(Ⅰ)[RhCl(PPh$_3$)$_3$]，是英国化学家 Wilkinson 在 1966 年发现的一种铑配合物，通常由过量的三苯基膦和水合三氯化铑在乙醇中加热回流反应制得[1]。

Wilkinson 催化剂可用于烯烃的催化氢化，其催化过程是：首先，16 电子的 RhCl(PPh$_3$)$_3$ 发生一个 PPh$_3$ 配体的解离，形成 14 电子的配合物中间体 **A**；然后，金属原子对氢分子的氧化加成生成 16 电子的配合物中间体 **B**，随后与烯烃形成 π-络合物 **C**；**C** 经进行分子内的氢转移形成配合物中间体 **D**；最后，**D** 经历还原消除，生成最终加氢产物和铑配合物 **A**，后者进入催化循环。

利用手性膦配体代替 Wilkinson 催化剂中的 PPh$_3$ 配体，可实现烯烃的不对称催化氢化[2]。例如，在日本孟山都公司 L-DOPA 的合成中，就使用了手性铑配合物催化的不对称氢化反应。

均相催化氢化亦可用于 C=N 键的加氢还原。例如，在 Rivastigmine（一种治疗老年痴呆症的药物）的合成中，使用手性铱配合物催化剂进行不对称还原胺化反应，可在关键中间体的苄基位高对映选择性引入一个氨基，然后通过非均相催化氢解脱去苄基保护基团，接着再以 NaBH(OAc)$_3$ 为还原剂进行还原胺化，将伯胺转变为叔胺[3]。

11.2.2 参考文献

11.2.3 催化转移氢化

催化转移氢化（CTH）是有机合成中一种有效的还原手段。它采用含氢的多原子分子作氢源（又称氢供体），反应中氢从氢供体转移给反应底物（即氢受体）。常用的氢供体种类很多，包括甲酸及其前体（如甲酸盐和 DMF）、环己烯类（如环己二烯和四氢萘）、醇（如异丙醇、甲醇、乙醇等）、肼、三烷基硅烷、三烷基锡烷、二氢嘧啶、二氢吲哚等。由于反应中不直接使用氢气，且多在常压下进行，反应温度较低，故对设备要求不高，同时也降低了操作的危险性。此外，催化转移氢化所用氢源的多样性还使得提高反应的选择性成为可能。因此，CTH 法在实验室和工业生产中已得到广泛应用。催化转移氢化的机理与催化剂和氢供体的种类及反应条件相关。例如，均相催化转移氢化反应中的氢供体和氢受体是按化学计量进行的。多相反应则不然，当无底物存在时，甲酸可以直接分解为 H_2 和 CO_2，肼则可以生成 H_2 和 N_2；当有底物存在时，反应按转移加氢方式进行。在多相反应中，常用作氢供体的甲酸在气相和铜催化剂上以 $HCOO^-$ 形式分解，而在镍催化剂上以甲酸酐形式分解。

11.2.3.1 酮的催化转移氢化

将酮还原为醇的一个经典方法是 Meerwein-Ponndorf 还原，此反应是 Oppenauer 氧化的逆反应，它所用的氢供体为过量的异丙醇，催化剂为三异丙氧基铝。生成的丙酮从平衡混合物中缓慢蒸出，使反应向右进行。此反应具有很好的选择性，C=C 键、酯基、硝基和活泼的卤素等一般不被这种方法所还原。

在这个反应中，酮作为 Lewis 碱首先与三异丙氧基铝（Lewis 酸）配位，形成铝配合物 A。接着，A 中的负氢从烷氧基转移到酮羰基，形成铝配合物 B 和丙酮。最后，配合物 B 与异丙醇发生醇交换反应，生成醇，并再生出三异丙氧基铝催化剂[1]。

11.2.3.1 参考文献

11.2.3.2 烯烃和炔烃的催化转移氢化

烯烃的催化转移氢化生成烷烃[1]。炔烃通过催化转移氢化转变为烯烃，后者可进一步转移氢化得到烷烃。例如，在钯配合物或 Pd/C 催化下，炔烃可被转移氢化转变为烯烃。用甲酸及其盐、DMF、三烷基硅氢烷等作为氢供体，反应可立体选择性地生成顺式烯烃[2]。

$$R\!-\!\!\!=\!\!\!-R' \xrightarrow[\text{HCO}_2\text{H 或 R}_3\text{SiH}]{[\text{Pd}]} \overset{\text{H}\quad\text{H}}{\underset{R\quad R'}{>\!\!=\!\!<}} \xrightarrow[\text{HCO}_2\text{H 或 R}_3\text{SiH}]{[\text{Pd}]} R\!-\!\!\!\backslash\!\!\!-R'$$

若以甲酸作为氢供体，以钯配合物为催化剂，这个转移还原的可能机理如下[3]：首先，零价钯与甲酸发生氧化加成，形成钯配合物 **A**。然后，**A** 与炔烃发生钯氢化反应，生成烯基钯配合物中间体 **B**。接着，**B** 经历脱 CO_2，形成烯基钯配合物中间体 **C**。最后，**C** 经历还原消除，生成烯烃和零价钯，完成催化循环。

以三烷基硅氢烷为氢供体的钯催化转移氢化反应的机理与上述以甲酸为氢供体的类似，不过在三烷基硅氢烷的反应中，烯烃产物的一个氢来自氢供体，另一个氢则来自乙酸[4]：

11.2.3.3　C–杂原子键的催化转移氢解

含 C—X 键和 C—S 键的化合物在氢供体存在下可发生催化氢解，生成脱卤和脱硫产物。例如，以三乙基硅烷作氢供体，卤代物可在 Pd/C 催化下发生脱卤反应[1]：

C—S 键的氢解常用于缩硫酮的脱硫，例如[2]：

88%

11.2.3.3 参考文献

11.3 用金属还原剂还原

　　溶解金属还原反应通常经历一个由金属表面或溶解金属的电子转移到反应物的单电子转移过程（SET），溶剂作为质子源提供质子。常用的溶解金属有锂、钠、钾、钙、镁、锌、锡和铁。常用作质子源的溶剂为醇、乙酸、氨或胺等。

11.3.1 用碱金属还原

1. 芳烃和芳杂环化合物的还原——Birch 还原

　　碱金属（Na、K 或 Li）在液氨和醇（常用乙醇、异丙醇或仲丁醇）的混合液中可将芳烃还原成非共轭的 1,4–环己二烯化合物。这个反应是由澳大利亚化学家 A. J. Birch 在 1944 年首先报道的[1]，故称为 Birch 还原。

$$\underset{\text{ROH, NH}_3 \text{ (l)}}{\overset{\text{Na, Li 或 K}}{\longrightarrow}}$$

　　这个反应涉及单电子转移过程。首先，钠和液氨作用生成溶剂化电子的亮蓝色溶液，化学式为$[\text{Na(NH}_3)_x]^+\text{e}^-$。然后，苯获得一个电子生成负离子自由基 **A**。接着，**A** 被质子化，即从醇分子中夺取一个质子生成环己二烯自由基 **B**。后者进一步获得一个电子，转变成环己二烯负离子 **C**。**C** 是一个强碱，迅速从醇分子获得质子而生成 1,4–环己二烯[2]。

$$\text{Na} \longrightarrow \text{Na}^+ + \text{e}^-$$

　　　　　　A　　　　　　**B**　　　　　　**C**

　　对于取代的苯环，当取代基为吸电子基（如羧基）时，反应优先形成负离子自由基中间体 **B**（取代基有利于负电荷）；接着，**B** 再获得一个电子，形成负离子 **C**；后者经质子化，最终生成双键碳上含取代基较少的烯烃[2,3]。

当取代基为给电子基（甲氧基）时，优先形成邻位负离子/间位自由基的中间体 **A**，**A** 质子化后再获得电子形成碳负离子中间体 **C**,**C** 经质子化后生成双键碳上含取代基较多的烯烃[2,4]。

　　杂环化合物亦可发生 Birch 还原，吡啶、喹啉和异喹啉等芳环电子云密度较低，更容易获得电子而被还原。在下面的例子中，吡啶环选择性地被还原，而侧链上的烯基、相对较富电子的苯环和吡咯环则保持不变[5]。

　　Birch 还原过程中产生的负离子中间体可被烷基化试剂捕获，生成烷基化产物，称为 Birch 还原–烷基化反应（Birch reduction–alkylation），这是通过芳环去芳构化合成六元环化合物的重要策略之一。例如[6]：

2. 炔烃的还原

溶解金属可将非末端炔烃还原成烯烃。反应具有高度的立体选择性，主要生成反式烯烃，这与炔烃催化氢化还原的立体选择性正好相反。

在钠和液氨作用生成的含溶剂化电子的亮蓝色溶液中，炔烃获得一个电子生成负离子自由基 **A**。**A** 从氨分子中夺取一个质子形成烯基自由基 **B** 和 **B′**。然后，**B** 和 **B′** 进一步获得电子生成烯基负离子 **C** 和 **C′**。最后，烯基负离子再从氨中夺取一个质子形成还原产物烯烃。由于反式的 **B** 和 **C** 均比相应的顺式异构体 **B′** 和 **C′** 稳定，故最终得到的还原产物主要为反式烯烃。

3. 醛、酮和酯的还原

溶解金属亦可在质子性溶剂中将醛、酮或酯还原成相应的醇，该反应称为 Bouveault-Blanc 还原。溶解金属将单电子转移给羰基，形成氧负离子自由基 **A**，后者被质子化形成碳自由基 **B**，进而再通过单电子转移和质子化生成还原产物。

当羰基的 α-碳原子上有取代基时，反应具有良好的立体选择性，优先生成热力学稳定的反式产物。例如，2-甲基环己酮在被 Na/EtOH 还原时生成的反式/顺式产物的比例为 99∶1。若用硼氢化钠或三异丙氧基铝还原，这个比例分别为 69∶31 和 42∶58。

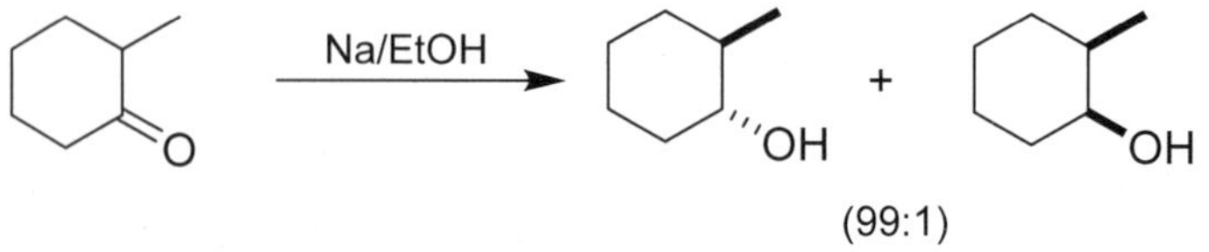

(99:1)

用 Li/NH$_3$/EtOH 还原具有立体位阻的环酮时获得了良好的非对映选择性[6]：

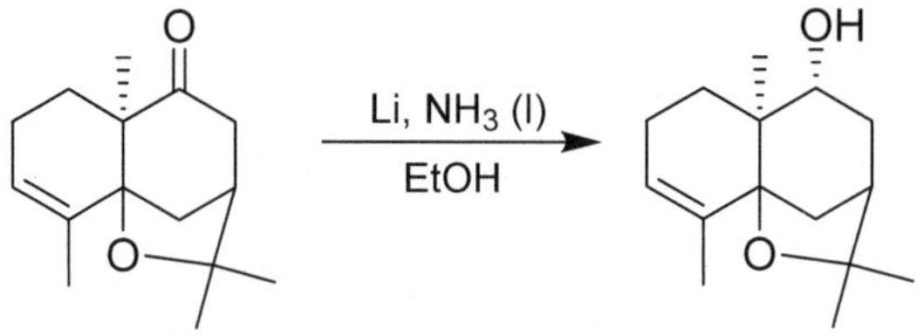

$9\alpha : 9\beta > 99 : 1$

溶解金属也用于 α, β-不饱和酮的共轭还原，反应经历双负离子中间体，例如：

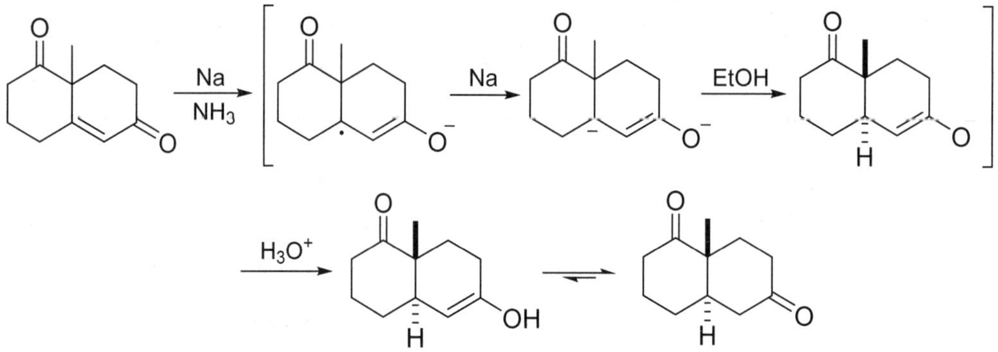

溶解金属也常用于将肟还原为伯胺，例如[7]：

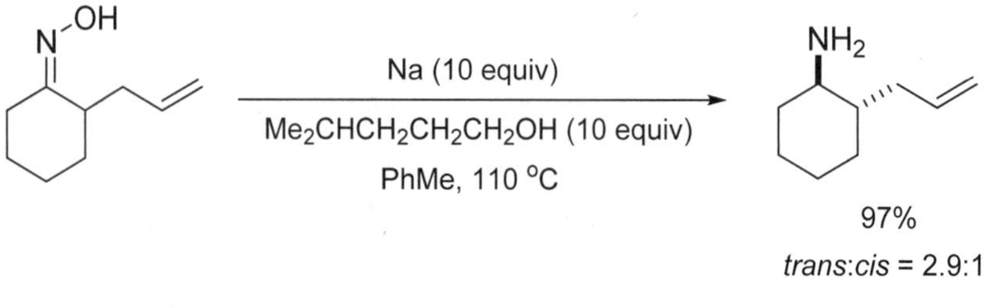

97%

trans:*cis* = 2.9:1

4. 酯和酰胺的还原

在类似条件下，溶解金属可将酯还原为伯醇[8]，将酰胺还原为胺[9]，例如：

5. C—X 键的还原

溶解金属能够导致一些σ键的断裂还原，常见于 C—X 键的还原，如卤代芳烃还原为芳烃：

11.3.2 用锌还原

11.3.2.1 醛和酮的还原

在浓盐酸或干燥的氯化氢存在下，锌汞齐可将醛、酮的羰基还原为亚甲基，这个反应称为 Clemmensen 还原[1]。反应在有机溶剂（如甲苯、THF、乙醚等）中进行。

Clemmensen 还原反应的机理还远远没有搞清楚。目前已提出至少两种可能的机理：一是碳负离子机理[2]，二是卡宾机理[3]，两种机理都涉及 C—Zn 键的形成与质子解。在卡宾机理中，醛、酮首先通过单电子转移（SET）和质子解过程转化为锌卡宾中间体 **A**，后者经质子解生成还原产物。

在碳负离子机理中，锌和氯离子首先进攻羰基，形成碳负离子中间体 **B**，这是反应的决速步骤。然后，**B** 经质子化形成烷基锌 **C**，后者经质子解生成还原产物。实际上，反应条件对还原产物种类的影响比较大，这为人们揭示 Clemmensen 还原反应的机理带来很大困难[4,5]。

利用锌或锌–铜合金也可进行频哪醇偶联反应，将醛、酮还原为邻二醇，将亚胺还原为邻二胺，例如[6]：

11.3.2.1 参考文献

11.3.2.2　炔烃的还原

活化的锌能够在醇溶剂中将炔烃立体选择性地还原为顺式烯烃[1]。Zn(Cu)还原剂是已经商业化的试剂，也可以用 1,2–二溴乙烷和二溴铜锂原位活化 Zn[2]。

例如，由锌粉、1,2–二溴乙烷、CuBr 和 LiBr 原位产生的 Zn(Cu)还原剂能够在异丙醇/THF 中将炔丙醇选择性还原为烯丙醇，而分子中存在的烯丙基保持不变[3]：

有关这个还原反应机理研究的报道很少。Boland 提出的可能机理是：Zn(0)与炔烃反应，通过两次单电子转移过程形成锌杂环丙烯，后者经水解生成顺式烯烃和 Zn(Ⅱ)[4]。

11.3.2.2 参考文献

11.3.3　用镁还原

镁作为还原剂，可使醛酮发生双分子还原偶联，即频哪醇偶联反应，生成邻二醇[1]。

频哪醇偶联反应是一个单电子还原过程。首先，Mg 作为还原剂提供一个电子给羰基，自己被氧化为 Mg⁺，从而形成自由基中间体 **A**。接着，**A** 中的 Mg⁺ 进一步对第二个羰基进行单电子还原，得到 Mg²⁺ 稳定的双自由基中间体 **B**，后者随即发生偶联反应，得到邻二醇的 Mg²⁺ 配合物 **C**。最后，**C** 水解生成邻二醇。

11.4 用负氢还原剂还原

11.4.1 用硼氢化物还原

11.4.1.1 醛和酮的还原

常用的硼氢化物还原剂是硼氢化钠和硼氢化钾，它们的还原能力比氢化铝锂的弱，主要用于还原醛、酮。还原醛的速率通常比还原酮的速率快得多。

虽然氢负离子（H⁻）是一个很强的碱，能够立即与质子性溶剂的质子反应生成 H₂，但硼氢化钠的氢由于与硼原子结合而降低了它的反应活性，故可在醇类溶剂中使用。当还原醛酮时，硼氢化钠提供一个 H⁻，后者亲核进攻羰基碳，同时羰基氧被溶剂（如乙醇）质子化，生成还原产物醇，及乙氧基硼盐[NaBH₃(OEt)]副产物。由于乙氧基硼氢化钠中还有三个氢，还可对三个羰基进行还原。从理论上讲，一分子的硼氢化钠可还原四分子的羰基化合物，最后生成四乙氧基硼盐[NaB(OEt)₄]。

硼氢化钠还原 α,β-不饱和醛、酮时，往往得到 1,2- 和 1,4- 还原产物的混合物，选择性取决于底物的结构和反应条件，但选择性不高。如果将硼氢化钠与三氯化铈联合使用，可获得 1,2- 还原的选择性。这个方法称为 Luche 还原[1]。

在此反应中，$NaBH_4$ 在 $CeCl_3$ 催化下先与醇作用形成烷氧基硼氢化物，后者是比 $NaBH_4$ 较硬的还原剂，故优先与羰基碳发生 1,2-加成。$CeCl_3$ 的另一个作用是通过与醇配位增强了醇的酸性，从而提高了羰基碳的亲电性。

Luche 还原主要用于共轭烯酮的选择性羰基还原。例如，α,β-不饱和环戊烯酮在单独使用硼氢化钠还原时，完全得到环戊醇。当使用 $NaBH_4/CeCl_3$ 还原体系时，则主要生成羰基还原产物，即环戊烯醇[2]。

此外，Luche 还原对酮羰基的选择性也高于对醛羰基的选择性，例如[3]：

11.4.1.1 参考文献

11.4.1.2 亚胺、亚胺盐和烯胺的还原

在醇溶剂中，亚胺和亚胺盐可被硼氢化物还原为胺。

这个反应的机理与羰基还原机理相似，来自硼氢化物的负氢离子对亚胺亲核加成，生成胺和烷氧基硼氢化钠。从理论上讲，烷氧基硼氢化钠上剩余的氢可依次参与对亚胺的还原，直到全部消耗。

在还原气氛下，醛、酮和氨、伯胺或仲胺原位缩合得到的亚胺或亚胺盐，可直接被还原成胺的反应，称为还原胺化。氰基硼氢化钠（NaBH₃CN）和硼氢化钠常用于这一转化。

还原胺化的第一阶段是胺与醛酮缩合生成亚胺盐 **A**。在第二阶段，亚胺盐 **A** 被负

氢离子亲核加成，还原为胺。

第一阶段：

第二阶段：

用硼氢化物还原亚胺的一个应用实例是生物碱 crinane 的全合成[1]：

11.4.1.3 卤代物和磺酸酯的还原

硼氢化钠亦可将磺酸酯还原。在下面的例子中，甲基磺酸酯被硼氢化钠还原，得到脱氧产物[1]，其机理可看作 S_N2 反应。

11.4.1.3 参考文献

11.4.2 用氢化铝锂、烷基氢化铝和烷氧基氢化铝锂还原

氢化铝锂（$LiAlH_4$）及类似的烷基氢化铝和烷氧基氢化铝锂等试剂的还原能力很强，能将醛、酮、羧酸、酸酐、酯、酰氯、酰胺、腈、环氧、卤代烃等还原，因而往往缺乏选择性。

11.4.2.1 醛和酮的还原

当用氢化铝锂还原醛酮时，H^- 对羰基进行亲核加成，生成氢化烷氧基铝锂 **A**，后者逐步将剩下的 3 个 H^- 加成到 3 个羰基上，形成四烷氧基铝锂 **B**。反应结束后用水或稀酸分解四烷氧基铝锂，以释放出还原产物醇，并分解过量的试剂。理论上，1 分子的氢化铝锂可还原 4 分子的羰基化合物。

当氢化铝锂中的部分氢被烷氧基取代，得到的烷氧基氢化铝锂试剂的还原能力有所降低，从而可提高选择性。例如，由 1 mol 氢化铝锂和 3 mol 叔丁醇作用生成的三叔丁氧基氢化铝锂是一种温和的还原剂，可将醛、酮还原为醇，而底物分子中存在的酯基、环氧基、卤素、氰基等可不受影响，例如：

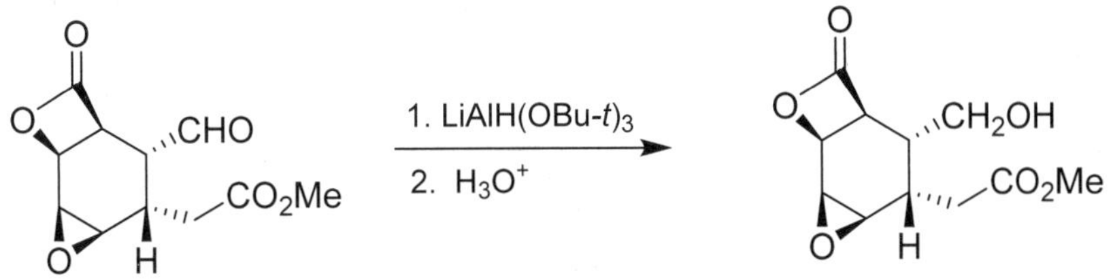

氢化铝锂经手性配体修饰或原位衍生化后得到的手性氢化铝锂试剂，不仅降低了还原剂的活性，提高了化学选择性，而且能够对映选择性地还原酮。常用的手性配体是氨基醇或二醇类化合物。最成功的手性氢化铝锂试剂是由光学纯 1,1′–联萘–2,2′–二酚（BINAL）与氢化铝锂在乙醇中所形成的配合物 BINAL-H：

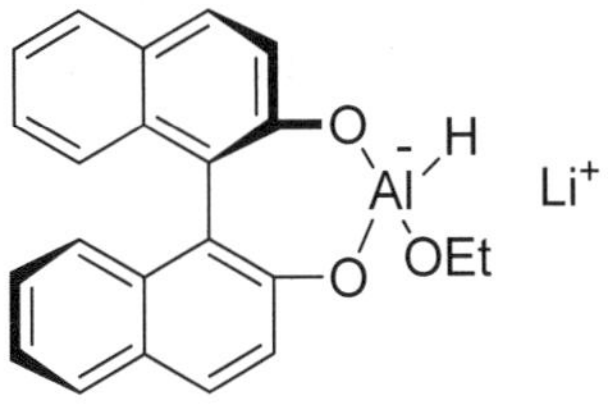

(R)–BINAL-H

用 BINAL-H 还原潜手性的芳香酮、炔基酮和 α,β–不饱和酮成为手性醇，反应具有很高的对映选择性，而且产物的构型容易预测[1]。一般情况下，用(R)–BINAL-H 还原得到 R 构型的醇，而用(S)–BINAL-H 还原，则得到 S 构型的醇。

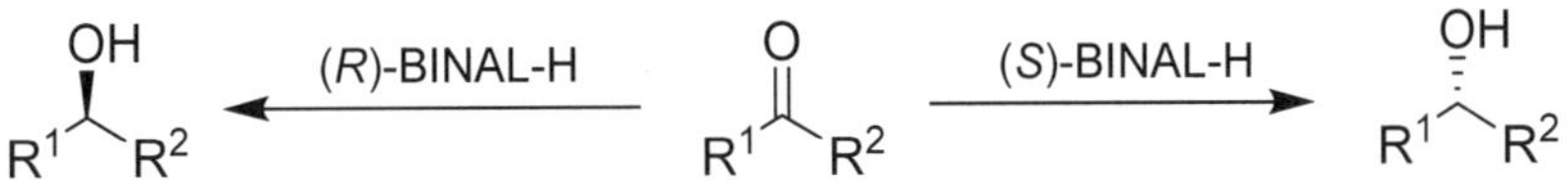

LiAlH$_4$ 及其他氢负试剂对手性醛和酮的羰基亲核加成的非对映选择性一般符合 Felkin-Anh 模型[2,3]。例如，(R)–1,2–二苯基丙–1–酮与 LiAlH$_4$ 反应，生成的主要产物为$(1R,2R)$–1,2–二苯基丙–1–醇。

(R)-1,2-二苯基丙-1-酮

$(1R,2R)$-1,2-二苯基丙-1-醇

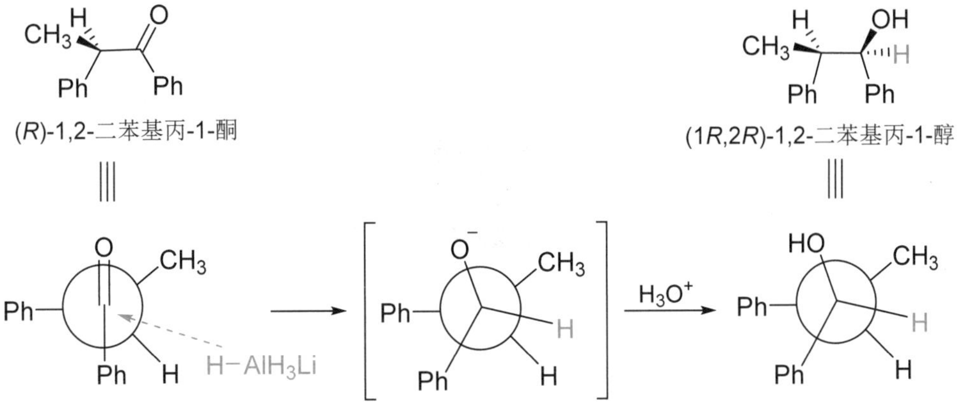

如下 α-氨基酮与二异丁基氢化铝（DIBALH）反应时主要生成 *syn* 构型的 α-氨基醇（*syn*：*anti* = 75：25），但当加入 Lewis 酸如 $ZnCl_2$ 时，立体选择性明显降低，且 *anti* 构型产物略占多数（*syn*：*anti* = 47：53）；当用 $LiAlH(OtBu)_3$ 代替 DIBALH 作还原剂时，*anti* 构型产物的比例大于 95%[4,5]。

反应条件	*syn:anti*
DIBALH, THF, -78 °C	75:25
DIBALH/ZnCl$_2$, THF, -78 °C	47:53
LiAlH(OtBu)$_3$, EtOH, -78 °C	5:95

这是因为当羰基的 α-羰原子上存在氨基、羟基等杂原子时，在适当条件下反应过渡态的优势构象由形成较稳定的螯合物中间体控制：

11.4.2.2 羧酸及其衍生物的还原

氢化铝锂可将羧酸和酯还原为醇，将酰胺还原为胺。

X = OH, OR'　　　　　X = NH₂, NHR', NR'₂

还原过程的第一步是氢负离子对羰基的亲核加成，形成四面体中间体 **A**。对于酰胺，接着发生消除生成亚胺正离子 **B**，后者进一步被氢负离子亲核进攻，生成胺。

11.4.3　用硼烷还原——硼氢化还原反应

硼烷类化合物是强的还原剂，能通过硼氢化反应将碳碳重键和碳氧重键等还原。炔烃的硼氢化反应产物经质子解生成烯烃。硼烷还可通过硼氢化反应将醛、酮、羧酸及其衍生物等还原为醇或胺。常用的硼烷试剂是硼烷的二甲硫醚络合物（BH₃·SMe₂，BMS）、硼烷的四氢呋喃络合物（BH₃·THF）及有机硼烷等。

11.4.3.1　烯烃的硼氢化−质子解

烯烃与硼烷发生硼氢化反应，所生成的三烷基硼烷产物经乙酸质子解得到烷烃。总的结果相当于烯烃的顺式加氢（立体化学与催化氢化相同），即在 C=C 键两端顺式加氢[1]：

在第一步硼氢化反应中，硼烷和烯烃通过四元环状过渡态，生成顺式加成的烷基硼烷产物 **A**；后者进一步与两分子烯烃发生硼氢化反应，生成三烷基硼烷 **B**。

三烷基硼烷对水、醇和稀的无机酸都不敏感，不易水解，但遇到羧酸容易发生质子解反应。三烷基硼烷 **B** 的质子解的立体化学为构型保持，这步反应被认为经历了六元环状过渡态[2]。因此，最终得到顺式加氢产物。

B　构型保留

11.4.3.1 参考文献

11.4.3.2　炔烃的硼氢化–质子解

炔烃的硼氢化产物经乙酸（或甲醇）质子解得到烯烃，这是还原炔烃为烯烃的一个间接方法[1]。为了避免二次硼氢化，常用高位阻的二烷基硼烷作为硼氢化试剂，如二环己基硼烷、二异戊基硼烷（Sia₂BH）和 9 – 硼双环[3.3.1]壬烷（9 – BBN）等。此外，二溴硼烷[2]和邻苯二酚硼烷[3]也是有效的试剂。对于非末端炔烃，由于硼氢化的立体化学为顺式加成，而质子解反应又是构型保持的[4]，故最终的还原产物为顺式烯烃。

顺式加成

二环己基硼烷　　Sia₂BH　　9-BBN　　邻苯二酚硼烷

对于末端炔烃，硼氢化一步具有区域选择性。例如，由邻苯二酚衍生的硼烷与炔烃发生硼氢化反应，生成相应的烯基硼酸酯，后者用氘代乙酸处理，几乎定量生成顺式加成的产物[3]：

选择适当的硼烷，可以实现多炔的还原，例如[5]：

79%

11.4.3.2 参考文献

11.4.3.3　醛和酮的硼氢化还原

醛和酮的硼氢化还原反应首先生成三烷氧基硼，后者经水解得到醇。其第一步反应的机理与烯烃的硼氢化相似，即通过四元环状过渡态生成烷氧基硼烷 **A**，其中硼原子加在富电子性氧一端，而氢原子加在缺电子性羰基碳一端；**A** 进一步依次与两分子酮加成生成三烷氧基硼 **B**；最后，**B** 水解即得到醇。

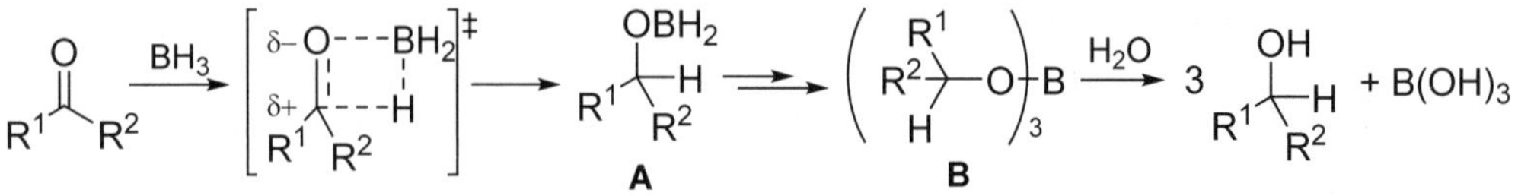

一些 B–烷基取代的 9–BBN 衍生物（如 9–BBN–蒎烯加合物）能够将醛、酮还原为相应的醇。该反应被称为 Midland 还原[1]。

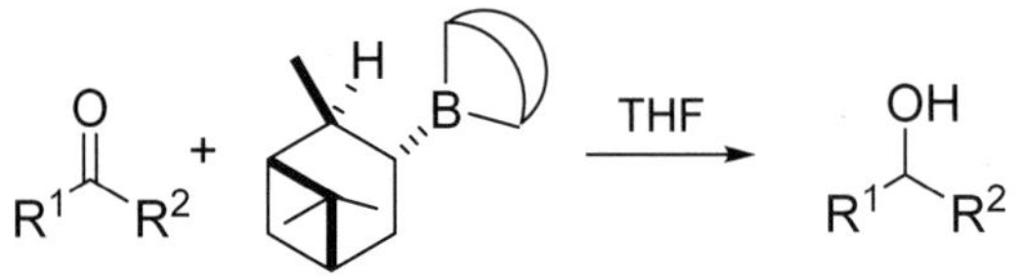

这种还原剂可由 9–BBN 与 α–蒎烯在 THF 中回流制备[2]：

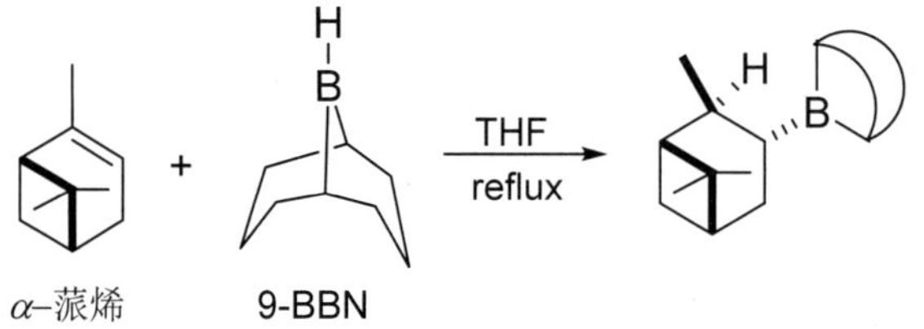

α–蒎烯　　9-BBN

鉴于有机硼氢化反应的可逆性，Midland 还原可看作 9–BBN–蒎烯加合物与羰基发生交换，生成 9–BBN–醛（或酮）加合物的过程。动力学研究证明，酮的结构对反应速率的影响显著[3]，反应可能涉及船式过渡态，热力学有利的过渡态结构是体积较大的取代基（R_L）处于 e 键位置的结构，由此可预测产物的构型。

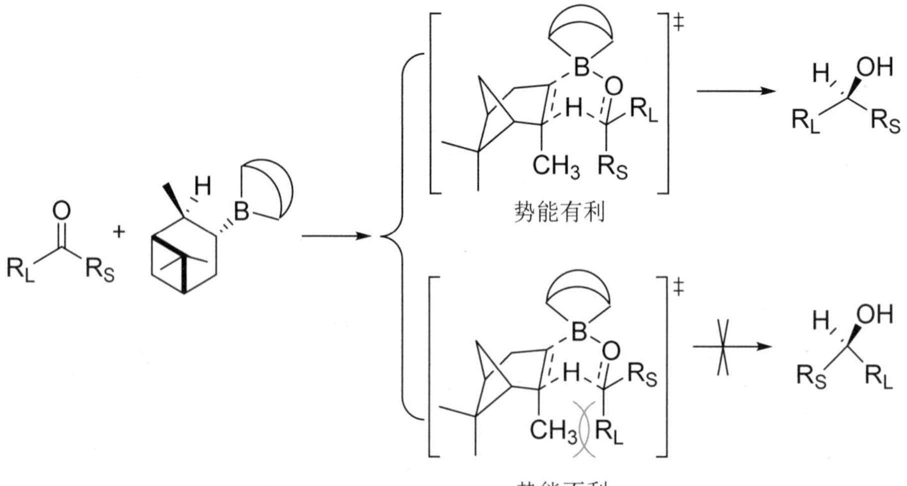

势能有利

势能不利

11.4.3.3 参考文献

11.4.3.4 羧酸的硼氢化还原

羧酸被硼烷还原为伯醇：

$$\underset{R}{\overset{O}{\|}}C-O-H \xrightarrow{BH_3} R-CH_2-OH$$

羧酸首先与硼烷作用形成三酰基硼酸酯 **B**，并放出氢气，这是决速步骤。然后，**B** 被硼烷还原为醇。在决速步骤所形成的中间体 **B** 中，硼原子用其空的 p 轨道与酰氧基共轭，导致羰基碳的电子云密度降低，故三酰基硼酸酯比通常的羧酸和羧酸酯更活泼，一旦形成，即可接受负氢的亲核加成，最终被还原为醇。

$$H-\overset{H}{\underset{H}{B}}\overset{O}{\|}\underset{R}{}C-O-H \xrightarrow{-H_2} \underset{R}{}C\overset{O-B\overset{H}{\underset{H}{}}}{\underset{O}{\|}} \quad \mathbf{A} \xrightarrow[-2H_2]{2RCO_2H} \left(\underset{R}{}C\overset{O}{\underset{O}{\|}}\right)_3 B \quad \mathbf{B} \xrightarrow[快]{BH_3} R-CH_2-OH$$

11.4.3.5 酰胺的硼氢化还原

酰胺可被硼烷还原为胺：

$$\underset{R}{\overset{O}{\|}}C-NR'_2 \xrightarrow[2.\ H_2O]{1.\ BH_3\cdot THF} \underset{R}{}CH_2-NR'_2$$

酰胺首先与 Lewis 酸结合形成配合物 **A**。然后，**A** 经历分子内的亲核加成，其中的亚胺正离子被还原为胺 **B**。接着 **B** 发生消除形成亚胺盐 **C**，后者进一步硼烷还原为胺与硼烷的配合物 **D**。最后用水淬灭反应得到胺。

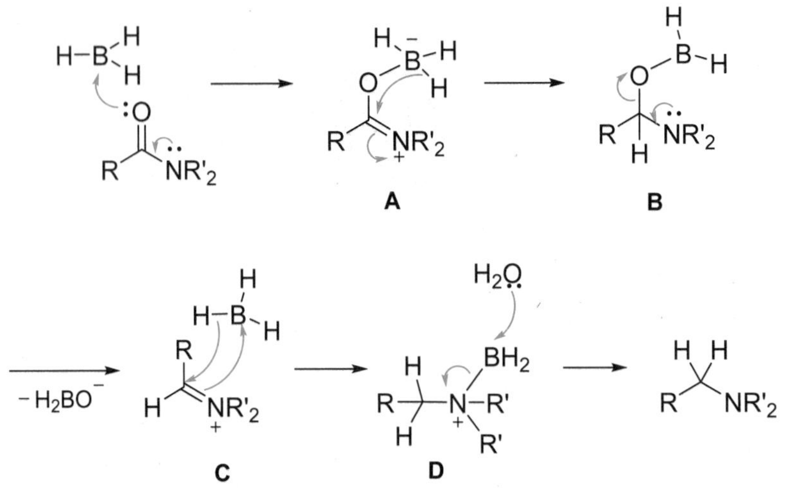

11.4.4 用硅烷还原——硅氢化反应

硅氢化反应（hydrosilylation）是还原 C=C、C=O 等的重要方法之一。通常情况下，含 Si—H 的硅烷不与烯烃和炔烃反应，但在质子酸或一些过渡金属催化剂（如 Rh、Pd 催化剂）[1,2]存在下，硅烷可与烯烃发生加成，生成反马氏规则的烷基硅烷产物：

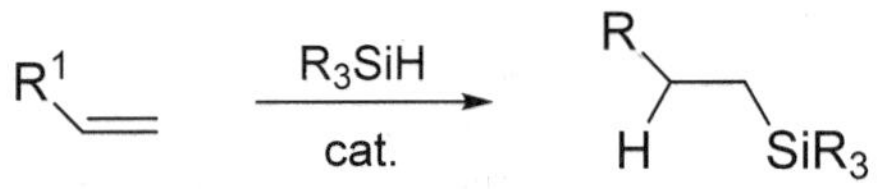

在酸性条件下，硅氢化反应所得到的烷基硅烷水解得到 C=C 还原产物。例如，在过量的三氟乙酸存在下，三乙基硅烷可在室温下将 1-甲基环己烯还原为甲基环己烷[3]：

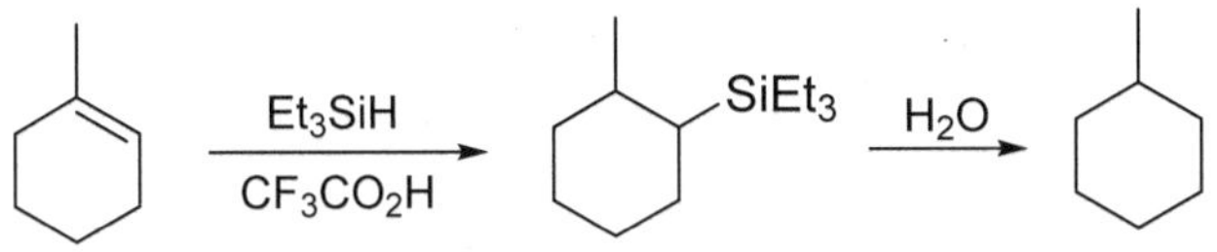

醛、酮的硅氢化反应生成硅醚，后者经水解或用氟负离子断裂得到醇。例如，在三氟乙酸存在下，三乙基硅烷还原环己酮为环己醇：

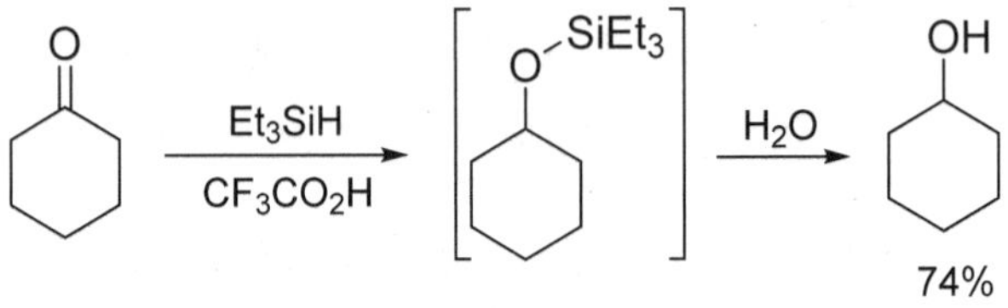

对于 α, β-不饱和羰基化合物，由于发生 1,4-硅氢化反应，生成的烯醇硅醚经水解最终得到 C=C 键还原产物。例如，环己-2-烯酮被 Ph₂SiH₂ 还原为环己酮：

在酸性介质中，α, β–不饱和羰基化合物（如肉桂醛）的羰基被选择性还原[4]：

强的 Lewis 酸［如 B(C₆F₅)₃[5]］和一些过渡金属催化剂[6,7]能够催化羰基化合物的硅氢化反应。例如，Rh(Ⅱ)催化的环己烯酮的硅氢化反应可在温和的条件下进行[7]：

11.4.4 参考文献

11.5 用其他有机还原剂还原

11.5.1 用肼还原

醛或酮在高沸点溶剂（如一缩二乙二醇）中与肼和氢氧化钾一起加热反应，羰基还原为亚甲基，这类反应称为 Wolff-Kishner-黄鸣龙还原反应[1,2]。

首先肼与羰基缩合生成腙 **A**。然后，碱夺取氨基上的质子，所形成的氮负离子 **B**

共振为碳负离子 **C**，后者继而获得质子，并在碱促进下脱去氮气，生成碳负离子 **E**。最后，**E** 从水中夺取质子生成还原产物。其中氮气离去一步在热力学上推动了反应进行。

11.5.1 参考文献

11.5.2 用甲酸及其盐作还原剂

甲酸及其盐（如甲酸铵）是常用的有机还原剂。醛或酮与甲酸铵一起加热，生成伯胺，这类反应称为 Leuckart 反应[1]。

这类反应的普适性很好。当使用过量甲酸时，氨、伯胺和仲胺都能与醛或酮发生类似的还原胺化反应，称为 Leuckart-Wallach 反应[2]。

一般认为，Leuckart-Wallach 反应的第一阶段是胺与醛酮缩合生成亚胺盐 **A**。第二阶段，亚胺盐 **A** 通过甲酸的转移氢化被还原为胺。在 Leuckart 反应中，甲酸铵既作氨源，又作还原剂。

第一阶段：

第二阶段：

11.5.2 参考文献

11.6　歧化反应

11.6.1　Cannizzaro 反应

在强碱性条件下，无 α-氢的醛（如芳香醛和甲醛等）可发生歧化反应，生成等量的醇和酸，该反应称为 Cannizzaro 反应。常用的碱是 NaOH 和 KOH，反应可在分子间和分子内发生。

$$2 \ R-CHO \xrightarrow[\text{2. } H_3O^+]{\text{1. } OH^-} R-CO_2H \ + \ R-CH_2OH$$

一般认为，Cannizzaro 反应的过程涉及负氢转移[1-4]。首先，OH^- 对羰基亲核加成，所形成的负离子中间体 **A** 在反应条件下被去质子化生成双负离子中间体 **B**。双负离子促进了醛基氢作为负氢离子离去，该负氢离子亲核进攻另一分子醛的羰基，生成羧酸根负离子 **C** 和烷氧基负离子 **D**，后者从溶剂（H_2O）中获得一个质子成为伯醇。在此过程中，负氢转移一步为决速步骤。一些研究发现负氢转移可能是通过单电子转移（SET）机理进行的[2-4]。

使用两种不同的无 α-氢的醛，可进行交叉的歧化反应。例如，苯甲醛与甲醛的反应生成苯甲醇。在这个反应中，甲醛的羰基比苯甲醛的羰基活泼，因此首先被 OH^- 进攻，从而成为氢供体，被氧化成甲酸。相反，苯甲醛成为氢受体，被还原为苯甲醇。

经典的 Cannizzaro 反应在碱性条件下进行，但 Lewis 酸亦可促进这一转化。例如，2-氧亚基-2-苯乙醛在 $Cr(ClO_4)_3$ 催化下，与异丙醇发生分子内的 Cannizzaro 反应，生成 2-羟基-2-苯基乙酸异丙酯[5]：

在这个分子内反应中，醇代替 OH^- 作为亲核试剂，故产物为酯。Lewis 酸则通过形成配合物中间体，发挥了活化羰基的作用。

当使用二价铜盐和适当的手性配体作催化剂时，这种分子内的 Cannizzaro 反应产率非常高，且具有高的对映选择性，例如[6]：

当使用 MgBr$_2$/Et$_3$N 为促进剂时，反应可以在温和的中性条件下进行，例如[7]：

11.6.1 参考文献

11.6.2　Tischenko 反应和 Evans–Tishchenko 反应

1906 年，W. Tischenko 发现醛在烷氧基铝催化下发生歧化反应，生成酯，此反应称为 Tischenko 反应[1]。

Tischenko 反应的底物可以是芳香醛，也可以是脂肪醛。不同醛之间亦可发生交叉的 Tischenko 反应[2]。经典的催化剂是烷氧基铝，$K_2[Fe(CO)_4]$、Cp_2MH_2 (M = Zr, Hf)、$B(OH)_3$、$M[N(SiMe_3)_2]_2(THF)_2$（M = Ca，Sr，Ba）等也是文献报道的有效催化剂[3]。一般认为，此反应经历了 Lewis 酸（三烷氧基铝）与醛的配位；随后，另一分子醛亲核进攻被活化的羰基碳；接着发生 H-迁移，生成产物酯，并再生出催化剂[2]。

1990 年，D. A. Evans[4]改进了 Tischenko 反应：在 SmI_2 催化下，手性 β-羟基酮与另一分子醛反应，生成 anti-1,3-二醇类化合物。这一改进的反应称为 Evans-Tishchenko 反应。该反应经历了如下桥环过渡态，从而具有立体选择性。

Evans-Tishchenko 反应已被广泛用于 anti-1,3-二醇类化合物的非对映选择性合成中，例如[5,6]：

98%，dr = 99:1

quant.，dr > 20:1

11.6.2 参考文献

习　题

1. 预测下列反应主要产物的结构。

(1)
$$\xrightarrow[\text{AlCl}_3\ (0.9\ \text{equiv})]{\text{NaBH}_4\ (7\ \text{equiv})} \quad ?$$

（ *Org. Process Res. Dev.* 2009，*13*, 1413-1418. ）

(2)
$$\xrightarrow[\text{HCO}_2\text{H}]{} \quad ?$$

（ *Tetrahedron Lett.* 1996，*37*, 6399-6402. ）

(3)
$$\xrightarrow[\text{2. PhCH}_2\text{Br}]{\substack{\text{1. Li, NH}_3\ (\text{l}),\ t\text{-BuOH} \\ \text{THF, -78 }^{\circ}\text{C}}} \quad ?$$

（ *J. Org. Chem.* 1996，*61*, 5631-5634. ）

(4)
$$\xrightarrow[\text{CeCl}_3]{\text{NaBH}_4} \quad ?$$

（ *J. Am. Chem. Soc.* 1988，*110*, 7245-7247. ）

(5)
$$\xrightarrow[\text{HCl, MeOH}]{\substack{\text{H}_2 \\ \text{Pd(OH)}_2/\text{C}}} \quad ?$$

（ *J. Am. Chem. Soc.* 2017，*139*, 3209-3226. ）

(6)

$$\text{Lindlar Pd, H}_2$$
$$\overline{\text{MeOH, CH}_2\text{Cl}_2, \text{喹啉}}$$

?

（*Org. Lett.* 2001，*3*，1427-1429.）

(7)

$$\xrightarrow{\text{LiAlH}_4}$$

?

（*Org. Lett.* 2002，*2*，2717-2719）

(8)

$$\text{NH}_2\text{NH}_2, \text{KOH}$$
$$\overline{\begin{array}{c}\text{HOCH}_2\text{CH}_2\text{OH}\\ 160\ ^\circ\text{C, 4 h}\end{array}}$$

?

（*Tetrahedron Lett.* 2014，*55*，761-763）

(9)

$$\text{H}_2, \text{Pd(OH)}_2$$
$$\overline{\text{THF-MeOH}}$$

?

（*Chem. Commun.* 2013，*49*，6519-6521.）

(10)

$$\begin{array}{c}\text{1. LiAlH}_4, \text{THF}\\ \text{2. H}_3\text{O}^+\end{array}$$

?

$$\xrightarrow[\text{CH}_2\text{Cl}_2, \text{rt}]{\text{NBS}}$$

?

（*J. Org. Chem.* 2010，*75*，5289-5295.）

(11)

$$\text{10\% Pd/C}$$
$$\overline{\text{Et}_3\text{SiH}}$$

?

（*J. Org. Chem.* 2007，*72*，6599-6601.）

(12)

$$\text{Et}_3\text{SiD, Pd/C}$$
$$\overline{\text{DIEA, THF-MeOH}}$$

?

（*J. Org. Chem.* 2014，*79*，8422-8427.）

(13)

$$\text{NH}_2\text{NH}_2, \text{KOH} \xrightarrow{\text{DEG}, 143 \sim 155\ ^{\circ}\text{C}} ?$$

（ *Org. Proc. Res. Dev.* 2009，*13*，576-58. ）

(14)

$$\xrightarrow[\text{i-PrOH}, 80\ ^{\circ}\text{C}]{\text{Yb(OTf)}_2} ?$$

（ *Org. Lett.* 2005，*7*，1331-1333. ）

(15)

$$\xrightarrow[\text{MeOH}]{\text{Raney-Ni}} ?$$

（ *Org. Lett.* 2016，*18*，6296-6299. ）

(16)

$$\xrightarrow[\text{THF}, -10\ ^{\circ}\text{C}]{\text{SmI}_2 (20\ \text{mol\%})} ?$$

（ *Org. Lett.* 2002，*4*，4539-4541. ）

2. 画出下面反应过程的关键中间体。

$$\xrightarrow[\text{Pd/C}, \text{MeOH}]{\text{H}_2, \text{CH}_2\text{O}}$$

81%

（ *J. Nat. Prod.* 2018，*81*，2731-2742. ）

3. 推测下面反应的机理（不考虑立体化学）。

$$\xrightarrow[\triangle]{\text{Zn/Hg, 浓盐酸}}$$

75%

（ *J. Org. Chem.* 2013，*78*，6154-6162. ）

4. 解释下面还原反应的立体选择性。

$R = CF_3$, $(\alpha R):(\alpha S) = 98:2$
$R = n\text{-Bu}$, $(\alpha R):(\alpha S) = 24:76$

（ *J. Org. Chem.* 2008，*73*，4694-4697.）

习题参考答案

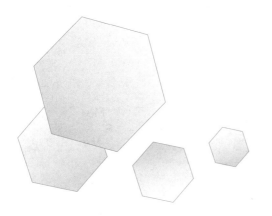

第 12 章
氧化反应

与还原反应相对应，氧化态升高的反应称为氧化反应。通常人们把加氧和脱氢作用都归属于氧化反应。氧化反应不仅是工业上和实验室中最常用的有机合成反应，而且也广泛存在于生命体系之中，参与许多生物转化过程。

12.1 氧化反应的机理类型

与离子型和自由基型反应相比，有机氧化反应的机理要复杂得多，迄今为止人们对大多数有机氧化反应的机理了解甚少。

12.1.1 消除机理

从基本有机反应类型来看，许多氧化反应可归属于消除反应。例如，烷烃在催化剂或脱氢试剂存在下的脱氢反应是消除了一分子 H_2；醇氧化为醛或酮，总的结果相当于消除了一分子 H_2。

$$\underset{R^2\ R^4}{\overset{H\ H}{R^1\text{--}R^3}} \xrightarrow[\text{cat.}]{-H_2} \underset{R^1\ R^3}{\overset{R^2\ R^4}{\diagup\!\!\diagdown}}$$

氧化活性物种的作用是夺电子，属于亲电试剂，与底物结合之后则成为离去基团（L），进而发生 E2 消除，最终生成氧化产物。故这个过程可表示如下：

醇被铬酸类氧化剂、DMSO/(COCl)$_2$/Et$_3$N（Swern 氧化）等氧化为醛或酮的过程均属于消除机理。如 Swern 氧化的关键步骤是经过五元环状过渡态的消除完成的：

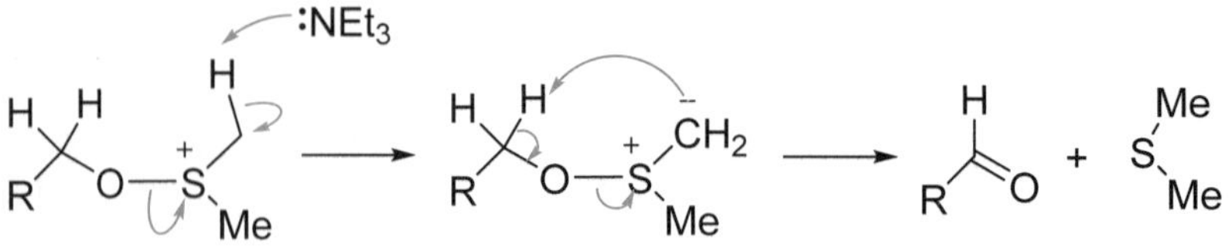

12.1.2　加成机理

一些不饱和键的加氧反应是通过加成机理进行的。例如，烯烃与过氧酸的环氧化反应，属于环加成机理，反应经历了一个三元环过渡态：

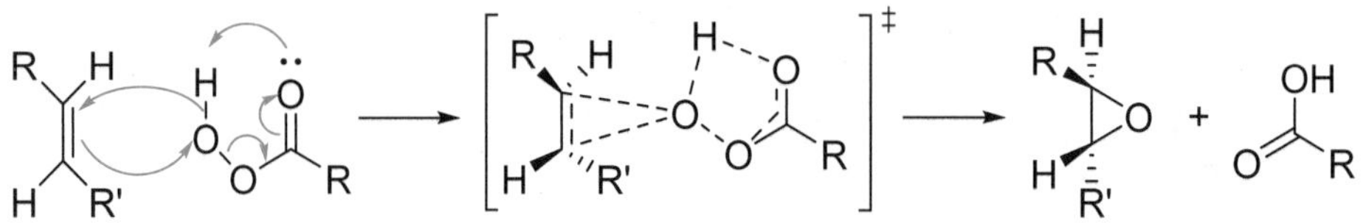

烯烃与 OsO_4 的双羟基化反应，其关键中间体为五元环锇酸酯，它的形成有两种可能的环加成机理：一种是[3+2]环加成；另一种是[2+2]环加成，然后经历 $\alpha-$ 插入过程。

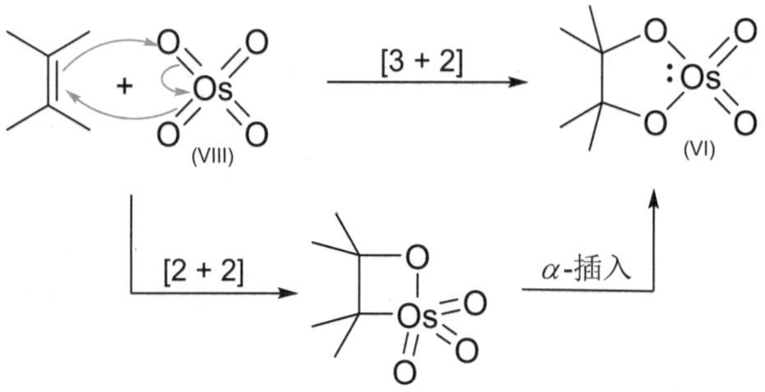

12.1.3　单电子转移机理

单电子氧化过程常见于一些金属离子（特别是高价金属离子）作为氧化剂的反应中。例如，Ag_2O 将酚氧化为醌的反应经历了单电子氧化过程：首先，酚电离形成的苯氧基负离子 **A** 被银离子夺去一个电子，生成苯氧基自由基 **B**；接着，第二个酚羟基的质子解离，形成半醌自由基负离子 **C**；**C** 继而失去一个电子得到对苯醌。

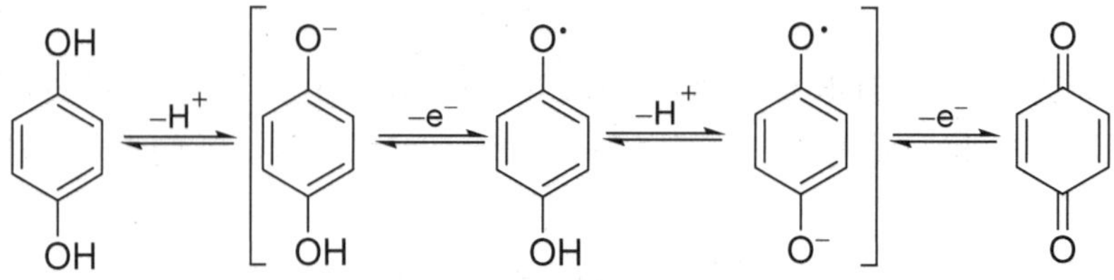

12.2 脱氢反应

脱氢（dehydrogenation）是指有机化合物在高温及脱氢剂或催化剂存在下消除 H₂ 的反应。脱氢有热脱氢和催化脱氢两种，工业上主要以催化脱氢为主，如丁烷、异戊烯和乙苯脱氢分别用于生产丁二烯、异戊二烯和苯乙烯。开链烷烃、环烷烃或环烯烃的 C—H 键脱氢生成烯烃或芳烃，醇和酚的 O—H 键脱氢生成醛、酮和醌，胺的 N—H 键脱氢则生成烯胺或亚胺。

12.2.1 用脱氢试剂脱氢

在脱氢剂存在下，C—H 键和 O—H 键可发生直接的脱氢反应，生成不饱和化合物。常用的有机脱氢试剂有五价碘试剂如 2-碘酰基苯甲酸（IBX）和 2,3-二氯-5,6-二腈基-1,4-苯醌（DDQ）等。

IBX   DDQ

IBX 和 DDQ 很活泼，它们能够使不饱和化合物（如烯烃、炔烃、醛、酮等）发生脱氢，特别容易发生脱氢芳构化，也容易将酮转化为 α,β-不饱和酮，将醇转变为醛或酮。例如[1,2]：

DDQ 一般在惰性溶剂（如苯、甲苯、THF 和二氧六环）中使用，在水中容易分解生成氢氰酸。由于电荷转移复合物的形成，DDQ 的苯溶液呈现红色。脱氢后 DDQ 被还原为二氢醌 DDQH$_2$，后者是不溶于苯的黄色固体。DDQ 脱氢的机理涉及两个过程：一是负氢离子从烃转移到醌的氧上，形成氧负离子 DDQH$^-$和碳正离子 **A**；二是 **A** 发生 E1 消除生成脱氢产物，脱去的质子转移到 **A** 的氧负离子上，DDQ 最终被还原为 DDQH$_2$[3]。

然而，DDQ 夺氢（即 C—H 键断裂）的过程是比较复杂的，有多种可能途径，如负氢转移、单电子转移（SET）、氢原子转移（HAT）等[4,5]。

醇直接脱氢得到醛或酮，酚则得到醌类化合物。例如[6]：

12.2.1 参考文献

12.2.2　催化脱氢

1. C—H 键的催化脱氢

催化脱氢是催化氢化反应的逆反应。理论上，氢化反应所用的催化剂也适合于脱氢反应。在工业上，利用催化脱氢将丁烷或丁烯转化为丁二烯，将异戊烯转化为异戊二烯，将乙苯转化为苯乙烯。催化脱氢的机理与催化剂和底物种类有关。以过渡金属配合物催化的烷烃脱氢为例：首先，催化剂对底物的 C—H 键氧化插入（氧化加成反应），形成烷基金属配合物中间体；然后，烷基金属配合物经历 β－H 消除，生成烯烃和金属氢化物；最后，金属氢化物还原消除释放出 H_2，进入下一个催化循环[1,2]。这个过程是可逆的，加热回流能够将产生的 H_2 从溶剂中驱逐出去，从而使反应平衡向产物方向进行。

催化脱氢反应可使用适当的氢受体，以除去产生的氢气，属于转移脱氢反应。3,3－二甲基丁－1－烯（俗称叔丁基乙烯，TBE）是一种常用的氢受体[2,3]。例如，使用铱配合物催化剂，可将环烷烃、直链烷烃、环醚等脱氢，生成相应的烯烃或烯基醚[2,3]：

DDQ 也是常用的氢受体。例如，在 Cu(Ⅰ)配合物/DDQ 催化脱氢体系中，1-芳基丁-2-烯和1,4-二酮能够发生双脱氢/Diels-Alder 串联反应，生成环己烯衍生物[4]。

2. O—H 键的催化脱氢

醇的催化脱氢生成相应的醛或酮。例如，在无氢受体的条件下，苄基型的醇在三价铁配合物 Fe(acac)$_3$ 催化下，直接脱氢，生成酮[5]。

若反应在伯胺或仲胺存在进行下，则醛与胺反应形成亚胺或烯胺中间体，后者可作为氢受体，将催化剂再生，而自身被催化加氢，进而转化为相应的二级胺或三级胺[6]。

例如：

3. N—H 键的脱氢反应

含部分双键的氮杂环化合物很容易发生催化脱氢芳构化反应，生成芳杂环化合物。例如，1,4-二氢吡啶衍生物和二氢吡唑衍生物能够在 10%Pd/C 催化剂催化下脱氢芳构化[7]：

12.2.2 参考文献

12.2.3　催化氧化脱氢

催化氧化脱氢能够将醇转化为醛或酮，将醛和酮转化为 α,β-不饱和醛和酮。这类反应需要在过渡金属催化剂[如 Pd(II)、Ru(II)、Cu(I)催化剂]催化下进行，常用氧气作为氢受体。

12.2.3.1　醇的氧化脱氢

在过渡金属配合物催化剂和氧气或空气存在下，醇发生脱氢反应，生成醛或酮。常用的催化剂包括铜、钯和钌等的配合物[1]，纳米金亦是有效的催化剂[2]。氧化脱氢的机理随催化剂不同而有所不同。

常用四甲基哌啶氮氧自由基（TEMPO）作为共催化剂[3,4]，例如：

408 中级有机化学——反应与机理（第 2 版）

催化氧化脱氢的机理与催化脱氢的机理颇相似，只是氧气作为氢受体，被还原为水，同时再生出催化剂[3]。反应初期，少量的醇将催化剂 $RuCl_2L_3$（$L=PPh_3$）还原为 RuH_2L_3，然后进入催化循环。TEMPO 接受 RuH_2L_3 的氢，被还原为 TEMPOH，另一分子 TEMPO 则与金属配位生成配合物 **A**。然后，**A** 与底物醇发生配体交换，生成钌配合物 **B**。最后，**B** 经 β-H 消除生成醛或酮，同时再生得到 RuH_2L_3，进入下一个催化循环。在这个循环过程中，共催化剂 TEMPO 被还原为 TEMPOH，后者被氧气氧化，再生为 TEMPO。因此，这个催化氧化反应的最终氧化剂为氧气。

Cu(Ⅰ)/TEMPO 体系也能催化醇的氧化，例如[4]：

其可能的机理如下：（1）由 Cu(Ⅰ)盐和配体原位形成的配合物 **A** 被氧气氧化为 Cu(Ⅱ)配合物 **B**；（2）**B** 与另一分子 **A** 结合，形成双核 Cu(Ⅱ)—O—O—Cu(Ⅱ)配合物 **C**；（3）**C** 将 TEMPOH 氧化再生为 TEMPO，而自身被还原为 Cu(Ⅱ)—O—OH 配合物 **D**；（4）**D** 与水反应生成 Cu(Ⅱ)—OH 配合物 **E** 和 H_2O_2，后者在铜催化下分解为氧气和水；（5）**E** 与底物醇发生配体交换，生成 Cu(Ⅱ)配合物 **F**；（6）**F** 在氢受体 TEMPO 存在下经历 β−H 消除，生成最终氧化产物醛，TEMPO 被还原为 TEMPOH。

12.2.3.1 参考文献

12.2.3.2 醛和酮的氧化脱氢

在 Pd(Ⅱ)催化下，醛和酮衍生的烯醇硅醚可被氧气氧化脱氢，生成 α,β-不饱和羰基化合物，此反应称为 Saegusa 氧化[1]。

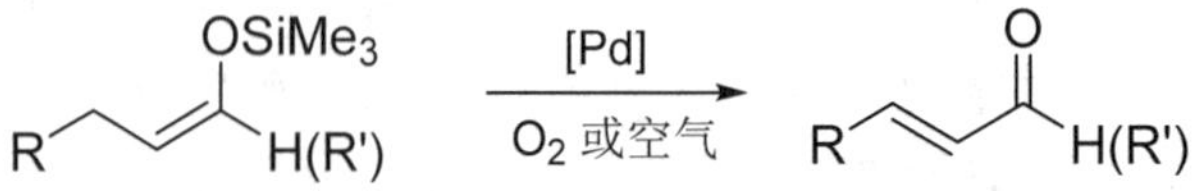

这个方法需要先将醛或酮转变为烯醇硅醚，然后再进行氧化。在催化量二级胺存在下，醛或酮原位形成的烯胺可发生类似反应，最终生成 α,β-不饱和羰基化合物[2]：

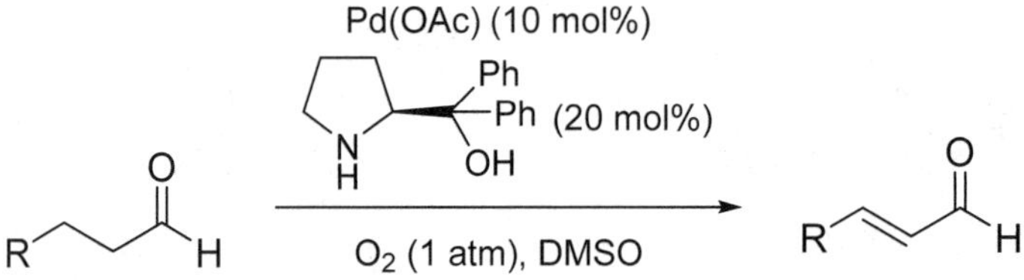

这个过程首先形成烯胺中间体 **A**；然后，**A** 与 Pd(Ⅱ)形成 π 络合物 **B**，继而转变为钯加成产物 **C**。接着，**C** 经历 β-H 消除形成 HPdOAc 和亚胺盐 **D**。**D** 水解生成最终产物 α,β-不饱和醛，并再生出二级胺催化剂；与此同时，HPdOAc 转变为 Pd(0) 和 AcOH。最后，氧气将 Pd(0)氧化为 Pd(Ⅱ)，完成催化循环[2]。

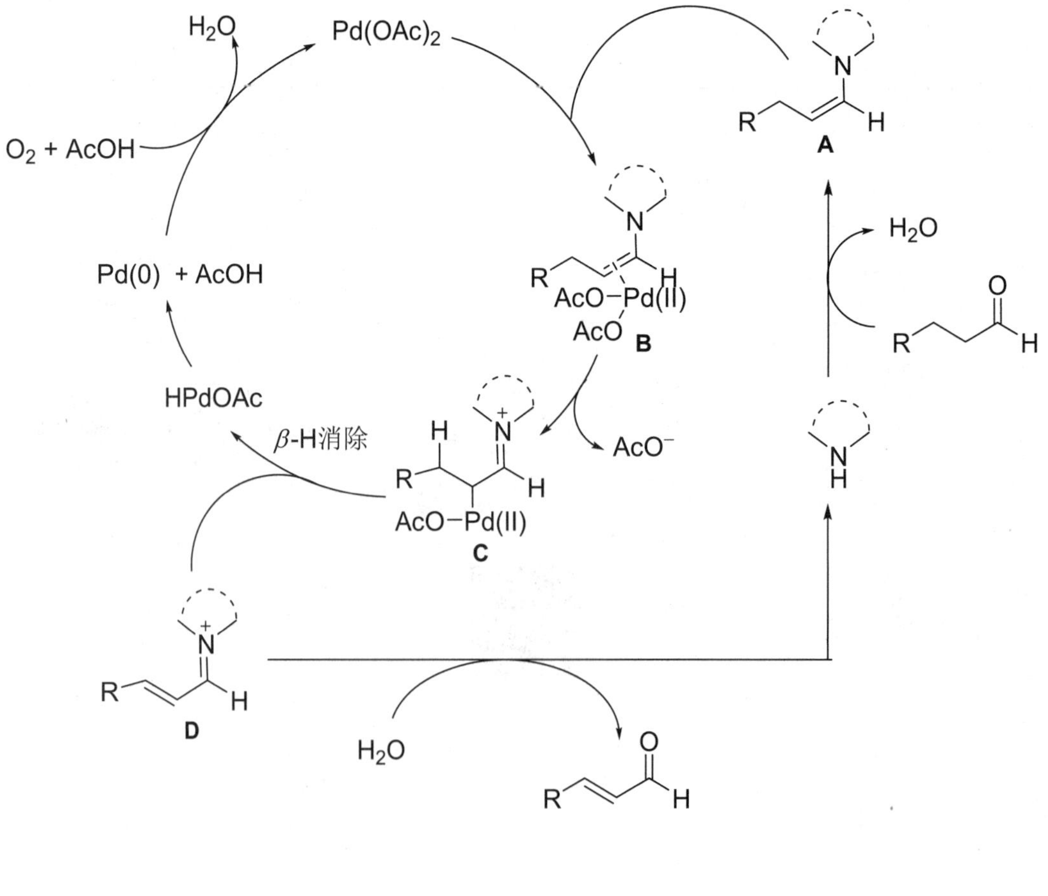

醛和酮亦可直接发生氧化脱氢生成 α,β-不饱和羰基化合物[3,4]，例如：

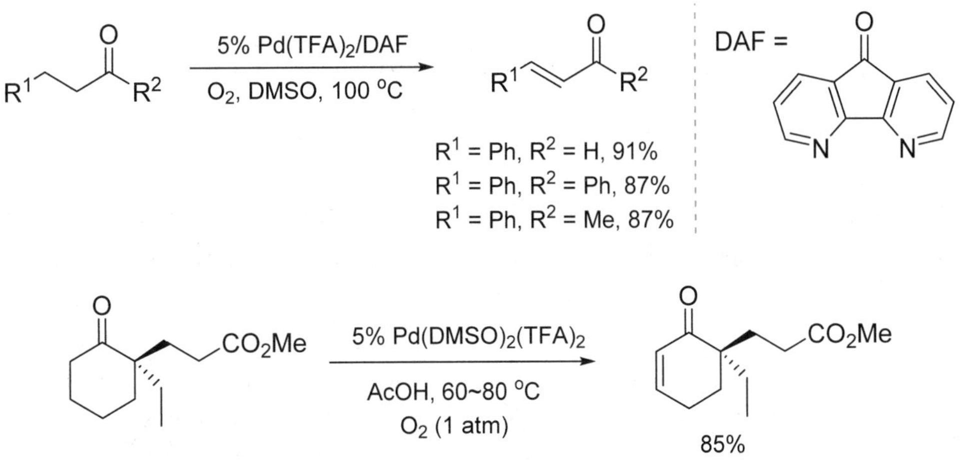

$R^1 = Ph, R^2 = H, 91\%$
$R^1 = Ph, R^2 = Ph, 87\%$
$R^1 = Ph, R^2 = Me, 87\%$

此类有氧脱氢催化循环过程一般包括二价钯配体交换、烷基钯中间体的 β-H 消除和零价钯中间体的氧气氧化三个阶段[3]。由于 α-H 酸性较强，醛、酮容易发生酮式-烯醇式互变，烯醇式易进攻缺电子中心钯(Ⅱ)发生配体交换。

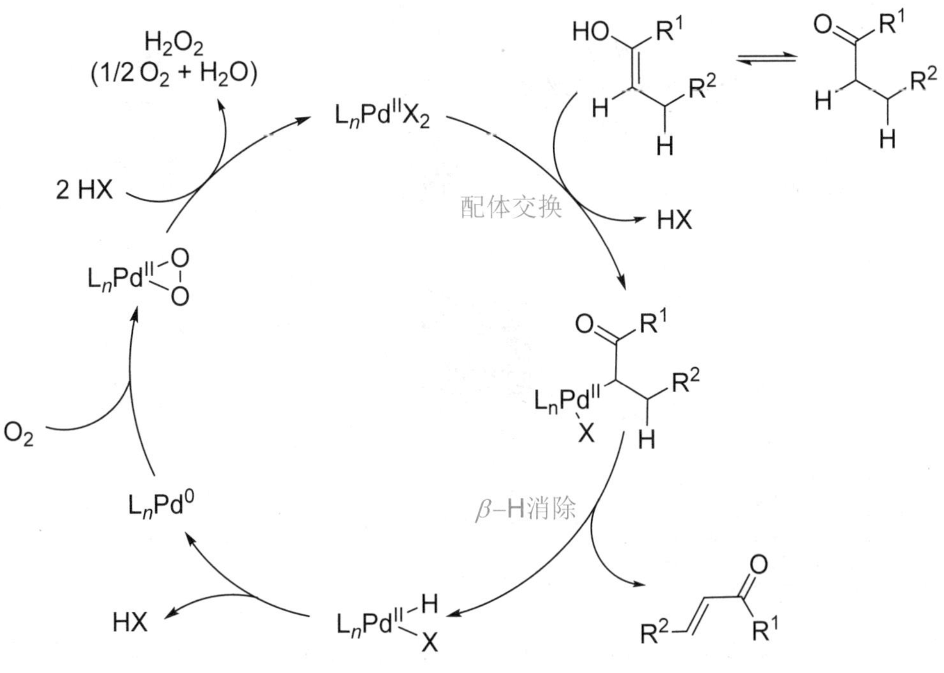

环己酮和环己烯酮类化合物均可在二价钯催化下用氧气氧化脱氢,转化成酚类化合物[3,5]：

在适当配体存在下，环己酮或环己烯酮可与伯胺或仲胺发生脱氢偶联反应，生成苯胺类化合物[3]，其催化循环的三个关键步骤（即烯胺形成、配体交换和 $\beta-H$ 消除）如下：

例如，使用 Pd(OAc)$_2$/1,10-邻菲罗啉（配体）催化体系，环己酮衍生物能够与苯胺反应生成二芳基胺[6]。

12.2.3.2 参考文献

12.3　用氧气氧化

氧气或空气是最为廉价、绿色的氧化剂，因此有氧氧化作为最理想氧化反应受到广泛研究和应用。从机理来看，氧气参与的催化氧化过程大体上分为两类：（1）氧气作为直接氧化剂，一般需要单电子转移（如过渡金属催化过程）或能量转移（如光催化过程）等过程来活化；（2）氧气作为终端氧化剂，其作用是使催化剂再生。前文所述催化氧化脱氢（见 12.2.3 节）就属于第二类氧化反应。

12.3.1　Wacker 氧化

1959 年，Wacker 化学工业公司的研究人员发展了钯催化的氧气氧化反应，将乙烯和水转化为乙醛，称为 Wacker 氧化反应[1]。此后，发现该反应具有普适性，烯烃可被氧化为酮，末端烯烃的氧化具有区域选择性，主要生成甲基酮；若用乙酸代替水作亲核试剂，则区域选择性地生成烯丙醇的乙酸酯[1a,2]。

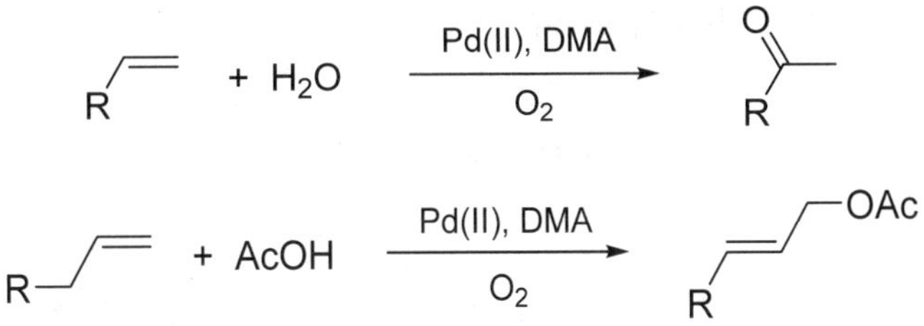

Wacker 氧化过程的细节尚不完全清楚，但 ^{18}O 同位素标记实验表明，产物中酮羰基中的氧来自水，而非氧气[1a,3,4]。催化过程的第一步为 Pd(Ⅱ)和水对烯烃的氧钯化反应，生成中间体 **A**。第二步可能通过两个路径生成氧化产物：（a）1,2-氢迁移；（b）β-氢消除。

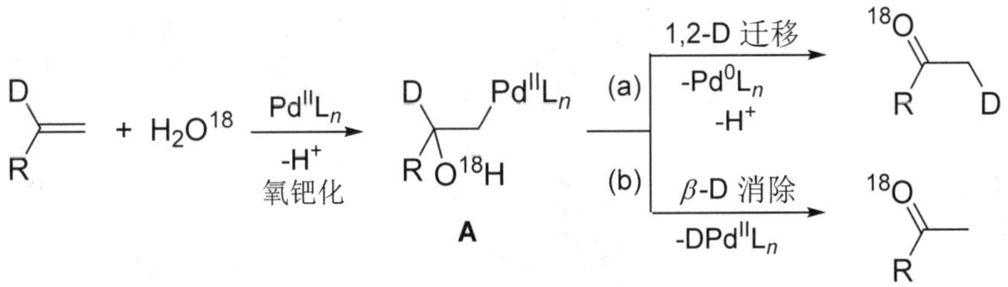

氧气的作用是在二甲胺（DMA）促进下将 Pd(0)氧化为 Pd(Ⅱ)，而 DMA 可能具有配体的作用，阻止 Pd(Ⅱ)成为 Pd(0)。催化循环大体上可表示如下[5]：

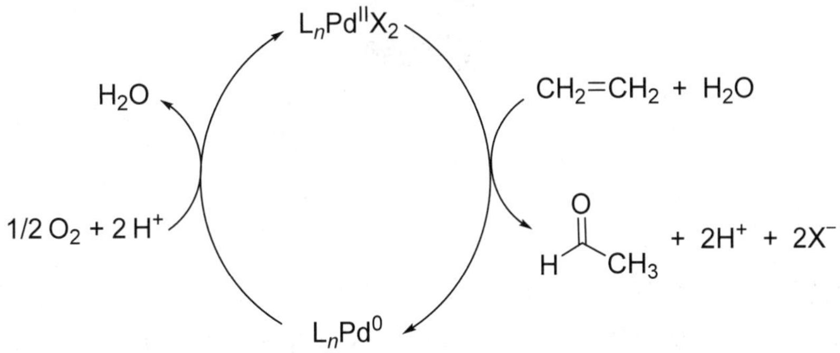

Pd(Ⅱ)的再生经历了两种可能的机理：一是 Pd(0)物种与氧气反应，二是 Pd(Ⅱ)-H 物种与氧气反应[5]。

$$L_nPd^0 + O_2 \longrightarrow L_nPd^{II}\begin{array}{c}O\\ |\\ O\end{array}$$

$$L_nPd^{II}\begin{array}{c}H\\ X\end{array} + O_2 \longrightarrow L_nPd^{II}\begin{array}{c}OOH\\ X\end{array}$$

$$\xrightarrow{2\ HX} L_nPd^{II}X_2 + H_2O_2$$

$$\xrightarrow{HX}$$

在催化体系中加入 Cu(Ⅱ)盐作为助催化剂，也能够促进 Pd(0)再生为 Pd(Ⅱ)。[Pd]/[Cu]协同催化的机理可表示如下[5]：

12.3.2 醇和酚的氧化

醇和酚的氧气或空气氧化分别得到醛（或酮）和醌，但随着催化体系的不同反应机理可能相差较大。过渡金属催化的有氧氧化可将醇转化为醛或酮，催化体系中加 TEMPO 类助催化剂可产生协同催化作用[1]，例如[1a]：

在 DDQ/NaNO$_2$ 催化下，可用 O$_2$ 将苄醇和烯丙醇分别氧化为相应的醛和酮[2]。DDQ/HNO$_3$/O$_2$ 体系亦可实现醇氧化为醛或酮，反应在 20 mol% DDQ 和 40 mol% HNO$_3$ 协同促进下进行[3]。DDQ/NaNO$_2$/O$_2$ 催化氧化的可能机理如下[2]：

12.3.2 参考文献

12.3.3 α-C—H 键的氧化

烷基芳烃的苄基 C—H 键容易被氧气（或空气）氧化，异丙苯氧化重排法制备苯酚的关键中间体过氧化异丙苯就是通过直接的空气氧化异丙苯得到的，反应在高温高压下进行：

异丙苯 $\xrightarrow[\substack{110\sim120\ ^{\circ}\text{C} \\ 0.4\ \text{MPa}}]{\text{O}_2\ (\text{空气})}$ 过氧化异丙苯

在甲醇–水（4∶1）混合溶剂和氢氧化钠（4.5 mol·L^{-1}）存在下用氧气氧化，硝基取代的烷基苯可发生 α–C—H 键氧化，生成苄醇或芳基甲酸类化合物，反应不需要金属催化剂，例如：

邻硝基苄 $\xrightarrow[\substack{\text{MeOH/H}_2\text{O}\ (4:1) \\ 65\ ^{\circ}\text{C},\ 48\ \text{h}}]{\text{O}_2,\ \text{NaOH}\ (4.5\ \text{mol}\cdot\text{L}^{-1})}$ （78%）

对硝基甲苯 $\xrightarrow[\substack{\text{NaOH}\ (4.5\ \text{mol}\cdot\text{L}^{-1}) \\ \text{MeOH/H}_2\text{O}\ (1:1) \\ 52\ ^{\circ}\text{C},\ 72\ \text{h}}]{\text{O}_2\ (1.8\ \text{MPa})}$ （65%）

当苄基碳上连有 O、N 等杂原子或不饱和基团时，苄基 C—H 键的氧化更为容易发生。例如，异吲哚啉在 1,4–二氧六环溶液中用空气氧化得到相应的异吲哚酮类化合物[2]：

异吲哚啉-N-Ar $\xrightarrow[1,4\text{-dioxane},\ 50\ ^{\circ}\text{C}]{\text{空气}}$ 异吲哚酮-N-Ar

这类无金属催化剂的氧化反应的机理目前还不清楚，但一般认为是通过单电子转移机理进行的[2,3]。

许多过渡金属催化剂能够有效促进苄基 C—H 键和羰基 α–C—H 键的有氧氧化，常用的催化剂为 Cu(I)或 Cu(Ⅱ)盐[4]，例如[5]：

2-苄基吡啶 $\xrightarrow[\substack{\text{AcOH},\ \text{O}_2 \\ \text{DMSO},\ 100\ ^{\circ}\text{C},\ 24\ \text{h}}]{\text{CuI}\ (10\ \text{mol\%})}$ （81%）

12.3.3 参考文献

12.4 用无机氧化剂氧化

12.4.1 用臭氧氧化

烯烃经臭氧氧化，然后用还原剂还原，生成 C=C 键断裂产物醛或酮，这个反应组合称为臭氧化–还原水解反应[1]。常用的还原剂为锌粉、二甲硫醚和三苯基膦。

一般认为，这个反应分两个阶段进行[1]：第一阶段，烯烃首先与臭氧发生 1,3–偶极环加成反应，生成 1,2,3–三氧五环中间体 **A**（称为 molozonide）；**A** 极不稳定，立即开环生成羰基化合物 **B** 和 1,3–偶极体 **C**；**B** 和 **C** 进一步经历 1,3–偶极环加成生成比较稳定的 1,2,4–三氧五环中间体 **D**（称为 ozonide）。这个中间体已经被分离得到，这是该机理的一个直接证据。第二阶段，在水存在下，**D** 开环分解为产物醛或酮，并产生一分子 H_2O_2。由于 H_2O_2 可进一步将生成的醛氧化为羧酸，故加入锌粉以除去所产生的 H_2O_2。

第一阶段：

第二阶段：

用二甲硫醚作还原剂时，它被氧化为二甲基亚砜（DMSO）：

与烯烃相似，炔烃的臭氧氧化得到两分子羧酸，末端炔烃则得到羧酸和 CO_2。

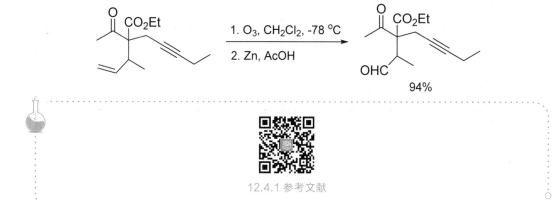

例如[2]：

炔烃的反应活性低于烯烃，因此烯炔与臭氧反应时，得到 C＝C 键氧化产物[3]：

12.4.1 参考文献

12.4.2 用铬氧化剂氧化

含有六价铬的氧化剂是一类高效的无机氧化剂。常用的铬氧化剂包括铬酸（H_2CrO_4）、重铬酸盐（如 $Na_2Cr_2O_7$ 和 $K_2Cr_2O_7$）、三氧化铬（CrO_3）、三氧化铬吡啶配合物（$CrO_3 \cdot 2Py$）、氯铬酸吡啶盐（PCC）和重铬酸吡啶盐（PDC）等。铬酸是三氧化铬的水合物，仅存在于水溶液中，可由三氧化铬溶于水（或硫酸）而得，或者用硫酸酸化铬酸盐或重铬酸盐而产生，属于中强酸。重铬酸是两分子铬酸脱水形成的多酸，它在水溶液中与铬酸之间存在平衡。

将三氧化铬、硫酸溶于丙酮和水的混合溶剂中，所形成的铬酸氧化剂称为 Jones 试剂，具有很强的氧化活性。三氧化铬与吡啶在二氯甲烷中形成的无水配合物（$CrO_3 \cdot 2Py$）称为 Collins 试剂，它能够在温和的条件下氧化伯醇为醛。氯铬酸吡啶盐（pyridinium chlorochromate，PCC）是由吡啶、三氧化铬和盐酸所形成的选择性氧化剂。重铬酸吡啶盐（pyridinium dichromate，PDC）则是由浓的三氧化铬水溶液与吡啶配制而成的盐。这些吡啶配合物和吡啶盐具有相似的氧化活性，与强酸性的 Jones 试剂相比，这些氧化剂可在比较温和的条件下发挥氧化作用。

Collins 试剂   PCC   PDC

12.4.2.1 用铬酸氧化

铬酸氧化剂能够将伯醇氧化为羧酸，将仲醇氧化为酮。

目前普遍接受的机理是 Westheimer 提出的铬酸酯机理[1]。氧化过程的第一步是醇与铬酸的酯化；然后，所形成铬酸酯在碱（通常为水）存在下发生消除，生成酮和 Cr(IV)。

质子直接转移到 CrO_3H 的氧原子上也是可能的[2]：

铬酸类氧化剂的活性很强，而且在酸性条件下反应，选择性较差。例如，重铬酸钠可将邻二醇氧化断裂，将烷基苯氧化为苯甲酸（与高锰酸钾相似），还能将酚氧化为醌：

在乙酸中，三氧化铬亦可将酚氧化为醌，将稠环芳烃选择性氧化为醌：

12.4.2.1 参考文献

12.4.2.2　用三氧化铬-吡啶配合物氧化

　　1968 年，J. C. Collins 报道了一种能够氧化醇为醛或酮的温和氧化剂，它是三氧化铬与吡啶在二氯甲烷中生成的配合物，称为 Collins 试剂[1]。这种配合物在二氯甲烷中的溶解度为 12.5 g/100 mL。

Collins 试剂溶解于二氯甲烷、氯仿等有机溶剂，能够在二氯甲烷中将仲醇氧化为酮，将伯醇氧化为醛，而不会进一步氧化成羧酸。由于反应在中性条件下进行，故可用于氧化对酸敏感的醇。

例如[2]:

除了醇的氧化外，Collins 试剂还可将烯丙基或炔丙基 C—H 键直接氧化，生成 α,β-不饱和酮，例如[3,4]:

84%

42%

12.4.2.2 参考文献

12.4.2.3 用氯铬酸吡啶盐氧化

将吡啶加入三氧化铬盐酸溶液中，得到橙黄色的氯铬酸吡啶盐（PCC）[1]。

PCC 是一个选择性的氧化剂，它能够在有机溶剂（常用 CH_2Cl_2）和中性条件下将醇氧化为醛或酮。

12.4.2.3 参考文献

12.4.2.4 用重铬酸吡啶盐氧化

将冷的浓的三氧化铬水溶液慢慢加入吡啶中，得到的固体盐即重铬酸吡啶盐（PDC）是一种强的氧化剂，称为 Cornforth 试剂[1]。PDC 易溶于水、DMF 和 DMSO，在丙酮、二氯乙烷中溶解度较小。例如：

12.4.2.4 参考文献

12.4.3 用二氧化锰氧化

MnO_2 能够将烯丙基醇和苄醇氧化为相应的醛或酮，生成的醛不被进一步氧化为酸，通常这类反应在温和的中性条件下进行：

这个氧化过程涉及自由基中间体[1]。醇首先与 MnO_2 形成 Mn(Ⅳ)络合物 **A**。然后，**A** 发生分子内氢原子转移，形成自由基中间体 **B**，Mn(Ⅳ)随之被还原为 Mn(Ⅲ)。接着，氧锰键均裂产生羰基化合物和 $Mn(OH)_2$，后者最终脱水生成 MnO。

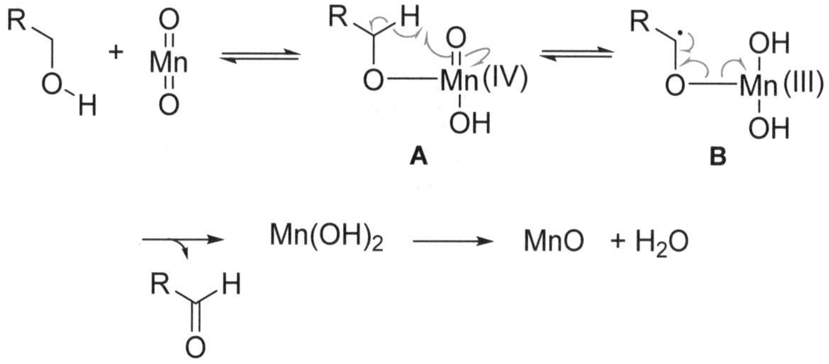

通常，MnO_2 能选择性地氧化烯丙基醇和苄醇为相应的醛或酮，例如：

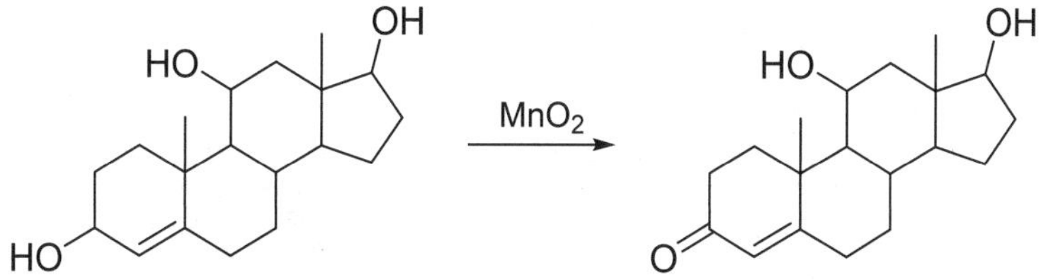

但在高温或使用过量活性 MnO_2 试剂的情况下，脂肪醇和脂环醇亦有可能被氧化，例如：

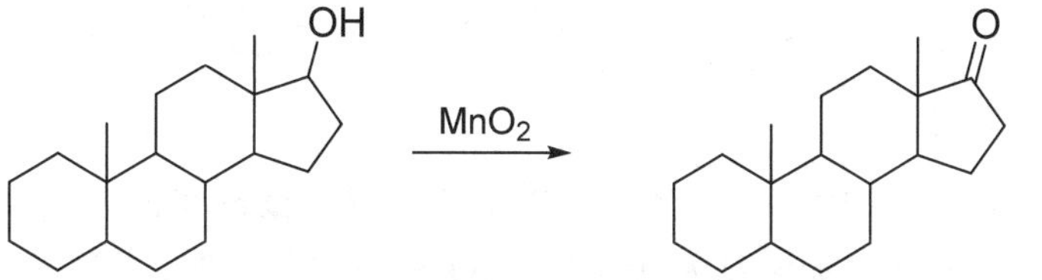

除了将醇氧化为相应的羰基化合物之外，MnO_2 还能够将邻二醇氧化断裂，将胺氧化为亚胺[2]或酰胺[3]等，例如：

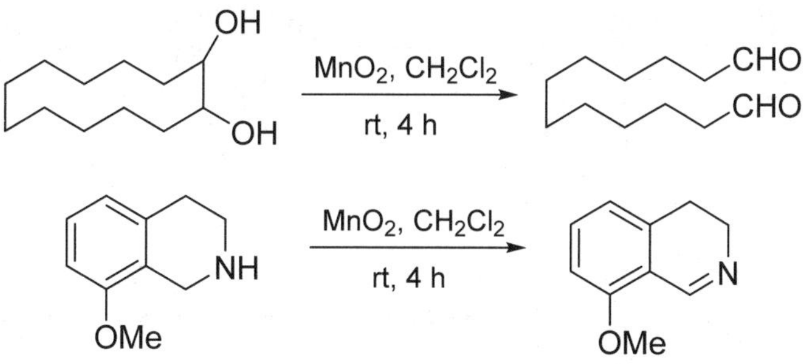

$$\text{Ph-N(CH}_3)_2 \xrightarrow[\text{rt, 18 h}]{\text{MnO}_2, \text{CHCl}_3} \text{Ph-N(CH}_3)\text{CHO}$$

78%

12.4.3 参考文献

12.4.4 用高锰酸钾氧化

12.4.4.1 烯烃和炔烃的高锰酸钾氧化

碱性的、稀的高锰酸钾水溶液可将烯烃氧化，立体专一性地生成顺式邻二醇。

$$\text{R-CH=CH-R'} \xrightarrow[\text{NaOH/H}_2\text{O}]{\text{稀KMnO}_4} \text{R-CH(OH)-CH(OH)-R'}$$

例如：

一般认为，这个氧化过程经历了一个五元环状的锰酸酯中间体 **A**，后者经水解生成邻二醇和锰酸，后者进一步转化为 MnO_2。^{18}O 标记实验表明，邻二醇的两个氧原子均来自高锰酸钾。

　　然而，酸性或中性高锰酸钾水溶液可将烯烃氧化断裂，生成两分子羧酸，末端烯烃则得到羧酸和 CO_2。

　　与烯烃相似，炔烃被高锰酸钾氧化为两分子羧酸，末端炔烃则得到羧酸和 CO_2。

　　苯环中 C=C 键一般不被氧化，但稠杂环芳烃中的苯环容易被高锰酸钾氧化断裂。例如，喹啉和异喹啉能被高锰酸钾氧化，富电子性的苯环被氧化，生成相应的二酸。

12.4.4.2　芳烃侧链的高锰酸钾氧化

　　含有 α-H 的烷基苯可被高锰酸钾氧化为苯甲酸，无 α-H 的叔丁苯不能被氧化。

　　氧化一分子甲苯需要两分子 $KMnO_4$，后者被还原为 MnO_2：

$$PhCH_3 + 2KMnO_4 \xrightarrow[8\sim10\ h]{回流} PhCO_2K^+ + 2MnO_2 + KOH + H_2O$$

侧链氧化机理的细节目前尚不清楚，但一般认为此过程经历了 α-酮和 α-醇中间体。有时可以分离到这些中间体。

苯基醚的 α-H 反应活性更高，优先被高锰酸钾氧化，例如[1]：

12.4.4.2 参考文献

12.4.5　用四氧化锇氧化

OsO_4 常被用于将烯烃氧化为顺式的邻二醇：

这个氧化过程首先发生 OsO_4 与烯烃的[3+2]环加成反应，生成邻二醇的五元环状的锇酸酯中间体 **A**，后者水解生成顺式邻二醇和锇酸，锇酸则被转化为 OsO_3。反应过程中，锇由八价被还原为六价。反应通常在叔丁醇和水的混合溶剂中进行，在此条件下锇酸酯不能分离得到，而是直接被水解。

当反应在吡啶存在下进行时，锇酸酯与两分子吡啶配位，形成配合物 **B**，后者可以

被分离出来。

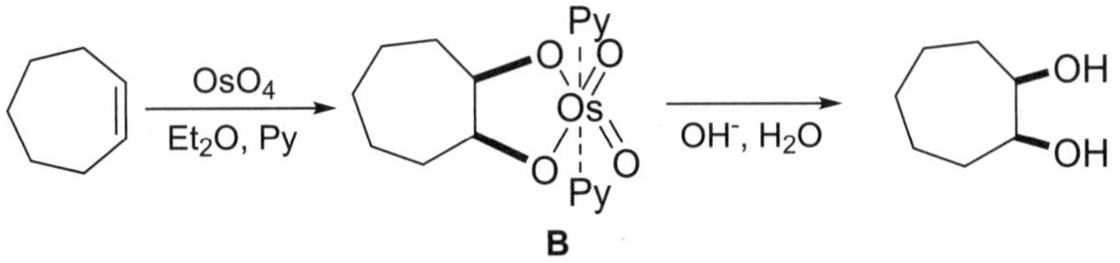

若在无水 THF 中进行，也能够生成可分离的锇酸酯，然后经 H_2S 或 $NaHSO_3$ 还原性水解，得顺式邻二醇，例如：

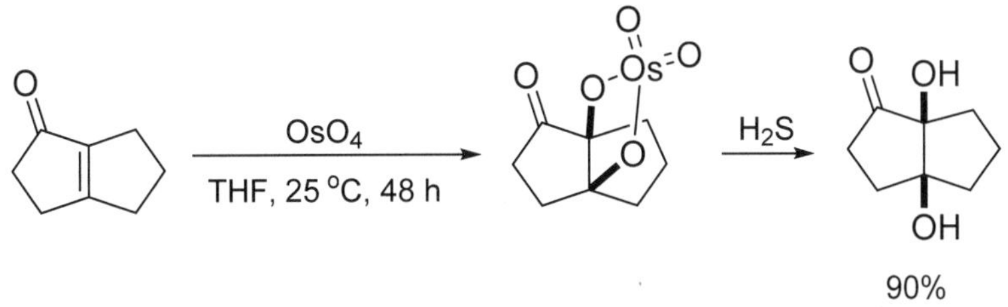

这个反应最大的缺点是 OsO_4 很贵，且毒性较大。然而，在氯酸盐[1]、过氧化氢[2] 或叔丁基过氧化氢等共氧化剂存在下，可使用催化量的 OsO_4。在这个催化过程中，共氧化剂能够将 $Os(Ⅵ)$ 再生为 $Os(Ⅷ)$，例如：

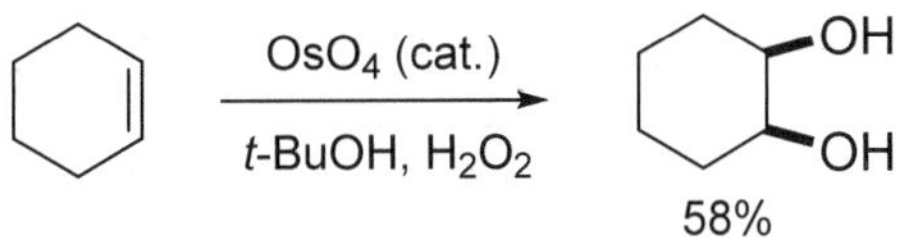

叔胺的氧化物，如 N–甲基吗啉–N–氧化物（NMO），也是有效的氧化剂，可将 $Os(Ⅵ)$ 氧化为 $Os(Ⅷ)$。使用 NMO 为氧化剂，仅需要 1 mol% 的 OsO_4[3]。

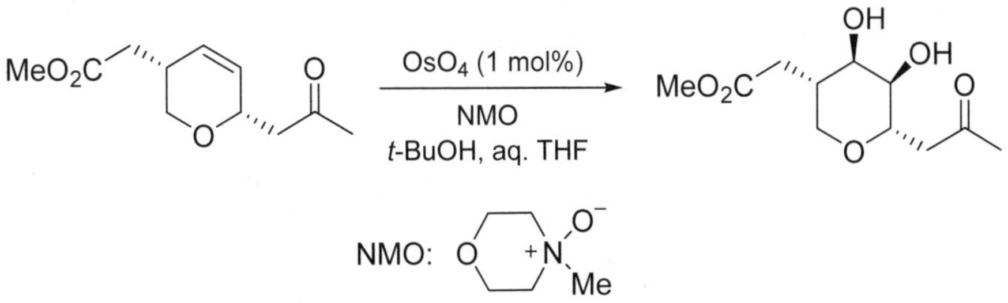

近年来，人们对这个催化氧化反应仍做了不少改进。例如，最近有人使用含四个氮原子的配体与锇酸形成的 $Os(Ⅴ)$ 络合物为催化剂（1 mol%），以过氧化氢为氧化剂，可顺利地将烯烃转变为邻二醇[4]。

12.4.5 参考文献

12.4.6 用四氧化钌氧化

RuO_4 为铂系金属钌的氧化物，具有强的氧化和夺氢能力，可将烯烃氧化为 α-羟基酮，将醇氧化为醛或酮，也可氧化相对惰性的 C—H 键，如烷烃的 C—H 键，以及醚和胺的 α-C—H 键等。RuO_4 对烯烃的氧化加成主要产物为 α-羟基酮。通常采用的氧化体系为 1 mol% $RuCl_3$ 和 5 倍量的 $KHSO_5$（Oxone®），反应在乙酸乙酯、乙腈和水的混合溶剂中进行。反应机理与 OsO_4 氧化的机理类似，烯烃与 RuO_4 先发生[3+2]环加成，形成五元环状钌酸酯 A，A 经 SO_5^{2-} 进攻开环，形成过氧中间体 B；后者经消除得到 α-羟基酮。

虽然化学计量的 RuO_4 可用于各种氧化反应，但通常采用由催化量的 RuO_4 或其前体（如 $RuCl_3$、RuO_2 等）和适当氧化剂（如高碘酸盐、高氯酸盐、次氯酸钠等）组成的催化氧化体系[1]。当 RuO_4/$CeCl_3$/$NaIO_4$ 催化氧化体系用于氧化烯烃时，主要得到双羟基化产物[2]，但当使用 RuO_4/$NaIO_4$ 催化氧化体系则主要发生双键断裂反应[3]，例如：

此类催化氧化体系可将醚[4]和胺[5]的 $\alpha-$C—H 键氧化，分别生成酯和酰胺，例如：

12.4.6 参考文献

12.4.7 用二氧化硒氧化

SeO$_2$ 是一种选择性氧化剂，能够将烯丙基位或苄基位 C—H 键氧化，生成相应的烯丙醇或苄醇。不同烯丙基位 C—H 键被氧化的难易顺序是 CH$_2$>CH$_3$>CH。例如：

这个反应的机理如下[1]：首先，烯丙基化合物与 SeO_2 发生 Ene 反应，形成烯丙基亚硒酸 **A**；然后，**A** 经历[2,3]-σ迁移生成 **B**，后者水解得到烯丙醇。

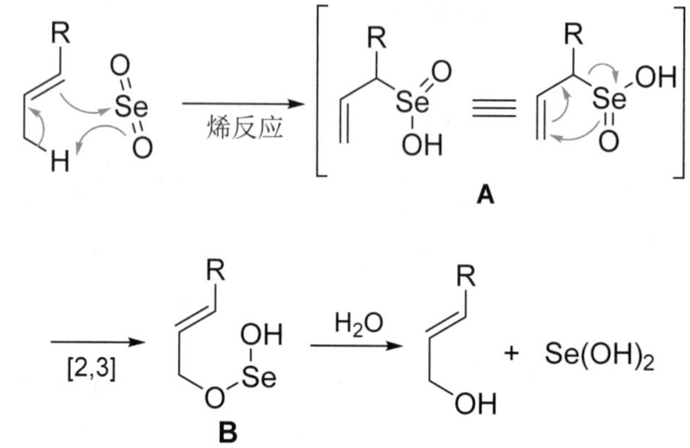

在叔丁基过氧化氢存在下，催化量的 SeO_2 即可进行此反应。叔丁基过氧化氢可将反应产生的 Se(Ⅱ)氧化为 SeO_2，后者即可进入下一个催化循环。

在有些情况下，SeO_2 可将生成的醇进一步氧化为醛或酮。与两个芳基或两个烯丙基相连的亚甲基特别容易被氧化为酮。例如，二苯甲烷在 200～210 ℃下被 SeO_2 氧化为二苯甲酮[2]，环庚三烯能被 SeO_2 氧化为环庚三烯酮：

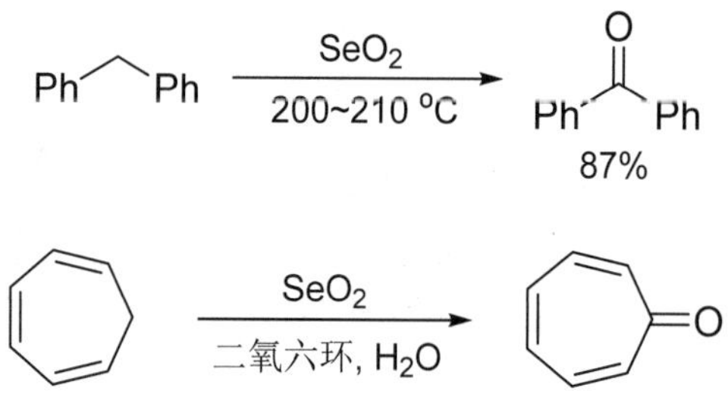

在少量硫酸存在下，SeO_2 可将末端炔烃氧化为 α-酮酸[3]，将非末端炔烃氧化为邻二酮：

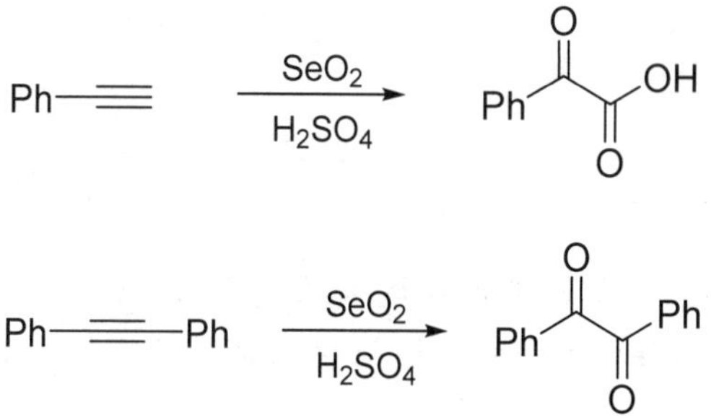

此外，SeO_2 也可将醛和酮的 α-甲基或亚甲基氧化，生成相应的邻二羰基化合物，例如：

这个反应的详尽过程目前尚不清楚。Sharpless 等曾提出了一种经由 β-酮亚硒酸中间体的机理[4]：首先，烯醇亲核进攻 SeO_2，形成 β-酮亚硒酸 **A**；然后，**A** 经历 Pummerer 重排，生成 1,2-二羰基化合物。

12.4.7 参考文献

12.4.8　用高碘酸氧化

正高碘酸（H_5IO_6）是弱酸，而偏高碘酸（HIO_4）是强酸。偏高碘酸可由正高碘酸加热到 100 ℃ 脱水而得。

高碘酸及其盐是强的氧化剂，它们可将邻二醇氧化，发生碳碳键断裂，生成醛或酮[1]：

一般认为，这个反应经历了一个五元环状高碘酸酯中间体[1,2]：

高碘酸亦可氧化环氧化合物，发生与邻二醇类似的氧化断裂反应。因此，烯烃的环氧化与高碘酸氧化的组合，可将烯烃氧化断裂为醛或酮[3]：

12.4.8 参考文献

12.4.9　用四乙酸铅氧化

四乙酸铅可将邻二醇氧化断裂，生成醛或酮[1]：

这个过程与高碘酸氧化类似，经历了一个五元环状中间体 **B**[1,2]：

由于要经历五元环状中间体 **B**，故顺式邻二醇要比反式邻二醇的反应快得多，而下面的邻二醇就不能被四乙酸铅断裂[1,3]：

12.4.9 参考文献

12.4.10　用卤素氧化

12.4.10.1　用溴氧化

溴可将伯醇氧化为醛或酯，将仲醇氧化为酮。溴的代用品 NBS 也有此作用。

例如[1]：

溴氧化反应可能经历了离子过程，而非自由基过程。首先，醇羟基亲核进攻亲电试剂 Br_2，羟基上的氢被溴取代，然后发生 β-消除，脱去一分子 HBr，生成醛或酮。不过，这个机理的细节目前尚不清楚。

12.4.10.1 参考文献

12.4.10.2　用碘氧化

在无水条件下，I_2 的四氯化碳溶液与 AgOAc 能够将烯烃氧化为邻二醇的二乙酸酯，酯水解后生成邻二醇[1]。反应具有立体专一性，生成反式邻二醇。这类反应称为 Prevost 反应。如果反应在有水介质中进行，则得到顺式邻二醇的单乙酸酯，水解后得到顺式邻二醇[2]。这是 Woodward 改进的反应，称为 Woodward-Prevost 反应。

此反应首先形成碘鎓离子中间体 **A**；然后，乙酸根负离子亲核进攻与碘相连的一个碳原子，开环形成乙酸酯中间体 **B**；接着，**B** 经历邻基参与的亲核取代反应，生成构型保持的反式邻二醇的二乙酸酯 **D**[3]。最后，二酯水解得到反式邻二醇。

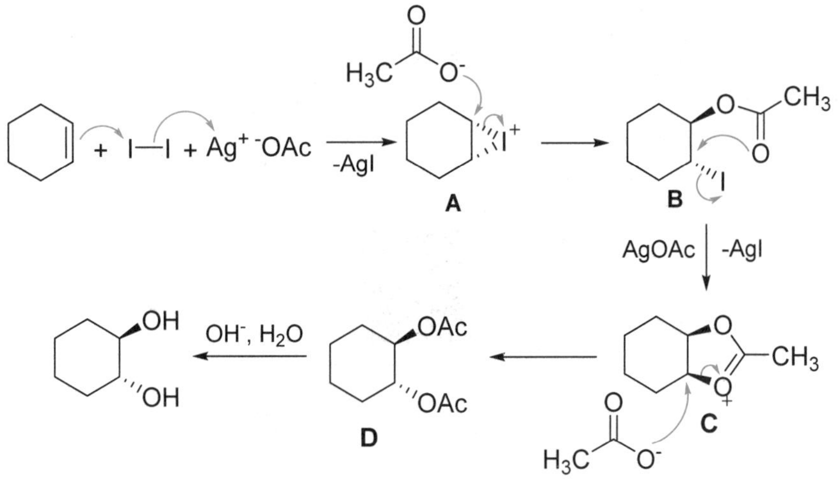

如果反应是在有水介质中进行，则中间体 **C** 先与水反应形成中间体 **E**，后者开环得到顺式二醇的单酯 **F**，水解后生成顺式邻二醇：

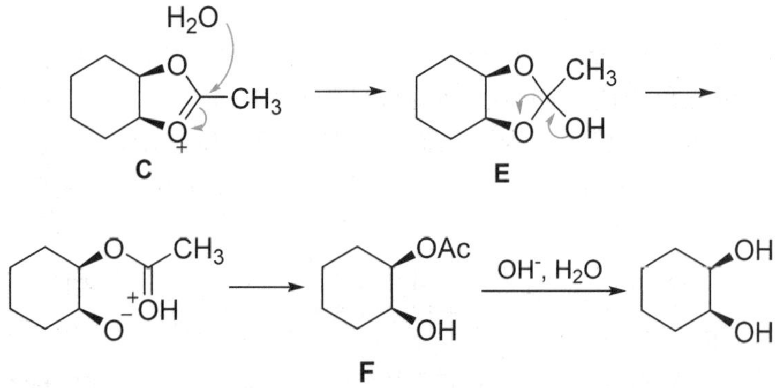

这种机理的一个直接证据是，2-碘环戊醇的乙酸酯在 Prevost 反应条件和 Woodward-Prevost 反应条件下分别生成反式和顺式环戊二醇[3]：

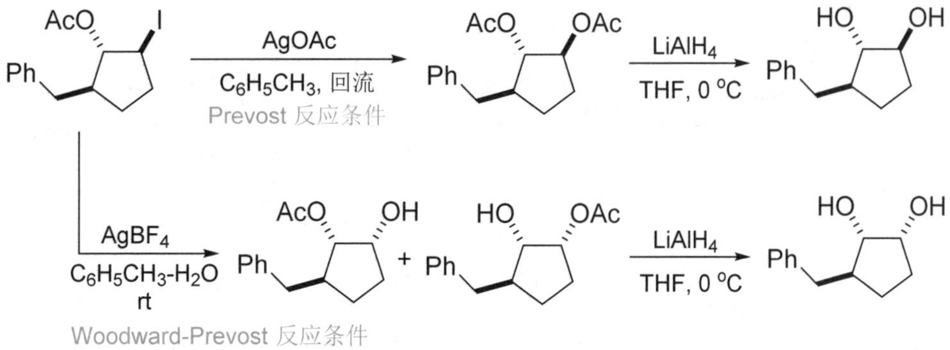

在碳酸氢钠存在下，I_2 能够脱去缩硫酮保护基团，例如[4]：

I₂/NaHCO₃

76%

12.4.10.2 参考文献

12.5　用有机氧化剂氧化

12.5.1　Oppenauer 氧化

Oppenauer 氧化是 Meerwein-Ponndorf 还原的逆反应，是将二级醇氧化为酮的经典方法之一。这个可逆反应所用的氧化剂为过量的丙酮，用三异丙氧基铝作催化剂。此反应能够高选择性地将仲醇氧化为酮，而胺和硫醚等敏感基团不被氧化。虽然伯醇亦可为氧化，但由于在 Oppenauer 氧化条件下所生成的醛容易发生羟醛缩合反应，所以伯醇的氧化很少用此方法。

在这个反应中，醇首先与三异丙氧基铝发生醇交换作用，形成铝配合物 **A** 和异丙氧基负离子，二者经质子交换生成烷氧基铝 **B** 和异丙醇。接着，氧化剂丙酮与 **B** 配位，形成中间体 **C**。最后，**C** 中的氢从烷氧基转移到酮羰基生成酮（分子内的亲核加成反应），并再生出三异丙氧基铝催化剂[1]。

12.5.1 参考文献

12.5.2　Swern 氧化

20 世纪 70 年代，美国化学家 D. Swern 等发现在低温和有机碱存在下，由二甲亚砜（DMSO）与三氟乙酸酐（TFAA）组成的协同氧化剂可将一级醇或二级醇氧化为相应的醛或酮[1]。用草酰氯代替三氟乙酸酐，反应可更高效地进行[2]。

$$\text{R} - \underset{\underset{R'(H)}{|}}{\overset{\overset{OH}{|}}{C}} \xrightarrow[\text{Et}_3\text{N, -78 }^\circ\text{C}]{\substack{\text{DMSO} \\ (\text{CF}_3\text{CO})_2\text{O 或 (COCl)}_2}} \text{R} - \underset{R'(H)}{\overset{\overset{O}{||}}{C}}$$

在这个反应中，DMSO 是氧化剂前体，它首先与草酰氯发生亲核取代反应生成中间体 **A**，**A** 迅速分解生成二甲基氯代锍盐 **B**，并放出 CO_2 和 CO。中间体 **B** 为活性氧化剂，它与醇发生亲核取代，形成烷氧基锍中间体 **C**；**C** 在碱作用下发生去质子化作用形成硫叶立德 **D**；后者经五元环状过渡态发生消除反应，生成醛或酮以及二甲硫醚。

Swern 氧化反应条件比较温和，特别是可适合于对酸敏感的底物，而且空间位阻对反应影响非常小，故广泛用于复杂化合物的合成中，例如[3,4]：

99%

12.5.2 参考文献

12.5.3 Dess-Martin 氧化

2-碘氧基苯甲酸（2-iodoxybenzoic acid，IBX）和 Dess-Martin 高碘烷（Dess-Martin periodinane，DMP）是两种常用的有机高价碘化合物。IBX 问世于 1893 年，在催化脱氢方面获得应用（见 12.2.1 节），但由于它几乎不溶于大多数有机溶剂，因而在有机合成中应用受到限制。20 世纪 80 年代，D. B. Dess 和 J. C. Martin 通过 IBX 的酰基化制备出 DMP）[1]。

含有五价碘的 DMP 为白色晶体，易溶于有机溶剂。它可将伯醇和仲醇高效地氧化为相应的醛和酮[2]。反应条件相当温和（室温和中性条件下）；反应选择性高，伯醇和仲醇氧化得到相应的醛和酮，而烯、炔、环丙烷不被氧化，在敏感的硫醚和氨基共存时能选择性地氧化醇；此外，后处理相当简单，只需要用 NaHCO$_3$ 水溶液洗去副产物即可。

在这个反应中，DMP 首先与 1 分子的醇发生取代反应，生成烷氧基高价碘中间体 **A**；接着，**A** 经历 E2 消除生成醛或酮，以及 **B** 和乙酸[2-4]。反应后碘由五价变为三价。

当底物为二醇或使用 2 当量的醇时，第一步反应生成的烷氧基高价碘中间体 **C** 去质子化后生成 α– 羟基酮和 **B**。

当底物为二醇或使用 2 当量的醇时，第一步反应生成的烷氧基高价碘中间体 **C** 去质子化后生成 α– 羟基酮和 **B**。

12.5.3 参考文献

12.5.4 用过氧化物氧化

12.5.4.1 Baeyer-Villiger 氧化

酮被过氧酸或过氧化氢氧化，在羰基碳和 α– 碳之间插入一个氧原子，生成酯，这类反应称为 Baeyer-Villiger 氧化。常用的过氧酸为间氯过氧苯甲酸（m–CPBA），是一种固体，使用方便。Baeyer-Villiger 反应经历了亲核加成和 1,2– 迁移过程：首先，过氧酸的羟基氧亲核进攻羰基碳，生成偕二醇过氧酯 **A**；接着，**A** 发生 1,2– 迁移（烃基碳迁移到邻位缺电子性氧原子上）生成酯。

对于对称的酮，由于与羰基相连的两个烃基相同，故仅得到一种产物。当与羰基相连的两个烃基不同时，两个基团都可能发生迁移，容易得到混合物。但是，由于不同烃基迁移的能力不同，反应有一定的选择性。一般情况下，Baeyer-Villiger 反应的区域选择性和立体化学符合 1,2 – 迁移反应的基本规律：烃基的迁移能力顺序是 $R_3C > c\text{-}C_6H_{11} \approx R_2CH \approx PhCH_2 \approx Ph > CH_2{=}CH > RCH_2 > c\text{-}C_3H_5 > CH_3$，例如[1]：

当迁移的碳原子是手性碳原子时，迁移后这个手性碳原子的构型保持不变，例如[2,3]：

12.5.4.1 参考文献

12.5.4.2 烯烃的环氧化反应

　　烯烃与过氧化物反应生成环氧化合物。常用的过氧化物包括过氧酸、过氧化氢和烷基过氧化氢等。在这个过程中，过氧化物将一个氧原子转移给烯烃。这是一个协同反应，经过三元环状过渡态，立体专一性地生成构型保持的加氧产物，即反式烯烃生成反式环氧产物，顺式烯烃生成顺式环氧产物[1]。

吸电子基取代的过氧酸能够提高反应的速率，例如，CF_3CO_3H 的氧化效率比 CH_3CO_3H 的氧化效率高。烯烃双键上电子云密度越大，越有利于反应进行。一些不同取代类型烯烃与过氧乙酸在 25.8 ℃ 发生环氧化反应的相对速率如下[2]：

		Me		Me	Me Me
0.045	1.0	20	22	22	230

取代环己烯的环氧化反应一般具有立体选择性，例如[3]：

PhO₂S、OH、m-CPBA、CH₂Cl₂、Me、86%

12.5.4.2 参考文献

12.5.4.3 用烷基过氧化氢氧化

叔丁基过氧化氢（$tert$-butyl hydroperoxide，TBHP）是最常用的烷基过氧化氢试剂，广泛用作催化氧化体系的氧化剂。Tsuji-Wacker 氧化反应就是在 Pd(Ⅱ) 催化下叔丁基过氧化氢将烯烃氧化为酮的一种重要方法[1]。

$$\text{R}^1 \diagup \diagdown \text{R}^2 \xrightarrow[\text{TBHP}]{\text{[Pd]}} \text{R}^1 \diagup \underset{\text{O}}{\overset{\text{R}^2}{\diagdown}}$$

在适当的配体存在下，此反应对末端烯烃、芳基乙烯型化合物及烯丙醇型化合物一般具有很好的区域选择性[2]，例如[2a]：

TBHP 亦可用于酚类化合物的去芳构化。例如，在钌配合物[如 RuCl$_2$(PPh$_3$)$_3$、Ru$_2$(cap)$_4$]催化下，TBHP 能够将苯酚氧化为 4–叔丁过氧基环己二烯酮[3]。这种方法已被用于维生素 K$_1$ 的合成中[4]。

反应可能经历自由基机理[3b]：

$$t\text{-BuOOH} \xrightarrow{\text{[Rh]}} t\text{-BuOO·}$$

12.5.4.3 参考文献

习 题

1. 完成下列反应。

(1) 环己基甲醇 $\xrightarrow{\text{PCC}}$? $\xrightarrow[\text{2. PhCH}_2\text{Br}]{\text{1. LDA, THF, -78 °C}}$?

(2)

AcO

m-CPBA

?

(3)

$\dfrac{DMP}{CH_2Cl_2}$? $\dfrac{\text{1. (i) MeMgBr, (ii) H}_3O^+}{\text{2. K}_2CO_3,\ EtOH}$?

(*J. Am. Chem. Soc.* 2020，*142*， 8090-8096.)

(4)

IBX

?

(*J. Am. Chem. Soc.* 2007，*129*， 10346-10347.)

(5)

$\dfrac{NaIO_4}{\text{aq. NaHCO}_3}$?

(*J. Org. Chem.* 1991，*56*， 4056-4058.)

(6)

$\dfrac{DMP}{Na_2HPO_4}$? $\dfrac{\text{1. }m\text{-CPBA}}{\text{2. 6\% HCl/MeOH}}$?

(*J. Org. Chem.* 2021，*86*， 1216-1222.)

2. 推断下面合成路线中中间体 **A**~**D** 的结构。

(*J. Am. Chem. Soc.* 2003，*125*， 10772-10773.)

3. 推断下面合成路线中中间体 **A** 和 **B** 的结构。

（ *Org. Process Res. Dev.* 1997，*1*，420-424.）

4. 推断下面合成路线中产物和中间体 **A**～**E** 的结构（考虑立体化学）。

（ *Org. Lett.* 2008，*10*, 2059-2062.）

5. 推测下列反应的机理。

(1)

（ *Org. Lett.* 2009，*11*, 5363-5363.）

(2)

$$m\text{-CPBA} \quad \text{CH}_2\text{Cl}_2, 0\ ^\circ\text{C}$$

85%

(*J. Org. Chem.* 2003，*68*，4371-4381.)

(3)

$$\text{SeO}_2 \quad \text{dioxane-H}_2\text{O}$$

67%

(*J. Org. Chem.* 2020，*85*，7595-7602.)

(4)

$$\text{(COCl)}_2\ (3\ \text{equiv}) \quad \text{DMSO}\ (4\ \text{equiv}) \quad \text{Et}_3\text{N, CH}_2\text{Cl}_2 \quad -78\ ^\circ\text{C} \sim \text{rt}$$

6% + 81%

(*J. Org. Chem.* 2007，*72*，7054-7057.)

(5)

$$\text{(NH}_4)_2\text{Ce(NO}_3)_6 \quad \text{(CAN)} \quad \text{MeOH, 0}\ ^\circ\text{C} \quad 98\%$$

(*Acc. Chem. Soc.* 2004，*37*，21-30.)

6. 硝酸铈铵[CAN,分子式为$(\text{NH}_4)_2\text{Ce(NO}_3)_6$]是一类单电子转移氧化试剂，能有效解离活泼 C—H 键形成碳自由基，构筑 C—C 键。试提出下列反应的可能机理。

$$\text{COOMe} \quad + \quad \text{COOMe} \quad \xrightarrow[\text{MeOH, 20}\ ^\circ\text{C}]{(\text{NH}_4)_2\text{Ce(NO}_3)_6\ (\text{CAN})}$$

42%

+ 29% + 5% + 6%

(*Acc. Chem. Res.* 2004，*37*，21-30.)

7. 二碘化钐（SmI_2）是一类单电子转移还原试剂，能还原羰基（或α,β–不饱和羰基）成负离子自由基，从而构筑 C—C 键。试提出下列反应的可能机理，并解释不同醇对反应的影响。

(*Chem. Rev.* 2014，*114*，5959-6039.)

习题参考答案

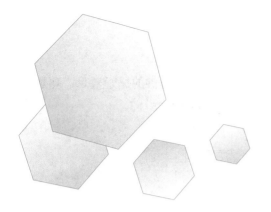

第 13 章
周环反应

周环反应（pericyclic reactions）是一大类重要的有机反应，常见的周环反应有四种类型：电环化反应（electrocyclic reactions）、环加成反应（cycloadditions）、σ－迁移反应（sigmatropic rearrangements）和烯反应（ene reactions，也称为 Ene 反应）。如下所示，四个类型的周环反应均是通过一个环状过渡态按协同机理进行的，反应可逆；当涉及周环反应的电子数为 6 时，过渡态结构具有芳香性的特征；当底物的双键有一定的构型时，反应具有立体专一性。

电环化反应   环加成反应

σ-迁移反应   烯反应

电环化反应发生在 π 体系的两端，π 体系两个端基碳原子形成一个新的 σ 键，得到关环产物，称为电环化关环反应（electrocyclic ring closure，ERC）。电环化反应是可逆的，逆反应称为电环化开环反应（electrocyclic ring opening，ERO）。常见的电环化反应为 4π 电环化和 6π 电环化。

4π 电环化

6π 电环化

两个 π 体系的端基碳之间形成两个新的 σ 键的反应称为环加成反应。环加成反应的类型用"[$m+n$]"来表示，其中 m 和 n 分别代表参与加成的两个 π 体系的电子数目。常见的环加成反应包括 4 电子的[2+2]环加成和 6 电子的[4+2]环加成。Diels-Alder 反应和 1,3－偶极环加成反应都属于[4+2]环加成反应。1,3－偶极环加成也常用"（3+2）"来表示，圆括号内的数字"3"和"2"表示成环时两个π体系所提供的原子数目。环加成反应也是可逆的，逆反应称为逆环加成反应（retro cycloadditions）。

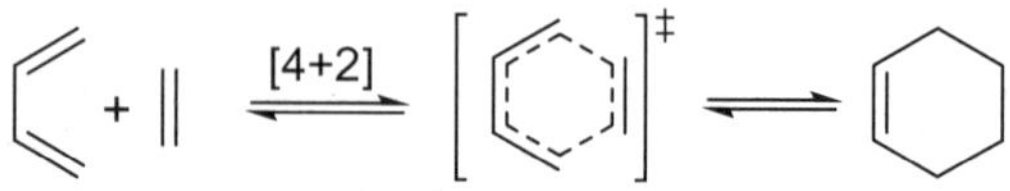

Diels-Alder反应

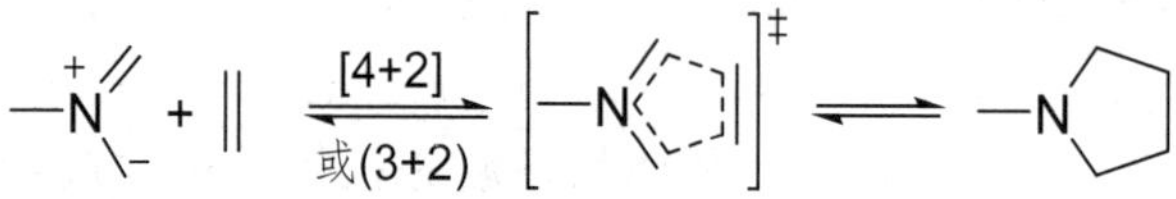

1,3-偶极环加成

σ–迁移反应涉及同一分子中旧的σ键的断裂和新的σ键的协同形成。σ–迁移反应的类型用"[i, j]迁移"来表示，以底物中发生断裂的σ键为标准，从它的两端开始分别编号，i 和 j 分别代表新生成的σ键所连接的两个原子的编号。如果发生迁移的原子是氢，则称为 H[1, j]迁移；若迁移的原子是碳，则称作 C[i, j]迁移。常见的σ迁移反应有H[1,5]迁移、C[1, 3]迁移、C[1, 5]迁移、C[3, 3]迁移（即 Cope 重排和 Claisen 重排）等。

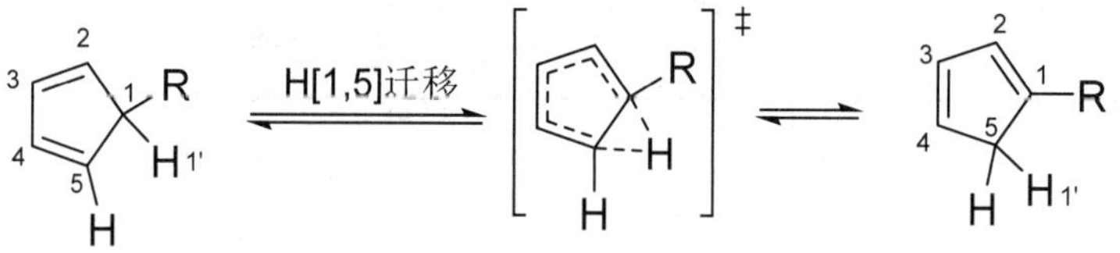

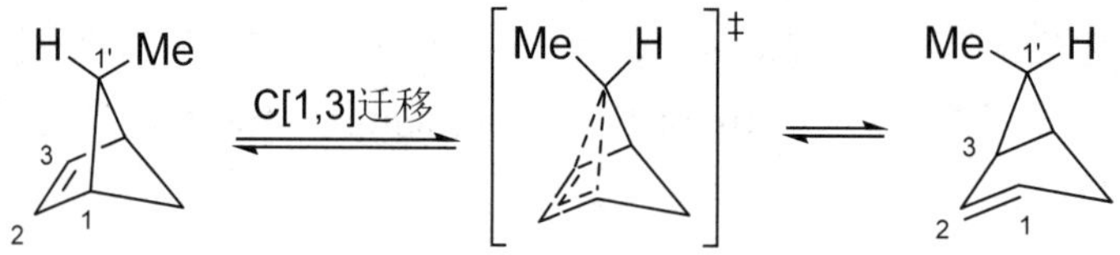

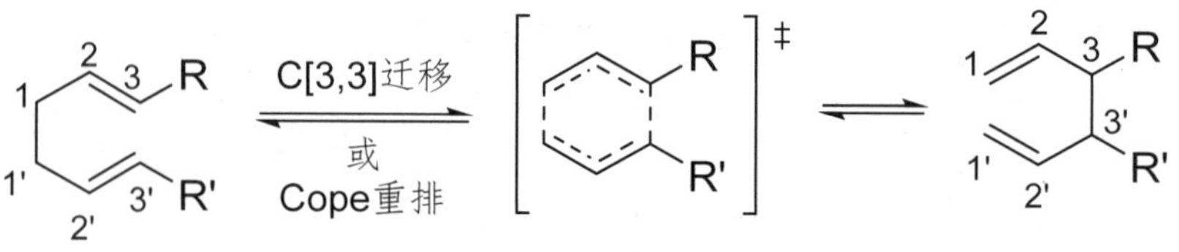

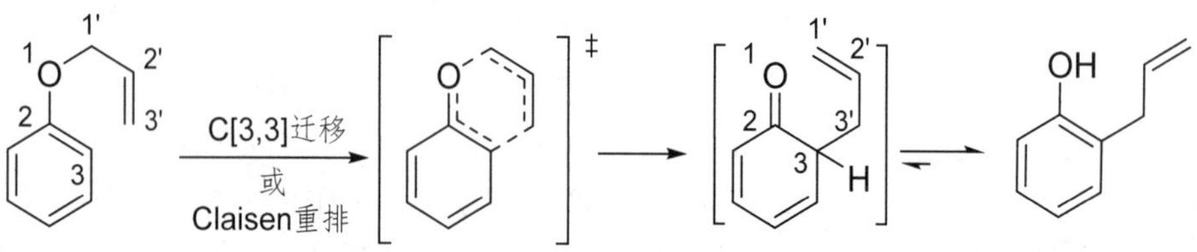

烯反应也是一类 6 电子的反应，它兼具了[4+2]环加成反应和[1,5]迁移反应的部分特征。在[4+2]环加成反应中，双烯体的 4 个电子均为π电子（即来自 2 个π键），而在 Ene 反应中 4 个电子分别为 2 个π电子和 2 个σ电子，这两个σ电子来自烯丙基位的 C—H 键。

13.1　周环反应理论基础

周环反应的过程和产物的立体专一性遵循 Woodward-Hoffmann 规则。该规则可用前线分子轨道理论（frontier molecular orbital theory，简称 FMO）或分子轨道对称守恒原理（principle of conservation of molecular orbital symmetry）进行解释。

13.1.1　前线分子轨道理论

根据前线分子轨道理论，分子轨道（成键轨道、非键轨道、反键轨道）按照能量由低到高顺序排列，分子中的电子由低能级轨道到高能级轨道依次进行填充，出现最高已占轨道（highest occupied molecular orbital，简称 HOMO）和最低空轨道（lowest unoccupied molecular orbital，简称 LUMO），称为前线分子轨道，化学反应的反应性和选择性由 HOMO 和 LUMO 所决定。丁二烯的四个分子轨道如下所示（详见 2.1.1.2 节），丁二烯在加热条件下发生化学反应时，是基态下的反应，和原子轨道中"价电子理论"类似，其成键性质只和 HOMO（即ψ_2）有关，和其他分子轨道无关。当在光照条件下发生反应时，电子发生跃迁，基态中的 LUMO 成了激发态中的 HOMO 轨道，此时的成键性质只和ψ_3有关。

基态　　　　　　　　　　　　　　　激发态

13.1.2　分子轨道对称守恒理论

分子轨道对称守恒理论强调的是反应物经过过渡态得到产物,在反应物和产物的分子轨道对称性得到对称守恒的前提下，采用能量有利的途径。分子轨道对称守恒原理中运用的对称因素有两种，即面对称（σ对称性）和轴对称（C_2 对称性），面对称指的是镜像重叠，轴对称指的是分子轨道存在一个 C_2 对称轴，如下所示是丁二烯四个分子轨道的面对称性和轴对称性。

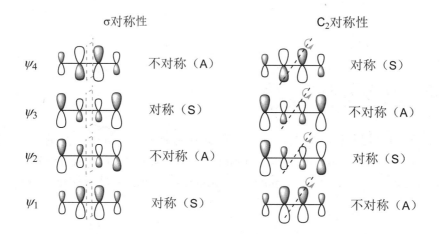

13.2 电环化反应

电环化反应既可在热反应条件下进行，也可在光反应条件下进行。这类反应是可逆的，环化过程和开环过程所经历的途径是相同的，反应的方向取决于共轭多烯和环烯烃的热力学稳定性。一般来说，己三烯和环己二烯的平衡有利于形成关环的环己二烯，而丁二烯和环丁烯的平衡有利于形成开环的丁二烯。电环化反应的产物立体专一性取决于反应的条件，即光反应或热反应。

13.2.1 具有 $4n$ 个 π 电子体系的电环化反应

最简单的 $4n$ 体系为丁-1,3-二烯，它可在加热或光照下反应生成环丁烯：

$$\text{（结构式）} \underset{}{\overset{\triangle \text{ 或 } h\nu}{\rightleftarrows}} \text{（结构式）}$$

丁二烯的电环化反应发生在两个端基碳原子上，即 C-1 和 C-4。这两个碳原子分别绕 C_1—C_2 和 C_3—C_4 键轴顺时针或逆时针旋转 90°，方可形成新的σ键，生成环丁烯。C_1—C_2 和 C_3—C_4 键同时顺时针或逆时针旋转，称为"顺旋"（conrotatory）；若它们各自向相反的方向旋转，称为"对旋"（disrotatory）。

Woodward-Hoffmann 根据实验结果得出，丁二烯分子在加热反应条件下，发生顺旋生成环丁烯，反之亦然；在光照反应条件下，发生对旋生成环丁烯，反之亦然。以 $(2E,4E)$-己-2,4-二烯电环化反应为例，在加热条件下，$(2E,4E)$-己-2,4-二烯发生关环得到反-3,4-二甲基环丁烯；在光照条件下，得到顺-3,4-二甲基环丁烯。这一

Woodward-Hoffmann 规律对其他 $4n$ 体系的电环化反应也是适用的，反应具有立体专一性，加热顺旋，光照对旋。

(±)

以上实验结果可以用前线分子轨道理论（FMO）进行合理解释。在加热条件下，丁二烯处于基态，只需要考虑 HOMO 轨道，即丁二烯的 ψ_2 分子轨道。此时，ψ_2 分子轨道两端的相位相反，顺旋操作才能保证有效的相位重叠而形成新的σ键。

在光照条件下，丁二烯处于激发态，需要考虑的也是 HOMO 轨道，即 ψ_3 分子轨道。此时的 HOMO 轨道只有一个单电子，也可称为单电子占据分子轨道（singly occupied molecular orbital，简称 SOMO）。ψ_3 分子轨道两端的相位是相同的，对旋操作才能保证有效的相位重叠而形成新的化学键。

Woodward-Hoffmann 规律也可用分子轨道对称守恒原理来解释。反应物丁二烯分子轨道的面对称性和轴对称性如前文所述，产物环丁烯分子中有一个新的σ键和一个新的π键，组成的四个分子轨道和及其面对称性和轴对称性如下所示：

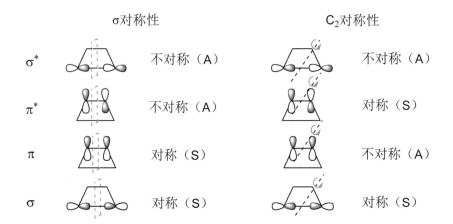

如果反应过程是顺旋的，两个末端轨道在反应的过程中则始终保持轴对称性（C_2 对称性），因此，顺旋操作是一个轴对称性的操作：

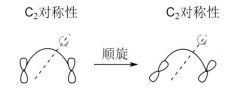

如果反应过程是对旋的，两个末端轨道在反应的过程中则始终保持面对称性（σ对称性），因此，对旋操作是一个面对称性的操作：

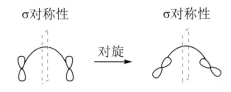

在丁二烯电环化生成环丁烯的反应过程中，如果采用顺旋的操作，即轴对称性的操作，应采用丁二烯和环丁烯分子轨道的轴对称性来判断发生反应的可能性。如下所示，丁二烯的 ψ_1 是轴不对称的，和环丁烯的 π 成键轨道对称性相匹配；丁二烯的 ψ_2 则是轴对称的，和环丁烯的 σ 成键轨道对称性相匹配。顺旋操作下的丁二烯和环丁烯分子轨道能级相关图如下所示：

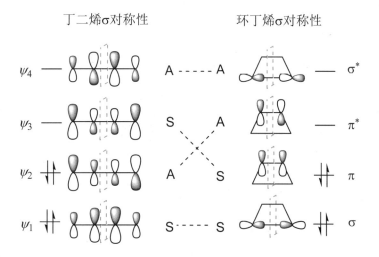

如果采用对旋的操作，即面对称性的操作，应采用丁二烯和环丁烯分子轨道的面对称性来判断发生反应的可能性。丁二烯的 ψ_1 是面对称的，和环丁烯的 σ 成键轨道对称性相匹配；但是丁二烯的 ψ_2 则是面不对称的，只能和环丁烯的 π^* 反键轨道对称性相匹配。对旋操作下的丁二烯和环丁烯分子轨道能级相关图如下所示：

比较上述的顺旋和对旋可知，顺旋经过的过渡态能量较低，因为电子从丁二烯基态（ψ_1 成键分子轨道和 ψ_2 成键分子轨道）到环丁烯的基态（σ 成键轨道和 π 成键轨道）。对旋时，处于丁二烯基态 ψ_2 成键分子轨道上的两个电子要填充到处于环丁烯激发态的 π^* 反键轨道上去，这样经过的过渡态能量比较高，反应不能发生。由此，根据分子轨道对称守恒原理，在加热（基态）条件下，丁二烯应该经过顺旋得到电环化产物——环丁烯。

丁二烯的电环化反应还可以用分子的电子组态对称性来理解。对丁二烯基态（GS）来讲，电子按能级填充得到的电子组态为 $\psi_1^2\psi_2^2$；对环丁烯基态来讲，其电子组态为 $\sigma^2\pi^2$。相应于顺旋的操作（即轴对称操作），丁二烯基态的电子组态（$\psi_1^2\psi_2^2$）可表示为 A^2S^2；环丁烯基态的电子组态（$\sigma^2\pi^2$）则可表示为 S^2A^2。如果 S 表示 +1（轨道相位不改变的操作），A 表示 -1（轨道相位改变的操作），这样，丁二烯基态的电子组态为 $\psi_1^2\psi_2^2 = A^2S^2 = (-1)^2(+1)^2 = +1 = S$，是对称的；环丁烯基态的电子组态为 $\sigma^2\pi^2 = S^2A^2 = (+1)^2(-1)^2 = +1 = S$，也是对称性的。

丁二烯第一激发态（ES–1）的电子组态为 $\psi_1^2\psi_2\psi_3$，相应于顺旋的操作（即轴对称操作），其对称性为 $\psi_1^2\psi_2\psi_3 = A^2SA = (-1)^2(+1)(-1) = -1 = A$，是反对称的；对于环丁烯的第一激发态，其电子组态为 $\sigma^2\pi\pi^* = S^2AS = (+1)^2(-1)(+1) = -1 = A$，也是反对称的。

丁二烯第二激发态（ES–2）的电子组态为 $\psi_1\psi_2^2\psi_4$，相应于顺旋的操作（即轴对称操作），其对称性为 $\psi_1\psi_2^2\psi_4 = AS^2S = (-1)(+1)^2(+1) = -1 = A$，是反对称的；对于环丁烯的第二激发态，其电子组态为 $\sigma p^2\sigma^* = SA^2A = (+1)(-1)^2(-1) = -1 = A$，也是反对称的。

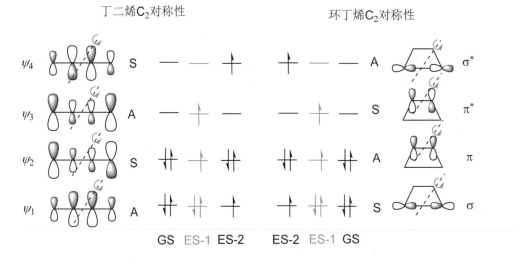

根据以上推算，可以分别画出丁二烯和环丁烯分子的电子组态，得到顺旋操作下的丁二烯和环丁烯状态能级相关图：

基态下，不仅丁二烯和环丁烯的电子组态对称性相同，而且组分的对称性也相同，因此，在基态下（加热条件下），丁二烯的顺旋关环对称守恒，反应可以发生。

第一激发态下，虽然两分子的电子组态对称性相同，均为 A，但组分不相同，丁二烯第一激发态组成为 $\psi_1^2\psi_2\psi_3 = A^2SA$，环丁烯第一激发态组成为 $\sigma^2\pi\pi^* = S^2AS$。丁二烯第一激发态只能和环丁烯第二激发态（其组成为 $\sigma\pi^2\sigma^* = SA^2A$）相关，类似地，丁二烯第二激发态（$\psi_1\psi_2^2\psi_4 = AS^2S$）只能和环丁烯的第一激发态（$\sigma^2\pi\pi^* = S^2AS$）相关。根据分子轨道对称守恒原理，对称性相同的连线不能相交，因此，在激发态下（光照条件下），丁二烯的顺旋关环不符合分子轨道对称守恒原理，对称性禁阻，反应不可以发生。

用同样的方法对丁二烯的对旋关环进行处理，得到对旋操作下的丁二烯和环丁烯状态能级相关图：

根据分子轨道对称守恒原理，对称性相同的连线不能相交，因此，基态下，丁二烯对旋关环反应是对称性禁阻的，而激发态下，丁二烯关环是对称性允许的。

电环化反应是微观可逆的，反应向哪一个方向进行取决于共轭多烯和环烯烃的热力学稳定性。例如，$(1Z,3E)$-环辛-1,3-二烯由于含有环内反式双键，张力很大，因此加热到 80 ℃即可环化：

共轭二烯要比环丁烯能够更有效地吸收光能，所以利用光反应可顺利地将共轭二烯转变为环丁烯。例如，$(1Z,3Z)$-环庚-1,3-二烯在光照下生成的双环化合物不吸收照射用的光；而双环化合物的加热顺旋开环，得到的$(1Z,3E)$-环庚-1,3-二烯由于环张力太大，几乎不能存在，所以光照$(1Z,3Z)$-环庚-1,3-二烯能有效得到双环化合物。

(1Z,3Z)-环庚-1,3-二烯　　　　　　　　(1Z,3E)-环庚-1,3-二烯

环丁烯与丁二烯相比，前者的环张力较大，是不稳定的体系，故在热反应中通常观察到环丁烯的开环。顺旋有两种方式，顺时针顺旋得到$(2E,4E)$-己-2,4-二烯，逆时针顺旋得到$(2Z,4Z)$-己-2,4-二烯。由于两个双键均处于顺式的结构具有较高的势能，形成这一结构的过渡态也相应有着更高的能垒，因此反应具有立体选择性，这种立体选择性也称扭转选择性（torquoselectivity）。

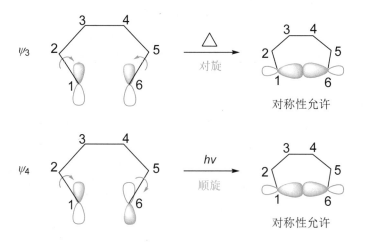

(2Z,4Z)-己-2,4-二烯   (2E,4E)-己-2,4-二烯

13.2.2 具有[4n+2]个π电子体系的电环化反应

在加热或光照下，己–1,3,5–三烯环化生成环己–1,3–二烯，这是典型的[4n+2]体系电环化反应：

根据前线分子轨道理论，在基态（加热）下，己–1,3,5–三烯基态的 HOMO 为 ψ_3，其两端的相位是相同的，C_1—C_2 键和 C_5—C_6 键对旋才能保证有效的相位重叠，C_1 和 C_6 之间才能形成σ键，生成环己–1,3–二烯。在激发态（光照下），己–1,3,5–三烯处于激发态，其 HOMO 为 ψ_4 轨道，两端的相位是相反的，只有顺旋才能保证有效的相位重叠，生成环己–1,3–二烯。用分子轨道对称守恒处理，可以得到一致的结果。

由此可见，6π电子体系的电环化反应是立体专一性的。例如，(2E,4Z,6E)–辛–2,4,6–三烯的热反应在基态进行，因其 HOMO（即 ψ_3 轨道）两端的相位是相同的，故对旋关环成键，生成顺–5,6–二甲基环己–1,3–二烯；光反应在激发态进行，其HOMO（即 ψ_4 轨道）两端的相位是相反的，故顺旋关环成键，生成反–5,6–二甲基环己–1,3–二烯。

电环化 Woodward-Hoffmann 规律总结如下：

π电子数	加热	光照
4n	顺旋	对旋
4n+2	对旋	顺旋

电环化反应在自然界中非常普遍。如维生素 D3 的合成中涉及 6 电子开环反应：

7-脱氢胆固醇　　　　　　　　前维生素D3　　　　　　　　维生素D3

下列烯炔在催化氢化反应条件下得到非对映选择性的稠环产物。在 Lindlar 催化条件下，炔烃被还原成顺式的烯烃。加热条件下，8 电子顺式关环得到环辛三烯，继续 6 电子对旋关环生成产物。

13.2.3　Nazarov 环化

二烯基酮在质子酸或 Lewis 酸作用下环化生成环戊−2−烯酮或环戊酮的反应称为 Nazarov 环化。能够形成戊二烯碳正离子的底物都可能发生 Nazarov 环化。在质子酸或 Lewis 酸的作用下，二烯基酮中羰基质子化，有 **A**、**B**、**C**、**D** 四个共振式，发生 4 电子关环得到氧代烯丙基正离子（oxyallyl cation）**E**，**E** 是反应的关键中间体，发生 β−H 消除得到环戊−2−烯酮衍生物，或被亲核试剂捕获得到环戊酮衍生物。

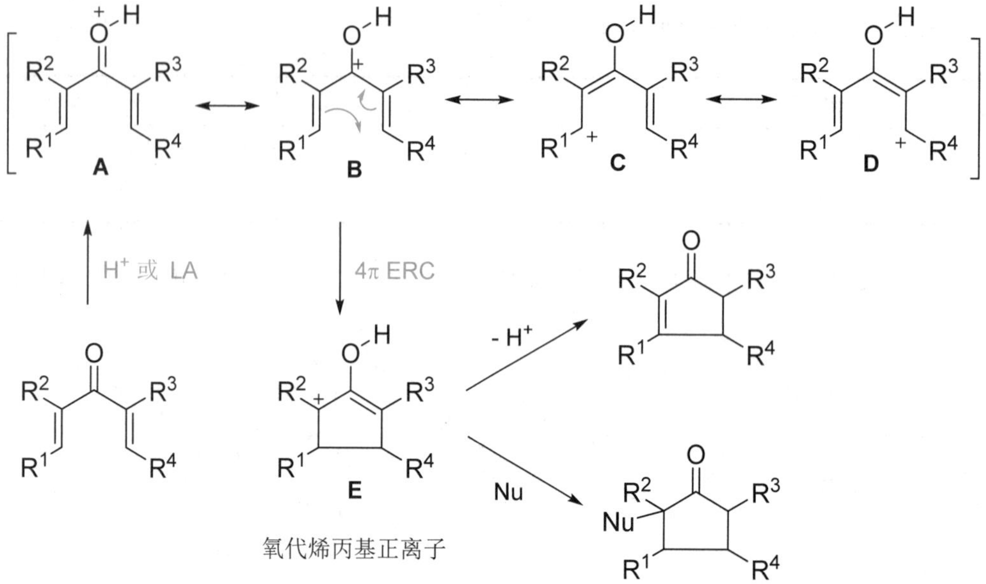

E

氧代烯丙基正离子

多取代的二烯基酮作为底物时，反应具有立体选择性：

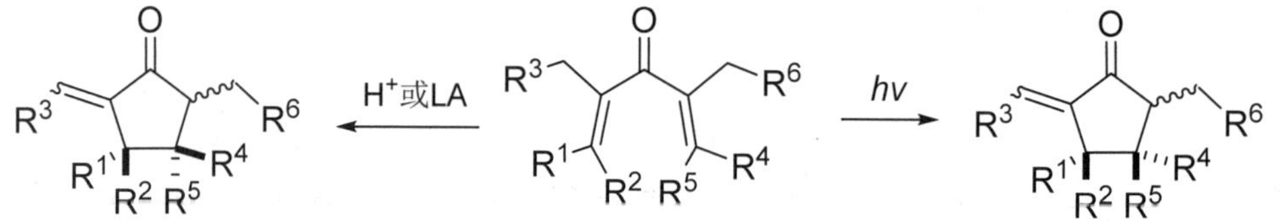

此类反应属于 4π 电环化反应[1]。在热反应条件下（基态），戊二烯碳正离子 HOMO 轨道上两端的轨道相位是不同的，反应时 β– 和 β'– 碳原子发生顺旋；在光照下（激发态）发生对旋。

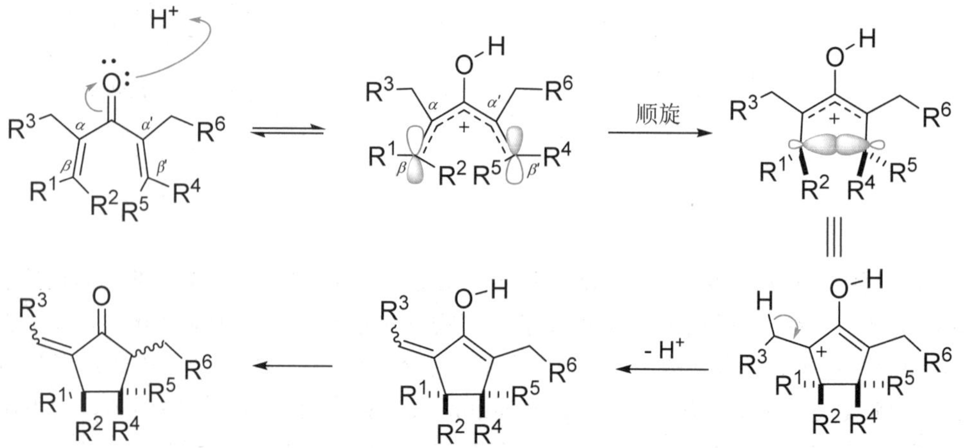

Nazarov 环化对底物的构象有一定的要求。如下所示的二烯基酮只有两个单键均处于反式的构象（*s-trans*：single bond trans），才是关环有利的构象：

利用 $\beta-Si$ 效应，可以控制关环的区域选择性：

关环的区域选择性还可以通过其他稳定碳正离子中间体的方式来控制：

　　如下底物中含有二烯基酮结构，在 Lewis 酸的作用下发生 Nazarov 关环形成氧代烯丙基正离子，被烯烃捕获，并发生后续的串联反应得到五并环的结构。

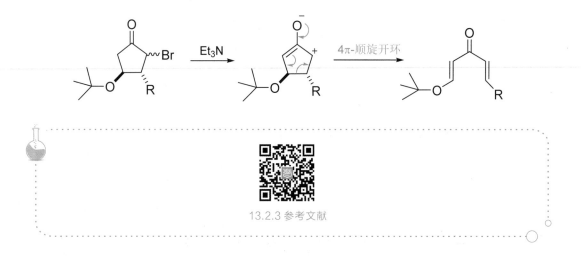

　　Nazarov 关环是可逆的。如下所示的反应形成了一个稳定的 D－A 共轭体系：

13.2.3 参考文献

13.3　环加成反应

　　两个或两个以上的烯烃或其他π体系之间，经双键相互作用，通过环状过渡态，形成两个新的σ键连成环状化合物的反应称为环加成反应。根据加成时每个分子所提供的π电子的数目，可用[2+2]、[4+2]等来表示环加成反应的类型。对于反应物，环加成反应有两种取向，同面加成（suprafacial，用 s 表示）和异面加成（antarafacial，用 a 表示）。

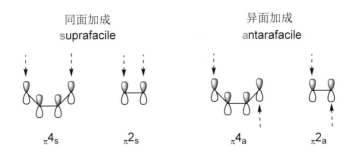

13.3.1　[2+2]环加成反应

协同的[2+2]环加成反应仅在光反应条件下发生，在热反应条件下不发生。最简单的[2+2]环加成反应是两分子乙烯在光照下反应生成环丁烷，加成时，对两个烯烃而言均为同面，可描述为[$_\pi 2_s + _\pi 2_s$]。

这一反应可以用前线分子轨道理论进行解释。前线分子轨道理论认为，在加热条件下，双分子的环加成反应取决于一个分子的 HOMO 和另一个分子的 LUMO，当两个分子轨道两端相位相同，且两个轨道能量相近时，具有相同对称性的轨道才能有效重叠，产生两个新的σ键。在光照条件下，两个分子均被激发，电子跃迁各产生两个单电子占据的分子轨道（SOMO），两组分能量较高的两个 SOMO 组合成一个新的σ键，两组分能量较低的两个 SOMO 组合成一个新的σ键。

乙烯和乙烯在热反应条件下的环加成如下所示，双分子间的热反应取决于一个分子的 HOMO 和另一个分子的 LUMO。结果表明，一个分子的 HOMO 和另一个分子的 LUMO 采用同面–同面的加成方式时，是对称性禁阻的，即[$_\pi 2_s + _\pi 2_s$]是对称性禁阻的；它们只能采用同面–异面的加成，才是对称性允许的，即[$_\pi 2_s + _\pi 2_a$]是对称性允许的。虽然[$_\pi 2_s + _\pi 2_a$]在加热条件下对称性允许，但空间上是不利的，有一定的困难，但也有一些例外。

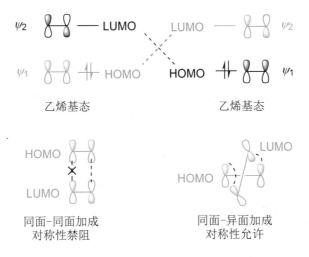

加热条件下，$[_\pi2_s+_\pi2_s]$是对称性禁阻，$[_\pi2_s+_\pi2_a]$对称性允许，也可以用分子轨道对称守恒原理来解释。[2+2]同面–同面加成，从原料经过过渡态到产物一直拥有两个对称面（σ_1和σ_2），如下所示：

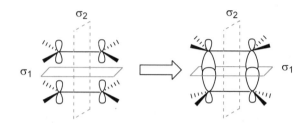

在加热（基态）条件下，原料和产物的分子轨道能级相关图如下所示。两个乙烯之间的作用，根据两个对称面（σ_1和σ_2），产生四个能级πSS，πAS，π^*SA 和π^*AA，类似地，环丁烷中新生成的两个σ键，也有四个能级，即σSS，σSA，σ^*AS 和σ^*AA。根据分子轨道对称守恒原理，原料和产物的对称性要保持一致，这样原料中的πSS 和产物中的σSS 相关，原料中的πAS（成键轨道）和产物中的σ^*AS（反键轨道）相关，经过的过渡态能垒较高。所以，两个乙烯分子同面加成在加热条件下不可发生。

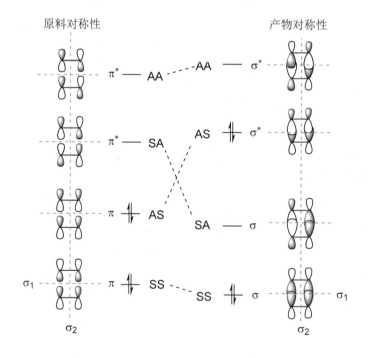

烯酮和烯烃之间的热反应采用同面–异面加成的方式进行。由于空间位阻，烯酮分子中大的基团（L）以远离烯烃的方式靠近烯烃，反应具有非对映选择性：

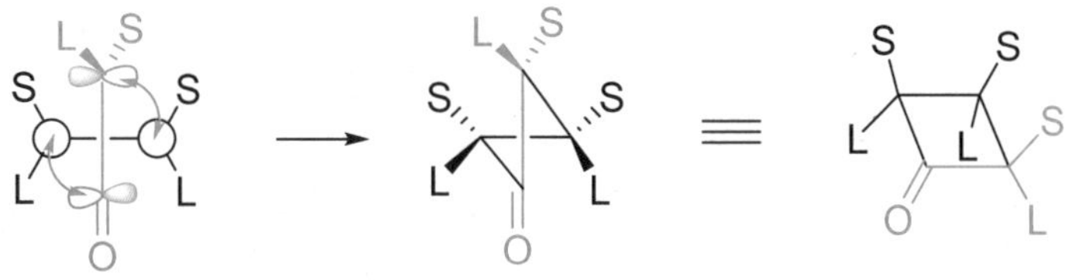

(L: large; S: small)

如下所示，烯酮和烯烃的反应具有非对映选择性：

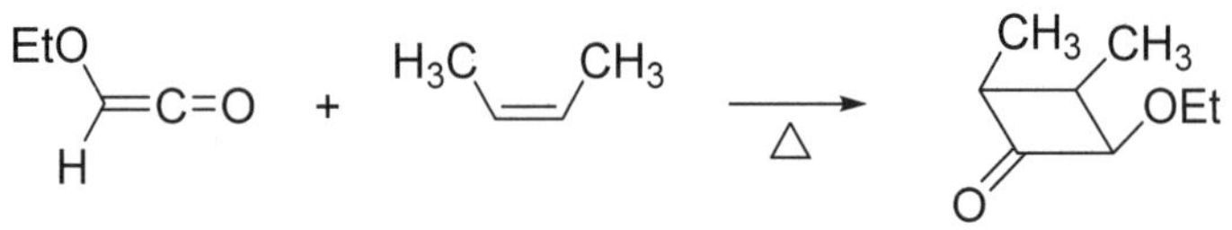

如果乙烯和乙烯在光照条件下发生反应，如下所示，反应取决于能量相近的 SOMO 轨道，此时的环加成[π2s+π2s]是对称性允许的，[π2s+π2a]是对称性禁阻的。

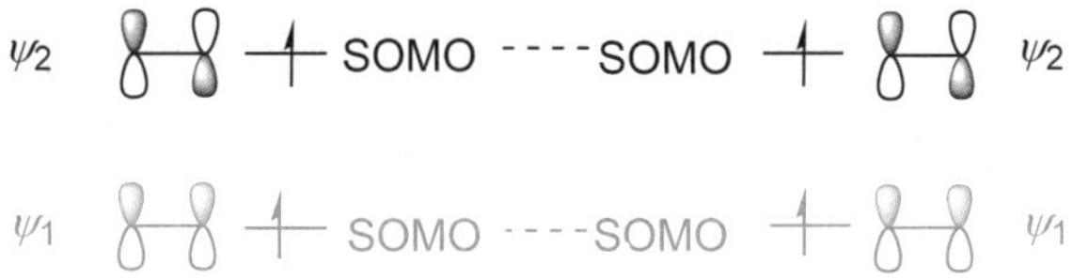

乙烯激发态   乙烯激发态

同面-同面加成   同面-异面加成
对称性允许   对称性禁阻

在光照条件下，[π2s+π2s]是对称性允许的，故这个协同环加成反应是立体专一性的，烯烃的构型在产物中得到保留，即反式烯烃得到反式产物，顺式烯烃得到顺式产物，例如：

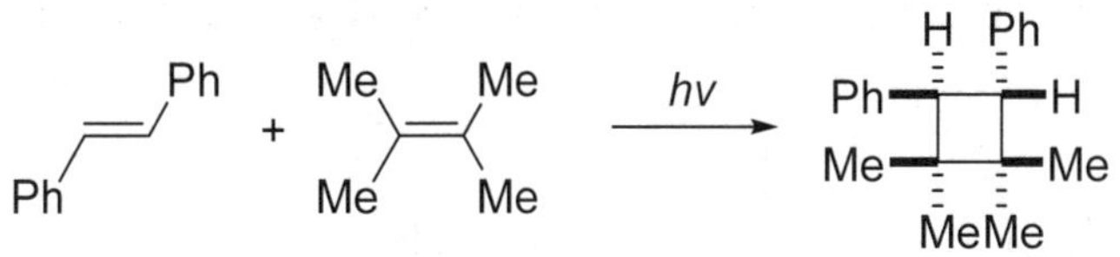

烯烃与炔烃之间，在光照条件下，亦可发生[π2s+π2s]环加成反应。例如，4-甲基-5-戊基呋喃-2-酮与三甲基硅基乙炔在光照下反应生成环丁烯衍生物，得到两个同面-同面加成的产物，反应的区域选择性由取代基的性质所控制[1]：

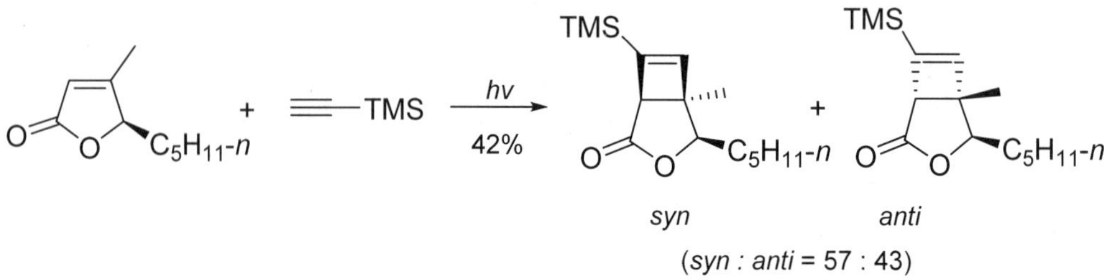

$$(syn : anti = 57 : 43)$$

如果空间位置合适，分子内的$[_\pi 2_s + _\pi 2_s]$光照环加成更容易发生，并生成多环体系，例如[2]：

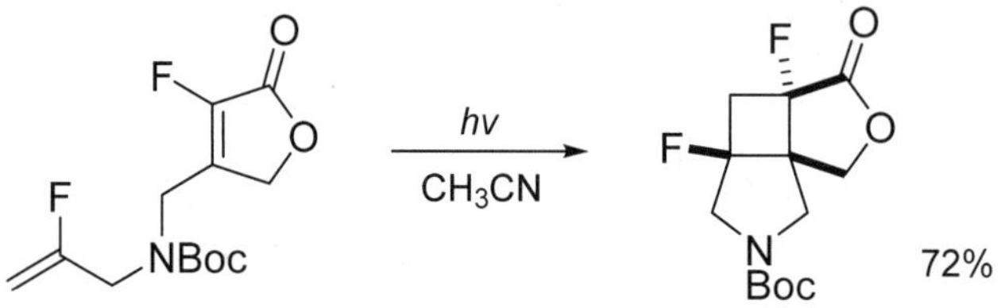

72%

这种分子内的$[_\pi 2_s + _\pi 2_s]$光照环加成方法在一些具有环丁烷骨架的复杂结构天然产物的全合成中发挥了重要作用[3]，如下 kelsoene 的外消旋体的合成就是其中一例[4]：

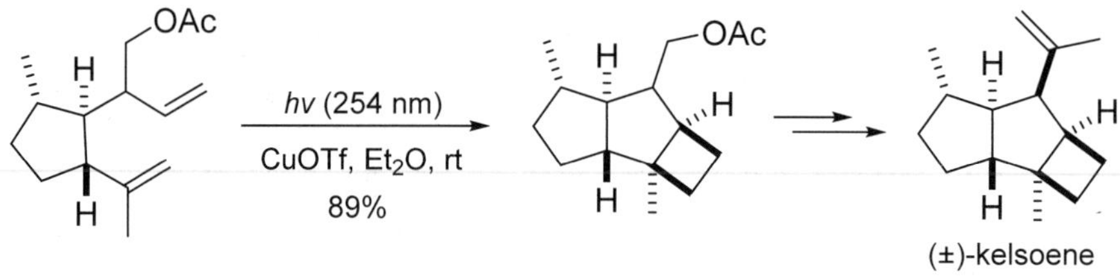

(±)-kelsoene

1,3－二羰基化合物与烯烃发生$[_\pi 2_s + _\pi 2_s]$环加成，生成β－酰基环丁醇，后者进一步经历逆羟醛缩合，开环得到 1,5－二羰基化合物，该反应称为 de Mayo 反应[5]。

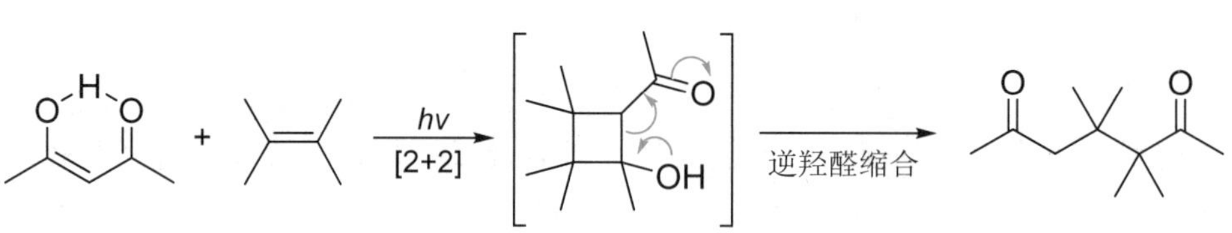

这种 1,5－二羰基化合物的合成方法已在石蒜碱骨架[6]的合成中得到应用：

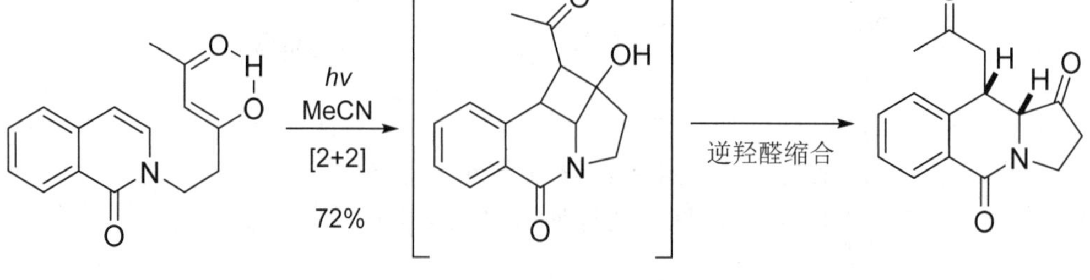

石蒜碱骨架

光反应条件下的一些[2+2]环加成反应也可能通过双自由基机理分步进行，特别是羰基化合物的反应。例如，在光照条件下羰基化合物与烯烃发生[2+2]环加成，生成氧杂环丁烷，这个反应称为 Paternò-Büchi 反应[7]。羰基化合物吸收光后容易转变为较稳定的三线态，形成双自由基中间体，进而发生自由基加成。反应的区域选择性在大多数情况下取决于双自由基中间体的稳定性。

又如，氧杂环丁烯与醛的[2+2]环加成，得到稳定的氧杂环丁烷[8]：

炔烃与酮的光反应首先形成氧杂环丁烯中间体，接着发生4π电环化开环，生成较稳定的 α,β-不饱和羰基化合物[9]：

13.3.1 参考文献

13.3.2　[4+2]环加成反应

双烯体（4π 体系）与亲双烯体（2π 体系）在加热时发生[$_\pi 4_s + _\pi 2_s$]环加成反应，生成环己烯。这类反应称为 Diels-Alder 反应。Diels-Alder 反应通常在惰性溶剂中加热进行，反应是可逆的。如果二烯体（diene）上连有给电子基，亲双烯体（dienophile）上连有吸电子基，反应容易进行。亲双烯体也可以是炔烃。

在 Diels-Alder 反应中，加热条件下，4π 体系与 2π 体系面对面地接近，发生[$_\pi 4_s + _\pi 2_s$]环加成反应。根据前线分子轨道理论，在加热（基态）下，不论用乙烯的 HOMO 和丁二烯的 LUMO（下图左），还是用乙烯的 LUMO 和丁二烯的 HOMO（下图右），分子轨道两端的相位均是匹配的，同面-同面加成轨道对称性允许，可以形成新的σ键。

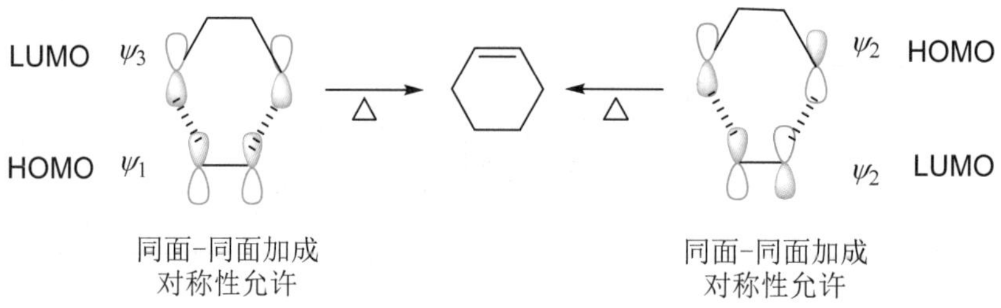

同面-同面加成
对称性允许

同面-同面加成
对称性允许

加热条件下，[$_\pi 4_s + _\pi 2_s$]环加成对称性允许，也可以用分子轨道对称守恒原理和解释。从原料（二烯烃和烯烃）经过过渡态到产物（环己烯），一直存在一个对称面（σ），如下所示：

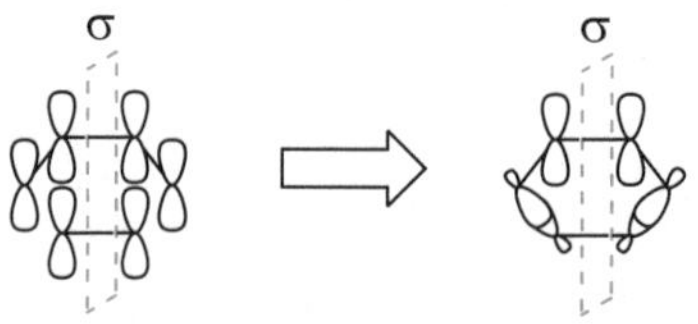

根据对称面，原料和产物的分子轨道及其对称性如下所示，原料中三个成键轨道和产物中三个成键轨道可以按图中的虚线进行相关，过渡态的能量低，能发生反应。因此，Diels-Alder [$_\pi 4_s + _\pi 2_s$]环加成在加热条件下，原料和产物对称性守恒。

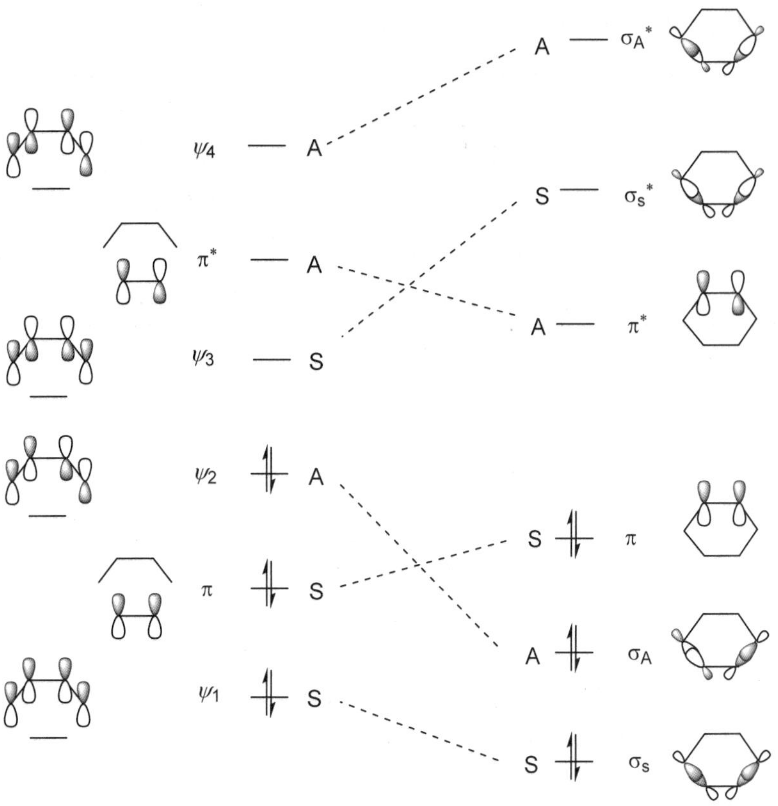

在光照条件下，[$_\pi 4_s + _\pi 2_s$]的环加成是轨道对称性禁阻的。根据前线分子轨道理论，能量相近的 SOMO 轨道成键。不论用乙烯的 SOMO（ψ_2）和丁二烯的 SOMO（ψ_3）（下图左），还是乙烯的 SOMO（ψ_1）和丁二烯的 SOMO（ψ_2）（下图右），分子轨道两端的相位均不匹配，同面–同面加成轨道对称性禁阻，不可以形成新的σ键。用分子轨道对称守恒原理，同样能得出光照条件[$_\pi 4_s + _\pi 2_s$]环加成反应不能发生的结论。

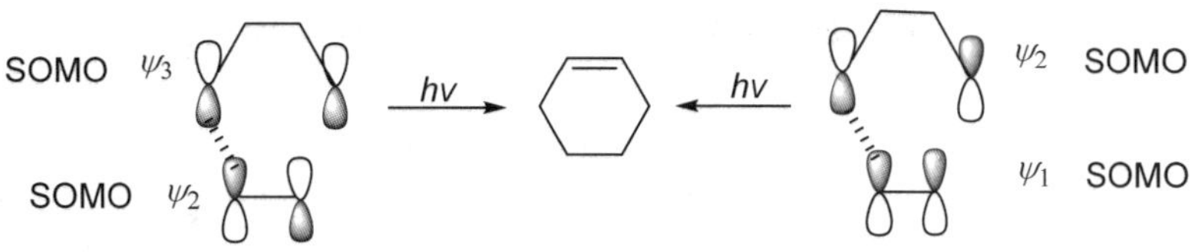

同面–同面加成
对称性禁阻

同面–同面加成
对称性禁阻

环加成反应的 Woodward-Hoffmann 规律总结如下：

总的π电子数	立体化学	加热	光照
4n	$[_\pi 2_s + _\pi 2_s]$或$[_\pi 2_a + _\pi 2_a]$	对称性禁阻	对称性允许
	$[_\pi 2_s + _\pi 2_a]$或$[_\pi 2_a + _\pi 2_s]$	对称性允许	对称性禁阻
4n + 2	$[_\pi 4_s + _\pi 2_s]$或$[_\pi 4_a + _\pi 2_a]$	对称性允许	对称性禁阻
	$[_\pi 4_s + _\pi 2_a]$或$[_\pi 4_a + _\pi 2_a]$	对称性禁阻	对称性允许

13.3.3　Diels-Alder 环加成的特征及应用

Diels-Alder 反应对底物的构型有一定的要求。共轭双烯以 *s-cis* 构象参与反应，有利于六元环状过渡态的形成。

s-cis　　　　*s-trans*

桥环化合物 1,2,3,5,6,7 – 六氢萘则由于无法形成 *s-cis* 构象而不能发生 Diels-Alder 反应。

不反应

s-cis 二烯烃可以通过下列反应获得：

这些二烯烃通常不用分离纯化，可以直接被亲二烯体捕获：

200 ℃

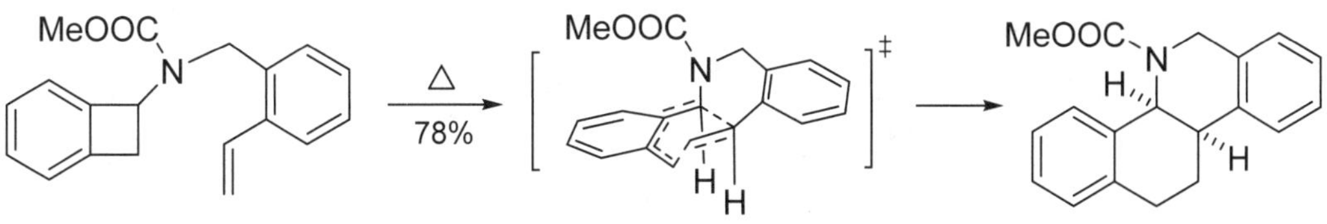

Diels-Alder 反应对底物上的取代基有一定的要求。按照取代基的性质，可以将 Diels-Alder 反应分为两类：正常电子需求（normal electron demanded）的 Diels-Alder 反应和反电子需求（inverse electron demanded）的 Diels-Alder 反应，反应所参与的轨道是不同的，如下所示：

正常电子需求的Diels-Alder反应：

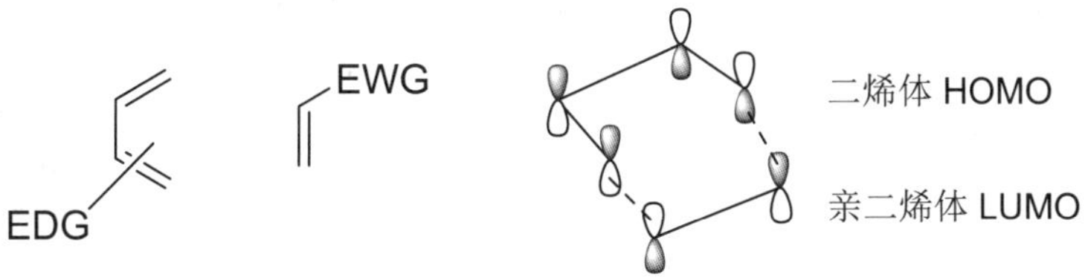

反电子需求的Diels-Alder反应：

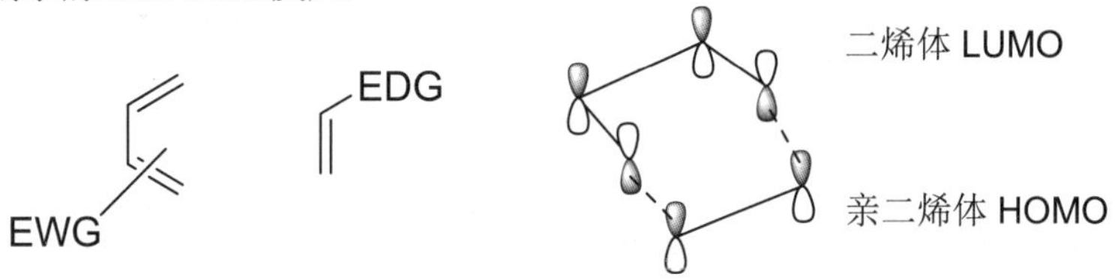

对于一个正常电子需求的 Diels-Alder 反应，亲双烯体上有吸电子基时，能降低亲二烯体的 LUMO 轨道能级，反应容易发生，如 α,β-不饱和羰基化合物、丙烯腈、顺丁烯二酸酐、对苯二醌、苯炔等都是很好的亲双烯体：

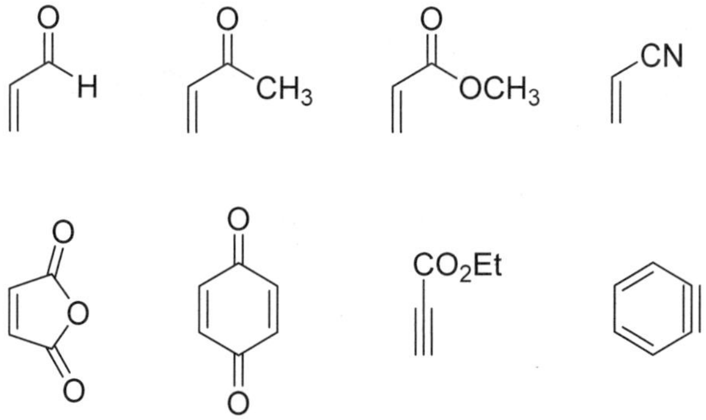

双烯体上有给电子基（如 RO 和 R_2N）时，能提高二烯体的 HOMO 能级，反应容易发生。环戊二烯及芳香性较差的化合物（如蒽、呋喃、噻吩、噁唑等）也容易发生 Diels-Alder 反应。富电子性二烯烃有：

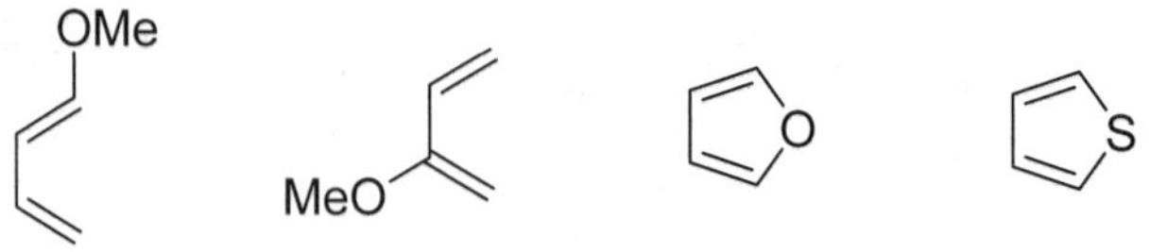

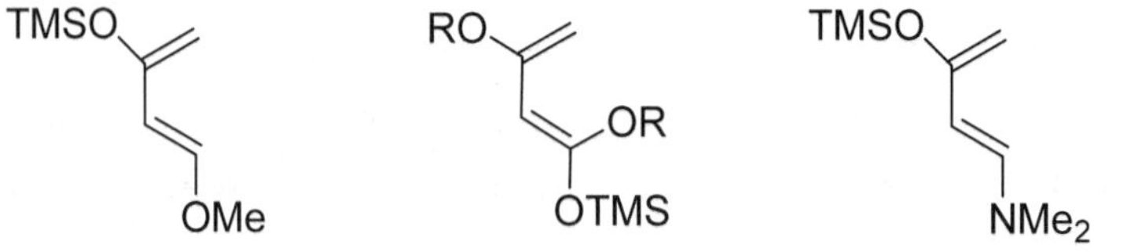

Danishefsky's diene   Brassard dienes   Rawal dienes

例如，蒽与顺丁烯二酸酐加成，反应发生在较活泼的 9,10 位：

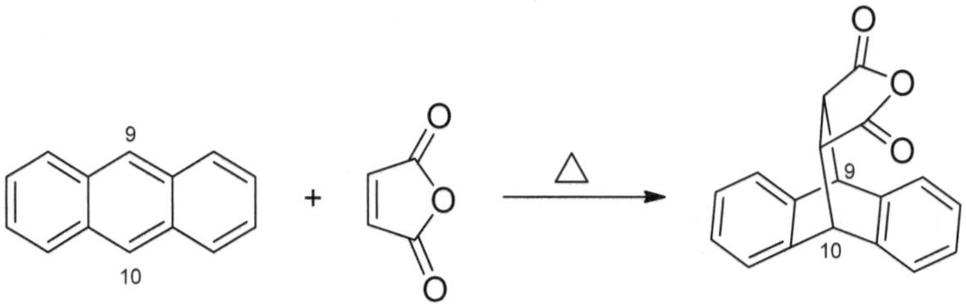

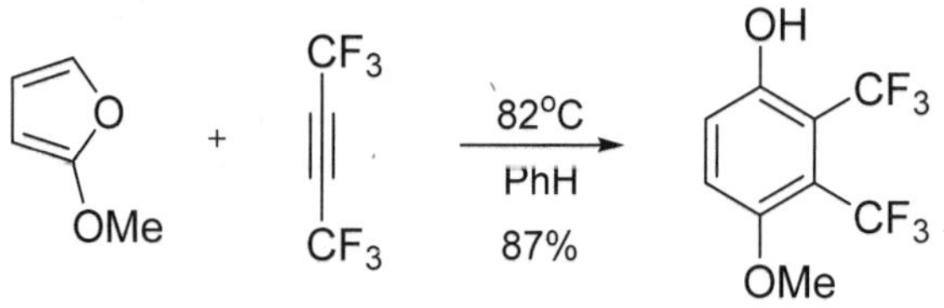

当双烯体和亲双烯体不对称时，反应的区域选择性取决于取代基的电子效应。在正常电子需求的 Diels-Alder 反应中，亲双烯体中缺电子性的 C2 与双烯体中富电子性的 C4 结合。例如，1-甲氧基丁-1,3-二烯与丙烯酸乙酯的反应生成 1,2-二取代产物（1,2 指的是两个取代基的相对位置），1,3-二取代产物则没有生成。

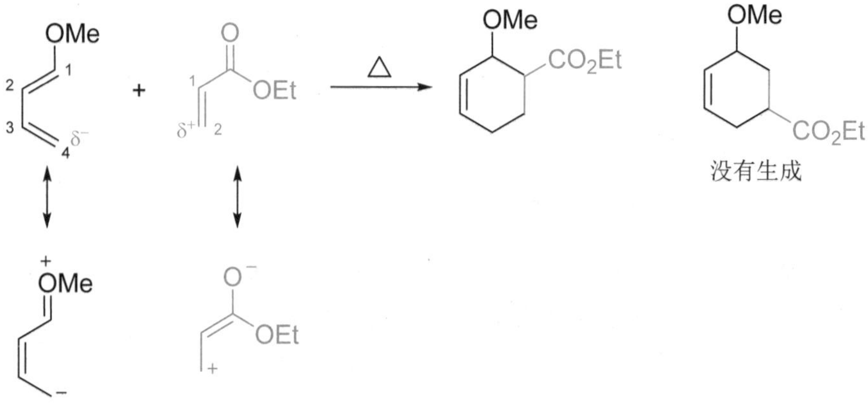

没有生成

反应的区域选择性也可以用轨道系数概念进行解释：

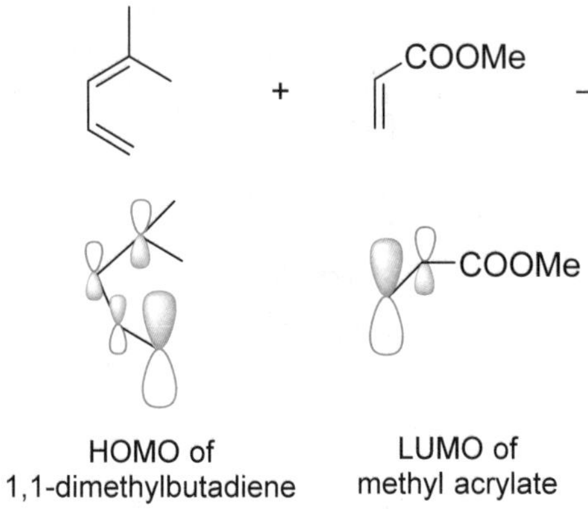
COOMe
△
COOMe
COOMe
HOMO of
1,1-dimethylbutadiene
LUMO of
methyl acrylate

由于双烯体和亲双烯体是按照协同机理、同面–同面加成进行的，Diels-Alder 反应是立体专一性的。考虑到同面–同面加成的立体选择性规律，可将 Diels-Alder 反应的相对立体化学用下式表示，其“out”表示在 *s-cis*–双烯体外侧的基团，“in”表示在 *s-cis*–双烯体内侧的基团。为了便于理解反应的立体化学，可以用环戊二烯的亚甲基取代两个“in”的基团。加热条件下，Diels-Alder 环加成的立体选择性可以表示为

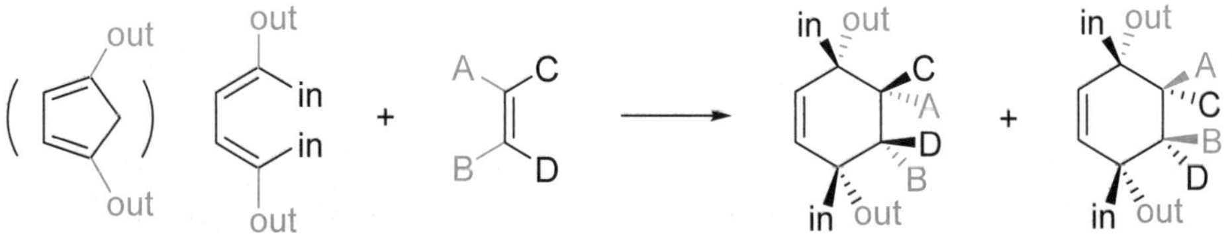
out
in
out

在这种反应中烯烃的构型得到保留。例如，丁二烯与顺–丁烯二酸二甲酯反应，生成顺–环己–4–烯–1,2–二甲酸二甲酯，而与反–丁烯二酸二甲酯反应生成反式异构体。

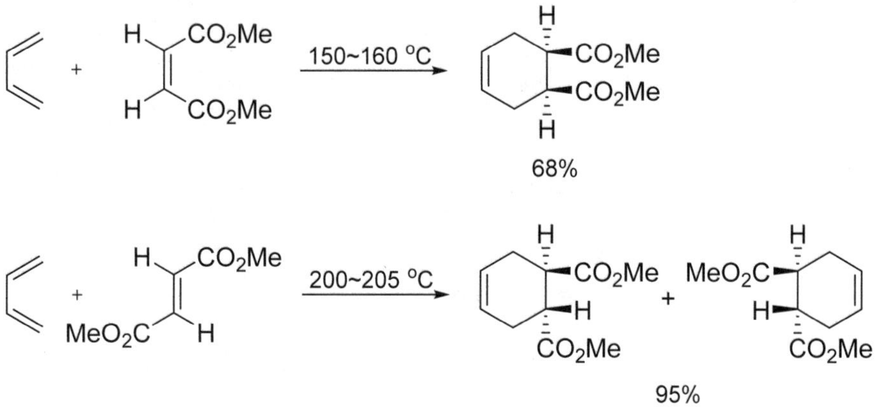
150~160 °C
68%
200~205 °C
95%

双烯体上 1,4–位取代基的立体化学在 Diels-Alder 反应中也同样会保留下来，例如：

Diels-Alder 反应的另一立体化学特点是它遵循"内型规律"。例如，环戊二烯与马来酸酐反应，生成的产物为内型（*endo*）产物，而没有检测到外型（*exo*）产物。

内型产物是动力学控制的产物，是由过渡态中次级轨道相互作用（secondary orbital interaction）所引起的[1]。在二烯体与亲二烯反应的内型过渡态中，双烯体 2,3 - 位 π 轨道与亲双烯体取代基（即 C=O）的 π 轨道形成距离较近，可发生 π-π 次级轨道相互作用，从而降低了能量，有利于反应进行；相反，在外型过渡态中，两个 π 轨道相距较远，不存在次级轨道作用，故能量较高，不利于反应进行。

无次级轨道相互作用

　　因为 Diels-Alder 反应具有好的区域选择性和高的立体专一性，已被广泛用于有机合成中，如下 Danishefsky 双烯体与不对称醌的反应几乎定量地生成邻–内型环加成产物[2]。

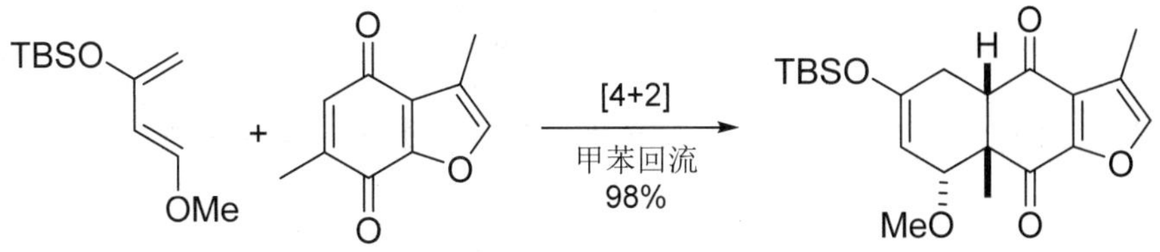

邻–内型环加成产物

　　事实上，*endo* 选择性对于亲二烯体是苯醌或马来酸酐是非常高的，对于其他的亲二烯体如丙烯醛、丙烯酸酯等，*endo* 的选择性不是很好。

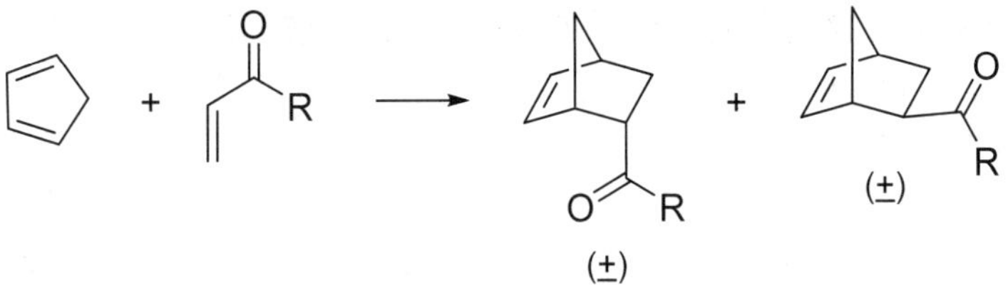

R = H,　　　*endo:exo* = 80:20
R = OMe,　*endo:exo* = 73:27

　　这种内型规律同样存在于开链的二烯体中。如下所示的反应具有很好的非对映选择性。

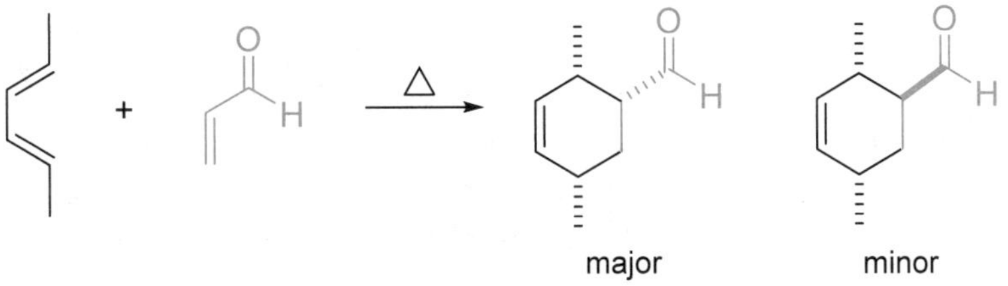

major　　　　　　minor

　　由于轨道次级作用，二烯烃和烯烃靠近的时候采用如下靠近的方式，四个框里的氢处于环的同一面：

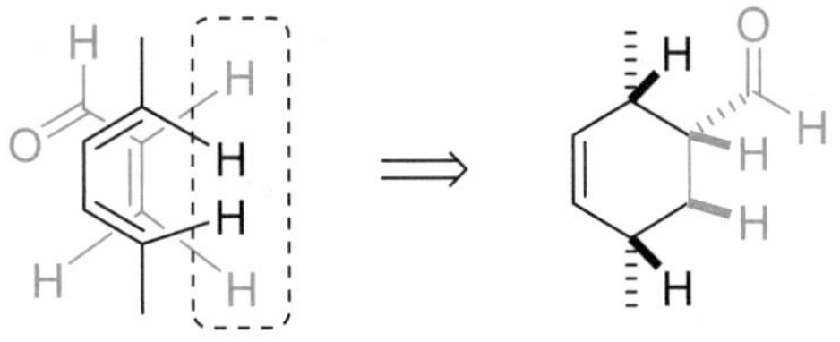

　　内型规律同样适用于分子内的 Diels-Alder 反应。如下所示，反应得到的产物 *cis*：*trans* 为 70：30。

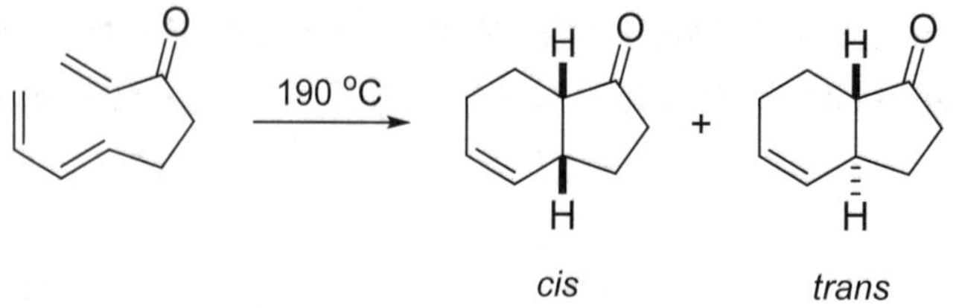

成环时，由于轨道的次级作用，羰基和二烯烃以如下 *cis*-选择性的方式靠近：

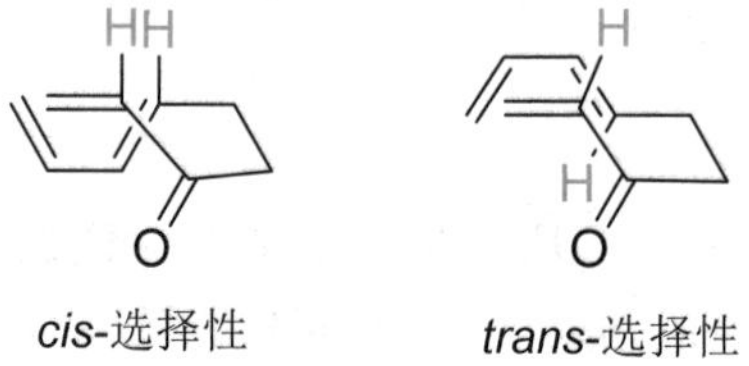

cis-选择性   *trans*-选择性

  Diels-Alder 反应是构筑六元环体系的重要方法，已被广泛用于复杂天然产物的全合成中[3]。1952 年，Woodward 正是利用此方法完成了可的松（cortisone）和胆固醇（cholesterol）的全合成[4]。

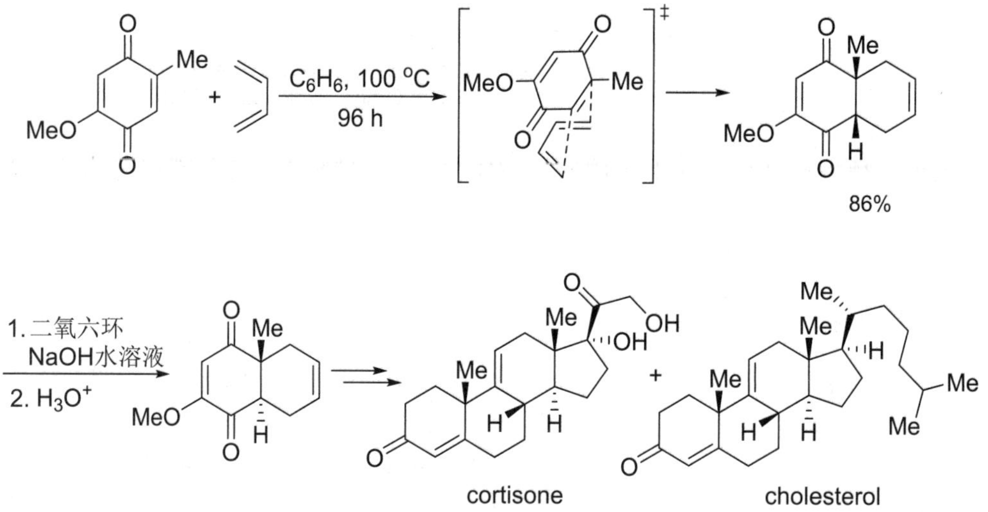

86%

cortisone   cholesterol

  最近有人用 Diels-Alder/分子内氧杂-Diels-Alder 串联反应，成功地实现了多环体系 Bolivianine 的全合成[5]。

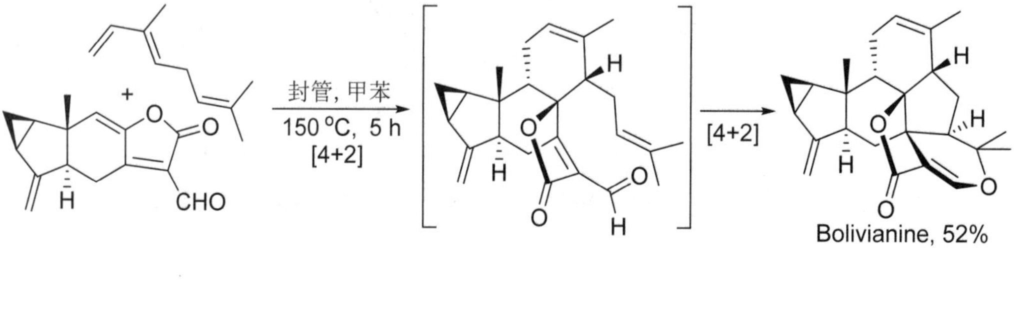

Bolivianine, 52%

芳炔的 Diels-Alder 反应在芳香稠环体系的构筑方面得到广泛应用。如下 Gilvocarcin M 的合成就用了这一策略[6]。在这个反应中，由取代邻碘苯磺酸酯消除产生的芳炔与呋喃发生 Diels-Alder 反应，生成的环氧化合物不稳定，在丁基锂促进下发生消除，环氧开环，生成萘酚衍生物。

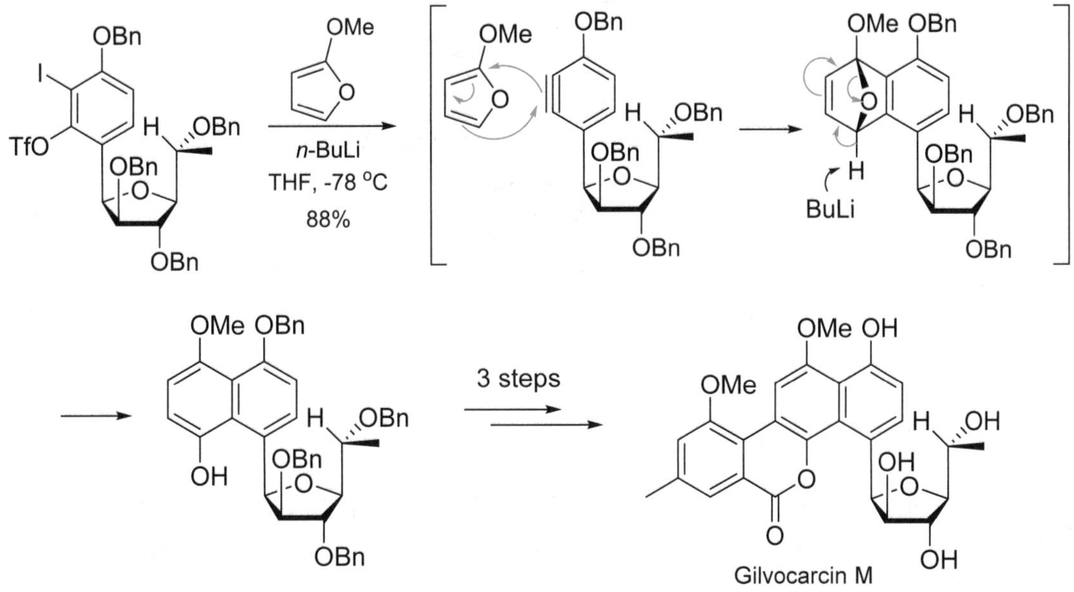

Gilvocarcin M

芳炔非常活泼，甚至可在低温下与苯环上的碳碳双键发生 Diels-Alder 反应，例如[7]：

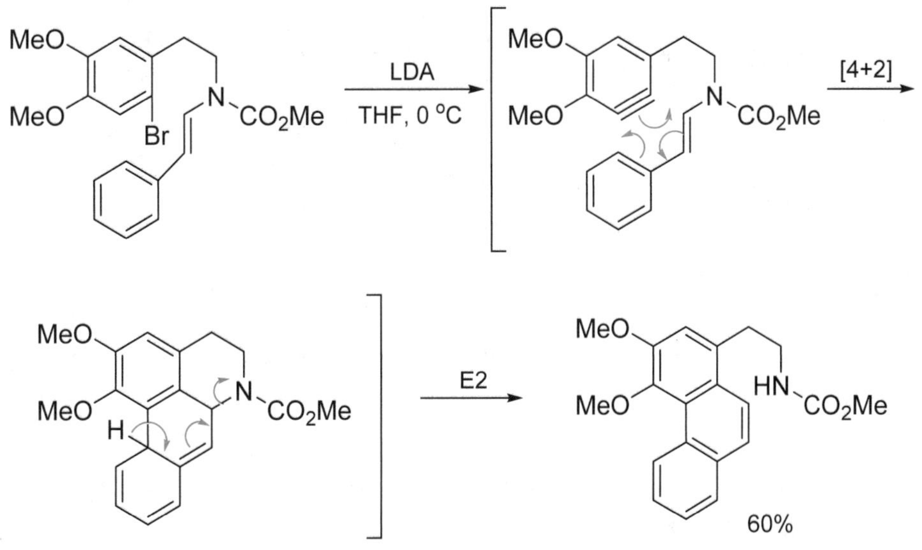

60%

在 Lewis 酸催化下，通过降低亲二烯体的 LUMO 轨道能级，[4+2]环加成反应具有更好的反应性和更好的区域选择性。如下所示，当反应在甲苯中 120 ℃条件下进行时，A 和 B 的比例为 71∶29；在 SnCl$_4$·5H$_2$O 催化下，反应在 0 ℃条件下完成，A 和 B 的比例为 93∶7。Lewis 酸条件下的环加成反应多数是分步进行的，属于形式[4＋2]环加成反应。

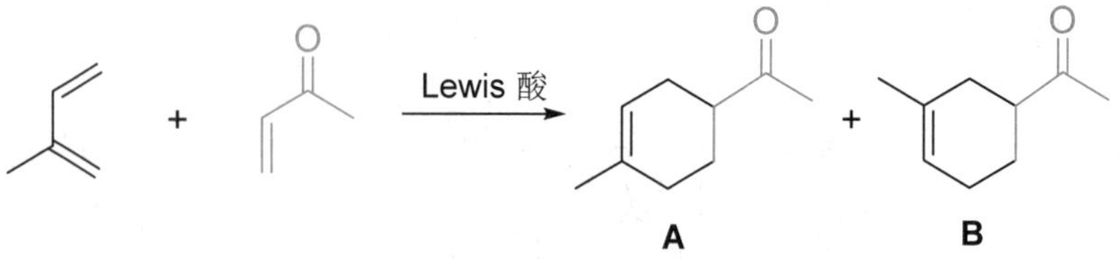

13.3.3 参考文献

13.3.4　氮杂[4＋2]环加成反应

　　氮杂环加成反应中，通常利用 C＝N 的 LUMO 轨道和富电子性烯烃的 HOMO 轨道之间的相互作用，得到环加成产物。根据氮杂的位置不同，氮杂[4＋2]环加成反应有如下三种类型，得到四氢吡啶衍生物：

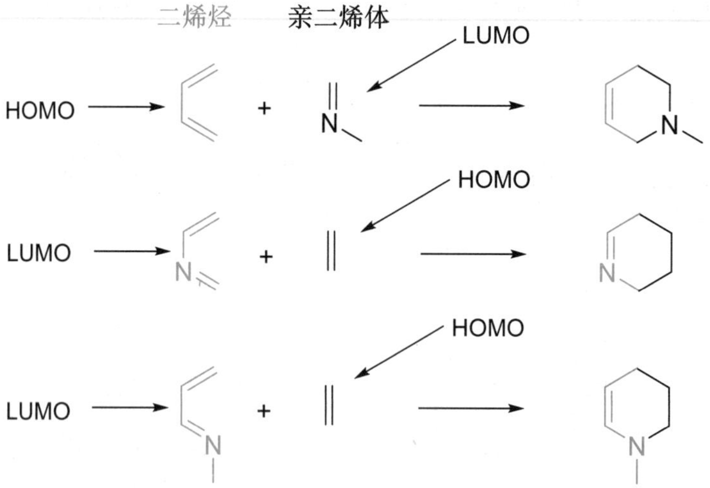

　　反应通常在质子酸或 Lewis 酸催化下进行，如 $BF_3 \cdot ZnCl_2$ 等。Lewis 酸的作用是降低 C＝N 的 LUMO 轨道能级，更易发生环加成反应。

反应可以是协同进行的，也可以是分步进行的。当亚胺和质子或 Lewis 酸结合成亚胺正离子作为底物时，反应通常分步进行。

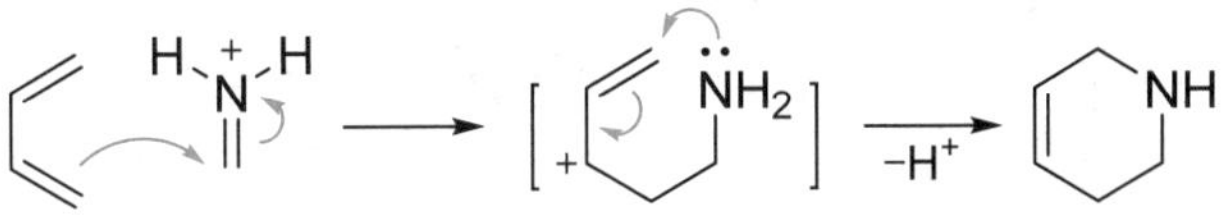

亚胺作亲二烯体的氮杂[4+2]环加成反应称亚胺 Diels-Alder 反应（imine Diels-Alder reaction，IDA 反应）。反应具有区域选择性和立体选择性。区域选择性由分子的极性所控制。甲氧基导致二烯烃的 C4 具有富电子性，极化导致亚胺的 C1 具有缺电子性，因此，IDA 反应的区域选择性如下所示：

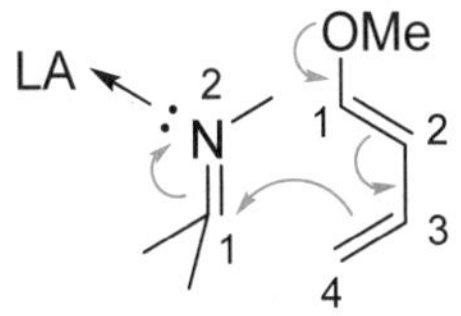

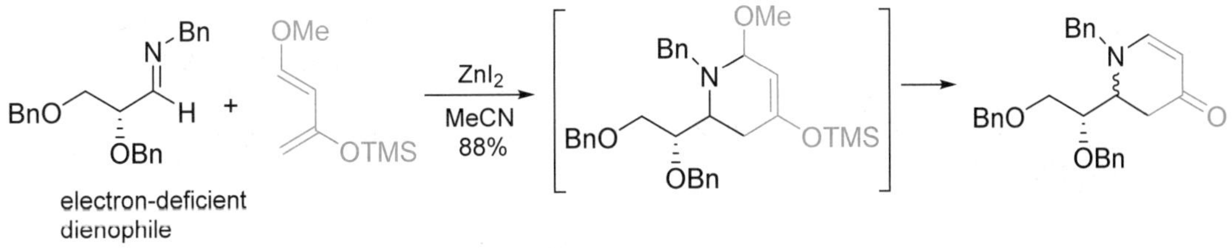

立体选择性由亚胺构型、同面－同面加成所经过的过渡态结构所控制。过渡态结构中要求亚胺孤对电子处于 *exo* 的位置（或亚胺孤电子对和 Lewis 酸结合形成的配位键处于 *exo* 的位置），最终得到孤对电子占据 *exo* 的产物。如下所示，*trans*－亚胺得到 *trans*－产物，*cis*－亚胺得到 *cis*－产物。

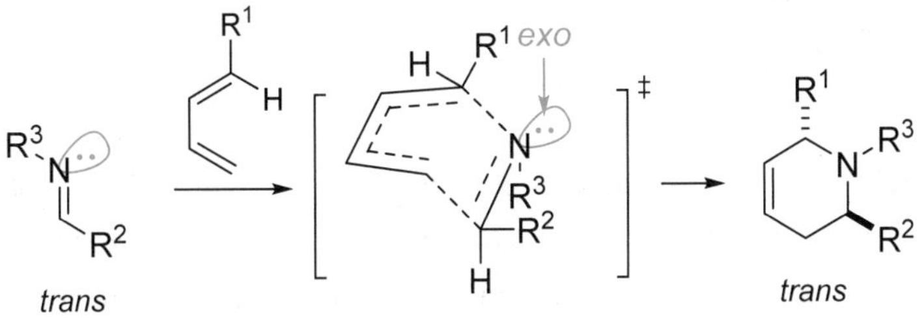

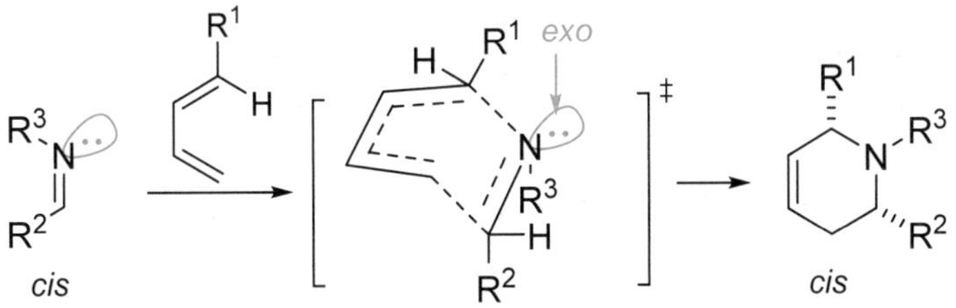

当亚胺的氮原子连有吸电子基时，立体选择性一般很高，得到 *exo* 为主的产物：

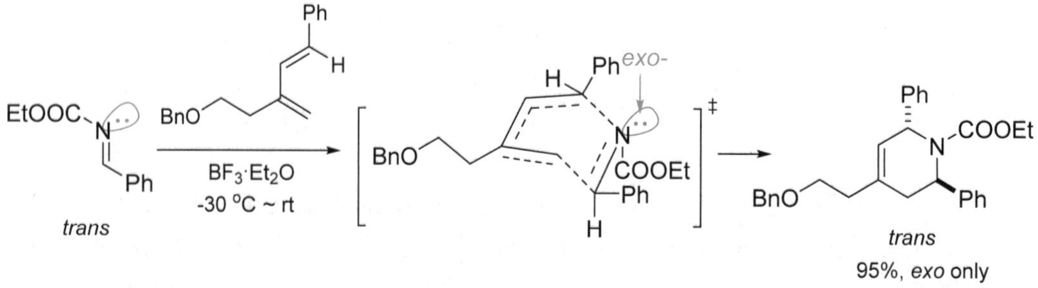

当环状二烯烃作为底物的时候，反应也主要得到 *exo* 产物：

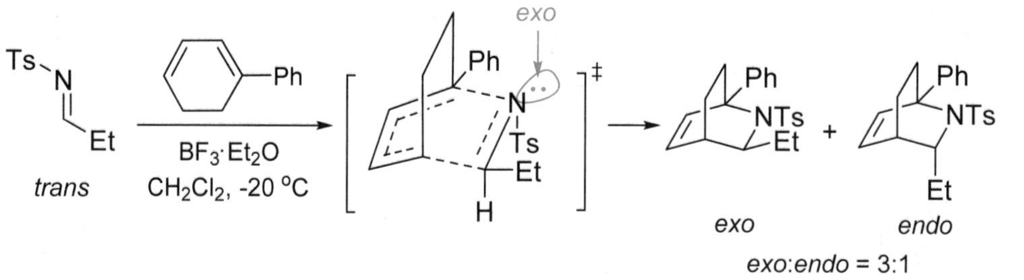

作为氮杂[4+2]环加成反应类型之一，C═N 双键可以作为二烯烃的一部分和富电子性烯烃反应：

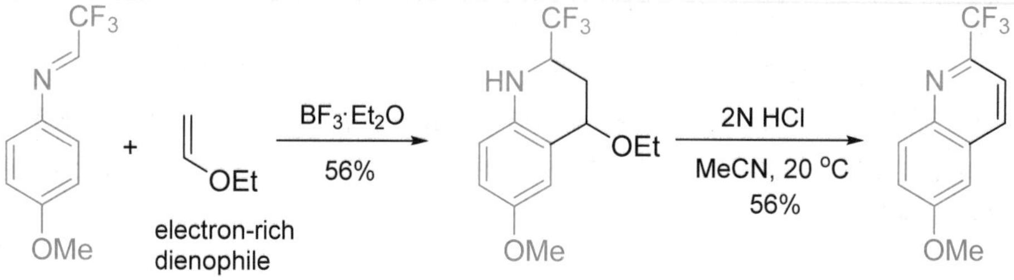

13.3.5　偶极环加成反应

1,3–偶极化合物（1,3–dipolar compounds）是一类含有 3 个原子的 4π 电子体系，如臭氧、叠氮化合物（azide）、重氮烷（diazoalkane）、硝酮（nitrone）、亚甲胺叶立德（azomethine ylide）、羰基叶立德（carbonyl ylide）和腈氧化物（nitrile oxide）等。它们大多不稳定，需要在反应体系中原位产生。

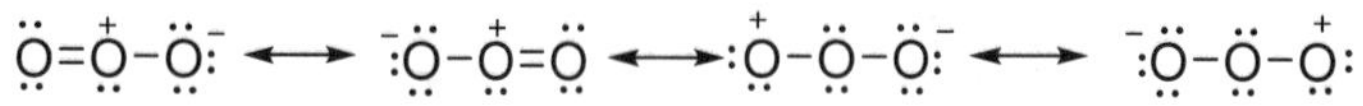

臭氧

叠氮化合物

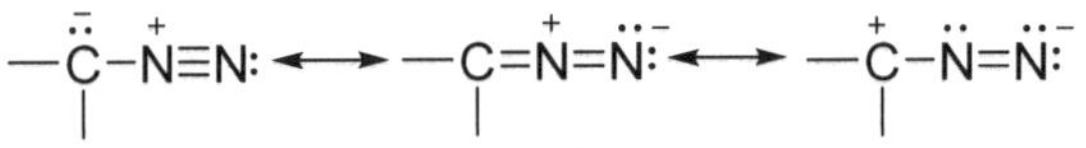

重氮

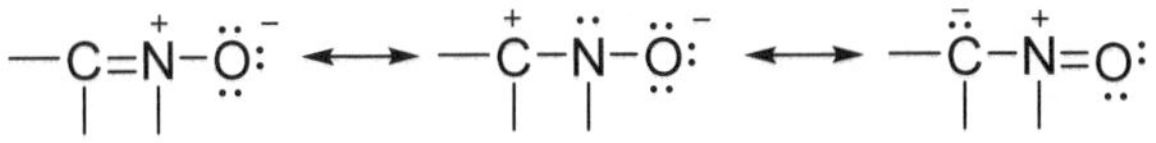

硝酮

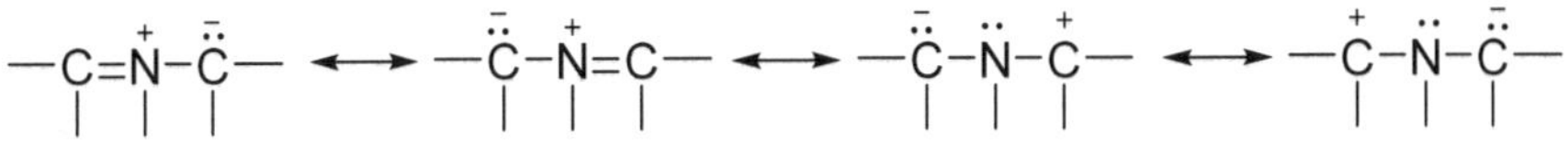

亚甲胺叶立德

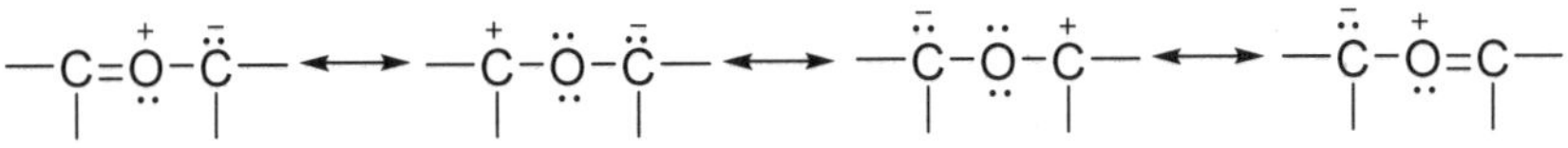

羰基叶立德

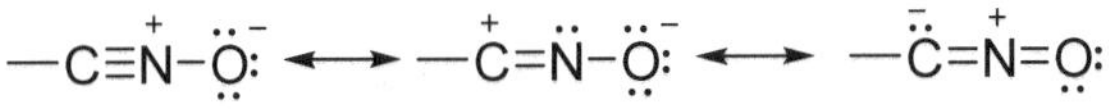

腈氧化物

　　1,3–偶极化合物拥有 4 个π电子，可与具有 2π电子体系的亲偶极子（如烯烃和炔烃等）发生[4+2]环加成反应［常用(3+2)来表示］，称为 1,3–偶极环加成反应。烯烃的臭氧化反应的第一步就属于 1,3–偶极环加成（见第 12 章）。1,3–偶极环加成是合成具有特定立体构型五元氮杂环分子的常用方法。当 1,2–二取代烯烃参与协同的 1,3–偶极环加成反应时，由于是同面–同面顺式加成，反应具有立体专一性，烯烃的构型得到保留。Lewis 酸能够催化 1,3–偶极环加成反应，若使用手性 Lewis 酸催化剂，则可以控制加成产物的绝对构型。

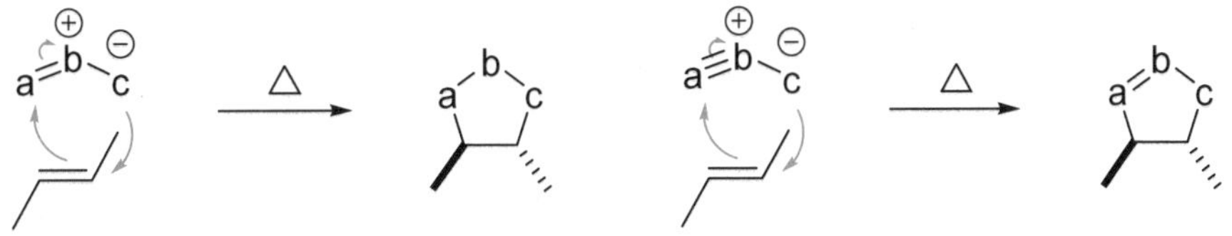

　　1,3–偶极化合物亦可与炔烃发生环加成反应：

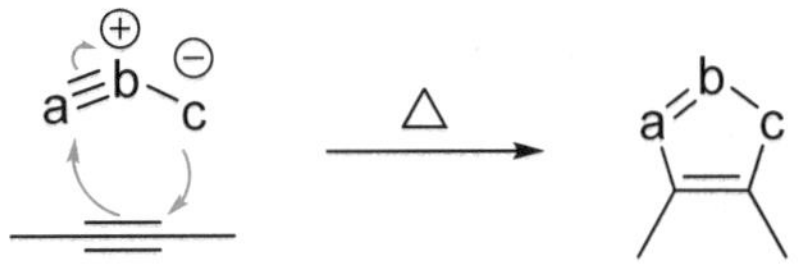

　　根据前线轨道理论，基态下 1,3–偶极体的 LUMO 与亲偶极体的 HOMO，以及基态下 1,3–偶极体的 HOMO 与亲偶极体的 LUMO 的环加成反应，都是同面–同面加成轨道对称性允许的，在热反应条件下反应就可以发生。

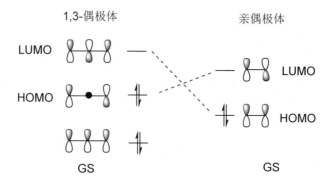

用 1,3-偶极体的 HOMO 控制的反应称为"HOMO 控制的反应"；用 1,3-偶极体的 LUMO 控制的反应称为"LUMO 控制的反应"；当两种情况都存在时，则称为"HOMO-LUMO 控制的反应"。

对于偶极体 HOMO 轨道控制的偶极环加成，亲偶极体的 LUMO 能级越低越有利于反应。如重氮甲烷和烯烃的环加成，烯烃（及亲偶极体）上的取代基吸电子能力越强，烯烃的电子云密度越低，LUMO 轨道能级就越低，反应速率越快：

$$\overset{-}{H_2C}-\overset{+}{N}\!\!\!=\!\!\!N \quad + \quad \diagup\!\!\!\!\diagdown X \quad \longrightarrow \quad$$

	COOEt	Ph		OBu	NR₂
相对反应速率	11200000	4300	2000	1	不反应

对于偶极体 LUMO 轨道控制的偶极环加成，亲偶极体上连有给电子基时，双键上的电子云密度增大，能有效提高 HOMO 轨道的能级，反应速率加快。如臭氧和烯烃的偶极环加成：

$$\overset{-}{O}-\overset{+}{O}\!\!\!=\!\!\!O \quad + \quad \diagup\!\!\!\!\diagdown X \quad \longrightarrow \quad$$

相对反应速率	97000	80000	25000	1180	22	3.6	1

对于偶极体 HOMO-LUMO 同时控制的反应，取代基的电子效应规律性不强，如叠氮和烯烃的偶极环加成：

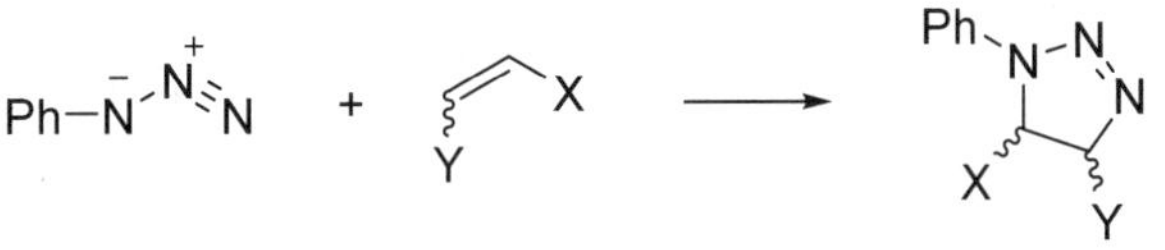

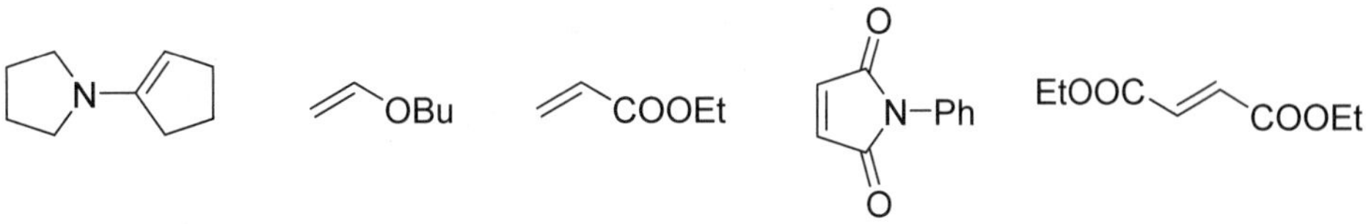

| 相对反应速率 | 115000 | 0.4 | 9.85 | 27.6 | 8.36 |

13.3.5.1　叠氮化合物的环加成

1.　与烯烃的环加成

叠氮化合物与烯烃在加热时发生 1,3-偶极环加成，生成 4,5-二氢-1,2,3-三氮唑。这种加成为同面-同面加成，故烯烃的构型在反应中保留了下来。对于不对称的非末端烯烃，反应通常缺乏区域选择性。若用烯醚或烯胺，则电子效应可导致反应具有极好的区域选择性：叠氮化合物的末端氮原子（缺电子性）与烯醚或烯胺分子中富电子性碳原子相结合。

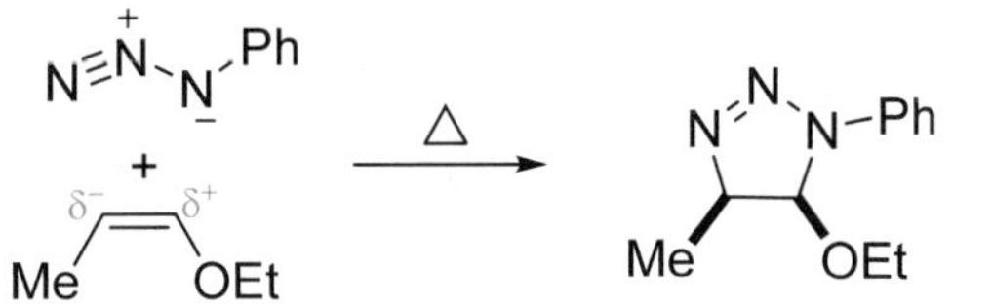

在二级胺催化下，由酮原位形成的烯胺可与叠氮化合物发生 1,3-偶极环加成，生成三氮唑类杂环化合物[1]，例如：

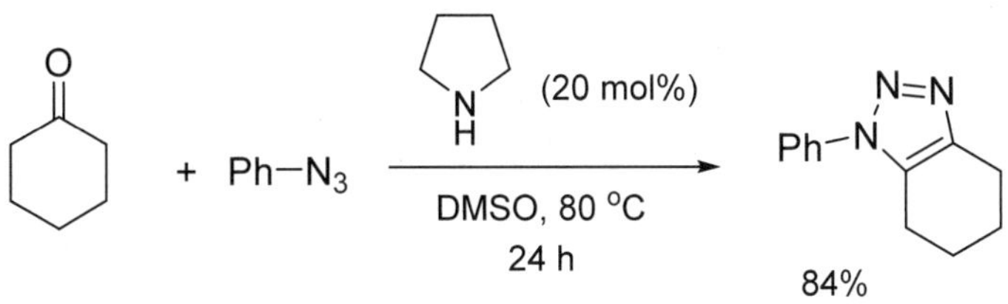

这个催化循环过程如下：首先，二级胺（吡咯烷）与酮缩合，形成烯胺中间体 **A**；然后，**A** 与叠氮发生 1,3-偶极环加成，区域选择性地生成环加成产物 **B**；最后，**B** 消除一分子吡咯烷，生成 1-取代的 1,2,3-三氮唑，消除产生的吡咯烷进入下一个催化循环。

吲哚分子中也有一个富电子性的碳碳双键，可以和叠氮发生区域选择性的环加成[2]：

70%

反应首先发生叠氮和富电子性烯烃的偶极环加成，受取代基电子效应的影响，区域选择性地得到中间体 **A**，脱氢氧化生成具有芳香性的中间体 **B**（路径 a），**B** 不稳定，受磺酰基吸电子的影响，产物以开环的形式存在，结构通过单晶分析得到确认。中间体 **A** 也可以通过路径 b，先开环，再脱氢，得到产物。

2. 与炔烃的环加成

叠氮化合物与炔烃加成生成 1,2,3－三氮唑衍生物。末端炔烃与叠氮化合物的反应往往得到 1,4－ 和 1,5－二取代 1,2,3－三氮唑的混合物。

在 Cu(Ⅰ)催化下，末端炔烃与叠氮化合物在室温下反应，能高区域选择性地得到 1,4－二取代 1,2,3－三氮唑。这个方法是 Sharpless 等[3]在 2002 年首次报道的，此后被广泛应用于有机合成中[4]。由于末端炔烃和叠氮两个基团都不是广泛存在于生物体中的，它们之间的反应又具有快速、高效、高选择性等特点，因此，被称为"点击反应"（click reaction）且广泛应用于生命科学研究领域。

研究表明，一价铜催化的叠氮－炔烃环加成（copper-catalyzed azide-alkyne cycloaddition，简称 CuAAC）反应的催化循环过程涉及双核铜配合物中间体的形成[5]。首先，炔烃与一价铜配位，形成 π 络合物 A，后者失去一个质子，并与另一个铜配位形成炔基铜 B。然后，叠氮化合物与炔基铜配位形成双核铜配合物 C，后者经中间体 D 发生分子内环加成，并脱掉一个铜生成铜配合物 E。最后，E 经金属－质子交换生成三氮唑。在这个过程中，两个铜原子的协同作用决定了这个反应的区域选择性。

13.3.5.1 参考文献

13.3.5.2　重氮化合物的环加成

重氮甲烷通常由 *N*－甲基－*N*－亚硝基对甲苯磺酰胺（diazald）的二乙二醇二甲醚和乙醚溶液与温热的氢氧化钠水溶液反应来制备。1－甲基－3－硝基－1－亚硝基胍（MNNG）在低温下与氢氧化钾水溶液作用也可得到重氮甲烷。

重氮甲烷与缺电子性烯烃容易发生 1,3－偶极环加成反应，生成 1－吡唑啉。反应的立体化学是同面－同面加成，亲偶极体的构型在反应中保留下来。由于 1－吡唑啉不稳定，立即发生异构化转化为热力学较稳定的 2－吡唑啉。

对于不对称的烯烃，反应的区域选择性通常受到动力学和热力学因素的影响。当亲偶极体为 α,β－不饱和羰基化合物时，重氮甲烷的环加成反应一般都得到动力学控制产物，即重氮甲烷的碳原子加到亲偶极体中缺电子性的 β－碳原子上[1]：

EWG = CHO, COR, CO$_2$R, NO$_2$

例如，重氮甲烷与下列(*E*)－和(*Z*)－α,β－不饱和酮的反应得到动力学控制的产物，且(*E*)－型底物生成反式产物，(*Z*)－型底物生成顺式产物，是立体专一性的反应[1]。

1,1-二氟联烯与重氮甲烷的环加成也能够区域选择性地生成动力学有利产物（唯一产物）。然而，当二甲基重氮甲烷反应时，生成动力学有利产物（主要产物）和热力学稳定产物两种异构体的混合物，而二苯基重氮甲烷反应则生成动力学有利产物和热力学稳定产物（主要产物）的混合物，区域选择性显著下降[2]。

由醛或酮和二级胺缩合产生的富电子性烯胺亦可与重氮化合物发生 1,3-偶极环加成反应，区域选择性地生成吡唑啉类杂环化合物，而且使用催化量的二级胺即可实现这一转化[2]，例如：

这个催化过程的可能机理如下：

13.3.5.3 腈氧化物的形成与环加成

腈氧化物通常由肟经氯化和碱消除 HCl 来产生（称为 Huisgen 法），也可由硝基烷烃在异氰酸酯存在下脱氧而形成（称为 Mukaiyama 法）。

在上述 Mukaiyama 反应中，碱首先夺取硝基烷烃的 α-H（$pK_a=9$）；接着，硝基的 O^- 进攻异氰酸酯的亲电碳原子，N 质子化，最后经 E2 消除得到腈氧化物。

原位产生的腈氧化物与烯烃加成生成异噁唑啉，与炔烃加成则得到异噁唑。例如，将硝基乙烷、对氯苯基异氰酸酯和炔烃或烯烃的混合物在三乙胺存在下于室温搅拌反应 20 h，生成异噁唑或异噁唑啉[1]。

腈氧化物的 1,3-偶极环加成反应亦可发生在分子内，例如：

13.3.5.3 参考文献

13.3.5.4 硝酮的制备和环加成

硝酮通常是稳定的化合物，可通过肟的 N-烷基化来制备：

硝酮与烯烃的 1,3-偶极环加成反应提供了合成异噁唑烷的一条有效途径。例如，硝酮与丙烯腈的环加成反应，主要生成 4-取代的产物，并具有非对映选择性：

主要产物 　　　　 次要产物

Lewis 酸能够催化硝酮的 1,3-偶极环加成反应。但由于硝酮 1,3-偶极分子强的配位活性，常导致催化剂活性降低。使用体积庞大的 Lewis 酸催化剂，1,3-偶极分子难以与催化剂的金属中心配位，从而可有效地提高了催化剂的活性，例如[1]：

13.3.5.4 参考文献

13.3.5.5　亚甲胺叶立德的形成与环加成

　　亚甲胺叶立德的 1,3-偶极环加成反应是合成吡咯烷吡咯啉类杂环化合物的有效方法之一[1]。亚甲胺叶立德可由氮杂环丙烷加热开环原位产生。通常三元环的碳原子上带有吸电子共轭效应的基团（如酯基、芳基、烯基等）时，形成的亚甲胺叶立德比较稳定，反应容易进行。

　　这个过程属于 4π 电环化开环反应，因此遵循 4π 电环化的立体选择性规律，即在热反应条件下顺旋开环，具有立体专一性。例如，顺式氮杂环丙烷开环形成的亚甲胺叶立德与丁炔二酸二甲酯发生环加成，生成反式的吡咯啉产物，而反式氮杂环丙烷得到顺式吡咯啉[2]。

由氮杂环丙烷形成的亚甲胺叶立德与烯烃的环加成生成吡咯烷,反应同样具有立体专一性,例如:

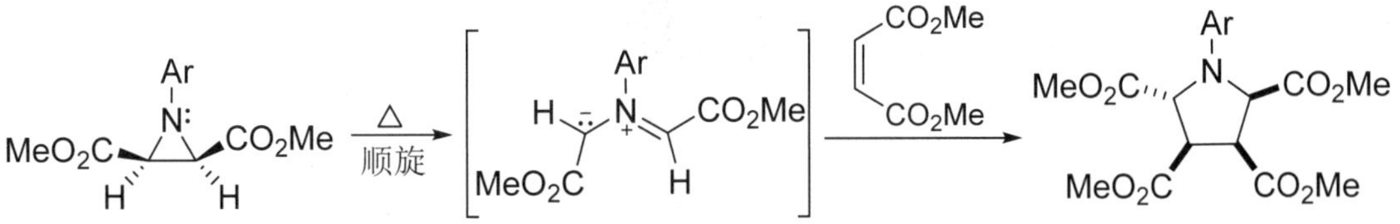

亚甲胺叶立德亦可由甘氨酸酯的衍生物与醛形成的亚胺盐原位生成。例如,在乙酸存在下,N-烷基甘氨酸酯与过量的丙烯醛反应,生成的亚胺盐用三乙胺处理,以良好的产率和高的区域及立体选择性生成环加成产物[3]。

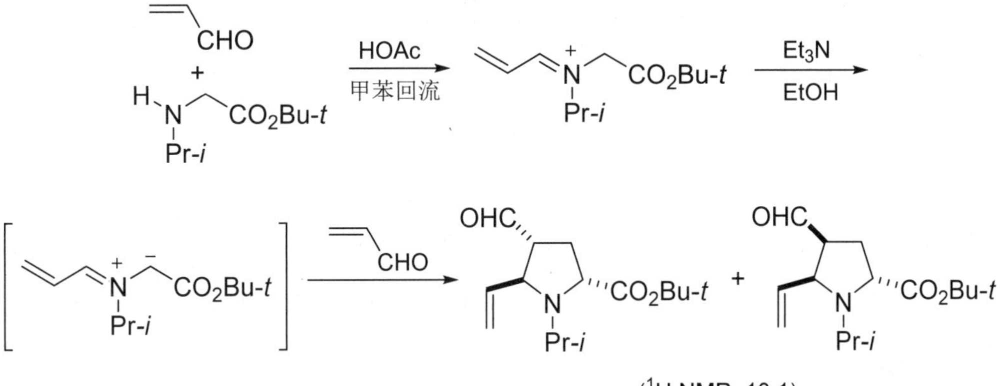

(^{1}H NMR: 10:1)

在1,3-偶极体或亲偶极体中引入手性辅助物,可实现甲亚胺叶立德的不对称偶极环加成。如下樟脑磺酰胺衍生的酰基氮杂环丙烷热解,产生的手性甲亚胺叶立德与多种亲偶极分子进行环加成,获得了高的立体选择性[4].

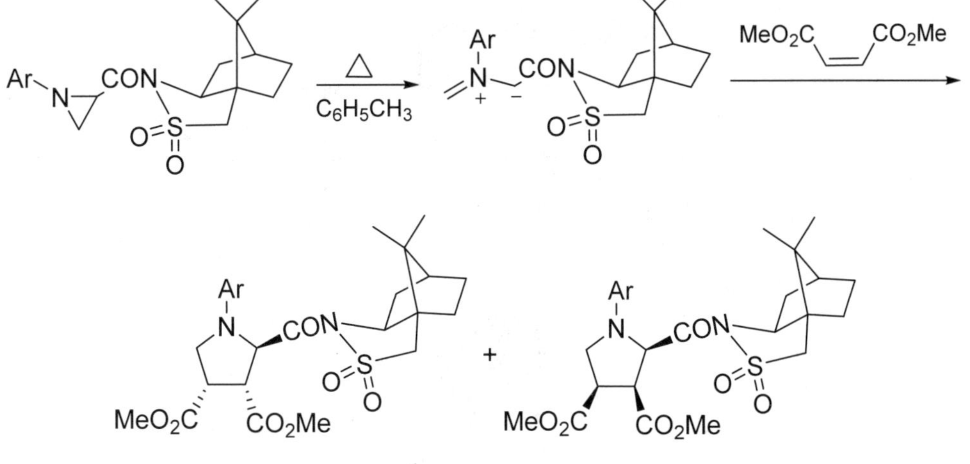

(^{1}H NMR: 9:1)

13.3.5.5 参考文献

13.3.5.6　羰基叶立德的形成与环加成

重氮化合物在过渡金属[常用 Rh(Ⅱ)和 Cu(Ⅰ)催化剂]催化下与酮反应，形成羰基叶立德[1]，催化过程经历了金属卡宾中间体。这是产生羰基叶立德的常用方法。

$$R^2\text{CO}-C(N_2)-R^1 \ + \ O{=}C(R^4)(R^4) \xrightarrow{\text{Rh(II) 或 Cu(I)}} \quad$$

via

若使用手性铑催化剂，则可实现对应选择性 1,3‐偶极环加成反应，例如[2]：

cat. (1 mol %)

90% ee

13.3.5.6 参考文献

13.4 σ-迁移反应

13.4.1 H[1,*j*]迁移

常见的 H 迁移是 H[1,5]和 H[1,7]迁移。例如，用氘标记的戊二烯在加热时 C1 上的一个氢原子迁移到 C5 上，π键也随着移动，即发生 H[1,5]迁移。

在这个反应中，C1 上的一个氢原子迁移到 C5 上。假定 C—H 键断裂后生成一个氢原子和一个戊二烯自由基，后者属于 5π 电子共轭体系，其轨道和能级如下：

H[1,*j*]迁移发生在戊二烯自由基的 HOMO 中，即 ψ_3 轨道，该轨道上有一个未成对电子。在环状反应过渡态中，戊二烯自由基的 HOMO 轨道是面对称的，C1 和 C5 的轨道相位相同，氢原子的 1s 轨道可以在同一侧同时与 C1 和 C5 的轨道重叠，当氢原子与 C1 之间的键开始断裂时，它与 C5 之间的键即开始生成。因此，同面的 H[1,5]迁移是轨道对称性允许的。

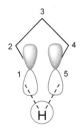

基态，同面的 H[1,5]迁移，对称性允许

H[1,5]迁移是同面进行的，因此是立体专一性的反应。例如，(2E,4Z)-2-氘-6-甲基辛-2,4-二烯在加热到 250 ℃时发生 H[1,5]迁移得到如下两种立体异构体产物：

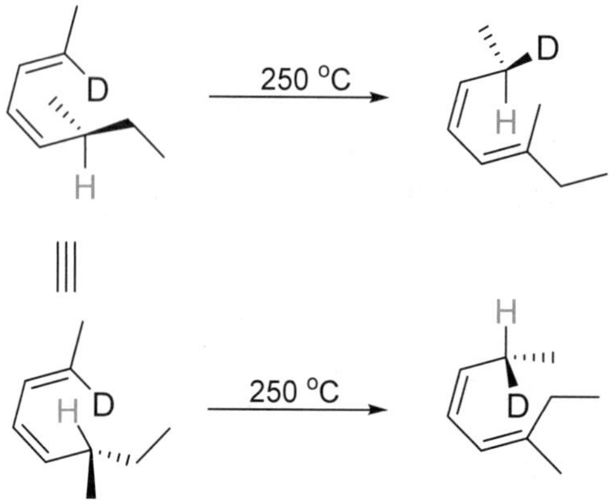

对于 H[1,3]迁移反应，在热反应条件下，烯丙基自由基的 HOMO（即 ψ_2 轨道）是面不对称的，C1 和 C3 的轨道相位相反，氢原子的 1s 轨道不能在同一侧同时与 C1 和 C3 的轨道重叠，因此同面的 H[1,3]迁移是对称性禁阻的。在热反应条件下，虽然异面的 H[1,3]迁移是轨道对称性允许的，可以重叠，但由于 1s 轨道太小，氢原子的异面迁移是空间上不利的，不利于协同反应的进行。因此，H[1,3]迁移热反应是不能发生的。

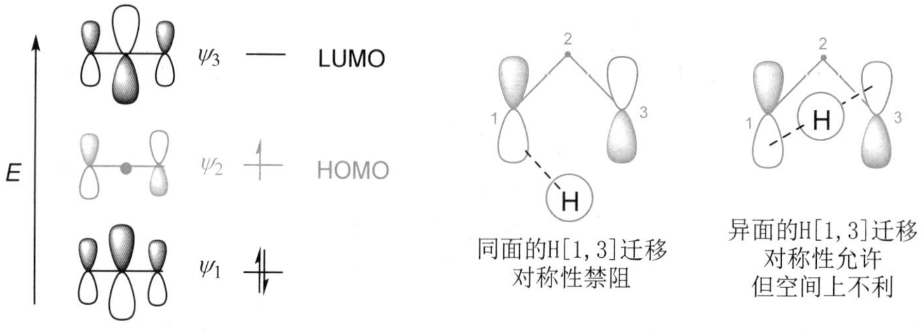

同面的H[1,3]迁移
对称性禁阻

异面的H[1,3]迁移
对称性允许
但空间上不利

虽然 H[1,3]迁移的热反应不能发生，但同面的光反应是对称性允许的。在光反应条件下，激发态烯丙基自由基的 HOMO（即 ψ_3 轨道）是面对称的，其两端轨道的相位是相同的，氢原子的 1s 轨道能同时与 C1 和 C3 的轨道同侧一瓣重叠。

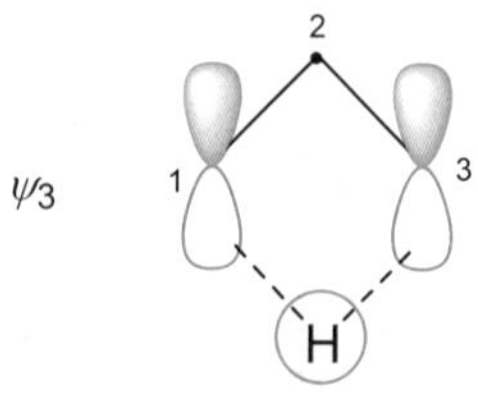

激发态，同面的 H[1,3]迁移，对称性允许

H[1, *j*]迁移反应的 Woodward-Hoffmann 规律总结如下：

总电子数(1+*j*)	加热	光照
4*n*	同面，对称性禁阻	同面，对称性允许
	异面，对称性允许	异面，对称性禁阻
4*n*+2	同面，对称性允许	同面，对称性禁阻
	异面，对称性禁阻	异面，对称性允许

对于 H[1,3]迁移，参与反应的电子体系为 4*n*，*n*=1，共 4 个电子。H[1,7]迁移也发生于 4*n* 体系，此时 *n*=2，共 8 个电子。H[1,5]迁移发生在 4*n*+2 体系。尽管 H[1,3]迁移和 H[1,5]迁移比较常见，H[1,7]迁移的例子也有很多[1,2]，例如：

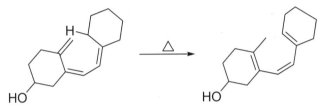

13.4.1 参考文献

13.4.2 C[1, *j*]迁移

与 H[1,3]迁移不同，C[1,3]迁移能够在热反应条件下发生。在基态，烯丙基自由基的 HOMO（即 ψ_2 轨道）是面不对称的。若迁移的碳原子在反应过程中构型保持，其 p 轨道不能同时与基态烯丙基自由基 C1 和 C3 的轨道重叠，因此，这种迁移是对称性禁阻的。然而，当迁移的碳原子的构型发生翻转，其 p 轨道可以同时与基态烯丙基自由基中 C1 和 C3 的轨道重叠，这是对称性允许的。

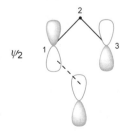

同面的C[1,3]迁移，构型保持
对称性禁阻

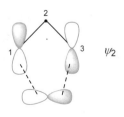

同面的C[1,3]迁移，构型翻转
对称性允许

例如，桥环化合物 5-甲基双环[2.1.1]己-2-烯的热反应生成 6-甲基双环[3.1.0]己-2-烯，迁移碳原子（即 C1′）的构型随之发生翻转：

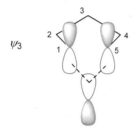

C[1,5]迁移的立体专一性正好与 C[1,3]迁移相反。在热反应条件下，C[1,5]迁移中碳原子的构型保持不变，是轨道对称性允许的。如果碳原子的构型翻转，则是对称性禁阻的。

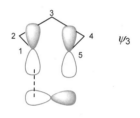

同面的C[1,5]迁移，构型保持　　　　　　　同面的C[1,5]迁移，构型翻转
　　　　对称性允许　　　　　　　　　　　　　　　对称性禁阻

由此可见，如果共轭体系的 HOMO 轨道是面对称的，迁移的碳原子用其 p 轨道的一瓣进行同面迁移，得构型保持（如 C[1,5]迁移）的产物；若 HOMO 轨道是面不对称的，迁移碳原子则用其 p 轨道的两瓣进行同面的迁移，在此过程中迁移碳原子的构型翻转（如 C[1,3]迁移）。

C[1,j]迁移反应的 Woodward-Hoffmann 规律总结如下：

总电子数($1+j$)	加热	光照
$4n$	构型保持，对称性禁阻	构型保持，对称性允许
	构型翻转，对称性允许	构型翻转，对称性禁阻
$4n+2$	构型保持，对称性允许	构型保持，对称性禁阻
	构型翻转，对称性禁阻	构型翻转，对称性允许

下面的环庚三烯衍生物 A 在加热时经历 6π电环化关环、两次 C[1,5]迁移和 6π电环化开环，形成了一种新的环庚三烯衍生物 E[1]。由于电环化不涉及这个分子的手性碳原子，而 C[1,5]迁移过程中手性碳原子的构型保持，所以整个转化过程中手性碳原子的构型保持不变。

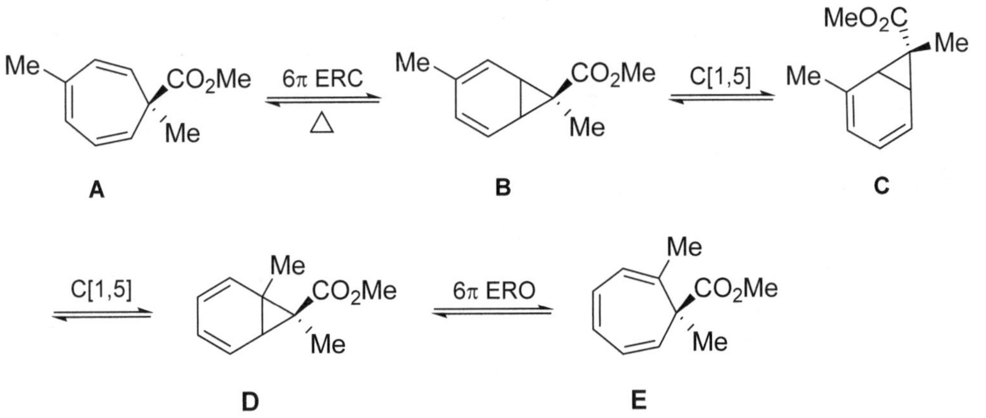

除了 H 和 C 的[1,*j*]迁移之外，杂原子参与的[1,*j*]迁移也有不少例子，如下反应的第二步就属于氮/氧杂－[1,3]迁移反应[2]：

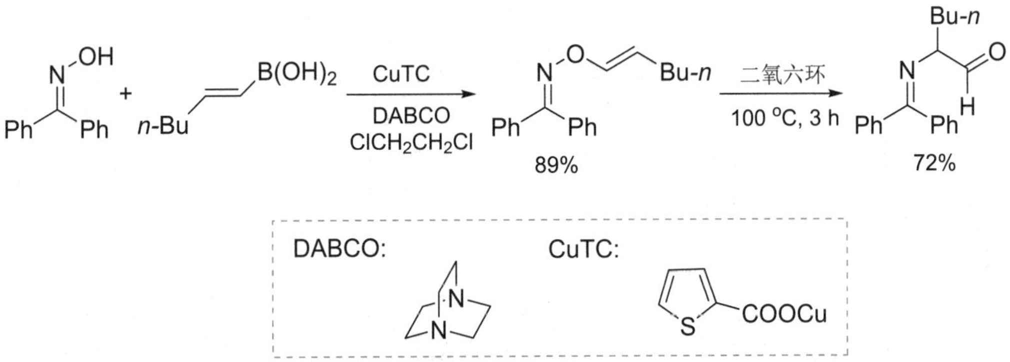

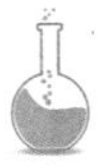

13.4.2 参考文献

13.4.3 [3,3]迁移

常见的[3,3]迁移反应包括Cope重排、Claisen重排、氮杂–Claisen重排、Claisen-Ireland重排等，下面将分别介绍这些重要反应。

13.4.3.1 Cope 重排

己－1,5－二烯型化合物在加热时发生碳骨架重排，生成新的己－1,5－二烯型化合物，这类反应称为 Cope 重排。

此协同反应可以看作两个烯丙基自由基之间的反应，其六元环状过渡态采用椅式构象。反应发生在两个烯丙基自由基的 SOMO 上，其中一个烯丙基自由基两端碳原子的轨道与另一个烯丙基自由基两端碳原子的轨道相位相同的一瓣重叠。这样的过渡态是轨道对称性允许的，空间上也是有利的。

Cope 重排是立体专一性的反应，其立体化学取决于椅式构象的六元环状过渡态的稳定性。例如，内消旋的 3,4-二甲基己-1,5-二烯在加热时生成辛-2,6-二烯，其中 99.7%的产物为（Z,E）构型，而（E,E）构型的产物仅有 0.3%。反应微观可逆，但产物辛-2,6-二烯较 3,4-二甲基己-1,5-二烯稳定，是发生该反应的驱动力。

[3,3]迁移是可逆的，但可通过立体效应来控制反应的平衡。环张力是发生 Cope 重排的另一个重要驱动力。例如，高张力的顺-1,2-二乙烯基环丙烷即使在-20 ℃也能够完全重排生成环辛-1,4-二烯；顺-1,2-二乙烯基环丁烷在 120 ℃完全重排生成环庚-1,5-二烯[1]。

下面的环丁酮衍生物 **A** 与烯基锂试剂发生亲核加成，生成的环丁醇锂盐 **B** 可在室温下立即发生 Cope 重排，生成扩环产物 **C**；**C** 经碱处理脱去三甲基硅基保护基团后所形成的烯醇负离子进一步发生分子内的羟醛缩合，得到三环化合物 **D**[2]。这个 Cope 重排是氧负离子驱动的，因为重排后所形成的烯醇负离子互变异构为酮式结构后较为稳定。当环丁酮的 α-C 上有一个与乙烯基处于顺式的甲基时（**E**），烯基锂与环丁酮的亲核加成形成环丁醇锂盐 **F**，此时两个乙烯基处于四元环的异侧，不能发生由 **B** 到 **C** 的 Cope 重排，但 **F** 的烯醇硅醚基团与烯丙醇负离子中的乙烯基处于顺式，因此能发生 Cope 重排，生成双环化合物 **G**。

下面的重排反应若在氟离子存在下进行，反应容易发生。在氟离子作用下，生成烯醇负离子能和 Cope 重排产生的双键发生共轭，得到中间体 **A**，故反应较容易发生，在温和条件下给出更高的产率：

当己-1,5-二烯的 1-位或 2-位碳原子替换为氮原子时，Cope 重排也能发生，分别称为 1–氮杂–Cope 重排（1-aza-Cope）[3]和 2-氮杂-Cope 重排（2-aza-Cope）[4]：

13.4.3.1 参考文献

13.4.3.2 Claisen 重排

Claisen 重排也是一种[3,3]迁移，它与 Cope 重排不同之处在于 1,5–二烯的 3–位碳原子换成了氧原子，即烯丙基烯基醚的重排，产物为 γ,δ– 不饱和羰基化合物：

与 Cope 重排相似，Claisen 重排的立体化学取决于椅式构象的六元环状过渡态的稳定性。例如：

65%

除了烯丙基烯基醚之外，烯丙基芳醚也容易发生 Claisen 重排，生成 2–烯丙基苯酚：

当芳环上的两个邻位都被占据时，烯丙基迁移至对位。其过程涉及两个连续的[3,3]迁移：

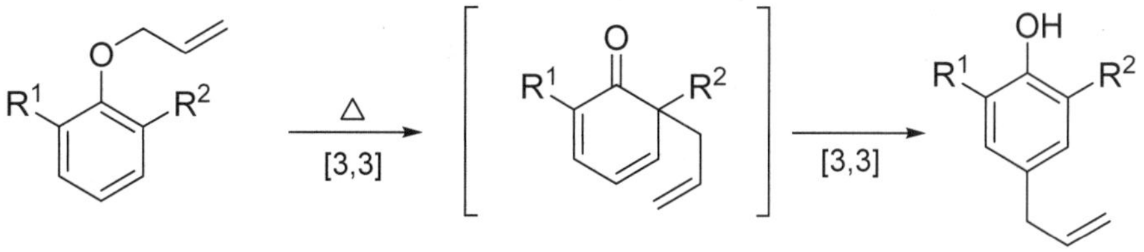

与烯丙基烯基醚相似，炔丙基烯基醚也能发生 Claisen 重排，生成 α-联烯基羰基化合物[1]。炔丙基烯基醚的产生方法包括炔丙醇与原酸酯的缩合、炔丙醇与醛的缩合、炔丙醇与烯基醚的缩合等。

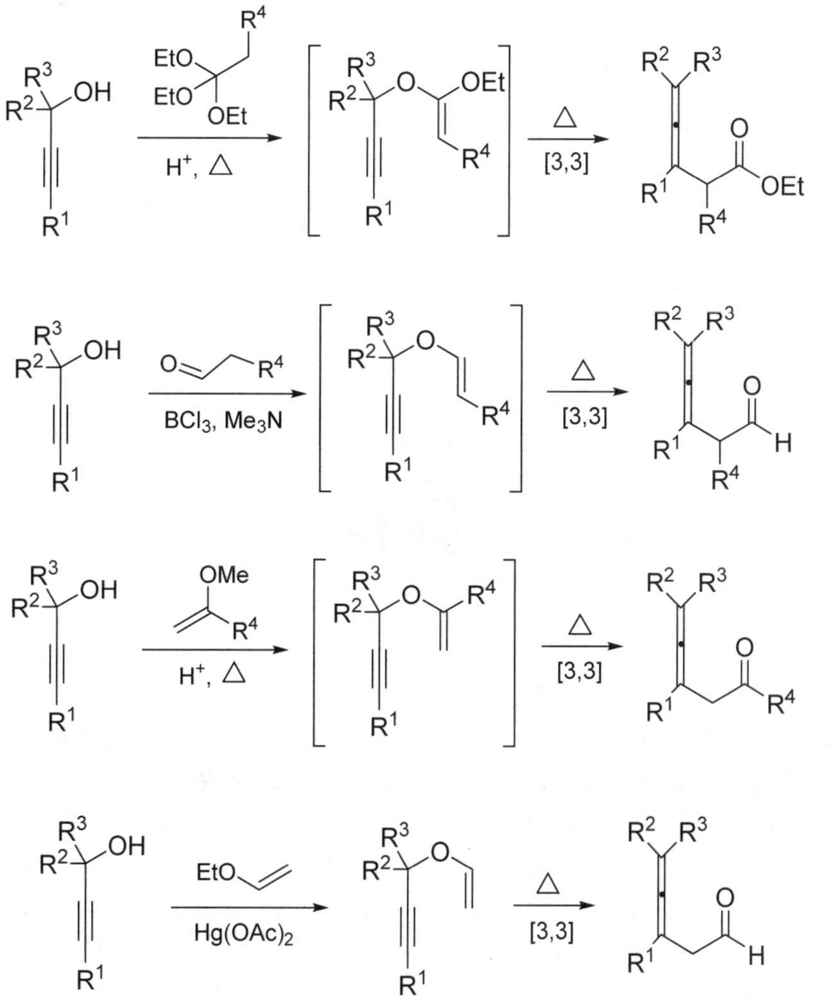

这个方法已被用于如下大环内酯化合物的全合成[2]：

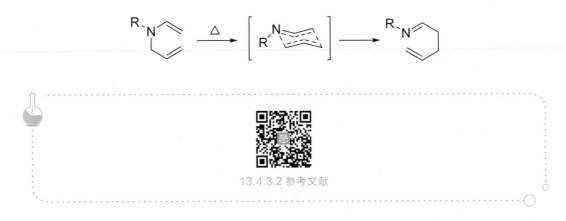

3-氮杂己-1,5-二烯亦能发生 Claisen 重排，称为氮杂-Claisen 重排（或 3-aza-Cope 重排）。Lewis 酸可催化这一反应。

13.4.3.2 参考文献

13.4.3.3 Claisen-Ireland 重排

1972 年，R. E. Ireland 报道了一种类似于 Claisen 重排的[3,3]迁移反应，即烯丙基酯与 LDA 形成的烯醇锂盐被三烷基氯硅烷捕获，生成硅基烯缩酮（silylketene acetals），后者经[3,3]迁移生成 γ,δ-不饱和酸，这类反应称为 Claisen-Ireland 重排[1]。[3,3]迁移通常可在室温下发生，产物的立体化学与形成烯醇锂盐时的反应条件有关[2,3]。对于(E)-烯丙基酯，当脱质子反应在 THF 中进行时，主要形成动力学有利的(Z)-烯醇锂盐，后者经硅醚化和[3,3]迁移，生成 anti-γ,δ-不饱和酸；当脱质子反应在 THF/HMPA 中进行时，则形成(E)-烯醇锂盐，最终产物为 syn-γ,δ-不饱和酸。

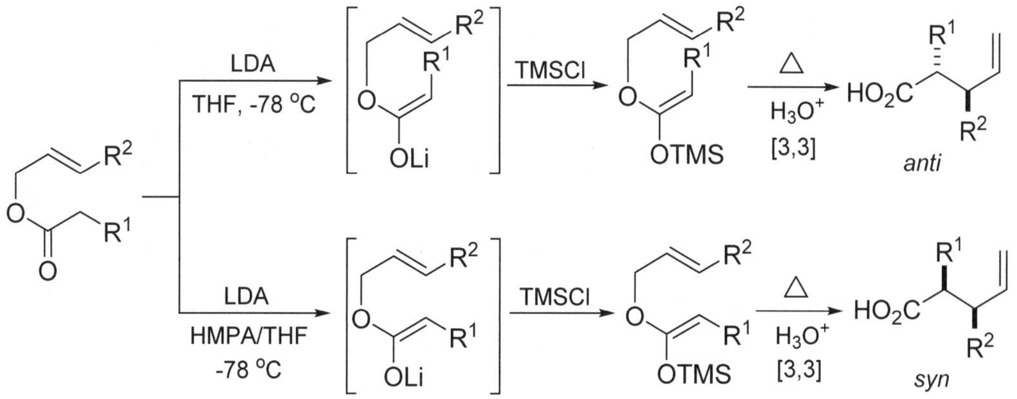

LDA
THF, -78 ℃

TMSCl

△
H₃O⁺
[3,3]

anti

LDA
HMPA/THF
-78 ℃

TMSCl

△
H₃O⁺
[3,3]

syn

无环烯丙基酯的 Claisen-Ireland 重排的六元环状过渡态采用椅式构象，环状烯丙基酯的反应则主要通过船式过渡态[3]。

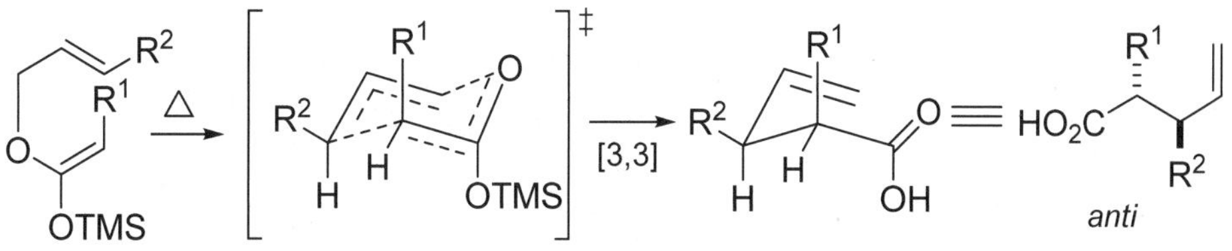

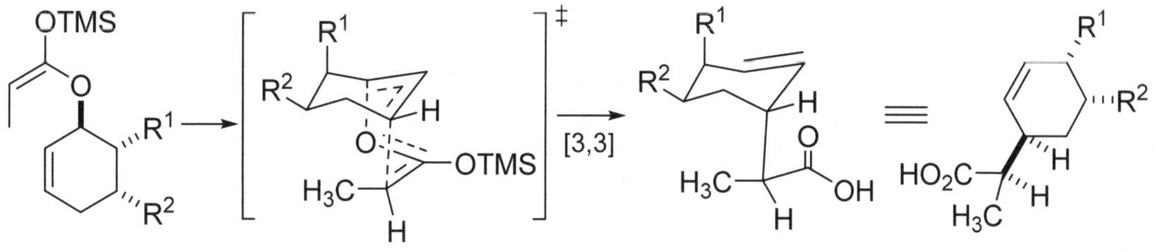

13.4.3.4 Carroll 重排

β-酮酸烯丙酯在加热条件下经[3,3]迁移和脱羧串联过程，生成 γ,δ-不饱和酮，这类反应称为 Carroll 重排（又称 Kimel-Cope 重排或脱羧 Claisen 重排）[1]：

此反应通常需要较高温度（130～220 ℃），但若将 β-酮酸酯转变成烯醇锂盐，[3,3]迁移可在较低温度下进行。例如，由(E)-2-甲基-3-氧代丁酸丁-2-烯酯与过量 LDA 形成的烯醇锂可在 23 ℃发生[3,3]迁移，但在此温度下未发生脱羧。产物的立体化学取决于(E)-烯醇盐中间体进行[3,3]迁移的椅式构象过渡态。

13.4.3.4 参考文献

13.5　Ene 反应

含有烯丙型氢的烯烃和含有缺电子性重键（C＝C、C＝O、C＝S 或 C＝N）的化合物之间发生的取代加成反应，称为 Ene 反应。由于加成的结果是烯丙基氢和烯丙基分别加成到双键两端的原子上，故又称为氢-烯丙基加成（hydro-allyl addition）。在 Ene 反应中，含烯丙型氢的组分称为烯（ene），而具有缺电子性重键的组分称为亲烯体（enophile）。当亲烯体为醛时，这个反应又称为醛-烯反应。当亲烯体为羰基化合物时，生成的产物为醇，称为羰基–烯反应。

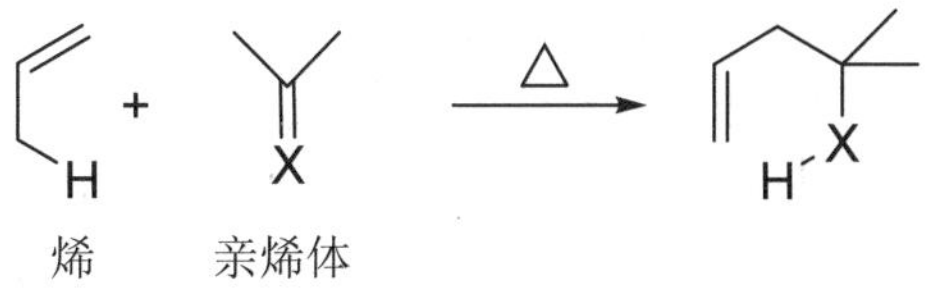

(X = CH_2, CHR, CR_2, O, S, NH, NR)

Ene 反应与[4+2]环加成和[1,5]迁移反应有些相似，经历了一个 6 电子的环状过渡态，4 个电子分别为来自两个π键，2 个电子来自烯丙基位的 C—Hσ键[1]。

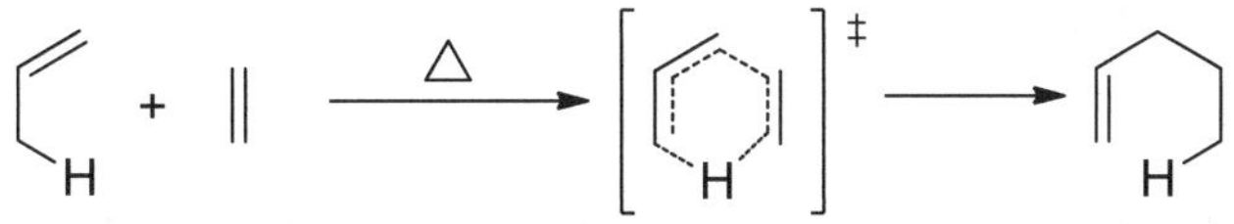

亲烯体的 C═C 键上连有吸电子基时反应容易发生。在此情况下，亲烯体用 LUMO，烯用 HOMO，同面–同面的加成是轨道对称性允许的，故新生成的两个σ键处于亲烯体同侧。例如：

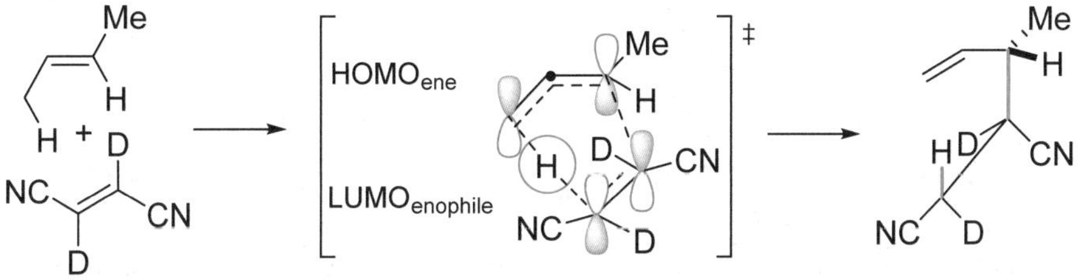

当亲烯体为炔烃时，产物中新生成的两个σ键处于顺式位置：

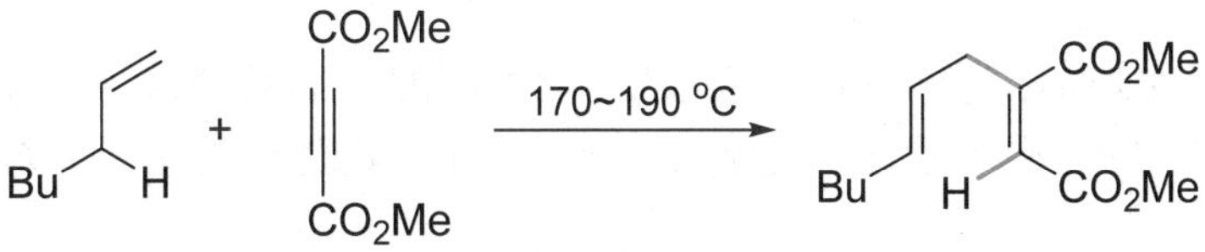

分子内的 Ene 反应相对比较容易：

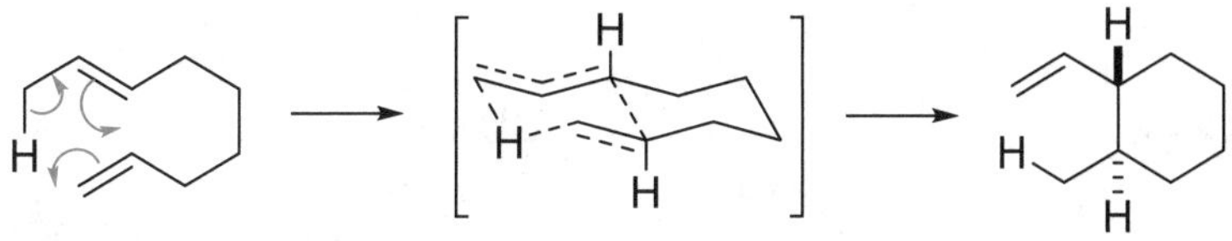

当产物特别稳定时，Ene 反应相对容易发生。例如，下面的羰基–Ene 反应可在较低温度下进行，因为产物中的吲哚环具有芳香性，比较稳定。

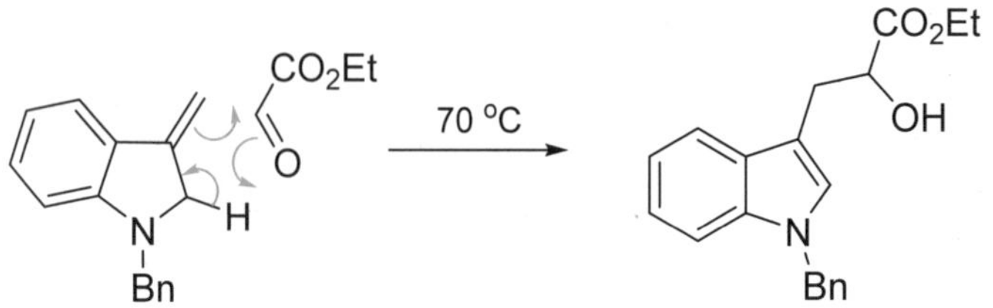

烯醇的不稳定性也能够驱动 Ene 反应，但需要高的温度以保持高浓度的烯醇，例如：

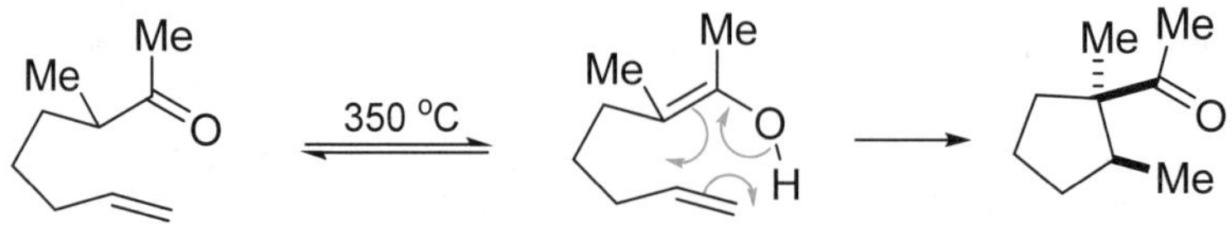

Lewis 酸能够促进 Ene 反应[2]，并实现对映选择性催化反应，RAlX$_2$、Sc(OTf)$_3$、LiClO$_4$ 等都是有效的催化剂。不活泼的亲烯体亦可在 Lewis 酸催化下顺利发生反应，但这个过程可能不是协同的。这种不对称的 Ene 反应已被广泛用于有机合成中。例如，在天然产物 $(-)-\alpha-$Kainic acid 的全合成中就使用了手性金属配合物催化的不对称 Ene 反应[3]：

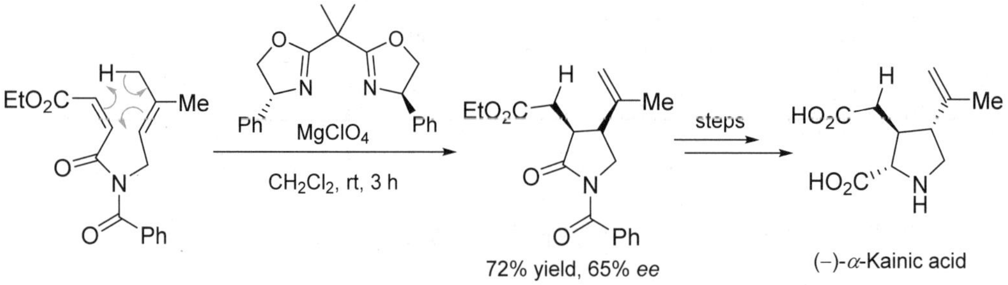

72% yield, 65% ee

$(-)-\alpha$-Kainic acid

Ene 反应是可逆的。逆的 Ene 反应常见于乙酸酯的热消除反应中，其机理也被称为 Ei 消除（见 4.3 节），通常需要高温反应。此外，由烯丙醇衍生的缩甲醛亦可发生逆的 Ene 反应。例如：

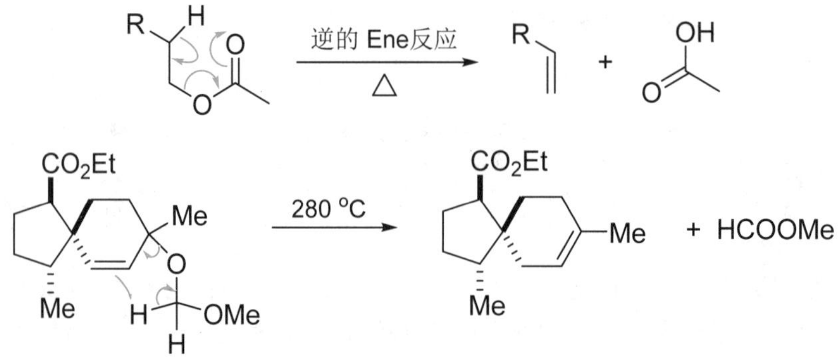

13.5 参考文献

拓展学习资源

知识讲解 1

知识讲解 2

知识讲解 3

知识讲解 4

知识讲解 5

知识讲解 6

讲解课件 1

讲解课件 2

讲解课件 3

习 题

1. 预测下列反应的主要产物结构：

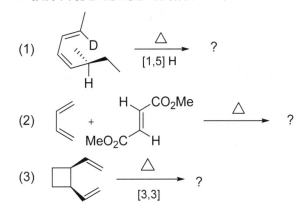

(4)

$$\xrightarrow{\quad 130\ ^{\circ}C \quad} \quad ?$$

（*Angew. Chem. Int. Ed.* 2002，*41*，1668-1698.）

(5)

$$\xrightarrow[\substack{C_6H_6 \\ 100\ ^{\circ}C,\ 96\ h}]{\qquad\qquad} \quad ?$$

（*J. Am. Chem. Soc.* 1952，*74*，4223-4251.）

(6)

$$\xrightarrow{\quad 120\ ^{\circ}C \quad} \quad ?$$

（*J. Org. Chem.* 1983，*48*，1147-1149.）

(7)

$$\xrightarrow[{[3,3]}]{\quad \triangle \quad} \quad ?$$

(8)

$$\xrightarrow[H^+,\ \triangle]{\quad MeC(OEt)_3 \quad} \quad ? \quad \xrightarrow{\quad LiAlH_4 \quad} \quad ?$$

（*Synlett* 2010，866-868.）

(9)

$$\xrightarrow[2.\ SiO_2]{\quad 1.\ CH_3CN,\ 81\ ^{\circ}C \quad}$$

（*Org. Lett.* 1999，*1*，641-644.）

(10)

$$\xrightarrow[C_6H_6]{\quad hv \quad} \quad ?$$

（*Tetrahedron Lett.* 2001，*42*，7667-7670.）

2. 下列两个构型异构体在相同条件下反应生成同一产物，为什么？

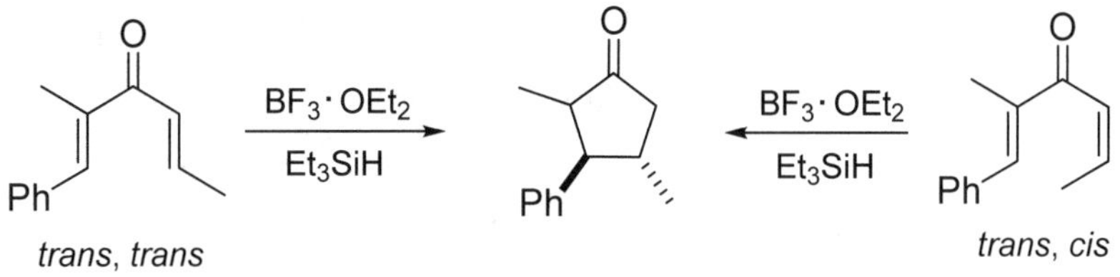

trans, trans

trans, cis

3. 由指定的原料和必要的试剂实现下列转化。

(1)

(2)

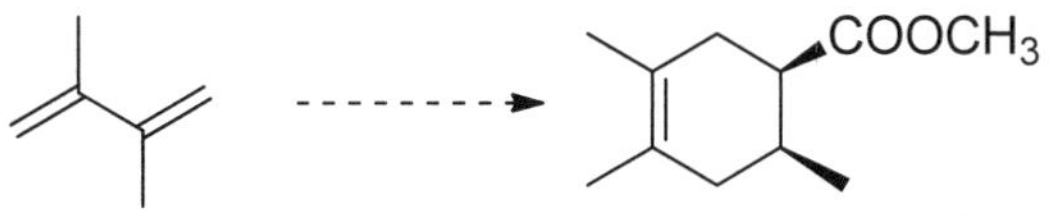

(3)

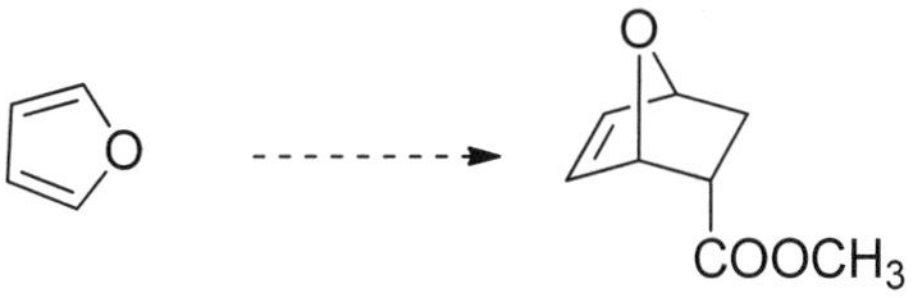

(4)

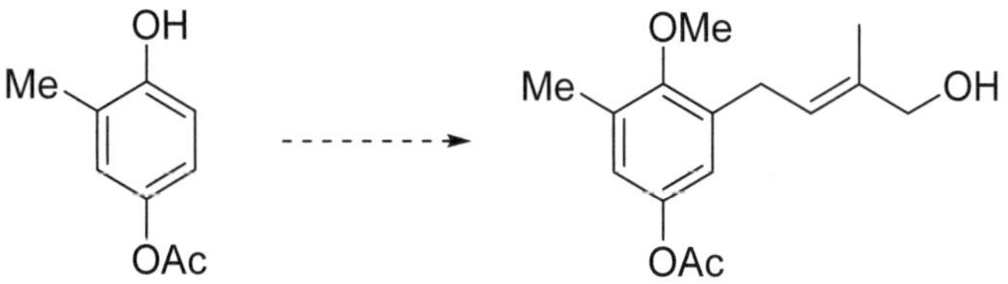

4. 写出下列反应的可能机理。

(1)

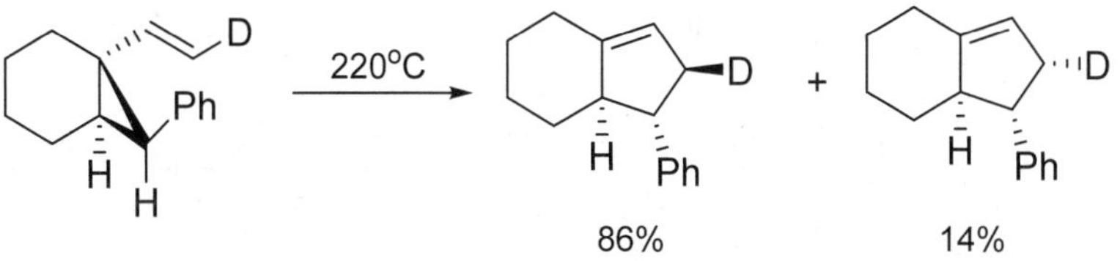

86%

14%

（ *J. Org. Chem.* 1999， *64*， 3567-3571.）

(2)

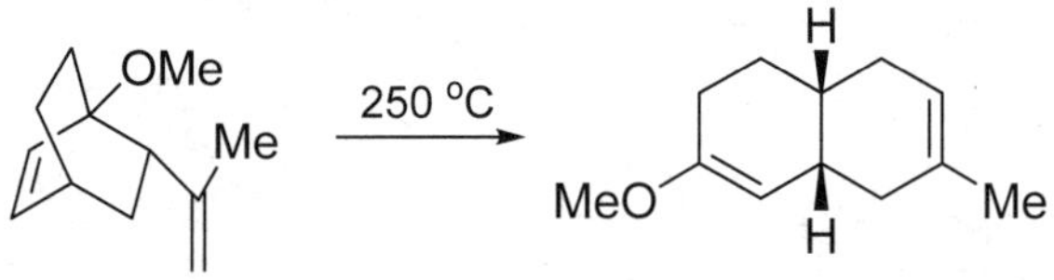

(3)

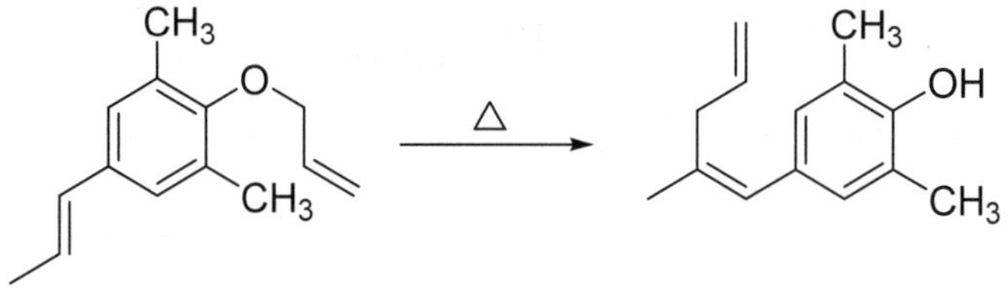

(4)

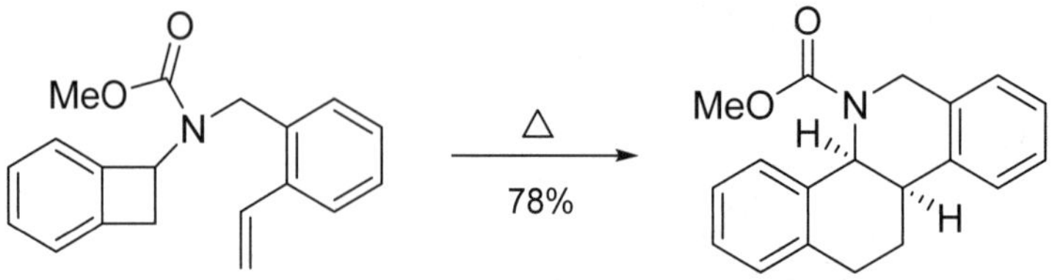

(5)

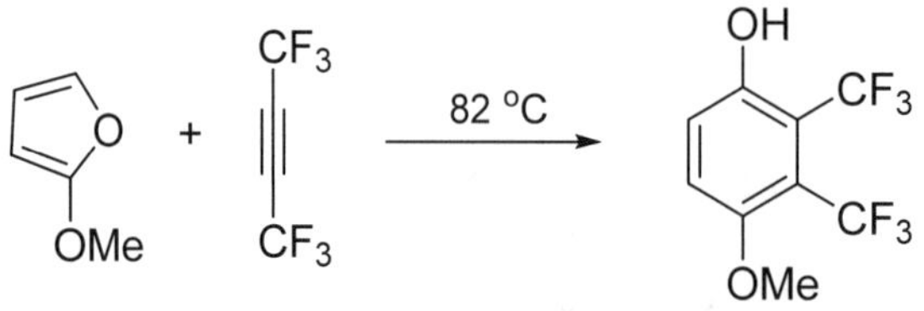

（*Org. Lett.* 2000，*2*，3345-3348.）

(6)

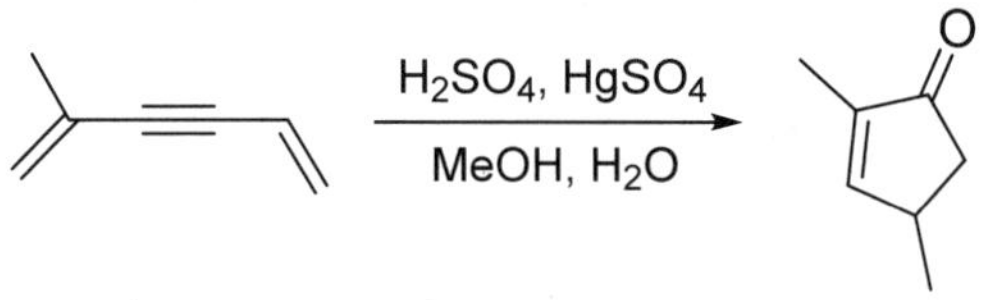

(7)

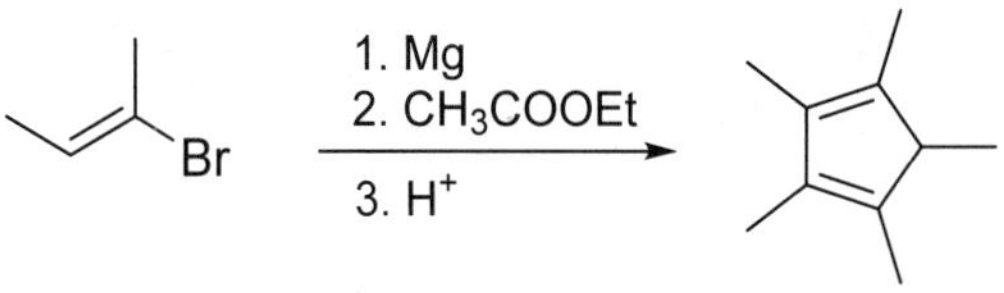

(8)

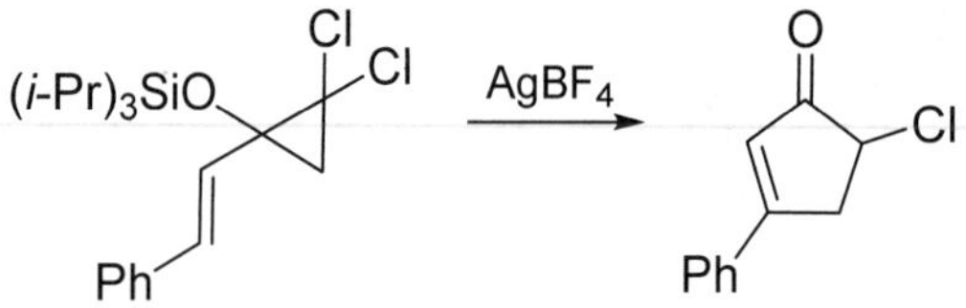

(9)

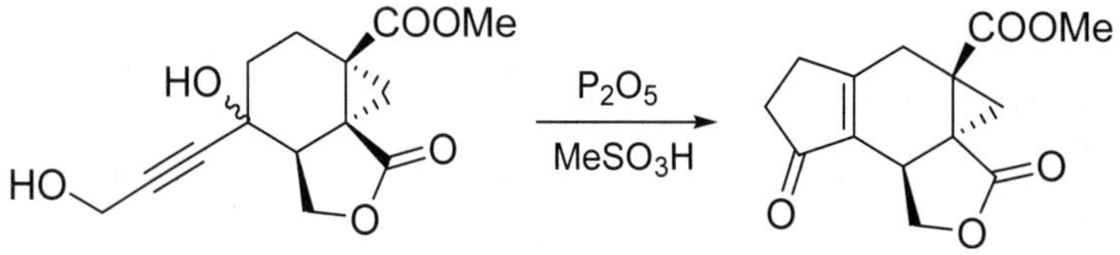

(10)

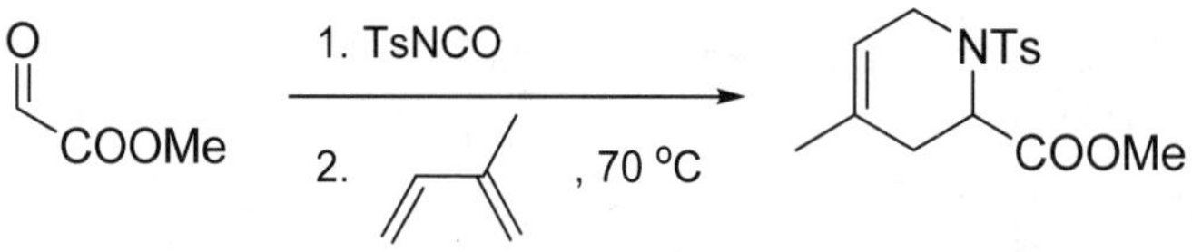

(11)

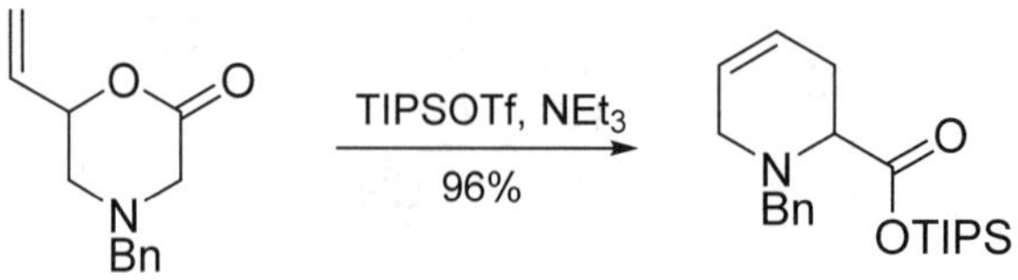

（*J. Org. Chem.* 1998，*63*，7490-7497.）

(12)

1. Tf₂O DTBMP
2. (((, 20 °C
3. H₂O/CCl₄, reflux

62%, 92% ee

(*J. Org. Chem.* 2016，*81*, 4421-4428.)

(13)

TiCl₄, CH₂Cl₂

- 78 °C

99%

(*Org. Lett.* 2001，*3*, 3033-3035.)

(14)

R = CO₂Me
hv (254 nm)
51%

R = Me
hv (254 nm)
46%

(*J. Org. Chem.* 2011，*76*, 5924-5935.)

(15)

1. Sc(OTf)₃, −78 °C
2. H₂O₂, (NH₄)₆Mo₇O₂₄ (10 mol%)
3. HCl, MeOH, 50 °C

(*J. Am. Chem. Soc.* 2014，*136*, 9918-9921.)

5. 已知 α-吡喃酮能捕获苯炔得到萘：

预测下面反应的产物结构：

+

CHCl₃, 85 °C

A + **B**

(*Org. Lett.* 2021，*23*, 2189-2193.)

6. 下列合成采用"一锅法"操作，即中间体产物 **A** 和 **B** 未经分离而直接用于下一步反应，三步反应的总产率达到 85%（ *J. Org. Chem.* 2016，*81*，10227-10235. ）。写出中间产物 **A** 和 **B** 的结构，并提出合理的反应机理。

85 %（**C:D** = 52:48）

7. 如下反应涉及氮杂–Claisen 重排，反应具有非对映选择性。预测产物的相对构型（用 *syn* 或 *anti* 标记），并提出合理的反应机理（ *J. Am. Chem. Soc.* 1999，*121*，9726-9727. ）。

8. 质子海绵 **A**（共轭酸 pK_a = 12.3）是一类有机强碱，能催化如下反应（ *Angew. Chem. Int. Ed.* 2019，*58*，4376-4380. ）：

> 65%

（1）画出质子海绵共轭酸的结构式；

（2）比较质子海绵（ **A** ）、*N,N*–二甲氨基苯（ **B** ）和 4 –（*N,N*–二甲氨基)吡啶（ **C** ）的相对碱性（由强至弱排序）；

（3）画出上述环丁烯酮形成的机理。

9. 已知如下杂环可以热分解成富电子性卡宾，并和缺电子性二烯发生环加成反应。预测下列反应的产物，注意立体化学（ *J. Am. Chem. Soc.* 2004，*126*，9926-9927. ）。

10. 芳基叠氮化合物是一类重要有机合成试剂，它们可通过氟代芳烃（ArF）和芳胺（ArNH₂）转化而来（*Acc. Chem. Res.* 2020，*53*，937-948.）：

（1）提出实现上述转化所需要的试剂（a）和（b）;

（2）预测下面偶极环加成的主要产物结构（注意区域选择性）:

（3）已知上述偶极环加成是偶极子 LUMO 控制的反应，比较下列芳基叠氮的相对反应速率。

11. 下面手性化合物 **A** 在过量甲酸促进下，经氮杂–[3,3]重排过程生成氮杂稠环化合物 **B**。受手性碳的不对称诱导，产物具有很好的非对映选择性。提出这个环化反应的机理，并给出其他三个手性碳的绝对构型（用 R/S 标记）。

（ *J. Org. Chem.* 1985，*50*，235-242. ）

12. 用轨道系数概念解释下列反应的区域选择性（ *Synthesis* 1998，683-703. ）:

A : B = 82 : 18

C : D = 5 : 95

习题参考答案

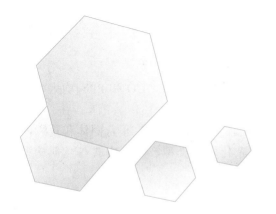

过渡金属参与的反应种类较多，应用广泛。和主族金属参与的反应及传统的离子型反应相比，过渡金属催化的反应具有高的选择性和原子经济性，而且大多反应条件更加温和，非常实用，许多反应已实现了工业化应用。2001 年，W. S. Knowles 和 R. Noyori 因过渡金属催化不对称氢化，K. B. Sharpless 因过渡金属催化不对称氧化而获得诺贝尔化学奖；2005 年，Y. Chauvin 因提出过渡金属催化的烯烃复分解机理，R. H. Grubbs、R. R. Schrock 因发展稳定高效的烯烃复分解催化剂而获得诺贝尔化学奖；2010 年，R. F. Heck、E. Negishi 和 A. Suzuki 因在钯催化交叉偶联方面的工作而获得诺贝尔化学奖。过渡金属催化下的氢化和氧化反应已在第 11 章和第 12 章中给予介绍，本章将讨论过渡金属催化的 C—C、C—N 和 C—O 交叉偶联、羰基化反应，以及过渡金属卡宾催化的烯烃复分解等重要反应。

14.1 过渡金属化合物的结构

过渡金属在元素周期表中占很大的比例，它们的价电子层结构和价电子数如表 14.1 所示。由于价电子层的 d 轨道能级和 s 轨道能级相近，电子跃迁比较容易，因此在计算核最外层电子数时，通常将 d 轨道和 s 轨道的电子数加在一起。如 Ni 的价电子层结构为 $3d^8 4s^2$，其最外层电子数计为 10。

表 14.1　过渡金属的价电子层结构和价电子数

周期	惰性气体（价电子层结构）	过渡金属（价电子层电子数）									
4	Kr $(4s^2, 4p^6, 3d^{10})$	Sc（3）	Ti（4）	V（5）	Cr（6）	Mn（7）	Fe（8）	Co（9）	Ni（10）	Cu（11）	Zn（12）
5	Xe $(5s^2, 5p^6, 4d^{10})$	Y（3）	Zr（4）	Nb（5）	Mo（6）	Tc（7）	Ru（8）	Rh（9）	Pd（10）	Ag（11）	Cd（12）
6	Rn $(6s^2, 6p^6, 5d^{10})$	La（3）	Hf（4）	Ta（5）	W（6）	Re（7）	Os（8）	Ir（9）	Pt（10）	Au（11）	Hg（12）

过渡金属配合物中金属的氧化态在数值上等于配体以满壳层离开金属中心时金属所保留的电荷数。在 $Pd(PPh_3)_4$ 中，三苯基膦（PPh_3）为中性配体，以满壳层离开，即带着孤对电子离开，Pd 为 0 价。在 $PdCl_2(PPh_3)_2$ 中，PPh_3 为中性配体，两个 Cl 以满壳

离开（即以 Cl⁻ 离开），因此 Pd 为 +2 价。在 $RuH_2CO(PPh_3)_3$ 中，CO 和 PPh_3 均为中性配体，两个 H 以满壳离开（即以 H⁻ 离开），故 Ru 为 +2 价。

过渡金属配合物的常见几何构型主要有正四面体、平面四边形、正八面体和正六面体四种。过渡金属配合物采用何种结构取决于其杂化轨道类型，杂化方式与几何构型的关系如表 14.2 所示。

正四面体 tetrahedral	平面四边形 square planar	正八面体 octahedral	正六面体 trigonal bipyramidal

表 14.2   过渡金属配合物的杂化方式与几何构型

d 电子数	杂化方式	配位数	几何构型	例子	金属
10	sp^3	4	正四面体	$Pd(PPh_3)_4$	Zn^{2+}，Ni^0，Pd^0，Pt^0
9	dsp^2	4	正方形	$[Cu(NH_3)_4]^{2+}$	Cu^{2+}
8	dsp^2	4	平面四边形	$RhCl(CO)(PPh_3)_2$	Ni^{2+}，Pd^{2+}
7，6	d^2sp^3	5	正八面体	$[Co(CN)_6]^{4-}$	Co^{2+}
5，4	d^2sp^3	6	正八面体	$Mo(CO)_6$	Fe^{3+}，Mn^{2+}，Mo^0

按照提供的电子数不同，可将常用的取代基和配体分为 1–电子给体，2–电子给体，n–电子给体，以此类推。按照配位的价键类型不同，可分为共价配体、络合配体、混合型配体。共价配体与金属形成 σ 键，属于 1–电子给体，例如：

F，Cl，Br，I，H，R⁻，Ar⁻，RCO⁻，RO⁻，RCOO⁻，R₂N⁻

常见的络合配体（2–电子给体）有

R_3P，R_3N，R_2O，CO，$R_2C{=}CR_2$，$RC{\equiv}CR$

常见的混合型配体（n–电子给体）有

3-电子给体   5-电子给体

当金属最外层电子数为 18 时，过渡金属配合物的结构为热力学稳定结构，此规律称为"18 电子规则"。如下三个配合物符合 18 电子规则：Pt 的价电子数为 10，4 个配体都是中性 2–电子配体，因此，在这个配合物中 Pt 的最外层电子数为 18；Fe 的核外价电子数为 8，从 2 个 5–电子配体获得 10 个电子，故二茂铁中 Fe 的最外层电子数为 18；Ru 的最外层电子数为 8，从 4 个 2–电子配体（3 个 Ph_3P 和 1 个 CO）得到 8 个电子，再从 2 个 1–电子配体（H⁻）得到 2 个电子，因此，该配合物中 Ru 的最外层电子数为 18。

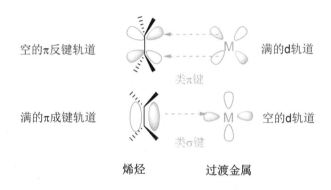

另一种计算的方法考虑过渡金属的氧化态。例如，二茂铁中的 Fe 为 +2 价，价电子数为 6，加上两个环戊二烯基负离子给出的 12 个电子，铁的最终价电子数总和为 18。再如上述 $RuH_2CO(PPh_3)_3$ 配合物，Ru^{2+} 的价电子数为 6，从 4 个中性 2-电子配体得到 8 个电子，再从 2 个负氢配体得到 4 个电子，因此该配合物中钌的价电子数总和为 18。

金属和取代基或配体之间是如何成键的？以烯烃的双键和过渡金属配位为例，烯烃的双键成键轨道上的电子流向过渡金属空的 d 轨道，形成类 σ 键，双键因此呈缺电子性，但可由过渡金属满的 d 轨道反充到双键反键轨道而得到补充，这样的电子反充就形成类 π 键。

如果金属和烯烃的作用力很强，上述的类 σ 键就强，导致类 π 键也很强，这样 C═C 双键的性质将发生质的改变，碳的杂化类型也随之发生改变，金属和烯烃的配合物将具有金属杂环丙烷型结构的特征。如果金属和烯烃的作用力较弱，则上述类 σ 键较弱，相应的类 π 键也较弱，金属和双键将以弱的 π-络合物形式存在，C═C 双键的特性将保留。

（图：金属环丙烷 metallocyclopropane　　金属烯烃π-络合物 Metal alkene π-complex）

烯烃结构的扰动可以用红外光谱数据来证实。C═C 键伸缩振动吸收峰的波数越大，键的强度越大，双键的成分越多，例如：

	$\nu(C=C)/cm^{-1}$	变化值/cm^{-1}
$CH_2=CH_2$	1623	
$K[Pt(CH_2=CH_2)Cl_3]$	1516	107
$[Pt(CH_2=CH_2)Cl_3]_2$	1516	107
$Pd[(CH_2=CH_2)Cl_2]_2$	1527	96

14.2　过渡金属化合物的四个基元反应

过渡金属配合物的四个基元反应包括：（1）配体的配位和解离；（2）氧化加成和还原消除；（3）插入反应和反插入反应；（4）配合物中配体接受外来试剂的进攻。

14.2.1　配体的配位和解离

配体的配位和解离是过渡金属参与反应的基础。配位常数（k）越大，配位化合物（ML_nL'）越稳定，越有利于分离提纯；反之，配位常数越小，配体易解离，易发生相关的反应。

$$ML_n + L' \xrightarrow{k} ML_nL'$$

四(三苯基膦)钯是 C—C 键偶联的常用催化剂，它符合 18 电子规则，为稳定配合物。在溶液中，四(三苯基膦)钯解离出一个三苯基膦成 16 电子，这样就可以接受底物、试剂或溶剂的配位，从而发挥金属 Pd 催化作用。

$$Pd(PPh_3)_4 \rightleftharpoons Pd(PPh_3)_3 + PPh_3$$

18 电子　　　　　　16 电子

1993 年，Murai 报道了如下钌催化的 C—H 键活化/C—C 键形成反应[1]：

在这个催化循环中，钌催化剂 $RuH_2CO(PPh_3)_3$ 中的氢先加到双键上，同时离去一个 PPh_3 成中间体 A，A 为 14 电子体系，可以和羰基配位并活化羰基邻位的 C—H 键，生成具有 18 电子体系的中间体配合物 B，继而进行后续的反应。中间体 A 的存在已通过其与邻乙烯基苯乙酮所形成的稳定配合物 C 的单晶结构得到证实[2]。因此，配体的解离和配位是过渡金属催化反应的基础，旧配体的离去和新配体的配位使催化循环成为可能。

14.2.2 氧化加成和还原消除

氧化加成（oxidative addition）是过渡金属的氧化态升高，配位数增加的过程。当过渡金属是富电子性的，处于配位不饱和状态，且配体的体积比较小时，易发生氧化加成反应。上述钌催化的 C—H 键活化/C—C 键形成反应中[1]，从中间体 **A** 到中间体 **B** 的过程就属于氧化加成反应。中间体 **A** 中 Ru 的氧化态为 0，Ru 插入 C—H 键中，氧化态升高，成为 +2 价，故为氧化加成。同样，从中间体 **A** 到配合物 **C** 的过程中，Ru 和双键 2 个碳原子成三元环，即金属环丙烷，氧化态升高，配位数增加，故也属于氧化加成。

Ir(I)配合物 Ir(CO)L$_2$X 为 16 电子中心的不稳定体系，能氧化加成到 C—I、Si—H、H—X 键，成 18 电子体系，也可以活化分子氧，成金属三元环。在所有这些过程中 Ir 的氧化态升高，由 +1 变成 +3，配体增多，属氧化加成。

发生氧化加成的物种可以是极性的，也可以是非极性的，如 H$_2$、RH、ArH、RCHO、R$_3$SiH、R$_3$SnH 等，还可以是亲电试剂，如 HX、X$_2$、RCOOH、ArX、RCOX、RCN、SnCl$_2$ 等。

Ir: d⁹

还原消除（reductive elimination）指的是金属的氧化态下降，配位数减少的过程。当过渡金属是缺电子性的，处于高的氧化态和高配位，配体的体积较大，且生成的共价键比较稳定时，易发生还原消除反应。它通常是催化反应的最后一步，如形成新的 C—C、C—H 键等。

还原消除有立体化学的要求，消除的两个基团应处于顺式，如下所示，只有与氢处于顺式位置（相邻）的氯才可与氢发生消除。

14.2.3　插入反应和反插入反应

插入反应（insertion）指的是 C—M 键对双键的加成。插入反应分为 1,2-迁移插入和 1,1-迁移插入。如下碳钯化反应为 1,2-迁移插入（1,2-migratory insertion），插羰反应为 1,1-迁移插入（1,1-migratory insertion）。

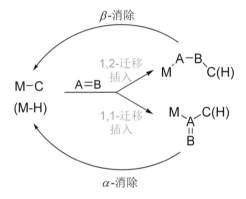

反插入反应指的是上述反应的逆过程。1,2-迁移插入的逆过程称为 β-消除（β-elimination），1,1-迁移插入的逆过程称为 α-消除（α-elimination）。

插入反应的结果是活化了不饱和键，反插入反应的结果是生成了新的 C—M 键。插入反应和反插入反应具有立体专一性，如下所示，为了满足四元环状过渡态，1,2-迁移插入必须是顺式加成（syn-addition）的：

在如下过渡金属催化的碳氰基化反应（carbocyanation）中，C—CN 键得到活化并参与了对炔烃碳碳三键的 1,2-迁移插入反应。

过渡金属配合物首先通过氧化加成到 C—CN 键形成中间体 **A**，中间体 **A** 对碳碳三键发生顺式的 1,2-迁移插入形成中间体 **B**，**B** 经还原消除得到顺式加成的碳氰基化产物。

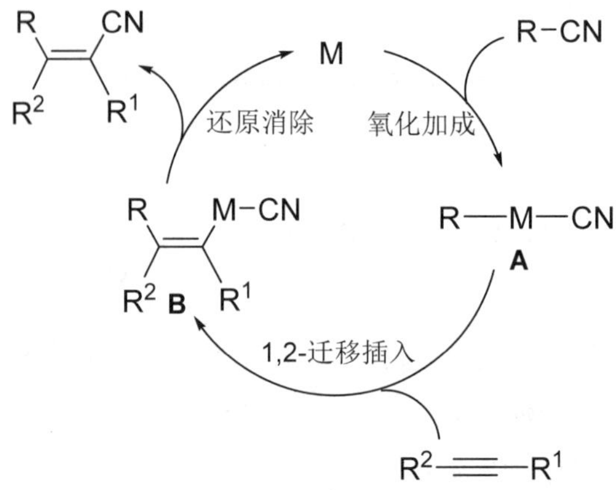

在 1,1－迁移插入中，如果 C—M 键中的碳原子是手性的，其构型在插入后将保持，例如：

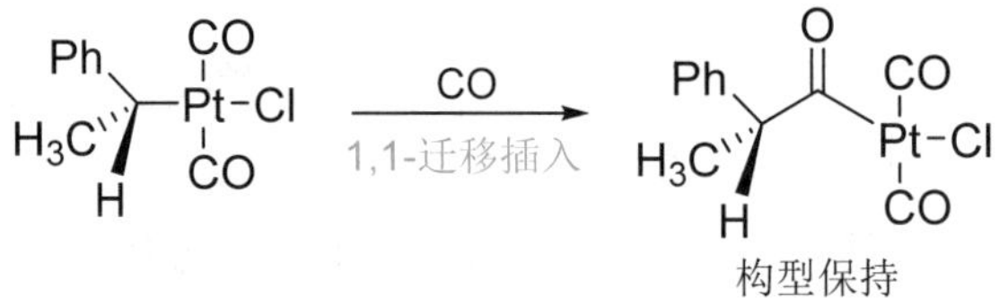

著名的 Wilkinson 催化剂 RhCl(PPh$_3$)$_3$ 已广泛用于烯烃加氢和醛基的脱羧反应中，其催化循环中就包括配体的解离和配位、氧化加成、迁移插入、还原消除等步骤（见 11.2.2 节）。

14.2.4　配合物中配体接受外来试剂的进攻

不饱和键与过渡金属配位后，变得缺电子，而易受到亲核试剂的进攻，进攻具有立体专一性，得到反式加成的产物。

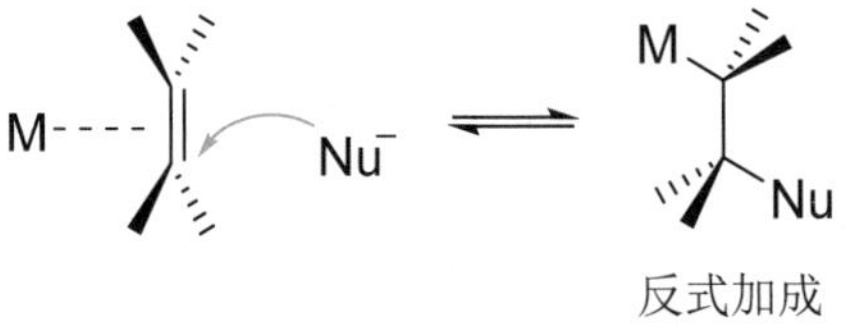

在 Wacker 法制备乙醛的反应中，烯烃和 Pd 配位后，变得缺电子，接受水分子的亲核进攻，形成的反式加成产物经 β－消除和解离后而得到乙醛：

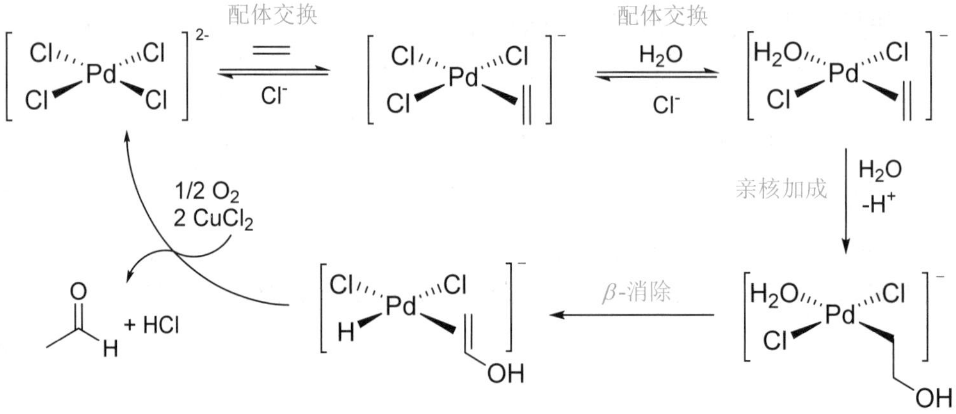

过渡金属配合物的四个基元反应能够组成形式多样的催化循环，提供构筑 C—C、C—H、C—X 键等的新途径，在现代有机合成中发挥了重要作用。

14.3　过渡金属催化下的 C—C 偶联反应

格氏试剂和卤代烃发生亲核取代，形成 C—C 键，此类反应称为 C—C 偶联反应。在这类反应中，主族金属的消耗是等量的，而且由于金属试剂的强碱性，卤代烃的消除不可避免。另一类主族金属参与的偶联反应是 Wurtz 偶联，用的是当量的钠。反应的机理涉及烷基自由基、烷基金属的生成，和对另一种卤代烃的亲核取代，反应的局限是该反应只适应于对称烷烃的制备。过渡金属催化的交叉偶联反应（metal-catalyzed cross-coupling reactions）极大改变了上述主族金属参与的偶联反应所带来的问题，是现代有机合成反应中极为重要、得到广泛应用的一大类有机反应。反应通过过渡金属中心，将两个较小的分子片段连接成一个较大的分子，生成 C—C、C—N、C—O、C—S 或 C—X 键，常用的过渡金属为铜、钯、镍和铁等[1]。这种合成方法的特点是使用催化量的过渡金属，反应选择性好。

在大多数过渡金属催化的交叉偶联反应［如 Ullmann 反应（1901）、Suzuki 反应（1979）、Sonogashira 反应（1975）、Stille 反应（1978）、Kumada 反应（1972）、Negishi 反应（1977）、Hiyama 反应（1988）、Fukuyama 反应（1998）、Buchwald-Hartwig 反应（1994）等］中，一般涉及三个基本步骤：（1）氧化加成，即金属插入亲电试剂的 σ 键中；这一过程提升了金属的氧化态，也增加了与金属配位的配体的数目。（2）金属交换（metal exchange）或配体交换（ligand exchange），即亲核试剂取代金属配合物一个配体，所形成的新的金属配合物中同时含有亲核和亲电两个片段。（3）还原消除，形成新的 σ 键，生成偶联产物，同时金属回到起始氧化态，并进入下一个催化循环中。目前的研究表明，还原消除形成 C—C、C—N、C—O、C—F 键的难度依次增大，这与元素的电负性以及金属–配体间键的强度顺序一致。这一经验规律至少在钯催化的反应中相当普遍[2]。

$$R^1\text{-}X \ + \ M^2\text{-}R^2 \ \xrightarrow{M_1^n} \ R^1\text{-}R^2 \ + \ M^2\text{-}X$$

另一类交叉偶联反应与上述过程不同，如 Heck 反应（1972）除了氧化加成和还原消除之外，催化循环中还包括了一个发生在碳碳双键上的加成–消除过程。

14.3.1　Ullmann 反应

卤代芳烃与铜粉在高温下（200℃以上）反应，生成对称或不对称联苯和卤化亚铜。这类反应是由 F. Ullmann 在 1901 年首次报道的，故称为 Ullmann 反应或 Ullmann 偶联。目前，这类反应已被广泛用于有机合成中[1]。

（X = I, Br 或 Cl）

对于 Ullmann 反应，曾经提出过两种可能的机理：一种是经由芳基自由基中间体；另一种是经由芳基铜中间体，如 $ArCu^{(I)}$、$ArCu^{(II)}$ 和 $ArCu^{(III)}$。在这两种过程中，$Cu(0)$ 被氧化为 $Cu(I)$，所以铜既是催化剂（活化碳卤键），又是还原剂。

（1）芳基自由基机理

$$Ar-X \ + \ Cu^{(0)} \xrightarrow{\text{SET}} \big[Ar-X\big]^{\bullet-} \ + \ Cu^{(I)}$$

$$[Ar-X]^{-} + Cu^{(I)} \longrightarrow Ar\cdot + CuX$$

$$2\,Ar\cdot \longrightarrow Ar-Ar$$

（2）芳基铜中间体机理

氧化加成：

$$Ar-X + Cu^{(0)} \xrightarrow{SET} Ar-Cu^{(II)}X$$

$$Ar-Cu^{(II)}X + Cu^{(0)} \longrightarrow Ar-Cu^{(I)} + Cu^{(I)}X$$

$$Ar-Cu^{(I)} + Ar-X \longrightarrow Ar-Cu^{(III)}XAr$$

还原消除：

$$Ar-Cu^{(III)}XAr \longrightarrow Ar-Ar + Cu^{(I)}X$$

目前，似乎越来越多的证据支持第二种机理。例如，一些芳基铜中间体被分离或检测到，而且发现它们能够与卤代芳烃反应生成联苯[2]。尽管如此，有关这两种机理迄今仍在争论之中[3]。

14.3.1 参考文献

14.3.2 Suzuki 反应

在 Pd(0)催化剂和碱存在下，芳基或烯基硼酸或硼酸酯与不饱和的卤代烃（如卤代芳烃、卤代烯烃）或磺酸酯（如芳基磺酸酯、烯基磺酸酯）发生碳碳键偶联反应。这类反应是 20 世纪 70 年代末日本化学家 Suzuki 发明的，故称为 Suzuki 反应[1]。

$$R^1-BY_2 + R^2-X \xrightarrow[\text{碱}]{Pd^0} R^1-R^2$$

$$(R^1, R^2 = 芳基 \ 或 \ 烯基; \ X = I, Br, Cl \ 或 \ OTf; \ Y = OH \ 或 \ OR)$$

在 Suzuki 反应的催化循环中，首先零价钯氧化插入卤代烃形成有机钯 **A**。**A** 与碱反应发生配体交换形成 **B**，后者与硼的配合物 **C** 发生金属交换形成有机钯中间体 **D**[2]。

最后，**D** 经还原消除生成偶联产物和零价钯，零价钯进入下一轮催化循环。

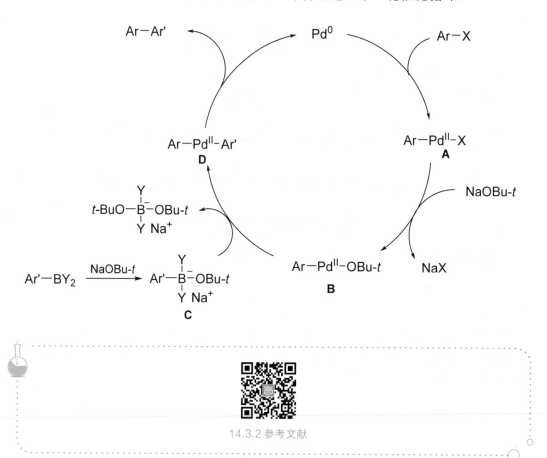

14.3.3 Sonogashira 反应

Sonogashira 反应（或 Sonogashira 偶联）是端基炔与不饱和的卤代烃（如卤代芳烃或卤代烯烃）或磺酸酯的偶联反应。该反应是由 K. Sonogashira 和 N. Hagihara 在 1975 年首次报道的[1]。

$$R'{=\!\!\!=\!\!\!=}H \quad + \quad R\text{-}X \quad \xrightarrow[\text{碱}]{Pd^0,\ Cu^+} \quad R{=\!\!\!=\!\!\!=}R$$

(R = 芳基 或 烯基; X = I, Br, Cl 或 OTf)

此反应需要两种催化剂协同工作：一种是 Pd(0)，另一种是 Cu(Ⅰ)盐。Pd(0)通过氧化插入 C—X 键之间活化了卤代烃。Pd(PPh₃)₄ 是常用的钯催化剂。此外，Pd(Ⅱ)［如 Pd(PPh₃)₂Cl₂］也是有效的催化剂，它们可在反应过程中被 PPh₃ 或端基炔烃还原，原位生成 Pd(0)。Cu(Ⅰ)盐（常用 CuI）的作用是活化炔烃，它与端基炔在碱的存在下生成炔化亚铜，这是偶联反应的活性中间体。因此，Sonogashira 反应的催化过程涉及 Pd(0)

和 Cu(Ⅰ)的循环。钯循环的第一步是零价钯与卤代芳烃发生氧化插入反应,形成 Pd(Ⅱ)
配合物 **A**。**A** 与铜循环中的炔化亚铜 **B** 作用,通过金属交换过程形成配合物 **C**,同时
释放出 Cu(Ⅰ)。**C** 中两个有机配体是反式的,它们通过顺/反异构化转化为配合物 **D**。
最后,**D** 经还原消除生成偶联产物,同时再生 Pd(0)。在铜循环中,Cu(Ⅰ)与端基炔首
先形成一种 π-络合物 **E**,碱夺取质子后形成有机铜化合物 **B**。然后,**B** 与钯循环中的
A 反应形成 **C**,并再生 Cu(Ⅰ)。钯和铜的共同作用使得 Sonogashira 偶联成为可能。

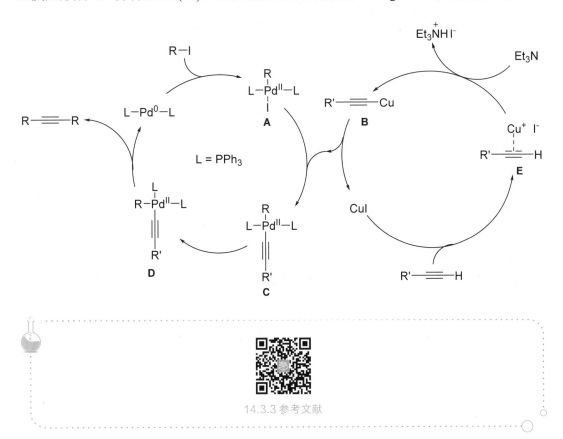

14.3.3 参考文献

14.3.4 Stille 反应

Stille 反应是 J. K. Stille 在 1977 年发现的,是有机锡化合物与卤代芳烃或卤代烯烃
在钯催化下的偶联反应[1]。芳基磺酸酯亦可参与这一反应。

$$R^1\text{-}SnR_3 \quad + \quad R^2\text{-}X \quad \xrightarrow{Pd} \quad R^1\text{-}R^2 \quad + \quad X\text{-}SnR_3$$

(R^1 = 烷基、芳基 或 烯基; R^2 = 芳基 或 烯基; X = I, Br, Cl 或 OTf)

Stille 反应常用 $Pd(PPh_3)_4$、$Pd(PPh_3)_2Cl_2$ 作催化剂,后者反应时原位生成 Pd(0)。催
化循环的第一步是零价钯对卤代烃的氧化插入,形成的钯配合物 **A** 与有机锡试剂发生
金属交换,形成钯配合物 **B**。**B** 经还原消除生成偶联产物,同时再生 Pd(0)。最近,在

对此反应活性物种的质谱研究中，人们首次直接检测到了 Pd(0)(PPh₃)₂ 和一种环状的转移金属化中间体—Pd(Ⅱ)—X—Sn—C—的正离子自由基[2]。

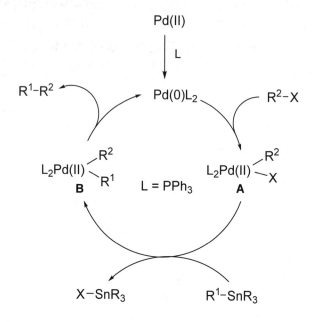

在这个催化循环中，氧化加成和还原消除过程保持了各反应物的立体构型。各类有机锡化合物中的配体转移（转移金属化）的速率大小顺序为：炔基＞烯基＞芳基＞烯丙基≈苄基＞α-烷氧基烷基>烷基。

14.3.4 参考文献

14.3.5 Kumada 反应

1972 年，M. Kumada 和 R. J. P. Corriu 两个小组各自独立报道了一种烷基或芳基格氏试剂与卤代烯烃或卤代芳烃在镍或钯催化下的立体选择性交叉偶联反应，称为 Kumada 反应[1]。

$(R^1 = $ 烷基、芳基或烯基; $R^2 = $ 芳基或烯基; $X^2 = $ I, Br, Cl, F 或 OTf$)$

　　镍催化过程的第一步是格氏试剂（R—MgX）与二价镍催化剂（NiX₂L₂）的金属交换，生成二芳基（或二烯基）镍配合物 **A** 和 MgX₂。接着此配合物与卤代烃（R′—X′）发生氧化加成，生成偶联产物 R—R 和镍配合物 **B**。一旦镍配合物 **B**（活性催化剂）形成，反应即进入催化循环。

　　镍催化循环的第一步是镍配合物 **B** 与格氏试剂的金属交换，形成混合的二芳基（或二烯基）镍配合物 **C**（NiRR′L₂）和 MgX₂（对于反式的卤代烯烃，**C** 进一步异构化后成为顺式异构体）。第二步是卤代烃与镍配合物 **C** 的配位形成 **D**。最后，**D** 经还原消除生成交叉偶联产物 R—R′，同时再生催化活性物种 **B**，完成催化循环[2]。

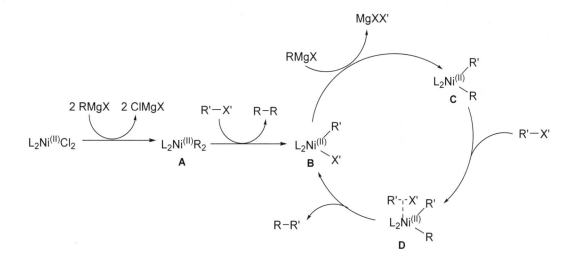

　　钯催化时常用 Pd(PPh₃)₄ 作催化剂，也可用 Pd(Ⅱ)原位形成 Pd(0)（**A**）。钯催化循环由氧化加成（**B**）、金属交换（**C**）和还原消除过程组成。

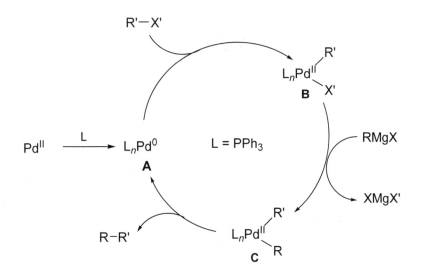

14.3.5 参考文献

14.3.6　Negishi 反应

此交叉偶联反应是由 Ei-ichi Negishi 在 1977 年发现的[1]。在钯或镍催化下，有机锌化合物（RZnX）与卤代烃（或磺酸酯）发生反应，生成 C—C 偶联产物。二有机锌化合物（R$_2$Zn）亦可作为原料参与该反应。

$$R-ZnX \quad + \quad R'-X' \xrightarrow{\text{Pd(0) 或 Ni(0)}} \quad R-R'$$

(R = 烷基、烯丙基、芳基 或 烯基；R' = 烯基、芳基、烯丙基、炔基 或 炔丙基；
 X' = Cl, Br, I 或 OTf)

Negishi 反应的活性催化剂是零价钯或镍。镍催化 Negishi 反应的机理与 Kumada 反应的机理相似。

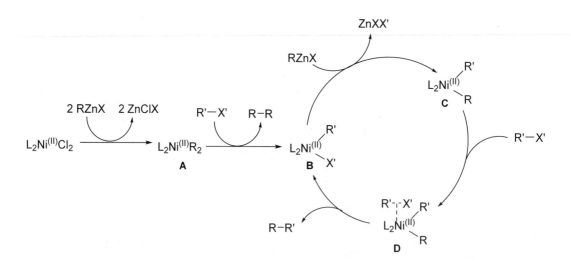

零价钯可由二价钯原位产生。钯催化循环的第一步是卤代烃（或磺酸酯）的氧化加成。接着，形成的配合物 **A** 与有机锌试剂进行金属交换，形成 Pd(Ⅱ)配合物 **B**。最后，**B** 经还原消除生成偶联产物，同时再生 Pd(0)，完成催化循环。当二有机锌化合物（R$_2$Zn）作为原料时，金属交换一步首先生成反式的 R—Pd(Ⅱ)—R′配合物，该配合物异构化为顺式的 **B** 后再进行还原消除[2]。

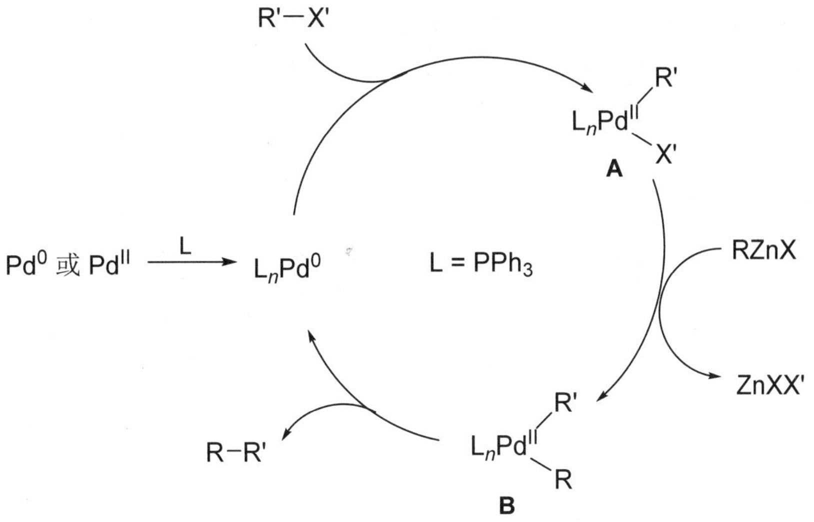

Negishi 反应已被广泛用于各种对称和不对称联芳烃的合成，如 2,2′－联噻吩[3]和 2－芳基呋喃[4]的合成：

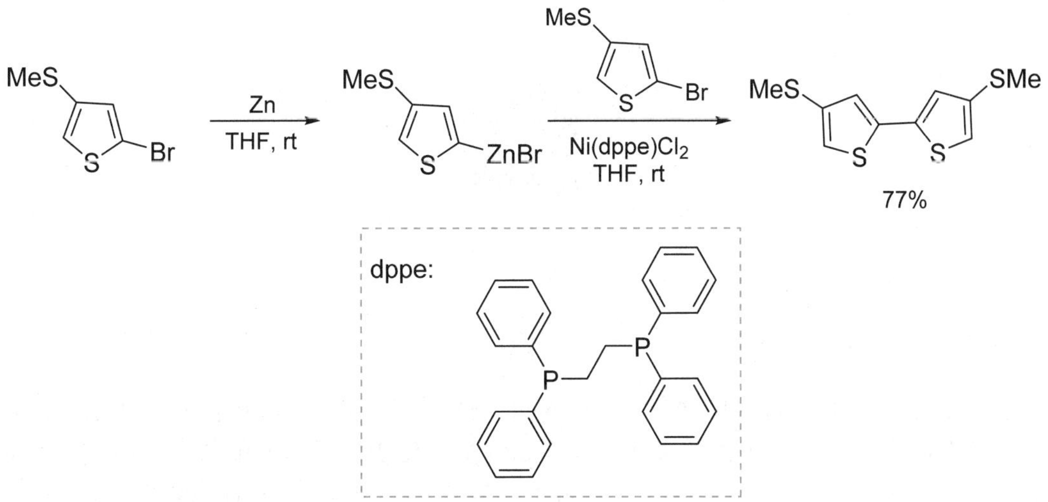

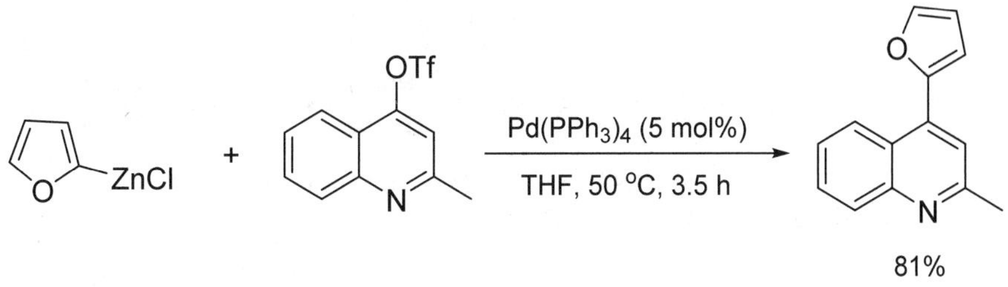

77%

dppe:

81%

　　Negishi 反应也适合于寡聚物的合成。例如，一种发射绿色荧光的共轭聚合物——聚［2,7-双(4-己基噻吩基)-9,9-二己基芴］可通过 Negishi 反应来制备[5]。此聚合物的合成包括两步反应：一是钯催化的 Negishi 反应，形成单体；二是镍催化的氧化偶联，生成聚合物。

14.3.6 参考文献

14.3.7　Hiyama 反应

　　Hiyama 反应是由日本化学家 Y. Hatanaka 和 T. Hiyama 于 1988 年首先报道的，是在钯或镍催化下卤代烃（包括芳基、烯基和烷基卤化物）或磺酸酯与有机硅烷之间的交叉偶联反应。此反应需要氟离子（常用 TASF、TBAF、CsF 等试剂）或碱（如 NaOH、Na_2CO_3）作活化剂[1]。

$$R-SiMe_mF_{(3-m)} \quad + \quad R'-X \quad \xrightarrow[Bu_4NF]{Pd(0)} \quad R-R'$$

(R = 芳基、烯基、炔基 或 烷基; R' = 芳基、烯基 或 炔丙基;
X' = Cl, Br, I, OTf 或 OCO_2Et)

TASF: $\left[\begin{array}{c}\text{(structure)}\end{array}\right]^{+}\left[\begin{array}{c}\text{(structure)}\end{array}\right]^{-}$ TBAF: (structure)

催化循环经过氧化加成、金属交换、反式–顺式异构化和还原消除。其中氟离子作用是活化低极化的 R—Si 键，形成五价硅（B），以便进行金属交换反应。

14.3.7 参考文献

14.3.8　Fukuyama 反应

在钯催化下，有机锌化合物（RZnI）与硫代酸酯发生偶联，生成酮。此反应是由 T. Fukuyama 在 1998 年发现的，称为 Fukuyama 反应[1]。

$$\text{R}-\text{ZnI} \quad + \quad \underset{\text{R}'}{\overset{\text{O}}{\|}}\text{SEt} \quad \xrightarrow{\text{PdCl}_2(\text{PPh}_3)_2} \quad \underset{\text{R}'}{\overset{\text{O}}{\|}}\text{R}$$

催化循环的第一步是 Pd(0)对硫代酸酯的氧化插入，形成的 Pd(II)配合物 A 与有机锌进一步发生金属交换，形成 Pd(II)配合物 B，后者经还原消除得到偶联产物，同时再生 Pd(0)，完成催化循环。

14.3.8 参考文献

14.3.9　Heck 反应

在钯催化剂和碱存在下，不饱和的卤代烃（如卤代芳烃、卤代烯烃）或磺酸酯（如芳基磺酸酯、烯基磺酸酯）与烯烃反应，生成取代烯烃的反应是 20 世纪 70 年代初 T. Mizoroki 和 F. R. Heck 报道的[2]，故称为 Heck 反应（又称为 Mizoroki-Heck 反应）。

$$
\text{Ar}-\text{X} \quad + \quad \diagup\!\!=\!\!\diagdown\,\text{R}' \quad \xrightarrow[\substack{\text{base} \\ \text{-HX}}]{\text{Pd}^0} \quad \text{Ar}\diagup\!\!=\!\!\diagdown\,\text{R}'
$$

$$
\text{R}\diagup\!\!=\!\!\diagdown\,\text{X} \quad + \quad \diagup\!\!=\!\!\diagdown\,\text{R}' \quad \xrightarrow[\substack{\text{base} \\ \text{-HX}}]{\text{Pd}^0} \quad \text{R}\diagup\!\!=\!\!\diagdown\!\!\diagup\!\!=\!\!\diagdown\,\text{R}'
$$

(X = Cl, Br, I 或 OTf)

Heck 反应中所必需的 Pd(0) 催化剂通常是由 Pd(Ⅱ) 前体原位产生的。例如，Pd(OAc)₂ 可被用作配体的 PPh₃ 还原为 Pd(0)。催化循环过程[2]的第一步是氧化加成，即 Pd(0) 插入卤代烃的碳卤键之间，形成 Pd(Ⅱ) 配合物 **A**。**A** 与烯烃形成 π–络合物 **B**，其中的烯烃通过顺式加成插入 Pd—C 键之间，形成中间体 **C**，后者经 C—C 键旋转形成 Pd 与 β–H 处于顺式共平面的构象 **D**。然后，**D** 经历顺式 β–H 消除形成 π–络合物 **E**，解离后生成反式烯烃产物和 Pd(Ⅱ)配合物 **F**。最后，在碱协助下，Pd(Ⅱ)配合物 **F** 经还原消除再生 Pd(0)。在这个过程中，碱是化学计量的，其作用是中和反应所产生的 HBr。芳基亲电试剂 ArX 对 Pd(0)的氧化加成的相对活性顺序为：I＞OTf≈Br≫Cl[3]。

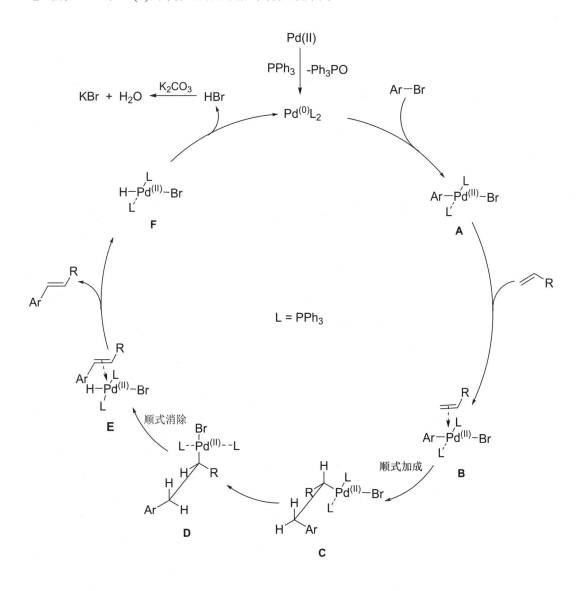

14.3.9 参考文献

14.4 过渡金属催化下 C—N 和 C—O 偶联反应

14.4.1 Ullmann 缩合

1904 年，F. Ullmann 发现在铜粉存在下卤代芳烃与酚反应能生成二芳基醚，此反应被称为 Ullmann 缩合或 Ullmann 二芳基醚合成。随后，I. Goldberg 于 1906 年报道了在 K_2CO_3/CuI 存在下卤代芳烃与酰胺反应能生成芳胺，此反应称为 Goldberg 反应或 Goldberg 改进的 Ullmann 缩合。目前，Ullmann 缩合已经成为合成二芳基醚和二芳基胺的经典方法。

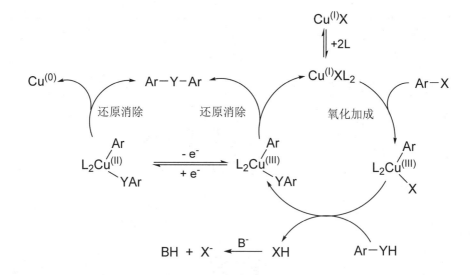

关于 Ullmann 缩合的机理，人们已经通过自由基清除剂实验排除了自由基机理的可能性。目前看来，此反应是按芳基铜中间体机理进行的，但其中铜中间体的氧化态还有待确证[1]。

14.4.1 参考文献

14.4.2 Buchwald-Hartwig 交叉偶联反应

1994 年，美国麻省理工学院的 S. L. Buchwald[1]和耶鲁大学的 J. F. Hartwig[2]几乎同时独立地发现，在钯催化下溴代芳烃与锡试剂 Bu_3Sn-NR_2 反应，生成 C—N 偶联产物。此后，S. L. Buchwald 发现用 $Pd_2(dba)_3$（dba：二苄叉丙酮）和 BINAP（2,2′-双苯膦基-1,1′-联萘）作催化剂，$t-BuONa$ 作碱，可直接催化溴代芳烃与仲胺的偶联[3]。Buchwald-Hartwig 交叉偶联反应是形成 C—N 和 C—O 键的一种现代反应。在钯催化剂和化学计量的碱（如 $t-BuONa$、LHMDS、K_2CO_3、Cs_2CO_3 等）存在下，卤代芳烃或芳基磺酸酯与胺（包括伯胺、仲胺、酰胺、磺酰胺等）反应生成芳胺，而卤代芳烃或芳基磺酸酯与醇或酚反应则生成芳基醚。

$$Ar-X \quad + \quad HN\begin{smallmatrix}R^1\\R^2\end{smallmatrix} \quad \xrightarrow[\text{碱}]{PdCl_2L_2} \quad Ar-N\begin{smallmatrix}R^1\\R^2\end{smallmatrix}$$

$$Ar-X \quad + \quad NaOR \quad \xrightarrow[\text{碱}]{Pd(OAc)_2} \quad Ar^{O-R}$$

催化循环的第一步是 Pd(0)对卤代芳烃（或磺酸酯）的氧化加成，形成配合物 **A**。第二步是 **A** 通过烷氧基 Pd(Ⅱ)配合物 **B**，形成氨基 Pd(Ⅱ)配合物 **C**；或者通过 Pd(Ⅱ)配合物 **D**，由胺直接取代卤素形成 **C**。最后，**C** 经还原消除生成 C—N 偶联产物，同时再生 Pd(0)，完成催化循环[4]。

14.4.2 参考文献

14.5　过渡金属催化的羰基化及相关反应

14.5.1　卤代芳基及相关化合物的羰基化反应

在钯催化剂和亲核试剂存在下，卤代芳烃（或磺酸芳基酯，或芳基重氮盐）可与 CO 发生插羰反应，若亲核试剂为水，生成的产物为羧酸，若亲核试剂为醇或胺，则分别生成羧酸酯或酰胺[1]。此反应具有很好的普适性。

$$Ar-X \ + \ CO \ + \ HNu \ \xrightarrow[\text{碱}]{[Pd]} \ Ar-\overset{\displaystyle O}{\underset{\displaystyle Nu}{C}}$$

$(X = Cl, Br, I, OSO_2R', N_2^+; \ Nu = OH, OR', R'R'')$

除卤代芳烃外，卤代烯烃亦可发生这样的羰基化反应，例如[2]：

Ph—Ph (分子式结构)

Pd(OAc)₂, dppb
CO (20 atm)
─────────────
MeOH, DMF, 100 °C
i-Pr₂NH, 12 h

58%

14.5.1 参考文献

14.5.2　卤代芳烃及卤代烯烃的还原羰基化反应

卤代芳烃或卤代烯烃在还原剂存在下的过渡金属催化羰基化反应生成芳醛或 $\alpha,\beta-$不饱和醛，此反应称为还原羰基化反应（reductive carbonylation），又称为甲酰化反应。氢气、金属氢化物（如 R_3SiH 和 Bu_3SnH）是有效的还原剂，便宜易得的甲酸盐也被成功地用作还原剂。当用氢作还原剂时，可直接使用合成气（H_2/CO，1∶1）。常用原位形成的钯配合物作催化剂。

$$R-X + CO \xrightarrow[\text{还原剂}]{\text{[Pd], 碱}} \underset{R}{\overset{\overset{\displaystyle O}{\|}}{C}}-H$$

（ X = Cl, Br, I, OSO$_2$R'; R = Ar, 乙烯基）

对于具有重要工业应用价值的溴代芳烃与合成气的还原羰基化反应，Pd/n-BuPR$_2$（R＝金刚烷基或叔丁基）/四甲基乙二胺（TMEDA）是高效催化体系，其催化循环的可能机理如下[1]：首先，零价钯催化活性物种 PdL 与溴代芳烃进行氧化插入，形成钯配合物 **A**（或以 **A'** 或 **A"** 的形式存在）。然后，CO 与 **A** 作用，形成酰基钯配合物 **B**（或以 **B'** 或 **B"** 的形式存在），后者结合一分子 H$_2$ 形成 η^2-二氢配合物 **C**。最后，**C** 经历碱促进的 H—H 键异裂生成芳基醛、TMDEA 的氢溴酸盐和零价钯，完成催化循环。

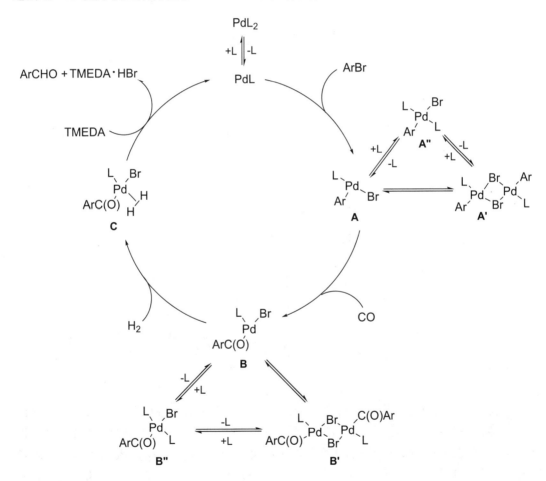

14.5.2 参考文献

14.5.3　烯烃和炔烃的 Reppe 羰基化反应

　　烯烃、炔烃或共轭二烯在过渡金属催化剂和亲核试剂存在下与 CO 反应，生成羰基化产物。若亲核试剂是水，则生成羧酸；若亲核试剂为醇，则产物是酯；若亲核试剂是羧酸，则得到酸酐产物。这类反应称为 Reppe 羰基化反应。Reppe 羰基化反应常用的催化剂为 Ni、Co 和 Pd 的配合物。若用钯催化剂，质子酸能够促进这类反应。

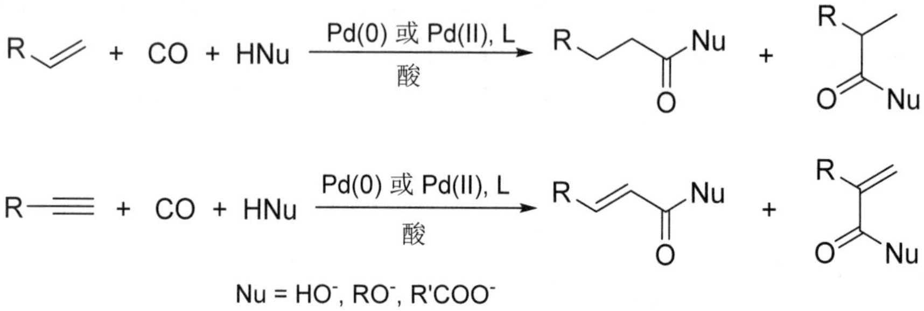

$$Nu = HO^-,\ RO^-,\ R'COO^-$$

　　最近发现，铁[1]、铑[2]等过渡金属羰基配合物亦能催化 Reppe 羰基化反应[3]，例如：

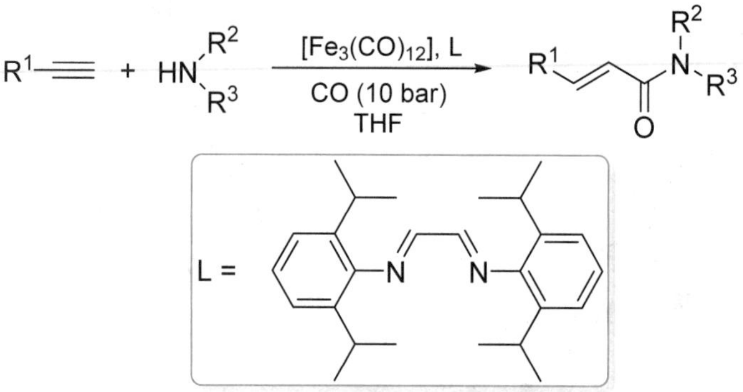

　　Reppe 羰基化反应的机理目前尚不明确。对于钯催化的烯烃的氢酯化反应，曾提出两种可能的机理：一种是"氢化物"机理，另一种是"烷氧基"机理[5]。"氢化物"机理认为，催化循环由原位产生的活性物种氢化钯（H—Pd$^+$）启动。氢化钯首先对烯烃进行钯氢化生成烷基钯中间体 **A**；然后，**A** 与 CO 反应形成酰基钯中间体 **B**；最后，醇进攻酰基碳原子，生成酯和氢化钯，完成催化循环。目前还不清楚活性钯催化剂的氧化态。

“烷氧基”机理认为催化循环是由钯与醇所形成的烷氧基钯配合物启动的。烷氧基钯配合物与 CO 作用形成烷氧基羰基钯配合物 **C**，后者进一步与烯烃发生氢钯化反应生成烷基钯中间体 **D**。最后，**D** 经醇解生成酯和烷氧基钯，进入下一个催化循环。

14.5.4 烯烃和炔烃的还原羰基化反应

在过渡金属催化下，烯烃与合成气（H_2+CO）在高压和加热的条件下反应生成醛，由于反应的总体结果是醛基和氢分别加到烯烃双键的两端，故此反应称为氢甲酰化反应（hydroformylation）。此反应首先由 O. Roelen 发现[1]，是目前工业上制备醛类的重要方法。常用的催化剂为 Co、Rh、Ir 的羰基配合物。

炔烃的氢甲酰化反应生成 $\alpha,\beta-$ 不饱和醛[2]。例如，在 [Rh(acac)(CO)$_2$]（acac：乙酰丙酮）和一种双膦配体（L）催化下，对称的炔烃能够高效地与合成气反应生成 $\alpha,\beta-$ 不饱和醛[3]：

56%~90%

四羰基氢钴 [HCo(CO)$_4$] 催化反应的机理如下：首先，18 价电子的 HCo(CO)$_4$ 发生配体交换，生成与烯烃配位的中间体 **B**。然后与钴相连的氢对烯烃发生迁移插入反应，生成 16 价电子的烃基羰基钴配合物 **C**；后者接着经过与一分子 CO 配位和烃基迁移插入，生成活性的酰基羰基钴中间体 **F**。最后，**F** 与氢发生氧化插入反应，生成金属氢配合物 **G**，而后经还原消除生成醛和三羰基氢钴 [HCo(CO)$_3$]，完成催化循环。

　　铑配合物［RhH(CO)L$_3$］（L 为膦配体，如 PPh$_3$）催化氢甲酰化的机理与四羰基氢钴的相似。首先，催化剂失去一个膦配体，形成配合物 **A**。**A** 与烯烃作用形成五配位化合物 **B**［RhH(alkene)(CO)L$_2$］。然后，**A** 中与铑相连的氢对烯烃发生迁移插入反应，生成烷基铑配合物 **C** 或 **C′**［Rh(alkyl)(CO)L$_2$］。**C** 或 **C′** 经过与 CO 配位、烃基迁移插入形成铑配合物 **E** 或 **E′**。接着，**E** 或 **E′** 进一步与 H$_2$ 发生氧化插入反应，生成配合物 **F** 或 **F′**。最后，经还原消除生成线形或支链的醛，完成催化循环。在这类反应中，配体的结构和浓度能够影响从 **B** 到 **C** 或 **C′** 转化的区域选择性，从而对于产物的区域选择性有显著影响[3]。

14.5.4 参考文献

14.5.5　Pauson-Khand 反应

　　在八羰基二钴［Co$_2$(CO)$_8$］存在下，炔烃、烯烃与一氧化碳发生[2+2+1]环加成，一步生成 α,β-环戊烯酮衍生物。这类反应是由 I. U. Pauson 和 P. L. Khand 于 1973 年首次报道的，故称为 Pauson-Khand 反应。对于不对称的炔烃，此反应具有高的区域选择性：较大的取代基（即 R^3）处于产物中羰基的 α 位。在高压 CO 气氛中，Pauson-Khand

反应可实现催化环化。此外，除八羰基二钴外，钼、铁、铑和铱等过渡金属羰基配合物亦可促进这类反应[1]。

$$R^1 \diagup R^2 + R^3 \text{———} R^4 \xrightarrow[\substack{solvent \\ R^3 > R^4}]{\substack{Co_2(CO)_8 \\ (1\ equiv)}} \text{环戊烯酮}$$

Pauson-Khand 反应是合成环戊烯酮环系最有效的方法之一[2]。一般认为，反应分两个阶段进行。在第一阶段中，18 价电子的 $Co_2(CO)_8$ 失去两个羰基并与炔烃配位，生成配合物 **A**。这一步比较容易进行。在第二阶段中，**A** 发生羰基解离和与烯烃的配位，钴插入烯烃双键生成钴杂双环中间体 **B**；然后，发生羰基插入形成 **D**；最后，**D** 经还原消除生成最终产物环戊烯酮和 $Co_2(CO)_6$，完成催化循环。其中，**A** 与烯烃的配体交换反应是决速步骤，一般需要较高温度和外加试剂促进才能完成[3]。

在铑配合物 $[RhCl(CO)_2]_2/CO(NH_2)_2$ 催化下，甚至两分子的炔烃也能够与 CO 发生还原羰基化，生成 ［2+2+1］环加成产物环戊烯酮[4]：

$$R \text{———} R \xrightarrow[\substack{CO\ (0.5\ MPa) \\ H_2O,\ DMSO,\ 130\ ^oC}]{\substack{[RhCl(CO)_2]_2 \\ CO(NH_2)_2}} \text{环戊烯酮}$$

14.5.5 参考文献

14.6　过渡金属卡宾配合物结构及其性质

14.6.1　Fischer 卡宾的结构和性质

过渡金属和碳的键合方式除了 M—C 键以外，还有 M=C 键和 M≡C 键，前一种是卡宾和金属配位，称为过渡金属卡宾配合物（transition metal carbene complex），几乎所有的过渡金属都能和卡宾配位；后一种是卡拜和金属配位，称为过渡金属卡拜配合物（transition metal carbyne complex）。过渡金属卡宾有 Fischer 卡宾和 Schrock 卡宾两种。

Fischer 卡宾有以下结构特征：（1）金属中心的低氧化态；（2）以中间和后过渡金属为主，如 Fe(0)，Mo(0)，Cr(0) 等；（3）金属配体有 π-受体的性质；（4）卡宾碳原子上取代基有 π-给体的性质可使 Fischer 卡宾的结构得到稳定，如烷氧基、二烷基氨基 [如 $(CO)_5Cr=C(NR_2)Ph$] 等。

Fischer 卡宾的成键方式和代表性化合物的结构如下所示：

Fischer 卡宾配合物

实验室常用的制备 Fischer 卡宾的方法如下所示，锂试剂亲核进攻 $Cr(CO)_6$ 中一氧化碳配体得到加合物，继而和强的亲电试剂作用得到 Fischer 卡宾。

如下所示，铬卡宾中卡宾碳原子是缺电子性的，可以接受亲核试剂的进攻（**a**），发生 1,2-/1,4-/1,6-加成；亲电试剂可以加和到含有孤对电子的杂原子上（**b**），继而生成金属卡拜；由于卡宾碳原子的缺电子性，其 α-H 具有一定的酸性（**c**），如甲氧基（甲基）铬卡宾的邻位氢的 pK_a 值约为 8，在碱性条件下脱质子后形成的碳亲核试剂可以发生烷基化、羟醛缩合、Michael 加成等羰基化合物所拥有的反应；若在铬卡宾碳原子上连有吸电子基，如羰基、亚氨基等，卡宾碳中心的亲电性更强，是一类非常重要的反应中间体；此外，在热或光反应条件下，配体 CO 和其他配体之间可发生配体交换反应（**d**），得到新的金属卡宾配合物[1]。

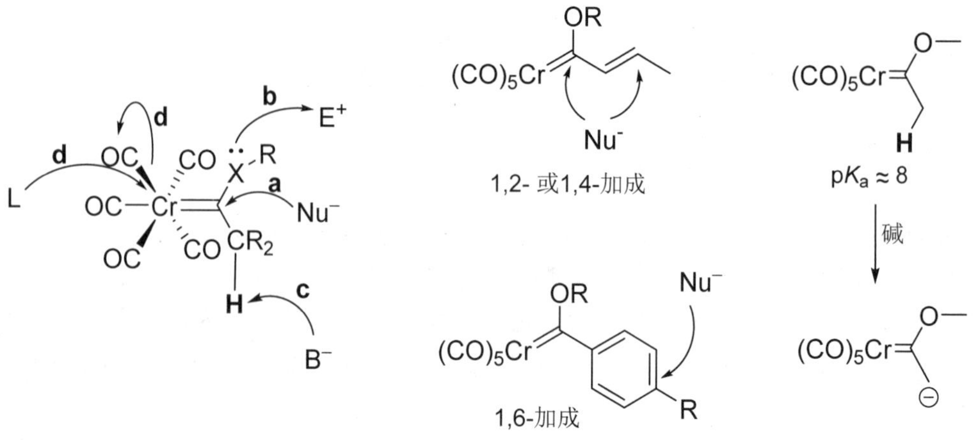

1,2- 或1,4-加成

$pK_a \approx 8$

碱

1,6-加成

14.6.1.1　Fischer 卡宾的三键插入反应

Fischer 卡宾的三键插入反应可以用来制备新的金属卡宾。可能的反应机理是三键对金属卡宾的直接插入，也可能是通过［2+2］环加成得到四元环状中间体，继而发生电环化开环得到新的金属卡宾，如下所示：

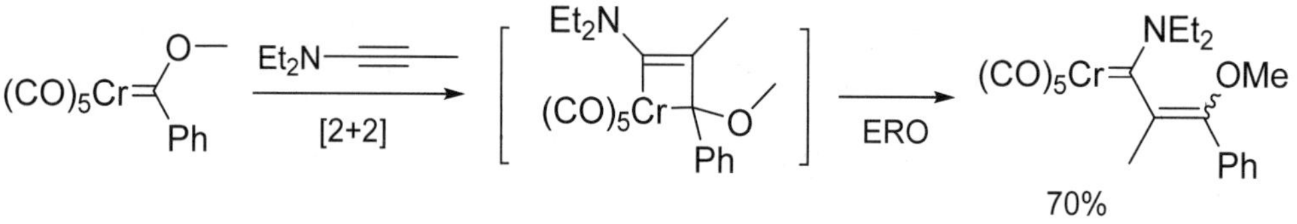

这样的反应还可以发生在 C≡N 键上。两个反应均具有区域选择性，三键中富电子性一端进攻金属卡宾缺电子性碳原子。

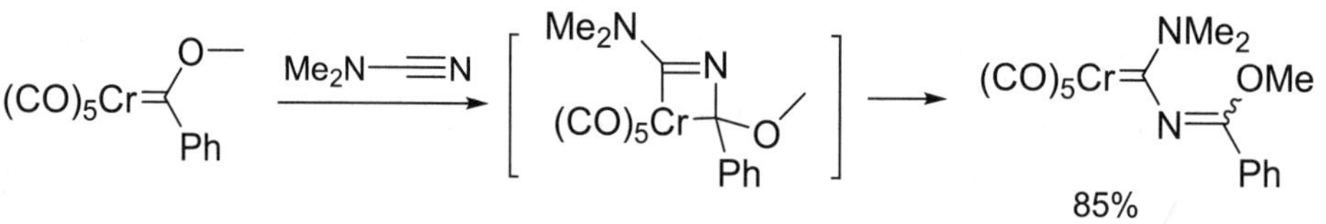

1975 年，Dötz 报道了苯甲氧基镉卡宾和炔烃之间得到 4-甲氧基-1-萘酚的反应，该反应是［3+2+1］环加成反应，称为 Dötz 芳香稠环反应（Dötz benzannulation reaction）[2]：

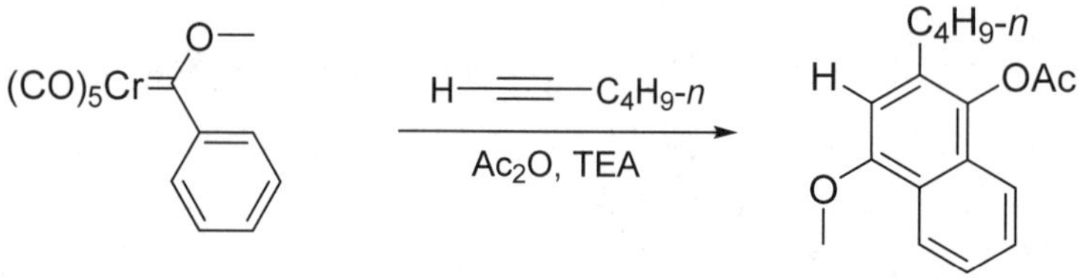

Dötz 芳香稠环反应机理如下。和炔胺、氰的亲核性不同，在这一稠环反应中，Fischer 卡宾先解离出一个 CO 配体，继而和三键配位得到新的金属卡宾 **A**，受空间位阻的影响，三键对 Cr＝C 双键发生直接插入反应得到金属卡宾中间体 **B**；**B** 可以通过迁移插入/还原消除得到烯酮 **C**，继而通过 6e 环化得到中间体 **E**（路径 a）；**B** 也可以通过迁移插入/1，

5-重排得到中间体 **D**（路径 b），继而发生还原消除得到 **E**。最后，**E** 芳构化得到产物
4-甲氧基萘酚衍生物。

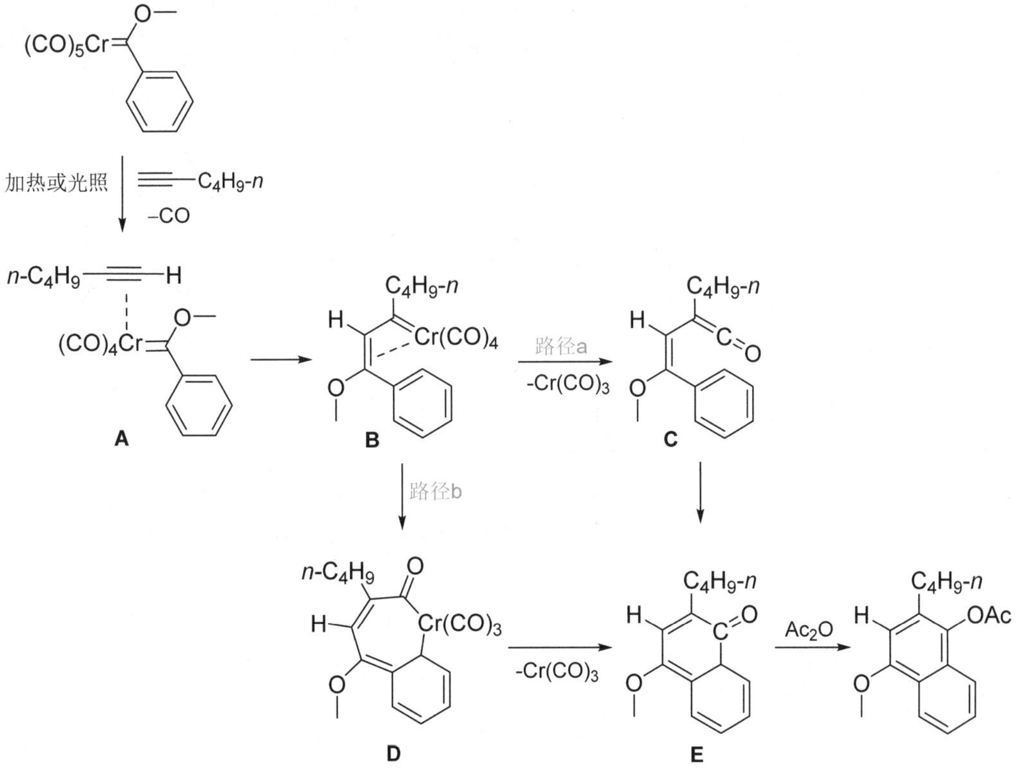

14.6.1.2　Fischer 卡宾作亲电试剂的反应

Fischer 卡宾具有类羰基的性质，在芳基负离子的亲核进攻下得到四面体中间体，
经酸处理后得到新的金属卡宾。大多数的金属卡宾都是通过这种衍生化的方法制备的：

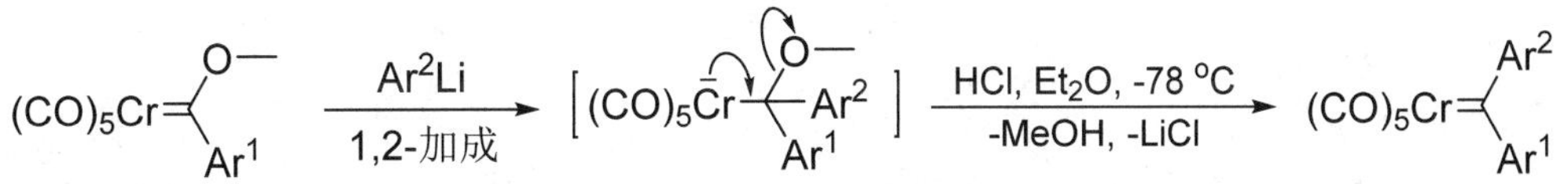

如下所示，当烷氧基金属卡宾和亲核试剂（如胺和硫醇）反应时，可用于制备更稳
定的氨基取代、烷硫基取代的金属卡宾：

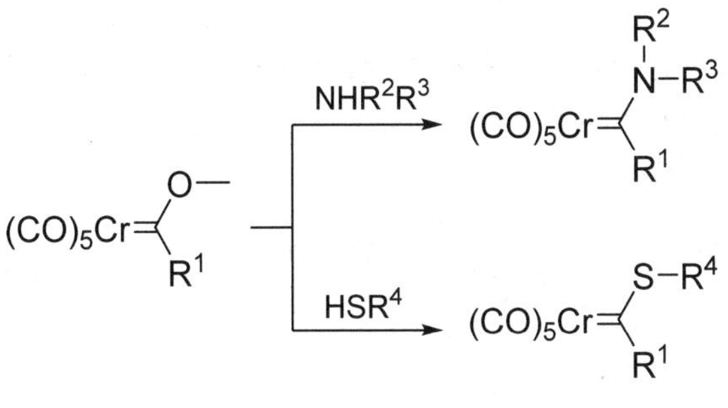

与羰基的加成反应相类似，$\alpha,\beta-$不饱和卡宾亲核加成的区域选择性与反应条件密切相关，低温下易发生 1,2－加成，高温则易发生 1,4－加成；也受制于亲核试剂的体积大小，小位阻亲核试剂易发生 1,2－加成，大位阻亲核试剂易发生 1,4－加成。如下所示，较小的烯醇负离子反应得到 1,2－加成/脱金属产物 **A** 和 **B**（4∶1）；较大的烯醇负离子则得到 1,4－加成产物。

1,2-加成产物, 50% (**A**: **B** = 4: 1)

1,4-加成产物,79%

当用肼、脲等双亲核试剂反应时，则发生 1,2－加成和 1,4－加成，得到环化产物吡唑、嘧啶杂环化合物。

R = Ph, COMe

X = O, 90%
X = S, 52%

14.6.1.3　Fischer 卡宾作亲核试剂的反应

由于 Fischer 卡宾的 $\alpha-H$ 具有一定酸性，在碱性条件下可形成碳负离子，并作为亲核试剂发生羟醛缩合、Micheal 加成等反应，例如：

14.6.1.3 参考文献

14.6.2 Schrock 卡宾的结构和性质

Schrock 卡宾有以下结构特征:(1)金属中心的高氧化态;(2)以前过渡金属为主,如 Ti(Ⅳ)、Ta(Ⅴ)等;(3)金属配体有 π−给体的性质;(4)卡宾碳原子上的取代基多为烷基或芳基,如 Ta(═C(H)Bu−*t*)(CH₂Bu−*t*)₃。Schrock 卡宾的成键方式和代表性化合物的结构如下所示:

π(d→Cp)

σ(Csp²−d)

Schrock卡宾配合物

(*t*-BuCH₂)₃Ta═C(H)Bu-*t*

Schrock 卡宾

Ti═

甲亚基二茂钛
(titanocene methylidene)

1976 年,Schrock 发现 Schrock 卡宾拥有和叶立德试剂类似的性质,卡宾碳原子具有亲核性,能和醛酮中的羰基反应生成碳碳双键和金属氧化物。1978 年,Tebbe 发现二氯二茂钛和 2 当量的三甲基铝反应得到钛铝配合物(称为 Tebbe 试剂),Tebbe 试剂能转移亚甲基到羰基化合物的羰基碳原子上,形成端基碳碳双键[1]。该反应称为 Tebbe 烯基化反应。反应过程如下所示,烯基化经历了与 Wittig 反应类似的形式[2+2]/逆−[2+2]机理,反应中生成强的 Ti═O 键是反应的驱动力。

Cp₂TiCl₂ + 2 AlMe₃ → Tebbe试剂 (−AlMe₂Cl, −CH₄) → Lewis碱 → Cp₂Ti═ → 形式[2+2] (R¹, R², O) → 逆-[2+2] → R¹R²C═CH₂ + Cp₂Ti═O

例如[2]：

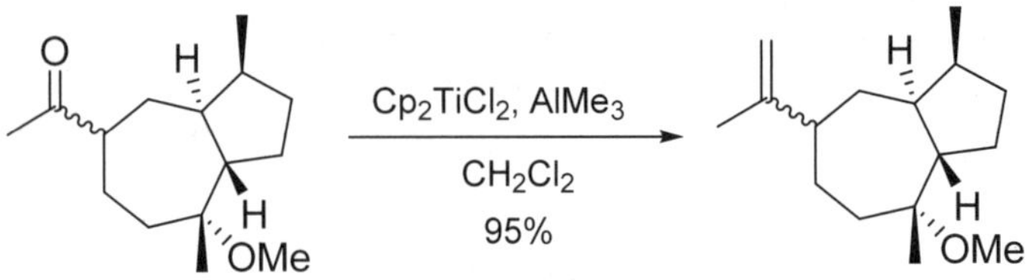

除了醛和酮之外，Tebbe 反应还能够使酯和酰胺的羰基烯基化，这是 Wittig 反应做不到的，例如[3]：

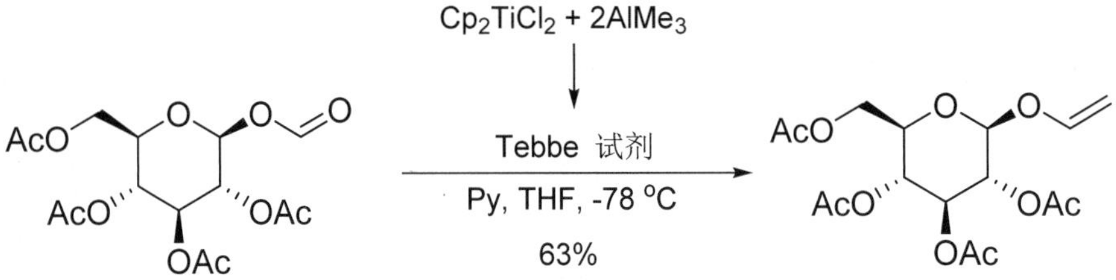

14.6.2 参考文献

14.6.2.1　烯烃复分解反应

在过渡金属卡宾配合物催化下，两种烯烃双键发生重组，形成两个新的双键的反应称为烯烃复分解（olefin metathesis）。1970 年，Y. Chauvin 详细解释了烯烃复分解反应的化学机理，预测一些金属卡宾配合物能够充当反应中的催化剂。1990 年，R. R. Schrock 首次制备出可有效催化烯烃复分解的钼卡宾配合物，称为 Schrock 催化剂。1992 年，R. H. Grubbs 研制出一种更好的催化剂，这种催化剂为钌的卡宾配合物，称为 Grubbs 催化剂，这种催化剂在空气中很稳定，因此有多种实际用途[1]。迄今已经发现一些含镍、钨、钌或钼的过渡金属卡宾配合物可催化烯烃复分解反应[2]。

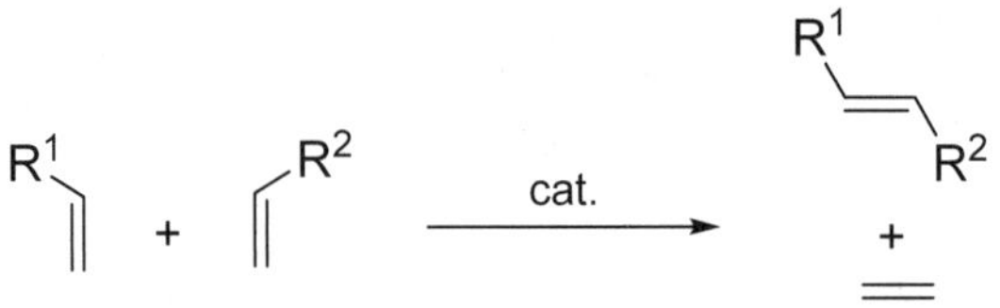

Schrock 催化剂　　　　　　　Grubbs 催化剂

Chauvin 提出的环加成机理是目前最广泛接受的反应机理[3]。首先，烯烃 **1** 与金属卡宾配合物 **A** 发生[2+2]环加成反应，生成金属杂环丁烷中间体 **B**。然后，**B** 经逆环加成反应，既可得到反应物，也可得到新的烯烃和金属卡宾配合物 **C**。新的金属卡宾配合物再与烯烃 **2** 发生[2+2]环加成反应，生成金属杂环丁烷中间体 **D**。最后，**D** 经逆–[2+2]环加成反应生成新的烯烃，即烯烃复分解产物 **3**，并再生金属卡宾配合物 **A**。金属催化剂的 d 轨道与烯烃的相互作用降低了活化能，使烯烃复分解反应在适宜温度下就可发生。

14.6.2.1 参考文献

14.6.2.2　烯炔复分解反应

1,n–烯炔在过渡金属催化下环化异构化生成 1,3–二烯的反应称为分子内的烯炔复分解反应（enyne metathesis）[1]。烯烃复分解反应的催化剂（如 Grubbs 催化剂）可有效地催化烯炔复分解。此外，Pd(Ⅱ)、Pt(Ⅱ)、Ir(Ⅰ)等过渡金属配合物亦可催化此反应。

烯炔复分解反应的机理取决于催化剂的种类[1,2]。当催化剂为 Grubbs 催化剂时，可能的催化过程如下：首先，1,n-烯炔与金属卡宾配合物发生[2＋2]环加成，形成金属杂环丁烷中间体 **A**。接着，**A** 经逆环加成反应，得到新的烯烃和金属卡宾配合物 **B**。这两步与烯烃复分解反应相似。然后，**B** 经分子内的环加成和电环化开环，形成金属卡宾配合物 **D**。最后，**D** 进一步与 1,n-烯炔发生环加成和逆环加成，生成最终产物1,3-二烯。

14.6.2.2 参考文献

14.7　金属亚基卡宾的结构及其反应

如 10.5 节所述，亚基卡宾与三键能互变，三键更加稳定，乙炔基比乙烯基卡宾稳定 44 kcal·mol⁻¹。当有过渡金属存在时，亚基卡宾能和过渡金属配位从而得到稳定。例如，乙烯基钌卡宾比乙炔钌配合物稳定 19 kcal·mol⁻¹[1]。

亚基卡宾
alkenylidene

金属亚基配合物
metal-complexed alkenylidene

$\Delta E = 19 \ kcal \cdot mol^{-1}$

末端炔烃和金属亚基配合物之间存在平衡，根据金属及配体的不同，有三种不同的反应机理。第一种机理是，金属和配体中 C—H 相互作用，形成中间体 **A**，发生 1,2–H 迁移得到金属亚基配合物；第二种机理是，**A** 通过氧化加成形成中间体 **B**，再发生 1,3–H 迁移得到金属亚基配合物。第三种机理是，含 M—H 键配合物直接和三键发生氢–金属化（hydrometalation），继而发生 α–H 消除得到金属亚基配合物。

金属亚基配合物能和多种亲核试剂反应得到 Fischer 卡宾，这是制备 Fischer 卡宾的方法之一。

　　炔丙醇和过渡金属配合物反应可以形成金属联烯亚基配合物（metal-complexed allenylidene）。如下所示，金属配合物和末端炔的反应先得到金属亚基配合物，分子内脱水得到金属联烯亚基配合物。它可以接受亲核试剂的进攻得到α-加成和γ-加成的产物，选择性取决于金属卡宾和亲核试剂的种类。

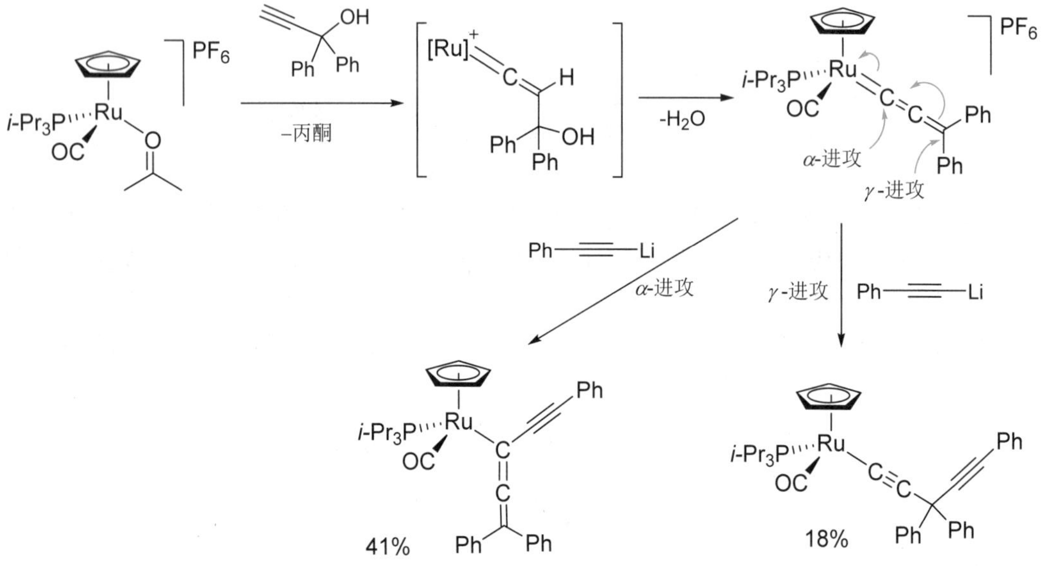

习　题

1. 完成下列反应。

(1)

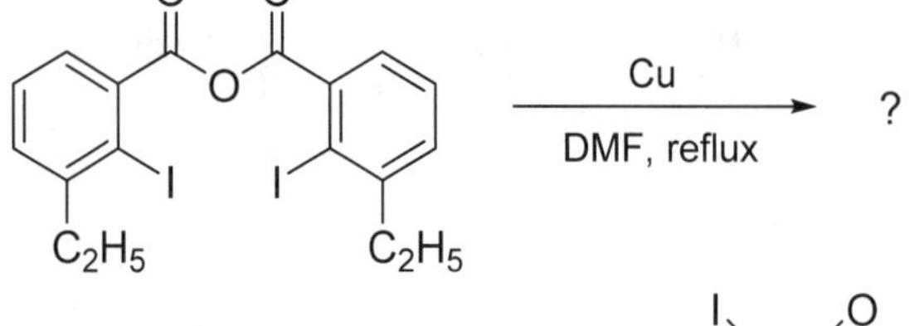

(2)

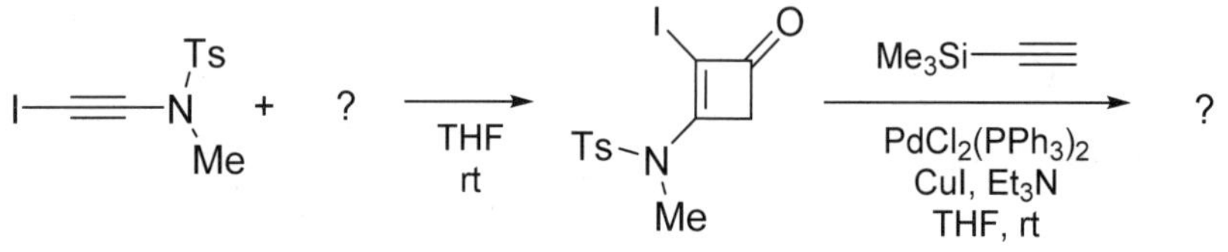

（*Tetrahedron Lett.* 2011，*52*，2111-2114.）

(3)
$$\text{（化合物结构）} \xrightarrow[\text{Et}_3\text{N}]{\text{Pd(PPh}_3\text{)}_2\text{Cl}_2} \quad ?$$

(4)
$$\text{（化合物结构）} + \text{（化合物结构）} \xrightarrow[\substack{\text{piperidine} \\ \text{THF, rt}}]{\substack{\text{PdCl}_2\text{(PhCN)}_2 \\ \text{CuI}}} \quad ?$$

（ *Org. Lett.* 2001，*3*，1427-1429）

(5)
$$\text{（化合物结构）} + \text{（化合物结构）} \xrightarrow{\text{Pd/C, Na}_2\text{CO}_3} \quad ?$$

（ *J. Org. Chem.* 2010，*75*，5289-5295. ）

2. 提出下列反应的机理。

(1)
$$(\text{CO})_5\text{Cr}\text{（结构）} \xrightarrow[\text{2.}]{\text{1. } n\text{-BuLi}} (\text{CO})_5\text{Cr}\text{（结构）}$$

72%

（ *Organometallics* 1991，*10*，807-812. ）

(2)
$$(\text{CO})_5\text{Cr}\text{（结构）} + \text{（结构）} \xrightarrow[\text{或 NEt}_3\text{, pentane}]{t\text{-BuOK (0.25 equiv), THF}} (\text{CO})_5\text{Cr}\text{（结构）}$$

（ *J. Am. Chem. Soc.* 1990，*112*，4550-4552. ）

3. 4′－甲基－2－氰基联苯是生产一系列称为沙坦类降压药(如 Valsartan)的关键中间体。试由苯或甲苯为起始原料合成这个化合物。

Valsartan ⟹ 4'-甲基-2-氰基联苯

4. $\alpha,\beta-$ 不饱和的 Fischer 卡宾具有类羰基的性质，能作为 Micheal 加成的受体发生 Micheal 加成反应。提出下列反应的机理，并解释非对映选择性。

80%, *de* > 98%

(*J. Org. Chem.* 2004，*69*, 5480-5482.)

5. 写出下面合成过程中的中间体 **A** 的结构，并提出后续反应的可能机理。

6. psoralidin 是 1948 年首次从一种植物的种子中分离得到的，1961 年确定了其结构。这种天然产物后来被发现是一些中草药的活性成分，具有抗氧化、抗菌、抗抑郁和抗肿瘤等生物活性。最近有人首次合成了这种化合物，合成路线如下（ *J. Org. Chem.* 2009，*74*, 2750-2754.):

（1）推测中间体 **A**、**B** 和 **D** 的结构。

（2）提出实现第四步反应（从 **C** 到 **D** 的转化）和第五步反应（从 **D** 到 **E** 的转化）所需要的试剂（a）和（b）。

（3）试写出第六步反应（从 **F** 到 **G** 的转化）的机理。

（4）提出最后一步反应（从 **H** 到 psoralidin 的转化）的催化剂（c）。

7. 画出下面合成路线中中间产物 **A~F** 的结构（*Org. Lett.* 2005，*7*, 1645-1648.）。

第15章
串联反应

　　实现高效合成一直是有机合成化学家所追求的目标。提高有机合成效率的途径主要有两个：一是提高有机反应内在的效率，包括选择性和原子经济性；二是提高合成过程的效率，包括提高化学键形成的效率（一步反应所形成的化学键的数目），降低废物的产生，减少劳动力的付出和能源消耗等。能够同时体现这两方面高效性的合成方法称为"理想合成"。许多有机反应实际上是若干单元反应的组合，反应一步操作，形成多个共价键，无须分离中间体，这样的反应符合理想合成的理念，称为串联反应（tandem reactions 或 cascade reactions）。在复杂的生命体系中，很多有机分子的生物合成是通过串联过程在温和的生理条件下完成的。经典的 Mannich 反应、Fischer 吲哚合成法、Skraup 喹啉合成法、Bischler-Napieralski 异喹啉合成法等都属于串联反应。根据底物数目的不同，串联反应通常分为单组分串联反应和多组分串联反应，常用的多组分反应包括双组分反应、三组分反应和四组分反应。本章将通过一些典型实例介绍串联反应合成策略的概念和特征。

15.1　单组分串联反应

15.1.1　Bischler-Napieralski 反应

　　N–酰基–*β*–苯乙胺在无水惰性溶剂中与 $POCl_3$、PPA、$ZnCl_2$、Tf_2O 或 P_2O_5 等缩合剂共热，脱水环化，生成二氢异喹啉衍生物；若底物的 *α*– 位有 OH，则得到异喹啉衍生物。这类反应称为 Bischler-Napieralski 反应，它是合成含有异喹啉环系的生物碱类天然产物最广泛应用的方法，所以又称为 Bischler-Napieralski 异喹啉合成法[1]。

Bischler-Napieralski 反应过程包括两个阶段：

第一阶段：酰胺被 POCl₃ 或其他 Lewis 酸活化，形成亚胺正离子 **A**。

第二阶段：**A** 经历分子内的 Friedel-Crafts 酰基化反应，生成二氢异喹啉。若底物分子中 α–位有 OH，则进一步脱水芳构化为异喹啉。

N–酰基–β–(3–吲哚)乙胺亦可发生 Bischler-Napieralski 反应，生成咔啉[2]：

上述反应经历了一个螺环中间体，后者经 1,2–重排生成咔啉。若反应在还原剂（如 Et₃SiH 和 LiAlH₄）存在下进行，则螺环中间体中的亚胺盐可被还原，从而生成螺环吲哚衍生物：

15.1.1 参考文献

15.1.2 环氧和烯烃的单组分串联亲电环化反应

含有多个 C═C 键和环氧基团的分子能够在 Lewis 酸和质子酸催化下发生串联的分子内亲电环化反应。下面将通过两个实例来讨论这类串联环化反应的一般原理。

1. (+)-angelichalcone 的全合成

在 2009 年 David F. Wiemer 小组报道的天然产物(+)-angelichalcone 的全合成中，Lewis 酸促进的环氧化合物 **A** 的串联亲电环化/亲电取代反应被成功地用于三环骨架 **B** 的构筑[1]：

MOM = CH₃OCH₂   (+)-angelichalcone

三环骨架 **B** 的形成至少涉及两个中间体：一是串联的亲电环化反应形成中间体 **D**，二是中间体 **D** 与甲氧基甲基碳正离子进行 Friedel-Crafts 烷基化反应产生的中间体 **E**：

2. Gymnocin B 的生物合成途径

串联亲电环化反应的高效性在生物合成中得到充分展示。一个有趣的例子是一些阶梯状聚醚类海洋天然毒素（如 gymnocin B、brevetoxin B 和 yessotoxin）的生物合成。

这些聚醚分子具有阶梯状的结构。最近的模型反应研究表明，聚醚分子 gymnocin B 的生物合成可能经历了一个水促进的环氧开环串联过程（epoxide-opening cascade）[2]：

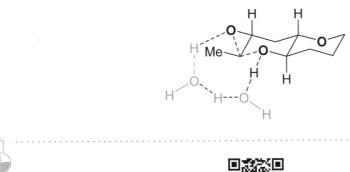

polyepoxide

epoxide-opening cascade

gymnocin B

当模型反应在中性的水中加热进行时，得到了高的区域选择性和立体选择性：

H_2O
70 ℃, 24 h

75%

在这个过程中，水分子通过与环氧底物形成氢键，促进了环氧开环反应，同时控制了反应生成反式稠合四氢吡喃多环体系的选择性：

15.1.2 参考文献

15.2 双组分串联反应

15.2.1 Robinson 成环反应

Robinson 成环反应是英国著名化学家 R. Robinson 在 1935 年首次报道的一种构筑六元环的重要合成方法，该方法在萜类化合物的合成中得到广泛应用。

Robinson 成环反应是由 Michael 加成和羟醛缩合组合而成的串联反应。首先，在碱作用下由羰基化合物形成的烯醇盐亲核进攻 $\alpha,\beta-$不饱和酮，发生 Michael 加成；生成的加成产物 **A** 随即进行分子内羟醛缩合和脱水，得到 Robinson 成环反应产物。

当 Michael 受体为 $\alpha,\beta-$不饱和醛时，Michael 供体亦可作两次亲核试剂，即先作为亲核试剂发生 Michael 加成，再作为亲核试剂发生分子内的羟醛缩合[1]。

由于甲基乙烯基酮作为 Michael 受体容易聚合，从而影响反应的产率，可以用 Z–1,3–二氯丁–2–烯代替进行反应，称为 Wichterle 反应。

由于 Michael 加成和羟醛缩合都可在酸催化下进行，故亦可通过酸催化来完成 Robinson 成环反应，例如[2]：

15.2.1 参考文献

15.2.2 Fischer 吲哚合成法

Fischer 吲哚合成法是 H. E. Fischer 在 1883 年发现的一种由苯肼与醛或酮在酸催化下合成吲哚的方法。常用的催化剂有盐酸、乙酸、硫酸、多聚磷酸和对甲苯磺酸等质子酸，以及 BF$_3$·OEt$_2$、ZnCl$_2$、FeCl$_3$、AlCl$_3$ 等 Lewis 酸。

反应过程包括以下三个阶段：

第一阶段：在酸催化下苯肼与醛或酮缩合形成腙 **A**。

第二阶段：**A** 异构化成烯胺并质子化，发生[3,3]重排和脱质子形成苯胺衍生物 **B**。

第三阶段：**B** 在酸催化下发生分子内亲核加成生成环状的胺缩醛 **C**，后者消除一分子 NH$_3$ 后再互变异构，得到更稳定的吲哚环。

由于醛容易自身缩合或发生歧化反应，醛不易直接发生 Fischer 吲哚合成反应，但缩醛和环状烯醚等醛的前体可用于这一重要转化，并被广泛用于吲哚类药物和生物碱的合成中[1]，如抗偏头痛药物 sumatriptan[2]和 almotriptan[3]的合成：

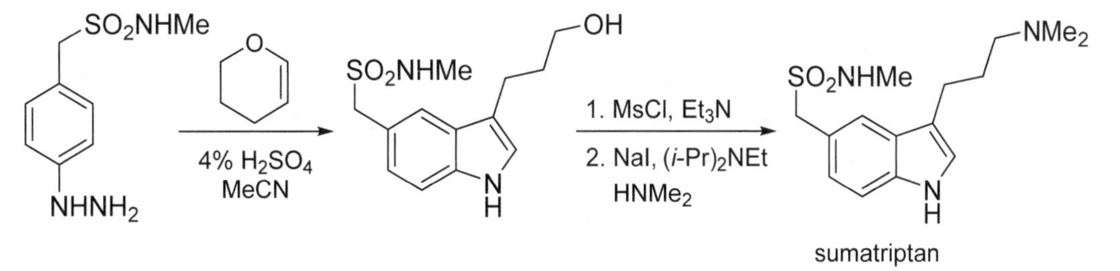

sumatriptan

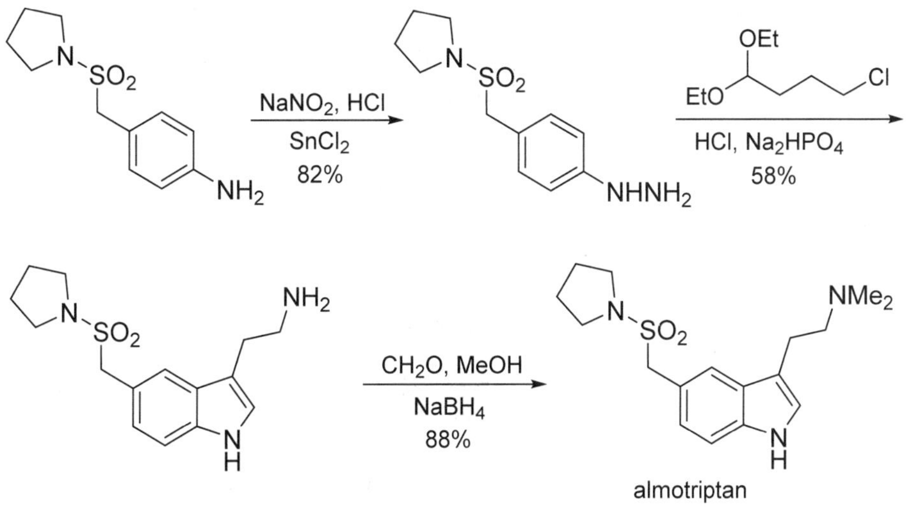

almotriptan

对于不对称的酮参与的反应，其区域选择性取决于所形成的烯胺中间体的稳定性。例如，苯肼与 5-乙酰胺基-1-苯基戊-2-酮反应，生成 2-（3-乙酰胺基丙基）-3-苯基吲哚，而在同样条件下，苯肼与 6-乙酰氨基戊-3-酮反应，生成 2-甲基-3-（2-乙酰氨基乙基）吲哚[4]：

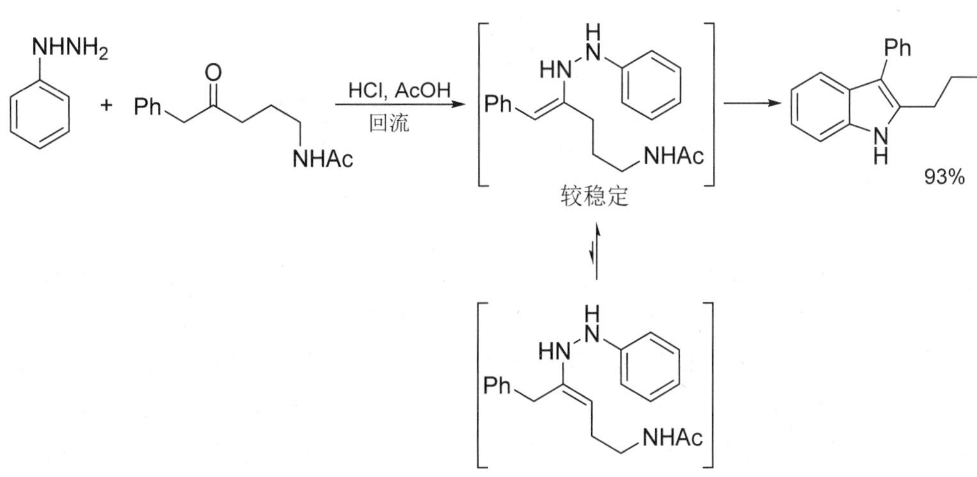

较稳定

15.2.2 参考文献

15.2.3　Bartoli 吲哚合成法

邻位取代的硝基苯与烯基格氏试剂（3 当量）反应，生成 7–取代吲哚。这个方法称为 Bartoli 吲哚合成法。

首先，格氏试剂与硝基苯亲核加成，形成中间体 **A**。**A** 自发分解为亚硝基苯 **B** 和烯醇镁盐，后者在反应最后酸化时可以转化为羰基化合物。接着，**B** 与第二分子格氏试剂加成形成 **C**，邻位取代基（R¹）的位阻引发 **C** 发生 [3,3] 重排反应，使其转变为 **D**。**D** 经分子内亲核加成、环合和芳构化得到 **F**。**F** 再消耗第三分子的格氏试剂，生成二氢吲哚的镁盐 **G**。最后酸化处理时，**G** 经水解和脱水，得到吲哚衍生物。反应中的亚硝基苯中间体 **B** 可以分离出来。它与两分子格氏试剂反应，也可得到吲哚，说明它是反应的中间体[1]。

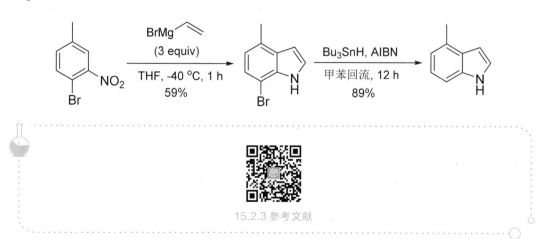

当反应物为间位取代的硝基苯时，反应将得到两种可能的产物，若用 1−溴−4−甲基−2−硝基苯作为原料时，受邻位溴的影响，反应生成 7−溴吲哚衍生物，用 AIBN 和 Bu₃SnH 将溴还原除去，生成 4−甲基吲哚，例如[2]：

15.2.3 参考文献

15.2.4 Larock 吲哚合成法

在钯催化剂和碱存在下，邻碘苯胺与炔烃反应生成吲哚。这个方法是 R. C. Larock 于 1991 年首次报道的[1]，故称为 Larock 吲哚合成法。

这个"一锅"反应形成了一个 C—C 键和一个 C—N 键。首先，零价钯与邻碘苯胺发生氧化加成生成钯配合物 A，进而发生配体交换形成钯配合物 B。接着发生碳钯化反应，形成钯配合物 C，后者经配体交换形成 D。最后，D 经还原消除给出吲哚产物，并释放出零价钯，进入下一个催化循环[2]。

此方法具有很好的普适性，甚至一些 5-、6- 和 7-氮杂吲哚亦可用此方法合成得到[3]：

若为末端炔烃，这个串联过程涉及 Sonogashira 偶联和分子内钯氨化两步反应[4]：

15.2.4 参考文献

15.2.5 Combes 喹啉合成法

伯芳胺与 1,3–二酮在酸催化下缩合为亚胺，接着再关环，生成喹啉衍生物的方法称为 Combes 喹啉合成法。

这个串联反应的第一步是苯胺与 1,3–二酮在酸催化下缩合为亚胺 **A**；然后，**A** 异构化为烯胺 **B**；在酸催化下，**B** 经质子化和分子内的亲电取代反应形成中间体 **D**；最后，**D** 消除一分子水并脱去质子，生成喹啉的衍生物。

15.2.6　Skraup 喹啉合成法

苯胺与硫酸、甘油和氧化剂如硝基苯（也是溶剂）共热反应，生成喹啉。这个反应是捷克化学家 Z. H. Skraup 在 1880 年报道的，称为 Skraup 反应，此方法叫 Skraup 喹啉合成法。

这个串联反应涉及以下过程：首先，甘油在浓硫酸作用下脱水生成丙烯醛 **A**；然后，**A** 与苯胺发生 Michael 加成，并经烯醇互变异构形成醛 **B**；接着 **B** 在酸催化下发生分子内亲电取代反应，关环生成四氢喹啉 **D**；最后，**D** 经脱水和氧化芳构化，成为喹啉。

15.2.7　Paal-Knorr 吡咯合成法

1884 年，C. Paal 和 L. Knorr 几乎同时报道了用 1,4-二酮与浓氨水或乙酸铵在冰乙酸中缩合生成吡咯的方法，称为 Paal-Knorr 吡咯合成法。这是制备吡咯类杂环化合物的一个经典方法。

这个反应经历了两次胺对羰基的亲核加成[1]：首先，在酸催化下胺（或氨）亲核进攻酮羰基，形成 **A**；然后 **A** 进一步发生分子内的亲核加成形成 **B**；最后，**B** 脱去两分子水，得到吡咯。

Paal-Knorr 吡咯合成法已被广泛用于多取代吡咯杂环化合物的合成。在 2000 年 B. M. Trost 小组报道的抗生素 roseophilin 的合成路线中，其含吡咯核的大环骨架就是通过 Paal-Knorr 吡咯合成法实现的[2]：

15.2.7 参考文献

15.2.8 其他典型实例

由烯基叠氮化合物 **1** 与 α-重氮羰基化合物 **2** 在三苯基膦促进下的反应是双组分串联反应典型例子。这个反应涉及 Staudinger 反应、Wolff 重排、氮杂-Wittig 反应、6π-电环化关环和芳构化，一步生成多取代的吡啶 **3**[1]。这一方法也能用于异喹啉衍生物的合成[2]。

与上述例子类似的一个串联过程包含了 Staudinger 反应、Wolff 重排、氮杂-Wittig 反应、[4+2] 环加成和芳构化等反应，该串联反应可由 2-炔基苯基叠氮化合物 **4** 与 α-重氮羰基化合物 **5** 与三苯基膦作用，一步生成苯并咔唑类杂环化合物 **6**[3]。

15.2.8 参考文献

15.3 三组分串联反应

15.3.1 Mannich 反应

在酸催化下，可烯醇化的羰基化合物（醛或酮）与醛和二级胺（或氨）缩合，生成 $\beta-$ 氨基羰基化合物的反应称为 Mannich 反应（也称胺甲基化反应），其产物可称为 Mannich 碱。具有烯醇结构特征的化合物（如苯酚、呋喃、吲哚等）亦可发生 Mannich 反应。此外，可烯醇化的羰基化合物直接与醛亚胺的反应也属于 Mannich 反应。

Mannich 反应是一种通过亚胺正离子的烯醇烷基化反应。第一步是在酸催化下醛与胺缩合形成亚胺正离子 **A**；然后，可烯醇化的醛或酮在酸催化下互变异构为烯醇 **B**，**B** 对亚胺正离子进行亲核加成，得到 Mannich 碱。

Mannich 反应已被广泛用于含氮有机化合物的合成中，在 Fukuyama 小组报道的生物碱吗啡（morphine）的全合成中就采用了 Mannich 反应来构筑含氮桥环体系[1]：

(±)-morphine

传统的 Mannich 反应在酸催化下进行，经历烯醇中间体。近年来发现这个反应可被有机碱二级胺催化，反应经历烯胺中间体。若用手性的二级胺，则反应具有对映选择性[2]。例如，在 L-脯氨酸作催化下，酮、醛和芳基伯胺的反应能够高对映选择性地得到 β-氨基酮（94% *ee*）[3]，这是第一例手性胺有机小分子催化剂催化的不对称三组分 Mannich 反应。

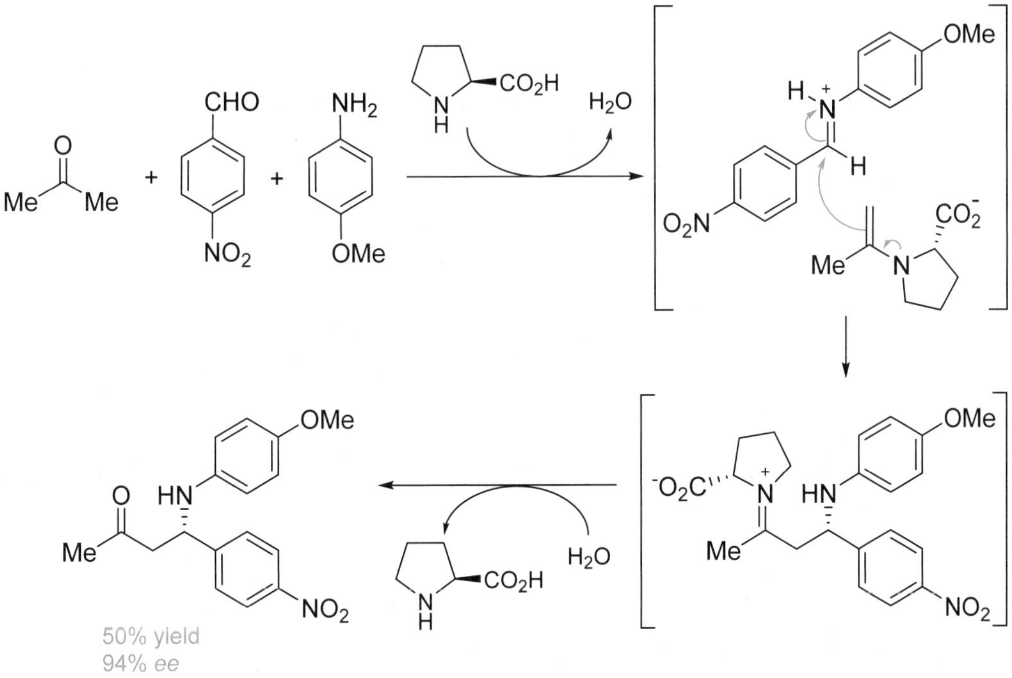

50% yield
94% *ee*

在手性二级胺催化下，由醛原位形成的烯胺可依次与两种不同的亚胺发生不对称的双 Mannich 反应，生成二氨基醛，例如[4]：

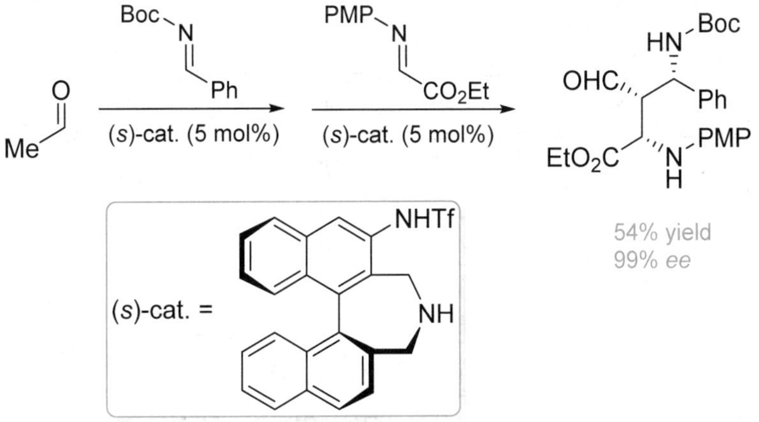

54% yield
99% *ee*

15.3.1 参考文献

15.3.2 Biginelli 反应

1891 年，P. Biginelli 首先报道乙酰乙酸乙酯、芳醛与脲在 HCl 催化下缩合，生成 3,4－二氢嘧啶－2(1H)－酮，此反应称为 Biginelli 反应。

此反应的适用范围很普遍，各种 β－酮酸酯、硫脲可参与反应；质子酸和 Lewis 酸均可催化此反应。

这个三组分串联反应的机理如下：首先，在酸作用下芳醛与脲缩合为酰基亚胺正离子中间体 **A**。然后，β－酮酸酯的烯醇式 **B** 亲核进攻 **A** 得到一开链的脲 **C**；最后，**C** 在酸催化下再进行分子内缩合，得到二氢嘧啶酮[1]。

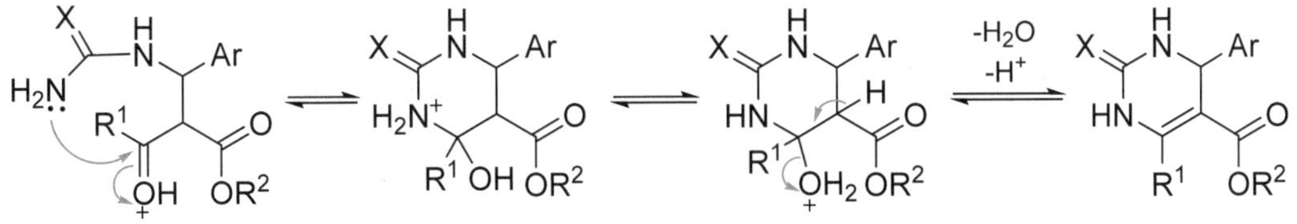

Biginelli 反应已被广泛用于 3,4-二氢嘧啶-2(1H)-酮类药物的合成中，如抗肿瘤先导化合物 Monastrol 外消旋体可由乙酰乙酸乙酯、硫脲和间羟基苯甲醛在 Yb(OTf)$_3$催化下的三组分 Biginelli 反应一步合成[2]:

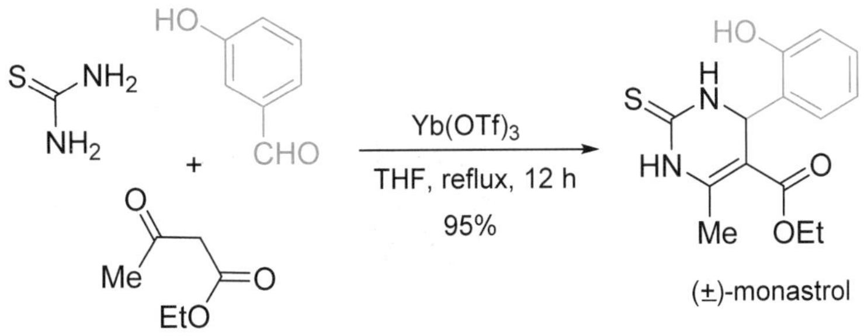

(±)-monastrol

若使用手性催化剂，可进行不对称 Biginelli 反应。例如，用手性螺环磷酸作为催化剂，可实现(S)-SQ32926（一种钙离子通道阻滞剂的对映异构体）的对映选择性合成[3]。

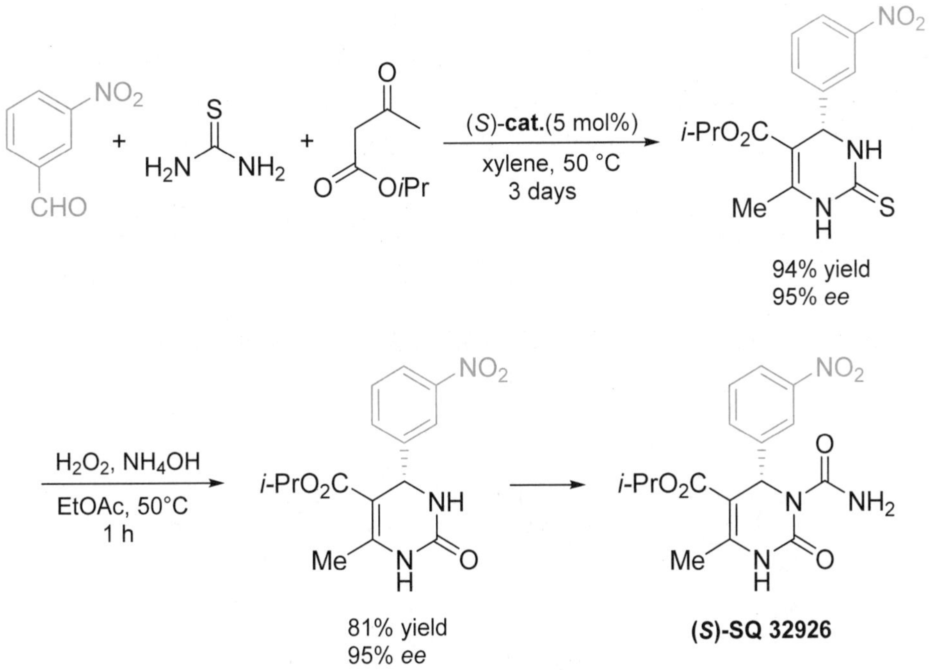

94% yield
95% ee

81% yield
95% ee

(S)-SQ 32926

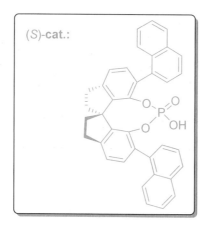

15.3.2 参考文献

15.3.3　Strecker 反应

　　醛或酮、氨或胺、HCN 的三组分缩合生成 α-氨基腈的反应称为 Strecker 反应，它是 A. Strecker 在 1850 年首次报道的。起初，A. Strecker 用 HCN 和 NH_3 作试剂，但经 Zelinski 改进后，用 NH_4Cl 和 KCN 代替了 HCN 和 NH_3。用 NH_4Cl 反应时生成伯胺；若用伯胺或仲胺反应，生成取代的 α-氨基腈。生成的 α-氨基腈进一步水解可制备 α-氨基酸，该方法被称为 Strecker 氨基酸合成法。

　　这个三组分串联反应的第一步是醛或酮在酸催化下与胺缩合形成亚胺正离子 **A**；然后，**A** 与氰负离子发生亲核加成反应，得到 α-氨基腈。

15.3.4　Povarov 反应

苯胺、芳醛和富电子性烯烃（如烯醇醚、烯胺）在 Lewis 酸催化下缩合、环化，生成四氢喹啉或喹啉，此反应称为 Povarov 反应。也可直接用亚胺进行此反应。

（EDG＝RO，RNH 或 R₂N 为 EDG＝RO，RNH 或 R₂N）

（EDG＝RO，RNH 或 R₂N）

这个三组分反应涉及亚胺形成和 Lewis 酸催化的［4＋2］环加成反应。首先，苯胺与芳醛缩合生成的亚胺 **A**；然后，在 Lewis 酸催化下，亚胺 **A** 与富电子性烯烃发生亲核加成，得到羰基氧镓离子 **B**；**B** 进一步与芳环发生亲电取代，环化生成四氢喹啉。四氢喹啉可进一步脱氢氧化生成喹啉。反应过程中形成的羰基氧镓离子 **B** 可被亲核试剂如醇捕获[1]。

15.3.4 参考文献

15.3.5　Passerini 反应

异腈（RNC）是腈（RCN）的异构体，具有以下共振式：

$$R-\overset{+}{N}\equiv C\overset{-}{:} \quad\longleftrightarrow\quad R-\overset{\cdot\cdot}{N}=C\text{:}$$

异腈通常是稳定的化合物，其中 N—C 键具有三键的性质，键长约为 114 pm，红外光谱在 2110～2165 cm^{-1} 有特征吸收。异腈可由伯胺与二氯卡宾在相转移催化剂（phase transfer catalyst，PTC）作用下的反应来制备，或通过甲酰胺脱水来制备[1]。

例如，在相转移催化剂苄基三乙基氯化铵（TEBAC）存在下，由氯仿和氢氧化钠作用形成的二氯卡宾可将 2-(3-吲哚基)乙基胺转变为相应的异腈：

烯丙基碘与氰化银反应能生成烯丙基异腈：

此外，碱性条件下苯并噁唑的开环也可生成芳基异腈[1]：

96%

醛（或酮）、羧酸和异腈的三组分反应生成 α-酰氧基酰胺，此反应称为 Passerini 反应[2]。

首先，羰基化合物被羧酸质子化。然后，异腈则作为亲核试剂进攻质子化了的羰基化合物 **A**，得到正离子 **B**。接着，**B** 受到羧酸负离子的进攻，形成不稳定的亚胺酯中间体 **C**。最后，**C** 经历酰基迁移得到稳定的酰胺。

在 Lewis 酸或 Brønsted 酸催化下，水或叠氮酸可代替羧酸发生 Passerini 反应，前者生成 α-羟基酰胺，后者生成四氮唑类化合物[3]。

15.3.5 参考文献

15.4 四组分及以上的串联反应

15.4.1 Ugi 反应

醛或酮与胺、异腈和羧酸四组分缩合，生成 α-酰氨基酰胺。这个反应是由德国化学家 I. Ugi 于 1959 年首先报道的，故称为 Ugi 反应，或 Ugi 四组分反应（U–4CR）。

这个四组分反应过程的第一步是胺与醛或酮缩合形成亚胺 **A**；然后，亚胺 **A** 被羧酸质子化为亚胺离子 **B**，继而与异腈发生亲核加成，生成中间体 **C**；随后，羧酸根负离子与 **C** 发生亲核加成，生成亚胺中间体 **D**；最后，在酸催化下 **D** 经过酰基转移，生成 Ugi 反应产物。

Ugi 反应的底物适用范围很广，其中的羰基化合物组分可以是醛或酮，胺组分可以是伯胺、仲胺、肼、羟胺或脲；而作为亲核试剂的羧酸组分还可以是 H_2S、H_2O、HN_3、HNCO、HNCS 或碳酸单酯等，甚至可以是二级铵盐[1]，例如：

Ugi 反应的一个重要应用是抗血吸虫病药物 praziquantel（PZQ）的合成[2]。PZQ 具有四氢异喹啉母核，可由 2-苯基乙基胺与二氯卡宾反应制备出异腈，然后利用 Ugi 反应合成出 α-酰氨基酰胺中间体（反应几乎是定量的），再经 Pictet-Spengler 反应得到 PZQ。

15.4.1 参考文献

15.4.2　Hantzsch 二氢吡啶合成

醛、氨（或 NH_4OAc）、两分子 1,3-二羰基化合物（如 β-酮酸酯、β-酮醛、1,3-二酮）之间的四组分反应，生成 1,4-二氢吡啶类化合物。此反应是 1882 年 A. Hantzsch 首先报道的，故称为 Hantzsch 二氢吡啶合成。生成的二氢吡啶可被进一步氧化，得到吡啶衍生物。因此，这种方法也被称为 Hantzsch 吡啶合成法。

(R^1 = alkyl , OR;　R^2, R^3 = alkyl, aryl)

这个多组分缩合过程涉及两个关键的中间体：一是烯胺 **A**，另一个是 α,β-不饱和羰基化合物 **B**。首先，1,3-二羰基化合物与氨缩合，生成烯胺 **A**；同时，另一分子 1,3-二羰基化合物与醛发生 Knoevenagel 缩合，生成 α,β-不饱和羰基化合物 **B**。然后，**A** 对 **B**

发生 Michael 加成，生成烯胺 **C**，这是反应的决速步骤。最后，**C** 经历分子内的亲核加成和脱水，缩合生成 1,4-二氢吡啶。

二氢吡啶很容易氧化芳构化，成为吡啶衍生物。例如，在乙酸中用 Pd/C 催化脱氢的方法即可实现这一转化[1]：

15.4.2 参考文献

○ 习　题

1. 完成下列反应。

(1)

$\xrightarrow[\text{65 °C}]{\text{BF}_3\text{, AcOH}}$?

(2)

2 $+$ $+ \text{ NH}_3 \longrightarrow$?

(3)

$+$ $+ \text{ H}_2\text{N}$ $\xrightarrow{\triangle}$?

（ *Tetrahedron* 2013，*69*，1255-1278.）

(4)

$+$ $+$ $\xrightarrow{\text{H}^+}$?

（ *Synlett* 2005，322-324.）

(5)

$+ \text{ PhCH}_2\text{NH}_2$ $\xrightarrow[\substack{\text{MeOH}\\\text{50 °C}}]{\text{AcOH}}$?

（ *J. Am. Chem. Soc.* 2000，*122*，3801-3810.）

(6)

$\xrightarrow[\text{痕量酸}]{\text{HCHO}}$?

(7)

$+$ $\xrightarrow{\substack{\text{1. AcOH}\\\text{2. ZnCl}_2}}$

(8)

$$H_2N-CN + \text{(thiophene-}C(=S)SMe) \xrightarrow[\text{DMF}]{\text{NaH}} \left[\quad ? \quad \right] \xrightarrow[\text{NaH}]{\text{Br}\frown\text{CN}} \quad ?$$

（*J. Org. Chem.* 2021，*86*，8508-8515.）

(9)

$$\xrightarrow[\text{2. LiBr}]{\substack{\text{1. } n\text{-BuLi, ZnCl}_2 \\ \text{Et}_2\text{O}}}$$

（*J. Org. Chem.* 2006，*71*，1015-1017.）

2. 吗啡生物合成中的关键一步是多巴胺与对羟基苯乙醛反应生成(*S*)–norcoclaurine，反应在酸催化下进行。推测这个反应的可能机理。

多巴胺

(*S*)-norcoclaurine

3. 下面的烯酮化合物(–)–**A** 与戊–1–烯–3–酮在 NaOMe/MeOH 中加热回流 12 h，生成主要产物 **B** 和少量的 **C**，并以 33%产率回收得到外消旋化的原料(±)–**A**（*J. Org. Chem.* 2006，*71*，416-419.）。试推测 **B**、**C** 和(＋)–**A** 形成的可能机理。

(–)-**A**

＋

NaOMe, MeOH
回流, 12 h

B (51%) ＋ **C** (5%)

(–)-**A** ＋ (+)-**A**

1:1 (33%)

4. 试推测下列串联反应的可能机理。

(1)

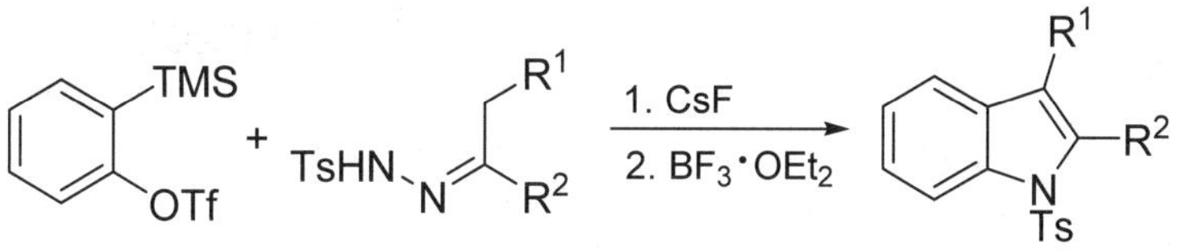

（*Org. Lett.* 2011，*13*，3667-3669.）

(2)

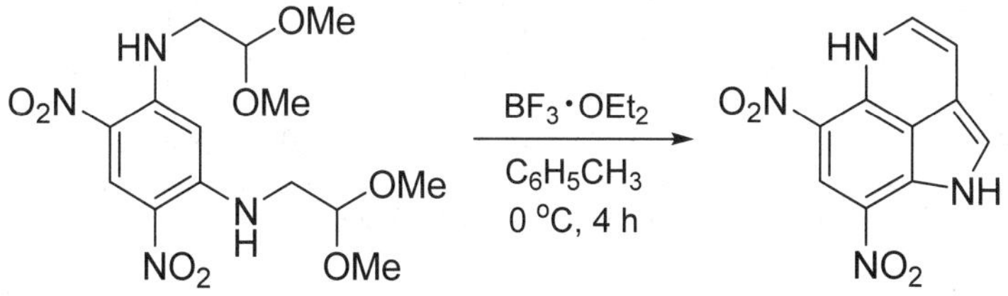

（*Chem. Commun.* 2013，*49*，6519-6521.）

(3)

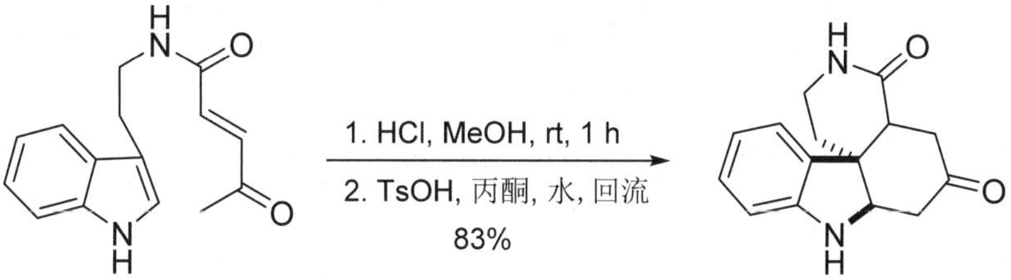

1. HCl, MeOH, rt, 1 h
2. TsOH, 丙酮, 水, 回流
83%

（*Tetrahedron Lett.* 2014，*55*，761-763.）

(4)

NaHCO$_3$, MeOH
回流, 4 h
95%

（*Tetrahedron Lett.* 2014，*55*，761-763.）

(5)

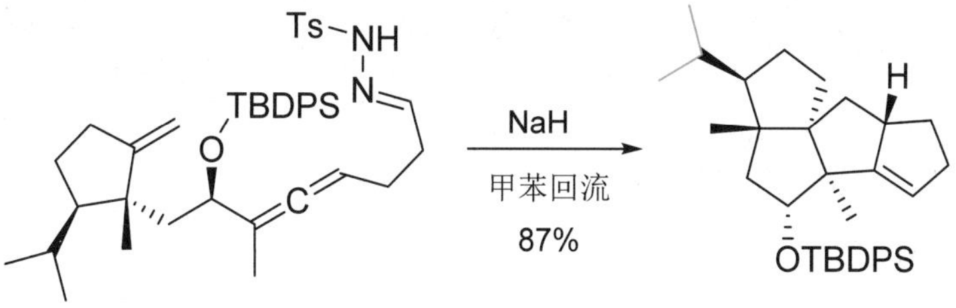

NaH
甲苯回流
87%

（*J. Am. Chem. Soc.* 2014，*136*，10274-10276.）

(6)

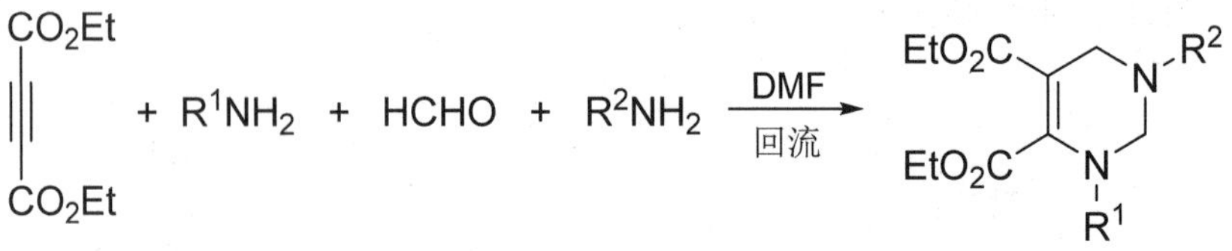

（ *Org. Lett.* 2007，*9*，4111-4113. ）

(7)

（ *Org. Lett.* 1999，*1*，1599-1602. ）

(8)

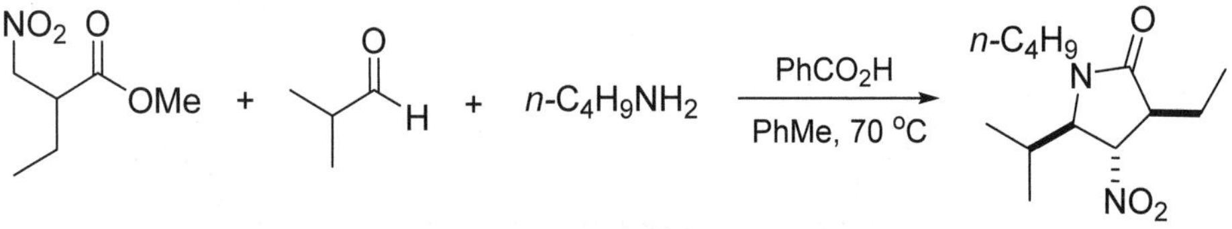

（ *Org. Lett.* 2011，*13*，6406-6409. ）

(9)

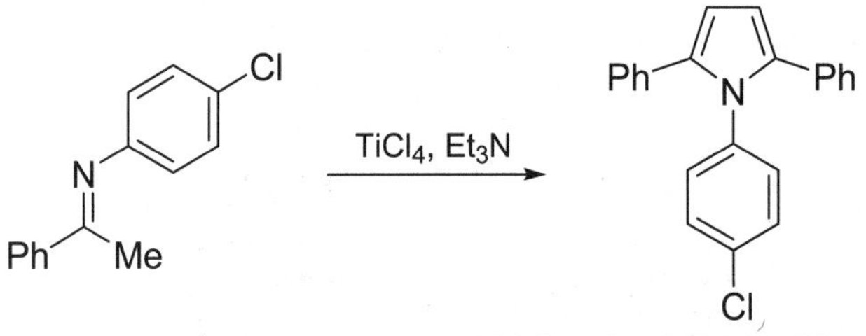

（ *J. Org. Chem.* 1999，*64*，4204-4205. ）

(10)

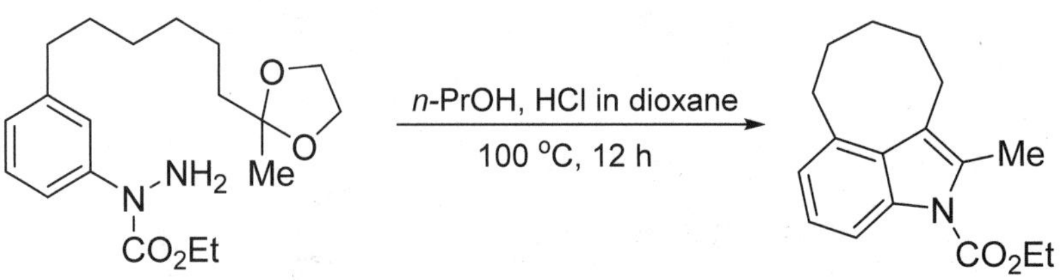

（ *Org. Lett.* 2016，*18*，5098-5101. ）

(11)

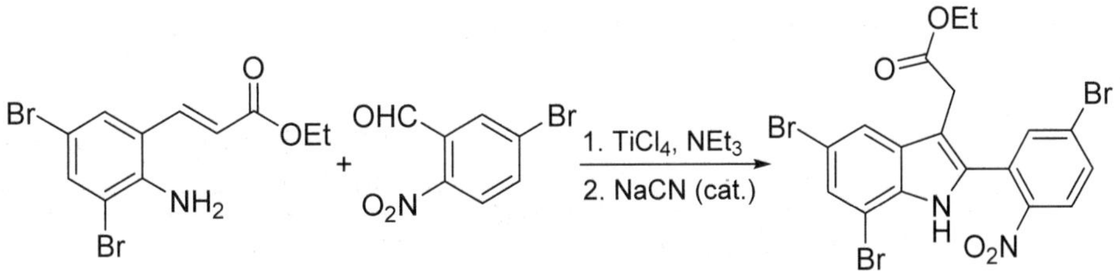

（ *Org. Lett.* 2021，*23*，2169-2173.）

(12)

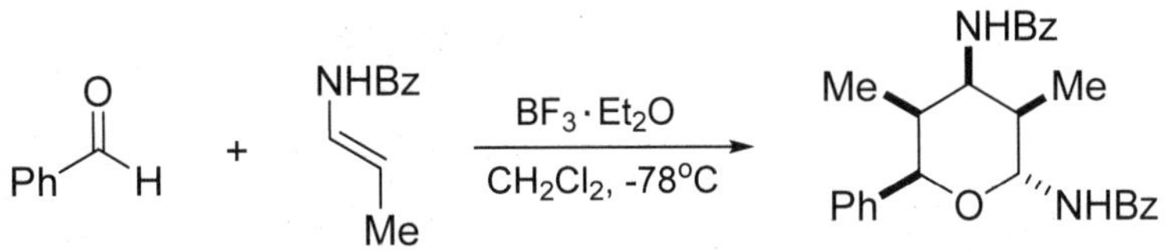

$BF_3 \cdot Et_2O$

CH_2Cl_2, -78°C

（ *J. Org. Chem.* 2020，*85*，3806-3811.）

5. 设计合理的路线，合成下列化合物。

(1)

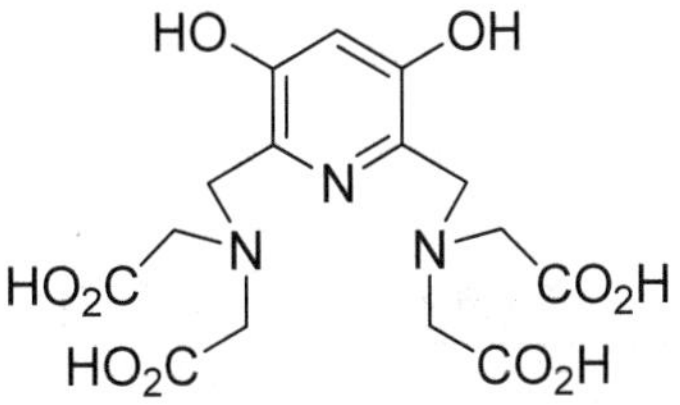

（ *Org. Lett.* 2004，*6*，1201-1204.）

(2)

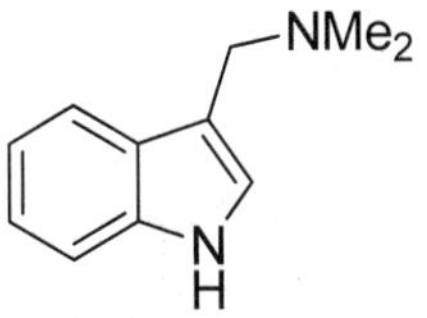

(3)

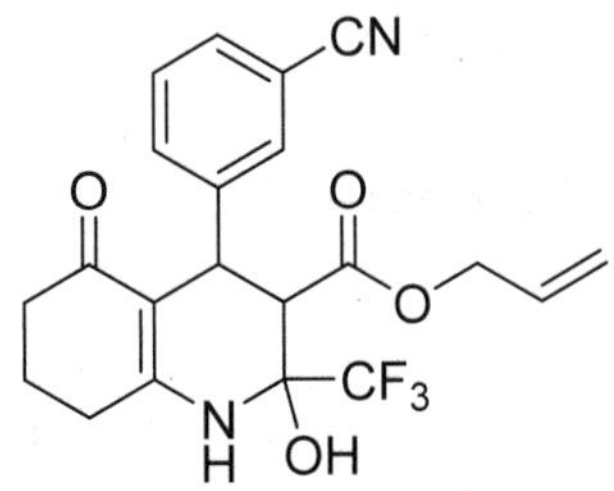

（ *Org. Process Res. Dev.* 2006，*10*，808-813.）

6. 比较下列两个反应，提出合理的反应机理。

（*Org. Lett.* 2021，*23*，2205-2211.）

7. 比较下列两个反应，提出合理的反应机理。

（*Org. Lett.* 2021，*23*，2178-2182.）

8. 下列反应序列构筑了三个连续手性碳原子，反应具有很好的非对映选择性（*J. Org. Chem.* 2021，*86*，7203-7217.）。

dr > 99:1

（1）预测产物分子中三个手性碳原子的相对构型；

（2）提出反应机理，并解释反应的立体选择性。

9. N–芳基–α, β–不饱和硝酮和缺电子性联烯在质子酸催化下能发生如下所示反应构筑吲哚衍生物。已知化合物 **1** 和 **2** 反应的中间产物为 **A**；化合物 **5** 的存在不干扰化合物 **4** 和 **2** 反应得到单一产物 **6**。根据以上信息，提出化合物形成的可能机理。

（*J. Org. Chem*. 2018，*83*，1085-1094.）

10. 硼试剂除了在钯催化偶联反应中有着独特的合成应用以外，在无过渡金属条件下，硼试剂也是重要的合成前体。如下所示的反应中，富电子性芳基硼酸可以发生类 Mannich 反应（Petasis-Mannich reaction）得到氨基酸，重结晶后产率为 68%，非对映过量值为 99%。提出这个反应的可能机理。

11. 生物碱 dysoline 的合成路线如下（*Org. Lett.* 2019，*21*，648-651.）：

（1）推断中间产物 **2**、**3**、**5**、**6**、**9** 和 **10** 的结构（写出结构简式）；

（2）画出化合物 **7** 与 **11** 在光照下反应生成 **12** 的关键中间体结构简式（不考虑立体化学，取代的六氢吡啶环可用 R 表示）。

习题参考答案

读者意见反馈

为收集对教材的意见建议，进一步完善教材编写并做好服务工作，读者可将对本教材的意见建议通过如下渠道反馈至我社。

咨询电话　400-810-0598

反馈邮箱　hepsci@pub.hep.cn

通信地址　北京市朝阳区惠新东街 4 号富盛大厦 1 座
　　　　　高等教育出版社理科事业部

邮政编码　100029